# Merck's

# Reagentien-Verzeichnis,

enthaltend die gebräuchlichen Reagentien und Reactionen,

geordnet nach Autornamen.

1903.

ISBN 978-3-642-98915-5 ISBN 978-3-642-99730-3 (eBook)
DOI 10.1007/978-3-642-99730-3



**Softcover reprint of the hardcover 1st edition** 1903

# Vorwort.

Auf Wunsch vieler Geschäftsfreunde unternahm ich die vorliegende Zusammenstellung von Reagentien und Reactionen, die um so mehr zum Bedürfnis geworden, als die bisher erschienenen Sammlungen nicht genügend kritisch abgefasst waren und in Bezug auf ihre Vollständigkeit und Brauchbarkeit viel zu wünschen übrig liessen. Wenn auch zugegeben werden muss, dass sich eine absolute Vollständigkeit einer solchen Sammlung nur sehr schwer erreichen lässt, weil hierzu ein jahrelanges, eingehendes Studium der gesamten Fachliteratur nötig wäre, eine Arbeit, die in keinem Verhältnis stehen dürfte zu der geringen Zahl von wirklich charakteristischen Reagentien, welche eventuell noch für das vorliegende Werkchen von Interesse gewesen wären, so sollte doch das Möglichste getan werden, um beim Gebrauch des letzteren keine allzufühlbaren Mängel aufkommen zu lassen. Es war deshalb mein Bestreben, der mir zur Verfügung stehenden Literatur alle auch nur einigermassen wertvollen und wichtigen Daten zu entnehmen, sie in möglichst genauer und knapper Form wiederzugeben und mit vielen Literaturangaben zu versehen, um hierdurch ein etwa nötiges Nachschlagen zu erleichtern. Bei einigen Reactionen, deren Beschreibung zu weitläufig ist und deren Wert mir zugleich von untergeordneterer Bedeutung erschien, habe ich nur die betreffende Literaturstelle angegeben. Chemische und mikroskopische Reagentien sind alphabetarisch nach den Namen ihrer Autoren aufgeführt, während das Inhaltsverzeichnis zur leichteren Orientirung die chemischen und mikroskopischen Reagentien gesondert enthält. Auch sind im Inhaltsverzeichnis die Namen derjenigen Reactionen enthalten, welche unter einer besonderen Bezeichnung bekannt sind. Zur Orientirung und Vermeidung von Verwechslungen sind ferner die wichtigsten, synthetischen Reactionen unter dem Namen ihrer Autoren mit aufgeführt worden. Bei den chemischen Reagentien ist die Anwendungsweise immer angegeben, wenn sie nicht als allgemein bekannt vorausgesetzt werden durfte oder zu ihrer Beschreibung eine zu ausführliche Abhandlung nötig gewesen wäre, dagegen muss bezüglich der Verwendung der mikroskopischen Reagentien auf die gebräuchlichen Handbücher der Mikroskopie oder auf die jeweils angegebene Literatur verwiesen werden, da solch weitläufige Ausführungen in den Rahmen des vorliegenden Werkchens, als eines kurzgefassten Nachschlagebüchleins, nicht aufgenommen werden konnten. Der Hauptzweck dieser Sammlung soll ja in erster Linie der sein, dass man beim Lesen der Fachliteratur, in der oft statt der Beschreibung der Reaction nur deren Autor angegeben ist, ein Hilfsmittel zur Hand hat, das ohne umständliches Suchen in Büchern und Literatur schnell den nötigen Aufschluss zu geben im Stande ist. Aber auch in Fällen, wo es sich um den Nachweis irgend welchen Stoffes handelt, mag man mit Hülfe des Inhaltsverzeichnisses sich Rats erholen. Dabei muss jedoch darauf hingewiesen werden, dass für die Richtigkeit der angeführten Reactionen nur der betreffende Autor und nicht der Verfasser dieser Zusammenstellung verantwortlich sein kann, denn es ist doch wohl selbstverständlich, dass eine kritische Nachprüfung aller Reactionen eine der Arbeitslast nicht entsprechende Entschädigung bieten könnte. Auch ist zu bedenken, dass besonders bei den vielen Farbenreactionen die Beurteilung und Beschreibung der Farbenerscheinungen sehr oft eine schwierige, von individueller Anschauung abhängige Sache ist. Dafür sind solche Reactionen, die sich schon von selbst als wertlos charakterisiren, nicht aufgenommen worden. Dass manche der aufgeführten Reactionen gewissermassen nur noch einen historischen Wert besitzen, kann den praktischen Wert der Sammlung wohl kaum nachteilig beeinflussen. Den Angaben über die Empfindlichkeitsgrenze der einzelnen Reagentien und Reactionen wurde die grösste Sorgfalt gewidmet.

DARMSTADT, im Juli 1903.

**E. Merck.**

**Abbe**'s Reag. für mikroskop. Zwecke
ist α-Monobromnaphtalin mit einem Brechungsindex von 1,658. Gebraucht als Beobachtungs- u. Einschlussmittel.
Merck's Index 1902. 167.
Flesch, Zoolog. Anzg. 1882.
Küster, Ber. d. deutsch. botan. Ges. 1897.

**Abeles**' Reag. zum Enteiweissen des Blutes
ist eine alkoholische Lösung von Zinkacetat. Man setzt zu einem Volum Blut ein gleiches Volum absoluten Alkohols, worin 5 % von dem Gewichte des Blutes an Zinkacetat enthalten ist.
Näheres siehe Ztschr. f. physiol. Chem. **15**. 495.

**Abram**'s React. auf Blei im Harn.
Auf 150 ccm Harn gibt man 1 g oxalsaures Ammon und nach dessen Lösung ein Stück Magnesiumblech. Nach 24 Stunden prüft man den Beschlag mit einem Jodsplitterchen (Jodblei). Empfindlichkeitsgrenze = 1 : 50000.
Fortschr. d. Med. 1897. 950.
Daiber, Pharm. Centrh. 1896. 759.
Weinhart, » » » »

**Acquisto**'s Reag. zur Conservirung von Blutkörperchen.
Man mischt 10 g Chromsäurelösung (0,5 : 100), 10 g Pikrinschwefelsäurelösung, 10 g Sublimatlösung u. 10 g einer Mischung von 33 g Eisessig u. 67 g Alkohol. Nach dem Filtriren gibt man 40 ccm Wasser zu.
Monitore zool. Ital. 1894. 75.

**Adamkiewicz**'s React. auf Eiweiss.
Eiweissstoffe, in Eisessig gelöst, geben mit concentr. Schwefelsäure eine schöne violette Färbung und schwach grüne Fluorescenz. Bei geeigneter Concentration zeigt diese Mischung im Spectralapparate einen Absorptionsstreifen zwischen den Linien b u. F.
Berl. Ber. **8**. 161.
Ztschr. f. anal. Chem. **14**. 196; **15**. 467.
Centralbl. f. d. medic. Wissensch. 1875. 856.
Palm, Ztschr. f. anal. Chem. **26**. 35.
Udranszky, ebenda **28**. 130 oder Ztschr. für physiol. Chem. **12**. 355 u. 377.
Krukenberg, Chem. Unters. 1886. 100.
Posner, Virchow's Archiv **104**. 503.
Vergleiche Wurster's Reag.

**Agostini**'s React. auf Glucose.
5 Tropfen der zu prüfenden Flüssigkeit, 5 Tropfen Goldchloridlösung (1 : 1000) u. 2 Tropfen Kaliumhydratlösung (1 : 20) erhitzt man zum Sieden. In Anwesenheit von Glucose ist die Mischung nach dem Erkalten violett gefärbt. Empfindlichkeitsgrenze 1 : 10000.
Chem. Centralbl. (3) **18**. 99.
Ztschr. f. anal. Chem. **26**. 746.
Rosenfeld, Deutsche med. Wochenschr. 1888. 451 u. 479.

**Alcock-Wilkins**' React. auf Phenacetin.
Erhitzt man 0,01 g Phenacetin mit 5 ccm concentr. Schwefelsäure bis zur beginnenden Bräunung, verdünnt mit Wasser und gibt Ammoniak zu, so entsteht eine intensiv rote Färbung.
Südd. Apoth. Ztg. 1902. 757.

**Alessandri**'s Reag. auf Alkalität des Wassers
ist Rotwein. Alkalisches Wasser wird durch einige Tropfen Rotwein violett gefärbt.
Chem. Ztg. 1897. Rep. 288.

**Alfraise**'s Reag. auf Jod.
Zu 100 ccm 1 %iger, wässeriger Stärkelösung gibt man 1 g Kaliumnitrat u. 10 Tropfen Salzsäure u. erhitzt zum Sieden. — Jodhaltige Flüssigkeiten geben mit diesem Reag. eine blaue Färbung.
Merck's Report. 1900. 112.

**Aliamet**'s Reag. auf Kupfer.
Eine concentr. Lösung von Natriumsulfit versetzt man mit etwas Pyrogallol. — Kupfersalzlösungen färben das Reag. rotgelb bis rot. Empfindlichkeitsgrenze = 1 : 3 Million.
Ztschr. f. anal. Chem. **27**. 391.
Arch. de Pharm. 1887. 493.
Chem. Ztg. 1887. Rep. 144.
Buisine, Chem. Ztg. 1888. Rep. 321.

**Allen**'s React. auf Mono- u. Dinitrophenol in Pikrinsäure.
Man stellt sich eine ca. 1 %ige, wässerige Lösung von Brom her, deren Titer mit Jodkalium u. 1/10 Natriumthiosulfat genau bestimmt wird. Von dieser Lösung gibt man 10 ccm zu 10 ccm einer 1%igen, wässerigen Pikrinsäurelösung, lässt die Mischung 5 Minuten stehen, gibt 1 g Jodkalium zu und titrirt das ausgeschiedene Jod mit 1/10 Thiosulfatlösung. Auf diese Art erfährt man die von dem Untersuchungsobjekt aufgenommene Menge Brom, die einen Anhaltspunkt über die vorhandene Menge von Mono- u. Dinitrophenol gibt. Näheres siehe:
Journ. of the Soc. of Chem. Industry **7**. 592.
Journ. of the Soc. of Dyers and Colorists **4**. 84.

**Allen**'s React. auf Pflanzenfette
ist eine Elaïdinprobe mit Salpetersäure (D. = 1,4). Man schüttelt gleiche Teile Oel u. Salpetersäure 1/2 Minute lang u. lässt dann 1/4 Stunde stehen. Pflanzenfette (Cottonöl) geben eine braune Färbung.
Merck's Report. 1900. 112.
Vergl. Hager, Pharm. Prax. 1880. **II**. 576.

**Allen**'s React. auf Phenol.
Einige Tropfen der zu prüfenden Flüssigkeit mischt man mit Salzsäure u. gibt einen Tropfen Salpetersäure zu. In Anwesenheit von Phenol entsteht eine carmoisinrote Färbung.
Hager, Pharm. Prax. Erg.-Bd. 1883. 10.
Chem. Centralbl. 1879. 559.

**Allen**'s React. auf Strychnin.
Strychnin gibt mit concentr. Schwefelsäure und Mangansuperoxyd eine intensiv violette Färbung.
Merck's Report 1900. 112.

**Allen** u. **Scott-Smith**'s React. auf Emetin u. Cephaëlin.
Emetin u. Cephaëlin färben sich mit Eisenchloridlösung blau dann grün. Emetin färbt sich mit Fröhde's Reag. schmutziggrün, Cephaëlin purpurrot.
Pharm. Ztg. 1902. Nr. 100 u. 105.

**Allen-Tollens**' React. auf Pentosen.
Erwärmt man Pentosen mit einer Lösung von Orcin u. Salzsäure (1 : 200), so entsteht eine rote bis rötlichblaue Färbung und ein flockiger Niederschlag, der sich in Alkohol mit grünblauer Farbe löst. Die Lösung zeigt ein charakteristisches Absorptionsspectrum.
Landw. Versuchsstat. **39**. 450.
Liebig's Annal. **260**. 304.
Ztschr. f. anal. Chem. **40**. 544.

**Almén**'s React. auf Blausäure.
Versetzt man eine blausäurehaltige Lösung mit gelbem Schwefelammon, verdampft zur Trockne und

gibt Salzsäure zu, so bewirkt Eisenchlorid eine orangerote bis blutrote Färbung. Empfindlichkeitsgrenze = 1 : 4 000 000.
Merck's Report 1900. 164.

**Almén's** Reag. auf Blut im Harn.

Gleiche Teile Guajaktinktur u. Terpentinöl schüttelt man in einem Reagensglase bis zur Emulsionsbildung u. lässt den Harn vorsichtig zufliessen. In Anwesenheit von Blut färbt sich das aus der Guajaktinktur sich abscheidende Harz intensiv blau.
Merck's Index 1902. 261.
Neues Jahrb. f. Pharm. **40**. 232.
Ztschr. f. anal. Chem. **13**. 104.
Böttger, Pharm. Centrh. 1875. 266. od. Ztschr. f. anal. Chem. **15**. 116.

**Almén's** Reag. auf Eiweiss.

Eine 2 %ige Lösung von Tannin in schwachem Spiritus gibt mit der 6fachen Menge eiweisshaltigen Urins eine Trübung oder Fällung.
Neues Jahrb. f. Pharm. **24**. 215.
Ztschr. f. anal. Chem. **10**. 253.

4 g Tannin löst man in 8 ccm Essigsäure (25 %) und 190 ccm Weingeist (ca. 40—50 %) Empfindlichkeitsgrenze 1 : 100 000.
Ztschr. f. anal. Chem. **30**. 108. (van Nuys u. Lyons).
Neumeister, Ztschr. f. anal. Chem. **30**. 111.
Ott, Prager Ztschr. f. Heilkunde 1895. 177.

**Almén's** Reag. auf Glucose.

Man löst 10 g Wismutsubnitrat u. 20 g Seignettesalz in 500 g Kalilauge (D. = 1,34 od. 35 % KOH). Gebraucht wie Nylander's Reag.
Virchow-Hirsch, Jahresbericht 1869. 109.
Ztschr. f. anal. Chem. **9**. 494.
N. Jahrb. f. Pharm. **34**. 103.
Hammarsten, Physiol. Chem. 1899. 510.

**Almén's** Reag. auf Morphin

ist Froede's Reag.
Neues Jahrb. f. Pharm. **30**. 87.
Ztschr. f. anal. Chem. **8**. 77.

**Almén's** Reag. auf Phenol u. Salicylsäure.

Man löst 1 g Quecksilber in 1 g rauchender Salpetersäure und verdünnt mit 2 g Wasser. — 20 ccm der zu prüfenden Flüssigkeit erhitzt man mit 5—10 Tropfen Reag. zum Sieden. In Anwesenheit von Phenol entsteht ein gelber Niederschlag, der sich in Salpetersäure mit roter Farbe löst.
Merck's Report. 1900. 112.

**Almén's** React. auf Quecksilber im Harn.

Mit 8—10 % Salzsäure versetzter Harn wird mit einem Kupfer- oder Messingdraht 1½ Stunden lang auf geringem Feuer erhitzt. Vorhandenes Quecksilber bildet an genanntem Draht einen weissen bis grauen, metallischen Beschlag.
Näheres siehe Ztschr. f. anal. Chem. **26**. 670.

**Aloy's** React. auf Uran oder Wasserstoffsuperoxyd.

Uranverbindungen geben mit Wasserstoffsuperoxyd u. festem Kaliumcarbonat eine schön rotgefärbte Lösung, welche mit Alkohol einen roten Niederschlag gibt.
Zu einer Lösung von Urannitrat in 95 %ig. Alkohol gibt man einige Tropfen der zu prüfenden Flüssigkeit u. etwas festes Kaliumcarbonat. In Anwesenheit von Wasserstoffsuperoxyd entsteht eine rote Lösung oder ein roter Niederschlag.
Bull. Soc. Chim. (3) **27**. 734.
Apoth. Ztg. 1903. 118.

**Alpers'** React. auf Eiweiss im Harn.

Man säuert den zu prüfenden Harn mit Salzsäure an und gibt ein gleiches Volum 1 %ige Quecksilbersuccinimidlösung zu. In Anwesenheit von Eiweiss entsteht eine Trübung oder ein Niederschlag. Empfindlichkeitsgrenze = 1 : 150 000.
Ztschr. f. anal. Chem. **38**. 206.
Pharm. Centrh. 1898. 619.

**Alt's** Reag. zum Färben mikroskop. Präparate

ist eine concentr. alkoholische Lösung von Congorot. Gebr. zum Färben von Achsencylindern etc.
Münchener med. Wochenschr. 1892. Nr. 4.

**Altmann's** Reag. zum Fixiren mikroskopischer Präparate

ist eine Lösung von 1 g Osmiumsäure u. 2,5 g Kaliumdichromat in 100 ccm Wasser. Vergleiche Flesch' Reag. Auch eine Lösung von 0,25 g Chromsäure u. 2,5 g Ammonmolybdat in 100 ccm Wasser wurde vom Autor empfohlen.
Ztschr. f. Mikroskop. 1890. 199 u. 1892. 331.
Prjesmizky, ebenda 1895. 33.

**Altmann's** Reag. zum Färben mikroskop. Präparate.

a) Eine Lösung von 20 g Fuchsin S in 100 ccm Anilinwasser; b) eine Mischung von 50 ccm concentr. alkoholischer Pikrinsäurelösung mit 100 ccm Wasser.
Metzner, Ztschr. f. Mikroskop. 1894. 372.
Zimmermann, ebenda 1890. 1.

**Amann's** Reag. auf Eiweiss.

Man löst 10 g Quecksilberchlorid, 20 g Bernsteinsäure u. 10 g Chlornatrium in 50 ccm Eisessig, 200 ccm Wasser u. 250 ccm 90 %igem Alkohol. Die Lösung wird mit Wasser auf 500 ccm ergänzt.
Pharm. Centrh. 1900. 557.
Vergleiche Jolles' Reag.

**Amann's** React. auf Indican im Harn

ist eine Modification von Jaffé's, Hammarsten's etc. React., nach welcher statt Hypochlorit eine 10%ige Lösung von Natriumpersulfat verwendet wird und zwar 5 ccm auf 20 ccm Harn, der vorher mit Schwefelsäure angesäuert wurde.
Rep. d. Pharm. 1897. 437.
Vergleiche die Reactionen von Hammarsten, Jaffé, Loubiou, Mac Munn, Obermayer u. Weber.

**Amann's** React. auf Phenol im Harn

beruht auf einer orangegelben bis roten Färbung des Harndestillates mit p-Diazobenzolsulfosäure.
Journ. de Pharm. et de Chim. 1897. VI. 361.
Pharm. Centrh. 1897. 781.

**Amann's** Reagentien für mikroskopische Zwecke.

Chloralphenol: Man schmilzt 2 Teile krystallisirtes Chloralhydrat und 1 Teil krystallisirtes (wasserfreies) Phenol zusammen. Man erhält so eine Flüssigkeit von bestimmtem Brechungsverhältniss, die bei + 10° C. anfängt zu krystallisiren. Sie dient als Aufhellungs- u. Einbettungsmittel Näheres siehe Ztschr. f. Mikroskopie 1896. 18 u. 1899. 38 od. Pharm. Centrh. 1900. 275.

Chlorallactophenol: Man schmilzt 2 T. Chloralhydrat, 1 T. Phenol und 1 T. Milchsäure (D. = 1,21) bei gelinder Wärme.

Lactochloral: Man löst 1 T. Chloral in 1 T. Milchsäure.

Chloralchlorphenol: Man löst 1 T. Chloral in 1 T. p-Monochlorphenol.

Chlorphenol: p-Monochlorphenol von bestimmtem Brechungsverhältniss, geeignet zur Isolirung des Polarisationsbildes organischer Präparate.

Lactochlorphenol: Man schmilzt 2 T. p-Monochlorphenol mit 1 T. Milchsäure.
Chlorallactochlorphenol: Man schmilzt gleiche Teile p-Monochlorphenol, Chloralhydrat u. Milchsäure.

**Amann**'s Reag. zur Bacterienfärbung

ist eine Lösung von 1 g Fuchsin u. 5 g Phenol in 100 ccm Wasser.
Pharm. Centrh. 1895. 431.

**Ambühl**'s Reag. auf Sesamöl

ist eine Lösung von 1—2 g weissen Zuckers in 200 ccm Salzsäure (D. = 1,18). 10 ccm Sesamöl mit 20 ccm Reag. geschüttelt färbt letzteres sofort intensiv rot. Olivenöl mit 10 % Sesamöl gibt noch eine dunkelrosa Färbung. (Modification von Baudouin's React.)
Pharm. Centrh. 1892. 596.
Ztschr. f. anal. Chem. **32**. 255.

**Andeer**'s Reag. siehe Haug's Reag. 5.

**Anderson**'s React. auf Codeïn.

Dampft man Codeïn mit concentr. Salpetersäure auf dem Wasserbade zur Trockne u. erwärmt mit Natronlauge, so entwickelt sich Methylamin.
Vergleiche Kippenberger, Nachw. v. Gift. 1896. 134.

**Anderson**'s React. auf Papaverin.

Versetzt man eine Lösung von Papaverin in verdünnter Salpetersäure mit concentr. Salpetersäure, so entsteht eine dunkelrote Färbung und eine Abscheidung von gelben Krystallen.
Merck's Report. 1900. 112.

**Anderson**'s React. auf Pyridinbasen

beruht auf der Umwandlung des Pyridinchloroplatinats beim Kochen mit Wasser in ein unlösliches gelbes Pulver unter Abspaltung von Salzsäure. Das Reactionsproduct bildet dann mit unzersetztem Pyridinchloroplatinat ein charakteristisches Zwischenproduct, das in goldgelben Blättchen krystallisirt.
Liebig's Annal. **96**. 199.
Oechsner de Coninck, Bull. Soc. Chim. **40**. 276.

**André**'s Reag. auf Alkaloide

ist Kaliumdichromatlösung, die mit vielen Alkaloiden krystallinische Niederschläge gibt. (Brucin, Chinin, Cocaïn, Codeïn etc.)
Répert. de Chim. appl. 1862. 199.

**André**'s React. auf Chinin.

Eine Lösung von Chinin wird durch Chlor und Ammoniak grün gefärbt (Brandes' React.). Neutralisirt man diese Lösung mit Säure, so geht die Farbe in Blau über; ein weiterer Säurezusatz bewirkt Rotfärbung. Ammoniak regenerirt die grüne Farbe.
Merck's Report 1900. 112.

**Andreasch**'s React. auf Cysteïn (α-Amidosulfomilchsäure).

Eine Lösung von Cysteïnchlorhydrat wird auf Zusatz von Eisenchlorid u. Ammoniak rotviolett gefärbt.
Jahresber. f. Tierchem. 1884. 76.

**Angeli**'s React. auf Hydroxylamin.

Erwärmt man eine neutrale Hydroxylaminlösung mit Nitroprussidnatrium und Natronlauge, so entsteht eine fuchsinrote Färbung. Diese React. ist sehr empfindlich, wird aber durch Anwesenheit von viel Ammonsalzen geschwächt. Phenylhydrazin gibt in der Kälte eine Rotfärbung, die beim Erwärmen verschwindet.
Ztschr. d. öst. Apoth. Ver. **48**. 226.
Ztschr. f. anal. Chem. **34**. 228.

**Anstie**'s React. auf Alkohol im Urin.

Versetzt man den zu prüfenden Urin tropfenweise mit einer Lösung von 1 g Kaliumdichromat in 300 g concentr. Schwefelsäure, so entsteht in Anwesenheit von Alkohol eine grüne Färbung.
Merck's Report 1900. 112.

**Apáthy**'s Celloidinlösung.

Man übergiesst das zerkleinerte Celluidin mit einer zur Lösung nicht genügenden Menge von Aether u. Alkohol (gleiche Teile) u. giesst nach einigen Tagen die concentr. Lösung ab, die dann mit der gleichen Menge Aether-Alkohol verdünnt wird.
Ztschr. f. Mikroskop. 1889.

**Apáthy**'s Reag. (Einschlussmittel) für mikroskop. Präparate

ist eine Lösung von 10 g farblos. Gummi arabic. u. 10 g Rohrzucker in 10 g Wasser, der zur Conservirung 0,1 g Thymol zugesetzt ist.

**Apáthy**'s Reagentien zum Färben mikroskop. Präparate.

1. a) Eine 0,5 %ige, alkoholische Lösung von Hämatoxylin.
   b) Eine filtrirte Mischung von 100 ccm 5 %iger wässeriger Kaliumdichromatlösung mit 200 bis 400 ccm Alkohol (80 %).
2. (Hämateïntinktur) Eine 1 %ige Lösung von Hämatoxylin in 70 %igem Alkohol, die durch 8wöchentliches Reifenlassen gebrauchsfähig gemacht wird.
3. (Hämateïnlösung IA) Man mischt 100 ccm Hämateïntinktur mit einer Lösung von 9 g Alaun, 3 g Eisessig u. 0,1 g Salicylsäure in 95 ccm Wasser und gibt 100 g Glycerin zu.

Mitteilg. d. zoolog. Stat. Neapel 1897. 715.

**Apéry**'s React. auf Aloë.

Das Untersuchungsobjekt wird mit Alkohol extrahirt, der filtrirte Auszug zur Trockene verdampft, in Wasser aufgelöst und mit Bleiacetat gefällt. Das Filtrat hiervon wird eingedampft, mit kohlensaurem Natrium entbleit u. die so erhaltene Flüssigkeit nach dem Neutralisiren mit Salpetersäure mit verdünnter Eisenchloridlösung versetzt. Aloë erkennt man an der entstehenden rotbraunen Färbung. Empfindlichkeitsgrenze = 1 : 3000 Wasser.
Ztschr. d. öst. Apoth. Ver. **50**. 766.
Ztschr. f. anal. Chem. **37**. 276.

**Arata**'s React. auf künstliche Weinfarbstoffe.

100 ccm Wein mischt man mit 100 ccm Kaliumbisulfatlösung (10 %) und kocht 10 Minuten lang mit Wolle. Bei natürlichem Rotwein färbt sich die Wolle rosa u. mit Ammoniak grün, in Anwesenheit von Diazofarbstoffen u. vielen anderen Teerfarbstoffen wird die Wolle stark gefärbt und durch Ammoniak nicht verändert oder nur gelb gefärbt.
Näheres siehe Chem. Ztg. 1887. Rep. 149.
Pharm. Centrh. 1889. 746.
Gazz. chimic. ital. **17**. 44.
Sostegni, Chem. Ztg. 1894. Rep. 131.

**Arcangeli**'s Reagentien zum Färben mikroskop. Präparate.

1. Borsäurecarmin: Man löst 1 g Carmin u. 8 g Borsäure in 200 ccm siedend. Wasser u. filtrirt heiss.
2. Borsäurealauncarmin: Man löst 1 g Carmin u. 8 g Borsäure in einer heissen Lösung von 60 g

Kalialaun in 400 ccm Wasser und filtrirt. Gebraucht zum Färben von Zellkernen.
Proc. verb. soc. Toscana sc. nat. 1885. 283.

**Archetti**'s React. auf Coffeïn.

Eine Lösung von Ferricyankalium in Salpetersäure versetzt man mit der zu prüfenden Substanz oder Flüssigkeit und erhitzt die Mischung zum Sieden. In Anwesenheit von Coffeïn (u. Harnsäure) entsteht Berlinerblau.
Chem Centralbl. **70**. II. 453.
Pharm. Centrh. 1901. 458.
Ztschr. f. anal. Chem. **40**. 415.

**Armitage** siehe Lister-Armitage.

**Arnaud-Padé**'s React. auf Salpetersäure.

Die React. gründet sich auf die Unlöslichkeit des salpetersauren Cinchonamins. Siehe Compt. rend. **98**. 1488 u. **99**. 190.
Ztschr. f. anal. Chem. **25**. 223.
Pharm. Centrh. 1885. 19 u. 309.

**Arndt**'s quantit. Zuckerbestimmung

beruht auf der durch Gährung erzeugten Kohlensäuremenge.
Vergleiche Einhorn's React.

**Arnold**'s Reag. auf Acetessigsäure im Harn.

a) Eine Lösung von 1 g p-Amidoacetophenon in 2 g concentr. Salzsäure und 100 ccm Wasser; b) eine Lösung von 1 g Natriumnitrit in 100 ccm Wasser. Zum Gebrauch mischt man 2 T. a mit 1 T. b. Mischt man dieses Reag. mit gleichen Teilen Harn, der Acetessigsäure enthält, so gibt Ammoniak zunächst eine braunrote Färbung oder Fällung, die auf Zugabe von überschüssiger concentr. Salzsäure in eine purpurviolette Färbung übergeht.
Centralbl. für innere Medicin 1900. 417 od. Ztschr. f. angew. Chem. 1900. 598.
Merck's Index 1902. 261.
Liptiawsky, Ztschr. f. anal. Chem. **40**. 565.

**Arnold**'s Reactionen auf Alkaloide.

Erhitzt man etwas Alkaloid mit Phosphorsäure (Sirupconsistenz) etwa 10 Minuten lang auf dem Wasserbade oder verdampft man über einer kleinen Flamme zur Trockne, so gibt Coniin eine grüne bis blaugrüne, Nicotin eine gelbe bis orangerote und Aconitin eine violette Färbung.
Ebenso erhält man Farbenerscheinungen, wenn man Alkaloide mit concentr. Schwefelsäure erwärmt und unter Umrühren tropfenweise concentr. (30—40%ige) alkoholische oder wässerige Kalilauge zugibt bis letztere im Ueberschusse vorhanden ist.
Näheres mit tabellarischer Zusammenstellung siehe Ztschr. f. anal. Chem. **23**. 229 od. Arch. d. Pharm. (3) **20**. 561.

**Arnold**'s React. auf Formaldehyd siehe Mentzel's React.

**Arnold**'s React. auf Narceïn u. Veratrin.

Erwärmt man eine Spur Narceïn mit einigen Tropfen concentr. Schwefelsäure und Phenol, so entsteht eine kirschrote Färbung, die beim Verdünnen mit Wasser schmutzig gelblich wird. Veratrin verhält sich ähnlich, Codeïn wird schmutzig rotviolett bis braun.
Repert. d. anal. Chem. **2**. 229.
Ztschr. f. anal. Chem. **23**. 234.
Vergleiche Wangerin's Reag.

**Arnold**'s Reag. zum Färben mikroskop. Präparate

ist eine Lösung von 0,05 g Goldchloridchlorkalium u. 1 g Eisessig in 100 ccm Wasser. Gebr. zur Darstellung der Spinalfasern der Ganglienzellen.
Virchow's Archiv 1867.
Bastian, Ztschr. f. Mikroskop. 1884.

**Arnold-Mentzel**'s React. auf Formaldehyd.

In 5 ccm der zu prüfenden Flüssigkeit löst man ein erbsengrosses Stückchen Phenylhydrazinchlorhydrat, gibt 2—4 Tropfen einer 5—10%igen Nitroprussidnatriumlösung u. dann etwa 10 Tropfen Natronlauge (10—15%) zu. In Anwesenheit von Formaldehyd entsteht sofort eine blaue bis blaugraue Färbung. Empfindlicher ist diese React., wenn man an Stelle von Nitroprussidnatrium Ferricyankalium verwendet. Es entsteht dann eine scharlachrote Färbung.
Chem. Ztg. 1902. 246.
Pharm. Centrh. 1902. 284.
Vergleiche Rimini's React. auf Aldehyde.

**Arnold-Mentzel**'s Reag. auf Ozon im Wasser

ist eine gesättigte Lösung von Tetramethyl-p, p'-diamido-diphenylmethan (Tetrabase) in Methylalkohol. — Zu 1—2 ccm einer 2%igen Silbernitrat- oder 10%igen Manganosulfatlösung gibt man 1—2 Tropfen Reag. und erst dann 25—35 ccm des zu prüfenden Wassers. Ozon bewirkt eine deutliche blaue Färbung, die nach einiger Zeit verblasst. Empfehlenswert ist ein Zusatz von Ferrosulfat zur Silber- oder Manganlösung, um eine störende Wirkung von Chlor, Brom, Permanganaten u. Cerisulfat zu heben. Auch mit dem Reag. getränktes Papier kann Verwendung finden.
Näheres siehe Berl. Ber. 1902. 2902—2905. oder Ztschr. f. angew. Chem. 1902. 1093.
Vergl. Chlopin's Reag.

**Arnold-Vitali**'s Reag. auf Alkaloide.

Das Alkaloid wird mit einem Tropfen Schwefelsäure versetzt u. dann einige Kryställchen Natriumnitrit eingerührt. Es treten Farbenerscheinungen auf, welche durch wässerige oder alkoholische Kalilauge entsprechend verändert werden.
Tabellarische Zusammenstellung der Farbenreactionen siehe Ztschr. f. anal. Chem. **23**. 232.

**Arnold-Weber**'s Reag. zur Unterscheidung von gekochter und ungekochter Milch ist eine Guajakholztinktur, die in einem 100 ccm fassenden Fläschchen noch durchsichtig sein muss. Dieselbe muss mindestens 3 Monate alt sein u. auf ihre Brauchbarkeit mit ungekochter Milch geprüft sein. — In 2 ccm Milch lässt man 3 Tropfen Reag. fallen. Ist die Milch ungekocht (oder doch nicht über 75° C. erhitzt worden), so tritt innerhalb 2 Minuten ein blauer bis blaugrüner Ring auf. Gekochte Milch gibt diese Reaction nicht.
Chem. Centralbl. 1902. II. 1344.
Milch-Ztg. 1902. 657.
Kühnau, Chem. Ztg. 1901. R. 184.

**Arnstein**'s Reagentien zum Färben mikroskop. Präparate.

1. Man löst 3 g Methylenblau in 100 ccm Wasser oder 0,6%ig. Kochsalzlösung. Gebraucht zum Färben von Achsencylindern, Nervenfasern und von niederen Tieren.
2. a. Eine Lösung von 3 g Methylenblau in 100 ccm Wasser; b. eine Mischung gleicher Raumteile Glycerin u. concentr. wässeriger Ammonpikratlösung. Gebraucht für Nervenfärbungen.

**Aronsohn**'s Reag. zum Färben mikroskop. Präparate.

a. Eine Mischung von je 100 g gesättigter, wässeriger Lösung von Fuchsin S u. Orange G mit 200 ccm Wasser; b. eine Mischung von 130 g gesättigter, wässeriger Lösung von Methylgrün, 100 ccm Wasser u. 24 g Alkohol. Man mischt a u. b u. lässt es 14 Tage stehen. Zum Gebrauch verdünnt man 5 Tropfen Reag. mit 100 ccm Wasser. Gebraucht zum Färben von Schnittpräparaten.

**Arthaud-Butte**'s Reag. auf Harnsäure.
Man löst 1,484 g Kupfersulfat, 20 g Natriumthiosulfat, 40 g Natriumkaliumtartrat zu 1 Liter Wasser. 1 ccm des Reag. fällt 0,001 g Harnsäure.
Vergl Babo's React.
Compt. rend. Soc. Biolog. 1889. 625.
Ztschr. f. anal. Chem. **29**. 378.

**Artus**' Reag. auf Alkaloide
ist Rhodankaliumlösung (wie Gmelin's Reag.).
Journ. f. pract. Chem. **8**. 853.

**Artus**' React. auf Runkelrübenspiritus
beruht auf Entwickelung eines widerlichen Geruches beim Behandeln des Spiritus mit siedender, concentr. Kalilauge.
Polytechn. Centralbl. 1865. 895.

**Arzberger**'s React. auf $\alpha$-Naphtol in $\beta$-Naphtol.
0,3 g $\beta$-Naphtol löst man in 3 ccm Alkohol, gibt 15 ccm Wasser zu u. filtrirt nach 10 Minuten langem Stehenlassen. Alsdann gibt man 10 Tropfen Kalilauge (10 %) u. 1—4 Tropfen Jodjodkaliumlösung (1 g Jod und 2 g Jodkalium in 60 ccm Wasser) zu. In Anwesenheit von $\alpha$-Naphtol entsteht eine violette Färbung. Empfindlichkeitsgrenze = 0,2 % $\alpha$-Naphtol.
Pharm. Ztg. 1903. 20.
Vergleiche Jorissen's React.

**Arzberger**'s React. auf Pfefferminzöl.
Erwärmt man 1 Tropfen Pfefferminzöl mit 5 ccm Formaldehyd, so entsteht eine rosarote Färbung. Auf Zusatz von Eisessig entsteht eine schöne rote Färbung, welche schnell in violettrot u. dann in schmutzigbraun übergeht.
Merck's Report 1900. 214.

**Ashby**'s Reag. auf freie Mineral- und Pflanzensäuren
ist ein wässeriger Auszug von Campecheholz, mit dem Papier getränkt oder Porzellan überzogen wird.
Näheres siehe: The Analyst. **84**. 96.

**Austen-Chamberlain**'s Reag. auf Salpetersäure
ist eine Lösung von 20 g Ferroammonsulfat u. 2 g Schwefelsäure in 100 ccm Wasser. Flüssigkeiten, die Salpetersäure enthalten, werden durch das Reag. rosarot gefärbt.
Merck's Report 1900. 112.

**Autenrieth-Hinsberg**'s React. auf Phenacetin.
Beim Kochen mit 10—12 %iger Salpetersäure wird Phenacetin in Mononitrophenacetin verwandelt, einem gelben Körper, der durch Umkrystallisiren aus Wasser in Nadeln vom Schmelzp. 103° C. erhalten werden kann.
Archiv d. Pharm. **229**. 456.

**Axenfeld**'s Reag. auf Eiweiss.
Gibt man zu einer mit Ameisensäure angesäuerten Eiweisslösung unter Erwärmen tropfenweise 0,1%ige Goldchloridlösung, so färbt sich die Lösung rosenrot bis purpurrot, auf weiteren Zusatz von Goldlösung blau. Charakteristisch ist nur die Purpurfärbung, da die Blaufärbung durch eine grosse Zahl anderer Stoffe ebenfalls hervorgerufen wird. (Vergleiche Pickering's React.)
Centralbl. f. d medic. Wissensch. 1885. 209.
Ztschr. f. anal. Chem. **24**. 479.
Pickering. Journ. of Physiolog. **14**. 376.

**Axenfeld**'s Reag. auf Propepton
ist Pyrogallussäure, welche mit Propepton einen in der Wärme löslichen Niederschlag gibt. Die React. ist 10 mal empfindlicher als mit Salpetersäure.
Annali di chim. e di farmacol. (4) **5**. 193.

**Aymonier**'s React. auf $\alpha$-Naphtol.
Man löst 1 g Kaliumdichromat u. 1 g Salpetersäure in 100 ccm Wasser. Dieses Reag. gibt mit Lösungen von $\alpha$-Naphtol einen schwarzen Niederschlag. $\beta$-Naphtol, Salol, Benzonaphtol, Naphtalin u. Thymol verhindern das Eintreten dieser React.
Ztschr. d. öst. Apoth. Ver. **47**. 789.
Ztschr. f. anal. Chem. **34**. 228.
Pharm. Centrh. 1894. 30.

**Babes**' Reag. zur Bacterienfärbung
ist eine gesättigte Lösung von Safranin in 50%igem Alkohol.
Pharm. Centrh. 1890. 718.

**Babes**'s Reag. zur Kernfärbung
ist eine gesättigte Lösung von Safranin in Wasser, welches 2% Anilinöl enthält.

**Babo**'s React. auf Harnsäure.
Kocht man ein Alkali-Urat mit verd. Fehling's Reag., so entsteht ein roter Niederschlag von Kupferoxydul. Ist freie Harnsäure vorhanden, so entsteht ein weisser Niederschlag von Cuprourat, der beim Kochen mit Alkali in Kupferoxydul übergeht.
Merck's Report 1900. 164.

**Bach**'s Butterprobe.
1 g Butterfett löst man in 20 g einer Mischung von 1 Vol. 95%ig. Alkohol u. 3 Vol. Aether. Reines Butterfett bleibt völlig gelöst. Schweinefett oder Talg lässt sich als Beimischung daran erkennen, dass sich das Fett nicht vollständig löst, oder unter 20° C. teilweise abscheidet.
Hager, Pharm. Prax. Erg.-Bd. 1883. 165.
Pharm. Centrh. 1877. 433.

**Bach**'s Reag. auf Kupfer u. Nickel.
Man mischt gleichmolekulare Mengen einer 20%igen Formaldehydlösung und von Hydroxylaminchlorhydrat. — 15 ccm der zu prüfenden Lösung versetzt man mit 0,5 ccm Reag. u. 0,5 ccm Kalilauge (15%). Kupfersalze geben eine Violettfärbung (noch bei 1 g Kupfersulfat in 1000 Liter Wasser), Nickelsalze eine orangegelbe Färbung. (Eisensalze stören die React.)
Chem. Ztg. 1899. 279.
Pharm. Centrh. 1899. 331.

**Bach**'s Reag. auf Solanin.
Behandelt man Solanin mit einer Mischung aus gleichen Teilen Schwefelsäure u. Alkohol, so entsteht eine rote Färbung.
Merck's Report 1900. 113.

**Bach**'s Reag. auf Wasserstoffsuperoxyd.
Man löst 0,03 g Kaliumdichromat und 5 Tropfen Anilin in ein Liter Wasser. 5 ccm dieser Lösung versetzt man mit 1—2 Tropfen einer 5%igen, wässerigen Oxalsäurelösung und gibt 5 ccm der zu prüfenden Flüssigkeit zu. In Anwesenheit von Wasserstoffsuperoxyd entsteht nach 10—30 Minuten eine rotviolette Färbung. Empfindlichkeitsgrenze 1 : 1 400 000.
Compt. rend. **119**. 1218.
Ztschr. f. anal. Chem. **34**. 751.

**Bachmeyer**'s React. auf kaustische Alkalien.

Aetzalkalien u. Ammoniak geben mit Tanninlösung eine rote bis rotbraune Färbung, die nach längerer Zeit in ein schmutziges Grün übergeht. Empfindlichkeitsgrenze 1 : 1 000 000.
Ztschr. f. anal. Chem. **20**. 234.

**Bachmeyer**'s Reag. auf freie Schwefelsäure neben organischen Säuren.

Man taucht Filtrirpapierstreifen in eine mässig starke Japanholzextraktlösung und trocknet dieselben. Hält man solche Streifen in eine Flüssigkeit, die nur 0,2 Vol % freie Schwefelsäure enthält und trocknet sie dann vollständig, so färben sie sich ganz oder am Rande schön pfirsichblütenrot.
Ztschr. f. anal. Chem. **22**. 228.

**Baemes'** Reag. auf Tannin

ist eine Lösung, welche in 100 ccm 10 g Natriumwolframat und 20 g Natriumacetat enthält. In saurer oder alkalischer Lösung gibt Tannin mit diesem Reag. einen in Wasser unlöslichen, strohgelben Niederschlag.
Ztschr. d. öst. Apoth. Ver. **51**. 3.
Ztschr. f. anal. Chem. **36**. 518.

**Baeyer**'s React. auf Eosin.

Behandelt man eine wässerige Lösung von Eosin mit Natriumamalgam, so tritt Entfärbung ein. Gibt man nun 1 Tropfen Kaliumpermanganatlösung zu, so entsteht eine grüne Fluorescenz. Diese React. kann zum Nachweise des Eosins auf Geweben benützt werden.
Berl. Ber. **8**. 146.
Ztschr. f. anal. Chem. **15**. 494.
Vergleiche Wagner's React. auf Eosin.

**Baeyer**'s React. auf Glucose

beruht auf der Reduction von alkalischer Kaliumpermanganatlösung durch Glucose. Näheres siehe Annal. d. Chem. **245**. 149.
Dieselbe Erscheinung zeigt aber auch Phenol.

**Baeyer**'s Reag. auf Glucose.

Erhitzt man eine Lösung von o-Nitrophenylpropiolsäure in wässeriger Natriumcarbonatlösung mit Glucose zum Sieden, so scheidet sich Indigo ab.
Berl. Ber. **13**. 2260.
Vergleiche Hoppe-Seyler's Reag.
Heckenhayn, Dissertation-Erlangen 1887.
Pharm. Centrh. 1900. 77.
Wolfson, Chem. Ztg. 1900. R. 291.

**Baeyer**'s React. auf Indol.

Eine mit Salzsäure versetzte Lösung von Indol in Alkohol färbt einen damit befeuchteten Fichtenspahn kirschrot.
Neubauer-Vogel, Anal. d. Harns 10. Aufl. 170.
Versetzt man eine Indollösung mit Salpetersäure u. Kaliumnitritlösung, so färbt sich die Mischung rot und es entsteht ein roter krystallinischer Niederschlag.
Merck's Report 1900. 113.
Vergleiche Nencki's React.

**Baeyer-Villiger**'s Reag. auf Aceton.

3 ccm Wasserstoffsuperoxyd (3%) versetzt man unter Eiskühlung mit 10 ccm concentr. Schwefelsäure. — 1 ccm dieses Reag. mit Eis gekühlt gibt mit 1 Tropfen Aceton sofort einen krystallinischen Niederschlag von Acetonsuperoxyd.
Berl. Ber. 1900. 125.

**Bailey**'s React. auf künstlichen Kampher.

Man löst ein kleines Stückchen Kampher in Alkohol und lässt einen Tropfen dieser Lösung auf einem Objektglase verdunsten. Bei der Betrachtung mit polarisirtem Lichte zeigen die Krystalle von natürlichem Kampher schöne Farben, die des künstlichen Kamphers nicht.
Deutsche Industrie-Ztg. 1866. 428.

**Bailey**'s React. auf Salpetersäure.

Krystallisirtes Kaliumquecksilberjodid färbt sich mit Salpetersäure schwarz, mit anderen Säuren rot.
Merck's Report 1900. 113.

**Bailey**'s React. auf Schwefel

ist eine Modification von Béchamp's React. Schmilzt man Schwefel mit Natriumcarbonat, löst in Wasser und gibt Nitroprussidnatriumlösung zu, so entsteht eine blutrote Färbung.
Merck's Report 1900. 113,

**Ball**'s React. auf Hydroxylamin.

Kocht man eine Hydroxylaminlösung mit 1—2 Tropfen gelbem Schwefelammon bis zur Schwefelabscheidung, gibt dann 3 ccm Ammoniak (D. = 0,88) und zuletzt ein gleiches Volum Alkohol zu, so entsteht eine purpurrote Lösung, welche ein charakteristisches Absorptionsspectrum aufweist.
Empfindlichkeitsgrenze = 1 : 500 000.
Näheres siehe Chem. Ztg. 1902. 116 od. Pharm. Centrh. 1902. 123.

**Ballard**'s Butterprobe

beruht auf der Beobachtung der Tropfenform oder -grösse geschmolzener Butter auf heissem Wasser, der glatten oder körnigen Beschaffenheit erstarrter Butter, dem Geschmack auf Filtrirpapier getrockneter Butter u. der Löslichkeit der Butter in Aether.
Ausführliche Beschreibung siehe Ztschr. f. anal. Chem. **2**. 99.

**Bamberger**'s React. der Orthodiketone (Phenanthrenchinon, Retenchinon, Dibromretenchinon, Chrysochinon, Benzil etc.)

Eine Spur eines (ortho-)Diketons löst man in Alkohol, erhitzt u. gibt bei möglichster Vermeidung von Luftzutritt einen Tropfen Kalilauge zu. Es entsteht eine dunkelrote bis schwarze Färbung, welche beim Schütteln mit Luft wieder verschwindet.
Berl. Ber **18**. 865.
Ztschr. f. anal. Chem. **26**. 640.

**Banfi**'s React. auf Santonin.

Gibt man Santonin in schmelzendes Aetzkali, so färbt sich die Masse intensiv rot. Bei weiterem Erhitzen der Schmelze färbt sich letztere dunkler und es entwickelt sich ein brennbares Gas.
Liebig's Annal. **91**. 112.

**Bang**'s React. auf Albumosen im Harn.

Die durch Kochen mit Ammonsulfat aus dem Harn abgeschiedenen Albumosen werden durch die Biuretreaction identifizirt.
Näheres siehe Ztschr. f. anal. Chem. **37**. 410 u. Pharm. Centrh. 1898. 93.
Vergl. Hammarsten, Physiol. Chem. 1899. 499.

**Barbet**'s Reactionen auf Aldehyde und Phenole

beruhen auf Farbenerscheinungen, die bei der Condensation genannter Stoffe in Gegenwart von concentr. Schwefelsäure entstehen.
Näheres siehe Annal. de chim. analyt. **17**. 325.
The Analyst **21**. 295.
Ztschr. f. anal. Chem. **37**. 47.
Jostrati, Pharm. Centrh. 1900. 289.

**Barbier**'s React. auf Alkohol in ätherischen Oelen.

Von dem zu prüfenden Oele destillirt man 1/10 ab und gibt zu dem Destillate Kaliumacetat, welches mit dem vorhandenen Alkohol eine schwere Flüssigkeit bildet und deshalb leicht von dem überstehenden Oele getrennt werden kann. Durch Destillation kann der Alkohol daraus gewonnen werden.

New Remedies **9**. 174.
Ztschr. f. anal. Chem. **20**. 583.

**Barbot**'s Reag. auf fette Oele

ist eine Elaïdinprobe mit rauchender Salpetersäure.

**Barbsche**'s React. auf Glycerin

beruht auf der Entfärbung von Phenollösung (1 : 4000) u. Eisenchlorid durch Glycerin.

Näheres siehe Berl. Ber. **14**. 1125.

**Bardach**'s React. auf Quecksilber im Harn.

In 250—1000 ccm Harn löst man 0,8 g fein gepulvertes Eieralbumin gibt auf 500 ccm 5—7 ccm 30%oiger Essigsäure zu, erhitzt 1/4 Stunde im siedenden Wasserbade und filtrirt. Den erhaltenen Niederschlag schüttelt man mit 10 ccm Salzsäure (D. = 1,19), fügt eine blanke ca. 2 cm lange Kupferspirale aus 40 cm langem, dünnem Drahte zu und lässt in einem Erlenmeyer'schen Kölbchen 3/4 Stunde lang im siedenden Wasserbade stehen. Hierauf wäscht man die Spirale mit Wasser, Alkohol und Aether und erhitzt dieselbe nach Zusatz von etwas Jod in einem Glasrohre. In Anwesenheit von Quecksilber (0,025—0,05 mg) tritt ein roter Ring von Quecksilberjodid auf

Münchener med. Wochenschr. 1901. 718.
Pharm. Centrh. 1901. 336.

**Barff**'s Reag. für mikroskop. Zwecke

ist eine heiss gesättigte Lösung von Borsäure in Glycerin, die beim Erkalten fest wird. Gebraucht als Conservirungs- und Beobachtungsmittel wie Canadabalsam.

Merck's Index 1902. 269.

**Barfoed**'s Reag. auf Glucose.

13,3 g krystallisirtes, neutrales Kupferacetat löst man in 200 ccm 1 %iger Essigsäure. Die Versuchslösung lässt man mit einigen Tropfen dieses Reag. einen Augenblick aufkochen. Glucose bewirkt eine Abscheidung von Kupferoxydul.

Der Autor verwendete dieses Reag. zum Nachweis von Glucose in Dextrin. Er konnte noch 1/10 % Glucose in Dextrin nachweisen.

Merck's Index 1902. 261.
Ztschr. f. anal. Chem. **12**. 27.
Journ. f. pract. Chem. (2) 6. 334.
Müller, Pflüger's Archiv **16**. 551 od. Ztschr. f. anal. Chem. **18**. 601.

**Barillot**'s React. auf Colchicin.

Etwas Colchicin verreibt man mit 0,25 g Oxalsäure, gibt 1 ccm Schwefelsäure zu und erwärmt in einem geschlossenen Röhrchen im Oelbade 1 Stunde lang auf 120° C. Gibt man dann etwas Wasser zu, so entsteht eine gelbe, klare Lösung, die durch Alkali rot, durch Säuren wieder gelb wird. Chloroform entzieht der Flüssigkeit einen gelben Farbstoff, der nach dem Verdampfen des Chloroforms als harziger Rückstand hinterbleibt. Dieser Rückstand färbt sich mit Salpetersäure (D. = 1,4) rotviolett, mit concentr. Schwefelsäure vorübergehend himbeerrot.

Bull. Soc. Chim. (3) **11**. 514.
Chem. Ztg. **18**. R. 197.
Ztschr. f. anal. Chem. **37**. 61.
Berl. Ber. 1894. R. 763.

**Barillot-Chastaing**'s React. auf Morphin.

Trockenes Morphin mischt man mit entwässerter Oxalsäure u. erhitzt dann die Mischung 1 Stunde lang in einem verschlossenen Glasröhrchen auf 120° C. Das Reactionsproduct gibt mit viel Wasser einen gelblichweissen Niederschlag. Letzteren sammelt man, versetzt mit etwas Alkohol u. Aetzkali u. überlässt die Mischung 5 Stunden der Einwirkung der Luft. Verdünnt man alsdann mit Wasser u. säuert mit Salzsäure an, so färbt sich die Flüssigkeit blau. Diese Lösung zeigt ein charakteristisches Absorptionsspectrum. Die blaue Farbe geht beim Schütteln mit Aether in letzteren über u. kann beim Verdunsten desselben krystallinisch erhalten werden (Morphinblau).

Arch. de Pharm. 1887. 530.
Pharm. Centrh. 1888. 223.

**Barral**'s Reag. auf Dischwefelsäure in Schwefelsäure

ist das p-Dichlor-Hexachlorbenzol, welches sich in Schwefelsäure bei Anwesenheit von Dischwefelsäure mit rotvioletter Farbe löst.

Journ. de Pharm. et de Chim. 1897. 104.
Pharm. Centrh. 1897. 642.

**Barral**'s Reag. auf Eiweiss u. Gallenfarbstoffe

ist eine 20 %ige Lösung von Aseptol (o-Phenolsulfosäure). Schichtet man über dieses Reag. filtrirten Harn, so entsteht bei Anwesenheit von Gallenfarbstoff ein grüner Ring, bei Anwesenheit von Eiweiss ein weisser Ring (noch bei 5 mg im Liter).

Pharm. Ztschr. f. Russl. 1897. 961.
Pharm. Centrh. 1898. 28.
Merck's Index 1902. 43.

**Barreswil**'s React. auf Chromsäure.

Gibt man zu angesäuertem Wasserstoffsuperoxyd (3 %) etwas Aether und eine chromsäurehaltige Flüssigkeit, so färbt sich die wässerige Lösung intensiv blau. Beim Schütteln geht die blaue Farbe in den Aether über.

Merck's Report 1900. 113.

**Barreswil**'s Reag. auf Glucose

ist Fehling's Lösung, die an Stelle von Natronlauge Kalilauge enthält.

Merck's Index 1902. 261.

**Bartley**'s React. auf Galle im Harn.

Klar filtrirter Harn färbt sich nach dem Ansäuern mit Salzsäure auf Zusatz von Eisenchlorid grün, wenn Gallenbestandteile vorhanden sind. Eine eventuell durch Indican erzeugte Blaufärbung kann durch Ausschütteln mit Chloroform entfernt werden, worauf die Grünfärbung deutlich hervortritt.

Pharm. Rundschau 1901. 239.
Pharm. Centrh. 1901. 339.

**Basham**'s React. auf Gallenfarbstoffe.

Die zu prüfende Flüssigkeit schüttelt man mit wenig Chloroform aus, verdampft letzteres u. versetzt den Rückstand mit einem Tropfen Salpetersäure. Bei Anwesenheit von Gallenfarbstoffen nimmt der Rückstand verschiedene Farben an, um zuletzt rot zu werden.

Merck's Report 1900. 113.

**Basoletto**'s React. auf Sesamöl

ist identisch mit Baudouin's React.

**Battandier**'s React. auf Chelidonin.

Gibt man etwas Chelidonin in eine Mischung von 1 Tropfen Guajakol u. 0,5 ccm concentr. Schwefel-

säure, so bilden sich vom Chelidonin aus dunkel carminrote Streifen.
Pharm. Centrh. 1895. 258.

**Baubigny**'s Reag. auf Brom.
Conceptpapier taucht man in eine Lösung von Fluoresceïn in 40—50%iger Essigsäure und trocknet es. Das befeuchtete, gelbe Papier wird durch Spuren von Brom rosa gefärbt. Es lässt sich noch 1 mg Alkalibromid in 5—10 g Kochsalz nachweisen.
Chem. Ztg. 1897. 963.
Ztschr. f. anal. Chem. **37**. 440.

**Baudouin**'s React. auf Gallenfarbstoffe im Harn
beruht auf der Bildung eines orangefarbigen Rosanilinbilirubinats beim Vermischen von ikterischem Harn mit einigen Tropfen Fuchsinlösung (1 : 200 Wasser).
La Semaine médic. 1902. 398.
Chem. Ztg. 1902. Rep. 347.

**Baudouin**'s Reag. auf Sesamöl.
1 g Zucker löst man in 100 ccm Salzsäure (D. = 1,18). Man schüttelt 10 ccm des zu prüfenden Oeles mit 5 ccm Reag. Bei Anwesenheit von Sesamöl tritt eine intensiv rote Färbung auf.
Benedict, Analyse der Fette, 2. Aufl. 345.
Millian, Monit. scientif. de Quesneville 1888. 367.
Dieterich, Pharm. Centrh. 1896. 393.
da Silva, Pharm. Centrh. 1900. 195.
Utz, Chem. Ztg. 1902 309.
Bömer, Pharm. Centrh. 1899. 360.
Breinl, Chem. Ztg. 1899. 647.
Domergue, Journ. de Pharm. et de Chim. 1891. 54.
Vergl. Carlinfanti's React., Villavecchia-Fabris' Reag.

**Baudrimont**'s React. auf Chloroform
ist identisch mit Reichardt's React.
Ztschr. f. anal. Chem. **9**. 269.

**Bauer**'s Reag. auf Solanin
ist eine Lösung von Tellursäure in verdünnter Schwefelsäure. — Das Reag. färbt sich mit Solanin bei gelindem Erwärmen himbeerrot. Empfindlichkeitsgrenze = 0,02 g in 1 Kilo Kartoffeln.
Ztschr. f. angew. Chem. 1899. 99.
Pharm. Centrh. 1899. 156.

**Baumann**'s Reag. auf mehrwertige Alkohole
ist Benzoylchlorid. In verdünnter wässeriger Lösung werden die mehrwertigen Alkohole beim Schütteln mit Benzoylchlorid und Natronlauge als Benzoesäureester (unter Umständen quantitativ) abgeschieden.
Diez, Ztschr. f. physiol. Chem. **11**. 472.
Baumann, Berl. Ber. 1886. 3218.
Udranszky, Berl. Ber. 1888. 2744.

**Baumann**'s Reag. auf Cystin, Kohlehydrate u. Diamine ist Benzoylchlorid.
Näheres siehe: Ztschr. f. physiol. Chem. **12**. 254; Ztschr. f. anal. Chem. **28**. 380; **32**. 269; Berl. Ber. 1886. 3220.
v. Fodor, Jahresber. für Tierchemie 1891. 292.
Lehmann, Ztschr. f. physiol. Chem. **17**. 405.
Brenzinger, Ztschr. f. physiol. Chem. **16**. 572.
Hammarsten, Physiol. Chem. 1899. 525.

**Baumann**'s React. auf Maisstärke im Weizenmehl.
0,1 g Mehl schüttelt man mit 10 ccm 1,8 %iger Kalilauge während 2 Minuten öfter durch. Dann gibt man 4—5 Tropfen 25%iger Salzsäure zu und betrachtet die Mischung unter dem Mikroskop. Weizenstärke ist vollständig verquollen, Maisstärke ist unversehrt.
Zeitschr. f. Untersuchung der Nahrungs- und Genussmittel **2**. 27.

**Baumann**'s React. auf freie Säuren im Magensaft.
Beim Destilliren von Magensaft mit phenylschwefelsaurem Kalium geht bei Anwesenheit von Salzsäure (auch von Milchsäure, wenn über 0,1 %) schon mit den ersten Tropfen Phenol über, das mit Bromwasser nachweisbar ist.
Ztschr. f. physiol. Chem. **1**. 152.

**Baumgarten**'s Reag. I. zum Färben mikroskop. Präparate.
a) Eine Lösung von 1 g Fuchsin in 100 ccm Alkohol; b) eine Lösung von 1 g Methylenblau in 100 ccm Wasser. Gebraucht zur Doppelfärbung.

**Baumgarten**'s Reag. II zum Färben mikroskop. Präparate ist ein 0,2%ige alkoholische Lösung von Bleu de Lyon (Anilinblau, wasserlöslich).
Arch. f. mikroskop. Anat. 1892. 512.
Ztschr. f. Mikroskop. 1893. 105.
An anderer Stelle empfiehlt der Autor eine alkoholische Lösung von Mauveïn (Anilinviolett).

**Bayerl**'s Reag. zum Entkalken mikroskop. Präparate ist eine Lösung von 1 g Chromsäure u. 1 g Salzsäure in 100 ccm Wasser.

**Bayerl**'s Reag. zum Färben mikroskop. Präparate.
a) Eine Lösung von 1 g Carmin u. 4 g Borax in 65 g Wasser; b) eine Lösung von 4 g Indigocarmin u. 4 g Borax in 65 g Wasser. Zum Gebrauch mischt man gleiche Teile von a u. b und filtrirt. Gebraucht zum Färben von Ossificationspräparaten etc.
Arch. f. mikroskop. Anat. 1885. 36.

**Beale**'s Reag. zum Färben mikroskopischer Präparate
ist eine Lösung von Ammoniumcarminat in einer Mischung von Wasser, Glycerin u. Alkohol. Zur Darstellung löst man 1 g Carmin in 5 ccm Ammoniak (D. = 0,91) u. mischt mit 110 ccm Wasser, 80 ccm Glycerin und 30 ccm absolut. Alkohol. Ein anderes Mischungsverhältnis ist 1 g Carmin, 1,5 ccm Ammoniak 80 ccm Glycerin, 25 ccm Wasser u. 120 ccm Alkohol.
Merck's Index 1902. 269.
Frey, Mikroskop 1877. 95.

**Beale**'s Reagentien zum Injiciren mikroskop. Präparate.
I. Blaue Injectionen:
1. Eine Lösung von 3,6 g Liquor ferri sesquichlorati in 30 g Wasser und 15 g Glycerin gibt man tropfenweise zu einer Lösung von 0,73 g Ferrocyankalium in 30 g Wasser und 15 g Glycerin, gibt 57 g Wasser und schliesslich 30 g Alkohol zu.
2. Eine Lösung von 2 g Liquor ferri sesquichl. in 30 g Wasser gibt man allmählich in eine Lösung von 0,95 g Ferrocyankalium in 30 g Wasser. Hierzu gibt man unter Umschwenken ein Gemisch bestehend aus 30 g Glycerin, 60 g Wasser, 30 g Alkohol und 5 g Methylalkohol.
3. Eine Mischung von 10 Tropfen Eisenliquor in 15 g Wasser u. 30 g Glycerin gibt man in eine Lösung von 0.18 g Ferrocyankalium in 15 g Wasser u. 30 g Glycerin u. gibt 3 Tropfen Salzsäure zu.

II. Rote Injection: 0,12 g Carmin löst man in 5 Tropfen Wasser u. ebensoviel Ammoniak, gibt 45 g Glycerin u. 10 Tropfen Salzsäure und schliesslich 22 g Wasser u. 7 g Alkohol zu.
How to work with the Mikroskope, London 1880.
Robin, Traité du microscope 1871.

**Beale-Frey**'s Reag. zum Injiciren mikroskop. Präparate ist eine Modification von Beale's Reag. 3, bestehend aus 10 Tropfen Eisenchlorid, 0,18 g Ferrocyankalium, 30 g Glycerin u. 15 g Wasser mit 3 Tropfen Salzsäure.
Das Mikroskop, Leipzig 1863.

**Béchamp**'s React. auf Nitrobenzol in Bittermandelöl.
Destillirt man Bittermandelöl mit Eisenacetat u. versetzt das Destillat mit Chlorkalklösung, so entsteht bei Anwesenheit von Nitrobenzol eine blaue Färbung.
Merck's Report 1900. 113.

**Béchamp**'s Reag. auf Schwefelalkalien
ist eine 0,4%ige, wässerige Lösung von Nitroprussidnatrium. Dieses Reag. gibt mit verdünnten Lösungen von Schwefelalkalien eine purpurrote Färbung. Die React. konnte in einer Lösung von 0,061 g Schwefelkalium in 1 Liter Wasser nicht mehr wahrgenommen werden.
Bei weitem empfindlicher ist das Reag., wenn die zu prüfende Lösung vorher mit Aetzkali versetzt wird.
Annal. de chim. et de phys. (IV.) **16**. 202.
Ztschr. f. anal. Chem. **9**. 77.
Scheele, ebenda **42**. 181.

**Bechi**'s React. auf Cottonöl im Olivenöl.
Man löst 1 g Silbernitrat in 100 ccm 98 %igen Alkohols. — 5 ccm des zu prüfenden Oeles versetzt man mit 5 ccm Reag. u. 25 ccm 98%igem Alkohol und erwärmt auf 84° C. Dunkelfärbung zeigt Cottonöl an.
Pharm. Ztg. **28**. 547.
Ztschr. f. anal. Chem. **23**. 97.

**Bechi-Hehner**'s React. auf Cottonöl.
Man löst 1 g Silbernitrat in 200 g Alkohol und gibt 40 g Aether und etwa 0,1 g Salpetersäure zu. 10 ccm des zu prüfenden Fettes oder Oeles werden mit 5 ccm obiger Silberlösung unter öfterem Schütteln 1/4 Stunde lang im Dampfbade erhitzt. Je nach dem Gehalte von Baumwollsamenöl nimmt die Masse eine rotbraune bis schwarze Farbe an. Reines Schweinefett, Mohnöl, Olivenöl u. Sesamöl bleiben bei dieser Probe unverändert.
Pharm. Ztg. 1886. 470.
Ztschr. f. anal. Chem. **29**. 722.
Raoul Brullé, Compt. rend. **91**. 977; **92**. 105 od. Ztschr. f. anal. Chem. **32**. 253.
Gantter. Ztschr. f. anal. Chem. **32**. 303.
de Negri u. Fabris, ebenda **33**. 547.
Wesson, Chem. Ztg. 1890. R. 6.

**Becker**'s Reag. auf Pikrotoxin
beruht auf der Reduction von Fehling's Reag. in der Wärme.
Schmidt, Pharm. Chem. 1896. II. 1504.
Hager, Pharm. Prax. 1880. I. 911.
Otto, Ausmittel. d. Gifte 5. Aufl. 60.

**Beckmann**'s React. ist eine für die Synthese wichtige React.
Näheres siehe: Beckmann, Berl. Ber. **22**. 431, **27**. 300.
Hantzsch u. Werner, Berl. Ber. **23**. 1.
Ferner: Berl. Ber. **20**. 2581, **24**. 13. 3479. 4018; **25**. 1908 2164.

**Beckmann**'s React. auf Veratrin.
Dampft man etwas Veratrin mit rauchender Salpetersäure auf dem Dampfbade zur Trockne, so erhält man einen gelben Rückstand, der sich mit alkoholischer Kalilauge orangerot färbt.
Vergleiche Vitali's React. auf Atropin u. Daturin.

**Beckurts**' Reag. auf Alkaloide
ist 1/10 Normal-Kaliumpermanganat. Tropft man das Reag. zu der betreffenden salzsauren Alkaloidlösung, so bewirken Aconitin, Brucin, Chinin, Cinchonidin, Cinchonin, Cinchonamin, Codeïn, Colchicin, Coniin, Nicotin, Physostigmin, Thebaïn u. Veratrin eine sofortige Reduction unter Braunsteinabscheidung; Rotfärbung u. langsame Reduction geben Atropin, Berberin, Hyoscyamin, Pilocarpin, Piperin u. Strychnin. Aus Morphinlösung scheidet das Reag. weisses Oxydimorphin aus; Apomorphinlösung wird grün gefärbt, Cocaïn, Narceïn, Narcotin u. Papaverin geben krystallinische Niederschläge.
Jahresber. über Fortschr d. Pharm. etc. 1887. 244.

**Becquerel**'s React. auf Glucose
ist dieselbe wie Trommer's React. Siehe auch Annal. de Phys. et de Chim. (2) **47**. 15.

**Bedson**'s React. auf Apomorphin in Morphin.
Eine Apomorphin enthaltende Lösung von Morphin wird beim Kochen mit Kalilauge braun gefärbt.
Merck's Report. 1900. 164.

**Beer**'s Reag. zum Färben mikroskop. Präparate.
a) Eine Lösung von Eisenchlorid in Wasser oder verdünntem Spiritus (1 : 4), b) eine gesättigte Lösung von Dinitroresorcin (Dinitrosoresorcin) in 75 %igem Spiritus.

**Béhal**'s Reag. auf Kohlenwasserstoffe der Acetylenreihe
ist eine gesättigte Lösung von Silbernitrat in 95 %igem Alkohol.
Näheres siehe Bull. de la societ. chim. de Paris **49**. 335 od. Ztschr. f. anal. Chem. **31**. 213.

**Béhal-Francois**' React. auf Wasser u. Alkohol im Chloroform.
Wasser weist man nach, indem man das Chloroform stark abkühlt, von den entstandenen Krystallen abgiesst und an die Stellen, wo sich weisse Flecken gebildet haben etwas gelbes Mercuriammoniumjodid gibt Bei Anwesenheit von Wasser färbt sich letzteres rot.
Alkohol wird dem Chloroform durch concentr. Schwefelsäure entzogen, und nach der Destillation mit Kaliumdichromatlösung (16,97 g im Liter) titrirt.
Näheres siehe: Ztschr. d. öst. Apoth. Ver. **51**. 397. od. Ztschr. f. anal. Chem. **40**. 116.

**Behrend**'s React. auf Holzstoff im Papier
beruht auf einer Braunfärbung der Holzfasern beim Befeuchten des Papiers mit Salpetersäure (D. = 1,3).
Ztschr. f. anal. Chem. **5**. 240.
Deutsch. Industr.-Ztg. 1866. 278.

**Behrens**' Reag. auf Cellulose
ist eine Lösung von Chlorzink, Jodkalium u. Jod in Wasser. Gebraucht zur mikroskop. Erkennung von Cellulose.
Merck's Index 1902. 269.

**Behrens**' Reag. auf fette Oele
ist eine Mischung von gleichen Teilen concentr. Schwefelsäure und Salpetersäure. Man schüttelt

gleiche Teile des zu prüfenden Oeles u. des Reag. Bei Anwesenheit von Sesamöl entsteht eine grüne Färbung, die rasch in braun übergeht.
Vergleiche Bellier's Reag. Répert. de Pharm. 1899. 435.

**Behrens'** Reag. für mikroskop. Zwecke
ist eine flüssige Mischung von gleichen Teilen Kampher und Chloralhydrat. Gebraucht als Beobachtungsmittel. Auch eine Lösung von 25 g Hausenblase in 100 ccm Wasser u. 100 ccm Glycerin ist vom Autor empfohlen worden. Dieselbe erstarrt beim Erkalten zu einer klaren Masse.
Merck's Index 1902. 267.

**Behrens'** mikrochemische Reactionen u. Reagentien siehe Annal. de l'Ecole polyt. de Delft, 1891.
Ztschr, f. anal. Chem. **30**. 125, **41**. 269.

**Beissenhirtz'** React. auf Anilin.
Versetzt man eine Lösung von Anilin in concentr. Schwefelsäure mit 1—2 Tropfen Kaliumdichromatlösung (1 : 20), so färbt sich die Mischuug vorübergehend blau.
Liebig's Annal. **2**. 87.

**Béla von Bittó**'s Reag. auf einwertige Alkohole
ist eine Lösung von 0,5 g Methylviolett in 1 Liter Wasser. Zu der zu prüfenden Flüssigkeit gibt man 1—2 ccm dieses Reag. u. 1 ccm einer Alkalipolysulfidlösung und schüttelt um. Bei Anwesenheit einwertiger Alkohole färbt sich die Mischung kirschrot bis violettrot u. bleibt vollkommen klar.
Näheres siehe Chem. Ztg. **17**. 611 oder Ztschr. f. anal. Chem. **34**. 225.

**Béla von Bittó**'s React. I auf Aldehyde u. Ketone.
Fügt man zu einer Aldehyd- oder Ketonlösung 1 ccm einer frisch bereiteten 0,3—0,5%igen, wässerigen Lösung von Nitroprussidnatrium u. macht dann mit Kalilauge alkalisch, so entsteht eine Färbung, die für den betreffenden Aldehyd charakteristisch ist (rotgelb bis violettrot).
Näheres siehe Liebig's Annalen **267**. 376 oder Ztschr. f. anal. Chem. **32**. 347.
Vergleiche auch Legal's u. le Noble's Reag.
Denigès, Bull. Soc. Chim. Paris (3) **15**. 1058.

**Béla von Bittó**'s React. II auf Aldehyde u. Ketone.
Löst man einige Krystalle von Meta-Dinitrobenzol in dem betreffenden flüssigen Aldehyd oder Keton oder in einer alkoholischen Lösung des letzteren, so entsteht nach Zugabe einiger Tropfen Kalilauge eine blaue Färbung, die durch Essigsäure in violettrot übergeht. Auch andere Dinitroverbindungen geben Farbenreactionen.
Näheres siehe Liebig's Annalen **269**. 377.

**Béla von Bittó**'s Reag. III auf Aldehyde u. Ketone.
Eine Lösung von 0,5—1 g Metaphenylendiaminchlorhydrat in 100 ccm Wasser oder Alkohol (aldehyd- u. ketonfrei).
Die zu prüfende Flüssigkeit versetzt man mit einigen ccm des Reag. Nach einigen Minuten tritt intensive grünliche Fluorescenz ein mit einer Farbenreaction, die in längstens 2 Stunden ihren Höhepunkt erreicht. Betreffs Farbenreaction der verschiedenen Aldehyde vergleiche
Ztschr. f. anal. Chem. **36**. 371.
Pharm. Centrh. **38**. 569.

**Bela-Haller**'s Reag. zum Maceriren mikroskop. Präparate
ist eine Mischung von 10 ccm Eisessig, 10 ccm Glycerin u. 20 ccm Wasser.
Merck's Report 1900. 164.

**Belar**'s React. auf Teerfarbstoffe im Rotwein
beruht auf der Löslichkeit vieler Farbstoffe in Nitrobenzol.
Näheres siehe Ztschr. f. anal. Chem. **35**. 322.

**Belfield**'s React. auf Rindsstearin im Schweinefett siehe Chem. Centralbl. 1902. II 827.

**Bell**'s Reag. auf Curcuma in Drogenpulvern
ist eine Lösung von 1 g Diphenylamin in 20 ccm Alkohol und 25 ccm concentr. Schwefelsäure.
Näheres siehe Chem. Ztg. 1902. Rep. 348.
Pharm. Journ. (4.) **15**. 551.
Pharm. Ztg. 1902. 1031.

**Bellier**'s React. auf Abrastol im Wein.
Mit Ammoniak alkalisch gemachten Wein schüttelt man mit Amylalkohol aus (auf 50 ccm Wein etwa 10 ccm Amylalkohol), verdampft letzteren, erwärmt mit verdünnter Salpetersäure, gibt Wasser u. 0,2 g Eisenvitriol u. hierauf soviel Ammoniak zu bis ein bleibender Niederschlag entsteht und fügt dann etwas Alkohol u. einige Tropfen Schwefelsäure zu. Bei Anwesenheit von Abrastol ist das Filtrat mehr oder weniger rot gefärbt. Empfindlichkeitsgrenze 1 : 1 000 000.
Monit. scientifique 1895. 191.

**Bellier**'s React. auf Erdnussöl im Olivenöl.
Man verseift 1 ccm des Oeles mit 5 ccm einer genau 8,5%igen, alkoholischen Kalilauge, erhitzt 1—2 Minuten zum Sieden und gibt 1,5 ccm Essigsäure zu, welche so eingestellt ist, dass damit 5 ccm der alkoholischen Kalilauge neutralisirt werden. Nach dem Abkühlen und Abscheiden der Fettsäuren gibt man 50 ccm Alkohol von 70 Vol % zu und 1 ccm concentr. Salzsäure. Die Mischung stellt man in ein Wasserbad von 17—19° C. Ist kein Erdnussöl vorhanden, so bleibt die Flüssigkeit klar, bei Anwesenheit von Erdnussöl beginnt nach einiger Zeit eine Ausscheidung von Arachinsäure, (bei 10% nach ca. 5 Minuten).
Pharm. Centrh. 1901. 475.

**Bellier**'s React. auf Sesamöl (Vanadinreaction).
Man löst 2 g Ammoniumvanadat in 50 ccm Wasser u. 100 ccm Schwefelsäure. Schüttelt man Sesamöl mit diesem Reag., so entsteht sofort eine grüne Färbung, die allmählich in Grünschwarz übergeht Andere Oele geben erst später eine schwärzliche Färbung.
Répert. de Pharm. 1899. 437.

**Bellier**'s Reagentien auf Sesamöl.
1. Man mischt 100 ccm Schwefelsäure mit 50 ccm Wasser und 10 ccm Formaldehyd (40 %). — Schüttelt man gleiche Teile des zu prüfenden Oeles u. Reag., so entsteht bei Anwesenheit von Sesamöl eine graue bis blauschwarze Emulsion (bei 2% Sesamöl noch eine tiefgraue Färbung).
2. Schüttelt man 2 ccm Oel mit 2 ccm resorcingesättigtem Benzol u. 2 ccm Salpetersäure (D. = 1,38), so entsteht bei Anwesenheit von Sesamöl eine violettblaue Mischung. Die sich abscheidende Säure ist **blaugrün** gefärbt. Letztere Färbung ist charakteristisch für Sesamöl.
3. (Modification von Behrens' Reag.) ist eine Mischung von 100 ccm concentr. Schwefelsäure, 50 ccm Wasser und 10 ccm Salpetersäure. Gleiche Teile Oel und Reag. geben beim Schütteln eine Grünfärbung.

Répert. de Pharm. 1899. 436.
Chem. Ztg. 1899. R. 263.
Annal. chim. analyt. appl. 1899. 217.
Kreis, Chem. Ztg. 1902. 897.

**Benario**'s Formolalkohol für mikroskop. Zwecke ist eine Mischung von 1 Teil Formaldehyd mit 9 Teilen Wasser u. 90 Teilen Alkohol.
Deutsche med. Wochenschr. 1894. 572.

**Benda**'s Reag. zum Fixiren mikroskop. Präparate ist eine kalt gesättigte, wässerige Lösung von Kaliumdichromat, die beim Gebrauch mit 1—3 Volum Wasser verdünnt wird. Die Organe müssen vorher in verd. Salpetersäure 24—48 Stunden macerirt werden.

**Benda**'s Reagentien zum Färben mikroskop. Präparate.
1. a. 1%ige wässerige Hämatoxylinlösung,
b. concentr., wässerige, neutrale Kupferacetatlösung,
c. Salzsäure 1 : 500.
Vergleiche auch Benda's Eisenhämatoxylin-Säurefuchsin, Ztschr. f. Mikroskop. 1886. 410 u. 1894. 70.
2. a. Eine Lösung von 1 g Safranin in 10 g Alkohol und 90 g Anilinwasser,
b. eine Lösung von 0,5 g Lichtgrün (oder Säureviolett) in 200 g Alkohol.
Ztschr. f. Mikroskop. 1891. 516.
Cook, Journ. Anat. Physiol. London 1879. 140.
Lee, Vade Mecum 1. Ed. 1885. 77.
Weigert, Deutsche med. Wochenschr. 1891. 1184.
Flesch, Ztschr. f. Mikroskop. 1886. 50.
Vassale, ebenda 1891. 518.
Rossi, ebenda 1889. 182.

**van Beneden**'s Fixirungsflüssigkeit ist eine Mischung gleicher Teile Alkohol u. Eisessig.
Siehe Carnoy's Reag. zum Fixiren.

**Bergonzini**'s Reag. zum Färben mikroskop. Präparate.
a. Eine Lösung von 0,2 g Säurefuchsin in 100 ccm Wasser,
b. eine Lösung von 0,4 g Methylgrün in 200 ccm Wasser,
c. eine Lösung von 0,4 g Goldorange in 200 ccm Wasser.
Die 3 Lösungen werden gemischt u. durch Baumwolle filtrirt. Das Reag. färbt das fibröse Bindegewebe und die elastischen Fasern rosa- bis purpurrot, die roten Blutkörperchen orangerot, die weissen Blutkörperchen rotbraun, die Muskelfasern und Nervenfasern dunkelgelb, die Kerne grün etc.
Anat. Anzg. 1891. 595.
Ztschr. f. Mikroskop. 1892. 95.

**Bernbeck**'s React. auf teerige Stoffe in Ammoniak (Salmiakgeist)
Schichtet man Ammoniak über rohe Salpetersäure, so entsteht bei Anwesenheit von Teerstoffen ein roter Ring.
Ztschr. f. anal. Chem. **30**. 104.
Pharm. Ztg. **35**. 446.

**Bernède**'s React. auf Teerfarbstoffe im Wein:
Zum Nachweis von Fuchsin u. Gentianaviolett dient eine Mischung von 12 g (durch 1/10 Vol. Alkohol) verflüssigtes Phenol und 60 g Aether. Schüttelt man 10 ccm Wein mit 5 ccm Reag., so färbt sich die ätherische Schicht bei Anwesenheit von Fuchsin rot, von Violett rotviolett. Empfindlichkeitsgrenze bei Fuchsin = 1 : 10000 Liter, bei Violett = 1 : 1000 Liter Wein.
Journ. de Pharm. et de Chim. (5) **15**. 29.

**Bernouilly**'s React. auf Alkohol in äther. Oelen.
Schüttelt man ein ätherisches Oel mit trockenem Kaliumacetat, so wird letzteres bei Anwesenheit von Alkohol feucht oder flüssig.
Merck's Report 1900. 164.

**Berthelot**'s React. auf Aethylalkohol.
Gibt man zu einer Alkohol enthaltenden Flüssigkeit einige Tropfen Benzoylchlorid, schüttelt gut durch und setzt dann Natronlauge zu bis der Geruch des Benzoylchlorids verschwunden ist, so tritt der charakteristische Geruch des Benzoesäureäthylesters hervor. Alkohol lässt sich so noch 1 : 1000 nachweisen.
Compt. rend. **73**. 496.
Ztschr. f. anal. Chem. **11**. 93.
Chem. Centralbl. 1871. 584.

**Berthelot**'s React. auf Aethylalkohol in Methylalkohol beruht auf der Bildung von Methyläther beim Behandeln des Untersuchungsobjektes mit dem doppelten Volum concentr. Schwefelsäure, während aus Aethylalkohol Aethylen entsteht, das durch Brom gebunden und bestimmt werden kann.
Näheres siehe Journ. de Pharm. et de Chim. **21**. 468.
Ztschr. f. anal. Chem. **15**. 342.

**Berthelot**'s Reag. auf Aethylperoxyd oder Wasserstoffsuperoxyd in Aether ist Bleiammoniumjodid (Mosnier's Reag.), das den Aether bei Anwesenheit von genannten Stoffen unter Jodabscheidung gelb färbt.
Compt. rend. **92**. 895.
Ztschr. f. anal. Chem. **38**. 252.

**Berthelot**'s Reag. auf Kohlenoxyd in der Luft.
Eine verdünnte, wässerige Lösung von Silbernitrat versetzt man so lange tropfenweise mit Ammoniak, bis der anfangs entstandene Niederschlag sich wieder gelöst hat. Leitet man in dieses Reag. Kohlenoxyd ein, so entsteht in der Kälte eine Braunfärbung, beim Erhitzen ein schwarzer Niederschlag. Auf diese Art lassen sich Spuren von Kohlenoxyd in Luft nachweisen.
Compt. rend. **112**. 597.
Ztschr. f. anal. Chem. **34**. 95.

**Berthelot**'s Reag. auf Phenol ist eine Lösung von Chlorkalk in Wasser (1 : 20). Uebersättigt man eine Phenollösung mit Ammoniak u. gibt etwas Reag. zu, so färbt sich die Mischung blau.
Chem. Centralbl. 1859. 463.
Vergleiche Cotton's u. Jacquemin's React.

**Bertrand**'s Reag. auf Alkaloide ist Siliciumwolframsäure, welche mit Alkaloiden unlösliche Niederschläge gibt. Die Empfindlichkeitsgrenze liegt bei verschiedenen Alkaloiden bei 1 : 8000 bis 1 : 500000.
Chem. Ztg. 1899. 287.
Pharm. Centrh. 1899. 252.

**Bertsch**'s React. auf Vinylalkohol in Aether.
Schüttelt man Aether mit Quecksilberoxychlorid, so entsteht bei Anwesenheit von Vinylalkohol ein weisser Niederschlag, der durch Kalilauge in ein schwarzes (explosives) Pulver übergeführt werden kann.
Apoth. u. Drogist 1893 No. 12.

**Berzelius**' React. auf Arsen.
Leitet man Wasserstoff durch eine rotglühende Röhre, in der sich Schwefelarsen (Sulfoarsenit) befindet, so erhält man einen Arsenspiegel wie bei dem Marsh'schen Verfahren.
Näheres siehe Dragendorff, Ermittel. v. Giften 1888. 384.

**Berzelius**'s Reag. auf Eiweiss ist Metaphosphorsäure.
Vergleiche Hindelang's Reag.

**Bethe**'s Reag. zum Färben mikroskop. Präparate.
a. Eine Lösung von 10 g Anilinchlorhydrat in 100 ccm Wasser und 10 Tropfen Salzsäure;
b. eine 10%ige, wässerige Lösung von Kaliumdichromat. Gebraucht zum Färben von Chitin etc. Die färbende Kraft des Reag. beruht auf der Umwandlung des Anilins in Anilinschwarz durch Chromsäure.
Zoolog. Anzg. 1895.

**Bethe**'s Reag. zum Fixiren für Methylenblaufärbung.
1. Man löst 1 g Ammonmolybdat in 10 ccm Wasser, gibt 1 g Wasserstoffsuperoxyd u. dann 1 Tropfen Salzsäure zu.
2. Man löst 1 g Ammonmolybdat in 10 ccm Wasser u. gibt 0,5 g Wasserstoffsuperoxyd zu.

1 wird für Wirbeltiere, 2 für wirbellose Tiere empfohlen.
Arch. f. mikroskop. Anat. 1895. 579.
Ztschr. f. Mikroskop. 1895. 230.

**Bettendorf**'s Reag. auf Arsen
ist eine concentr. Lösung von Zinnchlorür in rauchender Salzsäure. Mit diesem Reag. lassen sich noch Spuren Arsen nachweisen. Arsenhaltige, farblose Lösungen geben je nach der vorhandenen Arsenmenge in der Kälte oder beim Erwärmen eine bräunliche Färbung bis zu einem braunen Niederschlag (von metall. As.)
Ztschr. f. Chem. **5**. 492.
Ztschr. f. anal. Chem. **9**. 105.
Merck's Index 1902. 261.
Ueber Empfindlichkeit d. Reag. siehe Curtmann, Pharm. Rundschau **12**, 155,
Chem. Ztg. **18**. Rep. 195,
Ztschr. f. anal. Chem. **36**. 245.
Flückiger, Apoth. Ztg. 1889. 726.
Moberger, Pharm. Centrh. 1896. 199.
Geisler, „ „ 1895. 591.

**Bettink**'s React. auf Mannitol
beruht auf der Reduction von Fehling's Reag. durch das Reactionsproduct von Mannitol u. Chromsäure (d-Mannose).
Näheres siehe Ztschr. f. anal. Chem. **42**. 58.
Journ. of the Chem. Soc. **82**. II. 235.

**Bettink** siehe auch **Wefers Bettink.**

**Betz**' Ammoniak-Carmin.
Man bereitet eine concentr. Lösung von Carmin in Wasser und Ammoniak, filtrirt dieselbe und stellt sie in einer offenen, grünen Flasche ins Sonnenlicht. Der hierbei entstandene Niederschlag wird abfiltrirt und das Filtrat abermals der Luft u. dem Lichte ausgesetzt bis kein Niederschlag mehr entsteht.
Merck's Report 1900. 164.
Arch. f. mikroskop. Anat. 1873. 112.

**Bial**'s Reag. auf Pentose im Harn.
(Pentosereagens). Man löst 1—1,5 g Orcin in 500 g Salzsäure (D. = 1,19) und gibt 25—30 Tropfen Eisenchloridlösung (10%) zu. — 3 ccm Harn erwärmt man auf freier Flamme mit 5 ccm Reag. bis die ersten Blasen aufsteigen. Bei Anwesenheit von Pentose entsteht ein grüner Farbstoff, der sich durch Amylalkohol ausschütteln lässt.
Vergleiche Tollens' React. u. Salkowski's React.
Deutsche med. Wochenschr. 1902. No. 15.
Pharm. Centrh. 1902. 292.
Pharm. Ztg. 1902. 826.
Kraft, Chem. Ztg. 1902. Rep. 297.

**Lo Bianco**'s Reagentien zum Conserviren mikroskop. Präparate.
1. Lösung von 1 g Chromsäure in 100 ccm Wasser u. 100 ccm Alkohol (70 %).
2. Lösung von 10 ccm Salpetersäure in 200 ccm 50 %igem Alkohol.
3. Mischung von 2,5 ccm Jodtinktur mit 35 ccm Alkohol u. 65 ccm Wasser.
4. Lösung von 0,1 g Chromsäure in 10 ccm Wasser u. 100 ccm Essigsäure.
5. Lösung von 1 g Chromsäure in 5 ccm Essigsäure u. 100 ccm Wasser.
6. Lösung von 0,02 g Osmiumsäure u. 1 g Chromsäure in 100 ccm Wasser.
7. Lösung von 7 g Quecksilberchlorid in 100 ccm Wasser u. 50 ccm Essigsäure.
8. Lösung von 7 g Quecksilberchlorid und 0,5 g Chromsäure in 150 ccm Wasser.
9. Lösung von 0,7 g Quecksilberchlorid und 10 g Kupfersulfat in 100 ccm Wasser.

Mitteilgn. d. zoolog. Stat. Neapel 1890.

**Bieber**'s Reag. zur Prüfung des Mandelöls.
Man mischt gleiche Teile Wasser, concentr. Schwefelsäure u. rauchende rote Salpetersäure u. lässt erkalten. 5 Teile Mandelöl schüttelt man mit 1 Teil Reag. Reines Mandelöl gibt ein schwach gelblichweisses Liniment, andere Oele erkennt man an Färbungen, so das Pfirsichkernöl an einer pfirsichblütroten— orangegelben, das Sesamöl an einer gelbroten Färbung etc.
Näheres siehe Ztschr. f. anal. Chem. **17**. 265.
Pharm. Centrh. 1877. 315.

**Biehringer-Busch**' React. auf o- u. p.-Toluidin
beruht auf einer Farbenerscheinung beim Kochen der salzsauren Lösung genannter Stoffe mit Eisenchlorid: para-T. = bordeauxrote Färbung, ortho-T. = blaue Flocken.
Näheres siehe Chem. Ztg. 1902. 1128.

**Biel**'s React. auf Cocaïn.
Man löst 0,03 g Cocaïn in 1 ccm concentr. Schwefelsäure u. erhitzt die Lösung 1—2 Minuten in siedendem Wasser. Verdünnt man das Reactionsgemisch nach dem Erkalten mit 3 ccm Wasser, so scheiden sich innerhalb 1/2 Stunde Krystalle von Benzoesäure ab u. es tritt der Geruch nach Benzoesäuremethylester auf.
Pharm. Ztg. **31**. 132.
Chem. Ztg. 1886. Rep. 72.
Ztschr. f. anal. Chem. **25**. 452.
Vergleiche Deutsch. Arzneibuch IV. 88.

**Biel**'s React. auf Pikrinsäure in Jodoform.
Schüttelt man Jodoform mit Wasser, so färbt sich letzteres bei Anwesenheit von Pikrinsäure gelb, das Filtrat auf Zusatz von Cyankalium nach einiger Zeit braunrot.
Näheres siehe Pharm. Centrh. 1884. 568.

**Bignami**'s Reag. zum Fixiren mikroskop. Präparate
ist eine Lösung von 1 g Quecksilberchlorid, 0,75 g Chlornatrium u. 1 g Eisessig in 100 ccm Wasser.

**Biilmann**'s Reag. auf Kalium
ist eine Lösung von 0,5 g Natriumcobaltnitrit in 2—3 ccm Wasser.
Ztschr. f. anal. Chem. **39**. 284.
Vergleiche Koninck's u. Fischer's Reag.

**Bill**'s React. auf Cinchonin.
Lösungen von neutralen Cinchoninsalzen geben mit Ferrocyankaliumlösung einen gelben, krystallinischen Niederschlag.
Ztschr. f. anal. Chem. **1**. 89.

**Bill-Seligsohn** siehe **Bill**'s React. auf Cinchonin.

**Billon**'s React. auf Ceylon-Zimmtöl.

Schüttelt man 1 Tropfen Ceylon-Zimmtöl mit 10 ccm Wasser, filtrirt durch ein angefeuchtetes Filter und gibt zum Filtrat einige Tropfen Kaliumarsenitlösung (Fowler'sche Lösung), so entsteht eine grüngelbe Färbung. Chinesisches Zimmtöl gibt diese React. nicht.

Bull. scienc. pharmacol. 1903. Nr. 1.
Pharm. Ztg. 1903. 185.

**Biltz'** React. auf Glucose.

Eine gesättigte Kochsalzlösung färbt man mit etwas Fehling's Lösung bläulich, erhitzt zum Kochen und schichtet die zu prüfende Flüssigkeit darüber. An der Berührungsstelle lässt sich die rote Farbenreaction scharf erkennen.

Pharm. Centrh. **17**. 395.
Ztschr. f. anal. Chem. **16**. 247.

**Biltz**'s Reag. auf Natriumcarbonat in Bicarbonat

ist wässerige Quecksilberchloridlösung (1 : 20). 2 g Natriumbicarbonat löst man unter leichtem Umschwenken (ohne zu schütteln) in 30 ccm Wasser. Diese Lösung gibt man in 5 g Reag. Erscheint innerhalb 3 Minuten nur eine weissliche Opalescenz, so enthält das Bicarbonat höchstens 4 % Monocarbonat, tritt aber eine rötliche bis bräunliche Trübung (oder Niederschlag) ein, so ist der Gehalt an Monocarbonat höher.

Archiv d. Pharm. **140**. 193.
Ztschr. f. anal. Chem. **9**. 527.

**Binder**'s React. auf Salpetersäure im Wasser.

(Modification von Trommsdorf's React. auf salpetrige Säure) 30 ccm Wasser schüttelt man mit sehr wenig Zinkstaub (eine Stahlfederspitze voll) gibt einige Tropfen verdünnte Schwefelsäure zu und schüttelt abermals. Gibt man dann etwas Jodkaliumstärkekleister zu, so entsteht bei Anwesenheit von Salpetersäure (bezw. salpetrige Sr.) sofort oder nach einiger Zeit eine Blaufärbung.

2 mg. $N_2O_5$ in 1 Liter Wasser geben nach einigen Minuten noch starke Blaufärbung.

Ztschr. f. anal. Chem. **26**. 605.

**Biondi** siehe **Strassburger**'s Reag.

**Biondi-Heidenhain**'s Triacidgemisch

ist eine Mischung gesättigter, wässeriger Lösungen von Fuchsin S, Orange G u. Methylgrün (2 : 10 : 5). Gebraucht zur Schnittfärbung. Vergleiche Aronsohn' u. Ehrlich-Biondi's Reag.

Das Reag. ist auch in Pulverform gebräuchlich, von dem man nach Rosin 0,4 g in 100 ccm Wasser löst, für Paraffinschnitte u. Celloidinschnitte noch 7 bezw. 30 ccm 0,5 %iger Säurefuchsinlösung zugibt (R o s i n's Triacidgemisch).

**Bischoff**'s Butterprobe.

Reine Butter trennt sich beim Schmelzen im Luftbade in eine ölige, klare Schicht und einen mehr oder weniger grossen Bodensatz von Nichtfettstoffen. Margarine, Milchzusatz etc. erkennt man an trüber Fettschicht.

Näheres siehe: Pharm. Centrh. 1896. 43.

**Bischoff**'s React. auf Gallensäure

ist eine Modification von Pettenkofer's React.: Erwärmt man 1 Tropfen Gallensäurelösung mit einer Spur Rohrzuckerlösung und 1 Tropfen verd. Schwefelsäure, so färbt sich die Mischung purpurrot.

Ztschr. f. rat. Medic. **21**. 125.

**Bishop**'s React. auf Sesamöl.

Schüttelt man 8 ccm Sesamöl mit 12 ccm Salzsäure (21—22° Bé.), so tritt keine Veränderung ein. Nach einigen Tagen tritt unter Einwirkung von Luft u. Licht eine Grünfärbung auf, die nach längerem Stehen intensiver wird. Schliesslich scheiden sich blauviolette Flocken ab.

Näheres siehe: Apoth. Ztg. Rep. **1**. 21.
Ztschr. f. anal. Chem. **29**. 724.
Chem. Ztg. 1899. 802.
Répert. de Pharm. 1899. 436.
K r e i s, Chem. Ztg. 1902. 1014.

**Bishop-Kreis'** React. auf fette Oele

ist eine Modification von Bishop's React. auf Sesamöl, die darin besteht, dass zur React. Phloroglucin oder Resorcin mitverwendet wird, wobei rote oder violette Färbung der Salzsäure auftritt.

Näheres siehe: Chem. Ztg. 1899. 802 und 1902. 897. 1014.
Ztschr. f. angew. Chem. 1903. 283.
Apoth. Ztg. 1903. 210.

**Bizzari**'s React. auf Glucose im Harn.

Man tränkt Streifen von weissem Schafwollgewebe mit einer 10%igen Zinnchloridlösung und trocknet dieselben bei mässiger Wärme. Lässt man Harn auf solche Streifen tropfen u. trocknet bei gelinder Wärme, so werden die betreffenden Stellen dunkel gefärbt, wenn Glucose vorhanden ist.

Gazz. del Farmacista 1884. Nr. 1.
Pharm. Post. 1894. 35.
Vergleiche Maumené's React.

**Bizzozero**'s Reagentien zum Färben mikroskop. Präparate.

1. Eine schwache wässerige Lösung von Methylviolett 5 B oder eine Lösung von Methylviolett 5 B in physiologischer Kochsalzlösung. Gebraucht zur Blutuntersuchung.
2. Eine Lösung von 1 g Gentianaviolett in 15 ccm Alkohol u. 100 ccm Anilinwasser.

**Bizzozero**'s Pikrocarmin zur Kernfärbung.

Zu einer Lösung von 1 g Carmin in 6 ccm Ammoniak u. 100 ccm Wasser gibt man unter Umschwenken eine Lösung von 1 g Pikrinsäure in 100 ccm Wasser u. dunstet auf dem Wasserbade auf 100 ccm ein. Nach dem Erkalten gibt man 20 ccm Alkohol zu.

**Björklund**'s React. (Aetherprobe) auf Verfälschungen der Cacaobutter mit Rindstalg u. Wachs ist eine Modification von Horsley's Butterprobe. Sie beruht auf der klaren Löslichkeit von Cacaoöl in Aether (1 : 3) bei 18° C.

Näheres siehe: Ztschr. f. anal. Chem. **3**. 233 oder Pharm. Ztschr. f. Russl. 1864. 401.

**Blachez'** React. auf Alkohol im Chloroform.

Zu einigen ccm Chloroform gibt man ein Stückchen geschmolzenes, trockenes Aetzkali u. schwenkt einige Minuten um. Nach dem Abgiessen setzt man dem Chloroform ein gleiches Volum Wasser zu, schüttelt gut um u. versetzt die abgeschiedene, wässerige Lösung mit einigen Tropfen Kupfersulfatlösung. War das Chloroform alkoholhaltig, so entsteht eine Trübung von Kupferhydroxyd.

Journ. de Pharm. et de Chim. 1869. 289.
Ztschr. f. anal. Chem. **8**. 472.
Vergleiche auch Vogel's React.

**Blaise**'s React. auf Chinin

ist eine Combination von Flückiger's und Vogel's React.

Rép. de Pharm. 1897. 173.
Pharm. Centrh. 1897. 343.

**Blanc**'s Reag. zum Färben miskroskop. Präparate ist eine Mischung von 20 ccm gesättigter alkoholischer Safraninlösung mit 60 ccm Alkohol. Gebraucht zum Färben von Protozoën.

**Blarez**' React. auf Erdnussöl in Olivenöl.
Man verseift unter den nötigen Vorsichtsmassregeln 1 ccm des zu prüfenden Oeles mit 15 ccm alkoholischer Kalilauge (4—5%) durch 20 Minuten langes Kochen (Rückflusskühler). Nach dem Abkühlen ist Olivenöl flüssig, bei Anwesenheit von Erdnussöl entsteht eine feste Ausscheidung. Empfindlichkeitsgrenze = 5%.
Rép. de Pharm. 1897. 446.
Pharm. Centrh. 1898. 32.
Chem. Ztg 1897. Rep. 254.

**Blarez**' React. auf Teerfarbstoffe im Wein.
10 ccm Wein u. 10 Tropfen Essigsäure erhitzt man auf 100° C. u. schüttelt mit 0,2 g gepulvertem Mercuriacetat. Nach dem Erkalten und Filtriren ist die Flüssigkeit bei Anwesenheit von Teerfarben gefärbt. Die natürlichen Weinfarbstoffe schlagen sich auf dem Quecksilbersalz nieder.
Journ. of the Chem. Soc. **49**. 1084.
Bull. Soc. Chim. Paris **46**. 148.

**Bloxam**'s Reag. I auf Alkaloide
ist Bromwasser, das mit verschiedenen Alkaloiden charakteristische Färbungen und Niederschläge gibt.
Näheres siehe Chem. News **47**. 215. od. Ztschr. f. anal. Chem. **25**. 247.
Eiloart, Chem. News **50**. 102 oder Ztschr. f. anal. Chem. **25**. 248.

**Bloxam**'s Reag. II auf Alkaloide.
(Euchlorin). Eine schwache, wässerige Kaliumchloratlösung wird mit concentr. Salzsäure biz zur starken Gelbfärbung versetzt und dann mit Wasser bis zu einer hellgelben Färbung verdünnt. In die zu prüfende salzsaure, zum Kochen erhitzte Alkaloidlösung gibt man nach und nach von diesem Reag. Dabei geben verschiedene Alkaloide charakteristische Farbenreactionen.
Näheres siehe:
Chem. News **55**. 155.
Ztschr. f. anal. Chem. **30**. 263.
Pharm. Centrh. 1888. 223.
Deutsche Med. Ztg. 1888. 352.

**Bloxam**'s React. auf Arsen
beruht auf der elektrolytischen Abscheidung von Arsenwasserstoff und dem Nachweis des letzteren als Arsenspiegel nach der Marsh'schen Methode.
Näheres siehe: Dragendorff, Ermittel. von Giften 1888. 390.
Wolff, Pharm. Centrh. 1886. 609.

**Bloxam**'s React. auf Harnstoff.
Man prüft, ob die wässerige Lösung, die auf Harnstoff untersucht werden soll, Salpetersäure enthält und gibt in diesem Falle einige Tropfen Salmiaklösung zu, wenn nicht, so säuert man mit Salzsäure an. Hierauf verdampft man die Lösung auf einem Porzellantiegeldeckel u. erhitzt den Rückstand so lange, als er dicke, weisse Dämpfe entwickelt. Nach dem Erkalten löst man den Rückstand in 1—2 Tropfen Ammon, fügt 1 Tropfen Chlorbaryumlösung zu und rührt mit einem Glasstabe um. Bei Anwesenheit von Harnstoff entsteht ein krystallinischer Niederschlag, (cyanursaures Baryum). Verwendet man statt Chlorbaryum einen Tropfen schwacher Kupfersulfatlösung, so entsteht ein violetter, krystallinischer Niederschlag (wahrscheinlich cyanursaures Kupferoxydammoniak).
Chem. News **47**. 285.
Ztschr. f. anal. Chem. **23**. 73.

**Bloxam**'s React. auf Strychnin.
Löst man etwas Strychnin in einigen Tropfen verdünnter Salpetersäure und gibt nach gelindem Erwärmen eine Spur Kaliumchlorat zu, so entsteht eine intensive Scharlachfärbung, welche mit Ammoniak braun wird und dann nach dem Eindampfen eine grüne Färbung annimmt.
Chem. News **55**. 155.
Ztschr. f. anal. Chem. **30**. 263.
Chem. Drugg. 1887. 636.
Vergl. auch Kippenberger, Nachw. v. Gift. 1897 107.

**Blum**'s Reag. auf Eiweiss.
Man löst 10 g Metaphosphorsäure in 95 ccm Wasser, gibt 2—3 g Bleisuperoxyd und eine Lösung von 0,05 g Manganchlorür in verd. Salzsäure zu und filtrirt. Das Reag. wird wie Hindelang's Metaphosphorsäurelösung verwendet, ist aber haltbarer.
Chem. Centralbl. 1887. 345.
Chem. Ztg. 1887. Rep. 24.

**Blum**'s Reag. für mikroskopische Zwecke
ist Formaldehyd. Gebraucht als Conservirungs- u. Härtungsmittel für pflanzliche u. tierische Präparate besonders in 4 %iger Lösung.
Zoolog. Anz. 1893. 450.
Münchener med. Wochenschr. 1893 Nr. 32.
Chem. Ztg. **17**. Rep. 310.
Bergonzoli, Ztschr. f. Mikroskop. 1894. 349.
Wortmann, Botan. Ztg. **52**. 65.
Holfert, Chem. Ztg. **18**. Rep. 135.
Bruns, Ber. d. deutsch. botan. Ges. 1894. 178.
Hoyer, Anat. Anzg. 1894. 236. Ergänz.-Bd.
Hermann, ebenda 1893. 112.
Wasielewski, Ztschr. f. Mikroskop. 1899. 312.

**Blumenthal-Neuberg**'s React. auf Aceton.
10 ccm Harn versetzt man mit je einem Tropfen von Pyridin, 10 %iger Hydroxylaminlösung und 5 %iger Natronlauge. Hierauf gibt man 1 ccm Aether und Bromwasser bis zur Gelbfärbung des Aethers zu Diese Gelbfärbung geht bei Anwesenheit von Aceton auf Zusatz von Wasserstoffsuperoxyd in Blau über.
Deutsche medic. Wochenschr. 1901. 6 u. 79.
Ztschr. f. anal. Chem. **40**. 188.
Diese React. stammt von Stock, Dissertation Berlin 1899.

**Blunt**'s React. auf Silber im Blei.
Man löst das Blei in Salpetersäure u. gibt etwas gesättigte wässerige Bleichloridlösung zu. Bei Anwesenheit von Silber entsteht eine Trübung.
Chem. News **61**. 11.

**Blyth**'s Reag. auf Blei im Trinkwasser
ist eine 1 %ige Cochenilletinktur. Bleihaltiges Wasser gibt mit dem Reag. einen gefärbten Niederschlag.
Merck's Report 1900. 165.

**Boas**' React. auf Milchsäure im Magensaft.
Eine Mischung von 3 Tropfen officin. Eisenchloridlösung mit 50 ccm Wasser wird bei Anwesenheit von freier Milchsäure oder Lactaten gelb gefärbt. Salzsäure u. Essigsäure bewirken keine Veränderung.
Pharm. Centrh. 1888. 323.

**Boas**' Reag. I auf freie Salzsäure im Magensaft
ist eine alkoholische Tropaeolinlösung (Trop. 00 = 1 : 1000). In dünner Schicht auf ein Porzellanschälchen verteilt u. mit salzsäurehaltigem Magensafte auf freier Flamme vorsichtig erwärmt wird das Reag. violett gefärbt.
Näheres siehe: Pharm. Ztg. 1891. 392 od. Deutsche med. Wochenschr. 1887. Nr. 39.

Auch mit Tropaeolinlösung getränktes Papier kann zum Salzsäurenachweis verwendet werden, eine Reaction, die nach Brunner nicht so scharf ist als die obige.

**Boas'** Reag. II auf freie Salzsäure im Magensaft ist eine Lösung von 10 g Resorcin, 3 g Rohrzucker u. 3 ccm Alkohol in 100 ccm Wasser. 5—6 Tropfen Magensaft bringt man in einem Porzellanschälchen auf freier Flamme mit 2—3 Tropfen Reag. vorsichtig zur Trockne. Bei Anwesenheit von Salzsäure erhält man einen rosa- bis zinnoberroten Spiegel, der sich beim Erkalten verfärbt. Empfindlichkeitsgrenze 0,05 % Salzsäure.
Centralbl. f. klin. Medic. 1888. 817.
Ztschr. f. anal. Chem. **28**. 648.
Pharm. Ztg. 1891. 392.

**Bobierre's** React. auf Blei in Zinn.
Gibt man auf Zinn einen Tropfen Eisessig, erhitzt und gibt einen Tropfen Jodkaliumlösung zu, so entsteht bei Anwesenheit von Blei eine gelbe Färbung.
Merck's Report 1900. 165.
Compt. rend. **80**. 961.
Fordos, ebenda **80**. 794 oder Ztschr. f. anal. Chem. **14**. 389.

**Bodde's** React. zur Unterscheidung des Resorcins von Phenol u. Salicylsäure.
Eine Lösung von Natriumhypochlorit erzeugt in Resorcinlösungen eine violette, rasch in gelb übergehende Färbung. Durch einen Ueberschuss des Hypochlorites oder durch Erwärmen erhält man eine braune Färbung. Empfindlichkeitsgrenze: 1 : 10000. Phenol, Salicyl- und Benzoesäure geben diese Reaction nicht.
The Analyst **14**. 115.
Ztschr. f. anal. Chem. **28**. 712.
Chem. Ztg. 1889. Rep. 199.

**Bödecker's** Reag. auf Eiweiss.
Eiweisshaltiger Harn wird nach dem Ansäuern mit Essigsäure durch Ferrocyankaliumlösung getrübt oder gefällt.
Hilger, Archiv d. Pharm. **206**. 388.
Hager, Pharm. Prax. 1880. II. 1181.

**Bogomoloff's** React. auf Gallensäuren.
Die weingeistige Lösung der Gallensäure aus Galle (nach Plattner) oder aus Harn (nach Hoppe) dampft man in einer Porzellanschale auf dem Dampfbade ein, sodass der Rückstand die Schalenwand möglichst gleichmässig überzieht. Bringt man auf diese Schichte **vorsichtig** einen Tropfen Schwefelsäure u. dann einige Tropfen Alkohol, so entsteht ein Farbenbogen. Das Centrum der Säure ist Gelb, dann folgt Orange, Rot, Rosenrot, Violett, Indigoviolett, Indigoblau und nach einigen Stunden wird die ganze Schichte gleichmässig indigoblau. Nach 2 Tagen geht die Farbe in ein schmutziges Grün über.
Centralbl. f. die medic. Wissensch. 1869. 489.
Ztschr. f. anal. Chem. **9**. 148. **7**. 514.

**Bogomolow-Wasilieff's** React. auf Pepton im Harn.
Um Pepton neben Eiweiss nachzuweisen, fällt man das letztere durch Trichloressigsäure oder durch Aussalzen mit Ammonsulfat. Im ersteren Falle stellt man im Filtrate die Biuretreaction an, im letzteren Falle weist man Pepton mit krystallisirter Salicylsulfosäure nach, welche in salzgesättigter Lösung mit Pepton einen Niederschlag gibt. Reines Pepton, auf dem Wasserbade mit Trichloressigsäure eingedampft, färbt sich nach einiger Zeit rosa bis violett.
Centralbl. für die medic. Wissensch. 1897, 49.
Ztschr. f. anal. Chem. **36**. 738.

**Bohlig's** Reag. auf freies Ammoniak u. Ammonsalze.
1. Eine wässerige Lösung von Quecksilberchlorid 1 : 30.
2. Eine wässerige Lösung von Kaliumcarbonat 1 : 50.
Freies Ammon wird durch Lösung 1 durch Bildung eines weissen Niederschlages angezeigt. Ammonsalze geben diese React. erst auf Zusatz von Lösung 2.
Merck's Index 1902. 261.
Hager, Pharm. Prax. 1880. I. 292.
Liebig's Annal. **125**. 23.
Koninck, Ztschr. f. anal. Chem. **32**. 188.
Rehsteiner, „ „ „ **7**. 353.
Schöyen, „ „ „ **2**. 330.

**Böhm's** Reag. auf Alkaloide.
33,1 g Kaliumjodid löst man in 33 g Wasser und gibt 45,25 g Mercurijodid zu. Spec. Gew. des Reag. = 2,1694. Das Reag. ist eine Modification von Mayer's Reag. u. soll verschiedene Vorzüge vor letzterem haben.
Archiv f. experim. Pathol. u. Pharmacol. **19**. 70.

**Böhm's** React. auf Bombay-Macis in Muscatblütenpulver.
Man kocht eine Probe mit Alkohol aus und filtrirt den Auszug durch weisses Filtrirpapier. Ist die Macisprobe rein, so wird das Papier nur schwach gelb gefärbt, enthält sie Bombay-Macis, so wird das Filter besonders am Rande rosa gefärbt.
Ztschr. f. anal. Chem. **30**. 378.
Waage, Pharm. Centrh. 1892. 372.
Thoms, Ber. d. pharm. Gesellsch. **2**. 229.

**Böhmer's** Hämatoxylintinktur für mikroskop. Zwecke ist eine alkoholische Lösung von Hämatoxylin (1 : 10), die als Grundlage für andere Färbeflüssigkeiten dient.
Merck's Index 1902. 270.

**Böhmer's** Reag. zum Färben mikroskopischer Präparate.
(Alaunhämatoxylin). Man mischt 10 ccm Böhmer's Hämatoxylintinktur mit einer filtrirten Lösung von 10 g Kalialaun in 200 ccm Wasser. Nach ca. 8tägigem Stehen an der Luft wird die Mischung filtrirt.
Merck's Index 1902. 270.
Arch. f. mikroskop. Anat. 1868. 345.
Hansemann, Virchow's Archiv **123**. 356.

**Bollett's** Celloidinlösung ist eine Lösung von 10 g Celloidin in 20 g Alkohol u. 20 g Aether. Gebraucht als Einbettungsmittel in der mikroskopischen Technik.
Ztschr. f. Mikroskop. 1886.

**Bömer's** Reag. zur Bestimmung der Albumosen ist eine gesättigte, wässerige Lösung von Zinksulfat, womit die Albumosen ebenso vollständig ausgefällt werden wie durch Ammonsulfat.
Ztschr. f. anal. Chem. **34**. 562.

**Bonastre's** React. auf echte Myrrhe.
Eine alkoholische Lösung von Myrrhe wird beim gelinden Erwärmen mit Salpetersäure violett gefärbt. Man kann die Reaction auf Papier vornehmen, das mit der alkoholischen Myrrhelösung getränkt wurde. Eine ätherische Lösung von Myrrhe wird durch Bromdämpfe rotviolett gefärbt.
Hager, Pharm. Prax. 1880. II. 489.
Deutsch. Arzneibuch IV. 247.

**Bonnans'** Reag. auf Glucose im Blut besteht aus 3 Lösungen:
1. 35 g Kupfersulfat u. 1 ccm Schwefelsäure werden mit Wasser zu 1 Liter gelöst.

2. 250 g Seignettesalz u. 300 g Natronlauge werden mit Wasser zu 1 Liter gelöst.
3. Man löst 1 g Ferrocyankalium in 20 ccm Wasser.
Eine Mischung von 10 ccm der Lösung 1, 10 ccm der Lösung 2 und 5 ccm der Lösung 3 wird zum Sieden erhitzt und tropfenweise die zu prüfende, von Eiweiss befreite Blutlösung zugegeben, bis die Mischung eine rotbraune Farbe angenommen hat.
Pharm. Centrh. 1900. 312.
Denigès-Chassaigne, Répert. de Pharm. 1900. 74.

**Bonnema**'s Reag. auf Vanillin
ist Santelöl. Gibt man wenig Vanillin in einige ccm einer Mischung von 10 ccm Salzsäure (D. = 1,19) u. 90 ccm Eisessig u. setzt 2 Tropfen Santelöl zu, so entsteht sofort eine intensiv kirschrote Färbung, die beim Erhitzen blauviolett wird. In 24 Stunden färbt sich die Mischung grün.
Pharm. Weekblad 1897. Nr. 24.
Ztschr. f. anal. Chem. **39**. 60.
Pharm. Centrh. 1898. 357.

**Bonnewyn**'s React. auf Sublimat im Calomel.
Bringt man Calomel auf eine blanke Messerklinge und gibt etwas Alkohol zu, so entsteht auf der Klinge bei Anwesenheit von Sublimat ein schwarzer Fleck.
Arch. d. Pharm. **121**. 52.

**Bonnewyn**'s Reactionen auf Pikrotoxin.
Siehe: Jahresber. f. Pharm. 1874. 507.

**Börnstein**'s React. auf Saccharin.
Erhitzt man sehr wenig Saccharin mit überschüssigem Resorcin u. einigen Tropfen concentr. Schwefelsäure, so färbt es sich gelb, rot und dann dunkelgrün. Verdünnt man das Reactionsproduct mit Wasser u. übersättigt mit Alkali, so erhält man eine Lösung, die im durchfallenden Lichte rötlich ist und im auffallenden Lichte eine starke grüne Fluorescenz zeigt. 0,001 g Saccharin lässt diese Fluorescenz noch in 5—6 Liter Wasser erkennen.
Ztschr. f. anal. Chem. **27**. 165 u. **28**. 352.
Hooker, Berl. Ber. **21**. 3395.
Haas, Chem. Ztg. **13**. 96 oder Ztschr. f. anal. Chem. **28**. 713.
Remsen, Americ. Chem. Journ. 1887. 372.
Gantter, Ztschr. f. anal. Chem. **32**. 309.

**Bornträger**'s React. auf Acetal im Alkohol.
Den zu prüfenden Alkohol verdünnt man mit viel Wasser. Scheiden sich ölige Tropfen aus, so mischt man den Alkohol (unverdünnt) mit dem gleichen Volum concentr. Schwefelsäure und gibt dann concentr. Kalilauge zu. Acetal gibt sich durch starken Geruch nach Acroleïn zu erkennen.
Chem. Ztg. 1889. Rep. 27.
Ztschr. f. anal. Chem. **28**. 61.

**Bornträger**'s React. auf Aloë.
1 g Aloë kocht man mit 10 ccm Wasser u. filtrirt nach dem Erkalten. Das Filtrat schüttelt man mit 10 ccm Aether oder Benzin u. schüttelt letzteres mit 10 ccm 5%igen Ammoniaks. Das Ammoniak färbt sich rot. Diese React. geben deutlich Leberaloë, Curaçao- und Barbadosaloë, weniger deutlich Cap-, Zanzibar-, Uganda- u. Socotraaloë, gar nicht Natalaloën.
Ztschr. f. anal. Chem. **19**. 166.
Heuberger, Schweizer Wochenschr. f. Chem. u. Pharm. 1899. 506 od. Pharm. Centrh. 1900. 33.

**Bornträger**'s React. auf Amylalkohol in Alkohol.
Den zu prüfenden Alkohol verdünnt man mit viel Wasser. Scheiden sich ölige Tropfen aus, so gibt man zu dem unverdünnten Alkohol 3 Tropfen concentr. Salzsäure u. 10 Tropfen Anilin (farblos). Bei Anwesenheit von Amylalkohol entsteht eine himbeerrote Färbung. Empfindlichkeitsgr. = 0,05 %.
Chem. Ztg. 1889. Rep. 27.
Ztschr. f. anal. Chem. **28**. 61.

**Bornträger**'s React. auf Resorcin u. Thymol.
Gleiche Teile Natriumnitrit, Gyps u. Natriumbisulfat befeuchtet man mit Wasser, erwärmt u. gibt die zu prüfende Lösung zu. Thymol bewirkt chromrote, Resorcin chromgrüne Färbung.
Ztschr. f. anal. Chem. **29**. 572.
Chem. Ztg. 1890. Rep. 340.

**Borsarelli**'s React. auf Alkohol in ätherischen Oelen.
Erwärmt man ein ätherisches Oel mit trockenem Chlorcalcium, so bildet sich bei Anwesenheit von Alkohol eine dicke Lösung.
Merck's Report 1900. 214.

**Böttcher**'s React. auf Zimmtsäure in Benzoesäure
beruht auf der Bildung von Benzaldehyd bei Einwirkung oxydirender Stoffe wie z. B. Kaliumpermanganat, Chromsäure, Bleisuperoxyd etc. auf Zimmtsäure.
Ztschr. f. anal. Chem. **5**. 253.
Pharm. Ztschr. f. Russl. **4**. 357.
Deutsch. Arzneibuch IV. 8.

**Böttger**'s Reagentien auf Alkalien.
1. Ein alkoholischer Auszug der Blätter von Coleus Verschaffelii, womit Filtrirpapier getränkt wird. Das rot gefärbte Papier wird durch Alkalien grün gefärbt.
2. Ein alkoholischer Auszug von Alkannawurzel, womit Filtrirpapier getränkt wird. Alkalien bewirken Blaufärbung des roten Papiers.
Jahresber. d. phys. Ver. z. Frankfurt 1865—66. 51 u. 1867—68. 67.
Ztschr. f. anal. Chem. **7**. 98 u. **8**. 449.

**Böttger**'s React. auf Alkohol in ätherischen Oelen.
In einem engen, graduirten Glascylinder schüttelt man 5 ccm Glycerin (D. = 1,25) mit dem ätherischen Oele. Anwesenheit von Alkohol erkennt man an der Zunahme des Glycerinvolumens.
Chem. Centralbl. 1872. 742.
Ztschr. f. anal. Chem. **12**. 96.

**Böttger**'s Reag. auf Chlorsäure.
Flüssigkeiten, die Chlorsäure oder Chlorate enthalten, werden auf Zusatz von Anilinsulfat und concentr. Schwefelsäure blau gefärbt. (Vergleiche Braun's React. auf Salpetersäure).
Jahresber. d. phys. Ver. z. Frankfurt 1866—67. 18.
Ztschr. f. anal. Chem. **8**. 455.

**Böttger**'s Reag. auf Glucose.
Der zu prüfende Harn wird mit Natriumcarbonat u. Wismutsubnitrat gekocht. Bei Anwesenheit von Glucose tritt eine Schwärzung des Wismutsalzes ein. Empfindlichkeitsgrenze = 1 : 10000. An Stelle der genannten Reagentien kann man auch eine Lösung von Wismutsubnitrat u. Weinsäure in überschüssiger Kalilauge (od. Natronlauge) verwenden, der man eventuell noch Glycerin zusetzt. Nach Brücke muss bei diesem Verfahren des Glucosenachweises mit alkalischer Bleilösung ein Controlversuch auf Schwefelverbindungen gemacht werden.
Berichte der Wiener Academie 1875. 1.
Vergleiche Nylander's u. Brücke's Reag.
Journ. f. pract. Chem. **70**. 432.
Chem. Centralbl. 1857. 704.
Rosenfeld, Deutsche med. Wochenschr. 1888. 451 u. 479.

**Böttger**'s Reag. auf Kohlenoxydgas
ist Palladiumchlorürpapier, welches durch Kohlenoxyd geschwärzt wird.
Merck's Report 1900. 165.

**Böttger**'s React. auf Mutterkorn im Roggenmehl.
Eine Mehlprobe erwärmt man nach Zugabe von etwas Oxalsäure in einem Reagensglase mit Aether einige Minuten lang. Bei Anwesenheit von Mutterkorn färbt sich die über dem Mehle stehende Flüssigkeitsschicht beim Erkalten mehr oder weniger rötlich.
Chem. Centralbl. (3) **2**. 624.
Ztschr. f. anal. Chem, **13**. 80, **3**. 508 u. **7**. 387.
Wolff, Pharm. Ztg. **23**. 532 od. Ztschr. f. anal. Chem. **18**, 119.

**Böttger**'s Reag. auf Ozon.
Mit säurefreiem Goldchlorid getränktes Filtrirpapier wird durch Ozon violett gefärbt.
Ztschr. f. anal. Chem. **21**. 105.

**Böttger**'s Reag. auf salpetrige Säure.
Man löst 1 g Stärke in 200 ccm Wasser u. 1 g Salzsäure, gibt 10 g Calciumcarbonat, dann 10 g Chlornatrium u. 0,5 g Cadmiumjodid zu und ergänzt mit Wasser auf 250 ccm.
Merck's Report 1900. 165.
Polytechn. Notizbl. 1872. 336.

**Böttger**'s Reag. auf Wasserstoffsuperoxyd.
Eine Lösung von Silbernitrat-Ammoniak, die kein freies Ammoniak enthält, gibt mit wasserstoffsuperoxydhaltigen, wässerigen Flüssigkeiten beim Erwärmen eine Ausscheidung von fein verteiltem, metallischem Silber.
Jahresber. d. phys. Ver. zu Frankfurt, 1871—72. 23.

**Böttger**'s Reag. auf roten Weinfarbstoff.
30 ccm einer Mischung von 10 ccm Rotwein und 90 ccm Wasser versetzt man mit 10 ccm concentr., wässeriger Kupfersulfatlösung Echter Wein entfärbt sich, mit Malven gefärbter Wein färbt sich sehr schön violett.
Pharm. Ztschr. f. Russl. 1875. 309.
Ztschr. f. anal. Chem. **15**. 107.
Calmberg, Archiv d. Pharm. **211**. 47 oder Ztschr. f. anal. Chem. **17**. 110.
Stein, Dingler's Journ. **224**. 533 oder Ztschr. f. anal. Chem. **17**. 110.
Böttger, Ztschr. f. anal. Chem. **3**. 229. 230.
Blume, Dingler's Journ. **170**. 155.

**Böttger**'s React. zur Unterscheidung von Baumwolle und Leinen.
Den zu prüfenden Stoff legt man in eine 10%ige alkoholische Lösung von Fuchsin und behandelt ihn dann 2 Minuten lang mit Salmiakgeist. Leinen färbt sich rosarot, Baumwolle bleibt ungefärbt.
Polytechn. Notizblatt **20**. 1.
Siehe auch Hager, Pharm. Prax. 1880. II. 39.
Zeitschr. f. anal. Chem. **13**. 246.

**Böttger**'s Reag. auf Zucker in Glycerin.
5 Tropfen Glycerin, 100 Tropfen Wasser, 1 Tropfen Salpetersäure (D. = 1,3) u. 3—4 Centigramm Ammonmolybdat erhitzt man zum Kochen. Bei Anwesenheit von Zucker färbt sich die Mischung intensiv blau.
Ztschr. f. anal. Chem. **16**. 508.

**Böttger-Almén**'s Reag. auf Glucose
siehe Almén's oder Nylander's Reag.

**Böttinger**'s React. auf Tannin u. Gallussäure.
Eine kleine Menge der zu prüfenden Substanz erhitzt man mit der doppelten Menge Phenylhydrazin einige Minuten auf 100° C, gibt etwas Wasser zu u. erhitzt zum Sieden. Von dieser Flüssigkeit gibt man 1—2 Tropfen in ein grosses Becherglas voll Wasser, das mit Natronlauge alkalisch gemacht wurde. Bei Anwesenheit von Tannin entsteht eine blaue Färbung, die allmählich in Gelb übergeht; Gallussäure bewirkt eine gelbe bis orangegelbe Färbung.
Chem. Ztg. 1890. Rep. 152 u. 191.

**Bouchardat**'s Reag. auf Alkaloide
ist eine wässerige Lösung von 1 Teil Jod u. 2 Teilen Jodkalium in 50 T. Wasser. — Es fällt Alkaloide braun.
Merck's Index 1902. 261.
Gaz. med. Paris 1876. 46.
Compt. rend. **9**. 473.

**Bouchardat**'s Reag. auf Eiweiss.
Man löst 3,32 g Jodkalium u. 1,35 g Quecksilberchlorid in 20 ccm Essigsäure u. ergänzt mit Wasser auf 60 ccm. Eiweiss enthaltende Flüssigkeiten werden durch das Reag. flockig gefällt.
Merck's Report 1900. 214.

**Boudard**'s Reag. auf fette Oele
ist Salpetersäure (D. = 1,5). Elaidinprobe.

**Boudet**'s Reag. zur Härtebestimmung des Wassers (Seifenlösung) ist eine Lösung von 100 g reiner Kaliseife in 1600 g 90%igem Alkohol u. 1000 ccm Wasser.
Näheres siehe: Ztschr. f. anal. Chem. **8**. 332 und **9**. 157.
Merck's Index 1902. 265.

**Bougault**'s Reag. auf Arsen in Glycerin
ist Engel-Bernard's Reag. (Lösung von unterphosphoriger Säure).
Vergl. Chem. Ztg. 1902. Rep. 175 oder Journ. de Pharm. et de Chim. (6) **15**. 527.

**Bougault**'s Reag. auf Kakodylsäure (Kakodylate) und Methylarsinsäure (Methylarsinate) ist Engel-Bernard's Reag.
Versetzt man etwas Natriumkakodylat mit 10 ccm Reag., so entwickelt sich je nach der angewendeten Menge des Kakodylates nach kürzerer od. längerer Zeit ein deutlicher Kakodylgeruch. Ein Niederschlag von Arsen bildet sich nicht. Methylarsinate geben bei gleicher Behandlung keinen Kakodylgeruch, sondern einen Niederschlag von Arsen.
Näheres siehe Journ. de Pharm. et de Chim. (7) **17**. 97.
Chem. Centralbl. 1903. I. 539.
Pharm. Ztg. 1903. 184.

**Bouillard**'s Reag. für mikroskop. Zwecke.
Man mischt 100 ccm Hayem's Reag. mit 200 ccm Malassez' Reag. (Serum).

**Boureau**'s Reag. auf Eiweiss
ist eine Lösung von 3 T. Phenolsulfosäure u. 1 T. Salicylsulfosäure in 20 T. Wasser. Zu 1 ccm Harn gibt man 1 Tropfen Reag. Bei Anwesenheit von Eiweiss entsteht ein weisser Niederschlag.
Pharm. Centrh. 1897. 437.

**Bourgoin**'s React. auf Nitrobenzol im Bittermandelöl.
2 Teile des zu untersuchenden Oeles mischt man mit 1 Teil Kalilauge. Bei Gegenwart von Nitrobenzol färbt sich die Mischung grün. Wasserzusatz teilt die Mischung in zwei Schichten, wovon die untere gelb, die obere grün ist. Nach längerem Stehen geht die grüne Farbe in Rot über.
Berl. Ber. **5**. 293.
Ztschr. f. anal. Chem. **11**. 316.

**Bourne**'s Borax-Carmin.
Man mischt gleiche Teile 70%ig. Alkohols u. gesättigter Carminlösung in 4%iger, wässeriger Boraxlösung. Nach 8tägigem Stehenlassen filtrirt man.
Merck's Report 1900. 214.

**Bourquelot**'s Reag. auf Phenole.
Als Reag. dient der wässerige Auszug von Russula delica, welche ein Ferment (Tyrosinase) enthält. Letzteres bewirkt unter dem Einflusse der Luft mit wässerigen Phenollösungen charakteristische Färbungen, so mit Guajakol eine orangerote Färbung und granatrote Fällung, mit Kreosol eine grüne Färbung u. rötlichbraunen Niederschlag, mit $\alpha$-Naphtol eine blaue, mit $\beta$-Naphtol eine weisse Fällung, mit Morphin eine gelbe Färbung u. einen weissen Niederschlag.
Pharm. Centrh. 1897. 136.
Ztschr. f. anal. Chem. **38**. 252.

**Bourquelot** u. **Bougault**'s React.
Eine Kupfersulfatlösung wird bei Anwesenheit von Cyanwasserstoff noch in sehr grosser Verdünnung mit Guajakol rot, mit $\alpha$-Naphtol blau, mit Veratrylamin violett gefärbt. Concentrirte Kupfersulfatlösung gibt auch ohne Blausäure diese Reactionen aber nur bis zu einem bestimmten Grade der Verdünnung.
Näheres siehe Pharm. Centrh. 1897. 893 oder Ztschr. f. anal. Chem. **40**. 489.

**Boussingault**'s React. auf Salpetersäure
beruht auf der Entfärbung von Indigo in schwefelsaurer Lösung.
Compt. rend. **95**. 1121.
Marx, Ztschr. f. anal. Chem. **7**. 412.
Trommsdorff, Ztschr. f. anal. Chem. **9**. 168.
Medicus, Massanalyse, Wasseruntersuchung.

**Boutron-Boudet** siehe **Boudet**.

**Bouvier**'s React. auf Fuselöl im Alkohol.
In einem langen Reagensglase gibt man zu dem Alkohol etwas krystallisirtes Jodkalium u. schüttelt leicht um. Bei Anwesenheit von Fuselöl färbt sich die Flüssigkeit gelb. Es lässt sich noch 1/5% Fuselöl nachweisen.
Bericht über d. 26. Generalversammlung des naturhist. Ver. der Rheinlande.
Böttger, Ztschr. f. anal. Chem. **11**. 843.

**Boveri**'s Reagentien zum Fixiren mikroskop. Präparate.
1. (Pikrinessigsäure) ist eine Lösung von 0,6 g Pikrinsäure u. 1 g Essigsäure in 100 ccm Wasser.
2. (Formolsublimat) ist eine Mischung von 75 ccm gesättigter, wässeriger Quecksilberchloridlösung und 25 ccm Formaldehyd.

Jena. Zeit. Naturw. 1887. 423.

**Boveri**'s Reag. zur mikroskop. Untersuchung von Geweben
ist eine Lösung von 1 g Osmiumsäure und 1 g Silbernitrat in 200 ccm Wasser.
Vergleiche Kolossow's Reag.

**Bowhill**'s Reag. zum Färben von Bacterien.
a. Eine gesättigte, alkoholische Lösung von Orceïn;
b. eine heiss bereitete, 20%ige, wässerige Lösung von Tannin.

Zum Gebrauch mischt man 15 ccm der Lösung a mit 10 ccm der Lösung b und 30 ccm Wasser (filtriren!).
Hygien. Rundsch. 1898. 105.
Pharm. Centrh. 1898. 138.

**Bradford**'s Reag. auf Cottonöl im Olivenöl
ist Bleisubacetatlösung. Schüttelt man Olivenöl mit diesem Reag., so entsteht bei Anwesenheit von Cottonöl eine rötliche Färbung.
Merck's Report 1900. 214.

v. **Branca**'s Reag. zum Färben mikroskop. Präparate (Rotholzlösung) siehe Flechsig's Reag.

**Brand**'s Glycerin-Gelatine für mikroskop. Zwecke.
Siehe Kaiser's Reag.

**Brand**'s Reag. zum Färben mikroskop. Präparate
ist eine Lösung von 1 g Bismarckbraun in 3 Liter Wasser. Gebraucht zum Färben lebender Organismen.
Arch. Anat. Phys. 1878. 563.

**Brandberg**'s React. auf Benzol u. Benzin
beruht auf der Löslichkeit von Pech in Benzol und seiner Unlöslichkeit in Benzin.
Merck's Report 1900. 214.

**Brandes**' React. auf Chinin (Chinidin).
(Thalleiochinreaction) Chinin- u. Chinidinlösungen geben nach Zusatz von Chlorwasser mit Ammoniak eine intensiv grüne Färbung. Modification des deutschen Arzneibuches: 5 ccm der wässerigen Lösung von Chininhydrochlorid 1 : 200 werden durch Zusatz von 1 ccm Chlorwasser und von Ammoniakflüssigkeit im Ueberschusse grün gefärbt. (Vergleiche Flückiger's React.)
Liebig's Annal. **32**. 270.
Archiv der Pharm. **13**. 65, **16**. 259.
Belohoubek u. Sedlecky, Apoth. Ztg. **10**. 676 od. Ztschr. f. anal. Chem. **35**. 236.
Ducommun, Ztschr. d. öst. Apoth. Ver. **49**. 601 od. Chem. Ztg. 1895. Rep. 214.
André, Annal. de Chim. et de Phys. (2) **71**. 195.

**Brass**' Reag. zum Färben mikroskop. Präparate.
Man erwärmt Carmin mit einer Mischung von 15 Tropfen Salzsäure u. 100 ccm 70 %ig. Alkohol und filtrirt.
Ztschr. f. Mikroskop. 1885. 303.

**Braun**'s Reag. auf Blausäure
ist eine Lösung von Pikrinsäure in Wasser 1 : 250, welche beim Kochen mit Alkalicyaniden eine intensiv rote Färbung erzeugt.
Zeitschr. f. anal. Chem. **3**. 465.
Hlasiwetz, Liebig's Annal. **110**. 289.
Nach Vogel ist die Empfindlichkeit dieser React.: 1 : 30 000.
Zeitschr. f. anal. Chem. **5**. 212.
Neues Repert. f. Pharm. **14**. 545.

**Braun**'s React. auf Cobalt
beruht auf einer roten bis orangeroten Färbung einer mit überschüssigem Cyankalium versetzten Cobaltlösung durch Kaliumnitrit und Essigsäure. Empfindlichkeitsgrenze 1 : 10000.
Journ. f. pract. Chem. **91**. 107.
Ztschr. f. anal. Chem. **3**. 452.
Andere React. siehe ebenda **7**. 348. (Natriumpyrophosphat u. Natriumhypochlorit).

**Braun**'s Reag. auf Glucose.
Erhitzt man eine alkalische Lösung von Pikrinsäure mit zuckerhaltigem Harn, so entsteht eine rote Färbung.
Pharm. Centrh. 1901. 217.
Journ. f. pract. Chem. **96**. 412.
Vergleiche Johnson's React.

**Braun**'s Reag. auf Nickel
ist eine wässerige Lösung von Kaliumsulfocarbonat, welche noch mit Spuren von Nickelsalzlösungen eine rosenrote Färbung gibt. Darstellung etc. siehe Zeitschr. f. anal. Chem. **7**. 346.

**Braun**'s React. auf Pikrinsäure
beruht auf einer Rotfärbung alkalischer Pikrinsäurelösung beim Erwärmen mit Glucose, ist also die umgekehrte React. des Autors auf Glucose (siehe diese).

**Braun**'s React. auf Salpetersäure.
Versetzt man eine Lösung, die Salpetersäure oder Nitrate enthält, mit wenig Anilinsulfat u. Schwefelsäure, so färbt sich die Mischung blau bis blauviolett.
Ztschr. f. anal. Chem. **6**. 71; **23**. 209.
Böttger, ebenda **8**. 455.
Laar, ebenda **23**. 211. od. Berl. Ber. **15**. 2086.

**Braun**'s React. auf salpetrige Säure.
Auf eine frisch bereitete, mit Essigsäure versetzte Lösung von Kaliumcobaltcyanür schichtet man die zu prüfende Flüssigkeit. Bei Anwesenheit von Nitriten entsteht ein orangeroter Ring.
Ztschr. f. anal. Chem. **3**. 468.

**Braun**'s Reag. auf Weinsäure.
Man löst 1 g Cobaltihexaminchlorid in 12 ccm Wasser. Erhitzt man eine Lösung von Weinsäure mit etwas Reag. zum Sieden u. gibt Natronlauge zu, so verwandelt sich die gelbe Färbung der Lösung in eine grüne und zuletzt blauviolette. Apfelsäure, Ameisen-, Benzoe-, Bernstein-, Citronen-, Essig- u. Oxal-Säure geben diese React. nicht.
Ztschr. f. anal. Chem. **7**. 349.

**Braus**' Reag. für mikroskop. Zwecke.
Man löst 0,1 g Chromsäure in 30 ccm Wasser und gibt 10 g Formaldehyd zu. Gebraucht zur Darstellung der Gallencapillaren (Golgi).
Jena. Zeit. Naturw. 1895. 435.

**Bräutigam-Edelmann**'s React. auf Pferdefleisch
gründet sich auf den Nachweis des Glycogens. 50 g Fleisch werden gehackt und mit 200 g Wasser ausgekocht. Nach dem Erkalten wird durch Zusatz von Salpetersäure (1 : 1) das Eiweiss abgeschieden, filtrirt und diese Mischung mit heiss bereiteter, möglichst gesättigter, wässeriger Jodlösung überschichtet. Ein burgunderroter bis violetter Ring zeigt (Glycogen) Pferdefleisch an.
Pharm. Centrh. 1893. 557 u. 1894. 60.
Ztschr. f. anal. Chem. **33**. 98 u. **36**. 270.
Bell, Chem. News **55**. 15.
Humbert, Répert. de Pharm. 1895. 60.
Niebel, Pharm. Centrh. 1895. 400.
Uhlenhuth, Deutsche medic. Wochenschrift 1901. 261.
Ruppin, Zeitschr. Untersuchg. d. Nahr.- und Genussmittel 1902. 306.
Hasterlik, ebenda 1902. 157.
Bastien, Pharm. Centrh. 1899. 43.
Jean, Chem. Ztg. 1899. Rep. 148.
Drechsler, Zeitschrift für Fleisch- und Milchhygiene **5**. 110.

**Breinl**'s Reag. auf Sesamöl
ist eine Modification von Villavecchia-Fabris' resp. Baudouin's Reag. An Stelle einer alkoholischen Furfurollösung verwendet man eine Lösung von p-Oxybenzaldehyd, Vanillin oder Piperonal, welche eine grössere Farbenintensität hervorrufen sollen als Furfurol.
Chem. Ztg. 1899. 647.
Pharm. Centrh. 1899. 550.

**Bremer**'s Reag. auf Glucose im Blute.
Man mischt gleiche Volumina gesättigter, wässeriger Lösungen von Eosin u. Methylenblau, wäscht den hiebei entstandenen Niederschlag auf einem Filter aus und trocknet ihn. Alsdann mischt man den 24. Teil Eosin u. den 6. Teil Methylenblau zu und verreibt zu einem feinen Pulver. Zur Ausführung der Probe verwendet man eine 0,5 % Lösung dieser Mischung in 33 %igem Alkohol.
Näheres siehe: Pharm. Centrh. 1896. 871 oder Journ. d. Pharm. f. Els.-Lothr. 1896. 221.

**Bremer**'s Reag. auf Sesamöl in Margarine
ist eine Modification von Baudouin's bezw. Villavecchia-Fabri's Reag. — Zu einer abgekühlten Mischung von 50 ccm concentr. Schwefelsäure und 50 ccm Alkohol gibt man 10 Tropfen Furfurol. — Mischt man Margarine mit einigen Tropfen des Reag., so bewirkt vorhandenes Sesamöl eine kirschrote Färbung.

**Brenstein**'s Reag. auf Blei
ist Natriumphosphatlösung (1 : 20), die in ammoniakalischen Lösungen eine weisse Trübung mit Bleisalzen hervorrufen soll. Das Reag. soll empfindlicher sein als Schwefelsäure.
Näheres siehe: Pharm. Ztg. 1890. 282.

**Briand**'s React. auf Abrastol im Wein.
Wenn man 50 ccm Wein nach dem Ansäuern mit 1 ccm Schwefelsäure u. Zusatz von 25 g Bleisuperoxyd schüttelt u. filtrirt und das Filtrat mit 1 ccm Chloroform ausschüttelt, so färbt sich letzteres bei Anwesenheit von Abrastol gelb. Der nach dem Verdunsten des Chloroforms verbleibende Rückstand färbt sich dann mit Schwefelsäure grün. Empfindlichkeitsgrenze 1 : 50 000.
Berl. Ber. 1894. Ref. 369.
Compt. rend. **118**. 925.

**Brieger**'s React. auf Pyrocatechin im Harn.
Gibt man einen Tropfen Urin zu einem Tropfen stark verd. Eisenchloridlösung, so entsteht bei Anwesenheit von Pyrocatechin eine grüne Färbung. Gibt man verd. Ammoncarbonatlösung zu, so nimmt die Mischung eine violette Farbe an und geht dann mit Essigsäure in Grün zurück.
Merck's Report 1900. 215.

**Bringhetti**'s React. auf Salpetersäure.
Die zu prüfende Flüssigkeit verdunstet man und gibt zum Rückstand etwas Salicin und concentr. Schwefelsäure. Bei Anwesenheit von Salpetersäure entsteht eine blutrote Färbung, die beim Verdünnen mit Wasser violett wird.
Oesterreich. Chem. Ztg. **1**. 330.
Ztschr. f. anal. Chem. **38**. 540.

**Brissemoret**'s Reagentien auf Alkaloide
sind 1. etwas Eisen enthaltende Schwefelsäure, 2. Salpetersäuredämpfe enthaltende Schwefelsäure und 3. reine Schwefelsäure. Diese Reagentien geben mit den Opiumalkaloiden verschiedene Farbenerscheinungen.
Tabellarische Zusammenstellung siehe Bull. d. sciences. pharmacol. 1900. 121.
Pharm. Centrh. 1900. 725.

**Bronciner**'s Reag. I auf Alkaloide
(Kaliumsulforuthenat) ist eine Lösung von 1 g Kaliumruthenat oder Kaliumperruthenat in 20 ccm concentr. Schwefelsäure. Solanin gibt mit diesem Reag. eine sich allmählich durch die ganze Flüssigkeit fortsetzende Rotfärbung, die beim Erwärmen verschwindet; Ononin gibt sofort braunrote Färbung; Chelidonin Grünfärbung; Imperatorin blaue in Grün übergehende Färbung.
Pharm. Ztschr. f. Russl. **28**. 778.

**Bronciner**'s Reag. II auf Alkaloide
(Ammoniumsulfouranat) ist eine Lösung von 1 g Ammoniumuranat in 20 ccm concentr. Schwefelsäure. Mit diesem Reag. gibt Codeïn bei gelindem Erwärmen Blaufärbung; Imperatorin Blaufärbung, die beim Erwärmen verschwindet; Morphin schmutzig grüne Färbung beim Erwärmen; Chelidonin langsam auftretende Grünfärbung.
Pharm. Ztschr. f. Russl. **28**. 778.
Ztschr. f. anal. Chem. **37**. 62.

**Bronciner**'s Reag. III auf Alkaloide
ist mit Chlor gesättigte, concentr. Schwefelsäure. Narcotin gibt eine violette, in weinrot u. gelb übergehende Färbung, Narceïn eine olivgrüne und Brucin eine rote Färbung.
Auch Niobschwefelsäure ist vom Autor als Reag. auf Alkaloide vorgeschlagen worden.
Näheres siehe Chem. Ztg, 1888. Rep. 251. oder Journ. de Chim. et de Pharm. (5) **18**. 204.

**Bronciner**'s Reag. IV auf Alkaloide
ist eine Lösung von 1 g Ammontellurat in 20 ccm concentr. Schwefelsäure. — Digitalin = rotblau, Narceïn = gelb dann schmutzig grün u. zuletzt violett, Narcotin = vorübergehend rosa, Apomorphin = nach kurzer Zeit violett, Chelidonin = nach 3—4 Minuten grün.
Chem. Ztg. 1890. Rep. 137.
Journ. de Pharm. et de Chim. (5) **21**. 468.

**Brönsted**'s Reag. auf Weinsäure
ist eine Lösung von l-Weinsäure. Eine 0,1%ige Lösung von Weinsäure (in Wasser) gibt auf Zusatz von Calciumacetatlösung erst nach 2—3 Stunden einen Niederschlag (Calciumtartrat), gibt man aber einen Tropfen l-Weinsäurelösung zu, so entsteht sofort ein Niederschlag (traubensaures Calcium).
Näheres siehe Ztschr. f. anal. Chem. **42**. 15 od. Chem. Ztg. 1903. Rep. 36.

**Brouardel-Boutmy**'s React. zur Differenzirung von Ptomaïnen u. Alkaloiden beruht auf der reduzirenden Wirkung der Ptomaïne auf eine Lösung von Eisenchlorid und Ferricyankalium. Diese React. gibt aber auch Morphin. Ebenso sollen Alkaloide auf Bromsilbergelatinepapier reduzirend einwirken.
Pharm. Centrh. 1896. 432.

**Brown**'s Reag. auf reduzirende Gase
ist ein mit Ferrichlorid u. Ferricyankalium getränktes Papier, das durch genannte Gase blau gefärbt wird.
Chem. Centralbl. 1888. 1396.

**Bruce Warren**'s Reag. auf fette Oele
ist eine Mischung von gleichen Teilen Chlorschwefel u. Schwefelkohlenstoff. Trocknende Oele geben mit dem Reag. unlösliche Massen, nicht trocknende Oele bleiben gelöst.
Chem. News 1887. 134, 1888. 113.
Henriques, Chem. Ztg. 1893. 636.

**Brücke**'s React. auf Blut u. Eiter im Harn
mittels Terpentinöl u. Guajaktinktur siehe Ztschr. f. anal. Chem. **28**. 757 od. Sitzungsber. d. k. Academ. d. Wissensch. in Wien; math.-naturw. Classe, B. 98, III. März 1889. Sie ist eine Modification von Vitali's u. van Deen's React.

**Brücke**'s React. auf Eiweiss.
(Biuretreaction) Coagulirtes Eiweiss übergiesst man mit einer sehr verdünnten Kupfersulfatlösung, entfernt letztere sobald das Coagulum damit durchtränkt ist u. bringt das Gerinnsel in mässig verdünnte Natronlauge. Es nimmt dabei eine veilchenblaue Färbung an.
Vergleiche Rose's React.
Neumeister, Ztschr. f. anal. Chem. **30**. 110.
Schaer, Ztschr. f. anal. Chem. **42**. 1.

**Brücke**'s React. auf Gallenfarbstoffe
ist eine Modification von Gmelin's React., die darin besteht, dass statt untersalpetersäurehaltiger Salpetersäure ausgekochte Salpetersäure verwendet wird u. dass man nach dem Mischen der Flüssigkeiten vorsichtig concentr. Schwefelsäure unterschichtet. Auf diese Art kann man von der Berührungsstelle aus die sich über einander bildenden Farbenerscheinungen schön beobachten.
Ztschr. f. anal. Chem. **15**. 502.

**Brücke**'s Reag. auf Glucose.
Frisch gefälltes Wismutsubnitrat löst man unter Zugabe von Salzsäure in heisser Jodkaliumlösung. Den zu prüfenden Harn oder sonstige Flüssigkeit säuert man mit so viel Salzsäure an, dass zugegebenes Reagens nicht durch Ausscheidung basischer Wismutsalze getrübt wird. (Siehe Originalabhandlung). Enthält der Harn Eiweiss, so muss dasselbe erst mit dem Reag. ausgefällt u. filtrirt werden. Alsdann macht man die Lösung mit Kali alkalisch und kocht. Bei Anwesenheit von Glucose tritt Schwärzung des ausgeschiedenen Wismuthydroxyds ein.
Berichte der Wiener Academie 1875, 1.
Ztschr. f. anal. Chem. **15**. 101.
Merck's Index 1902. 261.
Fron, Chem. Centralbl. 1875. 263.
Maschke, Ztschr. f. anal. Chem. **16**. 425.
Bence Jones, Zeitschr. f. anal. Chem. **1**. 127.

**Brücke**'s React. auf Harnstoff.
Harnstoff wird in alkoholischer Lösung durch eine ätherische Lösung von Oxalsäure krystallinisch gefällt (Harnstoffoxalat). Empfindlicher ist die React. mit amylalkoholischer Lösung von Harnstoff und Oxalsäure.
Monatshefte f. Chem. **3**. 195.
Ztschr. f. anal. Chem. **22**. 139.

**Brücke**'s Reag. auf Proteïnstoffe.
Man sättigt eine siedende 10 %ige Jodkaliumlösung mit frisch gefälltem Quecksilberjodid u. filtrirt die Lösung nach dem Erkalten. Proteïnstoffe geben in angesäuerter Lösung mit diesem Reag. einen Niederschlag.
Merck's Report 1900. 215.

**Brugnatelli**'s React. auf Quecksilber.
Die zu prüfende Flüssigkeit (50—100 ccm) säuert man mit Salzsäure an, erwärmt auf dem Dampfbade mit im Wasserstoffstrom ausgeglühtem Kupferdraht oder Kupferpulver auf 50—60° C. u. schüttelt dann 5 Minuten lang damit. Alsdann wäscht man das Kupfer mit Wasser u. bringt es nebst einem mit 1%iger Goldchloridlösung benetzten Porzellanscherben in ein Glasschälchen, das man mit einem Uhrglase bedeckt und auf dem Dampfbade erwärmt. Bei Anwesenheit von Quecksilber entstehen auf dem Porzellan rote, violette oder goldglänzende Flecken. Empfindlichkeitsgrenze: 0,1 mg. in 1 Liter.
La Riforma medica 1889. 824.
Ztschr. f. anal. Chem. **28**. 752.
Barfoed, Journ. f. pract. Chem. (2) **21**. 441.

**Brullé**'s Reag. auf Verfälschungen des Olivenöles ist eine alkoholische Lösung von Silbernitrat (25 %ig.) — Man erwärmt 10 ccm Olivenöl mit 5 ccm Reag. ½ Stunde lang im Wasserbade. Reines Olivenöl bleibt durchsichtig u. färbt sich grün, Erdnussöl färbt sich braunrötlich, Sesamöl gelbbraun, Leinöl dunkelrötlich, Mohnöl schwarzgrünlich, Colzaöl, Cottonöl u. Leindotteröl schwarz.
Compt. rend. **111**. 977.

**Brullé**'s React. auf fremde Oele im Olivenöl.
Kocht man 10 ccm reines Olivenöl mit 0,1 g Albumin und 20 ccm Salpetersäure, so ist das Oel nach dem Lösen des Albumins fast farblos, nach dem Erkalten trübe strohgelb und wird nach 24 Stunden fest. Bei Anwesenheit von Cottonöl tritt eine orange- bis braunrote Färbung auf.
Chem. Ztg. **12**. Rep. 107.
de Negri und Fabris, Ztschr. f. anal. Chem. **33**. 547.

**Brunner**'s Diazoreaction des Harns.
a) 0,5 g p-Amidoacetophenon löst man in 50 g Salzsäure u. 1000 g Wasser.
b) 0,5 g Natriumnitrit löst man in 100 g Wasser.
Zum Gebrauche mischt man 100 g der Lösung a mit 2 g der Lösung b. — 10 g Harn mischt man mit 10 g Reag. und 2,5 ccm Ammoniak u. schüttelt um. Der Harn von Fieberkranken bei Unterleibstyphus und Flecktyphus bewirkt eine rubinrote Färbung.
Chem. Ztg. 1899. Rep. 304.
Pharm. Centrh. 1900. 19.

**Brunner**'s React. auf Atropin.
Der für das Atropin charakteristische Blumenduft tritt sicher ein, wenn man in folgender Weise verfährt: Auf einige Krystalle Chromsäure in einer kleinen Porzellanschale gibt man eine Spur Atropin u. erwärmt gelinde bis die Chromsäure anfängt sich grün zu färben.
Berl. Ber. **6**. 96.
Ztschr. f. anal. Chem. **12**. 346.

**Brunner**'s Reag. auf Aetzalkalien u. alkalische Erden.
Eine Lösung von Nitroprussidnatrium erzeugt mit genannten Stoffen eine intensiv gelbe Färbung, reagirt aber auf lösliche Carbonate und Bicarbonate nicht.
Schweizer Wochenschr. f. Pharm. 1889. 237.
Ztschr. f. anal. Chem. **34**. 451.

**Brunner**'s Reag. auf Glycoside.
(Umgekehrte Pettenkofersche React.). Versetzt man eine Lösung, die eine Spur Digitalin enthält, mit einer wässerigen Lösung von Galle, so verursacht concentr. Schwefelsäure bis zu einer Temperatur von 70° C. eine schöne rote Färbung. Schichtet man die wässerige Mischung auf die Schwefelsäure, so erhält man einen roten Ring. Dieselbe React. geben Amygdalin, Aesculin, Glycyrrhizin, Phloridzin, Quercitrin, Salicin etc.
Berl. Ber. **6**. 96.
Ztschr. f. anal. Chem. **12**. 345.

**Brunner**'s React. auf Schwefel resp. Nitrobenzol.
Die auf Schwefel zu prüfende Substanz mischt man mit starker Kalilauge, einigen Tropfen Nitrobenzol u. Alkohol. Nach einiger Zeit kommt bei Anwesenheit von Schwefel eine rötliche Färbung zum Vorschein. Auf diese Art lässt sich freier Schwefel wie auch der Schwefelgehalt des Eiweisses, Brodes, der Wolle etc. nachweisen. In ihrer Umkehrung kann diese Reaction zum Nachweise des Nitrobenzols dienen.
Ztschr. f. anal. Chem. **20**. 390.

**Brunner-Strzyzowski**'s Reactionen auf Alkaloide beruhen auf Farbenerscheinungen der Alkaloide bei der Einwirkung von Schwefelsäure mit Chloral, Bromal, Paraldehyd, Furfurol oder o-Nitrophenylpropiolsäure.
Tabellarische Zusammenstellung siehe Pharm. Centrh. 1898. 430 od. Ztschr. f. anal. Chem. **38**. 459.

**Bruylants**' Reactionen auf Morphin sind Modificationen von bekannten Reactionen.
Siehe Ztschr. f. anal. Chem. **37**. 62 oder Pharm. Centrh. 1895. 284.
Annal. d. Pharm. **1**. 65.

**Bruylant**'s Reag. auf Eiweiss ist eine frisch bereitete Lösung von Metaphosphorsäure in Wasser. (Identisch mit Hindelang's Reag.)
Ztschr. d. öst. Apoth.-Ver. 1902. 473.
Pharm. Centrh. 1902. 369.

**Buchner**'s React. auf Gallussäure u. Tannin.
Wässerige Lösungen von Tannin geben mit Bleiacetat und Kalilauge eine rot gefärbte Lösung; Gallussäure gibt mit Bleiacetat einen carminroten Niederschlag, der sich in Kalilauge mit himbeerroter Farbe löst.
Liebig's Annalen **53**. 357.
Harnack, Archiv d. Pharm. **234**. 537 oder Ztschr. f. anal. Chem. **39**. 239.

**Buchner**'s React. auf Glucose im Harn.
Man kocht 20 ccm Harn mit etwas Kupfersulfat, filtrirt nach dem Erkalten von dem entstandenen Niederschlag ab und kocht das Filtrat nach Zusatz von Seignettsalz u. Kalilauge. Bei Anwesenheit von Glucose entsteht eine Ausscheidung von Kupferoxydul.
Berl. Ber. **17**. Ref. 188.
Chem Ztg. 1884. 945.
Focke, Apoth. Ztg. **9**. 559.
Allen, The Analyst **19**. 178.

**Buchner**'s React. auf Paraffin od. Ceresin im Bienenwachs.
Kocht man Wachs mit alkoholischer Kalilauge (1 g KOH in 3 g Alkohol 90%) u. lässt dann im Wasserbade stehen, so bleibt die erhaltene Lösung bei reinem Wachs klar, bei Anwesenheit von Paraffin scheidet sich über der Seifenlösung eine ölige Schicht ab.
Dingler's Journ. **231**. 272. od. Ztschr. f. anal. Chem. **19**. 241.

**Buckingham**'s Reag. auf Alkaloide ist eine Lösung von 1 T. Ammoniummolybdat in 16 T. concentr. Schwefelsäure. Gibt mit einer grossen Anzahl von Alkaloiden u. anderen organischen Stoffen ckarakteristische Färbungen. Keine Färbung, sondern erst spätere Veränderung in hellblau geben mit dem Reag. Asparagin, Atropin, Chinin, Chinidin, Cinchonin, Coffeïn, Strychnin. Charakteristische Färbungen, die mit Ausnahme von Meconin in Dunkelblau übergehen liefern: Veratrin gelbgrün, dunkelbraun, dunkelblau; Meconin hellgrün, hellblau; Codein grün; Salicin rot; Digitalin carmoisinrot; Brucin ziegelrot; Aconitin hellgelbbraun, rot, dunkelblau etc.
Polytechn. Notizbl. 1874. 77.
Ztschr. f. anal. Chem. **13**. 234.
Hager's pharm. Prax 1880, I. 204.

**Bufalini**'s React. auf Blut (Blutflecken) beruht auf der Gewinnung von Häminkrystallen u. ist eine Modification von Teichmann's React.
Ztschr. f. anal. Chem. **25**. 146.
Annali di chim. med. farm. 1885. 291.

**Bühler**'s Reag. zum Färben mikroskop. Präparate.
a) Eine Mischung von 10 ccm 1%iger, wässeriger Anilinblaulösung mit 10 ccm 1%iger, wässeriger Vesuvinlösung;
b) eine Mischung von 10 ccm Rubin S u. 10 ccm Safranin in 1%iger, wässeriger Lösung.
Zum Gebrauch mischt man a u. b. (Zum Färben von Nervenzellen.)
Verhandlgn. d. phys. med. Ges. Würzburg 1898.

**Buignet**'s Reag. zur Bestimmung der Blausäure
ist eine Lösung von 12,468 g Kupfersulfat in 1 Liter Wasser. 1 ccm entspricht 0,0054 g Blausäure (HCN).
Näheres siehe Hager, Pharm. Prax. 1880. I. 67.

**Bujwid**'s Cholerareaction.
Eine mit Cholerabacillen geimpfte Gelatine wird bei Anwesenheit von Jodoformdämpfen nicht flüssig, während sich bei Abwesenheit derselben die Gelatine in einigen Tagen verflüssigt.
Näheres siehe Centralbl. f. Bacteriol u. Parasit.-K. 1892. 595.

**Bujwid**'s React. auf Cholerabacterien
gründet sich auf eine rosaviolette Färbung, welche die Kulturen auf Zusatz von 5—10% Salzsäure annehmen.
Näheres siehe Ztschr. f. Hygiene **2**. 52.
Ztschr. f. anal. Chem. **26**. 651 u. **27**. 106.
Dunham, Ztschr. f. anal. Chem. **26**. 651 oder Ztschr. f. Hygiene **2**. 337.
Jadassohn, Breslauer ärztl. Ztschr. **9**. 181. — Chem. Centralbl. **58**. 1300.
Cahen, Ztschr. f. Hygiene **2**. 386.

**Bujwid**'s Reag. auf salpetrige Säure
ist eine Umkehrung von Baeyer's u. Kitasato-Salkowski's React. auf Indol. Man verdünnt eine alkoholische Lösung von Indol (1—2 : 16000) mit Wasser. — 10 ccm der zu prüfenden Flüssigkeit versetzt man mit einigen Tropfen Salzsäure u. Reag. u. erwärmt auf 70—80° C. Bei Anwesenheit von salpetriger Säure entsteht eine rote Färbung.
Merck's Report 1900. 215.

**Bunger**'s Reag. zum Härten mikroskopischer Präparate
ist eine Lösung von 0,5 g Chromsäure, 0,2 g Osmiumsäure und 0,4 g Essigsäure in 200 ccm Wasser.
Ztschr. f. Mikroskop. 1893. 392.

**Buoma**'s Reag. zum Färben mikroskop. Präparate
ist eine Lösung von 0,05 g Safranin in 100 ccm Wasser. Gebraucht zur Knochenuntersuchung.

**Burchardt**'s React. auf Cholesterin.
Versetzt man eine Lösung von Cholesterin in Chloroform mit Essigsäureanhydrid u. gibt einige Tropfen Schwefelsäure zu, so entsteht eine violette bis grüne Färbung.
Merck's Report 1900. 215.

**Burchardt**'s Chinolinwasser für mikroskop. Zwecke.
Man schüttelt 10 Tropfen reines Chinolin mit 100 ccm Wasser und filtrirt durch ein angefeuchtetes Filter. Es zeichnet sich vor dem Anilinwasser durch seine grössere farbenfixirende Kraft aus.
Ztschr. f. Mikroskop. 1895. 218.

**Burchardt**'s Holzessigfarben zu mikroskop. Zwecken.
1. Holzessig-Hämatoxylin ist eine Lösung von 0,5 g Hämatoxylin und 2 g Kalialaun in 130 g gereinigtem Holzessig.
2. Holzessig-Carmin Xr. ist eine Lösung von 2 g Carmin in 100 g Holzessig, die auf kleiner Flamme auf die Hälfte ihres Volums eingedampft wird.
3. Holzessig-Carmin Pr. ist eine Lösung von 3 g Carmin u. 0,5 g Kalialaun in 100 g Holzessig, die auf die Hälfte eingedampft wird.
4. Doppel-Carmin ist eine Mischung von Carmin Xr. u. Pr. zu gleichen Teilen.
5. Holzessig-Cochenille: 4 g Cochenille und 0,5 g Kalialaun werden mit 100 g Holzessig auf die Hälfte eingedampft (u. filtrirt).

Arch. f. mikroskop. Anat. 1898. 232.
Ztschr. f. Mikroskop. 1898. 453.

**Burchardt**'s Reag. zum Färben mikroskop. Präparate
ist eine 5—10 %ige Lösung von Thallinsulfat oder Thallintartrat in Wasser. Gebraucht zur Kernfärbung.
Centralbl. f. allg. Pathol. u. Anat. 1894. 706.
Ztschr. f. Mikroskop. 1895. 216.

**Busch**' Reag. zum Entkalken mikroskop. Präparate
ist eine Mischung von 1—10 Vol. Salpetersäure (D. = 1,25) mit 100 Vol. Wasser.
Arch. f. mikrosk. Anat. 1877. 481.

**Busch**' Reag. zum Färben mikroskop. Präparate
Siehe Martinotti's Reag. 3.

**Buschi**'s React. auf Quecksilbercyanid.
Erhitzt man eine Lösung von Quecksilbercyanid mit einigen Tropfen Kaliumnitritlösung und gibt dann Salzsäure zu, so entsteht eine schöne rote Färbung. (Charakteristisch für das Quecksilbercyanid).
Pharm. Centrh. 1897. 135.
Ztschr. f. anal. Chem. **37**. 344.

**Busse**'s React. auf Bombay-Macis.
Mit alkoholischem Macisauszuge getränkte u. getrocknete Filtrirpapierstreifen taucht man rasch in siedendes, gesättigtes Barytwasser u. trocknet sie auf Filtrirpapier. Bei Anwesenheit von Bombay-Macis sind die Streifen ziegelrot gefärbt (ausserdem bräunlichgelb).
Näheres siehe: Arbeiten d. k. Gesundh.-Amtes, Berlin 1896.
Pharm. Centrh. 1896. 874.

**Bütschli**'s Alaunhämatoxylin zur Kernfärbung
(auch saures Hämatoxylin genannt) ist ein mit Wasser verdünntes Delafield's Reag., dem so viel Essigsäure zugesetzt ist, dass es rot geworden ist.
Ztschr. f. Mikroskop. 1892. 197.

**Cabasse**'s React. auf Runkelrübenspiritus
beruht auf einer Rosafärbung desselben durch concentr. Schwefelsäure.
Journ. de Pharm. et de Chim. **42**. 403.
Ztschr. f. anal. Chem. **2**. 99. **4**. 240.

**Cadet**'s React. auf Arsen.
Erhitzt man Arsenik mit Natriumacetat, so entwickelt sich der Geruch des Kakodyls.
Merck's Report 1900. 254.

**Cahen**'s React. auf Cholerabacillen.
Von einer Plattenkultur bringt man die verdächtigen Kolonien in alkalische Nährbouillon, gibt Lackmuslösung zu u. lässt die Mischung 12—24 Stunden bei 37° C. stehen. Bei Anwesenheit von Choleraspirillen wird die Lösung in dieser Zeit entfärbt.
Ztschr. f. Hygiene **2**. 386.
Ztschr. f. anal. Chem. **27**. 106.

**Cahours**' React. auf Pikrinsäure
ist identisch mit Gerhardt's React.

**Cailletet**'s Reag. für fette Oele.
Zur Anstellung einer Elaïdinprobe ist eine mit salpetriger Säure gesättigte, concentr. Salpetersäure oder eine Mischung von 20 ccm concentr. Schwefelsäure, 35 ccm 60%iger Phosphorsäure u. 30 ccm Salpetersäure von D. = 1,4 zu verwenden.

**Cailletet**'s React. auf Kupfer in Oelen.
10 ccm des zu prüfenden Oeles schüttelt man mit einer Lösung von 0,1 g Pyrogallol in 5 ccm Aether. Bei Anwesenheit von Kupfer färbt sich die Mischung braun u. scheidet Pyrogallolkupfer aus.
Ztschr. d. öst. Apoth. Ver. **15**. 474.
Ztschr. f. anal. Chem. **18**. 628.

**Cailletet**'s React. auf Weinsäure in Citronensäure.
Zu 10 ccm gesättigter Kaliumdichromatlösung gibt man 1 g der zu prüfenden Citronensäure. Ist keine Weinsäure vorhanden, so tritt innerhalb 10 Minuten keine Farbenänderung ein, bei 1% Weinsäure ist die Lösung kaffeebraun bei 5% schwarzbraun geworden.
Polytechn. Notizbl. **23**. 95.
Ztschr. f. anal. Chem. **17**. 499.

**Cajal** siehe **Ramón y Cajal.**

**Calberla**'s Reagentien zum Färben mikroskop. Präparate.
1. Man löst 5 g Methylgrün in 200 ccm 1%iger Essigsäure.
Vergleiche Erlicki's Reag.
2. Eine Lösung von 3 g Methylgrün u. 0,05 g Eosin in 70 ccm Wasser u. 30 ccm Alkohol. Gebraucht zur Doppelfärbung.
3. Eine Lösung von Indulin in Wasser (1 Vol. gesättigte, wässerige Lösung u. 6 Vol. Wasser).
Morphol. Jahrb. 1877. 625. 627.

**Calmels'** React. auf Cocaïn
ist identisch mit Biel's React.

**Calvert**'s React. zur Unterscheidung fetter Oele
siehe Heydenreich's React.

**Camoin**'s Reag. auf Sesamöl
ist eine Lösung von 2 g Zucker in 100 g concentr. Salzsäure. Sesamöl gibt mit dem Reag. eine johannisbeerrote Färbung.
Vergl. Baudouin's React.

**Campani**'s Reag. auf Kalium.
Das Reag. ist eine Mischung von
a) Wismutsubnitrat in möglichst wenig Salzsäure und
b) von Natriumthiosulfat in möglichst wenig Wasser. Es gibt mit Kaliumsalzen eine citronengelbe, in Alkohol unlösliche Verbindung.
Siehe Pauly's Reag.
Ztschr. f. anal. Chem. **23**. 60.
Archiv der Pharm. 1883. 67.

**Campani**'s Reag. auf Glucose
ist eine Mischung von concentr. Bleiessig mit einer verdünnten Lösung von krystallisirtem Kupferacetat. Zu etwa 5 ccm dieses Reag. gibt man die zu prüfende Lösung und erhitzt zum Sieden. Anwesenheit von Glucose erkennt man an einer Gelbfärbung der Lösung u. einem gelben Niederschlag. Gegen Rohrzucker ist das Reag. indifferent.
Archiv d. Pharm. **198**. 51.
Ztschr. f. anal. Chem **11**. 321.
Merck's Index 1902. 261.

**Campbell**'s Reag. zur colorimetr. Eisenbestimmung
ist Stannoborat, das durch Fällen von Zinnchlorür mit Boraxlösung dargestellt wird.
Näheres siehe Chem. Ztg. 1888. Rep. 250 oder The Journ. Anal. Chem. **2**. 289.

**Candussio**'s Reag. auf Phenole
ist eine 1%ige, wässerige Lösung von Ferricyankalium, die 10—20% reines Ammoniak enthält.
Näheres siehe Chem. Ztg. **24**. 299, Ztschr. f. anal. Chem. **41**. 51, Pharm. Centrh. 1900. 355.

**Capezzuoli**'s React. auf Zucker.
Die zu prüfende Lösung versetzt man mit etwas Ferrichlorid u. überschüssiger Natronlauge u. lässt den entstandenen Niederschlag absetzen. Nach längerem Stehen bildet sich bei Anwesenheit von Zucker über dem Niederschlage ein rotgelber Ring.

**Capranika**'s Reag. auf Gallenfarbstoffe.
5%ige, alkoholische Bromlösung, Chlorsäure oder Jodsäure bringen in der Chloroformausschüttelung eines ikterischen Harns dieselben Farbenerscheinungen wie bei Gmelin's React. hervor: Grün, indigoblau, violett u. gelbrot. Besonders empfindlich ist die React., wenn man Bromlösung bis zur Grünfärbung zusetzt und dann Salzsäure zugibt. Der grüne Farbstoff geht beim Schütteln in die Salzsäure über u. ist darin noch wahrnehmbar, wenn der ursprüngliche Gallenfarbstoffgehalt 1 : 200000 betrug.
Ztschr. f. anal. Chem. **22**. 626.
Jahresber. f. Thierchem. 1882. 302.
Gaz. chim. ital. **11**. 430.

**Capranika**'s React. auf Guanin.
Warme (concentr.) Lösungen von Guanin geben mit gesättigter Pikrinsäurelösung einen orangegelben, krystallinischen Niederschlag, mit Kaliumchromat beim Erkalten orangerote Prismen u. mit Ferricyankalium mikroskopisch kleine, braune Prismen.
Näheres siehe Ztschr. f. physiol. Chem. **4**. 233. Ztschr. f. anal. Chem. **20**. 160.

**Carcano**'s React. auf gekochte u. ungekochte Milch
Zu einigen ccm Milch gibt man einige Tropfen reines Terpentinöl, erwärmt in einem Porzellanschälchen u. gibt etwas Guajaktinktur zu. Gekochte Milch färbt sich nicht, ungekochte färbt sich blau.
Merck's Report 1900. 254.
Bollet. chim. farm. 1896. 486.

**Carles'** React. auf Alkohol in ätherischen Oelen.
1. Schüttelt man gleiche Teile des äth. Oeles und Olivenöl, so tritt bei Anwesenheit von Alkohol eine Trübung ein.
2. Beim Schütteln mit Wasser darf das Vol. des äth. Oeles nicht abnehmen.
3. Beim Schütteln mit trockenem Chlorcalcium wird letzteres bei Anwesenheit von Alkohol weich oder flüssig.
Arch. de Pharm. 1886. 97.

**Carlinfanti**'s React. auf Sesamöl.
Schüttelt man Sesamöl mit Baudouin's Reag. (vergleiche dieses), so färbt sich dasselbe intensiv rot. Diese Färbung bleibt auch bestehen, wenn man mit der dreifachen Menge Wasser verdünnt. Dagegen verschwinden hierbei solche Rotfärbungen, die Baudouin's Reag. mit Olivenölen zuweilen hervorbringt.
L'Orosi 1895. 87.
Chem. Ztg. 1895. Rep. 215.

**Carnot**'s Reag. auf Kalium.
Siehe Pauly's Reag.
Berl. Ber. **9**. 1434.

**Carnoy**'s Reag. zum Härten mikroskop. Präparate
ist eine Lösung von 1 g Chromsäure, 0,3 g Osmiumsäure u. 3 g Essigsäure in 65 ccm Wasser.
La Cellule 1885. 211.

**Carnoy**'s Reag. zum Fixiren mikroskop. Präparate ist eine Mischung von 10 ccm Eisessig u. 30 ccm absolut. Alkohol oder eine Mischung von 10 ccm Eisessig, 60 ccm Alkohol und 30 ccm Chloroform oder eine Mischung von Schwefelsäure u. Alkohol.
Merck's Index 1902. 269.
Ztschr. f. Mikroskop. 1890. 47, 1899. 340.
van Beneden, Bull. Acad. Sc. Bruxelles 1887.
Kolster, Anat. Anzg. 1900.
Müller, Arch. f. mikroskop. Anat. 1899.
Auch eine Lösung von Schwefeldioxyd in Alkohol ist vom Autor als Kernfixationsmittel empfohlen worden. (Cellule 1885.)
Overton, Ztschr. f. Mikroskop. 1890.

**Caro**'s Persulfatreaction.
Versetzt man eine Persulfatlösung mit einer neutralen Lösung von Anilin (2 %), so tritt nach einigem Stehen oder beim Erhitzen sofort ein orangebrauner Niederschlag oder wenn die Lösung sehr verdünnt ist, eine braune Färbung auf. Aus dem Niederschlag lässt sich durch Auskochen mit Benzol ein Körper extrahiren, der sich in Salzsäure mit gelber Farbe löst Diese Lösung wird beim Erwärmen dauernd violett.
Ztschr. f. angew. Chem. 1898. 845.
Pharm. Centrh. 1900. 433.

**Caro**'s Reag. (Sulfomonopersäure)
ist eine gesättigte Lösung von Kaliumpersulfat in concentr. Schwefelsäure. Mit diesem Reag. kann Anilin direkt in Nitrosobenzol verwandelt werden (Umkehrung von Zinin's React., also der Umwandlung der Nitro- in die Amidogruppe).
Ztschr. f. angew. Chem. 1898. 845.
Pharm. Centrh. 1900. 433, 1901. 555.
Baeyer u. Villiger, Berl. Ber. 1899. III. 3625, 1900. 124 u. 1901. 853.

**Caro**'s Reag. auf Schwefelwasserstoff.
Die zu prüfende Lösung versetzt man mit 1/50 Vol. rauchender Salzsäure, löst darin einige Körnchen p. Amidodimethylanilinsulfat und gibt dann 1—2 Tropfen verdünnter Eisenchloridlösung zu. Bei Anwesenheit von Schwefelwasserstoff färbt sich die Lösung nach einiger Zeit rein blau (Methylenblau).
Fischer, Berl. Ber. **16**. 2234.
Ztschr. f. anal. Chem. **23**. 225.
Vergleiche Lauth's React.

**Carpené**'s Reag. auf Alkaloide
ist identisch mit Mayer's Reag.

**Carpené**'s Reag. auf Gerbstoffe im Wein
ist eine ammoniakalische Zinkacetatlösung. Dieses Reag. gibt mit Gerbsäuren einen in Wasser, Ammoniak und Zinkacetat unlöslichen Niederschlag von Zinktannat. Es reagirt mit Gallussäure nicht.
Dingler's Journ. **216**. 452.
Ztschr. f. anal. Chem. **15**. 112.
Merck's Index 1902. 261.
Nach Hager, Pharm. Prax. 1880. II. 1250 sättigt man eine 5 %ige Aetzammonlösung mit Zinkacetat.

**Carpené**'s React. auf Glucose
beruht auf der Bildung eines baryumhaltigen Niederschlages beim Zusammentreffen einer alkoholischen Lösung von Glucose mit einer Lösung von Baryumhydroxyd.
Näheres siehe: Répert. de Pharm. 1897. 319 oder Pharm. Centrh. 1897. 514 u. 757.

**Carrez**' Reag. auf Eiweiss
ist eine Lösung von Resorcin (33 %). Beim Ueberschichten dieses Reag. mit eiweisshaltigem Harn entsteht ein weisser Ring.
Répert. de Pharm. 1895. 214.

**Carter**'s React. auf Indican im Harn
beruht auf der Bildung eines blauen bis purpurroten Niederschlages, wenn man indicanhaltigen Harn mit Salpetersäure u. dann mit Schwefelsäure versetzt.
Merck's Report 1900. 254.

**Casali**'s Reactionen der Gallensäuren.
Gallensäuren zeigen mit Schwefelsäure und einer oxydirenden Substanz wie Bleisuperoxyd, Zinnchlorid etc. schöne Farbenerscheinungen.
Näheres siehe: Centralbl. f. d. medic. Wissensch. 1878. 583.
Ztschr. f. anal. Chem. **18**. 128.

**Castle**'s siehe **Kastle**'s Reag.

**Cauquil**'s Reag. auf Gallenfarbstoffe im Harn
ist eine Lösung von 2 g Jodtinktur u. 2 g Jodkalium in 100 ccm Wasser. Gallenfarbstoffe geben bei der Schichtprobe einen grünen Ring.
Südd. Apoth. Ztg. 1903. 198.
Vergleiche Maréchal's u. Smith's React.

**Causse**'s Reag. auf Cystin im Wasser
ist das Chloromercurat des p-diazobenzolsulfosauren Natriums, welches mit Cystin enthaltendem Wasser eine gelbe Färbung gibt.
Chem. Ztg. 1900. 302.
Molinié, Chem. Ztg. 1900. 1000, od. Pharm. Centrh. 1901. 616.

**Causse**'s Reag. auf verseuchte Wässer.
Man löst 0,25 g Krystallviolett (Hexamethyltriamidotriphenylcarbinol) in 250 g kaltem, mit Schwefeldioxyd gesättigtem Wasser. — 100 ccm des zu prüfenden Wassers versetzt man mit 1 ccm Reag. Ist das Wasser rein, so erscheint die ursprüngliche Violettfärbung wieder, ist es durch menschliche oder tierische Dejectionen verunreinigt, so wird die Mischung nicht mehr violett.
Pharm. Centrh. 1902. 459.

**Cavalli**'s Reag. auf Alkalität des Wassers
ist eine Lösung von Toluylenrot (Neutralrot) in Wasser 1 : 100. Alkalisches Wasser wird durch einige Tropfen dieses Reag. gelb gefärbt.
Chem. Ztg. 1897. Rep. 288.

**Cavalli**'s Reag. auf Cottonöl.
Man löst 2 g Resorcin in 20 ccm Wasser u. 15 ccm concentr. Schwefelsäure. — 5 ccm des zu prüfenden Olivenöles schüttelt man mit 5 ccm Reag. und erwärmt dann auf 50° C. Reines Olivenöl wird entfärbt u. wird erst nach 15 Minuten grau gefärbt, Cottonöl wird sofort rosa gefärbt, dann grünlich u. nach 15 Minuten blau. Mischungen von beiden Oelen werden mehr oder weniger violett gefärbt.
Zeitschr. Nahr.-Genussmittel 1898. 119.
Pharm. Centrh. 1898. 535.

**Cavalli**'s React. auf Sesamöl.
Man schichtet 5 g Oel über eine Mischung von 3 g Salzsäure u. 2 g Salpetersäure. Bei Anwesenheit von Sesamöl tritt Rotfärbung ein. Empfindlichkeitsgrenze = 10 : 100.
Pharm. Centrh. 1902. 167.

**Cazeneuve**'s Reag. auf Metallsalze
ist Diphenylcarbazid. Letzteres gibt mit gewissen Metallsalzen, in Benzin gelöst, unter Bildung von Diphenylcarbazon intensive Farbenerscheinungen. Es färbt sich mit Kupfersalzen violett, mit Quecksilbersalzen veilchenblau u. mit Eisensalzen pfirsichblütenrot. Mit Salzsäure angesäuerte Chromsäure-

lösung wird mit pulverisirtem Diphenylcarbazid prachtvoll violett gefärbt. Empfindlichkeitsgrenze bei den Metallsalzen = 1 : 100 000, bei Chromsäure 1 : 1 000 000.
Merck's Bericht 1900. 85.
Compt. rend. de l'acad. des sciences **131**. 346.
Pharm. Centrh. 1900. 656.
Bull. Soc. Chim. Paris (3) **23**. 701.
Ztschr. f. anal. Chem. **41**. 568.

**Cazeneuve**'s Reag. auf Sauerstoff
ist eine Lösung von 1 g m-Phenylendiamin in 100 g Alkohol.
Näheres siehe Berl. Ber. **24**. Ref. 866.
Bull. Soc. Chim. (3) **5**. 855.

**Cazeneuve**'s React. auf Teerfarbstoffe im Wein.
Man schüttelt 10 ccm Wein in der Wärme mit 0,2 g Quecksilberoxyd. Während die natürlichen Weinfarbstoffe von Quecksilberoxyd gebunden werden, bleiben Teerfarbstoffe in Lösung.
Compt. rend. **102**. 52.
Annal. de chim. et de phys. (6) **7**. 533.
Vergleiche Blarez' React.

**Cazeneuve-Cotton**'s React. auf Holzgeist im Alkohol.
10 ccm Alkohol versetzt man bei 20° C. mit 1 ccm Kaliumpermanganat (1 : 1000). Bei Anwesenheit von Holzgeist tritt sofort Entfärbung ein. Reiner Alkohol entfärbt erst nach 20 Minuten.
Ztschr. f. anal. Chem. **20**. 585.

**Della Cella**'s React. auf Acetanilid.
Erwärmt man einige cg Acetanilid mit 3 Tropfen Mercurinitrat u. gibt nach erfolgter Lösung 3 Tropfen concentr. Schwefelsäure zu, so färbt sich die Mischung intensiv blutrot. (Dieselbe React. geben Phenole, Thymol, Gallus- u. Gerbsäure).
Journ. de Pharm. et de Chim. (5) **15**. 162.
Chem. Ztg. 1887. Rep. 130.

**Certes**' Reag. zum Färben mikroskop. Präparate
ist eine Lösung von 1 g Chinolinblau in 10 Liter Wasser. Gebraucht zum Färben lebender Organismen.
Compt. rend. Soc. de Biolog. 1885. 197.

**Chancel**'s React. auf secundäre Alkohole.
1 ccm des zu prüfenden Alkohols erwärmt man mit 1 ccm Salpetersäure (D. = 1,35), verdünnt mit Wasser, schüttelt mit Aether aus u. lässt letzteren auf einem Uhrglase verdunsten. Den Rückstand löst man in wenig Alkohol und gibt einige Tropfen alkoholische Kalilauge zu. Primäre Alkohole geben keine Reaction, secundäre Alkohole geben gelbe Prismen.
Näheres siehe Compt. rend. **100**. 601.
Ztschr. f. anal. Chem. **27**. 221.

**Chapman**'s React. auf Eugenol u. Isoeugenol.
Man löst 1 ccm Eugenol oder Isoeugenol in 5 ccm Essigsäureanhydrid u. gibt 1 Tropfen concentr. Schwefelsäure oder ein Stückchen geschmolzenes Zinkchlorid zu. Eugenol färbt sich mit Schwefelsäure braun, rasch purpur- u. dann weinrot, mit Zinkchlorid blassgelb.
Isoeugenol färbt sich mit Schwefelsäure vorübergehend rosenrot dann hellbraun, mit Zinkchlorid rosenrot.
The Analyst 1900. 313.

**Chapman**'s React. auf Safrol u. Isosafrol.
Eine Lösung von Safrol in Essigsäureanhydrid (1+5) wird durch 1 Tropfen concentr. Schwefelsäure smaragdgrün, dann bräunlich, durch ein Stückchen geschmolzenes Chlorzink blassblau, dann hellbraun gefärbt. Isosafrol färbt sich unter denselben Bedingungen durch Schwefelsäure rosa bis rötlich, durch Chlorzink rosa, dann braun.
The Analyst. 1900. 313.

**Chapman-Smith**'s React. auf Wein- u. Citronensäure.
Eine zum Sieden erhitzte, stark alkalische Lösung von Kaliumpermanganat wird durch Citronensäure grün gefärbt, durch Weinsäure aber unter Abscheidung von Manganperoxyd zersetzt.
Ztschr. f. Chem. **10**. 413.
Ztschr. f. anal. Chem. **7**. 264.
Wimmel, ebenda **7**. 411.

**Chautard**'s Reag. auf Aceton im Harn
ist Fuchsinschwefligesäure.
Archiv de Pharm. 1886. 213.
Bull. Soc. Chim. **45**. 83.
Chem. Ztg. 1886. Rep. 40.

**Chenzinsky-Plehn**'s Reag. zum Färben mikroskop. Blutpräparate.
Eine Lösung von 0,25 g Eosin in 50 g verd. Spiritus mischt man mit 100 ccm Wasser und 100 g concentr., wässeriger Methylenblaulösung.
Reinbach, Ztschr. f. Mikroskop. 1894. 260.

**Chester B. Curtis**' Reag. auf Wasser in Alkohol
ist Toluol. 10 ccm des zu prüfenden Alkohols versetzt man mit 1 ccm Wasser und dann mit so viel Toluol bis eine bleibende Trübung eintritt. Aus der verbrauchten Toluolmenge lässt sich die im Alkohol enthaltene Menge Wasser bestimmen.
Näheres siehe: Ztschr. f. anal. Chem. **42**. 62 oder Journ. of the Chem. Soc. **76**. II. 184.

**Chiozza**'s React. auf Santonin
ist Banfi's React.
Liebig's Annal. **91**. 112.

**Chlopin**'s Reag. auf Ozon.
Man tränkt Filtrirpapier mit einer alkoholischen Lösung von Ursol D oder T (Actiengesellsch. für Anilin-Fabr. in Berlin). Das Ursolpapier ist vor dem Gebrauch mit Wasser anzufeuchten. Es wird durch Ozon (nicht aber durch Wasserstoffsuperoxyd, salpetrige Säure oder Kohlensäure in der Luft) blau gefärbt.
Zeitschr. Nahr.- u. Genussmittel 1902. 504.
Pharm. Centrh. 1902. 353.
Nach Arnold-Mentzel ist das Ursol als Specialreagens auf Ozon nicht empfehlenswert. Berl. Ber. 1902. 2907. Siehe auch Arnold-Menzel's Reag. auf Ozon.

**Christel**'s Reactionen auf Pikrinsäure.
Die wichtigsten sind folgende:
1. Eine wässerige Lösung von Pikrinsäure wird durch Bleiacetat od. Kupfersulfat nicht verändert, aber auf Zusatz von Ammoniak bringt Bleiacetat einen rötlichen, Kupfersulfat einen grünlichen Niederschlag hervor.
2. Gibt man zu einer wässerigen Lösung von Pikrinsäure eine wässerige Lösung von Methylgrün, so entsteht ein grüner Niederschlag (löslich in viel Wasser mit blaugrüner Farbe).
3. Alkalische Zinnchlorürlösung wird durch Pikrinsäure rot gefärbt; ebenso wird die Säure durch Schwefelammon rot gefärbt.
4. Behandelt man etwas Pikrinsäure mit Zink und verd. Schwefelsäure, so entsteht eine gelbrötliche, trübe Flüssigkeit, die nach dem Mischen mit dem vielfachen Volum Alkohol u. nach einigem Stehen (filtriren!) grünlich, dann blauviolett und schliesslich rotviolett wird.

Weitere Reactionen siehe: Ztschr. f. anal. Chem. **23**. 91.
Archiv d. Pharm. **221**. 190.

**Christensen**'s React. auf Eiweiss
ist eine verdünnte Gerbsäurelösung, welche in eiweisshaltigen Flüssigkeiten einen Niederschlag hervorbringt.
Näheres siehe: Ztschr. f. anal. Chem. **30**. 109.
Vergleiche Almén's Reag.

**Chrzonszczewski**'s Reag. für mikroskop. Zwecke
ist Natriumindigosulfonat in gesättigter, wässeriger Lösung. Gebraucht zu physiologischen Injectionen für die Darstellung der Nieren- u. Leberkanäle etc.
Virchow's Archiv **30**. 187, **35**. 158.
Natrium indigosulfuricum siehe Merck's Index 1902. 173.

**Ciamician-Magnanini**'s React. auf Skatol.
Skatol löst sich beim Erwärmen in concentr. Schwefelsäure mit purpurroter Farbe.
Berl. Ber. **21**. 1928.

**Cimmino**'s React. auf Salpetersäure im Wasser.
(Modification von Hofmann's React.) Eine Lösung von Schwefelsäure u. Diphenylamin in 5—10 %iger Salzsäure dient als Reag. Zu 1 ccm Wasser gibt man 3—4 Tropfen dieses Reag. und mischt mit 2 ccm concentr. Schwefelsäure. Bei Anwesenheit von Salpetersäure färbt sich die Mischung blau. Empfindlichkeitsgrenze = 1 : 1 000 000.
Ztschr. f. anal. Chem. **38**. 431.

**Claësson**'s Reactionen der Sulfhydrate.
Versetzt man Sulfhydrate mit etwas Ammoniak u. einigen Tropfen stark verdünnter Eisenchloridlösung, so treten folgende Färbungen ein: Dunkelrotbraun: Methyl-, Aethyl-, Amyl-, Benzol-, Toluol- u. Toluoldisulfhydrat u. Thiacetsäure; dunkelrotviolett: Thioglycolsäure u. Thiomilchsäure; grün: die Sulfhydrate der Alkalien u. Erdalkalien.
Berl. Ber. **14**. 411.
Ztschr. f. anal. Chem. **21**. 575.

**Claissen**'s React. auf Thiophen im Benzol.
Schüttelt man 10 ccm thiophenhaltiges Benzol mit einigen Tropfen Isoamylnitrit und etwas concentr. Schwefelsäure, so färbt sich letztere braunrot und später violett.
Berl. Ber. **20**. 2197.

**Clark**'s React. auf Phenol u. Kreosot.
Erwärmt man Phenol mit concentr. Salpetersäure bis die Entwickelung roter Dämpfe aufgehört hat, so entstehen gelbe Krystalle. Kreosot gibt diese React. nicht.
Merck's Report 1900. 254.

**Clark**'s Reag. zur Härtebestimmung des Wassers
ist eine Lösung von Seife in 48 %igem Alkohol. 45 ccm Reag. entsprechen 0,012 g Calciumoxyd.
Repert. of Patent Invent. 1841.
Merck's Index 1902. 265.
Mohr, Titrirmeth. 1896. 693.
Faist, Jahresber. Liebig u. Kopp 1850. 610.
Reichardt, Ztschr. f. anal. Chem. **10**. 284.

**Clarus**' Reag. auf Solanin.
Solanin gibt mit wässeriger Chromsäurelösung eine blaue Färbung.

**Claubry**'s React. auf Arsen
ist identisch mit Bloxam's React.

**Claus**' React. auf Wasser im Alkohol.
In einem Reagensglase übergiesst man 1 mg Anthrachinon und etwas Natriumamalgam mit dem zu prüfenden Alkohol. Bei Abwesenheit von Wasser tritt nach kurzer Zeit an der Berührungsstelle von Amalgam und Alkohol eine dunkelgrüne Zone auf und beim Umschwenken färbt sich die ganze Flüssigkeit prachtvoll grün. Enthält der Alkohol aber nur eine Spur Wasser, so entsteht an der Berührungsstelle eine rote Zone, die beim Schütteln (mit Luft) verschwindet, um bald wieder zu erscheinen.
Berl. Ber. **10**. 927.
Ztschr. f. anal. Chem. **17**. 103.

**Clemens**' Diazoreact. im Harn.
Als Reag. dienen: a) eine Lösung von 1 g Natriumnitrit in 100 ccm Wasser, b) eine Lösung von 5 g $\alpha$-Naphtol in 100 ccm Alkohol. Frischen Harn versetzt man mit einigen Tropfen Salzsäure, dann mit 2 Tropfen der Lösung a und 3 Tropfen der Lösung b und macht mit Ammoniak alkalisch. Rotfärbung zeigt die Anwesenheit von diazotirbaren, primären, aromatischen Aminen an, die in pathologischem Harn (bei Phthise, Typhus, Masern etc.) vorkommen.
Ztschr. f. anal. Chem. **39**. 734.
Deutsches Archiv f. klin. Medic. **63**. 74.
Vergleiche Ehrlich's und Friedenwald-Ehrlich's React.

**Clemens**' React. auf Gallenfarbstoff (Bilirubin).
Man mischt 5 Teile einer 1 %igen, wässerigen Sulfanilsäurelösung mit 2 Teilen einer 1 %igen Natriumnitritlösung. Versetzt man Harn, der Bilirubin enthält, tropfenweise mit diesem Reag., so entsteht eine Rotfärbung, die auf Zusatz von Salzsäure in ein dunkleres Rotviolett umschlägt. Empfindlichkeitsgrenze = 1 : 10 000.
Ztschr. f. anal. Chem. **39**. 735.

**Clermont**'s React. auf Trichloressigsäure.
Mischt man 3,5 g Trichloressigsäure mit 1 g Alkohol u. 2 g Schwefelsäure (monohydrat), so bildet sich sofort der Aethylester der Trichloressigs. Letzterer scheidet sich beim Verdünnen mit 25 ccm Wasser als farbloses Oel ab. Versetzt man den erhaltenen Ester nach dem Entfernen des Wassers mit dem gleichen Volum concentr. Ammoniak, so bildet sich das bei 135° C. schmelzende Trichloracetamid (seidenglänzende Krystalle, die bei 240° C. unzersetzt sublimiren).
Compt. rend. **133**. 737.

**Cockcroft**'s Reag. auf Ammoniak
ist mit 7 %iger Kupfersulfatlösung getränktes Filtrirpapier, das durch Ammoniak dunkelblau gefärbt wird.
Ztschr. d. öst. Apoth.-Ver. 1902. 86.

**Cohen**'s Reag. auf Eiweiss.
Man löst 1 g Jod u. 2 g Jodkalium in 300 g 50 %ig. Essigsäure. Eiweiss bewirkt eine Trübung oder einen Niederschlag.
Med. Chirurg. Rundschau 1889. 582.
Jahresber. f. Tierchem. 1888. 116.
Vergleiche Tanret's Reag.

**Cohn**'s Reactionen auf Kairin u. Antipyrin.
Eine verdünnte, wässerige Lösung von Kairin wird durch einen Tropfen Eisenchlorid vorübergehend violett dann braun gefärbt. Ein Ueberschuss von Eisenchlorid bewirkt in concentr. Lösung einen braunschwarzen Niederschlag. — Kaliumdichromat verursacht eine violette Ausscheidung, die eine mauveïnfarbige, alkoholische Lösung gibt. Antipyrin gibt mit Eisenchlorid eine rote Färbung (noch 1 : 100 000), mit salpetriger Säure je nach Concentration der Lösung eine blaugrüne Färbung oder grüne Krystalle (Empfindlichkeitsgrenze 1 : 10 000).
Journ. Soc. of Chem. Industr. 1886. 580.

**Cohn-Mering**'s React. auf freie Salzsäure im Magensaft beruht auf der Bildung von Cinchoninhydrochlorid nach Zugabe von Cinchonin und Bestimmung der Salzsäure aus dem gebildeten Hydrochlorid.
Näheres siehe: Deutsch. Archiv f. klin. Medic. **39**. 233.
Nach Mering kann die freie Salzsäure auch nach Abdestilliren der flüchtigen Säuren und nach Extraktion etwa vorhandener Milchsäure mittels Aether im Rückstand durch Titration mit Normallauge bestimmt werden.
Graffenberger, Pharm. Ztg. 1891. 393.

**Cohnheim**'s Reagentien für mikroskop. Zwecke.
Eine Lösung von 1 g Anilinblau u. 3 g Chlornatrium in 600 ccm Wasser. Gebraucht als Injectionsflüssigkeit. Zum Imprägniren gibt der Autor folgendes Reag. an: a) Eine Lösung von 0,1 g Chlorgold u 3 Tropfen Salzsäure in 200 ccm Wasser; b) eine Mischung gleicher Raumteile Ameisensäure u. Alkohol. Auch eine Lösung von 0,5 g Chlorgold in 100 ccm Wasser, mit Essigsäure angesäuert, ist vom Autor zum Färben der sensiblen Nerven in der Hornhaut empfohlen worden.
Virchow's Archiv 1866. 346.

**Colasanti**'s React. auf Rhodanverbindungen u. Senföle.
Gibt man zu einer stark verdünnten Lösung genannter Stoffe eine 20%ige, alkoholische $\alpha$-Naphtollösung und ohne zu schütteln das doppelte Volum concentr. Schwefelsäure, so entsteht an der Berührungsfläche ein smaragdgrüner Ring. Beim Schütteln färbt sich die Mischung violett.
Bull. Soc. Chim. Paris **10**. 330.
Ztschr. f. anal. Chem. **34**. 96.
Chem. Ztg. 1892. Rep. 154.
Centralbl. f. d. medic. Wissensch. **30**. 211.

**Colasanti**'s React. auf Rhodanwasserstoffsäure.
1. Diese Säure oder ihre Salze geben noch in einer Lösung von 1 : 4000 auf Zusatz von Kupfersulfatlösung eine beständige grüne Färbung.
   Gaz. chimic. ital. **18**. 397.
   Chem. Centralbl. 4. I. 230.
   Ztschr. f. anal. Chem **29**. 206.
2. Eine mit Natriumcarbonat schwach alkalisch gemachte Lösung von Goldchlorid in Wasser (1 : 1000) wird durch Rhodanwasserstoff intensiv violett gefärbt.
   Pharm. Centrh. 1890. 687.

**Cole**'s Reag. zur mikroskop. Blutfärbung.
a) Eine Lösung von 3,25 g Eosin in 68 g Wasser, der 68 g Alkohol zugegeben werden;
b) eine Lösung von 1,3 g Methylgrün in 300 g Wasser. Gebraucht zur Doppelfärbung von Blutpräparaten.

**Conrady**'s React. auf Rohrzucker im Milchzucker.
1 g Milchzucker löst man in 10 ccm Wasser, gibt 0,1 g Resorcin u. 1 ccm Salzsäure zu und kocht diese Mischung 5 Minuten lang. Bei Gegenwart von Rohrzucker (Glucose u. Laevulose) färbt sich die Mischung rot.
Apoth. Ztg. 1894. 984.
Ztschr. d. öst. Apoth.-Ver. **49**. 62.
Ztschr. f. anal. Chem. **35**. 588.
Journ. de Pharm. 1895. 101.
Carlson, Pharm. Centrh. 1903. 133.

**Conroy**'s React. auf Cottonöl im Olivenöl.
Man rührt 9 T. Oel u. 1 T Salpetersäure (D = 1,42) bis zur Beendigung der Reaction zusammen. Reines Olivenöl erstarrt nach dem Abkühlen in 1 bis 2 Stunden zu einer gelblichen, festen Masse, Baumwollsamenöl bleibt flüssig u. färbt sich orrangerot An der Färbung soll man noch 5% Baumwollsamenöl erkennen können.
Dingler's Journ. **243**. 324.
Ztschr. d. öst. Apoth.-Ver. **20**. 20.
Ztschr. f. anal. Chem. **22**. 289.

**Contejean**'s React. auf freie Salzsäure im Magensaft beruht auf der Lösung von frisch gefälltem Cobaltcarbonat, welches die Lösung rötlich, beim Eindampfen blau färbt.
Pharm. Centrh. 1896. 302.
Kwiatnowski, Courr. medic. Monit. de Pharm. 1895. 1936.

**Cornette**'s React. auf Harzöl in Oelen
beruht auf der Löslichkeit der Natriumresinate in gesättigter Kochsalzlösung, in welcher die Natriumsalze der höheren Fettsäuren nicht löslich sind.
Näheres siehe Ann. Pharm. **2**. 240.
Chem. Ztg. 1896. Rep. 192.

**Cossa**'s Reag. auf Alkaloide
ist identisch mit Mayer's Reag.
Gazz. med. di Lombardia 1863.

**Cottini-Fantogini**'s React. auf künstlich gefärbten Rotwein.
50 ccm Wein werden mit 6 ccm Salpetersäure (42° Bé.) auf 90 bis 95° C. erhitzt. Der natürliche Wein zeigt selbst nach einer Stunde keine Veränderung, der künstlich gefärbte verliert innerhalb 5 Minuten seine Farbe.
Berl. Ber. **3**. 914.
Nach Sestini ist diese React. nicht brauchbar.
Ztschr. f. anal. Chem. **11**. 231.

**Cotton**'s React. auf Brucin.
Versetzt man eine auf 40—50° C. erwärmte Lösung von Brucin in Salpetersäure mit einem Ueberschuss einer concentrirten Lösung von Schwefelwasserstoff-Schwefelnatrium, so nimmt die Mischung zunächst eine violette Färbung an, die später in Grün umschlägt. Nach dem Autor sollen 0,002 g Brucin hinreichen, um bei richtiger Ausführung der React. noch einen Liter Wasser deutlich zu färben.
Journ. de Pharm. et de Chim. 1869. 18.
Ztschr. f. anal. Chem. **9**. 111.

**Cotton**'s React. auf Orseille im Wein.
Der zu prüfende Wein wird mit überschüssigem Bleiessig versetzt u. der entstandene Niederschlag nach dem Trocknen mit ammoniakhaltigem Alkohol geschüttelt. Bei Anwesenheit von Orseille färbt sich der Alkohol violett.
Pharm. Centrh. 1884. 358.
Ztschr. f. anal. Chem. **24**. 286.

**Cotton**'s React. auf Phenol.
Versetzt man eine ammoniakalische Lösung von Phenol mit Bromwasser, so färbt sich die Mischung in der Kälte grün, beim Erwärmen blau.
Bull. Soc. Chim. (2) **21**. 8.
Vergleiche Berthelot' u. Lex' React.

**Couquet**'s Reag. ist eine Lösung von Chromsäure in conc. Schwefelsäure.
Es wird zum mikrochemischen Nachweis von Yttrium, Erbium u. Didym von Pozzi-Escot und Couquet empfohlen.
Pharm. Centrh. 1900. 348.
Chem. Ztg. 1900. 387.

**Crace-Calvert**'s React. der fetten Oele
siehe Benedikt, Anal. d. Fette 3. Aufl. 411.

**Cresti**'s React. auf Kupfer
siehe Denigès' React. oder Berl. Ber. **10**. 1099 u. Ztschr. f. anal. Chem. **16**. 474.

**Cripps** u. **Dymont**'s React. auf Aloë.
0,05 g der zu prüfenden Substanz reibt man mit 15 Tropfen concentr. Schwefelsäure an, gibt 4 Tropfen Salpetersäure (D. = 1,42) und dann 30 ccm Wasser zu. Bei Anwesenheit von Aloë ist die Mischung orangerot bis carmoisinrot gefärbt. Ammoniak bewirkt blutrote Färbung.
Archiv der Pharm **223**. 444.
Ztschr. für anal. Chem. **28**. 119.

**Crismer**'s Reag. auf Aldehyde
ist eine Lösung von Jodkalium u. Quecksilberchlorid, der Kali-, Natronlauge oder Barytwasser zugesetzt ist. An Stelle dieser Lösung kann auch Nessler's Reag. verwendet werden. Das Reag. gibt mit aldehydhaltigen Flüssigkeiten gefärbte Niederschläge. Näheres siehe Chem. Ztg. **13**. Rep. 198 od. Ztschr. f. anal. Chem. **29**. 350.
Journ. de Pharm. Anvers. 1891. 89.

**Crismer**'s React. auf Chloroform (u. Chloral).
Erhitzt man die zu prüfende Flüssigkeit mit alkoholischer Resorcinlösung u. Natronlauge zum Sieden, so tritt eine violettrote bis gelblichrote Färbung ein. (Brenzcatechin und Hydrochinon geben diese React. nicht.) Vergleiche Schwarz' und Reuter's React.
Pharm. Ztg. 1888. 651.
Chem. Ztg. 1888. Rep. 307.

**Crismer**'s Reag. auf Glucose im Harn.
Man löst 0,1 g Safranin in 100 ccm Wasser und gibt 40 ccm Natronlauge zu. Erhitzt man 1 ccm Harn mit 7 ccm Reag. zum Sieden, so tritt bei Anwesenheit von Glucose Entfärbung ein.
Archiv f. Pharm. (3) **26**. 1134 u. **27**. 35.
Ztschr. f. anal. Chem. **28**. 756.
Chem. Centralbl. 1888. 1510.

**Crismer**'s Reag. auf Wasser im Alkohol (Chloroform oder Aether)
ist Paraffinum liquidum. Das Reag. löst sich nur in wasserfreiem Alkohol klar auf. 1/500 Vol. Wasser bewirkt schon trübe Löslichkeit.
Berl. Ber. **17**. 649
Ztschr. f. anal. Chem. **25**. 549.

**Crismer**'s React. auf Weinsäure in Citronensäure.
1 g gepulverte Citronensäure versetzt man mit 1 ccm wässeriger Ammonmolybdatlösung (1+4), gibt 2—3 Tropfen 0,25 %iges Wasserstoffsuperoxyd zu und erwärmt unter Umschütteln 3 Minuten lang auf dem Wasserbade. Reine Citronensäure färbt sich hierbei rein gelb, Weinsäure bewirkt Blaufärbung. Es lässt sich so 1 mg Weinsäure in 1 g Citronensäure noch nachweisen. Diese React. kann selbstverständlich auch als Identitätsreaction für Weinsäure benützt werden.
Ztschr. f. anal. Chem. **32**. 96.
Bull. Soc. Chim. Paris (3). **6**. 23.

**Criswell**'s Reag. auf Glucose
ist eine Lösung von 35 g Kupfersulfat in 100 ccm Wasser und 200 g Glycerin, der 450 ccm Natronlauge (20 %) zugegeben werden. Diese Mischung lässt man 1/4 Stunde lang kochen und verdünnt nach dem Erkalten mit Wasser auf 1 Liter.
Virchow-Hirsch, Jahresber. 1886 I. 158.

**Crolas-Ducker**'s Reag. auf Uran
ist eine Alaun enthaltende Cochenilletinktur (1 : 10), welche durch Uransalze grün gefärbt wird.
Chem. Centralbl. **58**. 873.
Archiv de Pharm. **2**. 246.

**Cross-Bevan**'s Reag. auf Cellulose
ist eine 30%ige Lösung von Zinkchlorid in Salzsäure (D. = 1,19). Das Reag. löst Cellulose auf.

**Crouzel**'s Reag. auf vegetabilische u. tierische Fette im Vaselin
ist Kaliumpermanganatlösung, die durch Pflanzen- u. Tierfette unter Abscheidung von Braunstein zersetzt wird. Gegen Vaselin ist das Reag. indifferent.

**Crouzel**'s React. auf Santonin im Harn.
Versetzt man Harn mit concentr. Kalkhydrat, so entsteht eine carminrote Färbung. Man verwendet am besten Calciumcarbid zu dieser React., da Kalkhydrat in statu nascendi eine intensive Färbung hervorbringt.
Répert. de Pharm. 1902. 149.
Pharm. Centrh. 1902. 268.

**Cuccati**'s Reagentien zum Färben mikroskop. Präparate.
1. Man löst 5 g Carmin in einer heissen Lösung von 20 g Natriumcarbonat in 100 ccm Wasser, gibt 30 g Alkohol zu u. lässt 24 Stunden stehen. Alsdann filtrirt man u. gibt 300 ccm Wasser u. 1,6 g Eisessig zu. In der erhaltenen Mischung löst man 2 g Chloralhydrat. Gebraucht für Kerntinctionen.
Kühne, Nachw. d. Racterien 1888. 44.
Ztschr. f. Mikroskop. 1887. 50, 1888. 237.
2. Man reibt 0,75 g Haematoxylin u. 6 g Alaun zu Pulver u. dann mit einer Lösung von 25 g Jodkalium in 100 ccm 75%igem Alkohol an. Nach 12 Stunden filtrirt man. Gebraucht zum Färben von Kernen u. von ganzen Stücken.
Merck's Index 1902. 270.
Ztschr. f. Mikroskop. 1888. 55.

**Cuerbe**'s React. auf Narcotin.
Gibt man zu einer Lösung von Narcotin in concentr. Schwefelsäure nach mehrstündigem Stehen einen Tropfen Salpetersäure, so entsteht eine rote Färbung.

**Cuerbe**'s React. auf Thebaïn.
Thebaïn löst sich in concentr. Schwefelsäure mit blutroter Farbe, die allmählich in Gelbrot übergeht.
Vergl. Kippenberger, Nachw. v. Gift. 1897. 131. 136.

**Cuniasse**'s Reag. auf Meta- u. Para-Phenylendiamin.
Man löst 1 g Acetaldehyd in 100 g 50%igem Alkohol u. säuert mit Essigsäure an. Gibt man zu einer Lösung von Metaphenylendiaminchlorhydrat in Wasser einige Tropfen Reag. und erwärmt, so entsteht nach dem Erkalten eine intensive Gelbfärbung mit grüner Fluorescenz; Paraphenylendiaminchlorhydrat gibt unter denselben Bedingungen eine orangerote Färbung ohne Fluorescenz.
Chem. Centralbl. **70**. I 1297.
Ztschr. f anal. Chem. **41**. 249.
Pharm. Centrh. 1899. 549.
Chem. Ztg. 1899. Rep. 189.

**Cunisset**'s React. auf Gallenfarbstoffe.
Schüttelt man Urin mit Chloroform, so färbt sich letzteres bei Anwesenheit von Gallenfarbstoffen gelb.
Merck's Report 1900. 255.

**Curtmann**'s Reag. auf Ammoniak u. Schwefelwasserstoff
ist eine wässerige Lösung von Chloralhydrat. Diese Lösung mit Ammoniak versetzt, gibt mit Schwefelwasserstoff eine rotbraune Färbung oder Fällung. Das Reag. mit Schwefelwasserstoff versetzt, gibt mit Ammoniak in starker Verdünnung noch eine gelbe Färbung.
Pharm. Centrh. 1883. 416.
New Remedies 1883. 205.

**Curtmann**'s Reag. auf Kalium
ist de Koninck's Reag. (Natriumcobaltnitrit).
Berl. Ber. 1881. 2121.

**Curtmann**'s Reag. auf Salpetersäure
ist eine Lösung von Pyrogallol in Schwefelsäure. Das Reag. wird durch Salpetersäure gelb gefärbt. Empfindlichkeitsgrenze = 1 : 500 000.
Deutsch-Amer. Apoth. Ztg. 1885. 269.

**Curtmann**'s React. auf salpetrige Säure
beruht auf einer Grünfärbung, die entsteht, wenn Antipyrin mit salpetriger Säure zusammentrifft.
Pharm. Centrh. 1888. 600.
Ztschr. f. anal. Chem. **24**. 470 u. **29**. 194.

**Cutolo**'s Reag. auf Cellulose
ist rauchende Jod-Jodwasserstoffsäure (ca. 50%), womit sich Cellulose blau färbt.
Näheres siehe Pharm. Centrh. 1898. 533.
L'Orosi 1897. 303.

**Czaplewski**'s Reag. zur Bacillenfärbung.
1. Eine concentr., alkoholische Lösung von Fluoresceïn sättigt man mit Methylenblau.
2. Eine concentrirte, alkoholische Lösung von Methylenblau.
Ztschr. f. Mikroskop. 1890. 527.
Centralbl. f. Bact. u. Parasit.-K. 1890. 685.

**Czerniewski**'s React. auf Aspidospermin.
Erwärmt man etwas Aspidospermin mit verd. Schwefelsäure (1 : 8) u. sehr wenig Kaliumchlorat bis zur beginnenden Rötung, so erhält man nach einigem Stehenlassen bei gewöhnlicher Temperatur eine charakteristische, rote Färbung. Empfindlichkeitsgrenze = 0,2 mg.
Nachweis der Quebrachoalkaloide; Dissertation Dorpat 1882.
Dragendorff Pharm. Ztschr. f. Russl. 1882. 556.
Fraude, Berl. Ber. 1879. 1558.

**Czokor**'s Reag. für mikroskopische Zwecke
ist eine mit Carbolsäure versetzte Lösung von 1 g Carmin und 1 g Kalialaun in 100 ccm Wasser. Gebraucht zu Kerntinktionen etc.
Merck's Index 1902. 269.
Nach anderer Lesart werden 1 g Cochenille mit 100 ccm 1%iger Alaunlösung auf die Hälfte des Volums eingedampft, eine Spur Carbolsäure zugegeben u. filtrirt (Czokor-Partsch).
Arch. f. mikroskop. Anat. 1877. 100 u. 1880. 413.
Mayer, Mitteilungen d. zoolog. Stat. Neapel, 1892. 496.

**Czumpelitz**' Reag. auf Alkaloide.
1 g geschmolzenes Zinkchlorid löst man in 30 ccm concentr. Salzsäure u. 30 ccm Wasser. — Die zu prüfende Substanz wird nach dem Trocknen mit einigen Tropfen Reag. befeuchtet und im Wasserbade getrocknet. Es färbt sich: Berberin = gelb, Chinin = blassgelb, Cubebin = carminrot, Delphinin = rotbraun, Digitalin = kastanienbraun, Narceïn = olivengrün, Salicin = rotviolett, Santonin = blauviolett, Strychnin = rosenrot, Thebaïn = gelb.
Pharm. Post **14**. 47.
Arch. f. Pharm. (3) **19**. 63.
Chem. Centralbl. 1881. 710.

**Daclin**'s Reag. auf echtes Bittermandelwasser.
Echtes, destillirtes Bittermandelwasser scheidet auf Zusatz von Cocaïn einen krystallinischen Niederschlag von Cocaïncyanid ab, während Kunstproducte (hergestellt durch Verreiben von Magnesia, Blausäure u. Wasser) keinen Niederschlag geben.
Pharm. Centrh. 1897. 165.
Ztschr. f. anal. Chem. **40**. 822.

**Dahlmann**'s Reag. auf Holzstoff im Papier
ist eine wässerige Lösung von Aurinatriumchlorid (1 : 1000). Holzstoff färbt sich mit dem Reag. gelb, während gebleichter Strohstoff nicht gefärbt wird. Sulfit- und Natroncellulose färben sich mit dem Reag. rotbraun.

**Dahnon**'s React. auf Arbutin.
Kocht man Arbutin nach Befeuchten mit concentr. Salpetersäure mit einer Mischung von 1 Vol. Schwefelsäure u. 8 Vol. Alkohol und gibt überschüssige Kaliumcarbonatlösung zu, so entsteht eine violette Färbung.
Pharm. Centrh. 1885. 248.

**Danilewski**'s Reag. auf freie Salzsäure im Magensaft
ist Tropäolin 00. Näheres siehe Centralbl. f. med. Wissench. 1880. No. 51. Vergl. Boas' Reag.

**Dannenberg**'s Reactionen auf Colchicin
siehe Archiv der Pharm. **7**. 2. Heft.
Ztschr. f. anal. Chem. **16**. 116, **18**. 129.

**Danziger**'s React. auf Cobalt.
5 ccm einer starkverdünnten Cobaltlösung werden mit Salzsäure angesäuert, mit festem Ammoniumthioacetat versetzt und nach Zugabe von einigen Tropfen Zinnchlorürlösung mit 5 ccm Amylalkohol geschüttelt. Bei Anwesenheit von Cobalt färbt sich der Amylalkohol blau. Empfindlichkeitsgrenze = 1 : 500 000.
Ztschr. f. anorg. Chem. **32**. 78.
Chem. Ztg. **26**. Rep. 215.

**Davalos**' Reag. zum Färben von Bacterien
ist eine Lösung von 1 g Fuchsin u. 20 g Phenol in 40 g Alkohol und 400 g Wasser. Vergleiche Ziehl-Neelsen's Reag.
Centralbl. f. Bacteriolog. u. Parasitenk. 1893.

**David**'s React. auf Gallussäure u. Tannin.
Eine Lösung von Chlorbaryum und Kalilauge gibt mit Tanninlösungen einen roten Niederschlag, dessen Farbenintensität allmählich zunimmt. Gallussäurelösung gibt einen blauen Niederschlag.
Ztschr. f. anal. Chem. **40**. 812.
Todeschini, l' Orosi. **21**. 328.

**David**'s Reag. zur (Fettuntersuchung) Trennung von Oelsäure von der Stearinsäure
ist eine Mischung von Essigsäure (50 %) u. Alkohol (95 %) in einem Verhältnis von 22 : 30, die auf Oelsäure noch nach bestimmter Vorschrift eingestellt werden muss. Näheres siehe:
Dingler's Journ. **231**. 64.
Ztschr. f. anal Chem. **18**. 622.
Compt. rend. **86**. 1416.

**Davy**'s React. auf Arsen
ist eine Modification von Marsh' React. Der Wasserstoff wird mit Natriumamalgam entwickelt, um das gleichzeitige Entstehen von Antimonwasserstoff zu verhindern.

**Davy**'s React. auf Phenol.
Zu einigen Tropfen der zu prüfenden Flüssigkeit (z. B. Kreosot) gibt man einige Tropfen einer Lösung von Molybdänsäure in concentr. Schwefel-

säure (1 : 10—100). Bei Anwesenheit von Phenol entsteht sofort eine gelbe bis gelblichbraune Färbung, welche über Rotbraun in Purpurrot übergeht. Ist das vorliegende Phenol verdünnt, so entsteht eine olivengrüne, in Dunkelblau übergehende Färbung.
Polytechn. Notizbl. 1878. 300.
Ztschr. f. anal. Chem. **18**. 292.

**Davy**'s React. auf Strychnin.
Löst man Strychnin in concentr. Schwefelsäure u. gibt etwas gepulvertes Ferricyankalium zu, so entsteht eine intensiv violette Färbung.
Merck's Report 1900. 324.

**Deacon**'s React. auf Amygdalin.
Amygdalin gibt mit einigen Tropfen concentr. Schwefelsäure eine hellcarminrote Färbung, welche mit viel Wasser wieder verschwindet.
Chem. Ztg. 1901. Rep. 193.
Pharm. Centrh. 1901. 582.
Chem. News **83**. 271.

**Debrun**'s Reag. auf Teerfarbstoffe im Rotwein
ist eine Mischung von 1 Teil Zinkoxyd u. 2 Teilen Quecksilberacetat. 10 ccm Wein kocht man 1 Minute lang mit 0,1 g genannter Mischung. Bei Anwesenheit von Teerfarbstoffen ist die Lösung rosarot gefärbt, ausserdem ist sie entfärbt.
Pharm. Centralh. 1896. 30.
Pharm. Ztschr. f. Russl. 1895. 760.

**van Deen**'s React. auf Blut.
Eine verdünnte Blutlösung wird auf Zusatz von einigen Tropfen Guajakharztinktur u. altem (ozonisirtem) Terpentinöl blau gefärbt.
Ztschr. f. anal. Chem. **2**. 459.
Chem. Ztg. 1902. Rep. 252.
Hager, Pharm. Prax. 1880. II. 880.
Vitali, Pharm. Centrh. 1902. 533 u. Apoth. Ztg. 1903. 242.
Tarugi, Gaz. chim. ital. **32**. II. 505.

**Degener**'s Reag. auf Glucose
ist eine modificirte Fehling'sche Lösung, welche durch Digestion überschüssigen Cupriacetats mit Natronlauge bis zum Aufhören der alkalischen Reaction u. entsprechende Verdünnung mit Wasser erhalten wird.
Näheres siehe Ztschr. f. anal. Chem. **22**. 445.
Ztschr. f. Rübenzuckerindustrie **18**. 349.

**Deiss**' React. auf Cottonöl im Olivenöl.
Eine Lösung von 10 ccm Olivenöl in 100 ccm Aether schütttelt man mit 5 ccm einer gesättigten, wässerigen Lösung von Bleiacetat. Gibt man zu dieser Mischung unter erneutem Schütteln 5 ccm Ammoniakflüssigkeit, so tritt bei Anwesenheit von Cottonöl eine mehr oder weniger intensive gelbrote Färbung auf.

**Deiss**' Reag. zur Prüfung von Glycerin
ist eine 5%ige, wässerige Phenollösung. — Zu einer Lösung von 6 g krystallisirtem Phenol in 10 ccm des zu prüfenden Glycerins lässt man bei 11° C. so lange von dem Reag. zufliessen, bis die Lösung bleibend getrübt wird. Wasserfreies Glycerin verbraucht 21,4 ccm Reag., für je 1 % Glycerin beträgt der Unterschied 0,28 ccm Reag.
Näheres siehe Chem. Ztg. **14**. Rep. 130.
Ztschr. f. anal. Chem. **29**. 628.

**Dekhuyzen**'s Reag. zum Färben mikroskop. Präparate
ist eine wässerige, 3%ige Silbernitratlösung, die ausserdem 3% Salpetersäure enthält. Gebraucht zum Imprägniren lebender Gewebe.
Anatom. Anzg. 1889. 789.

**Delafield**'s Reag. zum Färben mikroskop. Präparate (Alaunhämatoxylin) ist eine Mischung von alkoholischer Hämatoxylinlösung (4+25) u. gesättigter, wässeriger Ammoniakalaunlösung (400 ccm). Nach mehrtägigem Reifen an Licht u. Luft wird filtrirt u. je 100 ccm Methylalkohol u. Glycerin zugemischt. Das Reag. färbt Kerne intensiv blau, Protoplasma blassblau.
Ztschr. f. Mikroskop. 1885. 288.
Merck's Index 1902. 270.
Kühne, Nachw. d. Bacterien 1888. 43.
Harris, Ztschr. f. Mikroskop. 1901. 36.

**Delfs**' Reag. I auf Alkaloide
ist identisch mit Planta's Reag.
Neues Jahrb. f. Pharm. **2**. 31.

**Delfs**' Reag. II auf Alkaloide
ist Kaliumplatincyanür, welches wässerige Alkaloidlösungen fällt. Zu den fällbaren Alkaloiden gehört das Cinchonin, Chinidin u. Brucin.
Näheres siehe: Ztschr. f. anal. Chem. **3**. 152.
Schwarzenbach, Wittstein's Viertelj.-Schr. f. Pharm. 1857. 422.

**Delfs-Schwarzenbach**'s Reag. auf Alkaloide
besteht aus Salpetersäure u. Ammoniak. Es gibt mit einigen Alkaloiden charakteristische Farbenreactionen.
Merck's Index 1902. 261.

**Demarbaix**' Reag. zum Fixiren mikroskop. Präparate.
Man löst 0,7 g Chromsäure in 160 ccm Wasser u. gibt 5 ccm Eisessig zu.
Vergl. Ztschr. f. Mikroskop. 1890. 73.
La Cellule 1889.

**Demski-Morawski**'s React. auf Harz und Harzöl in Mineralölen
beruht auf der Löslichkeit der Oele in Aceton und der Polarisation dieser Lösungen.
Näheres siehe: Ztschr. f. anal. Chem. **28**. 124.
Dingler's Journ. **258**. 82.

**Denigès** React. auf Acetessigsäure.
Versetzt man eine Acetessigsäure enthaltende Flüssigkeit (Harn) mit Nitroprussidnatrium, so färbt sie sich rubinrot. Vergleiche Légal's React.
Bull. Soc. Chim. (3) **15**. 1058.
Egeling, Neederl. Tijdschr. v. Pharm. **6**. 217.

**Denigès**' Reag. auf Aceton.
Man löst 5 g Quecksilberoxyd in einer warmen Mischung von 20 ccm concentr. Schwefelsäure und 100 ccm Wasser. Eine Mischung von gleichen Teilen Reag. u. der zu prüfenden Flüssigkeit wird im Wasserbade erwärmt. Bei Anwesenheit von Aceton entsteht eine Trübung oder ein Niederschlag.
Näheres siehe: Ztschr. f. anal. Chem. **40**. 416 oder Compt. rend. **127**. 963.
Glücksmann, Ztschr. d. öst. Apoth.-Ver. 1900. 1085.
Vergleiche Oppenheimer's Reag.
Merck's Index 1902. 261.

**Denigès**' Reag. auf Aethylenkohlenwasserstoffe und tertiäre Alkohole ist eine Lösung von 500 g Quecksilberoxyd in 200 ccm Schwefelsäure und 1 Liter Wasser.
Näheres siehe: Pharm. Centrh. 1898. 908.

**Denigès**' Reag. auf Anilide.
Acetanilid und andere Anilide geben beim Kochen mit alkoholischer Natriumhypobromitlösung einen gelbroten Niederschlag, wobei der Geruch nach Methylcyanür auftritt.
Chem. Ztg. **13**. Rep. 11.
Ztschr. f. anal. Chem. **28**. 711.

**Denigès'** Reag. auf Arsenflecke (zur Unterscheidg. von Antimonflecken), wie man sie bei der Prüfung nach Marsh erhält, ist eine Lösung von molybdänsaurem Ammon. 10 g Ammonmolybdat und 25 g Ammonnitrat löst man unter Erwärmen in 100 ccm Wasser. Nach dem Erkalten gibt man 100 ccm Salpetersäure (D. = 1,20) zu u. erwärmt 10 Minuten lang auf dem Dampfbade. Nach 48 Stunden wird die Lösung filtrirt.
Die zu prüfenden Flecken löst man in einigen Tropfen Salpetersäure, erwärmt u. gibt 5 Tropfen Reag. zu. Arsen (noch $^1/_{100}$ mg) gibt den charakteristischen, gelben Niederschlag von Arsenammoniummolybdat.
Compt. rend. **111**. 824.
Ztschr. f. anal. Chem. **30**. 263.

**Denigès'** Reag. zum Nachweis des Benzoylradikals ist Formaldehydschwefelsäure, bestehend aus 2 ccm Formaldehyd (40 %) und 100 ccm concentrirter Schwefelsäure. Eine geringe Menge der zu prüfenden Substanz erhitzt man im Reagensglase mit 3 ccm Reag. auf 120° C. Körper mit dem Radikal $C_6H_5CO$ geben eine braunrote Färbung, die Flüssigkeit zeigt einen Absorptionsstreifen im Grün Andere Stoffe wie Benzol, Phenol etc. geben die Farbenreactionen schon bei gewöhnlicher Temperatur oder doch unter 100° C.
Chem. News **79**. 206.
Ztschr. f. anal. Chem. **40**. 44.

**Denigès** Reag. auf Blausäure ist eine Mischung von 2 ccm Ammoniakflüssigkeit, 1 Tropfen 5%iger Jodkaliumlösung und 20 ccm Wasser, der man noch 1 Tropfen 2%iger Silbernitratlösung zugibt. — Die zu prüfende Flüssigkeit befreit man durch Quecksilberchlorid von eventuell vorhandenen Schwefelverbindungen, filtrirt, erhitzt das Filtrat mit etwas Zink und Schwefelsäure u. leitet das entwickelte Gas in verdünnte Natronlauge. Von dieser Natronlauge gibt man etwas in das opalisirende Reag. Bei Anwesenheit von Blausäure löst sich das suspendirte Jodsilber auf.
Répert. de Pharm. 1897. 56.
Pharm. Centrh. 1897. 323.

**Denigès'** React. auf Citronensäure. Man löst 5 g Quecksilberoxyd in 20 ccm concentr. Schwefelsäure u. 100 ccm Wasser. 5 ccm der 1—2% Citronensäure enthaltenden Flüssigkeit erhitzt man mit 1 ccm Reag. zum Sieden und gibt dann einige Tropfen 2% Kaliumpermanganatlösung zu. Die Flüssigkeit wird entfärbt und gibt noch bei Anwesenheit von 0,5 mg Citronensäure einen weissen Niederschlag.
Ztschr. f. anal. Chem. **38**. 718.
Pharm. Centrh. 1901. 93.
The Analyst **23**. 161.
Wöhlk, Ztschr. f. anal. Chem. **41**. 94.

**Denigès** Reag. auf Chlorate ist eine Lösung von Resorcin und Schwefelsäure (siehe dessen Reag. auf Weinsäure). Es gibt mit Chloraten in der Kälte eine grüne Färbung.
Pharm. Centrh. 1896. 225.

**Denigès'** Reactionen u. Reagentien zur Differenzirung der Dioxy- u. Trioxybenzole siehe Répert. de Pharm. 1898. 454.
Pharm. Centrh. 1898. 798.
Ztschr. f. anal. Chem. **39**. 56.

**Denigès'** Reag. auf Eisenoxydul (Zink, Magnesium, Cadmium etc.) ist eine Lösung von Alloxan.
Zur Darstellung des Reag. behandelt man 2 g Harnsäure mit 2 ccm Salpetersäure (D. = 1,4), gibt nach beendeter Reaction 2 ccm Wasser zu, erhitzt, um das Gemisch zu klären und verdünnt dann mit Wasser auf 100 ccm. — Versetzt man das Reag. mit Eisenoxydulsalzlösungen und etwas Natronlauge, so entsteht eine blaue Färbung. Erwärmt man das Reag. mit folgenden Metallen, so treten die angegebenen Färbungen ein: Zink = gelb-orangegelb, Magnesium = carminrot, Cadmium = granatapfelrot, Eisen = gelbbraun, Cobalt und Nickel = orangegelb, Mangan = carminrot. Gibt man zu den erhaltenen Lösungen einige Tropfen Natronlauge, so wird die Zink- u. Cadmiumlösung = carminrot, die Magnesiumlösung = violett, die Manganlösung = blauviolett, die Eisenlösung = blau, die Cobaltlösung = bordeauxrot, die Nickellösung = lederfarbig u. dann dunkelrot.
Bull. Soc. Pharm. Bordeaux 1901.
Journ. Pharm. Chim. 1901. 161.
Ztschr. f. anal. Chem. **42**. 180.
Ztschr. d. öst. Apoth.-Ver. **55**. 752.

**Denigès'** React. auf Harnsäure.
Eine Spur Harnsäure mit etwas Bromwasser zur Trockene eingedampft, mit einigen ccm concentr. Schwefelsäure u. einigen Tropfen thiophenhaltigem Benzol versetzt und gemischt, gibt eine schöne blaue Färbung.
Journ. de Pharm. et de Chim. 1888. 161.
Compt. rend. **104**. 789, 1847.

**Denigès'** React. auf Hippursäure (neben Benzoësäure).
Kocht man Hippursäure mit Natronlauge u. Brom, so entsteht ein kermesbrauner Niederschlag. Benzoësäure gibt diese React. nicht.
Compt. rend. **107**. 662.

**Denigès'** React. auf Kupfer.
Gibt man zu einer Kupferlösung Bromkalium im Ueberschuss u. dann concentr. Schwefelsäure, so entsteht eine rotviolette Färbung.
Compt. rend. **108**. 568.
Cresti, Berl. Ber. **10**. 1099 od. Ztschr. f. anal. Chem. **16**. 474.
Endemann und Prochazka, Berl. Ber. **13**. 1144 od. Ztschr. f. anal. Chem. **21**. 265.

**Denigès'** Reag. auf Mangan.
Natriumhypobromitlösung gibt mit stark verdünnten Mangansalzlösungen einen braunschwarzen Niederschlag, welcher beim Kochen in Natriumpermanganat übergeht und so die Lösung rot färbt.
(Bull. pharm. Bordeaux) Ztschr. f. anal. Chem. **31**. 316.

**Denigès'** Reag. auf Mercaptane
(Isatinschwefelsäure) ist eine Lösung von 1 g Isatin in 100 g concentr. Schwefelsäure. Bringt man in eine Mischung dieses Reag. mit dem mehrfachen Volum concentr. Schwefelsäure eine alkoholische Lösung von Mercaptan, so entsteht eine schöne grüne Färbung. Bei Anwesenheit von Aldehyden u. höheren Alkoholen verfährt man wie folgt: Die zu prüfende Flüssigkeit schüttelt man mit Natronlauge, verdünnt mit Wasser u. gibt Nitroprussidnatrium zu. Mercaptane bewirken eine Rotfärbung.
Compt. rend. **108**. 350.
Ztschr. f. anal. Chem. **29**. 206.

**Denigès'** React. auf Pental (Trimethylaethylen).
Erhitzt man eine Lösung von 5 g Quecksilberoxyd in 20 ccm Schwefelsäure u. 100 ccm Wasser zum Sieden u. gibt etwas von dem Kohlenwasserstoff zu, so entsteht ein gelber Niederschlag. Dieser

Niederschlag verschwindet wieder, wenn das Pental Amylalkohol enthält, und es bildet sich dann ein weisser bis grauer Niederschlag.
Ztschr. d. öst. Apoth.-Ver. **52**. 795.
Ztschr. f. anal. Chem. **41**. 327.

**Denigès'** Reag. I auf salpetrige Säure.
a) Eine Lösung von 1 g Phenol u. 4 ccm Schwefelsäure in 100 ccm Wasser.
b) Eine filtrirte Lösung von 3,5 g Quecksilberoxyd, 20ccm Eisessig, u. 0,5ccm Schwefelsäure in 100 ccm Wasser.
Zum Gebrauch mischt man gleiche Volumina von a u. b. Setzt man dieser Mischung einige Tropfen einer Lösung zu, die salpetrige Säure enthält, so tritt Rotfärbung ein. (Siehe Plugge's Reag. auf Phenol.)
Chem. News **73**. 27.
Pharm. Centrh. **37**. 254.
Ztschr. f. anal. Chem. **36**. 310.
Plugge, ebenda **11**. 173 u. **14**. 130; ferner Pharm. Centrh. **37**. 280.

**Denigès'** Reag. II auf salpetrige Säure ist eine Lösung von 2 ccm Anilin u. 40 ccm Eisessig in 60 ccm Wasser. Beim Kochen dieses Reag. mit einer Flüssigkeit, die salpetrige Säure (Nitrite) enthält, entsteht eine gelbe Färbung. Chlor und Salpetersäure (Chlorate und Nitrate) geben keine Gelbfärbung.
Chem. News **73**. 27.
Pharm. Centrh. **37**. 254.
Ztschr. f. anal. Chem. **36**. 310

**Denigès'** Reag. III auf salpetrige Säure ist eine Lösung von 1 g Resorcin und 10 Tropfen Schwefelsäure in 100 ccm Wasser. 10 Tropfen der zu prüfenden Flüssigkeit mischt man mit 2 ccm concentr. Schwefelsäure und gibt 5 Tropfen Reag. zu. Salpetrige Säure (Nitrite) erzeugen eine carminrote bis violettblaue Färbung.
Chem. News **73**. 27.
Pharm. Centrh. **37**. 254.
Ztschr. f. anal. Chem. **36**. 310.
Chem. Ztg. 1895. Rep. 328.

**Denigès'** React. auf salpetrige Säure u. Salpetersäure. Als Reag. dient eine 5 %ige, wässerige Lösung von Antipyrin. — 1 ccm der zu prüfenden Lösung versetzt man mit 3—4 Tropfen Schwefelsäure, erhitzt u. gibt nach dem Erkalten 0,5 ccm Reag. zu. Bei Anwesenheit von salpetriger Säure entsteht eine grünlichblaue bis grüngelbe Färbung. Gibt man zu dieser Mischung noch 3 ccm Schwefelsäure, so wird die Färbung bei Anwesenheit von Salpetersäure orange- u. auf Zusatz von Wasser carminrot.
Répert. de Pharm. 1899. 537.
Pharm. Centrh. 1900. 163.

**Denigès'** Reag. auf Thiophen im Benzol.
Man löst 5 g Quecksilberoxyd in 20 ccm concentr. Schwefelsäure und ergänzt auf 100 ccm. 10 ccm dieser Lösung mischt man mit 30 ccm Methylalkohol (acetonfrei). Gibt man zu 10 ccm dieser Mischung 1 ccm Benzol, so entsteht bei Anwesenheit von Tiophen nach einigen Sekunden eine Fällung oder Trübung. Empfindlichkeitsgrenze 0,001 %.
Compt. rend. **120**. 781.
Ztschr. f. anal. Chem. **35**. 96.

**Denigès** React. auf Tyrosin.
Tyrosin bildet mit einer Lösung von Acetaldehyd in concentr. Schwefelsäure ein Condensationsproduct von carminroter Farbe, welches im Spectrum das Grün u. den grössten Teil von Gelb auslöscht. Zu 2 ccm Schwefelsäure gibt man 3—5 Tropfen einer alkoholischen (33%) Aldehydlösung. Gibt man zu diesem Reag. 1—2 Tropfen einer Tyrosinlösung, so tritt Rotfärbung ein u. zwar noch mit einer Lösung von 1 : 10 000.
Chem. Ztg. 1900. 215.
Pharm. Centrh. 1900. 300 u. 659.
Répert. de Pharm. 1900. 167.

**Denigès** Reag. auf Wasserstoffsuperoxyd. (Molybdänschwefelsäure). Man löst 5 g Ammonmolybdat in 50 ccm Wasser u. gibt 50 ccm concentr. Schwefelsäure zu. Das Reag. wird durch Wasserstoffsuperoxyd gelb gefärbt u. zwar noch mit 1 mg.
Répert. de Pharm. 1890. 267.
Vergleiche Richardson's Reag. (Titanschwefelsäure).

**Denigès'** Reag. auf Weinsäure.
(Modification von Mohler's Reag.) Man löst 2 g weisses Resorcin in 100 ccm Wasser u. gibt 0,5 ccm concentr. Schwefelsäure zu. Die Probe wird wie mit Mohler's Reag. ausgeführt. Enthält das zu prüfende Objekt oxydirende Stoffe, so reduzirt man vorher mit Zink u. Schwefelsäure.
Ztschr. d. öst. Apoth. Ver. **49**. 626.

**Denigès'** Reag. auf Zinn.
Eine Lösung von 1 g Brucin in 10 ccm kalter Salpetersäure und 500 ccm Wasser erhitzt man 1/4 Stunde lang zum Sieden. — Dieses gelbe Reag. wird durch Zinnoxydulsalze rotviolett gefärbt.
Rev. internat. d. falsific. 1895. 98.

**Desaga**'s React. auf echten Kirschbranntwein.
6—8 g Branntwein versetzt man mit einer Messerspitze voll geraspelten Guajakholzes. Ist der Branntwein echt, so färbt er sich indigoblau, welche Färbung beim Schütteln oder längeren Stehen verschwindet. Künstlicher Kirschbranntwein gibt nur eine schwach gelbliche Färbung.
Neues Jahrb. f. Pharm. **26**. 216.
Ztschr. f. anal. Chem. **6**. 275.
Leube, Vierteljahresschrift f. pract. Pharm. **18**. 440 od. Ztschr. f. anal. Chem. **9**. 119.
Schaer, Schweizer Wochenschr. f. Pharm. 1868. 125 od. Ztschr. f. anal. Chem. **9**. 120.

**Desbassin** s React. auf Salpetersäure ist die bekannte Zonenreaction mit concentr. Schwefelsäure und Ferrosulfatlösung.

**Desesquelles'** React. auf Phenole im Harn.
50 ccm Harn schwenkt man mit 2 ccm Chloroform um, ohne zu schütteln u. lässt nach dem Absitzen das Chloroform in ein Reagensglas abfliessen. Erwärmt man das Chloroform leicht mit einer Kaliperle, so zeigt dieselbe charakteristisch gefärbte Flecke, je nach dem vorhandenen Phenol. β-Naphtol gibt eine grünblaue Färbung.
Compt. rend. de la Soc. de Biolog. 1890. 101.
Répert. de Pharm. 1890. 46.
Ztschr. f. anal. Chem. **30**. 261.
Vergl. Lustgarten's React. auf Naphtol etc.

**Desgrez'** React. auf Chloroform, Bromoform u. Chloral beruht auf der Bildung von Kohlenoxyd unter der Einwirkung von Kalilauge. Näheres siehe The Analyst **23**. 76 od. Ztschr. f. anal. Chem. **38**. 457.

**Deubner**'s React. auf Gallenfarbstoffe siehe Ztschr. f. anal. Chem. **25**. 458 und dessen Dissertation, die über die Empfindlichkeit und Brauchbarkeit der bekannten Reactionen auf Gallenfarbstoffe berichtet. Eine Original-React. findet sich dort nicht.

**Devoto**'s React. auf Pepton (u. Eiweiss) beruht auf der Biuretreaction des mit Ammonsulfat aus dem Harn in der Siedehitze abgeschiedenen Peptons. Näheres siehe
Ztschr. f. physiol. Chem. **15**. 465.
Ztschr. f. anal. Chem. **30**. 649.
Chem. Ztg. 1891. Rep. 196.
Pharm. Centrh. 1891. 460.
v. Jaksch, Ztschr. f. physiol. Chem. **16**. 243.

**de Vrij** siehe **Vrij**.

**Dietrich**'s React. auf Gambircatechu.
Eine Mischung von 3 g Gambircatechu, 25 ccm Normal-Kalilauge u. 100 ccm Wasser schüttelt man mit 50 ccm Benzin (D. = 0,700). Nach der Trennung der Schichten zeigt das Benzin im auffallenden Lichte ein intensiv grüne Fluorescenz. Pegu-Catechusorten geben diese React nicht.
Helfenberger Annalen 1896. 131.
Ztschr. f. anal. Chem. **37**. 721.

**Dietrich**'s Reactionen auf Aloë (Aloïn):
1. Verdampft man wenig Aloe mit einigen Tropfen Salpetersäure auf dem Dampfbade zur Trockne, löst in Alkohol (tiefrote Lösg.) u. gibt alkoholische Cyankaliumlösung zu, so entsteht eine rosarote Färbung.
2. Löst man den Verdampfungsrückstand in Wasser u. gibt Chlorgoldlösung zu, so gibt Barbaloïn eine himbeerrote, später violette Färbung, ähnlich Cap- u. Socotra-aloin, bei denen die Violettfärbung schneller eintritt; Nataloin = rotviolett bis violett; Curaçaoaloïn = ziegelrot.
3. Die wässerige Lösung des Verdampfungsrückstandes gibt mit Tanninlösung nur bei Barbaloïn eine Trübung, dagegen gibt dieselbe Lösung eine Trübung mit Brombromkalium bei Anwesenheit von Barbaloïn, Curaçao- u. Socotraaloïn nicht aber mit Nataloïn.
Pharm. Centrh. 1885. 548.
Amer. Journ. of Pharm. 1885. 404.
Dissertation Dorpat 1885.
Drageudorff, Ermittel. v. Giften 1888. 335.

**Dietrich**'s Reag. auf Harnsäure ist bromhaltige Natriumhypochloritlösung. Das Reag. wird durch Harnsäure rosenrot gefärbt.
Ztschr. f. anal. Chem. **4**. 176.

**Dietzsch**'s React. auf Zuckercouleur und künstliche Farbstoffe.
Schüttelt man Wein mit Eiweiss, so wird der natürliche Farbstoff des Weines ausgefällt, der künstliche nicht.
Hager, Pharm. Prax. 1880. II. 1251.

**Dippel**'s Reag. für mikroskop. Zwecke ist eine 33%ige, wässerige Lösung von Calciumchlorid. Gebraucht als Conservirungsmittel.

**Dippel**'s Hämatoxylin siehe dessen Handbuch der Mikroskopie.

**Dissel** siehe **Wefers Bettink**.

**Dittmar**'s Reag. auf Alkaloide ist Chlorjodlösung, die durch Lösen von Jodkalium u. Natriumnitrit in Salzsäure oder durch Einwirkung von Chlor auf Jod in Wasser erhalten werden kann. Diese beiden Producte unterscheiden sich in Farbe und Reactionsfähigkeit nicht unwesentlich von einander. Das Reag. gibt mit Alkaloiden gelbe oder braune Niederschläge.
Berl. Ber. **18**. 1612.
Ztschr. f. anal. Chemie. **34**. 648.

**Dobbin**'s Reag. auf ätzende Alkalien in Carbonaten ist eine Lösung von Kaliumquecksilberjodid u. Chlorammonium. Man löst 1 g Jodkalium in 50 ccm Wasser und gibt so lange eine wässerige Lösung von Quecksilberchlorid (1 : 20) zu, bis ein bleibender Niederschlag entsteht. Man filtrirt, löst im Filtrat 0,2 g Chlorammonium u. gibt so viel Natronlauge zu bis eben ein Niederschlag entsteht. Nach dem Filtriren ergänzt man mit Wasser auf 200 ccm. — Alkalicarbonatlösungen, die Spuren von Aeztalkali enthalten, färben sich mit dem Reag. gelb.
Merck's Index 1902. 261.

**Dodge-Olcott**'s React. auf Gurjun in Copaivabalsam.
Löst man 4 Tropfen Copaivabalsam in 15 ccm Eisessig und gibt 6 Tropfen concentr. Salpetersäure (D. = 1,4) zu, so entsteht bei Anwesenheit von Gurjun eine rosa- bis purpurrote Färbung.
Merck's Report 1900. 324.
Merck's Bericht 1900. 23.
Brit. Pharmacop. 1898. 89.

**Dogiel**'s Reag. zum Fixiren mikroskop. Präparate ist eine gesättigte, wässerige Lösung von Ammoniumpikrat. Gebraucht zum Fixiren bei Methylenblaufärbung.
Näheres siehe Ztschr. f. Mikroskop. 1890. 509 oder Arch. f. mikroskop. Anat. 1890. 305, 1891. 15.

**Dogiel**'s Reag. zum Färben mikroskop. Präparate.
a) 4 g Methylenblau löst man in 100 ccm Kochsalzlösung (0,75 %).
b) Eine concentr. wässerige Lösung von prikrinsaurem Ammon.
Arch. f. mikrosk. Anat. 1889. 440; 1890. 305.

**Donath**'s Reactionen auf Chinolin.
Siehe Berl. Ber. **14**. 1771.
Ztschr. f. anal. Chem. **22**. 265.

**Donath**'s React. auf Chromsäure.
Schüttelt man eine Lösung von Chromsäure mit Schwefelkohlenstoff u. Jodkaliumlösung, so färbt sich der Schwefelkohlenstoff violett.
Merck's Report 1900. 325.

**Donath**'s React. auf Cobalt.
Gibt man zu concentr. Kali- oder Natronlauge (30%) einige Tropfen Cobaltlösung, so entsteht sofort eine intensiv blaue Färbung (stärker beim Erwärmen).
Ztschr. f. anal. Chem. **40**. 138.

**Donath**'s React. auf Harz im Wachs.
(Donath-Schmidt's Nitroprobe). Man kocht 5 g Wachs mit 20—25 g Salpetersäure (D. = 1,33) etwa 1 Minute lang, gibt dann 20 ccm Wasser zu und hierauf einen Ueberschuss von Ammoniak. Bei Anwesenheit von Fichtenharz ist die Flüssigkeit rotbraun gefärbt. Reines Wachs liefert so eine gelbe Flüssigkeit.
Pharm. Centrh. 1901. 132.

**Donath**'s React. auf Morphin.
1. Erwärmt man etwas Morphin mit concentrirter Schwefelsäure u. Natriumarseniat bis zur Bildung weisser Dämpfe, so tritt Violettfärbung ein.
Vergleiche Vulpius' React.
2. Reibt man etws Morphin mit 8 Tropfen concentr. Schwefelsäure an und gibt 1 Tropfen einer 2%igen Lösung von Kaliumchlorat in concentr. Schwefelsäure zu, so färbt sich die Mischung grün und vom Rande her rötlich.
Journ. f. pract. Chem. **33**. 563.
Chem. Ztg. 1886. Rep. 153.

**Donath**'s React. auf Stickstoff in organischen Stoffen.

0,05 g der zu prüfenden Substanz kocht man mit 20 ccm concentr. Kalilauge unter Zugabe von 1 g Kaliumpermanganat. Die so erhaltene Reactionsflüssigkeit entfärbt man, wenn nötig, mit Alkohol und prüft mit bekannten Reagentien auf Salpetersäure u. salpetrige Säure. Anwesenheit derselben zeigt einen Stickstoffgehalt der untersuchten Substanz an.

Monatshefte f. Chem. **11**. 15.
Ztschr. f. anal. Chem. **29**. 457.
Wagner, Chem. Ztg. **14**. 269. od. Ztschr. f. anal. Chem. **29**. 458.

**Donath**'s React. auf Teersubstanzen in Ammoniak.

Uebersättigt man Ammoniakflüssigkeit mit Schwefelsäure und gibt etwas verdünnte Kaliumpermanganatlösung zu, so tritt bei Anwesenheit von teerigen Stoffen Entfärbung ein.

Merck's Report 1900. 325.

**Donné**'s React. auf Eiter im Harn.

Das Sediment des zu prüfenden Harns (6—10 g) versetzt man mit 2 g festem Aetzkali und rührt um. Eiter gerinnt zu einem durchscheinenden Klumpen, während sich Schleim zu einer dünnen Flüssigkeit löst.

Pharm. Centrh. 1867. 70.
Vergleiche auch Hammarsten, Physiol. Chem. 1899. 506.

**Donogány**'s React. auf Blut im Harn.

10 ccm Harn versetzt man mit 1 ccm Schwefelammon u. 1 ccm Pyridin. Bei Anwesenheit von Blut färbt sich die Flüssigkeit orangerot.

Archiv f. patholog. Anatomie v. Virchow **148**. 234.
Chem. Ztg. 1897. Rep. 133.
Pharm. Centrh. 1897. 473.

**Dragendorff**'s React. auf Aconitin.

Löst man Aconitin bei gewöhnlicher Temperatur in concentr. Schwefelsäure, so entsteht eine gelbe Lösung, die im Laufe von 2—4 Stunden über Braun u. Rotbraun eine violette Farbe annimmt.

Otto, Ausmittel d. Gifte 5. Aufl. 56.

**Dragendorff**'s Reag. auf Alkaloide.

Man löst 8 g Wismutsubnitrat in 20 ccm Salpetersäure (D. = 1,18) u. gibt diese Lösung allmählich in eine concentr., wässerige Lösung von 22,7 g Jodkalium. Nach dem Abkühlen und erfolgten Abscheiden des gebildeten Salpeters giesst man die Flüssigkeit von letzterem ab u. verdünnt mit Wasser auf 100 ccm. Das Reag. gibt mit den meisten Alkaloiden einen rotgelben, flockigen Niederschlag.

Merck's Index 1902. 261.
Hager, Pharm. Prax. 1880. I. 206.
Pharm. Ztschr. f. Russl. **5**. 82.
Ztschr. f. anal. Chem. **5**. 407; (ebenda 408, Jridium-Ammonchlorid u. Rhodium-Kaliumchlorid als Reag. auf Strychnin u. Brucin).
Ztschr. f. Chem. 1866.
Bull. Soc. Chim. **7**. 165.
Kraut, Liebig's Annal. **210**. 310.

**Dragendorff**'s React. auf Alkohol in ätherischen Oelen.

Gibt man zu 10—12 Tropfen Oel etwas metallisches Natrium (von Linsengrösse), so entsteht bei Anwesenheit von Alkohol eine Entwickelung von Wasserstoff und allmählich eine bräunliche Färbung.

Zeitschr. d. öst. Apoth.-Ver. 1863. 369.
Hager, Pharm. Prax. 1880. II. 563.

**Dragendorff**'s Reag. I auf ätherische Oele

ist eine Lösung von 1 g Brom in 20 g Aether. — Das Reag. färbt Anisöl allmählich rot, Copaivaöl tiefblau, Cubebenöl allmählich blau u. blauviolett, Krauseminzöl allmählich grünlichblau, Nelkenöl nach einiger Zeit gelbgrün, Pfefferminzöl violett, Rosmarinöl allmählich grünlich u. Wachholderöl schnell grünblau. Citronen-, Kümmel-, Rauten-, Sabina- u. Terpentinöl zeigen keine Farbenerscheinung.

**Dragendorff**'s Reag. II auf ätherische Oele.

Man leitet Chlor in absol. Alkohol bis zur Sättigung, erwärmt zum Entfernen der gebildeten Salzsäure, fällt das Metachloral mit concentr. Schwefelsäure u. destillirt es. Mit diesem Reag. färbt sich Anisöl allmählich gelblich u. bräunlich, Citronenöl allmählich gelblich u. rötlich, Copaivaöl allmählich dunkelgrün. Cubebenöl allmählich blau, Krauseminzöl bläulich u. missfarbig, Nelkenöl allmählich blaugrün und beim Erwärmen rot, Pfefferminzöl johannisbeerrot, Rosmarinöl allmählich vorübergehend blassviolett, Terpentinöl allmählich rötlich u. Wachholderöl allmählich dunkelgrün Kümmel- u. Sabinaöl bleiben farblos.

**Dragendorff**'s Reag. III auf ätherische Oele

ist alkoholische Salzsäure. — Das Reag. färbt Anisöl grün dann violett, Citronenöl gelb dann kirschrot, Copaivaöl violettrot, Cubebenöl violett u. kirschrot, Krauseminzöl violett- bis kirschrot, Kümmelöl allmählich tief braunrot unter Krystallabscheidung, Nelkenöl bräunlich, Pfefferminzöl olivengrün dann violett, Rosmarinöl rotbraun dann kirschrot, Sabinaöl blassrot u. violett u. Wachholderöl kirschrot.

**Dragendorff**'s Reag. VI auf ätherische Oele

ist reine Schwefelsäure. Das Reag. färbt Anisöl gelbbraun dann kirschrot, Citronenöl gelbbraun bis braun, Copaivaöl gelbbraun, Cubebenöl guttigelb, Krauseminzöl gelbbraun, Kümmelöl guttigelb später carmin- bis kirschrot, Nelkenöl rotbraun, Pfefferminzöl braun, Rautenöl orange, Rosmarinöl gelbbraun bis rotbraun, Sabinaöl orangebraun, Terpentinöl rotbraun u. Wachholderöl braun.

**Dragendorff**'s Reag. V auf ätherische Oele

ist eine Lösung von 1 g Natriummolybdat in 100 ccm concentr. Schwefelsäure (Fröhde's Reag.) — Das Reag. färbt Anisöl gelbbraun, Citronenöl dunkelorangebraun, Copaivaöl gelbbraun, Cubebenöl guttigelb dann johannisbeerrot, Krauseminzöl dunkelorange dann hellbraun, Kümmelöl dunkelgelb u. carminrot, Nelkenöl dunkelblutrot dann kirschrot, Pefferminzöl braun und nach 24 Stunden kirschrot, Rautenöl gelbbraun, Rosmarinöl gelbbraun, Sabinaöl gelbbraun, Terpentinöl rotbraun u. Wachholderöl braun dann kirschrot.

**Dragendorff**'s Reag. VI auf ätherische Oele

ist rauchende Salpetersäure. — Das Reag. färbt Anisöl unter Zischen braun, Citronenöl unter Zischen rot, Copaivaöl braun dann rot und blauviolett, Cubebenöl allmählich grün, Krauseminzöl gelbbraun, Kümmelöl unter Zischen rot dann braun, Nelkenöl rotbraun, Pefferminzöl braun bis rot, Rosmarinöl rot u. braun, Sabinaöl gelbbraun, Terpentin- u. Wachholderöl unter Zischen rot.

**Dragendorff**'s Reag. VII auf ätherische Oele ist Prikrinsäure. — Das Reag. löst sich in Anisöl leicht mit orangegelber Farbe, in Citronen-, Copaiva-, Cubeben-, Terpentin- und Wachholderöl nur in der Wärme leicht (bei verharztem Oel zuweilen mit rotbrauner Farbe), in Krauseminzöl beim Erwärmen olivengrün, in Kümmel-, Nelken- u. Rosmarinöl schon in der Kälte leicht, in Pefferminzöl beim Erwärmen tiefgrün, in Sabinaöl beim Erwärmen mit gelbbräunlicher Farbe. Rautenöl färbt sich beim Stehen mit dem Reag. rosa bis rot, welche Färbung beim Erwärmen verschwindet.

**Dragendorff**'s Reag. VIII auf ätherische Oele ist eine Mischung von 6 ccm concentr. Schwefelsäure und 1 ccm 5%iger, wässeriger Eisenchloridlösung. — Das Reag. färbt Anisöl gelbbraun dann kirschrot, Citronenöl u. Terpentinöl braun mit rotem Saum, Copaiva- u. Cubebenöl zuletzt blau, Krauseminzöl gelbbraun dann kirschrot, Kümmelöl gelb bis kirschrot, Nelkenöl rotbraun dann blutrot, später blau u. kirschrot, Sabinaöl zuletzt kirschrot, Wachholderöl braun dann kirschrot.
Arch. f. Pharm. 1878. 289.
Pharm. Journ. **5**. 681. 721.

**Dragendorff**'s React. auf Benzol in Benzin beruht auf der Bildung von Nitrobenzol unter Einwirkung von rauchender Salpetersäure auf Benzol.

**Dragendorff**'s React. auf Brucin.
Löst man Brucin in einer Mischung von 1 Vol. Schwefelsäure und 9 Vol. Wasser, so wird diese farblose Lösung auf Zusatz von sehr wenig stark verdünnter Kaliumdichromatlösung, die man mit einem Glasstabe zugibt, vorübergehend himbeerrot, dann rotorange u. braunorange gefärbt. Empfindlichkeitsgrenze 1 : 10 000.
Archiv d. Pharm. **9**. 209.
Ztschr. f. anal. Chem. **18**. 108.
Vergleiche auch Hager, Pharm. Prax. Erg.-Bd. 1883. 162.

**Dragendorff**'s React. auf Curarin.
1. Verdampft man die Lösung von Curarin in 2%iger Schwefelsäure bei 40° C., so entsteht eine schöne rote Färbung, die 1—2 Stunden anhält.
2. Gibt man zu einer Lösung von Curarin in concentr. Schwefelsäure ein Kryställchen Kaliumdichromat, so entsteht eine blaue Färbung, die in ein beständiges Rot übergeht (bei Strychnin verschwindet die Rotfärbung wieder).

**Dragendorff**'s React. auf Digitalin.
Mit Chloral färbt sich Digitalin gelblich dann grün, beim Erwärmen auf 60—70° C. violett und bei höherer Temperatur schwarzgrün.
Merck's Report 1900. 325.

**Dragendorff**'s Reag. auf Digitalin ist eine Lösung von Brom in Kalilauge (1 : 8). Eine Lösung von Digitalin in concentr. Schwefelsäure wird durch das Reag. hellpurpurn gefärbt.
Ermittel. v. Giften 1888. 134.

**Dragendorff**'s React. auf Elaterin.
Mit concentr. Schwefelsäure gibt Elaterin erst eine gelbe, dann schön rote Färbung.
Merck's Report 1900. 325.

**Dragendorff**'s React. auf Gallensäuren im Harn.
Zur Entfernung von Farbstoffen wird der Harn mit Benzin ausgeschüttelt u. hierauf mit Amylalkohol die Gallensäuren extrahirt. Man verwendet für einen Versuch 25 ccm mit Schwefelsäure angesäuerten Harn. Da der Amylalkohol auch etwas Schwefelsäure aufnimmt, so neutralisirt man ihn mit Ammoniak und verdunstet diese Lösung zur Trockne. Den Trockenrückstand behandelt man mit wenig Wasser. Die so erhaltene Lösung schichtet man auf Zusatz von einem Körnchen Zucker über Schwefelsäure. An der Berührungsfläche tritt bald eine charakteristische Rotfärbung auf.
Ztschr. f. anal. Chem. **8**. 102.
Pharm. Ztschr. f. Russl. 1868. IV.
Jolles, Ztschr. f. anal. Chem. **29**. 403.

**Dragendorff**'s React. auf Narceïn.
Narceïn färbt sich mit Jodwasser intensiv blau.
Otto, Ausmittel. d. Gifte 5. Aufl. 45.
Kippenberger, Nachw. v. Gift. 1897. 138.

**Dragendorff**'s React auf Nitrobenzol im Bittermandelöl.
Zu 10—15 Tropfen Bittermandelöl gibt man 5 Tropfen Alkohol und eine Spur metallisches Natrium. Bei Anwesenheit von Nitrobenzol entsteht eine braune Färbung.
Pharm. Ztschr. f. Russl. 1863. 232.
Ztschr. f. anal. Chem. **3**. 479.

**Dragendorff**'s React. auf Pfefferminzöl.
Erwärmt man etwas Pfefferminzöl mit Eisessig u. concentr. Schwefelsäure, so tritt eine blaue Färbung auf.
Welmans, Pharm. Ztg. 1902. No. 53.
Südd. Apoth. Ztg. 1902. 932.

**Dragendorff**'s React. auf Thymol.
1. Erwärmt man etwas Thymol mit Essigsäure u. concentr. Schwefelsäure, so färbt sich die Mischung schön rot. Empfindlichkeitsgrenze = 1 : 1 Million.
2. Löst man 0,3 g Thymol in 2 ccm Alkohol und gibt eine Spur Zucker u. 4 ccm concentr. Schwefelsäure zu, so färbt sich die Mischung schön rot.

**Dragendorff-Husemann**'s React. auf Narcotin.
Eine Lösung von Narcotin in 20%iger Schwefelsäure wird beim langsamen Verdunsten orangerot, dann vom Rande her blauviolett u. zuletzt bei der Siedetemperatur der Schwefelsäure rotviolett.

**Draper**'s React. auf Ricinusöl in ätherischen Oelen.
Man erhitzt 20 Tropfen des zu prüfenden Oeles, bis das ätherische Oel verflüchtigt ist u. behandelt den eventuellen Rückstand mit 5—6 Tropfen Salpetersäure. Nach beendigter Reaction gibt man etwas Natriumcarbonatlösung zu. Bei Anwesenheit von Ricinusöl tritt der Geruch nach Oenanthylsäure hervor.
Chem. News 1861. 42.
Ztschr. f. Chem. u. Pharm. 1861. 152.

**Drechsel**'s React. auf Gallensäure ist eine Modification von Pettenkofer's React. An Stelle von Schwefelsäure wird Phosphorsäure von Sirupconsistenz verwendet.
Journ. f. pract. Chem. **24**. 44, **27**, 424.
Ztschr. f. anal. Chem. **21**. 150.
Chem. Centralbl. **12**. 571.

**Drechsel**'s React. auf Glucose im Harn.
Zu 10 Tropfen des mit Natronlauge alkalisch gemachten u. filtrirten Harns gibt man 20 Tropfen Fehling's Reag. u. 10 ccm Wasser. Hierauf erhitzt man 5 Minuten lang zum Sieden. Ist während dieser Zeit kein Niederschlag entstanden, so ist der Harn frei von Glucose, da in der angegebenen Verdünnung Kreatinin u. Gykuronsäure nicht reduzirend wirken.
Schweizer Wochenschr. f. Chem. u. Pharm. 1901. 227.

**Drechsler**'s Reag. auf Alkohol in ätherischen Oelen. Eine Lösung von 1 T. Kaliumdichromat in 10 T. Salpetersäure (D. = 1,3). Dieses Reag. gibt mit alkoholhaltigen Oelen einen stechenden Geruch u. eine dem betreffenden Oele entsprechende Farbenreaction.
Archiv d. Pharm. (3) **14**. 61.
Ztschr. f. anal. Chem, **19**. 356.
Vergleiche Fleischmann's React.

**Dreschfeld**'s Reag. zum Färben mikroskop. Präparate ist eine Lösung von 1 g Eosin-(Natrium) in 1 Liter Wasser. Gebraucht zum Färben von Kernen, Achsencylindern etc.

**Drewsen**'s React. auf Aceton siehe **Baeyer**.

**Dreysel-Oppler**'s Pikrocarmin.
Man löst 1 g Carmin in 1 g Ammoniak u. 200 ccm Wasser u. gibt 1 g gesättigte, wässerige Pikrinsäurelösung zu.
Ztschr. f. Mikroskop. 1895. 361.

**Drouot**'s (Salvatori's) React. auf Margarine in Butter siehe „Ricerche sui metodi d'analisi del burro“ aus Le Stazioni sperimentali agrarie italiane 1888. XIV.

**Ducommun**'s React. auf Arsen
siehe Schweizer Wochenschr. f. Chem. u. Pharm. 1898. 133.
Pharm. Centrh. 1898. 766.

**Dudley**'s React. auf Gallussäure.
Eine verdünnte, wässerige, mit überschüssigem Ammon versetzte Lösung von Pikrinsäure färbt sich mit Gallussäure erst rot u. dann grün.
Americ. Chem. Journ. **2**. 48.
Ztschr. f. anal. Chem. **19**. 484.

**Dudley**'s Reag. auf Glucose.
Man löst Wismutsubnitrat in möglichst wenig Salpetersäure und dem gleichen Volum Essigsäure, verdünnt mit dem acht bis zehnfachen Volum Wasser und filtrirt, wenn nötig. Die zu prüfende Flüssigkeit wird mit Natronlauge stark alkalisch gemacht, mit einigen Tropfen Reag. versetzt u. einige Minuten gekocht. Grau- bis Schwarzfärbung zeigt Glucose an.
Americ. chem. Journ. **2**. 47.
Ztschr. f. anal. Chem. **20**. 118.
Merck's Index 1902. 261.

**Duflos**' React. auf Anilin
beruht auf einer Grünfärbung der Anilinlösung in verd. Schwefelsäure durch Bleisuperoxyd.
Hager, Pharm. Praxis 1880. I. 361.

**Duflos**' React. auf Pikrotoxin.
Pikrotoxin gibt mit Kaliumdichromatlösung eine grüne Färbung.
Merck's Report 1900. 376.

**Duflos-Hirsch**' React. auf Arsen
ist eine Modification von Berzelius' React. (siehe diese).

**Dumont**'s React. auf künstlichen Kampher.
Eine Lösung von künstlichem Kampher oder damit verfälschtem, natürlichem Kampher wird auf Zusatz von Ammoniak bleibend getrübt oder gefällt.
Schweizer Ztschr. f. Pharm. **6**. 174.
Ztschr. f. anal. Chem. **1**. 117.

**Dumontpallier**'s (**-Trousseau**'s) React. auf Gallenfarbstoff ist identisch mit Smith's React.
L' Union med. 1863. **39**.

**Dunstan**'s (**-Carr**'s) Reag. auf Aconitin
ist eine concentr. Kaliumpermanganatlösung, die mit Lösungen von Aconitinsalzen einen purpurfarbigen, krystallinischen Niederschlag ($C_{33}H_{45}NO_{2}$ $HMnO_{4}$) gibt. Letzterer wird durch einen Tropfen Bromwasser nicht verändert (Unterschied von Cocaïn u. Hydrastin).
Pharm. Ztschr. f. Russl. **35**. 283.
Ztschr. f. anal. Chem. **36**. 211.
Pharm. Journ. and Trans. 1896. 122.

**Dupasquier**'s Reag. auf organische Stoffe im Wasser
ist eine wässerige Lösung von Goldchlorid. — Das Reag. fällt beim Kochen die organischen Stoffe unter Abscheidung von Gold und unter Blaufärbung.
Merck's Index 1902. 261.
Hager, Pharm. Prax. Erg.-Bd. 1883. 102.

**Duples**' React. auf Anilin.
Anilin u. dessen Salze geben mit verd. Schwefelsäure u. Bleisuperoxyd eine grüne Färbung.

**Dupouy**'s Reagentien auf gekochte u. ungekochte Milch.
Ungekochte Milch wird auf Zusatz von Wasserstoffsuperoxyd durch Guajakol orangegelb, durch Hydrochinon rosa (unter Bildung von kryst. Chinhydron), durch Brenzcatechin gelbbraun, durch $\alpha$-Naphtol blauviolett u. durch Paraphenylendiamin dunkelviolett gefärbt.
Näheres siehe: Répert. de Pharm. 1897. 206.
Pharm. Centrh. 1897. 392 u. 1898. 498.
Leffmann, Schweizer Wochenschr. f. Chem. u. Pharm. 1898. 201.
Storch, Pharm. Centrh. 1898. 617.

**Dusart-Blondlot**'s React. auf Phosphor.
Entwickelt man aus einer Flüssigkeit, die Phosphor, phosphorige Säure, Phosphorsilber etc. enthält Wasserstoffgas, so färbt sich das angezündete, aus einer Platinspitze ausströmende Gas (besonders der innere Kegel) grün.
Otto, Ausmittel. d. Gifte 5. Aufl. 18.
Ztschr. f. anal. Chem. **15**. 505.
Kippenberger, Nachw. v. Gift. 1897. 11.
Dalmon, Journ. de Chim. med. 1870. 123.

**Duval**'s Reag. für mikroskop. Zwecke
ist Merkel-Schiefferdecker's Reag. (Einbettungsmittel).
Journ. de l'Anat. 1879. 185.

**Duval**'s Reag. zum Färben mikroskop. Präparate
ist Carminlösung und eine Lösung von Anilinblau in Alkohol.
Précis Techn. microsc. 1878. 223.
Journ. de l'Anat. 1876.

**Duyk**'s React. auf ätherische Oele.
Siehe Maumené's React.
Pharm. Centrh. 1898. 59 u. 929.
Dietze, Südd. Apoth.-Ztg. 1898. 767.

**Duyk**'s Reag. auf Glucose.
25 ccm einer 20 %igen Nickelsulfatlösung mischt man mit 20 ccm Natronlauge (D. = 1,33) u. 50 ccm 6 %iger Weinsäurelösung. Das Reag. ist eine schwach grünlich gefärbte Lösung, die beim Kochen mit Glucose (Harn) braun oder schwarz wird.
Journ. d. Pharm. v. Els.-Lothr. 1901. 238.
Journ. of the Chemic. Society **82**. II. 54.
Ztschr. f. anal. Chem. **41**. 630.
Sollmann, Chem. Ztg. 1901. Rep. 209.

**Dyson-Perrins'** React. auf Berberin.
Versetzt man eine erwärmte, alkoholische Lösung von Berberin mit Jodjodkaliumlösung, so bilden sich beim Erkalten grün glänzende Krystalle.
Journ. of the Chem. Soc. **15**. 339.
Chem. Centralbl. 1862. 894.
Ztschr. f. anal. Chem. **2**. 79.

**Eber**'s React. auf Eserin.
Bringt man in einem Porzellanschälchen einen Tropfen einer Eserinlösung mit einem Tropfen 5 %iger Kali- oder Natronlauge zusammen, so entsteht an der Berührungsstelle eine Rotfärbung, die im Laufe einiger Minuten noch zunimmt. Nach dem Austrocknen bleibt eine orangegelbe Masse, die sich in Wasser wieder mit roter Farbe löst.
Pharm. Ztg. **33**. 483.
Ztschr. f. anal. Chem. **28**. 136.

**Eber**'s Reag. zur Prüfung der Wurst
ist eine Mischung von 10 g Salzsäure (1,19), 10 g Aether u. 30 g Alkohol. Verdorbene Wurst bildet, nahe an das Reag. herangebracht, weisse Nebel.
Merck's Index 1902. 261.

**Eberhard**'s React. auf Schwefelsäure in Milchsäure.
Man löst 2 g Milchsäure in 10 g Alkohol (95 %) u. filtrirt nach 1/4 Stunde. Das Filtrat versetzt man mit einer etwas freie Salzsäure enthaltenden, 10 %igen Lösung von Calciumchlorid. Bei Anwesenheit von Schwefelsäure entsteht sofort eine Trübung.
Gerber-Ztg. 1903. Nr. 11.
Chem. Ztg. 1903. Rep. 85.

**Ebner**'s Reag. zum Entkalken mikroskop. Präparate.
1. 100 ccm kaltgesättigter Kochsalzlösung mischt man mit 100 ccm Wasser und 4 ccm concentr. Salzsäure.
2. Man löst 2,5 g Chlornatrium u. 2,5 g Salzsäure in 100 ccm Wasser u. mischt mit 500 ccm Alkohol.
Vergl. Haug, Ztschr. f. Mikroskop. 1891. 6.

**Ebner**'s Reag. zum Färben mikroskop. Präparate
ist identisch mit Hermann's Reag.

**Eboli**'s React. auf Cantharidin.
Beim Erhitzen von reinem Cantharidin mit concentr. Schwefelsäure tritt Grünfärbung ein.
Dieterich, Helfenberger Geschäftsber. 1886.
Vulpius, Pharm. Centrh. 1886. 179.

**Ebstein-Müller**'s React. auf Pyrocatechin im Harn.
Mischt man einige Tropfen Harn mit einigen Tropfen stark verdünnter Eisenchloridlösung, so entsteht bei Anwesenheit von Pyrocatechin eine grüne Farbe, die durch Ammoniakdämpfe in Violett übergeht.
Merck's Report 1900. 376.

**Edlefsen**'s React. auf Resorcin (oder $\beta$-Naphtochinon).
Resorcinlösung wird durch $\beta$-Naphtochinonlösung (in Wasser) nach Zusatz von Ammoniak blaugrün gefärbt. Salpetersäure bis zur sauren React. zugegeben bewirkt alsdann Rotfärbung. Aether nimmt den roten, nicht aber den grünen Farbstoff auf. $\alpha$-Naphtochinon gibt die React. nicht.

**Edlefsen**'s React. auf Thallin.
Thallinlösungen geben mit einer verdünnten Lösung von $\beta$-Naphtochinon u. 2 Tropfen Natronlauge eine kirschrote Färbung, die durch Salpetersäure nur langsam entfärbt wird.
Chem. Ztg. 1886. 1257.
Watson Smith, Chem. Ztg. 1887. Rep. 4.

**Egger**'s React. auf freie Mineralsäuren.
Erwärmt man eine Flüssigkeit, welche freie Mineralsäuren enthält mit etwas Cholsäure und Furfurol, so entsteht eine rote Färbung. (Umkehrung der Pettenkofer'schen React.)
Näheres siehe: Ztschr. f. anal. Chem. **27**. 725.
Pharm. Centrh. 1889. 199.

**Ehler**'s Reag. zum Fixiren mikroskop. Präparate
ist eine Lösung von 1 g Chromsäure u. 1—5 Tropfen Eisessig in 100 ccm Wasser.
Merck's Report 1900. 376.

**Ehrlich**'s Diazoreagens.
1. Eine Lösung von 30—50 ccm Salpetersäure in 500 ccm Wasser sättigt man durch Schütteln mit Sulfanilsäure und gibt die Lösung von einigen Körnchen Natriumnitrit in etwas Wasser zu. Schüttelt man pathologischen Harn (Phthise, Abdominaltyphus, Masern) mit gleichen Teilen Reag. und etwas Ammoniak, so färbt sich die Mischung u. der Schaum rot.
Ztschr. f. klin. Med. **5**. 285.
Vergl. Clemens' u. Friedenwald-Ehrlich's React.
Ztschr. f. anal. Chem. **22**. 301 u. 466; **23**. 276; **24**. 152 u. 205; **39**. 733.
Pröscher, Chem. Ztg. 1901. Rep. 71.
Burghart, Chem. Ztg. 1901. Rep. 108.
Michaelis, Berl. klin. Wochenschr. 1900. 274.
2. a) = eine Lösung von 2,5 g Sulfanilsäure in 25 ccm Salzsäure u. 100 ccm Wasser.
b) = eine Lösung von 0,5 g Natriumnitrit in 100 ccm Wasser. Als Reag. dient eine Mischung von 1 ccm der Lösung b mit 49 ccm der Lösung a.
Merck's Index 1902. 261.
3. Nach Ztschr. f. anal. Chem. **23**. 276 enthält das Reag. zufolge neuester Vorschrift auf 1 Liter = 1 g Sulfanilsäure, 15 ccm Salzsäure und 0,1 g Natriumnitrit.

**Ehrlich**'s Reag. auf (Gallenfarbstoffe) Bilirubin.
Bilirubin enthaltender Harn wird nach dem Mischen mit gleichen Teilen verd. Essigsäure auf Zusatz von Ehrlich's Diazoreagens dunkler und dann auf Säurezusatz violett gefärbt. Der Chloroformauszug eines solchen Harns wird auf Zusatz eines gleichen Volums Diazoreagens u. concentr. Salzsäure violett, dann blauviolett u. zuletzt blau.
Ztschr. f anal. Chem. **23**. 275.
Pharm. Centrh. 1883. 545.
Centralbl. f. klin. Medic. 1883. 721.
Pröscher, Ztschr. f. physiol. Chem. **29**. 411.
Krokiewiz u. Batko, Pharm. Centrh. 1898. 338.

**Ehrlich**'s Eigelb-Reaction.
Diese wohl selten vorkommende Bezeichnung der Ehrlich'schen Diazoreaction ist auf die eigelbe (orangegelbe) Färbung zurückzuführen, die normale Harne mit Ehrlich's Reag. geben können.

**Ehrlich**'s Reag. auf Indican im Harn
ist eine Lösung von 0,33 g Dimethylamidobenzaldehyd in 50 ccm Wasser und 50 ccm rauchender Salzsäure. — Gleiche Teile (1—1,5 ccm) des zu prüfenden Harns und Reag. erhitzt man zum Sieden. Nach dem Abkühlen gibt man einen Ueberschuss von Ammoniak oder schwacher Kalilauge zu. Bei Anwesenheit von Indican entsteht eine prächtige Rotfärbung, deren Stärke als Massstab für die vorhandene Indicanmenge dient. Originalmitteilung.
Merck's Bericht 1902. 53.

**Ehrlich**'s acidophiles Gemisch

ist eine Lösung von 1 g Eosin, 1 g Indulin u. 1 g Aurantia in 15 g Glycerin.

Lee-Mayer, Mikrosk. Techn. 1898. 197.
Nikiforoff, Ztschr. f. Mikroskop. 1891. 189, 1894. 246.
Israël, Pract. path. Hist. 1893. 68.

**Ehrlich**'s Reag. I zur Bacterienfärbung.

1. Eine wässerige Lösung von Anilinöl (5 : 100, filtrirt),
2. eine concentr., alkoholische Fuchsinlösung,
3. eine „ „ Gentianaviolettlösung.

100 T. von Lösg. 1 werden mit 11 T. von Lösg. 2 oder 3 gemischt. Das Reag. dient zur Färbung von Tuberkelbacillen, frisch bereitet zur Färbung von Deckglaspräparaten. Zur Tinktion von Schnitten sind die Mischungen erst nach vollkommener Klärung (nach 24 Stdn.) brauchbar.

Merck's Index 1902. 269.

**Ehrlich**'s Reag. II zur Bacterienfärbung (Triacidlösung).

Das Reag. ist eine Mischung von 125 g gesättigter, wässeriger Methylorangelösung (G), 150 g gesättigter, wässeriger Fuchsinlösung, 125 g gesättigter, wässeriger Methylgrünlösung, 100 g Glycerin, 200 g absolut. Alkohol u. 300 g Wasser.

Charité-Annal. 1884. 110.
Merck's Index 1902. 270.

Nach Reinbach, Ztschr. f. Mikroskop. 1894. 359. ist das Reag. zusammengesetzt aus: 120 g gesättigte, wässerige Lösung von Orange G, desgl. Säurefuchsin 80 g, desgl. Methylgrün 100 g, Wasser 300 g, Alkohol 180 g u. Glycerin 50 g.

Vergleiche Aronsohn's Reag.

**Ehrlich**'s Reag. III zur Bacterienfärbung

ist eine concentr., wässerige Lösung von Methylenblau (3 : 100).

**Ehrlich**'s Reagentien zum Färben mikroskop. Präparate.

1. (Alaunhämatoxylin). Zu einer Lösung von 3 g Hämatoxylin in 90 g Alkohol gibt man eine mit Alaun gesättigte Mischung von 6 g Eisessig, 120 g Glycerin u. 120 ccm Wasser. Gebraucht zum Färben von Kernen u. Schizomyceten.
   (Vergl. auch Ztschr. f. Mikroskop. 1886. 150).
   Merck's Index 1902. 270.
2. Eine gesättigte Lösung von Dahliaviolett in 100 ccm Wasser, 50 ccm Alkohol und 12 ccm Essigsäure. Gebraucht zur Färbung von Kernen, Achsencylindern, Plasmazellen etc.
3. Eine Lösung von 1 g Gentianaviolett in 15 ccm Alkohol u. 100 ccm Anilinwasser.
   Arch. f. mikrosk. Anat. 1876. 263.

**Ehrlich**'s saure Hämatoxylin-Eosinlösung für mikroskop. Blutpräparate.

Man löst 0,5 g Eosin u. 2 g Hämatoxylin in 100 g Alkohol, gibt 100 g Wasser, 100 g Glycerin und 10 g Eisessig zu und sättigt diese Lösung mit Alaun. Die Lösung muss behufs Reifung erst einige Wochen stehen.

**Ehrlich**'s Reag. für mikroskop. Zwecke

ist eine Lösung von Methylenblau (2—4%) in physiologischer Kochsalzlösung. Gebraucht als Injectionsflüssigkeit zur Darstellung der Nervenausbreitungen u. der Spinalfasern der sympathischen Ganglien etc.

Nature, 1885. 547.

**Ehrlich**'s Reag. (Neutralrot)

ist eine Lösung von Neutralrot (1 : 100) in sehr verdünnter, wässeriger Kochsalzlösung. Das Reag. färbt sich in schwach alkalischen Medien gelborange. Es dient zu biologischen Untersuchungen und zu vitalen Färbungen.

Merck's Index 1902. 269.
Allgem. med. Central-Anz. 1894. 20.
Ztschr. f. Mikroskop. 1894. 250.
Galeotti, ebenda 1894. 193.

**Ehrlich-Biondi**'s Reag. zum Färben mikroskop. Präparate.

(Triacidgemisch). Gesättigte, wässerige Lösungen von Orange G, Säurefuchsin u. Methylgrün mischt man im Verhältnis 10 : 3 : 5. Es dient zur Doppel- u. Mehrfachfärbung von Schnitten, besonders bei pathologisch-anatomischen Untersuchungen des Darmes.

Vergleiche Strassburger's Reag.
Merck's Index 1902. 269.
Pflüger's Archiv 1888. Suppl. 40.

**Ehrlich-Biondi-Heidenhain**'s Reag.

siehe Strassburger's Reag. u. Ehrlich-Biondi's Reag.

**Ehrlich-Koziczkowsky**'s Reag. zum Nachweis gewisser infectiös-toxischer Krankheiten

ist eine mit Salzsäure angesäuerte, 2%ige Lösung von Dimethylamidobenzaldehyd in Wasser. Die Reaction wird vorgenommen, indem man gleiche Volumina Harn in 2 Reagensgläser gibt und dem einen 8—10 Tropfen Reag. zusetzt, während der zweite Harn einen Zusatz von 8—10 Tropfen Reag. u. einigen Tropfen Formaldehyd erhält. Letzterer behält seine ursprüngliche Farbe bei, während ersterer nach wenigen Sekunden eine Rotfärbung zeigt. Ueber Ursache u. klinische Bedeutung dieser Reaction siehe:

Koziczkowsky, Berliner klin. Wochenschr. 1902. 1029.
Merck's Bericht 1902. 52.
Pröscher, Ztschr. f. physiol. Chem. **31**. 520.
Clemens, Arch. f. klin. Med. 1901.

**Eiloart**'s React. auf Chinin.

Gibt man zu einer wässerigen Lösung von Chinin etwas Bromwasser, dann Quecksilbercyanidlösung u. hierauf Calciumcarbonat, so tritt Rotfärbung ein. Empfindlichkeitsgrenze = 1 : 500 000. Narcotin u. Morphin geben eine ähnliche Reaction.

Kocht man eine neutrale Chininlösung mit Brom bis letzteres verdampft ist, so entsteht nach dem Abkühlen der Lösung eine schön grüne Fluorescenz. Empfindlichkeitsgrenze 1 : 50 000.

Chem. News **50**. 102.
Ztschr. f. anal. Chem. **25**. 248.

**Eimbrodt**'s Reag. auf Ammonsalze

ist eine mit Alkalicarbonat alkalisch gemachte, wässerige Lösung von Quecksilberchlorid. Es bewirkt mit Ammon u. Ammonsalzen eine weisse Trübung oder Fällung.

Vergleiche Bohlig's Reag.
Merck's Index 1902. 261.

**Eimer**'s Reag. zum Härten mikroskop. Präparate

ist identisch mit Hertwig's Reag.

**Einar Biilmann**'s React. siehe **Biilmann.**

**Einhorn**'s React. auf Cocaïn

ist identisch mit Biel's React.

**Einhorn**'s React. auf Zucker im Harn
beruht auf der Bildung von Kohlensäure bei der Gährung des Harns. Die React. dient hauptsächlich zur quantitativen Bestimmung der Glucose, die nach dem Autor in einem U förmig construirten »Saccharimeter« ausgeführt wird.
Deutsche medic. Wochenschr. 1888. 620.
Vergl. auch Hammarsten, Physiol. Chem. 1899. 510.

**Eiselt**'s React. auf Melanin im Harn.
Mit Chromsäure oder mit Kaliumdichromat und Salpetersäure wird melaninhaltiger Harn braun bis schwarz gefärbt.
Prager Vierteljahres-Schrift **70**. 107 u. **76**. 16.
Zeller, Arch. f. klin. Chirg. 1883. 245.

**Ellram**'s React. auf Aceton im Harn.
50 ccm Harn säuert man mit 5 ccm 30%iger Essigsäure an nnd destillirt einen Teil ab. 2—3 ccm des Destillates versetzt man mit 1 Tropfen wässeriger Furfurollösung (1 : 20) und schichtet diese Mischung über 2 ccm concentr. Schwefelsäure. Nach einigen Minuten oder sofort beim Erwärmen entsteht an der Berührungsfläche eine rosa oder rote Färbung, wenn Aceton vorhanden ist u. zwar noch im Verhältnis von 5 : 10000.
Chem. Ztg. 1899. Rep. 171.
Pharm. Centrh. 1899. 461.

**Ellram**'s Reag. auf Alkaloide, Harze u. ätherische Oele
ist eine Lösung von 1 g Vanillin in 100 g Schwefelsäure.
Näheres siehe Chem. Ztg. 1899. Rep. 171.

**Ellram**'s React. auf Rhodanwasserstoff.
Gibt man zu einer Rhodanlösung etwas Ammonvanadat (Pulver) u. Schwefelsäure, so entsteht eine blaue Färbung. Empfindlichkeitsgrenze 1 : 12000. Molybdate geben mit Rhodanlösungen u. Schwefelsäure eine gelbe bis blutrote Färbung. Empfindlichkeitsgrenze 1 : 1000000.
Umgekehrt kann Vanadinsäure u. Molybdänsäure mit Rhodankalium nachgewiesen werden.
Näheres siehe Chem. Ztg. 1896. Rep. 153.

**Elsner**'s Reag. auf Leinen- u. Baumwollfaser
ist Krappwurzeltinktur (1 : 5 Spir. dil.) Das Reag. färbt Leinenfaser orangerot, Baumwolle gelb.
Siehe auch Hager, Pharm. Prax. 1880. II. 39 u. 828.

**Endemann**'s Reactionen auf Phenole.
Etwas von dem zu prüfenden Phenol löst man in Formaldehyd und verdampft diese Lösung fast zur Trockne. Concentr. Schwefelsäure färbt dann Phenol fuchsinrot, Salicylsäure rot, Eugenol braun, Guajakol violett, Pyrogallol rot, Hydrochinon braun, Resorcin scharlachrot, $\alpha$- u. $\beta$-Naphtol grün.
Ztschr. d. öst. Apoth.-Ver. **51**. 599.

**Endemann-Prochazka**'s React. auf Kupfer
siehe Denigès React. oder:
Berl. Ber. **13**. 1144.
Archiv d. Pharm. (3) **17**. 395.
Ztschr. f. anal. Chem. **21**. 265.

**Enell**'s React. auf Gurjun im Copaivabalsam.
Gibt man zu einer Mischung von 4 ccm Essigäther u. 2 Tropfen Schwefelsäure 6—8 Tropfen Capaivabalsam, so tritt bei Anwesenheit von Gurjun innerhalb 1/4 Stunde eine rosa bis violette Färbung auf.
Pharm. Centrh. 1895. 460.
Vergleiche Merck's Bericht 1900. 23.

**Engel-Bernard**'s Reag. auf Arsen
ist eine Lösung von 20 g Natriumhypophosphit in 20 ccm Wasser, der 200 ccm Salzsäure (D. = 1,17) zugegeben werden. Der entstandene Niederschlag von Chlornatrium wird von der Lösung getrennt, indem man durch Glaswolle filtrirt. Das Reag. wird wie Bettendorf's Reag. verwendet.
Bougault, Chem. Ztg. 1902. Rep. 175.
Vergl Loof's Reag.

**Erdmann**'s Reag. auf Aldehyde
ist Dimethylhydroresorcin. Dasselbe liefert mit Aldehyden schwer lösliche Condensationsproducte, deren Schmelzpunkte für den betreffenden Aldehyd charakteristisch sind. So liefert z. B. Formaldehyd in wässeriger Lösung mit einer wässerigen Lösung von Dimethylhydroresorcin das bei 187—188° schmelzende Methylen- bis -Dimethylhydroresorcin.
Näheres siehe Ztschr. f. angew. Chem. 1901. 938 u. Pharm. Centrh. 1901. 723.
Vorländer, Liebig's Annalen **309**. 348.
Berl. Ber. **30**. 1801.
Strauss, Dissertation, Halle a. S. 1899.

**Erdmann**'s Reag. auf Alkaloide
ist eine Mischung von verdünnter Salpetersäure mit concentr. Schwefelsäure (10 Tropfen auf 20 ccm). Das Reag. gibt mit verschiedenen Alkaloiden Farbenerscheinungen, so färbt sich Brucin rot dann gelb, Digitalin braun später rot, Morphin rötlich später braungrün, Papaverin violett dann blau, Thebain blutrot etc.
Hager, Pharm. Prax. 1880. I. 208—210.
Merck's Index 1902. 261.
Liebig's Annal. **120**. 188.
Zeitschr. f. anal. Chem. **1**. 224—228.
Répert. de Chim. pur. 1862 205.
Husemann, Ztschr. f. anal. Chem. **3**. 149.

**Erdmann**'s Reag. auf Kalium u. Rubidium.
Zu einer Lösung von 30 g Cobaltnitrat in 60 ccm Wasser gibt man 100 ccm wässerige, 50%ige Natriumnitritlösung u. 10 ccm Eisessig. Das Reag. gibt mit Kalium- u. Rubidiumsalzen einen gelben Niederschlag. Empfindlichkeitsgrenze = 1 : 10000.
Erdmann, Anorgan. Chem. 1900. 613.
Ztschr. f. anal. Chem. **3**. 161.
Journ. f. pract. Chem. **97**. 385.
Vergl. Fischer's React. auf Cobalt.
Autenrieth-Kernheim, Chem. Ztg. 1903. Rep. 5.

**Erdmann**'s React. auf Nitrite im Wasser.
50 ccm Wasser versetzt man mit 5 ccm einer salzsauren Sulfanilsäurelösung (2 g sulfanilsaures Natrium im Liter) und nach 10 Minuten mit etwa 0,5 g Amidonaphtoldisulfosäure in fester Form. Bei Anwesenheit von salpetriger Säure entsteht eine leuchtend bordeauxrote Färbung. Empfindlichkeitsgrenze = 1 : 300 Million auf Natriumnitrit bezogen.
Ztschr. f. angew. Chem. 1900. 35.
Pharm. Centrh. 1900. 78. 237. 558; 1901. 503.
Mennicke, Ztschr. f. angew. Chem. 1900. 255.

**Erlicki**'s Reag. zum Färben mikroskop. Präparate
ist eine Lösung von 5 g Methylgrün in 200 ccm 1 %ig. Essigsäure. Gebraucht zur Gewebe- und Kernfärbung, für Centralnervensystem etc.

**Erlicki**'s Reag. zum Härten mikroskop. Präparate
ist eine Lösung von 5—10 g Kupfersulfat u. 25 g Kaliumbichromat in 1 Liter Wasser.
Warschauer Med. Zeit. **23**. No. 15 u. 18.
Vergleiche Müller's Reag.
Merck's Index 1902. 270.
Plessen, Ztschr. f. Mikroskop. 1891. 390.

**Erlwein-Weyl's** Reag. zur Unterscheidung des Ozons von salpetriger Säure u. Wasserstoffsuperoxyd.

Man löst 0,1—0,2 Metaphenylendiaminchlorhydrat in 90 ccm Wasser u. 10 ccm 5 %iger Natronlauge. Zu 25 ccm dieses Reag. gibt man etwas von der zu prüfenden Flüssigkeit. Bei Anwesenheit von Ozon tritt Rotfärbung auf. Salpetrige Säure und Wasserstoffsuperoxyd wirken auf das Reag. (in alkalischer Lösung) nicht ein.

Berl. Ber. **31**. 3158.

**van Ermengem's** Reag. zur Bacterienfärbung.

Fixirungsflüssigkeit: Man löst 1 g Osmiumsäure u. 20 g Gerbsäure in 150 ccm Wasser u. gibt 8 Tropfen Essigsäure zu.

Sensibilirungsflüssigkeit: Man löst 6 g Gerbsäure, 1 g Gallussäure u. 20 g geschmolzenes Natriumacetat in 700 ccm Wasser.

Journ. Roy. Microsc. Soc. 1893. 405.
Ztschr. f. Mikroskop. 1894. 98.

**Esbach's** Reag. auf Eiweiss im Harn.

Man löst 1 g Pikrinsäure u. 2 g Citronensäure in 100 ccm Wasser. Das Reag. gibt mit eiweisshaltigem Harn nach dem Ansäuern mit Essigsäure einen gelben Niederschlag. (Die quantitative Eiweissbestimmung mit diesem Reag. ist nicht zuverlässig.)

Centralbl. f. d. medic. Wissensch. 1880. 430.
Merck's Index 1902. 261.
Jaffe, Ztschr. f. physiol. Chem. **10**. 391.
Neubauer und Vogel, Analyse des Harns 10. Aufl. (1898) 432 u. 840.
Christensen, Virchow's Archiv **115**. 128 od. Ztschr. f. anal. Chem. **30**. 109.
Grutterink, Neederl. Tijdschr. v. Pharmac. **6**. 75.
Rössler, Apoth.-Ztg. **14**. 293.

**Esbach-Gawalowski's** Reag. auf Eiweiss.

Man löst 10 g Pikrinsäure u. 20 g Citronensäure in 500 ccm Wasser, gibt 300 ccm 95 %igen Alkohol zu und bringt die Mischung mit Wasser auf 1 Liter. Führt man die React. im Esbach'schen Albumimeter bei 40—60° C. aus, so kann man das Resultat schon nach der halben Zeit ablesen, als dies bei gewöhnlicher Temperatur der Fall ist.

Pharm. Post 1900. 33.
Pharm. Centrh. 1900. 365.

**Eschbaum's** Reag. auf activirten Sauerstoff im Wasser.

Man löst 1 g Tetramethylparaphenylendiamin in 100 ccm heissem Wasser und 20 Tropfen Eisessig und entfärbt diese Lösung mit Zinkstaub. — Ozonhaltiges d. h. activirten Luftsauerstoff enthaltendes Wasser färbt sich mit dem Reag. sofort tiefblau. Wasserstoffsuperoxyd gibt diese React. erst nach Zusatz von Ferrosulfat sofort.

Pharm. Centrh. 1897. 133.

**Etard's** React.

ist eine für die Synthese von Aldehyden und gewissen Ketonen wichtige React., die unter der Einwirkung von Chromylchlorid auf Kohlenwasserstoffe vor sich geht.

Berl. Ber. **17**. 1462 u. 1700.
Weiler, ebenda **32**. 1050.

**Eulenberg's** React. auf Kohlenoxydblut.

Mischt man 1 ccm Blut mit 2 ccm Natronlauge (D. = 1,3) u. gibt 2,5 ccm Chlorcalciumlösung zu, so färbt sich die Mischung bei Anwesenheit von Kohlenoxyd carminrot.

**Everard-Demoor-Massart's** Reag. zum Färben mikroskop. Präparate.

Man löst 20 g Alaun in 200 ccm heissem Wasser, filtrirt u. lässt 24 Stunden stehen. Alsdann gibt man eine Lösung von 1 g Hämatoxylin in 10 g Alkohol zu, filtrirt nach 8 tägigem Stehen u. gibt dann ein gleiches Volum einer Lösung von 1 g Eosin in 100 ccm 25%igem Alkohol u. 50 g Glycerin zu.

Annal. Instit. Pasteur 1893. 166.
Merck's Report 1900. 377.

**Ewald's** Reag. auf Salzsäure im Magensaft

ist eine Lösung von Ferriacetat u. Rhodankalium.

Vergleiche Mohr's Reag.

**Eykmann's** React. auf Phenol.

Versetzt man verdünnte Phenollösung mit einigen Tropfen Aethylnitrit in Alkohol (Spirit. aetheris nitrosi) u. dem gleichen Volum concentr. Schwefelsäure, so färbt sich die Mischung rot. (Eventuell Schichtprobe). Empfindlichkeitsgrenze 1 : 2 Million.

New Remedies **11**. 340.
Ztschr. f. anal. Chem. **22**. 576.

**Eykmann's** React. auf Thymol in Menthol.

Man löst eine kleine Menge Menthol in 1 ccm Eisessig u. gibt 5 Tropfen Schwefelsäure u. 1 Tropfen Salpetersäure zu. Bei Anwesenheit von Thymol entsteht eine blaue Färbung.

Merck's Report 1900. 377.

**Facen's** React. auf künstliche Weinfarbstoffe.

Versetzt man echten Rotwein mit gleichen Teilen grob gepulvertem Braunstein und rührt fleissig durch, so tritt in etwa 1/4 Stunde Entfärbung ein. Künstlich gefärbter Wein bleibt dagegen mehr oder weniger gefärbt.

Journ. de med. de Bruxelles 1868. 151.
Ztschr. f. anal. Chem. **9**. 121.
Wittstein, Vierteljahresschr. f. pract. Pharm. **18**. 211. od. Ztschr. f. anal. Chem. **9**. 121.

**Fagès** React. auf Zinnoxydulsalze.

Eine verdünnte, alkalische Lösung von Stannosalzen gibt mit einigen Tropfen Nitroprussidnatrium eine graurote Färbung, die durch wenig Salzsäure in blau übergeht, durch viel Salzsäure entfärbt wird. Die entfärbte Lösung gibt mit Ferricyankalium einen Niederschlag von Turnbull's Blau.

Ann. Chim. analyt. appl. **7**. 442.
Chem. Centralbl. 1903. I. 252.

**Fairbank's** Reag. zur Bestimmung der Phosphorsäure

ist eine Molybdänsäurelösung. Man löst 100 g Molybdänsäure in 80 ccm Ammoniakflüssigkeit u. 400 ccm Wasser, filtrirt und giesst unter Umschwenken in eine Mischung von 300 ccm Salpetersäure (D. = 1,42) u. 700 ccm Wasser (oder in 1 Liter Salpetersäure 1,185).

Näheres siehe Chem. Ztg. 1897. Rep. 92.

**Falk's** Reag. auf Blut

ist eine Modification von Almén's React.

Siehe Pharm. Centrh. 1897. 567.
Merck's Report. 1900. 377.

**Farrant's** Reag. zur Conservirung mikroskopischer Präparate

ist eine Lösung von arabischem Gummi in Wasser u. Glycerin, der arsenige Säure zugesetzt ist. (Einschlussmittel). Zur Darstellung mischt man gleiche

Teile Glycerin, gesättigter Arseniklösung u. Gummilösung; nach anderer Lesart besteht das Reag. aus 2 g Arsenik, 50 g arab. Gummi, 50 ccm Wasser u. 50 ccm Glycerin.
Merck's Index 1902. 270.

**Fassbender**'s Reag. zur Bestimmung der Eiweissstoffe siehe Stutzer's Reag.

**Faure**'s React. auf echten Weinfarbstoff.
10 ccm Rotwein versetzt man mit 2—3 ccm 2 %iger Tanninlösung u ebensoviel 2%iger Gelatinelösung. Wenn der Wein genügend Gerbsäure enthält, genügt der Zusatz von Gelatinelösung allein. Echter Weinfarbstoff wird bei dieser Behandlung gefällt, künstliche Farbstoffe bleiben in Lösung.
Ztschr. f. anal. Chem. **9**. 122; **15**. 485.

**Fehling**'s Reag. auf Glucose.
1. Eine wässerige Lösung von Kupfersulfat in Wasser 34,64 g : 500 ccm.
2. 173 g Seignettesalz u. 150 ccm Kalilauge (D.=1,14) mit Wasser zu 500 ccm gelöst.

Zum Gebrauch mischt man gleiche Teile 1 und 2. Das Reag. wird beim Kochen mit Glucoselösung unter Abscheidung von rotem Kupferoxydul entfärbt. 1ccm Reag. = 0,005 g Glucose. Empfindlichkeitsgrenze = 1 : 500.
Merck's Index 1902. 261.
Liebig's Annal. **72**. 106, **106**. 75.
Arch. f. physiol. Heilkunde 1848. 64.
Hager, Pharm. Prax. 1880. I. 976.
Schmidt, Pharm. Chem. 1896. II. 828.
Mohr, Titrirmethode 1896. 537.
Ztschr. f. anal. Chem. **20**. 425—451; **22**. 215.
Horton, Ztschr. f. anal. Chem. **31**. 713 oder Journ. of. anal. chem. **4**. 370.
Bornträger, Ztschr. f. angew. Chem. 1893. 600.
Eury, Pharm. Centrh. 1900. 274.
Schaer, Ztschr. f. anal. Chem. **42**. 4.
Gaud, Compt. rend. **119**. 650.

**Fehling**'s React. auf Stearinsäure in Wachs.
2 g Wachs kocht man mit 40 g Alkohol 45 Minuten lang, lässt dann erkalten u. filtrirt nach mehreren Stunden. Ist Stearinsäure vorhanden, so wird das Filtrat durch Wasser gefällt oder milchig getrübt.
Ztschr. f. anal. Chem. **12**. 326.

**Fenton**'s Reag. auf Harnstoff
ist Methylfuril $C_4H_3O$. CO. CO. $C_4H_2O.CH_3$ oder der Ketoaldehyd CHO. $C_4H_2O$. CO. $C_4H_2O.CH_3$. Mischt man diesen Körper mit etwas Harnstoff und gibt eine Spur Phosphoroxychlorid oder Acetylchlorid zu, so entsteht eine schöne blaue Färbung. Empfindlichkeitsgrenze = 0,01 mg Harnstoff.
Chem. Centralbl. 1903. I. 421.

**Fenton**'s Reag. auf Natrium.
Dihydroxyweinsäure gibt mit Natriumsalzen einen fast unlöslichen Niederschlag. Ammon- und Kaliumsalze sollen die React. nicht beeinträchtigen.
Chem. News **70**. 302.
Ztschr. f. anal. Chem. **36**. 694.

**Fenton**'s React. auf Weinsäure.
Gibt man zu einer Lösung von freier Weinsäure oder von Alkalitartrat etwas Ferrochlorid oder Ferrosulfat; 2 Tropfen Wasserstoffsuperoxyd und einen Ueberschuss von Alkali, so entsteht eine schöne Violettfärbung.
Chem. News **43**. 110.
Ztschr. f. anal. Chem. **21**. 123.

**Ferreira da Silva** siehe **Silva.**

**Field**'s Reag. auf organische Stoffe im Wasser
ist eine stark verdünnte, wässerige Lösung von Platinchlorid u. Jodkalium, die durch gewisse organische Stoffe rosarot gefärbt wird.
Näheres siehe Pharm Centrh. 1883. 525.
New Remedies 1883. 309.

**Filomusi Guelfi**'s Reag. auf Menschen- u. Tierblut
ist eine 2%ige Lösung von Natriumfluorid. Das Reag. gibt mit Tierblut charakteristische Krystalle, z. B. mit Hundeblut nadelförmige Hämoglobinkrystalle u. mit Kaninchenblut tetraedrische Krystalle. Menschenblut gibt diese Krystalle nicht.
Siehe Ztschr. f. Unters. d. Nahrungs- u. Genussmittel **2**. 509.

**Filsinger**'s Butterprobe
beruht auf der klaren Löslichkeit des geschmolzenen Butterfettes im 3fachen Volum Aether (D. = 0,725) oder in einer Mischung von 1 Volum Alkohol (D. = 0,805) u. 4 Vol. Aether bei 18—19° C.
Näheres siehe Ztschr. f. anal. Chem. **19**. 236.
Pharm Centrh 1878. 260.

**Filsinger**'s React. auf Reinheit des Cacaoöles.
2 g geschmolzenes Cacaoöl löst man in 6 ccm einer Mischung von 4 g Aether (D. = 0,725) und 1 g Alkohol (D. = 0,810). Ist das Oel rein, so bleibt die Lösung auch nach längerem Stehen klar.
Ztschr. f. anal. Chem. **19**. 247.
Pharm. Centrh. 1878. 452.
Björklund, Ztschr. f. anal. Chem. **3**. 233.

**Finkener**'s React. auf Mineralöl in Harzöl
beruht auf der Löslichkeit des Harzöles in dem 10fachen Volum einer Mischung von 1 Vol. Chloroform u. 10 Vol. Alkohol (0,8182) bei 23 ° C., während sich Mineralöle von höherem Siedepunkt in dem hundertfachen Volum nicht lösen.
Näheres siehe Seifenfabrikant 1886. 129.
Pharm. Centrh. 1886. 161.

**Finkener**'s React. auf fremde Oele in Ricinusöl.
1 T. Ricinusöl löst sich in 5 T. Alkohol (D. = 0,829) bei gewöhnlicher Temperatur klar auf. Andere fette Oele wie Oliven-, Sesam-, Lein-, Rüb-Oel etc. geben bei Anwesenheit von nur 10 % eine trübe Lösung, die sich auch oberhalb 20° C nicht klärt, sondern das fremde Oel abscheidet, das sich am Boden des Gefässes ansammelt.
Chem. Ztg. **10**. 1500.
Ztschr. f. anal. Chem. **26**. 261.

**Finzelberg**'s React. auf Valeraldehyd in Valeriansäure.
Man mischt 2 g Valeriansäure mit 3 g Ammoniak u. gibt 150—200 ccm. Wasser zu. Bei Abwesenheit von Valeraldehyd entsteht eine klare Lösung, bei Anwesenheit genannten Stoffes eine opalisirende Lösung.
Merck's Report 1900. 377.

**Firbas**' React. auf Condurangin.
Versetzt man eine Lösung von Condurangin in Chloroform mit einer Mischung aus gleichen Teilen concentr. Schwefelsäure (oder Salzsäure) u. Alkohol, so tritt bei gelindem Erwärmen Grünfärbung ein. Eine Spur Eisenchlorid bewirkt eine grünblaue Färbung.
Ztschr. d. öst Apoth.-Ver. 1903. 57.
Chem. Centralbl. 1903. I. 538.

**Fischel**'s Reag. für mikroskop. Zwecke
ist eine Mischung von 25 g Ameisensäure, 25 g Wasser u. 50 g einer 1 %ig., wässerigen Silbernitratlösung. Gebraucht zum Färben der Elemente des Nervensystems.
Arch. f. mikrosk. Anat. **42**. 383.

**Fischer**'s Reag. auf Aldehyde u. Ketone ist Phenylhydrazin.
Siehe Berl. Ber. **17**. 572.
Ztschr. f. anal. Chem. **25**. 228.
Fischer's Reag. auf Glucose.
Jolles, Wiener med. Wochenschr. 1892. XVII und XVIII oder Ztschr. f. anal. Chem. **30**. 260.

**Fischer**'s React. auf Aldosen.
Sättigt man 5 ccm der verdünnten Zuckerlösung bei 10° C. nach Zugabe von ca. 0,5 g Resorcin mit gasförmiger Salzsäure u. erwärmt dann mit überschüssiger Natronlauge und Fehling's Reag., so tritt eine rotviolette Färbung ein.
Näheres siehe: Fischer und Jenning, Berl. Ber. **27**. 1355.

**Fischer**'s React. auf Cobalt.
Eine wässerige Lösung von Kaliumnitrit u. Essigsäure gibt mit Lösungen von Cobaltsalzen einen gelben Niederschlag.
Ztschr. f. anal. Chem. **30**. 340.
Merck's Index 1902. 262.
Vergleiche de Koninck's Reag. auf Kalium.

**Fischer**'s Reag. auf Glucose.
Man löst 10 g salzsaures Phenylhydrazin u. 15 g Natriumacetat in 80—100 ccm Wasser. 50 ccm Harn erwärmt man mit 20 ccm Reag. etwa 1 Stunde lang auf dem Dampfbade. Bei Anwesenheit von Glucose bildet sich ein gelber, krystallinischer Niederschlag von Phenylglucosazon (nach dem Umkrystallisiren aus Alkohol bei ca. 205° C. schmelzend). Empfindlichkeitsgrenze = 0,02 % Glucose.
Fischer, Berl. Ber. **17**. 572, **23**. 2118.
Jolles, Ztschr. f. anal. Chem. **30**. 260.
Salkowski, Ztschr. f. physiol. Chem. **17**. 329.
Kistermann, Ztschr. f. anal. Chem. **32** 633.
Frank, Berliner klin. Wochenschr. 1893. 255 od. Ztschr. f. anal. Chem. **32**. 634.
Laves, Archiv d. Pharm. **231**. 366.
Fischer, Berl. Ber. **20**. 821, 2569; **21**. 2631; **22**. 87 od. Ztschr. f. anal. Chem. **33**. 224.

**Fischer**'s React. auf Indol und Skatol.
Taucht man einen Fichtenspahn in eine alkoholische Lösung von Skatol u. dann in concentr. Salzsäure, so färbt er sich erst rot dann violett.
Annal. d. Chem. **236**. 140.

**Fischer**'s Reag. zur Bacterienfärbung
Man löst 20 g Gerbsäure und 20 g Ferrosulfat in 250 ccm Wasser u. gibt 10 ccm gesättigte, alkoholische Fuchsinlösung zu.
Jahrb. f. wiss. Botan. 1894. 188.

**Fischer**'s Reag. zum Färben mikroskop. Präparate.
Eine wässerige Lösung von Eosin (Tetrabromfluoresceïn-Natrium) versetzt man mit Salzsäure im Ueberschuss, sammelt den erhaltenen Niederschlag, wäscht mit Wasser u. trocknet. Das so erhaltene Tetrabromfluoresceïn löst man in Alkohol (1 : 20).
Arch. f. mikrosk. Anat. 1875. 349.

**Fish**'s Reag. zum Fixiren mikroskop. Präparate
ist eine Lösung von 15 g Chlorzink, 100 g Chlornatrium u. 50 ccm Formaldehyd (40 %) in 200 ccm Wasser oder eine Lösung von 1 g Pikrinsäure, 5 g Sublimat u. 10 g Eisessig in 1000 ccm Wasser.
Amer. Mikroskop. Soc. Trans. 1896. 143. 293.

**Fish**'s Formolalkohol für mikroskop. Zwecke
ist eine Mischung von 10 Teilen Formaldehyd (40 %) und 100 Teilen Alkohol (95 %).
Americ. Mikroskop. Soc. Trans. 1896. 319.

**Fittig**'s React.
ist eine für die Synthese wichtige React., in deren Verlauf durch Einwirkung von Natrium in ätherischer Lösung auf gebromtes Benzol u Jod- oder Bromalkyl Benzolkohlenwasserstoffe entstehen.
Siehe Liebig's Annalen **131**. 303 u. Lehrbücher der Chemie.

**Flechsig**'s Reag. zum Färben mikrosk. Präparate.
Man löst 3 g Weinsäure u. 2,4 g Natriumsulfat in 900 ccm Wasser u. gibt eine Lösung von 1 g japanisch. Rotholzextract (Sappanholzextract) in 10 ccm Wasser und 10 ccm Alkohol zu. Gebraucht für Präparate des Centralnervensystems. Das Reag. stammt von W. v. Branca.
Vergl. Ztschr. f. Mikroskop. 1890. 71.

**Fleck**'s React. auf Pikrinsäure.
Löst man etwas Pikrinsäure in verd. Salzsäure (10 %) u. gibt metallisches Zink zu, so erhält man innerhalb einiger Stunden eine schöne Blaufärbung.
Correspond.-Blatt d. Ver. analyt. Chem. **3**. 77.

**Fleischl**'s React. auf Gallenfarbstoffe
ist eine Modification der Brücke'schen React. Statt Salpetersäure wird eine concentr., wässerige Lösung von Natriumnitrat verwendet.
Centrbl. f. d. medic. Wissensch. 1875. 561.
Ztschr. f. anal. Chem. **15**. 502.
Deubner, ebenda **25**. 458.

**Fleischmann**'s React. auf Alkohol in aetherischen Oelen.
Das zu prüfende Oel schüttelt man mit Wasser aus, giesst letzteres ab u. versetzt es mit Kaliumdichromatlösung u. concentr. Schwefelsäure. Grünfärbung zeigt Alkohol an.
Polytechn. Notizbl. **34**. 47.
Ztschr. f anal. Chem. **18**. 479.
Tresh, Chem. News **38**. 251 od. Ztschr. f. anal. Chem. **18**. 487.
Fried, Ztschr. d. öst. Apoth.-Ver. **16**. 563.
Drechsler, Pharm. Ztschr. f. Russl. 1878. 586 od. Ztschr. f. anal. Chem. **19**. 121.

**Flemming**'s Reag. zum Conserviren mikroskop. Präparate.
Eine bei gewöhnlicher Temperatur bewirkte Lösung von gepulvertem Damarharz in einer Mischung gleicher Teile Terpentinöl und Benzol wird nach dem Filtriren zn einer dickflüssigen Masse eingedampft.
Arch. f. mikroskop. Anat. 1881. 322.
Morphol. Jahrb. 1880. 469.

**Flemming**'s Reagentien zum Fixiren mikroskop. Präparate.
1. Man mischt 30 ccm 1%iger, wässeriger Chromsäurelösung mit 8 ccm 2%iger Osmiumsäurelösung u. 2 ccm Eisessig (starke Lösung).
2. Man mischt 50 ccm 1%iger Chromsäurelösung mit 20 ccm 1%iger Essigsäure u. 20 ccm 1%iger Osmiumsäurelösung u. gibt 110 ccm Wasser zu (schwache Lösung).
3. Zum Fixiren von Kernstrukturen löst man 0,2—5 g Ameisensäure in 100 ccm Wasser.
4. Chromessigsäure ist eine Lösung von 1 g Eisessig u. 2 g Chromsäure in 1000 ccm Wasser.
5. Pikrinosmiumsäure ist vorhergehende Lösung, die an Stelle von Chromsäure Osmiumsäure enthält.

Flemming, Zellsubstanz, Kern- u. Zellteilung. 1882. 381. 382.

**Flemming**'s Reag. zum Färben mikrosk. Präparate.

1. Man löst 1 g Gentianaviolett in 15 g Alkohol und 100 ccm Anilinwasser.
2. Man löst 1—2 g Magdalarot in 50 ccm Wasser u. 50 ccm Alkohol.
3. Eine concentr. Lösung von Safranin in Anilinwasser mit oder ohne Zusatz von Alkohol. Gebraucht zu Kernfärbungen.
4. a. Safraninlösung, siehe oben 3; b. Gentianaviolettlösung nach Ehrlich, siehe dieses; c. eine concentr. wässerige Lösung von Orange.

Flemming, Zellsubst. 1882. 384.
Arch. f. mikroskop. Anat. 1881. 317—324 u. 1891. 295. 685.

**Flesch**'s Reag. zum Fixiren mikrosk. Präparate.

1. Chromessigsäure: Man löst 0,25 g Chromsäure und 1 g Eisessig in 100 ccm Wasser.
2. Chromosmiumsäure: Man löst 0,1 g Osmiumsäure u. 0,25 g Chromsäure in 100 ccm Wasser.

Arch. f. mikroskop. Anat. 1879. 300.
Merck's Index 1902. 269.

**Fleury**'s React. auf Morphin.

Eine kleine Menge der zu prüfenden Substanz versetzt man mit 1 Tropfen ca. 1/20 Normal-Schwefelsäure u. rührt mit einem Glasstäbchen um bis das Alkaloid gelöst ist. Dann gibt man etwas Bleisuperoxyd zu und rührt 6—8 Minuten lang. Nach 3—4 Minuten langem Stehen giesst man die klare Flüssigkeit ab u gibt zu dieser 1 Tropfen Ammoniak. Bei Anwesenheit von Morphin entsteht sofort eine Braunfärbung.

Chem. Ztg. 1901. Rep. 276.
Pharm. Centrh. 1901. 787.

**Florence**'s React. auf Spermaflüssigkeit.

Man löst 1,65 g Jodkalium u. 2,54 g Jod in 30 ccm Wasser. Dieses Reag. gibt mit Spermafl. einen krystallinischen Niederschlag, der aus mikroskopisch kleinen, braunen, rhomboidischen Blättchen besteht.

Lecco, Wiener klin. Wochenschr. 1897. 820 od. Ztschr. f. anal. Chem. **37**. 341.
Struve, Ztschr. f. anal. Chem. **39**. 1.
Richter, Wiener klin. Wochenschr. 1897. 569.
Beumer, Deutsche medic. Wochenschr. **24**. 782.
Bucarius, Chem. Ztg. 1901. Rep. 194 und 1902. Rep. 61.
Dawydow, Pharm. Centrh. 1900. 257.

**Flückiger**'s Reag. auf Alkaloide ist wässerige Lösung von Pikrinsäure (1 : 10).*)
Vergleiche Hager's Reag.

**Flückiger**'s React. auf Antipyrin.

Man löst 1 mg Antipyrin in 1 Tropfen Alkohol, gibt ebensoviel Aether zu u. taucht einen mit Eisenchlorid benetzten Glasstab in diese Lösung. Letztere erstarrt zu einem roten Krystallbrei (Ferripyrin), der sich in Wasser u. Alkohol mit blutroter Farbe löst.

Bull. Soc. Chim. **46**. 235.
Pharm. Centrh. 1895. 59.

**Flückiger**'s React. auf Apocodeïn.

Schüttelt man Apocodeïn mit Braunstein u. Wasser und gibt Essigsäure zu, so entsteht eine grüne Färbung. Filtrirt man und schüttelt das Filtrat mit Chloroform, so färbt sich letzteres blau.

Vergleiche Guareschi, Alkaloide 1896. 376.

*) Bei gewöhnl. Temp. ist die Säure in diesem Verhältnis nicht löslich.

**Flückiger**'s React. auf Arsen.

Man verfährt wie bei Gutzeit's React., verwendet aber Filtrirpapier, das mit einer wässerigen Lösung von Sublimat betupft ist. Bei Anwesenheit von Arsen färbt sich die betupfte Stelle gelb, bei längerer Einwirkung braun.

Ztschr. f. anal. Chem. **30**. 116 od. Archiv d. Pharm. **227**. 1.
Vergleiche Gutzeit's React.
Lohmann, Pharm. Ztg. **36**. 748.
Ritsert, ebenda **34**. 368.
Conradson, Ztschr. f. anal. Chem. **39**. 655.
Lochmann, Pharm. Ztg. 1903. 185.

**Flückiger**'s React. auf Atropin.

Erhitzt man Atropin mit gleichen Teilen Eisessig u. concentr. Schwefelsäure, so tritt eine grüngelbe Fluorescenz u. nach dem Erkalten ein angenehmer aromatischer Geruch auf.

**Flückiger**'s Reag. auf Brucin.

Eine Lösung von Quecksilberoxydulnitrat gibt mit Brucinlösungen keine Färbung. Erwärmt man aber eine solche Mischung gelinde auf dem Dampfbade, so tritt eine intensive, carminrote Färbung auf, die sehr beständig ist.

Archiv d. Pharm. **206**. 403.
Ztschr. f. anal. Chem. **15**. 342.

**Flückiger**'s React. auf Chinin.

Ein Reagensglas füllt man zu 1/5 mit der zu prüfenden Lösung u. lässt aus einer Bromflasche die Dämpfe auf die Lösung herabsinken ohne zu schütteln. Die oberste Flüssigkeitsschicht muss so viel Brom aufgenommen haben, dass sie nach leichtem Bewegen gelblich erscheint, dann lässt man an der Glaswandung einen Tropfen Ammoniak herunterfliessen u. neigt die Lösung hin und her. Man erhält so eine grüne bis blaugrüne Schicht. Diese React. ist empfindlicher als die mit Chlorwasser (Brandes' React.) und gelingt noch in einer Lösung von Chinin 1 : 20000.

Neues Jahrb. d. Pharm. **136**.
Ztschr. f. anal. Chem. **11**. 317.

**Flückiger**'s React. auf Cocaïn.

Eine Mischung von Cocaïnhydrochlorid u. Calomel schwärzt sich beim Befeuchten mit verd. Alkohol.

Ztschr. f. anal. Chem. **30**. 264.
Deutsch. Arzneibuch IV. 88.
Vergleiche Schell's React.

**Flückiger**'s React. auf Colchicin.

Eine stark verdünnte Lösung von Colchicin wird durch Schwefelsäure gelb, durch Salpetersäure blauviolett gefärbt.

**Flückiger**'s React. auf Curarin.

Versetzt man den in einer Lösung von Curarin durch Kaliumdichromat erhaltenen Niederschlag nach dem Trocknen mit concentr. Schwefelsäure, so entsteht eine dunkelblaue Färbung.

**Flückiger**'s React. auf Gallussäure.

Gibt man zu Gallussäure eine frisch bereitete Lösung von Ferrosulfat (1 : 100) u. Natriumacetat, so entsteht eine violette Färbung, die durch Mineralsäuren verschwindet.

Merck's Report 1900. 424.

**Flückiger**'s React. auf Gurjun im Copaivabalsam.

Man löst 15 Tropfen Balsam in 20 g Schwefelkohlenstoff u. mischt mit einem Tropfen eines erkalteten Gemisches von gleichen Teilen concentr.

Schwefelsäure und Salpetersäure. Gurjun erkennt man an der eintretenden Violettfärbung, welche über eine Stunde anhält.
Pharm. Centrh. 1876. 234.
Ztschr. f. anal. Chem. **15**. 495.

**Flückiger**'s React. auf Morphin.
Modification des Deutsch Arzneib. Beim Einstreuen von Wismutsubnitrat in eine Lösung von Morphin in concentr. Schwefelsäure entsteht eine dunkelbraune Färbung.
Pharm. Chem. II. Aufl. 1888. 493.

**Flückiger**'s Reag. zur Unterscheidung von $\alpha$- und $\beta$-Naphtol
ist Eisenchloridlösung (D. = 1,28). Eine Lösung von $\beta$-Naphtol wird durch einige Tropfen Reag. grünlich gefärbt und nach einiger Zeit weisslich getrübt; eine Lösung von $\alpha$-Naphtol wird durch das Reag. weiss gefällt u. allmählich violett gefärbt.
Beckurts, Pharm. Centrh. 1885. 484.

**Flückiger**'s React. auf Phenol.
(Modification von Lex' React.) Die zu prüfende Flüssigkeit versetzt man mit Ammoniak, erwärmt, breitet sie auf einer Porzellanschale aus und lässt Bromdämpfe darauf einwirken. Bei Anwesenheit von Phenol tritt Blaufärbung ein.
Archiv der Pharm. 203. 30.

**Flückiger**'s React. auf Ricinusöl in Copaivabalsam.
Siehe Neues Jahrb. f. Pharm. **28**. 129.
Ztschr. f. anal. Chem. **6**. 489.

**Flückiger**'s Reag. auf Strychnin
ist eine Lösung von 0,01 g Kaliumdichromat in 5 ccm Wasser und 15 g concentr. Schwefelsäure.
Näheres siehe: Pharm. Centrh. 1886. 135 und Pharm. Ztg. 1886.

**Flückiger**'s React. auf echten Weinfarbstoff und Fuchsin.
Lässt man auf Rotwein etwas Bromdampf fliessen, so wird er hellgelb, während Fuchsin weit dunklere Färbungen als die ursprüngliche Farbe veranlasst. An Stelle von Bromdampf kann man auch Chlorwasser verwenden.
Ztschr. d. öst. Apoth.-Ver. **15**. 363.
Ztschr. f. anal. Chem. **17**. 108.
Schaer, Schweizer Wochenschr. f. Pharm. **15**, 99 od. Ztschr. f. anal. Chem. **18**. 617.

**Flückiger**'s Reagentien
in der von dem Autor in seinen »Reactionen« angegebenen Concentration sind:
- Ammoniak 10 % $NH_3$.
- Kalkwasser 0,1 % $CaO$.
- Natronlauge 15 % $NaOH$.
- Jodwasser 0,025 % J.
- Jodlösung 3 g J u. 8 g KJ in 1180 ccm $H_2O$.
- Bromwasser 3,3 % Br.
- Kaliumquecksilberjodidlösung 22,7 g $HgJ_2$ und 16,6 g KJ im Liter.
- Quecksilberbromid 1 : 215.
- Quecksilberchlorid 5 % $HgCl_2$.
- Quecksilbercyanid 14,5 % $HgCy_2$.
- Ferrocyankalium 5 % $K_4FeCy_6 . 3H_2O$.
- Ferricyankalium 5 % $K_3FeCy_6$.
- Schwefelsäure 97 % $H_2SO_4$.
- Salzsäure 25 % HCl.
- Salpetersäure 30 % $HNO_3$.
- Kaliumdichromat 5 % $K_2Cr_2O_7$.
- Pikrinsäure 10 %.
- Gerbsäure 5 %.
- Chromschwefelsäure 0,02 g $K_2Cr_2O_7$ und 10 ccm $H_2O$ in 30 g $SO_4H_2$.
- Eisenchlorid 29 % $Fe_2Cl_6$.

**Flückiger-Behrens'** Reag. auf Sesamöl
ist eine abgekühlte Mischung von Salpetersäure u. Schwefelsäure (neben Schwefelkohlenstoff.) Auf 5 Tropfen Reag. gibt man 5 Tropfen Sesamöl und bringt durch Neigen des Reagensglases die beiden Flüssigkeiten in Berührung, so dass eine grüne Zone entsteht. Sodann gibt man 5 Tropfen Schwefelkohlenstoff zu u. schüttelt um. Es entsteht eine schön grüne, obere Schicht.
Schweizer Wochenschr. f. Pharm. 1866. 286 und 1870. 261.
Ztschr. f. anal. Chem. **10**. 235.

**Foà**'s Reag. zum Färben mikroskop. Präparate
ist eine Mischung von 25 g Böhmer's Hämatoxylinlösung mit 100 ccm Wasser u. 20 g 1%iger, wässerig-alkoholischer Safraninlösung.
Ztschr. f. Mikroskop. 1892. 227.

**Foà**'s Reag. zum Fixiren mikroskop. Präparate
ist eine Mischung gleicher Teile 5%iger Kaliumdichromatlösung u. gesättigter Quecksilberchloridlösung in 0,75%iger Kochsalzlösung.
Quart. Journ. Microsc. Sc. 1895. 287.

**Fodor**'s React. auf Kohlenoxyd in der Luft oder im Blute
beruht auf der Reduction von säurefreier Palladiumchlorürlösung durch Kohlenoxyd.
Näheres siehe Pharm. Centrh. 1883. 517. oder Dragendorff, Ermittel. von Giften 1888. 78.
Gruber, Arch. f. Hygiene **1**. 145.
Gaglio, Arch. f. exper. Pathol. **22**. 244.

**Foges'** Reag. auf chlorsaure u. bromsaure Salze.
Man löst 0,8 Strychnin in 24 ccm Salpetersäure (D. = 1,334). Zu 1 ccm dieses Reag. gibt man einige Tropfen der zu prüfenden Flüssigkeit. Bei Anwesenheit von Chloraten oder Bromaten entsteht sofort oder nach einiger Zeit eine Rotfärbung. Jodate u. Perchlorate geben diese React. nicht. Letztere wird aber beeinträchtigt durch Hypochlorite, Chlor u. Salzsäure.
Chem. Ztg. 1901. Rep. 19.
Pharm. Centrh. 1901. 181.

**Föhring**'s React. auf freie Mineralsäuren im Essig.
Erhitzt man Schwefelzink mit Essig, so tritt nur bei Anwesenheit von Mineralsäuren Geruch nach Schwefelwasserstoff auf.
Chem. techn. Central-Anzg. **4**. 507.

**Fokker**'s React. auf Harnsäure.
Man macht 100 ccm Harn mit Natriumcarbonat stark alkalisch u. filtrirt nach 1—2 Stunden. Alsdann gibt man zum Filtrat 10 ccm gesättigte Lösung von Chlorammon u. lässt 24 Stunden stehen. Das ausgeschiedene Ammonurat wird einige Zeit mit 5%iger Salzsäure bei 15—20° C. behandelt, gewaschen, getrocknet u. gewogen.
Näheres siehe Hager, Pharm. Prax. 1880. **II**. 1190.
Pflüger's Archiv **10**. 155 u. 161.
Liebig u. Wöhler, Annal. **26**. 342.

**Fol**'s Reag. zum Entkalken mikroskop. Präparate
ist eine Lösung von 0,7 g Chromsäure u. 3 g Salpetersäure in 270 ccm Wasser.

**Fol**'s Reag. zum Fixiren mikroskop. Präparate
ist 2,8%ige Eisenchloridlösung. (Siehe Platner's Reag.) oder eine Lösung von 0,15 g Chromsäure u. 1 g Eisessig in 90 ccm Wasser.
Vergleiche Fol's Lehrbuch 1884.

**Fol**'s Reag. zum Härten mikroskopischer Präparate
ist eine Lösung von 0,1 g Osmiumsäure, 0,12 g Chromsäure und 25 g Essigsäure in 450 ccm Wasser.
Vergleiche Fol's Lehrb. 1884. 100.

**Fol's** Glycerin-Gelatine für mikroskop. Zwecke siehe Kaiser's Reag. u. Fol's Lehrb. 1884. 138.

**Fordos'** React. auf Blei im Zinn
ist eine Modification der React. von Bobierre unter Verwendung von Salpetersäure an Stelle von Essigsäure. Vergl. Bobierre's React.
Pürckhauer, Ztschr. f. anal. Chem. **15**. 487.

**Formánek's** React. auf Alkaloide u. Glycoside.
Aloïn löst sich in Salpetersäure rot, schnell gelb werdend. Verdampft man Aloïn mit Salpetersäure zur Trockne, so löst sich der Rückstand in Alkohol mit roter Farbe, die auf Zusatz von alkoholischer Cyankaliumlösung in Violett u. dann in Rosenrot übergeht. Durch Ammoniak wird der Trockenrückstand braun, durch kalte Kalilauge gelb gefärbt.
Amygdalin hinterlässt nach dem Eindampfen mit Salpetersäure einen gelblich gefärbten Rückstand, der durch Ammoniak rosenrot, durch alkoholische Kalilauge rosaviolett gefärbt wird.
Brucin löst sich in Salpetersäure rot, der Verdampfungsrückstand ist gelb. Letzterer wird durch Ammoniakdämpfe grasgrün, durch Schwefelwasserstoffwasser violett.
Cotoin löst sich in Salpetersäure schmutzig grün, beim Erwärmen rosenrot.
Paracotoin löst sich in Salpetersäure rot, rasch gelb werdend. Der gelbe Verdampfungsrückstand wird durch Ammoniak hellrot, in Braungelb umschlagend.
Emodin. Die gelbe Lösung hinterlässt nach dem Verdampfen einen braunzinnoberroten Rückstand, der durch Ammoniak vorübergehend violett, dann braun gefärbt wird.
Narcotin löst sich in Salpetersäure gelbgrün, der Verdampfungsrückstand ist gelbgrün u. wird durch Ammoniak schmutzig grün.
Eserin löst sich in Salpetersäure gelb, der Verdampfungsrückstand ist zinnoberrot, bei längerem Erwärmen grün. Letzterer löst sich in Wasser mit grüner Farbe.
Salicin. Der Verdampfungsrückstand der Lösung in Salpetersäure ist gelb, er wird durch Ammoniak dunkler, beim Erwärmen mit Cyankalium blutrot.
Pharm. Centrh. 1895. 600.
Ztschr. f. anal. Chem. **36**. 409.
Chem. Ztg. 1895. Rep. 259.

**Forster-Riechelmann's** React. auf Phytosterin (Cholesterin).
Siehe Pharm. Centrh. 1897. 435 od. Ztschr. f. öff. Chem. 1897. 10.
Vergleiche Salkowski's React.

**Francis'** Reag. auf Gallensäuren im Harn.
Man löst 2 g gut getrocknete Glucose in 15 ccm Schwefelsäure. Ueberschichtet man 5 ccm Reag. mit 5 ccm Harn, so entsteht bei Anwesenheit von Gallensäuren ein roter Ring.
Merck's Report 1900. 424.

**Fränkel's** Reag. zur Bacterienfärbung.
1. a) Mit Anilin gesättigtes Wasser und concentr. alkoholische Fuchsinlösung mischt man zu gleichen Teilen; b) Eine gesättigte Lösung von Methylenblau in einer Mischung von 50 T. Wasser, 30 T. Alkohol u. 20 T. Salpetersäure (25 %).
Pharm. Centrh. 1890. 718.
2. a) Pikrocarminlösung (siehe Mayer's Pikrocarmin); b) Gentianaviolettlösung (siehe Ehrlich's Reag.)

**Fränkel's** Reag. zum Fixiren mikroskop. Präparate
ist eine Mischung von 15 ccm 1 %iger Palladiumchlorürlösung u. 5 ccm 2 %iger Osmiumsäurelösung, der einige Tropfen Essigsäure zugesetzt sind.
Anat. Anzg. 1893. 538.

**Frankland's** Reag. auf salpetrige Säure
ist ein von Zambelli angegebenes Reag. zur colorimetrischen Bestimmung von salpetriger Säure. Es besteht aus einer gesättigten, wässerigen Lösung von Sulfanilsäure und einer wässerigen Phenollösung. — Zu der zu prüfenden Lösung gibt man 1 Tropfen Sulfanilsäure u. 1 Tropfen Phenol und dann Ammoniak. Bei Anwesenheit von salpetriger Säure färbt sich die Mischung blassgelb bis rotgelb. Empfindlichkeitsgrenze = 1 : 40 Million.
Journ. of the Chem. Soc. **52**. 533 u. **53**. 364.
Ztschr. f. anal. Chem. **30**. 713.

**Fraude's** Reag. auf Alkaloide
ist eine wässerige Lösung von Ueberchlorsäure (ca. 20 %). Aspidospermin gibt beim Kochen mit diesem Reag. eine rote, Brucin eine madeirafarbige, Strychnin eine rötlichgelbe Lösung. Keine Farbenerscheinung geben Coffein, Coniin, Atropin, Nicotin, Veratrin, die China- u. Opiumbasen.
Berl. Ber. **12**. 1558.
Ztschr. f. anal. Chem. **19**. 86.
Merck's Index 1902. 262.
Hager, Pharm. Prax. Erg.-Bd. 1883. 63.
Häussermann und Sigel, Chem. Ztg. 1901. Rep. 32.

**Frederking's** React. auf Alkohol im Aether.
Schüttelt man Aether mit einem gleichen Volum Glycerin, so nimmt das Volum des letzteren bei Anwesenheit von Alkohol (u. Wasser) zu.
Merck's Report 1900. 425.

**Frenzel's** Reag. zum Fixiren mikroskop. Präparate
ist eine gesättigte, wässerige oder eine halbgesättigte, alkoholische Lösung von Quecksilberchlorid, der pro 1 ccm 1 Tropfen Salpetersäure zugesetzt ist. Gebraucht zum Fixiren von Nervenzellen.
Arch. f. mikroskop. Anat. 1886. 232.

**Frerichs'** React. auf Blei im Wasser
beruht auf der Eigenschaft der Watte, die im Wasser enthaltenen Schwermetallverbindungen bei der Filtration zurückzuhalten u. so den Nachweis (mit Schwefelwasserstoff) zu erleichtern.
Näheres siehe Apoth-Ztg. 1902. 884.

**Fresenius-Babo's** React. auf Arsen
siehe Fresenius, Qualitat. Analyse 13. Aufl. 192.
Ztschr. f. anal. Chem. **20**. 522.

**Fresenius'** React. auf Phenol
ist identisch mit Plugge's React.

**Fresenius'** React. auf salpetrige Säure.
In Flüssigkeiten, die sehr geringe Mengen salpetrige S. enthalten, lässt sich letztere mit grosser Sicherheit erkennen, wenn man dieselben (z. B. Brunnenwasser) mit Essigsäure angesäuert der Destillation unterwirft, u. die übergehenden Tropfen in mit Schwefelsäure angesäuertem Jodkaliumstärkekleister auffängt. Man erhält sofort eine starke Blaufärbung, da die Hauptmenge, der vorhandenen salpetrigen S. mit den ersten Teilen überdestillirt.
Ztschr. f. anal. Chem. **12**. 427; **15**. 230.

**Freud's** Reag. zum Färben mikroskop. Präparate.
Man löst 0,5 g Chlorgold in 50 ccm Wasser und gibt 50 ccm Alkohol zu. Gebraucht zum Färben von Achsencylindern.
Arch. f. Anat. u. Phys. 1884. 453.

**Frey**'s Reagentien zur Färbung mikroskopischer Präparate.

1. Eine Lösung von 1 g Fuchsin in 100 ccm Alkohol u. 1,5 Liter Wasser.
2. a) Eine Lösung von 1 g Hämatoxylin in 30 ccm Alkokol;
   b) eine Lösung von 1 g Kalialaun in 30 ccm Wasser.
3. Eine Lösung von 0,1 g Anilinblau in 125 ccm Wasser u. 75 ccm Alkohol.

**Frey**'s Ammoniak-Carmin.

Man löst 0,3 g Carmin in 30 ccm Wasser u. der nötigen Menge Ammoniak, filtrirt u. gibt 30 g Glycerin u. 8—12 g Alkohol zu.
Merck's Report 1900. 425.
Mikroskop. 1877. 94.

**Frey**'s Glycerin-Gummilösung für mikroskop. Zwecke siehe Farrant's Reag.

**Frey-Ranvier**'s Reag. für mikroskop. Zwecke siehe Ranvier-Frey's (Jodserum) Reag.

**Frey-Schneider**'s Reag. (Färbungs u. Fixirungsmittel) ist eine Lösung von Carmin in 45%iger Essigsäure.
Merck's Index 1902. 270.

**Friedel-Crafts**' React. ist eine für die Synthese von Benzolkohlenwasserstoffen wichtige React., die unter der Einwirkung von Aluminiumchlorid auf gechlorte Kohlenwasserstoffe und Benzol vor sich geht.
Siehe Lehrbücher der Chemie.

**Friedenwald-Ehrlich**'s Diazoreact. des Harns.

Als Reag. dient:

1. Eine Lösung von 0,5 g Natriumnitrit in 100 ccm Wasser;
2. eine Lösung von 0,5 g p-Amidoacetophenon in 50 g Salzsäure u. 1000 g Wasser.

Zum Gebrauch mischt man 1 ccm von Lösung 1 mit 50 ccm von Lösung 2. Dieses Reag. mischt man mit gleichen Teilen Harn u. gibt einen Ueberschuss von Ammoniak zu. Eine rote Färbung der Flüssigkeit oder des Schüttelschaumes zeigt pathologischen Harn an (Phthise, Typhus etc.).
Ztschr. f. anal. Chem. **39**. 734.

**Friedländer**'s Reagentien zur Bacterienfärbung.

1. Eine Mischung von 50 g concentr., alkoholischer Gentianaviolettlösung, 10 g Eisessig u. 100 ccm Wasser.
2. Eine Lösung von 1 g Fuchsin in 5 ccm Alkohol u. 100 ccm 2%ig. Essigsäure.
3. Gram's Reag.

**Friedländer**'s Reag. zum Fixiren ist eine Lösung von je 125 g Kupfersulfat und Zinksulfat in 1000 ccm Wasser.
Biolog. Centralbl. 1890. 483.

**Friedländer**'s Reag. zum Färben mikroskop. Präparate.

Eine Lösung von 2 g Hämatoxylin in 100 g Alkohol mischt man mit einer Lösung von 2 g Alaun in 100 g Glycerin und 100 ccm Wasser. Gebraucht zur Schnitt- u. Stückfärbung.
Merck's Index 1902. 270.

**Friedländer**'s Pikrocarmin.

Eine Lösung von 1 g Carmin in 1 g Ammoniak u. 50 ccm Wasser versetzt man so lange unter Umschwenken mit gesättigter, wässeriger Pikrinsäurelösung, bis ein bleibender Niederschlag entstanden ist. Nach dem Filtriren gibt man 2 Tropfen Carbolsäure zu. Gebraucht zur Doppelfärbung wie Bizzozero's u. Ranvier's Pikrocarmin.
Merck's Index 1902. 271.

**Frisch**'s React. auf Phenol u. Kreosot.

Eine stark verdünnte, alkoholische Lösung von Eisenchlorid färbt eine alkoholische Lösung von Kreosot grün, eine solche von Phenol violettblau.
Merck's Report 1900. 425.

**Fritzsche**'s React. auf Anilin.

Versetzt man eine Lösung von Anilin in verd. Schwefelsäure mit 1—2 Tropfen Kaliumdichromatlösung (1 : 20), so entsteht je nach der Menge des vorhandenen Anilins eine grüne, blaue oder schwarze Färbung. Bromwasser bewirkt einen rötlichweissen, krystallinischen Niederschlag.
Vergl. Kippenberger, Nachw. v. Gift. 1897. 30.
Chem. Centralbl. 1862. 845.

**Fröhde**'s Reag. auf Alkaloide.

Eine frisch bereitete Lösung von Natriummolybdat in reiner, concentr. Schwefelsäure (0,1 g : 100 ccm). Alkaloide geben mit diesem Reag. Färbungen: Aconitin = gelbbraun später farblos; Atropin = farblos; Brucin = rot später gelb; Chinin = farblos bis grünlich; Chinidin wie das vorige; Cinchonin = farblos; Codeïn = schmutziggrün, dann blau, später blassgelb; Colchicin = gelb dann gelbgrünlich; Coniin = strohgelb; Morphin = violett dann grün, braungrün, gelb, später blauviolett; Narcein = gelbbraun, gelblich, farblos; Narcotin = grün, braungrün, gelb, rötlich; Nicotin = gelblich bis rötlich; Papaverin = violett, blau, gelblich, farblos; Strychnin = farblos; Thebaïn = rot, rotgelb, farblos; Veratrin = gelb dann kirschrot.

Die Diureïde Coffeïn u. Theobromin werden durch das Reag. nicht gefärbt, dagegen geben einige Glycoside Farbenerscheinungen: Colocynthin = kirschrot, dann nussfarbig; Digitalin = dunkelorange, kirschrot später braunschwarz zuletzt (nach 24 Stdn.) grüngelb mit schwarzen Flocken.
Ztschr. f. anal. Chem. **5**. 214.
Merck's Index 1902. 262.
Hager, Pharm. Prax. 1880. I. 207.
Arch. der Pharm. (2) **126**. 54.
Schmidt, Pharm. Chem. 1896. II. 1261.
Hock, Ztschr. f. anal. Chem. **23**. 228 oder Arch. d. Pharm. (3) **19**. 358.

**Fröhde**'s React. auf Blausäure.

Man erhitzt etwas Natriumthiosulfat am Platindraht bis zum Aufblähen u. gibt auf diesen Rückstand etwas von der zu prüfenden Substanz. Alsdann erhitzt man kurze Zeit in der Bunsenflamme u. taucht die Schmelze in eine stark verdünnte Eisenchloridlösung. Bei Anwesenheit von Blausäure entsteht eine blutrote Färbung.
Hager, Pharm. Prax. 1880. I. 66.
Vergleiche Liebig's React.

**Fröhde**'s React. auf Eiweiss.

Eiweiss in Substanz gibt mit einer Lösung von Molybdänsäure in concentr. Schwefelsäure eine blaue Färbung.
Merck's Report 1900. 425.

**Fröhde-Buckingham**'s Reag. auf Alkaloide ist eine Lösung von 1 g Ammoniummolybdat in 10 ccm concentr. Schwefelsäure.
Näheres siehe: Bruylants, Ztschr. f. anal. Chem. **37**. 62 u. 63.

**Fröhner**'s React. auf Aceton im Harn ist eine Modification von Stock's React. Von 500 ccm Harn destillirt man nach dem Ansäuern mit Essigsäure etwa 5 ccm ab. In diesem Destillat

löst man einen Krystall salzsaures Hydroxylamin, gibt etwas Chlorkalklösung und Aether zu und schüttelt gut um. Der Aether färbt sich bei Anwesenheit von Aceton blau, wenn noch 0,001 g Aceton im Destillat vorhanden ist.
Deutsche medic. Wochenschr. 1901. 79.

**Frommherz**'s Reag. auf Glucose
ist eine Lösung von Kupfersulfat (41,76 g), Kaliumbitartrat (20,88 g) u. Kaliumhydroxyd (10,44 g) in 1 Liter Wasser.
Merck's Index 1902. 262.
Vergleiche Fehling's Reag.

**Fron**'s Reag. auf Alkaloide u. Eiweiss.
Man löst 3 g Wismutsubnitrat u. 14 g Jodkalium in 40 ccm heissen Wassers u. gibt 2 ccm Salzsäure zu. Durch dieses Reag. werden sowohl Alkaloide als auch Eiweiss in saurer Lösung gefällt.
Chem. Centralbl. 1875. 263.

**Frühling**'s React. auf Bombay-Macis.
2,5 g Macis schüttelt man mit 10 ccm absolut. Alkohol einige Minuten lang u. filtrirt. Ist Bombay-Macis (wilde Muscatblüte) vorhanden, so ist das Filtrirpapier gelb gefärbt und mit Kalilauge betupft tritt Rotfärbung ein. Aechte Macis färbt das Papier nicht.
Chem. Ztg. **10**. 525.
Ztschr. f. anal. Chem. **26**. 652.

**Fürbringer**'s Reag. auf Eiweiss
ist eine Mischung von Mercurinatriumchlorid, Chlornatrium und Citronensäure. Das Reag. bewirkt in eiweisshaltigem Harn eine flockige Ausscheidung.
Deutsche medic. Wochenschr. 1885. 467.
Ztschr. f. anal. Chem. **25**. 285.

**Fürbringer**'s React. auf Quecksilber
mittels Messingwolle siehe:
Berliner klin. Wochenschr. 1878. 332.
Ztschr. f. anal. Chem. **17**. 526, **21**. 472, **22**. 295, **24**. 300.
Vergleiche Almén's u. Ludwig's React.

**Gabbet**'s Reag. zur Bacterienfärbung.
2 g Methylenblau löst man in einer Mischung von 35 g concentr. Schwefelsäure und 65 ccm Wasser. Diese Lösung dient zur Contrastfärbung. Die Tuberkelbacillen müssen vorher mit Ziehl's Reag. gefärbt sein.
Pharm. Centrh. 1891. 245.

**Gabbet**'s Reag. zum Färben mikroskop. Präparate.
1. ist Carbolfuchsin (siehe Ziehl-Neelsen's Reag.)
2. ist Methylenblaulösung (siehe das vorige Reag.)
1. Gebraucht zum Färben elastischer Fasern etc.,
2. als Differenzirungsflüssigkeit.

**Gage**'s Reag. zum Fixiren mikroskop. Präparate
ist eine Lösung von 1 g Pikrinsäure in 250 g Alkohol und 250 (750 g) Wasser.

**Gage**'s Reag. zum Entkalken mikroskop. Präparate
ist eine Mischung von gleichen Teilen gesättigter, wässeriger Alaunlösung u. Wasser, der auf 100 ccm 5 ccm Salpetersäure zugesetzt werden oder 67%iger Alkohol mit 3% Salpetersäure.
Vergl. Thoma's Reag.

**Gage**'s Reag. zum Conserviren mikroskop. Präparate
ist eine Mischung von 2 g Formaldehyd mit 1000 ccm 0,75%iger Kochsalzlösung oder eine Lösung von 15 ccm Eiereiweiss, 0,5 g Quecksilberchlorid und 4 g Chlornatrium in 200 ccm Wasser.

**Gage**'s Reag. zum Aufhellen mikroskop. Präparate
ist eine Mischung von 40 ccm geschmolzenem Phenol u. 60 ccm Terpentinöl.
Journ. Roy. Microsc. Soc. 1891. 418.
Proceed. Amer. Soc. Microscop. 1890. 120, 1896. 328.

**Gage**'s Reag. zum Färben mikroskop. Präparate
ist eine Lösung von 0,1 g Hämatoxylin, 4 g Chloralhydrat u. 7,5 g Alaun in 200 ccm Wasser.
Proceed. Amer. Soc. Microscop. 1892. 124.
Gage's Pikrocarmin siehe Journ. Roy. Microsc. Soc. 1880. 501.

**Gaglio**'s Reag. auf Quecksilberdämpfe in der Luft
ist eine wässerige Lösung von Palladiumchlorür (0,2 : 100), die durch Quecksilberdämpfe schwarz getrübt oder gefällt wird.

**Galippe**'s Reag. auf Eiweiss im Harn
ist eine gesättigte Lösung von Pikrinsäure in Wasser. Zu diesem Reag. lässt man den zu prüfenden Harn zutropfen. Bei Anwesenheit von Eiweiss verursacht jeder Tropfen eine Trübung.
Gaz. med. Paris 1873. 122.

**Gallois**' React. auf Inosit im Harn.
Der zu prüfende Harn (der weder Zucker noch Eiweiss enthalten darf) wird möglichst durch Eindampfen concentrirt u. dann mit 1 Tropfen Quecksilbernitrat versetzt. Der hierbei entstandene, gelbe Niederschlag wird auf einem Porzellanschälchen ausgebreitet und erwärmt. Bei Anwesenheit von Inosit färbt sich der Rückstand nach dem Eintrocknen rot. Beim Erkalten verschwindet die Färbung.
Ztschr. f. anal. Chem. **4**. 264.

**Ganassini**'s Reag. auf Schwefelwasserstoff.
Man mischt eine Lösung von 1,25 g Ammonmolybdat in 50 ccm Wasser mit einer Lösung von 2,5 g Kaliumrhodanid in 45 ccm Wasser, gibt 5 ccm Salzsäure (D. = 1,19) und, falls die Lösung rot gefärbt sein sollte, eine kleine Menge Oxalsäure zu, sodass die Lösung eine gelbgrüne Farbe besitzt. Mit dieser Lösung befeuchtet man Filtrirpapier. Letzteres wird durch Schwefelwasserstoff intensiv violett gefärbt.
Ztschr. d. öst. Apoth.-Ver. 1902. 821.
Südd. Apoth.-Ztg. 1903. 136.

**Gand**'s Reag. auf Glucose.
34,65 g krystallisirtes Kupfersulfat löst man in der dazu nötigen Menge Wasser (130 ccm) u. füllt mit Ammoniakflüssigkeit (D. = 0,96) zum Liter auf. Dieses Reag. wird beim Erwärmen auf 80° C. durch Glucose entfärbt. Es kann auch zur quantitativen Bestimmung verwendet werden.
Compt. rend. **119**. 650.
Ztschr. f. anal. Chem. **34**. 629.

**Gantter**'s React. auf Blut.
Blutsubstanz, Blutflecken auf Eisen etc. lassen sich mit Wasserstoffsuperoxyd nachweisen, das Schaumbildung hervorruft.
Näheres siehe: Ztschr. f. anal. Chem. **34**. 159. Schmelck, ebenda **39**. 199. Pharm. Centrh. 1899. 155, Chem. Ztg. 1895. Rep. 165.

**Gantter**'s React. auf Cottonöl im Schweinefett.
1 ccm geschmolzenes, wasserfreies Schweinefett löst man in 10 ccm Petroleumäther, gibt einen Tropfen concentr. Schwefelsäure zu u. schüttelt stark um. Reines Fett gibt nur eine strohgelbe bis rötlichgelbe Färbung, Cottonöl enthaltendes färbt sich dunkelbraun. 1% Cottonöl gibt noch eine deutliche dunkelbraune Färbung.
Ztschr. f. anal. Chem. **32**. 303.

**Garbini**'s Reag. zum Färben mikroskop. Präparate.

a) Eine Lösung von 1 g Anilinblau in 100 ccm Wasser mit 2 ccm Alkohol und

b) eine Lösung von 1 g Safranin in 100 ccm Alkohol u. 200 ccm Wasser.

Zoolog. Anzg. 1886. 27.

**Gardiner**'s Reag. auf Gerbsäure

ist eine wässerige Lösung von Ammonmolybdat, womit Gerbsäuren gelb gefällt werden sollen. — (Gerbsäurelösung wird durch Ammonmolybdat intensiv gelbbraun bis dunkelbraun gefärbt, aber nicht gefällt. Verwendet man als Reag. die Salpetersäure enthaltende Lösung von Ammonmolybdat, wie sie zur Phosphorsäurebestimmung gebräuchlich ist, so hat man ein äusserst empfindliches Reag. auf Gerbsäure u. Gallussäure, die in einer Lösung 1 : 100000 durch dieses Reag. noch bräunlichgelb gefärbt werden.)

**Garrod**'s React. auf Hämatoporphyrin im Harn

beruht auf dem charakteristischen Absorptionsspectrum desselben in saurer oder alkalischer Lösung (in Alkohol oder Chloroform). — 100 ccm Harn versetzt man mit 20 ccm Natronlauge (10%) und löst den entstandenen Niederschlag in 20 ccm salzsäurehaltigem Alkohol. Diese Lösung zeigt einen Absorptionsstreifen zwischen C u. D nahe an D u. einen Streifen in der Mitte von D u. E. Diese alkoholische Lösung versetzt man mit Ammoniak im Ueberschuss, gibt Essigsäure zur Lösung des entstandenen Niederschlages zu und schüttelt mit Chloroform. Die Lösung in Chloroform prüft man ebenfalls spectroscopisch.

Vergl. Hammarsten, Physiol. Chem. 1899. 152 u. 504.

**Gassend**'s React. auf Sesamöl in Olivenöl.

Eine Lösung von 2 g Zucker in 100 g concentr. Salzsäure wird beim Schütteln mit Sesamöl rot gefärbt, während Olivenöl mehr oder weniger gelbbraun gefärbt wird. Gibt man zu den gefärbten Lösungen Natriumbisulfat, so hält sich die Farbe bei Sesamöl längere Zeit, bei reinem Olivenöl wird sie hellgelb. Empfindlichkeitsgrenze = 2 % Sesamöl.

Chem. Ztg. 1892. Rep. 154.
Rev. internat. d. falsif. 1892. 102.

**Gatehouse**'s React. auf Arsen.

In einem Reagensglase erwärmt man die zu prüfende Flüssigkeit mit einem Stückchen Natriumhydroxyd u. einem Streifen Aluminiumblech. Das Glas bedeckt man mit einem Stück Filtrirpapier, das mit Silbernitrat befeuchtet ist. Bei Anwesenheit von Arsen wird das Papier geschwärzt. Antimon bewirkt diese React. nicht.

Chem. News **27**. 189.
Ztschr. f. anal. Chem. **12**. 311.

**Gaule**'s Reag. zum Härten mikroskop. Präparate

ist eine Lösung von 0,5 g Chlornatrium und 5 g Quecksilberchlorid in 100 ccm Wasser.

**Gaultier de Claubry** siehe **Claubry**.

**Gause**'s Reag. auf Glucose.

Man löst 0,5 g Ferricyankalium u. 10 g Natronlauge (15 %) in 1 Liter Wasser. Dieses Reag. wird durch Glucose entfärbt u. zwar entsprechen 0,00015 g Glucose 1 ccm Reag.

Vergl. Gentele's Reag.

**Gautier**'s Reag. auf Eiereiweiss u. Bluteiweiss.

Versetzt man eine Eiweisslösung (2 ccm) mit 10 ccm einer Mischung von 250 ccm Aetznatronlauge, 50 ccm Kupfersulfatlösung u. 700 ccm Eisessig, so gibt Eiereiweiss eine flockige Ausscheidung, Bluteiweiss bleibt klar.

Näheres siehe Annal. di Chim. 1885. 333.
Chem. Ztg. 1886. Rep. 34.

**Gautier**'s React. auf Gerbstoff im Wein

siehe Ztschr. f. anal. Chem. **17**. 222.

**Gautier**'s React. auf Quecksilber in tierischen Flüssigkeiten

siehe Répert. de Pharm. 1879.
Hager, Pharm. Prax. Erg.-Bd. 1883. 531.

**Gautrelet**'s Reag. zur Bacterienfärbung

ist eine Lösung von 1 g Urobilin in 20 g Wasser, 30 g Alkohol u. 20 g Glycerin.

Répert. de Pharm. 1889. 160.

**Gawalowski**'s React. auf Alkohol im Perubalsam.

In einem Reagensglase versetzt man etwas Balsam mit Kaliumdichromatlösung und concentr. Schwefelsäure. Selbst Spuren von Alkohol geben sofort den charakteristischen Geruch des Aldehyds, der durch den Geruch des Balsams nicht verdeckt wird.

Pharm. Centrh. **16**. 265.
Ztschr. f. anal. Chem. **15**. 356.

**Gawalowski**'s Reag. zur Unterscheidung von Benzin u. Benzol

ist Pikrinsäure. Sie löst sich in Benzol leicht mit gelber Farbe, in Benzin schwer ohne wesentliche Gelbfärbung.

Pharm. Post 1897. 174.

**Gawalowski**'s Reag. auf Eiweiss

siehe Esbach-Gawalowski's Reag.

**Gawalowski**'s Reag. auf Glucose.

Siehe Hager-Gawalowski's Reag.

**Gawalowski**'s Reag. zur Härtebestimmung des Wassers.

(Seifenlösung) ist eine wässerige Lösung von basischölsaurem Natrium, welche nach dem Autor der alkoholischen Seifenlösung vorzuziehen ist.

Näheres siehe: Ztschr. f. anal. Chem **41**. 748.

**Gayon**'s Reag. auf Aldehyde u. Ketone.

Man löst 1 g Fuchsin in 1 Liter Wasser u. gibt 20 ccm Natriumbisulfitlösung (1,263 Spec. Gew.) zu. Nach eingetretener Entfärbung gibt man 20 ccm concentr. Salzsäure zu. Eine wässerige Lösung oder Emulsion von Aldehyden oder Ketonen gibt mit diesem Reag. violette bis blaue Färbung.

Chem. Ztg. 1888. Rep. 5.
Compt. rend. **64**. 182; **105**. 1182.
Bela von Bittó, Ztschr. f. anal. Chem. **36**. 373.
Bornträger, ebenda **28**. 60; **30**. 208.
Vergl. Schiff's Reag.

**Gayon-Molher**'s Reag. auf Aldehyde u. Ketone

ist identisch mit Gayon's Reag. oder Schiff's Reag.

**Gedölst**'s Reag. für mikroskopische Zwecke

ist eine wässerige Lösung von Natriumpikrocarminat. Gebraucht zur Schnitt- u. Kernfärbung.

Merck's Index 1902. 271.

**Gehe**'s React. auf Fichtenharz u. Colophonium im Copaivabalsam.

Mischt man 1 T. Balsam mit 10 T. Ammoniakflüssigkeit, so entsteht eine Flüssigkeit, die nach 24 Stunden, falls 15—20 % Fichtenharz vorhanden ist, gelatinirt oder gelatinöse Brocken absetzt, was bei reinem Balsam nicht eintritt. Auf ähnliche Weise lässt sich der vom ätherischen Oele befreite Balsam prüfen.

Pharm. Ztschr. f. Russl. **31**. 602.
Ztschr. f. anal. Chem. **36**. 803.
Hirschsohn, Pharm. Ztschr. f. Russl. **34**. 515.
Gehe u. Co., Pharm. Centrh. **37**. 176.
Bosetti, ebenda **37**. 668.
Wimmel, ebenda **34**. 600.

**Gehuchten**'s Reag. zum Fixiren mikroskop. Präparate (Essigsäurealkohol) ist eine Mischung von 3 T. Alkohol u. 1 T. Eisessig.

Anat. Anzg. 1888. 237.

**Geissler**'s Reag. auf Eiweiss (Reagenspapier) besteht aus Filtrirpapierstreifen, welche mit Quecksilberchlorid u. Jodkalium, ferner mit Citronensäure getränkt sind.

Näheres siehe: Pharm. Centrh. 1883. 431 u. 1884. 3.
Vergl. Hammarsten, Physiol. Chem. 1899. 498.

**Genlis**' Reag. auf Chlor.

(Jodzinkstärkelösung) 5 g Stärkemehl rührt man mit 100 ccm Wasser an, gibt 20 g Chlorzink zu und kocht diese Mischung eine Stunde lang. Nach dem Erkalten gibt man eine Lösung von 2 g Jodzink zu und füllt mit Wasser zum Liter auf. Vergleiche auch die Jodzinkstärkelösung des deutschen Arzneibuches IV. 418.

Deutsche Jndustrie-Ztg. 1864. 95.

**Gentele**'s Reag auf Glucose.

Erwärmt man eine alkalische Lösung von Ferricyankalium mit Glucose, so tritt unter Bildung von Ferrocyankalium Entfärbung ein. (Ebenso wirkt Harnsäure).

Chem. Centralbl. 1859. 504.

**Geoffroy**'s Glyceringelatine f. mikroskop. Zwecke ist eine Lösung von 3—4 g Gelatine in 100 ccm 10 % iger Chloralhydratlösung.

Journ. Bot. 1893. 55.
Ztschr. f. Mikroskop. 1893. 476.

**Gerhardt**'s React. auf Acetessigsäure im Harn beruht auf der Rotfärbung des Harns durch Eisenchlorid bei Anwesenheit von Acetessigester oder Acetessigsäure.

Wiener medic. Presse 1865. XXVIII.
Chautard, Chem. Ztg. 1886. Rep. 40.

**Gerhardt**'s React. auf Gallenfarbstoffe.

Mischt man den Chloroformauszug eines ikterischen Harns mit (ozonhaltigem) Terpentinöl u. etwas verdünnter Kalilauge, so färbt sich die wässerige Schicht durch entstandenes Biliverdin grün. Dieselbe React. bewirkt Kalilauge und sehr wenig stark verdünnte Jodjodkaliumlösung.

Centralbl. f. d. medic. Wissenschaft 1881. 878.
Ztschr. f. anal. Chem. **21**. 303.
Sitzb. d. phys. med. Ges. Würzburg 1881. 25.
Deubner, Ztschr. f. anal. Chem. **25**. 458.

**Gerhardt**'s React. auf Narcotin.

Mit Wasser befeuchtetes Narcotin wird beim Erhitzen mit concentr. Schwefelsäure grün. Kocht man die grüne Masse mit Wasser, so scheidet sich ein dunkelgrünes, in Alkohol lösliches Pulver aus.

**Gerhardt**'s React. auf Pikrinsäure.

Erhitzt man Pikrinsäure mit Chlorkalklösung, so macht sich ein stechender Geruch bemerkbar (Chlorpikrin).

Beilstein, 1896. II. 687.
Vergl. Kippenberger, Nachw. v. Gift. 1897. 234.

**Gerhardt**'s React. auf Urobilin im Harn.

Gibt man zu dem Chloroformauszuge des Harns beliebige Mengen Jod u. bindet letzteres durch überschüssige, verdünnte Kalilauge, so färbt sich die wässerige Lösung gelb bis braungelb u. nimmt eine grüne Fluorescenz an.

Centralbl. f. d. medic. Wissensch. 1881. 878.
Ztschr. f. anal. Chem. **21**. 303.
Sitzb. d. phys. med. Ges. Würzburg 1881. 26.

**Gerlach**'s Reag. für mikroskop. Zwecke.

Man löst 0,1 g Goldchloridchlorkalium in 1 Liter Wasser u. gibt 1 Tropfen 1/10 Normal-Salzsäure zu. Gebraucht zum Imprägniren des Centralnervensystems.

Stricker's Handb. 678.
Boll, Archiv Psychiatrie 1873.

**Gerlach**'s Reag. zum Färben mikroskop. Präparate ist eine durch möglichst langes Stehenlassen gereifte Lösung von carminsaurem Ammonium, die wenig oder kein überschüssiges Ammoniak enthält. Man löst 1 g Carmin in 1 g Ammoniak u. etwas Wasser und verdünnt dann auf 50—100 ccm. Die erhaltene Lösung lässt man zur Verdunstung des überschüssigen Ammoniaks an der Luft stehen u. filtrirt. — Zum Färben von Achsencylindern verwendet Gerlach eine schwach saure Lösung von Chlorgoldchlorkalium in Wasser 1 : 10 000.

Arch. f. mikroskop. Anat. 1865. 148.

**Gerrard**'s Reag. auf Atropin u. Hyoscyamin.

Erwärmt man eine alkoholische Lösung von Atropin oder Hyoscyamin mit wässeriger oder alkoholischer Quecksilberchloridlösung, so entsteht ein ziegelroter Niederschlag (Quecksilberoxyd) unter Bildung des salzsauren Alkaloides. (Daturin u. Duboisin geben diese Reaction ebenfalls).

Chem. Ztg. **8**. 457.
Ztschr. f. anal. Chem. **24**. 601.
Schweissinger, Pharm. Ztg. 1884. 683. oder Ztschr. f. anal. Chem. **25**. 418.

**Gerrard**'s Reag. auf Glucose

ist mit Cyankalium versetztes Fehling's Reag. Letzteres versetzt man so lange mit 50%iger Cyankaliumlösung bis es gerade farblos geworden ist. Die so erhaltene Lösung mischt man mit gleichen Raumteilen unveränderten Fehling's Reag., wodurch man eine blaue Lösung erhält, welche beim Kochen mit Glucose entfärbt wird, ohne Kupferoxydul abzuscheiden. Das Reag. wird zur quantitativen Bestimmung der Glucose verwendet, wobei man auf Farblosigkeit des Reag. titrirt.

Chem. Centralbl. 1896. II. 135.
Journ. de pharm. et de chim. (6) **3**. 250.
Pharm. Journ. Trans. **25**. 913.

**Geuther**'s Reag. auf Pflanzenfette

ist eine Modification von Welmans' Reag. Man löst 5 g Natriumphosphomolybdat (gepulvert) in 25 ccm Wasser und 30 g Salpetersäure (D. = 1,39). 5 g geschmolzenes u. filtrirtes Schweinefett, 3 g Chloroform u. 20 Tropfen Reag. schüttelt man kräftig durch, stellt bei Seite und beobachtet **nach 2 Minuten** die entstandene Färbung. Bei Anwesenheit von Oel tritt innerhalb genannter Zeit

eine dunkelgrüne Färbung auf. Eine Grünfärbung, die später eintritt, ist nicht zu berücksichtigen.
Ztschr. f. öff. Chem. **6**. 328.
Ztschr. f. anal. Chem. **40**. 742.
Utz, Chem. Centralbl. 1902. II. 1276.

**Gibbes'** Reag. zur Bacterienfärbung
ist eine Lösung von 3 g Anilin, 2 g Fuchsin und 1 g Methylenblau in 15 ccm Alkohol mit 15 ccm Wasser gemischt.
Journ. Roy. Microsc. Soc. 1880. 392.

**Gibbes'** Borax-Carmin.
2 g Carmin erwärmt man mit 8 g Borax u. 115 ccm Wasser. Nach dem Erkalten u. Absetzen wird die klare Lösung abgegossen.
Journ. Roy. Microsc. Soc. 1883. 390.
Ztschr. f. Mikroskop. **1**. 502.

**Gibbes'** Reag. zum Färben mikroskop. Präparate.
1. 2 g Magenta und 1 g Methylenblau löst man in 15 ccm Alkohol u. 3 ccm Anilin u. gibt 15 ccm Wasser zu.
2. Man löst 2 g Magenta in 3 g Anilin, 20 ccm Alkohol u. 20 ccm Wasser.
Journ. Roy. Microsc. Soc. 1880. 390.

**Gierke's** Urancarmin siehe Schmaus' Reag.

**Giesel's** Reag. auf Cocaïn.
Eine 1 %ige, wässerige Lösung von Cocaïnhydrochlorid gibt auf Zusatz einer gesättigten Kaliumpermanganatlösung einen krystallinischen, violetten Niederschlag (Cocaïnpermanganat).
Pharm. Ztg. **31**. 132.
Chem. Ztg. 1886. Rep. 71.
Beckurts, Pharm. Centralh. **27**. 140.

**van Gieson's** Reag. zum Färben mikroskop. Präparate
ist eine Mischung von 2 ccm concentr., wässeriger Säurefuchsinlösung mit 100 ccm gesättigter, wässeriger Pikrinsäurelösung.

**van Gieson's** Reag. zum Härten mikroskop. Präparate
ist 4—6—10 % Formaldehyd.
Anat. Anzg. 1895. 494.

**Gigli's** React. auf Harnsäure
beruht auf der Einwirkung von Harnsäure auf Ammonmolybdat (in 7,5%iger, mit Schwefelsäure angesäuerter Lösung), wobei ein grünlicher Niederschlag entsteht, der sich in Ammoniak mit blauer Farbe löst und sich in neutraler Lösung mit Kaliumpermanganat titriren lässt.
Näheres siehe: Chem. Ztg. 1898. 330.
Pharm. Centrh. 1898. 558.

**Gillet-Hains'** React. auf Ketone.
Wässerige Lösungen von Ketonen geben mit Nessler's Reag. einen gelben, krystallinischen Niederschlag. 1 Tropfen Aceton in 1 Liter Wasser lässt sich auf diese Art noch nachweisen (ein Ueberschuss von Aceton verhindert jedoch die React.)
The Analyst **24** 268.
Ztschr. f. anal. Chem. **42**. 114.

**Gilson's** Reag. zum Fixiren mikroskop. Präparate
ist eine Lösung von 20 g Quecksilberchlorid in 100 ccm Alkohol (60 %) und 880 ccm Wasser, der 4 ccm Eisessig u. 15 ccm Salpetersäure (D. = 1,4) zugegeben sind.
Gehuchten, Ztschr. f. Mikroskop. 1899. 242.
Wasielewski, ebenda 1899. 337.
Carnoy, Biologie cellulaire 94.

**Girard's** React. auf Pikrinsäure
beruht auf einer Rotfärbung beim Erwärmen mit Schwefelammon. Dieselbe React. gibt Martiusgelb.
Vergl. Dragendorff's Ermittel. v. Gift 1888. 301.
Bull. Soc. Chim. Paris **26**. 520.

**Girard's** React. auf Teerfarbstoffe im Wein
ist eine Modification von Blarez' React. Der mit Natronlauge versetzte Wein wird mit Quecksilbersulfat gefällt. Bei Anwesenheit von Teerfarbstoffen ist das Filtrat gefärbt, andernfalls farblos.
Siehe auch Ztschr. f. anal. Chem. **18**. 494.
Bull. Soc. Chim. Paris **26**. 520.

**Glage's** Reag. zum Conserviren mikrosk. Präparate
ist eine Lösung von 30 g Kaliumacetat u. 10 g Kaliumnitrat in 250 ccm Wasser u. 750 ccm Formaldehyd (40 %).
Vergl. Wickersheimer's Reag.

**Glässner's** Reactionen auf fette Oele
beruhen auf Farbenerscheinungen, die verschiedene Oele mit roter, rauchender Salpetersäure, concentr. Schwefelsäure u. Kalilauge geben.
Näheres siehe: Benedikt, Anal. d. Fette 3. Aufl. 414.

**Gluzinsky's** React. auf Gallenfarbstoffe.
Die zu prüfende Lösung kocht man mit einigen Tropfen Formaldehyd. Bei Anwesenheit von Gallenfarbstoffen tritt Grünfärbung ein, die durch Mineralsäure in amethystblau übergeht. Schüttelt man mit Chloroform, so färbt sich dasselbe grün, dagegen blau, wenn nur Bilirubin zugegen ist.
Wiener klin. Wochenschr. 1897 No. 52 od. Pharm. Centrh. 1898. 169.
Jolles, Wiener med. Bl. 1898. 189.

**Gmelin's** Reag. auf Alkaloide
ist Rhodankaliumlösung, die mit Alkaloiden Niederschläge krystallinischer u. amorpher Natur gibt.
Handb. d. organ. Chem. **4**. 157.

**Gmelin's** React. auf Gallenfarbstoffe.
Ueberschichtet man in einem Reagensglase etwas rauchende Salpetersäure mit ikterischem Harn, so kann man Zonenfärbungen beobachten, die von Grün in Blau, Violett, Rot u. Gelb übergehen.
Tiedemann u. Gmelin, die Verdauung nach Versuchen, Leipzig u. Heidelberg 1826. **1**. 80.
Vergl. die Reactionen von Brücke, Dragendorff, Fleischl, Gerhardt, Hilger, Huppert, Hoppe-Seyler, Krehbiel, Masset, Paul, Penzoldt, Salkowski, Smith, Rosenbach, Ultzmann, Vitali.
Jolles, Ztschr. f. anal. Chem. **29**. 402.
Munk, Ztschr. f. anal. Chem. **38**. 205.
Triollet, Répert. d. Pharm. 1900. 392 od. Pharm. Centrh. 1900. 764.
Maly, Liebig's Anal. **181**. 108; Monatsh. f. Chem. **4**. 89.
Grimm, Virchow's Archiv **132**. 265.

**Gmelin's** React. auf Quecksilber in tierischen Flüssigkeiten, Harn etc.
Stellt man einen mit einem Goldblättchen umwickelten Eisendraht in eine Flüssigkeit, die Spuren von Quecksilbersalzen enthält, so beschlägt sich das Gold mit metallischem Quecksilber, das durch Glühen in geeigneten Glasröhren isolirt u. sichtbar gemacht werden kann.
Näheres siehe: Hager, Pharm. Prax. 1880. II. 99.

**Godbay's** Reag. für mikroskopische Präparate
ist eine Lösung von 0,25 g Quecksilberchlorid, 120 g Chlornatrium u. 60 g Alaun in Wasser zu 3 Liter aufgefüllt (nach anderer Lesart auf 300 ccm). Gebraucht als Conservirungsmittel für niedere Tiere.
Traité de l'Anatom. Microsc. p. Lee et Henneguy 1896. 263.

**Godeffroy**'s Reag. I auf Alkaloide.
Eine Lösung von Eisenchlorid in Salzsäure gibt mit nicht zu verdünnten Lösungen von Aconitin, Piperin, Strychnin u. Veratrin gelbrote Niederschläge, nicht aber mit Brucin, Coffeïn u Morphin. Diese Niederschläge enthalten auf 1 Mol. Eisenchlorid 2 Mol. des Alkaloides und sind leicht löslich in Wasser u. verdünnter Salzsäure.
Pharm. Ztschr. f. Russl. **15**. 673.
Ztschr. f. anal. Chem. **16**. 244.
Hager, Pharm. Prax. Erg.-Bd. 1883. 64.

**Godeffroy**'s Reag. II auf Alkaloide.
(Kieselwolframsäure). Eine wässerige Lösung von Kieselwolframsäure gibt mit neutralen oder schwach sauren Alkaloidlösungen Niederschläge, die sich in concentr. Salzsäure mehr oder weniger schwer auflösen. Ueber Darstellung der Silicowolframsäure Siehe Ztschr. f. anal. Chem. **16**. 244.
Hager, Pharm. Prax. Erg.-Bd. 1883. 64.
Berl. Ber. **9**. 1792.

**Godeffroy**'s Reag. III auf Alkaloide
ist Zinnchlorür. Es gibt in salzsauren Lösungen mit Aconitin, Atropin, Brucin, Chinin, Cinchonin, Codeïn, Coniin, Morphin, Piperin, Solanin u. Veratrin dichte, krystallinische Niederschläge.
Hager, Pharm. Prax. Erg.-Bd. 1883. 64.

**Godeffroy**'s Reag. IV auf Alkaloide
ist Antimonchlorid. Es gibt Niederschläge mit den Lösungen von Aconitin, Atropin, Chinin, Cinchonin, Piperin, Strychnin, Veratrin, nicht mit Morphin.
Hager, Pharm. Prax. Erg.-Bd. 1883. 64.
Archiv der Pharm. **9**. 147.
Masing, Ztschr. f. Chem. **5**. 350.

**Godeffroy-Laubenheimer**'s Reag. auf Alkaloide
ist Godeffroy's Reag. II.

**Goedike**'s React. zur Unterscheidung von o- und p-Kresol.
Mischt man eine heissgesättigte Lösung von Pikrinsäure in 50 %igem Alkohol mit einer Lösung von o-Kresol in 50 %igem Alkohol, so entsteht ein krystallinischer Niederschlag. p-Kresol gibt diese React. nicht.
Näheres siehe: Archiv. d. scienc. biolog. 1893. 422.

**Goette**'s Reag. zum Härten mikroskop. Präparate.
Man mischt 50 ccm 2% ige Kupfersulfatlösung mit 50ccm 25 %ig. Alkohol u. 35 Tropfen Holzessig.
Merck's Report 1900. 470.
Fol's Lehrb. 1884. 106.

**Goff**'s Reag. auf Glucose im Harn
ist eine Lösung von Methylenblau 1 : 5000 Wasser. Die Ausführung der React. ist eine Modification von Neumann-Wender's React (siehe diese.)
Répert. de Pharm. 1897. 250.
Pharm. Centrh. 1897. 706.
Bull. commercial du 30 avril 1897.

**Goldmann**'s React. auf Heroin.
Kocht man etwas Heroin mit verdünnter Schwefelsäure, gibt Alkohol zu und kocht abermals, so tritt der Geruch des Essigäthers auf.
Ber. d. Deutsch. Pharm. Ges. 1899. 113, 1903. 65.
Apoth. Ztg. 1903. 159 (Zernik).

**Goldmann**'s React. auf p-Phenetidin im Phenacetin.
Man löst 0,5 g Phenacetin in 2 ccm warmem Alkohol, gibt 5 ccm Jodjodkaliumlösung (0,05 Jod: 1000 ccm) zu und erhitzt zum Sieden bis sich das ausgeschiedene Phenacetin wieder gelöst hat. Spuren von Phenetidin bewirken eine Rosafärbung, die nach dem Auskrystallisiren des Phenacetins besser zu erkennen ist.
Pharm. Ztg. **36**. 208.
Lunge, Chem. Techn. Unters.-Meth. 1900. III. 762.

**Göldner**'s React. auf Cocaïn.
Zu einer schwach gelblich gewordenen Mischung von 0,01 g Resorcin und 6—7 Tropfen concentr. Schwefelsäure gibt man etwa 0,02 g Cocaïnhydrochlorid. Unter heftiger Reaction entsteht eine kornblumenblaue Färbung, die mit Kalilauge in Rosa übergeht (NB: Ist keine React. auf Cocaïn.)
Pharm. Ztschr. f. Russl. **28**. 489.
Chem. Ztg. 1889. Rep. 227.
Pharm. Ztg. 1889. 471.
Merck, Pharm. Ztg. 1889. 515.

**Goldschmidt**'s React. auf Harnstoff.
Löst man etwas Harnstoff in verd. Salzsäure und gibt einen Ueberschuss von Formaldehyd (40 %) zu, so entsteht ein weisser, in den gewöhnlichen Lösungsmitteln unlöslicher Niederschlag.
Berl. Ber. **29**. 2438.

**Goldstein**'s React. auf Glycogen.
Versetzt man eine Lösung von Glycogen mit Jodjodkaliumlösung, so entsteht eine intensiv braune Färbung.
Verhandlgn. d. phys.-med. Ges. Würzburg **7**. 1.
Ztschr. f. anal. Chem. **20**. 597.
Luchsinger, Dissertation, Zürich 1875.
Külz, Pflüger's Archiv **24**. 91.

**Golgi**'s Reagentien für mikroskop. Zwecke.
1. a) Eine 0,5 %ige, wässerige Lösung von Arsensäure; b) eine 0,5 %ige, wässerige Lösung von Chlorgold. Gebraucht zum Imprägniren.
2. a) Eine Lösung von 1,6 g Kaliumdichromat und 0,1 g Osmiumsäure in 90 ccm Wasser; b) eine 0,75 %ige, wässerige Silbernitratlösung.
Merck's Index 1902. 271.
Archivio per le scienze mediche 1879. 238.
Samassa, Ztschr. f. Mikroskop. 1890. 26.
Greppin ebenda 1890. 66.
Fick, ebenda 1891. 168.
3. a) Wässerige Lösung von Kaliumdichromat 1—2,5 : 100; b) wässerige Lösung von Quecksilberchlorid 0,25—0,5 : 100. Gebraucht zum Imprägniren.
Archivio per le scienze mediche 1878. 3.
Vergleiche Obregia's Reag.

**Golgi**'s Osmiobichromlösung für mikroskop. Zwecke.
Starke Lösung = 1 g Osmiumsäure u. 14 g Kaliumdichromat in 500 ccm Wasser; Schwache Lösung = 1 g Osmiumsäure und 25 g Kaliumdichromat in 1100 ccm Wasser.
Archivio per le scienze mediche 1879. 237.

**Gorup-Besanez**' React. auf Peptone.
(Eine Biuretreaction). Zu dieser React. ist eine wässerige Kupfersulfatlösung nötig, die so verdünnt ist, dass man ihre Blaufärbung nur in einer Schicht von 15—20 cm Höhe erkennen kann. Versetzt man mit dieser Kupferlösung eine alkalische Peptonlösung, so färbt sich letztere deutlich blassrot.
Berl. Ber. **8**. 1511.
Ztschr. f. anal. Chem. **15**. 468.

**Gorup-Besanez**' React. auf Phenol u. Kreosot
ist identisch mit Frisch's React.

**Gothard's** Differenzirungsflüssigkeit für mikroskop. Zwecke
ist eine Mischung von 40 ccm Cajeputöl, 50 ccm Xylol, 50 ccm Kreosot u. 160 ccm Alkohol.
Ztschr. f. Mikroskop. 1899. 60.

**Gouvers'** Reag. auf Eiweiss
ist eine wässerige Lösung von Jodkalium-Quecksilbercyanid. Es gibt mit Eiweisslösungen eine weisse Fällung.
Merck's Index 1902. 262.

**Gower's** Reag. für mikroskop. Zwecke
ist eine Lösung von Natriumsulfat (D. = 1,025) oder eine Lösung von 6,3 g Natriumsulfat u. 3,6 g Eisessig in 120 g Wasser. Gebraucht zum verdünnen von Blut behufs Zählung von Blutkörperchen.

**Gräber's** Reag. für mikroskop. Zwecke
ist eine 5%ige, wässerige Lösung von Magnesiumsulfat. Gebraucht wie Gower's Reag.

**Graf's** Reagentien zum Fixiren mikroskop. Präparate.
1. Gleiche Volum. gesättigter, wässeriger Pikrinsäurelösung u. 5% ig. Formaldehyds;
2. dieselbe Mischung mit 10% ig. Formaldehyd;
3. dieselbe Mischung mit 15% ig. Formaldehyd;
4. eine Mischung von 5 Vol. Formaldehyd (40%) mit 95 Vol. gesättigter, wässeriger Pikrinsäurelösung;
5. dieselbe Mischung im Verhältnis 10+90.
Centr. f. allgem. Pathol. 1898.
New-York St. Hospit. Bull. 1897.

**Gräger's** Reag. auf Glucose.
a) Eine Lösung, die 27,712 g Kupfersulfat in 100 ccm enthält. 1 ccm = 0,04 g Glucose.
b) Eine Lösung, die 6 g Aetznatron u. 10 g Seignettesalz in 100 ccm enthält.
N. Jahrb. d. Pharm. **29**. 193.
Ztschr. f. anal. Chem. **7**. 490.

**Grahe's** React. zur Prüfung der Chinarinde.
Echte Chinarinden, welche Chinin, Cinchonin und deren Isomere enthalten, geben beim Erhitzen im Reagensglase carminrote Dämpfe; Rinden, welche die genannten Alkaloide nicht enthalten, geben braune Dämpfe.
Hager, Pharm. Prax. Erg.-Bd. 1883. 266.

**Gram's** Reag. zur Bacterienfärbung.
a) Man schüttelt 10 Tropfen Anilinöl mit 10 ccm Wasser, filtrirt u. gibt 4 Tropfen gesättigte, alkoholische Gentianaviolettlösung zu.
b) Man löst 1 g Jod u. 2 g Jodkalium in 5 ccm Wasser und verdünnt mit Wasser auf 300 ccm.
Brit. Med. Journ. 1884. 486.
Fortschr. der Medicin 1884. No. 6.
Günther, Deutsche med. Wochenschr. 1887.

**Grandeau's** React. auf Alkaloide u. Digitalin.
In concentr. Schwefelsäure gelöst, geben verschiedene Alkaloide mit Bromwasser Farbenreactionen. Digitalin bewirkt eine rosarote bis violette Färbung.
Ztschr. f. anal. Chem. **3**. 254.
Otto, Ausmittelung d. Gifte 1875. 61.

**Grandval-Lajoux'** React. auf Salpetersäure im Wasser.
Der Trockenrückstand von 100 ccm Wasser wird mit 10 Tropfen einer Mischung von 7,5 g Phenol u. 92,5 g concentr. Schwefelsäure versetzt. Das Reactionsproduct in Wasser und Ammoniak gelöst hat bei Anwesenheit von Salpetersäure eine gelbe Farbe (Pikrinsäure).
The Analyst 1885. 19.

Diese Reaction kann auch zur quantitativen Bestimmung auf colorimetrischem Wege verwendet werden, wenn man sich zum Vergleiche einer Nitratlösung von bestimmtem Gehalt bedient.

**Grandval-Valser's** React. auf Sparteïn.
beruht auf einer orangeroten Färbung mit Schwefelammon.
Journ. Pharm. Chim. (5) **14**. 65.
Chem. Ztg. **10**. 182.

**Graser's** Reag. zum Färben mikroskop. Präparate.
Siehe Bizzozero's Reag. 1 (Methylviolettlösung).
Ztschr. f. Mikroskop. 1888. 378.

**Grassini's** Reag. auf Alkohole in Aethern u. Essenzen
ist eine Mischung gleicher Volumteile 5 % iger Cobaltchlorürlösung u. Rhodankaliumlösung. Lässt man zu diesem Reag. etwas von der zu prüfenden Flüssigkeit unter leichtem Schütteln zufliessen, so färbt sich die obere Schicht bei Anwesenheit von Methyl-, Aethyl-, Amyl- u. Isobutylalkohol nach einigem Stehen blau.
Ztschr. d. öst. Apoth. Ver. **55**. 837.

**Greittherr's** React. auf Cocaïn.
Man mischt 10 Tropfen wässerige Lösung von Cocaïnhydrochlorid (1:100) mit 5 ccm Chlorwasser u. gibt tropfenweise 5%ige Palladiumchlorürlösung zu. Es entsteht ein roter Niederschlag, der sich in Natriumthiosulfat löst, in Alkohol u. Aether unlöslich ist.
Pharm. Ztg. 1889. 617.
Jahresber. f. Pharm. 1889. 401.

**Grenacher's** Reagentien zum Färben mikroskopischer Präparate.
1. Alauncarmin ist eine Lösung von 1 g Carmin u. 5 g Alaun in 100 ccm Wasser. (Zur Haltbarmachung kann dieser Lösung etwas Carbolsäure zugesetzt werden.) Das Reag. dient als Kernfärbemittel u. zur Tinktion von Muskelgewebe.
Arch. f. mikroskop. Anat. 1879. 465.
Merck's Index 1902. 269.
Köppen, Ztschr. f. Mikroskop. 1890. 25.
2. Purpurin-Glycerin ist eine Lösung von ca. 1 g Trioxyanthrachinon u. 1 g Kalialaun in 50 ccm Glycerin. Gebraucht zur Kernfärbung.
Merck's Index 1902. 271.
Arch. f. mikroskop. Anat. 1879. 470.

**Grenacher's** Alaun-Hämatoxylin zur Zellkernfärbung.
Man mischt 10 ccm gesättigte, alkoholische Hämatoxylinlösung mit 375 ccm gesättigter, wässeriger Alaunlösung, lässt 8 Tage am Licht stehen, filtrirt und gibt 55 ccm Glycerin u. 60 ccm Methylalkohol zu.
Vergl. Delafield's Reag.

**Grenacher's** wässeriger Boraxcarmin (neutral)
ist eine (eventuell mit Essigsäure versetzte) wässerige Lösung von 0,5 g Carmin u. 2 g Borax in 100 ccm Wasser. Anderes Verhältnis: 2 g Carmin, 8 g Borax u. 130 ccm Wasser. Gebraucht zur Kernfärbung etc.

**Grenacher's** alkoholischer Boraxcarmin
ist eine wässerige Lösung von 2 g Carmin u. 4 g Borax in 100 ccm Wasser, der 100 ccm verd. Spiritus (D. = 0,890) zugegeben ist. Es wird zur Kernfärbung gebraucht.
Merck's Index 1902. 269.
Arch. f. mikroskop. Anat. 1879. 466.

**Grenacher's** Carmin-Salzsäure
ist eine Lösung von 1 g Carmin in 100 ccm verd. Spiritus (D. = 0,890), die mit 1—2 ccm Salzsäure angesäuert ist. Gebraucht zu Kerntinktionen.
Merck's Index 1902. 269.
Arch. f. mikroskop. Anat. 1879. 468.

**Greshoff**'s React. auf Jodoform
beruht auf der Zersetzung des Jodoforms durch 10%ige Silbernitratlösung unter Bildung von Jodsilber. Die React. dient zur quantitativen Bestimmung des Jodoforms.
Chem. Ztg. **12**. Rep. 321.
Ztschr. f. anal. Chem. **29**. 209.
Lunge, Chem. Techn. Unters.-Meth. III. 689.

**Grieb**'s Alauncarmin.
Man kocht 0,2 g Carmin 5 Minuten lang mit einer 6%igen, wässerigen Alaunlösung, gibt 20 g Alkohol zu u. lässt die Mischung noch einige Minuten im gelinden Sieden. Nach 3tägigem Stehen filtrirt man die Lösung.
Ztschr. f. Mikroskop. 1890. 47.

**Griesbach**'s Reag. zum Färben mikroskop. Präparate
ist eine Lösung von 1 g Jodgrün (Merck's Index 1902. 35.) in 350 ccm Wasser. Gebraucht zur Schnittfärbung. Zur Kernfärbung ist vom Autor Croceïn 3 B, für Alkoholpräparate eine concentr., wässerige Lösung von Echtgelb (Säuregelb) empfohlen worden.
Archiv f. mikroskop. Anat. 1883. 132.
Schaffer, Ztschr. f. Mikroskop. 1888.

**Griess**' Reactionen sind für die Synthese wichtige Reactionen;
sie dienen zum Austausch von Nitro- resp. Amidogruppen gegen Hydroxyl, Wasserstoff, Halogene u. Cyan.
Siehe Lehrbücher für Chemie.

**Griess**' Reag. I auf salpetrige Säure.
Eine Lösung von 5 g Metaphenylendiamin (Metadiamidobenzol) in 1000 ccm Wasser und so viel Schwefelsäure, dass die Lösung sauer reagirt, gibt mit farblosen Flüssigkeiten eine bräunlichgelbe Färbung, wenn dieselben Spuren von salpetriger Säure oder von Nitriten enthalten.
Berl. Ber. **11**. 624 oder Ztschr. f. anal. Chem. **17**. 369; **18**. 127.
Früher hatte der Autor zu gleichem Zwecke die Diamidobenzoesäure empfohlen, die aber nicht so empfindlich sein soll.
Ztschr. f. anal. Chem. **10**. 92.
Leeds, ebenda **18**. 535.
Preusse-Tiemann, Berl. Ber. **11**. 627.

**Griess**' Reag. II auf salpetrige Säure.
Versetzt man eine Flüssigkeit z. B. Trinkwasser, das Spuren salpetriger Säure enthält, mit Schwefelsäure u. Sulfanilsäurelösung u. etwa zehn Minuten später mit farbloser $\alpha$-Naphtylaminsulfatlösung, so entsteht nach kurzer Zeit eine Rotfärbung. Die Empfindlichkeit dieser React. ist grösser als die der React. I. (0,000032 g in 100 ccm).
Berl. Ber. **12**. 427.
Merck's Index 1902. 262.
Jolles, Ztschr. f. anal. Chem. **32**. 763.
Lunge, Ztschr. f. angew. Chem. 1889. 666.
Wurster, Chem. Ztg. 1887. Rep. 22.
Gill-Richardsohn, ebenda 1896. Rep. 37.

**Griess**' Reag. auf Fäkalien im Wasser
ist eine mit Natronlauge schwach alkalisch gemachte Lösung von 1 g p-Diazobenzolsulfosäure in 100 ccm Wasser. Versetzt man 100 ccm des zu prüfenden Wassers mit einigen Tropfen Reag., so entsteht bei Anwesenheit von tierischen Auswurfstoffen sofort oder nach längstens 5 Minuten eine gelbe Färbung.
Näheres siehe Berl. Ber. **21**. 1830.
Chem. Ztg. 1888. 188.

**Griess-Ilosvay**'s Reag. auf salpetrige Säure
ist eine Modification von Griess' React. II unter Verwendung von Sulfanilsäure, Naphtylamin und Essigsäure.

**Griessmayer**'s React. auf Gerbsäure.
Versetzt man eine gerbsäurehaltige, wässerige Flüssigkeit mit so viel 1/100 Normal-Jodlösung, dass nach dem Umschütteln noch Entfärbung eintritt, so genügt eine minimale Menge Alkali, sogar schwach alkalisches Brunnenwasser, um die Flüssigkeit brillant rot zu färben. Diese React. lässt sich umgekehrt zum Nachweis sehr schwach alkalischer Flüssigkeiten benützen.
Ztschr. f. anal. Chem. **11**. 43.
Ruoss, ebenda **41**. 732.

**Grigg**'s Reag. auf Eiweiss
ist eine wässerige Lösung von Metaphosphorsäure. Das Reag. gibt mit eiweisshaltigen Flüssigkeiten einen weissen Niederschlag.
Brit. med. Journ. 1880. 809.
Vergleiche Hindelang's u. Bruylant's Reag.

**Griggi**'s React. auf Eisen in Kupfersulfat.
Ueberschichtet man eine 20%ige, wässerige Kupfersulfatlösung in einem Reagensglase mit einer Lösung von Salicylsäure in Aether (1 : 10), so entsteht bei Anwesenheit von Eisen an der Berührungsfläche ein violetter Ring.
Ztschr. d. öst. Apoth.-Ver. **47**. 863.
Ztschr. f. anal. Chem. **34**. 450.

**Griggi**'s React. auf Gallussäure.
Eine 1%ige Lösung von Gallussäure gibt mit einer Cyankaliumlösung (1 : 30) beim Umschütteln eine hellrubinrote Färbung, die beim Stehen verschwindet und beim Schütteln wieder erscheint.
Boll. chim. farm. **38** durch Chem. Centralbl. 70. I. 454.
Vergleiche Rawson's u. Young's React.

**Griggi**'s React. auf Mineralsäuren im Essig.
Man löst 25 g Fuchsin in 100 ccm 90%igen Alkohols. 1 ccm des zu prüfenden Essigs verteilt man in einer flachen Porzellanschale u. gibt einen Tropfen Reag. zu. Wenn Mineralsäuren vorhanden sind, so wird die Mischung schmutzig gelb, wenn der Essig rein ist, bleibt die rote Farbe des Fuchsins bestehen.
Chem. Ztg. **17**. Rep. 276.

**Griggi**'s React. auf Salicylsäure im Salol.
Man löst 0,1 g Salol in 10 ccm Aether u. schichtet diese Lösung über eine wässerige Eisenchloridlösung. Bei Anwesenheit freier Salicylsäure entsteht ein violetter Ring.
Ztschr. d. öst. Apoth.-Ver. **49**. 824.

**Grimaux**' React. auf Morphin.
In Eisessig gelöstes Morphin bewirkt nach Zusatz von Methylenacetochlorhydrin u. concentr. Schwefelsäure eine Rosafärbung der Lösung, die nach einigen Minuten in die Farbe einer conc. Kaliumpermanganatlösung übergeht. Wasser bringt die Farbe zum Verschwinden.
Compt. rend. **93**. 217.
Ztschr. f. anal. Chem. **22**. 267.

**Grimaux**' Reag. auf Nitrate
ist eine Lösung von Nitrochinetol in Wasser, mit Schwefelsäure angesäuert. Das Reag. gibt mit Salpetersäure (Nitraten) sofort einen Niederschlag von Nitrochinetolnitrat.
Pharm. Centrh. 1900. 163.

**Grocco**'s React. auf Glucose im Harn.
Siehe v. Jaksch's React.

**Grodzki**'s React. auf Acetal.
Eine wässerige Lösung von Acetal säuert man mit einigen Tropfen Salzsäure an und gibt dann Natronlauge im Ueberschuss u. Jodlösung zu. Es entsteht ein Niederschlag von Jodoform.
Berl. Ber. **16**. 512.

**Grossstern-Fudakowsky**'s Reag. auf Eiweiss ist Trichloressigsäure.
Siehe Raabe's React.

**Grothe**'s React. auf Wolle u. Seide oder Baumwolle.
Siehe Dingler's Journ. **171**. 150.
Ztschr. f. anal. Chem. **3**. 153, **6**. 477.
Deutsche Gewerbezeitung **32**. 129.

**Grove**'s Reag. auf Alkaloide ist identisch mit Mayer's Reag.
Quarterly Journ. of the Chem. Soc. **12**. No. 11. 97.

**Grove**'s Reag. auf Morphin.
Die zu prüfende Substanz übergiesst man mit einigen Tropfen concentr. Schwefelsäure und gibt nach gelindem Erwärmen ein Kryställchen chloratfreies Kaliumperchlorat zu. Bei Anwesenheit von Morphin tritt Braunfärbung ein.
Ztschr. d. öst. Apoth.-Ver. 1874. 120.
Ztschr. f. anal. Chem. **13**. 236.

**Gruber-Widal**'s React. auf Typhus.
1 Tropfen Serum eines Typhusverdächtigen gibt man zu 10 Tropfen einer 24 Stunden alten Typhusbacillenkultur und betrachtet die Mischung unter dem Mikroskope. Zeigen die Bacillen noch freie Bewegung, so liegt kein Typhusfall vor, sonst sind die Bacillen zu bewegungslosen Häufchen zusammengeklebt.
Man kann an Stelle von Serum auch damit getränktes und getrocknetes Filtrirpapier zu dieser React. verwenden (Richardson).

**Guareschi**'s Reag. auf Cocaïn ist Platinkaliumsulfocyanid. Das Reag. gibt mit wässeriger Lösung von Cocaïnhydrochlorid einen gelben, amorphen Niederschlag, der sich beim Erwärmen grösstenteils löst und nach dem Erkalten sich ölartig, später krystallinisch erstarrend abscheidet.
Alkaloide, 1896. 273.

**Guareschi**'s React. auf Coniin u. Nicotin.
Coniinsalzlösungen geben mit Platinkaliumsulfocyanid einen roten, öligen Niederschlag. Empfindlichkeitsgrenze = 1 : 1000. Nicotin gibt einen gelben, krystallinischen Niederschlag. Empfindlichkeitsgrenze = 1 : 3000.
Alkaloide, 1896. 283.

**Guareschi**'s React. auf Phenol.
Wird Phenol mit Kaliumhydroxyd und Chloroform erwärmt, so entsteht eine rote Masse, die sich in verd. Alkohol mit roter Farbe löst.
Berl. Ber. **5**. 1055.
Crismer, Pharm. Ztg. 1888. 651 (siehe Crismer's React. auf Chloroform).
Schwarz, Pharm. Ztg. 1888. 419 (siehe Schwarz' React. auf Choral).
Raupenstrauch, Pharm. Ztg. 1888. 737 (siehe Raupenstrauch's React.)
Reimer-Tiemann, Berl. Ber. 1876. 826.

**Guareschi**'s React. auf Resorcin siehe dessen React. auf Phenol u. Reuter's React. auf Resorcin.

**Guelfi** siehe **Filomusi Guelfi**.

**Guérin**'s Reag. I auf Eiweiss.
Man löst 10 g Sozojodolsäure (Dijodparaphenolsulfosäure) in 100 ccm Alkohol. 10 ccm Harn versetzt man mit 10 Tropfen Reag. Bei Anwesenheit von Eiweiss entsteht eine weisse Trübung oder ein Niederschlag, der beim Erwärmen nicht verschwindet.
Journ. de Pharm. et de Chim. 1899. 576.
Pharm. Centrh. 1899. 616.
Chem. Ztg. 1899. Rep. 212.

**Guérin**'s Reag. II auf Eiweiss ist Chromsäurelösung; siehe Rosenbach's Reag.

**Guérin**'s React. auf Guajakol.
1. Versetzt man eine wässerige Lösung von Guajakol mit 2 %iger Chromsäurelösung, so entsteht eine braune Färbung u. ein bräunlicher Niederschlag.
2. Eine 2 %ige Lösung von Jodsäure bewirkt eine orangebraune Färbung u. einen kermesfarbigen Niederschlag.
Journ. de Pharm. et de Chim. 1903. 173.
Pharm. Ztg. 1903. 184.
Chem. Ztg. 1903. Rep. 73.
Südd. Apoth. Ztg. 1903. 278.

**Guezda**'s Reag. auf Eiweiss u. Albumosen ist eine ammoniakalische Kupfersulfatlösung. Das Reag. wird durch Eiweiss blau u. dann mit Natronlauge violett; mit Albumosen wird es violett u. dann mit Natronlauge rosa gefärbt.
Chem. Centralbl. 1890. I. 1030.
Wèvre, Ztschr. f. Mikroskop. 1894. 410.

**Guignard**'s Reag. zum Fixiren mikroskop. Präparate ist eine Lösung von 0,5 g Eisenchlorid u. 2 g Eisessig in 100 ccm Wasser.
Annal. Bot. 1898.

**Gulland**'s Formolalkohol für mikroskop. Zwecke ist eine Mischung von 10 Teilen Formaldehyd u. 90 Teilen Alkohol. (identisch mit Nikiforoff's Reag.).
Ztschr. f. Mikroskop. 1900. 222.

**Günther**'s React. auf Aethylperoxyd im Aether.
Einige Tropfen einer frisch bereiteten, wässerigen Ferrosulfatlösung versetzt man mit einigen Tropfen Natronlauge u. übergiesst mit etwas Aether. Bei Anwesenheit von Aethylperoxyd tritt sofort Braunfärbung des entstandenen Eisenhydroxyduls ein.
Pharm. Centrh. 1885. 737.
Merck's Bericht 1900. 22.

**Günther**'s Reag. zur Bacterienfärbung.
a) Eine concentr. Lösung von Gentianaviolett in Anilinwasser;
b) eine Lösung von Pikrocarmin (siehe Mayer's Pikrocarmin) oder von Safranin.
Deutsche med. Wochenschr. 1887.

**Günzburg**'s Reag auf Salzsäure im Magensaft ist eine Lösung von 2 g Phloroglucin u. 1 g Vanillin in 30 g Alkohol. Verdampft man gleiche Teile Magensaft u. Reag. in einer Porzellanschale, so bleibt bei Anwesenheit von freier Salzsäure ein roter Rückstand. Empfindlichkeitsgrenze = 1 : 10 000 bis 20 000.
Pharm. Centrh. 1887. 645.
Merck's Index 1902. 262.
Salkowski, Ztschr. f. anal. Chem. **30**. 391.
Poulet, Prager medic. Wochenschr. 1888. 383.

**Guignet**'s Reag. auf Glucose etc.
ist eine wässerige Lösung von Kupfersulfatammoniak oder eine Lösung von Kupfersulfat in Ammoniak ohne Ueberschuss des letzteren. Das Reag. fällt Glucose, Galactose, Mannit u. Dulcit, nicht gefällt werden Rohrzucker, Milchzucker, Invertzucker, Laevulose etc.
Compt. rend. **109**. 528.

**Gulielmo**'s React. auf Atropin.
Erwärmt man etwas Atropin mit concentr. Schwefelsäure, so bräunt sich letztere und es tritt ein intensiver Geruch nach Orangenblüten oder Schlehenblüten auf, besonders nach Zusatz von etwas Wasser.
Vergl. Deutsches Arzneibuch IV. 53 u. Herbst's React.
Schweizer Wochenschr. f. Pharm. 1863. 146.
Wittstein's Viertelj.-schrift **12**. 219.

**Gunn**'s Reag. auf Oxalsäure
ist eine oxydfreie Lösung von Ferrophosphat in Wasser (1:8) u. überschüssiger Phosphorsäure. Das Reag. gibt mit Oxalsäurelösung einen gelben Niederschlag.
Siehe Pharm. Centrh. 1895 16.

**Gunning**'s React. auf Aceton.
Die zu prüfende Flüssigkeit versetzt man mit überschüssigem Ammoniak u. dann tropfenweise mit Jodjodammoniumlösung, bis der entstehende schwarze Niederschlag nicht mehr sofort verschwindet. Bei Anwesenheit von Aceton entsteht eine milchige Trübung oder krystallinische Abscheidung von Jodoform.
Journ. de pharm. et de chim. 1881. 30.
Ztschr. f. anal. Chem. **24**. 147.
Vergl. Lieben's React.
Schwicker, Chem. Ztg. **15**. 914.

**Gutzeit**'s React. auf Arsen.
Die zu prüfende Substanz versetzt man in einem Reagensglase mit Zink und verdünnter Schwefelsäure. Das Glas bedeckt man mit Filtrirpapier, das mit einer wässerigen Lösung von Silbernitrat (1:1 od. 0,7) betupft ist. Bei Anwesenheit von Arsen färbt sich die betupfte Stelle gelb und nach Befeuchten mit Wasser schwarz.
Vergl. Flückiger's React.
Beckurts, Pharm. Centrh. 1885. 197.
Flückiger, Archiv d. Pharm. **227**. 1 od. Ztschr. f. anal. Chem. **30**. 113.
Curtmann, Chem. Ztg. **15**. 82.
Reichard, Archiv d. Pharm. (3) **21**. 590.
Nagelvoort, Pharm. Rundsch. **9**. 286.
Salzer, Pharm. Ztg. 1882. 204.
Lohmann, Pharm. Centrh. 1892. 41.
Ritsert, Pharm. Ztg. 1889 368.
Poleck u. Thümmel, Archiv d. Pharm. (3) **22**. 1.
Gotthelf, Chem. Centralbl. 1903. I. 1044.

**Gutzkow**'s Reactionen auf Phenol, Resorcin u. Thymol beruhen auf Farbenerscheinungen unter der Einwirkung von concentr. Schwefelsäure u. Amylnitritdämpfen.
Näheres siehe Pharm. Ztg. 1889. 560.

**Guy**'s Reactionen auf Alkaloide.
Siehe tabellarische Zusammenstellung in Ztschr. f. anal. Chem. **1**. 90—93.

**Guyard**'s Reag. auf Gallus- u. Gerbsäure
ist eine mit Essigsäure angesäuerte Lösung von Bleiacetat. Der mit Gallussäure hervorgebrachte Niederschlag soll sich in dem Reag. wieder lösen, nicht aber das gerbsaure Blei.
Chem. News **50**. 26.
Ztschr. f. anal. Chem. **24**. 274.

**Guyot**'s React. auf Ameisensäure.
Erwärmt man eine alkalische Lösung von Ameisensäure mit Kaliumpermanganat, so entsteht eine Ausscheidung von Braunstein.
Journ. de Chim. med. 1869. 508.
Vergleiche Chapman's React auf Weinsäure.

**Guyot**'s Reag. auf Ammoniak.
Eine saure Lösung von Quecksilberoxydnitrat versetzt man so lange mit Bromkaliumlösung, bis sich der anfangs gebildete Niederschlag wieder aufgelöst hat. Hierauf gibt man so viel Kalilauge zu, bis gerade ein bleibender Niederschlag entstanden ist. Die geklärte Flüssigkeit ist ein sehr empfindliches Reag. auf Ammoniak, welches in dessen Lösung eine weisse Trübung oder Fällung hervorruft.
Le chimiste **4**. 122.
Ztschr. f. anal. Chem. **9**. 253.

**Habermann**'s Reag. auf Kohlenoxyd
ist eine ammoniakalische Silbernitratlösung, die keinen Ueberschuss von Ammoniak enthalten soll. Kohlenoxyd reduzirt dieses Reag.
Pharm. Centrh. 1896. 844.
Vergleiche Berthelot's Reag.

**Habermann-Oestreicher**'s React. auf Methylalkohol neben Aethylalkohol beruht auf der schnelleren Entfärbung von Kaliumpermanganat durch Methylalkohol als dies durch Aethylalkohol der Fall ist.
Näheres siehe: Pharm. Centrh. 1902. 25 oder Ztschr. f. anal. Chem. **27**. 663; **40**. 721.
Vergl. Cazeneuve-Cotton's React.

**Hager**'s Reag. auf Alkaloide
ist eine kaltgesättigte, wässerige Lösung von Pikrinsäure. Das Reag. gibt mit sehr verdünnten, wässerigen Alkaloidlösungen eine Trübung bezw. Fällung. Gefällt werden Brucin, Chinin, Chinidin, Cinchonin, Strychnin, Veratrin und die meisten Opiumalkaloide; nicht gefällt, bezw. nur in verhältnissmässig concentrirter Lösung gefällt werden Aconitin, Morphin u. Atropin.
Hager, Pharm. Prax. 1880. I. 202.
Pharm. Centrh. 1869. 131, 1881. 399.
Ztschr. f. anal. Chem. **9**. 110. **21**. 415.
v. d. Burg, ebenda **9**. 305.
Medin, ebenda **11**. 447.
Flückiger, Reactionen 1891. 7.
Popoff, Le laboratoire de Toxicologie, Brouardel-Ogier, Paris 1891. 203.

**Hager**'s React. I auf Alkohol in ätherischen Oelen. (Tanninprobe). Man schüttelt 10 Tropfen des zu prüfenden Oeles mit einem erbsengrossen Stückchen Tannin. Bei Anwesenheit von Alkohol bildet dasselbe eine schmierige Masse, die sich an die Glaswand des Reagensrohres anhängt.
Näheres siehe Hager, Pharm. Prax. 1880. II. 562.

**Hager**'s React. II auf Alkohol in ätherischen Oelen. Schüttelt man ein ätherisches Oel mit dem doppelten Volum Glycerin (D. = 1,225—1,23), so erkennt man die Anwesenheit von Alkohol an der Zunahme des Glycerinvolumens.
Pharm. Ztg. **33**. 650.
Ztschr. f. anal. Chem. **28**. 375.

**Hager**'s React. I auf Alkohol im Chloroform beruht auf Lieben's Jodoformreaction, welche in einer wässerigen Ausschüttelung des betreffenden Chloroforms angestellt wird.
Pharm. Centrh. 1870. 155.
Ztschr. f. anal. Chem. **9**. 493.

**Hager**'s React. II auf Alkohol im Chloroform.
25—30% Wasser enthaltendes Glycerin schüttelt man mehrmals kräftig mit dem gleichen Volum Chloroform. An der Zunahme des Glycerinvolumens ist der eventuell vorhandene Alkohol zu erkennen.
Ztschr. f. anal. Chem. **28**. 375.

**Hager**'s Reag. auf Ammon-, Lithium- u. Natrium-Salze
ist eine Lösung von Zinnchlorür-Chlorkalium, welche mit obigen Salzlösungen eine weisse Trübung gibt.
Näheres siehe Pharm. Centrh. 1884. 291.

**Hager**'s React. auf Ammoniak.
Eine Lösung von Mercuronitrat wird durch Ammongas getrübt, eventuell tiefschwarz gefällt.
Näheres siehe Pharm. Centrh. 1883. 299.

**Hager**'s React. auf Arsen.
Die zu prüfende Flüssigkeit erhitzt man in einem Reagensglase, das mit einem mit Silbernitrat befeuchteten Pergamentpapier bedeckt ist, mit Zink, Magnesiumband und überschüssigem Kaliumhydroxyd. Bei Anwesenheit von Arsen schwärzt sich das Silberpapier. Letzteres kann man auch, an einem Kork befestigt, in das Glas hereinhängen lassen.
Ztschr. f. anal. Chem. **11**. 82.

**Hager**'s (Kramatomethode oder Messingmethode) React. auf Arsen.
Erwärmt man eine salzsaure Arsenlösung auf Messingblech, so entsteht ein dunkler Fleck von der Farbe des Permanganates.
Näheres siehe Pharm. Centrh. 1884. 265, 443, 462 u. 1886. 338.

**Hager**'s (Identitäts-)Reag. für ätherische Oele
ist eine Mischung gleicher Teile absoluten Alkohols u. Glycerins (D. = 1,259—1,262).
Näheres siehe Pharm. Centrh. 1889. 65.
Auch eine Lösung von Natriumnitrat in Wasser 1+3 schlägt Hager in seiner Pharm. Prax. 1880. II. 563 vor.

**Hager**'s React. auf ätherische Oele (Schwefelsäure-Weingeistprobe) siehe Hager, Pharm. Prax. 1880 II. 566.

**Hager**'s Reag. zur Unterscheidung von deutschem u. englischem Atropin.
Man löst 0,01 g Atropin oder Atropinsulfat in 10 g Wasser und 5—10 Tropfen verdünnter Schwefelsäure u. gibt einen Ueberschuss von Pikrinsäurelösung zu. Das englische Präparat bleibt klar, während das deutsche eine starke Fällung gibt. (?)
Pharm. Centrh. 1869. 130.
Ztschr. f. anal. Chem. **9**. 110.

**Hager**'s React. auf Brucin.
Versetzt man eine Lösung von Brucin mit verd. Schwefelsäure u. Braunsteinpulver und lässt unter häufigem Umschütteln einige Stunden bei gewöhnlicher Temperatur stehen, so erhält man je nach der Menge des Alkaloides eine gelbrote bis blutrote Lösung. Diese Lösung gibt mit Pikrinsäure eine gelbliche, amorphe Fällung, nicht aber mit Kaliumdichromat, wenn kein Strychnin vorhanden ist.
Pharm. Centrh. 1871. 409.
Ztschr. f anal. Chem. **11**. 201.

**Hager**'s Butterprobe (Dochtprobe)
ist eine Geruchsprobe, die darauf beruht, dass ein mit dem Fett getränkter baumwollener Docht angezündet und nach kurzer Zeit ausgelöscht wird. An dem Geruche des ausgelöschten Dochtes lässt sich die Anwesenheit von Talg erkennen.
Näheres siehe: Hager, Pharm. Prax. 1880. I. 638 u. Erg.-Bd. 1883. 164.
Ztschr. f. anal. Chem. **19**. 238.

**Hager**'s React. auf Chloroform.
Versetzt man eine Chloroform enthaltende Flüssigkeit (die frei von Salzsäure u. Chloriden sein muss) mit Zink u. verd. Schwefelsäure, so lässt sich nach Auflösung des Zinks Salzsäure als Zersetzungsproduct des Chloroforms mittels Silbernitrat nachweisen.
Vergleiche Hofmann's React.

**Hager**'s React. auf Cholesterin.
Gibt man zu einer Lösung von Cholesterin in Chloroform concentr. Schwefelsäure, so färbt sich die Chloroformlösung rot.
Vergleiche Salkowski's React.

**Hager**'s React. auf Codeïn u. Narcotin in Morphinhydrochlorid
beruht auf der Trübung einer 5%igen, wässerigen Morphinlösung durch Natronlauge. Die Reaction ist auf einem Cobaltglase im schräg auffallenden Lichte zu beobachten.
Näheres siehe: Chem. Ztg. 1887. Rep. 53 oder Pharm. Centrh. 1887. 60.

**Hager**'s React. auf Colchicin.
Mit Kaliumpermanganat gefärbte, 10%ige Schwefelsäure wird durch eine wässerige Lösung von Colchicin sofort entfärbt. — Zur Unterscheidung von Colchicin und sog. Bieralkaloid gibt Hager folgende React. an: Eine verdünnte, klare Colchicinlösung gibt beim Erwärmen mit Boraxlösung auf 50° C. eine Trübung. Bieralkaloid soll sich indifferent verhalten.
Hager, Pharm. Prax. Erg.-Bd. 1883. 352.

**Hager**'s Reag. (cyanidirtes Ferrichlorid)
ist eine Mischung von 1 g Eisenchloridlösung, 1 g gesättigter, wässeriger Ferricyankaliumlösung und 60 ccm Wasser, die mit 5 Tropfen verd. Salzsäure angesäuert ist. Ihre Verwendung siehe:
Pharm. Centrh. 1885. 391, 392, 417.
Lunge, Chem. techn. Unters.-Meth. III. 668.

**Hager**'s React. auf Eiweiss im Harn.
Eine kaltgesättigte, wässerige Lösung von Pikrinsäure schichtet man auf eine Mischung von 5 ccm Harn u. 2,5 ccm Salzsäure. Bei Anwesenheit von Eiweiss entsteht ein weisslicher Ring.
Handb. d. pharm. Prax. (1880) II. 1181.
Chem. Centralbl. 1879. 696.
Ztschr. f. anal. Chem. **19**. 382.

**Hager**'s React. auf Fuselöl im Alkohol.
Mischt man den zu prüfenden Alkohol mit dem gleichen Volum Wasser u. etwas Glycerin u. lässt die Mischung auf Filtrirpapier verdunsten, so lässt sich Fuselöl nach dem Verdunsten des Alkohols leicht am Geruch erkennen.
Pharm. Centrh. 1881. 236.
Ztschr. f. anal. Chem. **21**. 455.

**Hager**'s Reag. auf Glucose.
Man löst 30 g Quecksilberoxyd, 30 g Natriumacetat, 50 g Chlornatrium und 25 g Eisessig in 400 ccm Wasser bei gelinder Wärme, filtrirt und füllt mit Wasser zum Liter auf. Beim Erhitzen mit Glucose scheidet das Reag. Quecksilberchlorür ab.
Hager, Pharm. Prax. 1880. II. 855.
Merck's Index 1902. 262.
Ztschr. f. anal. Chem. **17**. 380.
An anderer Stelle schlägt der Autor alkalische Wismutlösung vor (Nylander's Reag.)
Pharm. Ztg. 1888. 744.

**Hager**'s React. auf Glycerin.
Eine mit Lackmustinktur versetzte (blaue) Lösung von Borax in Wasser wird durch Glycerin oder glycerinhaltige, neutrale Flüssigkeiten rot gefärbt.
Hager, Pharm. Prax. Erg.-Bd. 1883. 487.
Pharm. Centrh. 1881. 8.
Vergl. Linde's React.

**Hager**'s React. auf gereinigtes u. natürliches Guajakharz.
Siehe Pharm. Centrh. **27**. 522.
Ztschr. f. anal. Chem. **26**. 261.

**Hager**'s Reag. auf Harzbenzoesäure.
Siehe Hager's cyanidirtes Ferrichlorid.

**Hager**'s React. auf Kupfer in Extrakten u. Nahrungsmitteln
beruht auf der Abscheidung metallischen Kupfers auf Platindraht.
Näheres siehe Ztschr. f. anal. Chem. **2**. 452.
Pharm. Centrh. 1863. No. 35.

**Hager**'s React. auf freie Mineralsäuren im Essig.
Eine Mischung von 20 ccm Essig u. 5 ccm Ammoniak verdunstet man auf dem Dampfbade. Bei Anwesenheit von freien Mineralsäuren bleibt ein krystallinischer Rückstand.
Näheres siehe Ztschr. f. anal. Chem. **20**. 296.
Pharm. Centrh. 1879. 449 u. 1886. 292.

**Hager**'s Reag. auf freie Mineralsäuren
ist eine Mischung von Ammonmolybdatlösung u. Ferrocyankaliumlösung. Freie Säuren bewirken mit diesem Reag. eine rote bis braune Färbung oder Trübung, welche auf Alkalizusatz verschwindet. Borsäure u. arsenige Säure reagirt nicht.
Hager, Pharm. Prax. Erg.-Bd. 1883. 25.
Vergl. Huber's Reag.

**Hager**'s React. auf Nitrobenzol im Bittermandelöl.
Reines Bittermandelöl löst sich bei 10—15° C. in der 20 fachen Menge 45%igen Alkohols klar auf. 1% Nitrobenzol bringt schon eine Trübung bezw. Ausscheidung hervor.
Pharm. Ztschr. f. Russl. **19**. 372.
Ztschr. f. anal. Chem. **20**. 153.

**Hager**'s React. auf Paraffin od. Erdwachs im Bienenwachs.
Siehe Pharm. Centrh. **18**. 414 od. Ztschr. f. anal. Chem **19**. 241.
Landolt, Ztschr. f. anal. Chem. **1**. 116.

**Hager**'s React. auf salpetrige Säure (Dütenprobe).
In einem Reagenscylinder werden 4 ccm der zu prüfenden Flüssigkeit mit 2 ccm Schwefelsäure erwärmt u. das Glas mit einem zur Düte geformten Filtrirpapier, das mit Jodzinkstärkelösung getränkt ist, so verschlossen, dass die Spitze der Düte in die Richtnng der Cylinderachse zu stehen kommt. Bei Anwesenheit von salpetriger Säure wird das Papier blau gefärbt.
Siehe Pharm. Centrh. 1883. 389.
Ztschr. f. anal. Chem. **24**. 600.

**Hager**'s (Naphtol-) Reag. auf Salpeter- u. salpetrige Säure
ist eine 1%ige Lösung von Naphtol in Alkohol, welche mit Lösungen von Nitraten oder Nitriten u. concentr. Schwefelsäure eine gelbe bis dunkelkirschrote Färbung gibt.
Näheres siehe Pharm. Centrh. 1885. 353.

**Hager**'s (Naphtol-) Reag. auf freies Chlor u. Brom.
Siehe Pharm. Centrh. 1885. 353 u. 366.

**Hager**'s React. auf Salpetersäure u. Phenol
beruht auf Farbenerscheinungen die bei Anwesenheit von Nitraten u. Phenol durch viel concentr. Schwefelsäure hervorgebracht werden
Näheres siehe Pharm. Centrh. 1884. 289.

**Hager**'s React. auf Sassafrasöl im Copaivabalsam
siehe Hager, Pharm. Prax. 1880. I. 548.

**Hager**'s React. auf Schwefel, Phosphor, Arsen und Antimon
siehe Hager, Pharm. Prax. 1880. I. 493—495.

**Hager**'s React. auf Strychnin.
Versetzt man eine Strychninlösung mit Schwefelsäure und Bleisuperoxyd, so entsteht eine blauviolette Färbung.

**Hager**'s Reag. auf Strychnin im Santonin.
2 g des zu untersuchenden Präparates schüttelt man mit 6 ccm Wasser während einiger Minuten gut durch und filtrirt. Bei Anwesenheit von nur 0,1% Strychnin entsteht im Filtrate auf Zusatz von wässeriger Pikrinsäurelösung noch eine deutliche Trübung. Mit dieser React. werden selbstverständlich auch noch andere Alkaloide angezeigt.
Pharm. Centrh. 1869. 147.
Ztschr. f. anal. Chem. **8**. 472.

**Hager**'s (Anilinprobe) React. auf Talg, Stearinsäure od. Paraffin im Cacaoöl
siehe Pharm. Centrh. **19**. 451 od. Ztschr. f. anal. Chem. **19**. 246.
Hager, Pharm. Prax. 1880. I. 644.

**Hager**'s React. auf Terpentinöl in ätherischen Oelen (Guajakreaction) siehe Pharm. Centrh. 1886. 584 bis 589.

**Hager**'s Reag. zur Prüfung des Trinkwassers
ist eine Lösung von Tannin.
Pharm. Centrh. 1871. 376 u. 1885. 519.
Hager, Pharm. Prax. 1880. I. 136, lässt 5 g Tannin und 4 g Zuckersirup in 6 g Wasser und 12,5 g Spiritus lösen. (Liquor stypticus). Siehe auch Erg.-Bd. 1883. 101.

**Hager**'s Reag. auf Zucker im Glycerin.
Kocht man Glycerin, das Spuren Zucker enthält, mit Ammoniummolybdat u. Salpetersäure, so färbt sich die Flüssigkeit intensiv blau.
Vogel, Ztschr. f. anal. Chem. **8**. 209.

**Hager-Gawalowsky**'s Reag. auf Glucose
ist eine neutrale, wässerige Lösung von Ammoniummolybdat. Das Reag. wird beim Kochen mit Glucose blau. In saurer Lösung wird es auch durch Dextrin u. Saccharose gebläut.
Hager, Pharm. Prax. 1880. II. 855.
Merck's Index 1902. 262.

**Haine**'s Reag. auf Glucose.
Man löst 3 g Kupfersulfat in 100 ccm Wasser u. 100 g Glycerin, gibt 30 ccm Kalilauge (D. = 1,14) zu und ergänzt mit Wasser auf 600 ccm. Gebr. wie Fehling's Reag.
Merck's Index 1902. 262.

**Haller**'s Reag. für mikroskop. Zwecke
siehe Béla-Haller's Reag.
Morphol. Jahrb. 1884. 321.

**Halphen**'s React. auf Cottonöl.
Man löst 1 g Schwefel in 100 ccm Schwefelkohlenstoff. — 3 ccm des zu prüfenden Oeles mischt man mit 3 ccm Reag. u. 3 ccm Amylalkohol u. erhitzt ca. 15 Minuten in einem Salzwasserbade. Bei An-

wesenheit von Cottonöl tritt Rotfärbung ein. Empfindlichkeitsgrenze 0,25% nach 3 Stunden.
Journ. de Pharm. et de Chim. 1897. 390.
Soltsien, Ztschr. f. öff. Chem. 1899. 106 oder Pharm. Centrh. 1899. 490 und Pharm. Ztg. 1903. 19.
Wauters, Chem. Ztg. 1899. 600 oder Pharm. Centrh. 1899. 552.
Strzyzowsky, Pharm. Post 1899. 735.
Raikow, Chem. Ztg. 1899. 1025.
Sjollema, Chem. Centralbl. 1902. II. 1275.
Holde, Chem. Ztg. 1899. Rep. 130.

**Halphen**'s Reag. auf Harzöl in Mineralöl.
a) Eine Lösung von 1 Vol. Phenol und 2 Vol. Tetrachlorkohlenstoff;
b) eine Mischung gleicher Vol. Brom u. Tetrachlorkohlenstoff.
Ueber die Ausführung der React. und die Farbenerscheinungen siehe tabellarische Zusammenstellung in Journ. de Pharm. et de Chim. (6) **16**. 478.

**Hamann**'s Reag. zum Färben mikroskop. Präparate. Man löst 15 g Carmin in 100 ccm Ammoniak und gibt Essigsäure bis zur schwachsauren Reaction zu. Nach mindestens 14tägigem Reifen filtrirt man. Besser als diese Lösung soll der in Ammoniak u. Essigsäure gelöste Rückstand färben.
Merck's Index 1902. 270.
Internat. Monatschr. f. Anat. u. Hist. 1884. 346.

**Hamilton**'s Reag. zum Färben mikroskop. Präparate. Man kocht 12 g Hämatoxylin u. 50 g Alaun mit 65 g Glycerin u. 130 ccm Wasser u. gibt 5 ccm flüssige Carbolsäure zu. Zum Reifen des Reag. setzt man dasselbe 4 Wochen dem Tageslicht aus.
Merck's Report 1900. 523.

**Hamlin**'s Reactionen auf Alkaloide beruhen auf Farbenerscheinungen bei Behandlung mit concentr. Schwefelsäure und Chlorkalk oder Kaliumdichromat. Tabellarische Zusammenstellung siehe Pharm. Centrh. 1881. 392.

**Hammarsten**'s React. auf Eiweiss.
Erhitzt man eine Mischung von 1 T. concentr. Schwefelsäure und 2 T. Eisessig mit Eiweiss, so entsteht eine violette Färbung.
Pflüger's Archiv **36**. 389.
Vergleiche Adamkiewicz' React.
Wurster, Centralbl. f. Physiolog. 1887. 193.

**Hammarsten**'s Reag. auf Gallenfarbstoffe.
Man mischt 19 Volumteile 25 %iger Salzsäure mit 1 Volumteil 25 %iger Salpetersäure und lässt diese Mischung so lange stehen, bis sie etwas gelblich geworden ist. Kurz vor dem Gebrauche mischt man 5 Teile 95 %igen Alkohol zu. Das Reag. erzeugt mit Gallenfarbstoffen die bekannte, grüne Farbenerscheinung. (Vergleiche Huppert's React.)
Skandinav. Archiv f. Physiologie **9**. 313.
Ztschr. f. anal. Chem. **39**. 269.
Pharm. Centrh. 1900. 106.
Hammarsten, Physiol. Chem. 1899. 237 u. 507.

**Hammarsten**'s React. auf Indican im Harn ist identisch mit Jaffé's React. (siehe diese).

**Hammarsten-Rolbert**'s React. auf Thymol.
1. Natriumhypochlorit und Ammoniak erzeugen mit Thymol eine grüne Färbung, die nach einiger Zeit blaugrün und nach 4—5 Tagen rot wird. Empfindlichkeitsgrenze = 1 : 3000.
2. Erwärmt man Thymol mit Eisessig u. concentr. Schwefelsäure, so entsteht eine rotviolette Färbung. Empfindlichkeitsgrenze = 1 : 1 Million.
New Remedies **11**. 110.

**Hannover**'s Reag. zum Fixiren mikroskop. Präparate ist eine 1—5 %ige Lösung von Chromsäure in Wasser.

**Hansen**'s Reag. zum Färben mikroskop. Präparate. (Hämalaun) Eine Lösung von 1 g Hämatoxylin in 10 g Alkohol mischt man mit einer Lösung von 20 g Kalialaun in 200 ccm Wasser und erhitzt diese Mischung nach Zugabe von 3 ccm concentr., wässeriger Kaliumpermanganatlösung etwa 1 Minute lang zum Sieden. Nach dem Erkalten ist die Lösung zum Gebrauch fertig.
Zoolog. Anzg. 1895. 158.
Mayer, Mitteilungen der zoolog. Stat. Neapel, 1896. 309.

**Hanstein**'s Reag. zum Färben mikroskop. Präparate ist eine gesättigte, alkoholische Lösung von gleichen Teilen Fuchsin und Methylviolett oder eine Lösung von 10 g Fuchsin u. 1,5 g Methylviolett in 100 ccm Alkohol. Gebraucht zum Färben von Pflanzengeweben.

**Hantsch**'s Reag. f. mikroskop. Zwecke
ist eine Mischung von 10 g Glycerin mit 50 g Alkohol (60 %). Gebraucht als Einbettungsmittel.

**Hanus**' Reag. zur Bestimmung der Jodzahl.
Man löst 10 g Jodmonobromid in 500 ccm Eisessig. Dieses Reag. hat vor Hübl's Reag. den Vorzug, dass es haltbarer ist u. dadurch die Ausführung blinder Versuche nicht erfordert.
Ztschr. Nahr- u. Genussmittel 1901. 913.
Pharm. Centrh. 1901. 705.

**Hardy**'s React. auf Alkohol, Wasser, Methylalkohol etc. im Chloroform. Versetzt man Chloroform mit einem Stückchen metallischen Natriums, so tritt bei Anwesenheit genannter Stoffe eine Gasentwickelung ein.
Répert. de Chim. pur. et appl. 1862. 85.

**Harnack**'s React. auf Tannin u. Gallussäure siehe Buchner's React.

**Harris**' Hämalaun zum Färben mikroskop. Präparate.
Eine Lösung von 1 g Hämatoxylin u. 20 g Alaun in 200 ccm Wasser erhitzt man (zur Oxydation) mit 0,5 g Quecksilberoxyd zum Sieden.
Mikrosk. Bull. Philadelphia 1898. 47.
Vergl. auch Ztschr. f. Mikroskop. 1899. 435 und 1901. 34.

**Hartig**'s Reag. zum Färben mikroskopischer Präparate
(Carmin-Ammoniak) besteht aus carminsaurem Ammon. Zur Darstellung löst man Carmin in ammoniakhaltigem Wasser u. verdampft die erhaltene, filtrirte Lösung bei gelinder Wärme zur Trockne. — Hartig's Reag. in Lösung ist identisch mit Gerlach's Reag. (Carminlösung).
Vergl. auch Malassez in Lee-Henneguy's Traité 1. Ed. 82.

**Harting**'s Reag. für mikroskop. Zwecke
ist eine Lösung von 10 g Calciumchlorid in 50 ccm Wasser, 40 ccm Glycerin u. 25 ccm Alkohol oder eine Lösung von Quecksilberchlorid in Wasser 1—5 : 1000 oder in 2%iger Essigsäure 7 : 100. Gebraucht als Conservirungsmittel.
Journ. Roy. Microsc. Soc. 1882. 702.

**Haslam**'s React. auf Eiweiss im Harn.
Man säuert den zu prüfenden Harn mit Essigsäure an und schichtet eine Lösung von Eisenchlorid darüber. Bei Anwesenheit von Eiweiss entsteht ein weisslicher Ring.
Chem. News **47**. 239.
Journ. of the Chem. Soc. **250**. 885.

**Hassalt**'s React. auf Aconitin
ist eine Modification von Herbst's React. unter Verwendung von sirupöser Phosphorsäure.
Merck's Report 1900. 523.

**Hatschett**'s React. auf Kupfer.
Kupfersalzlösungen geben mit Ferrocyankalium einen rotbraunen Niederschlag. Diese React. ist die in der analytischen Chemie am häufigsten angewandte React. auf Kupfer.
Dammer, Lex. d. angew. Chem. 1882. 295.
Fresenius, Qualit. Anal. 13. Aufl. 164.
Bernthsen, Lehrb. d. Chem. 1902. 271.

**Hauchecorne**'s React. auf Cottonöl im Olivenöl.
Erhitzt man 6 g. Olivenöl mit 2 g einer Mischung von 3 T. Salpetersäure (40° Bé.) u. 1 T. Wasser 20 Minuten lang auf dem Dampfbade, so bleibt reines Oel unverändert oder wird heller. Enthält es aber Cottonöl, so färbt sich die Masse orange- bis braunrot.
Ztschr. f. anal. Chem. **3**. 512.
Vergl. Ztschr. f. Mikroskop. 1890. 151, 1891. 52.
Langlies, ebenda **9**. 534.
de Negri u. Fabris, ebenda **33**. 547.

**Haug**'s Alaun-Borax-Carmin zur Schnitt- u. Stückfärbung.
Man kocht 1 g Carmin u. 1 g Borax 1/2 Stunde lang mit Aluminiumacetatlösung, lässt 24 Stunden stehen und filtrirt. Die Lösung bedarf zum Ausreifen einige Wochen.

**Haug**'s Ammoniak-Lithion-Carmin zur Schnittfärbung.
Man kocht 1 g Carmin u. 2 g Chlorammon mit 100 ccm Wasser u. gibt dann tropfenweise 15 ccm Ammoniak u. 0,5 g Lithiumcarbonat zu. Die hellrote Mischung wird filtrirt. Nach anderer Lesart ist das Reag. eine Lösung von 3 g Carmin in 100 ccm kalt gesättigter, wässeriger Lithiumcarbonatlösung mit einem Zusatz von 5 ccm Ammoniak.
Vergl. Ztschr. f. Mikroskop. 1890. 152, 1891. 52.

**Haug**'s Essigsäure-Borax-Carmin.
2 g Carmin u. 4 g Borax kocht man mit 300 g Wasser auf ein Gewicht von 250 g ein u. gibt zu der noch nicht vollkommen erkalteten Mischung 10—15 ccm Essigsäure (10%), bis dieselbe hellrot geworden ist.

**Haug**'s Hämatoxylin-Alaun zum Färben mikroskop. Präparate.

1. Eine Lösung von 1 g Hämatoxylin in 10 ccm Alkohol mischt man mit 200 ccm Aluminiumacetatlösung. Die Mischung muss gut ausreifen, eventuell gibt man 3—5 ccm gesättigter Lithiumcarbonatlösung zu. Gebraucht zu Kern- u. Nervenfärbungen.
2. Eine Lösung von 1 g Hämatoxylin in 30 g Alkohol mischt man mit einer Lösung von 1 g Ammoniakalaun in 300 ccm Wasser.
Vergl. Ztschr. f. Mikroskop. 1890. 151—155 u. 1891. 51.

**Haug**'s Reagentien zum Entkalken mikroskopischer Präparate.

1. Man löst 1—5 g Salzsäure u. 0,5 g Chlornatrium in 30 ccm Wasser u. mischt mit 70 g Alkohol.
2. Man löst 0,1 g Osmiumsäure u. 0,25 g Chromsäure in 100 ccm Wasser.
3. Man löst 0,6 g Pikrinsäure in 100 ccm Wasser mit oder ohne Zusatz von 5 g Salpetersäure.
4. Man löst 1 g Chromsäure u. 1 g Salzsäure in 100 ccm Wasser.
5. Eine Lösung von 1 g Phloroglucin u. 5 g Salpetersäure in 70 g Alkohol u. 30 g Wasser.
Auch 10%ige Milchsäure, 10—15%ige Phosphorsäure u. Holzessig (Acet. pyrolignos. pur.) wurde vom Autor beschrieben.
Näheres siehe Ztschr. f. Mikroskop. 1891. 5—11.
6. Man löst 0,5 g Chlornatrium in 60 ccm Wasser, gibt 140 g Alkohol u. zuletzt 6—18 g Salpetersäure (D. = 1,2—1,5) zu.
7. Eine Lösung von 1 g Phloroglucin in 10 ccm Salpetersäure (D. = 1,4) verdünnt man allmählich mit 50 ccm Wasser und gibt eine Mischung von 10 ccm Salpetersäure u. 50 ccm Wasser zu. An Stelle dieser Lösung kann auch eine solche mit 0,5% Chlornatrium u. 30% concentr. Salzsäure verwendet werden.
Centralbl. f. med. Wissensch. 1885. XII. (Andeer).
" f. allg. Pathol. u. Anat. 1891. 193.

**Haussmann**'s Reag. auf Glucose im Harn.
1 T. Kupfersulfat, 1 T. Natriumsalicylat u. 4 T. Natriumcarbonat löst man in 400 T. Wasser. — Kocht man 5 ccm dieser grünen Lösung mit einigen Tropfen Glucoselösung (Harn), so entsteht ein schmutziggrüner bis gelbgrüner Niederschlag.
Pharm. Centrh. 1897. 554.

**Hayem**'s Reag. zum Conserviren von mikroskop. Pflanzenpräparaten
ist eine Lösung von 1 g Quecksilberchlorid in 80 ccm Wasser u. 80 ccm Glycerin.

**Hayem**'s Reag. zur Prüfung der Blutbestandteile.
1—2 g Chlornatrium, 5 g Natriumsulfat u. 0,5 g Quecksilberchlorid löst man in 200 ccm Wasser.
Siehe auch: Pharm. Centrh. 1897. 568.
Ztschr. f. Mikroskop. 1889. 335.
Mosso, ebenda 1890. 64.

**Hefelmann**'s React. auf Bombay-Macis in Muscatblütenpulver.
Man kocht eine Probe Macis mit Alkohol aus und versetzt den Auszug mit Bleiessig. Reine Macis wird milchweiss getrübt, Bombay-Macis bewirkt einen roten, flockigen Niederschlag.
Pharm. Ztg. **36**. 122.
Waage, Pharm. Centrh. 1892. 372.
Thoms, Ber. d. pharm. Gesellsch. **2**. 229.

**Hefelmann-Mann**'s React. auf Fluor im Bier
beruht auf der glasätzenden Wirkung der Flusssäure. Das zu prüfende Bier wird mit Chlorcalcium oder Chlorbaryum gefällt u. der erhaltene Niederschlag mit concentr. Schwefelsäure behandelt, wobei sich eventuell vorhandene Flusssäure in bekannter Weise zu erkennen gibt.
Pharm. Centrh. 1895. 249.
Brand, ebenda 1896. 45.

**Hegler**'s Reag. auf Lignin
ist eine concentr. Lösung von Thallinsulfat in verd. Alkohol. Ohne Verwendung von Salzsäure färbt sich Holzstoff mit diesem Reag. orangegelb.
Näheres siehe Ztschr. d. öst. Apoth.-Ver. 1889. 264 oder Pharm. Centrh. 1889. 492.
Flora, 1890. 31.

**Hehn**'s Reag. auf ätherische Oele u. Harze
(Chloralreagens, Metachloral) ist ein unreines Chloral. Man erhält es, indem man Alkohol mit Chlorgas sättigt, die entstandene Salzsäure abdestillirt und mit Schwefelsäure das Chloral abscheidet, welches

dann der Destillation unterworfen wird. Das Reagens gibt mit ätherischen Oelen Farbenreactionen.
Näheres siehe Dragendorff, Analyse von Pflanzen etc. 1882. 119.
Vergl. auch Hager, Pharm. Prax. Erg.-Bd. 1883. 738.

**Hehner**'s Butterprobe
siehe Pharm. Centrh. 1878. 49.

**Hehner**'s React. I auf Formaldehyd in Milch.
Formaldehydhaltige Milch über concentr. Schwefelsäure geschichtet, zeigt an der Berührungsfläche einen blauen Ring. Auf dieselbe Art lässt sich auch das Milchdestillat nach Zugabe von Pepton prüfen. Nach N. Leonard, The Analyst **21**. 157, tritt die Reaction mit eisenfreier Schwefelsäure nicht ein. Nach letzterem beruht die Farbenreaction auf der Oxydation des Formaldehyds.
Ztschr. f. anal. Chem. 36. 714.
Pharm. Centrh. 1899. 143.

**Hehner**'s React. II auf Formaldehyd in Milch.
Das Milchdestillat versetzt man mit 1 Tropfen Phenollösung und schichtet diese Mischung auf concentr. Schwefelsäure. Bei Anwesenheit von Formaldehyd entsteht eine carmoisinrote Zone. Empfindlichkeitsgrenze = 1 : 200000.
Ztschr. f. anal. Chem. **39**. 331.

**Hehner**'s Reag. auf Glucose.
Von einer Fehling'schen Lösung, die im Liter mindestens 120 g u. höchstens 150 g Natriumhydroxyd enthält, nimmt man 130 ccm, gibt 300 ccm Ammoniakflüssigkeit (D. = 0,880) zu u. verdünnt mit Wasser auf 1 Liter. (Vergl. Pavy's Reag.).
Chem. News **39**. 197.
Ztschr. f. anal. Chem. **19**. 100.

**Heidenhain**'s Reactionen auf Eiweiss
beruhen auf der Fällung von Eiweisslösungen durch saure Anilinfarben.
Näheres siehe: Münchener med. Wochenschr. 1902. 437.
Pharm. Centrh. 1902. 209.

**Heidenhain**'s Reag. zum Fixiren mikroskop. Präparate.
Eine 0,5 %ige Kochsalzlösung sättigt man in der Siedehitze mit Quecksilberchlorid u. bewahrt sie nach dem Erkalten über den ausgeschiedenen Krystallen auf.
Festschr. Kölliker, Leipzig 1892. 109.

**Heidenhain**'s Reag. zum Härten mikroskopischer Präparate
ist eine Lösung von 5 g Ammoniumchromat in 100 ccm Wasser oder eine Lösung von 0,5 g Chlornatrium u. 7 g Quecksilberchlorid in 100 ccm Wasser.

**Heidenhain**'s Reag. (Hämatoxylin-Eisenlack)
besteht aus einer wässerigen Lösung von Ferriammonsulfat und einer alkoholischen Lösung von Hämatoxylin. Es dient zur Färbung von Centralkörpern (Kerntinktionen).
Festschr. Kölliker, Leipzig 1892. 118.
Merck's Index 1902. 267.
Vergl. Ztschr. f. Mikroskop. 1896. 186 u. Arch. f. mikrosk. Anat. 1894. 435.
Held, Arch. Anat. Phys. 1897. 277.
Krause, Arch. f. mikrosk. Anat. 1895. 94.

**Heidenhain**'s Hämatoxylin-Vanadiumlösung.
Man mischt 60 ccm einer 0,5 %igen Hämatoxylinlösung mit 30 ccm einer 0,25 %igen Ammonvanadatlösung.
Vergl. Cohn, Ztschr. f. Mikroskop. 1895. 359 oder Anat. Hefte 1895. 302.

**Heidenhain**'s Reag. zum Färben histologischer Präparate
ist eine wässerige Lösung von Hämatoxylin (1 %).
Merck's Index 1902. 270.

**Heinrich**'s Reag. auf Glucose.
Man löst 18 g Quecksilberjodid, 25 g Jodkalium u. 10 g Aetzkali zu 1 Liter Wasser (1 ccm = 0,003355 g Glucose).

**Helbing**'s React. auf Strophanthin.
Löst man eine Spur Strophanthin in einem Tropfen Wasser und gibt Eisenchlorid u. einen Tropfen concentr. Schwefelsäure zu, so entsteht ein rotbrauner Niederschlag, welcher sofort oder nach einigen Stunden eine grüne Farbe annimmt.
Schweizer Wochenschr. f. Pharm. **25**. 239.
Ztschr. f. anal. Chem. **30**. 264.
Pharm. Journ. and Trans. 1887. 924.

**Helch**'s React. auf Apomorphin in Morphin:
Schüttelt man 5 ccm einer wässerigen Lösung von Morphinhydrochlorid (1 : 30) nach Zusatz von 1 Tropfen Kaliumdichromatlösung (1 : 20) mit etwas Chloroform, so färbt sich letzteres, bei Anwesenheit von Apomorphin rötlichviolett. Empfindlichkeitsgrenze = 0,03 %.
Pharm. Ztg. 1902. 1030.

**Helch**'s React. auf Pilocarpin.
Gibt man zu einer Pilocarpinlösung etwas Wasserstoffsuperoxyd u. einige Tropfen stark verdünnte Kaliumdichromatlösung, so färbt sich zugesetztes Benzol bei vorsichtigem Schütteln violett. (Apomorphin gibt eine ähnliche Reaction).
Pharm. Post **35**. 289.
Pharm. Ztg. **47**. 594.
Chem. Ztg. **26**. Rep. 230.
Wangerin, Chem. Centralbl. 1892. II. 660. u. Pharm. Ztg. **47**. 739.

**Held**'s Reag. zum Fixiren mikroskop. Präparate
ist eine Lösung von 1 g Quecksilberchlorid in 100 ccm Aceton (40 %).
Archiv Anat. Phys. 1895 u. 1897. 227.

**Held**'s Reag. zum Färben mikroskop. Präparate.
a) Eine Lösung von 1 g Erythrosin u. 2 Tropfen Eisessig in 150 ccm Wasser;
b) eine Mischung von gleichen Teilen 5 %iger Acetonlösung und Nissl's Reag. 2 (Methylenblau).
Ebenda 1896. 399.

**Hell**'s React. auf tertiäre Alkohole.
Bei der Einwirkung von tertiären Alkoholen auf Schwefelkohlenstoff u. Brom entsteht Schwefelsäure, welche sich in dem mit dem Reactionsgemisch geschüttelten Wasser mit Chlorbaryum nachweisen lässt.
Näheres siehe Berl. Ber. **15**. 1249.

**Heller**'s React. auf Blutfarbstoff im Harn.
Der zu prüfende Harn wird mit Natronlauge versetzt und gekocht. Bei Anwesenheit von Blutfarbstoff ist der hiebei entstehende Niederschlag der Erdalkaliphosphate rot gefärbt mit einem grünen Schimmer.
Ztschr. d. Ges. d. Aerzte, Wien 1858. 48.
Filehne, Virchow's Archiv **117**. 417 od. Ztschr. f. anal. Chem. **29**. 241.
Arnold, Berliner klin. Wochenschr. 1898. 283.
Rosenthal, Virchow's Archiv **103**. 516.
Hammarsten, Physiol. Chem. 1899. 504.

**Heller**'s React. auf Eiweiss im Harn.
Schichtet man Harn vorsichtig über concentr. Salpetersäure, so entsteht bei Anwesenheit von

Eiweiss ein weisslicher Ring. Empfindlichkeitsgrenze = 1 : 40 000.
Archiv f. phys. u. path. Chem. **5**. 169.
Vergl. Hammarsten, Physiol. Chem. 1899. 496.

**Heller**'s Reag. auf Glucose.
Erhitzt man Glucose enthaltenden Harn mit Aetzkali, so färbt er sich gelb bis braun. Nach Rosenfeld lässt die Recation bei einem Gehalt von weniger als 0,5 % Glucose schon im Stiche.
Ztschr. f. anal. Chem. **28**. 650.
Deutsche med. Wochenschr. 1888. 451 u. 479.

**Heller**'s React. auf Indican im Harn.
5 ccm Salzsäure (D. = 1,19) mischt man mit 2 ccm Harn oder man gibt zu dem Harn Salzsäure und Salpetersäure u. erhitzt zum Sieden. Bei Anwesenheit von Indican entsteht eine violette bis blaue Färbung, die beim Schütteln mit Chloroform in letzteres übergeht.
Hager, Pharm. Prax. 1880. II. 1191.
Neubauer-Vogel, Anal. d. Harns 10. Aufl. 166.

**Heller-Teichmann**'s React. auf Blut.
Der bei der Heller'schen React. erhaltene Niederschlag wird zur Darstellung von Teichmann's Häminkrystallen verwendet. Vergleiche Teichmann's React.
Struve, Ztschr. f. anal. Chem. **11**. 29 u. 151.

**Helwig**'s Reag. zum Lösen von Blutflecken ist eine 20 %ige, wässerige Jodkaliumlösung.
Ztschr. f. anal. Chem. **3**. 258, **11**. 244.

**Henneguy**'s Reagentien zum Färben mikroskopischer Präparate.
1. (Alauncarmin). Man kocht 2—3 g Carmin mit einer Lösung von 15 g Kalialaun in 100 ccm Wasser, gibt nach dem Erkalten 10 ccm Essigsäure zu u. lässt mehrere Tage stehen. Zum Gebrauch filtrirt man u. verdünnt eventuell mit Wasser. Es dient zum Färben von Zellkernen u. Geweben.
Merck's Index 1902. 270.
Lee-Henneguy, Traité 1896. 82.
2. a) Eine 0,5 %ige Lösung von Hämatoxylin in Alkohol (90 %), b) eine 2 %ige, wässerige Lösung von Kaliumdichromat, c) eine 1 %ige Lösung von Kalium permanganat. Gebr. zur Schnittfärbung.
Journ. Anat. Phys. Paris 1891. 397.

**Henry**'s Reag. I auf Alkaloide ist eine Lösung von Eichenrindengerbsäure.
Berzelius, Handb. d. Chem. **2**. 389.
Journ. de Pharm. **21**. 222.

**Henry**'s Reag. II auf Alkaloide ist Rhodankaliumlösung (wie Gmelin's Reag.)
Journ. de Pharm. **24**. 194.

**Heppe**'s React. auf Terpentin- und Citronenöl beruht auf der Einwirkung von gepulvertem Nitroprussidkupfer auf ätherische Oele bei Siedetemperatur. Aetherische Oele werden dunkel gefärbt, das Nitroprussidkupfer grau bis schwarz. Terpentin- u. Citronenöl geben diese React. nicht und verhindern dieselbe in Mischung mit anderen Oelen.
Näheres siehe: Hager, Pharm. Prax. 1880. II. 566.

**Heppe**'s React. auf Terpentinöl im Citronenöl.
Etwas Citronenöl erhitzt man auf dem Sandbade mit trockenem Kupferbutyrat auf circa 170° C. Reines Oel löst das Kupfersalz mit grüner Färbung auf, bei Anwesenheit von Terpentinöl wird die Mischung trübe, gelb u. scheidet Kupferoxydul aus.
The Analyst **10**. 187.
Chem. techn. Centr.-Anzgr. **3**. 371.
Ztschr. f. anal. Chem. **25**. 431.

**Herapath**'s React. auf Chinin im Harn.
Mit Ammoniak versetzten Harn schüttelt man mit Aether aus und verdunstet letzteren. Auf den Objektträger eines Mikroskopes bringt man einen Tropfen einer Mischung von 12 g Essigsäure, 4 g Spiritus (rectf.) u. 6 Tropfen verd. Schwefelsäure, gibt hierzu etwas von dem Aetherrückstand und dann ein möglichst kleines Tröpfchen alkoholischer Jodlösung. Bei Anwesenheit von Chinin entsteht sofort eine zimmtbraune Färbung und später erkennt man an den Krystallen das schwefelsaure Jcdchinin.
Journ. f. pract. Chem. **61**. 87.

**Herbst**'s React. auf Aconitin.
Dampft man eine Lösung von Aconitin in 25 %iger Phosphorsäure auf dem Dampfbade ein, so tritt bei einer bestimmten Concentration eine violette Färbung ein.
Näheres siehe Hager, Pharm. Prax. 1880. I. 156.

**Herbst**'s React. auf Atropin.
Erhitzt man einige Tropfen Schwefelsäure mit einem Kryställchen Kaliumdichromat oder Ammonmolybdat u. gibt etwas Atropin u. 2—3 Tropfen Wasser zu, so entsteht der Geruch der Spiraea ulmaria. Vergleiche Gulielmo's React.
Hager, Pharm. Prax. 1880. I. 518.

**Hermann**'s Reag. zum Färben mikroskop. Präparate.
1. Eine Lösung von 1 g Fuchsin in 160 ccm 50%ig. Alkohol. Gebr. zum Färben von Kernen, Achsencylindern, Retina, Nervenfasern etc.
2. Eine Lösung von Magdalarot in 50 %ig. Alkohol.
3. Eine concentr. Lösung von Safranin in Anilinwasser.

**Hermann**'s Reag. zum Fixiren mikroskop. Präparate ist eine Lösung von 0,8 g Osmiumsäure, 1,5 g Platinchlorid und 10 ccm Essigsäure in 190 ccm Wasser.
Arch. f. mikroskop. Anat. 1889. 58, 1891. 570.

**Hertel**'s React. auf Colchicin.
1. Colchicin färbt sich mit Salpeter und concentr. Schwefelsäure violett, auf weiteren Zusatz von Kalilauge entsteht eine ziegelrote Färbung.
2. Eisenchlorid gibt mit neutraler oder saurer Colchicinlösung eine dunkelgrüne Färbung.
Weitere Reactionen siehe Ztschr. f. anal. Chem. **22**. 103.
Pharm. Ztschr. f. Russl. **20**. 245.

**Hertwig**'s Reag. zum Härten mikroskop. Präparate ist eine Lösung von 0,05 g Osmiumsäure u. 0,2 g Essigsäure in 200 ccm Wasser.
Merck's Index 1902. 271.
Jena. Ztschr. Naturw. 1879. 462.
Hertwig, Nerven- u. Sinnesorgane d. Medusen, Leipzig, 1878. 4.
Lee-Henneguy, Traité 1896. 315.

**Herxheimer**'s Reag. zum Färben mikroskop. Präparate ist eine Lösung von 1 g Hämatoxylin in 40 g 50 %ig. Alkohol, der 1 g gesättigte, wässerige Lithiumcarbonatlösung zugegeben ist.
Fortschr. der Medicin 1886.

**Herz**' React. auf fremde Pflanzenfarbstoffe im Wein.
10 ccm des zu prüfenden Rotweines mischt man mit 5ccm concentr. Brechweinsteinlösung und be-

trachtet die Mischung im auffallenden und durchfallenden Lichte. Wenn nicht sofort eine Farbenänderung eintritt, so lässt man einige Stunden stehen, wobei sich ein gefärbter Niederschlag abscheidet. Echte Rotweine nehmen bei dieser Behandlung eine kirschrote Färbung an, während andere Pflanzenfarben eine violette Färbung erzeugen.

Chem. Ztg. **10**. 968.
Ztschr. f. anal. Chem. **28**. 633 u. 635.
Nakahama, Arch. f. Hygiene **7**. 405.

**Herz'** Reag. zur Gonokokkenfärbung
ist eine Lösung von 0,5—1 g Neutralrot in 100 ccm Wasser.
Monatsh. f. pract. Derm. 1900. 260.
Pharm. Centrh. 1900. 790.

**Herzberg**'s Reag. auf freie Säuren im Papier
ist Congopapier, mit welchem ein wässeriger Auszug des betreffenden Papiers geprüft wird.
Chem. Centralbl. (3) **16**. 316.
Ztschr. f. anal. Chem. **25**. 142.

**Herzberg**'s Reag. für die mikroskopische Untersuchung des Papiers
ist eine wässerige Jodjodkalium- oder Jodchlorzinklösung.
Mitteilungen d. k. tech. Vers.-Anst. Berlin **8**. 132.
Ztschr. f. anal. Chem. **30**. 383.

**Herzfeld**'s Reag. auf Glucose
ist das modifizirte Reag. von Soldaini.
Siehe Ztschr. f. anal. Chem. **29**. 369.
Vergleiche Ihl's React.

**Herzfeld-Reischauer**'s React. auf Saccharin.
Das dem Untersuchungsobjekt durch Aether entzogene Saccharin wird nach Herzfeld mit Kaliumhydroxyd geschmolzen und dann oxydirt, nach Reischauer mit 6 T. Soda u. 1 T. Salpeter geschmolzen. Nach beiden Autoren wird die Schmelze auf einen Gehalt von Schwefelsäure geprüft, deren Vorhandensein den Nachweis von Saccharin erbringen soll.
Deutsche Zuckerindustrie 1886. 123.
Ztschr. f. anal. Chem. **27**. 396.
Haas, ebenda **28**. 713.

**Herzig-Zeisel**'s React. auf Diresorcin in Phloroglucin.
Erwärmt man einige mg. Phloroglucin mit 1 ccm concentr. Schwefelsäure und 1—2 ccm Essigsäureanhydrid 5—10 Minuten lang im siedenden Wasserbade, so tritt bei Gegenwart von Diresorcin eine schöne blauviolette Färbung ein. Empfindlichkeitsgrenze 0,4% Diresorcin.
Monatsh. f. Chem. **11**. 421.

**Hesse**'s React. auf Cholesterin
ist eine Modification von Salkowski's React., die in der Verwendung von Schwefelsäure D. = 1,76 besteht.
Vergleiche Salkowski's React.
Annal. d. Chem. **192**. 178; **211**. 283.
Schulze, Journ. f. pract. Chem. **25**. 458.
Mayer, Dingler's Journ. **247**. 305.

**Hesse**'s React. auf Cinchonidin im Chininsulfat
(Modification von Paul's Krystallisationsprobe) beruht auf der Isolirung des Cinchonidins durch mehrmaliges Umkrystallisiren des Chininsulfates aus siedendem Wasser, Eindampfen der Mutterlaugen u. Trennung des Cinchonidins u. Chinins durch bestimmte Mengen Ammoniak u. Aether.
Näheres siehe Ztschr. f. anal. Chem. **26**. 658. **27**. 611.

**Hesse**'s React. auf Nebenalkaloide in Chininsalzen.
0,5 g Chininsulfat schüttelt man mit 10 ccm Wasser von 50—60° C. während 10 Minuten öfter gut durch, lässt abkühlen, filtrirt und schüttelt 5 ccm Filtrat mit 1 ccm Aether u. 5 Tropfen Ammoniak leicht um. Es müssen zwei klare Schichten ohne vorhandene Krystalle entstehen u. sich mindestens 2 Stunden im verschlossenen Cylinder klar erhalten.
Näheres siehe Archiv d. Pharm. **213**. 490.
Pharm. Ztschr. f. Russl. **18**. 36.
Ztschr. f. anal. Chem. **19**. 247.

**Hesse**'s React. auf Codeïn.
Löst man Codeïn in concentr. Schwefelsäure, die eine Spur Eisenoxyd enthält, oder gibt man der Lösung wenig Eisenchlorid zu, so erhält man eine blaue Färbung.
Vergleiche Merck's Bericht 1900. 28 u. Deutsch. Arzneib. IV. 89.

**Hesse**'s React. auf Geissospermin.
Löst man etwas Geissospermin in reiner, concentr. Schwefelsäure, so erhält man eine farblose Lösung, die allmählich eine blaue Farbe annimmt. Eisenhaltige Schwefelsäure bewirkt sofort eine blaue Lösung. Aehnlich verhält sich Quebrachin.
Berl Ber. **13**. 2308.
Liebig's Annal. **202**. 141, **277**. 300.
Ztschr. f. anal. Chem. **20**. 423.

**Hesse**'s React. auf Morphin in Chinin.
Löst man Chinin in verdünnter Salpetersäure, so entsteht eine farblose Lösung; bei Anwesenheit von Morphin färbt sich dieselbe gelb bis orangerot.
Merck's Report 1900. 564.

**van Heurck**'s Reag. für mikroskop. Zwecke.
1. Eine concentr. Lösung von Storax in Chloroform mit hohem Brechungsindex. Als Beobachtungsflüssigkeit für Algen gebraucht.
Bull. Soc. Belg. Microsc. 1883. 134.
2. Monobromnaphtalin (vergl. Abbe's Reag.).
Journ. Roy. Microsc. Soc. 1880. 1043.

**Heut**'s React. auf Coniin u. Nicotin.
Man gibt zu der zu prüfenden Flüssigkeit einen Tropfen concentr., alkoholische Phenolphtaleïnlösung. Mit Coniin entsteht eine rote Färbung, nicht aber mit Nicotin. (?)
Merck's Report 1900. 564.

**Heydenreich**'s React. auf reines Olivenöl u. zur Unterscheidung fetter Oele.
5—6 Tropfen Olivenöl lässt man auf concentr. Schwefelsäure (D. = 1,825—1,830) fallen, die auf einem flachen Porzellanschälchen ausgebreitet ist und beobachtet die in den ersten 3 Minuten entstehende Färbung an der Berührungsstelle von Oel u. Säure. Reines Olivenöl gibt eine gelbgrüne Färbung, Sesamöl enthaltendes eine bräunliche Färbung.
Ztschr. f. anal. Chem. **33**. 547.
Hager, Pharm. Prax. 1880. II. 573 u. 574.
Calvert benützt eine Schwefelsäure von D. = 1,53.

**Heynsius**' React. auf Eiweiss im Harn.
Mit Essigsäure angesäuerten Harn erhitzt man zum Sieden u. gibt dann gesättigte Chlornatriumlösung zu. Sehr geringe Mengen von Eiweiss sind an einer weissen Ausscheidung zu erkennen.
Pflüger's Archiv **10**. 239.
Salkowski, Ztschr. f. anal. Chem. **20**. 316.

**Hickson**'s Reag. zum Färben mikroskop. Präparate.
a) Eine concentr., alkoholische Lösung von Eosin;
b) eine Lösung von Hämatoxylin (Hämalaun oder Alaunhämatoxylin).
Quart. Journ. Microsc. Sc. 1893. 129.

**Hilger**'s Reag. auf Alkaloide
ist Jodjodkaliumlösung.
Archiv der Pharm. 1874.

**Hilger**'s React. auf Aethyldiacetsäure im Harn.
300 ccm Harn werden nach Zuzatz von 50—60 ccm concentr. Salzsäure bis auf 1/3 abdestillirt. Das Destillat zeigt Acetongeruch u. liefert mit Kalilauge u. Jodlösung Jodoform, wenn der Harn Acetessigester enthält.
Liebig's Annal. **195**. 314.
Ztschr. f. anal. Chem. **18**. 632, **21**. 474.

**Hilger**'s React. auf Eiweiss.
Versetzt man eine Eiweisslösung (Harn) mit etwas Essigsäure u. Ferrocyankaliumlösung, so entsteht eine Trübung oder ein Niederschlag.
Vergl. Hammarsten, Physiol. Chem. 1899. 497.

**Hilger**'s React. auf Gallenfarbstoffe.
Etwa 50—100 ccm Harn werden in der Wärme mit Barytwasser gefällt u. filtrirt.
Beim Besprengen mit Salpetersäure, welche salpetrige Säure enthält, färbt sich der Niederschlag auf dem Filter grün bis blau (Gmelin's React.).
Sicherer gelingt die React., wenn man den Niederschlag mit Natriumcarbonatlösung erhitzt. Hierbei gehen die Gallenpigmente mit grüner bis braungrüner Farbe in Lösung. Mit dieser Lösung (ev. nach dem Eindampfen zur Trockne) kann man die Gmelin'sche React. anstellen.
Archiv d. Pharm. **206**. 385.
Ztschr. f. anal. Chem. **15**. 105.
Deubner, ebenda **25**. 458.

**Hilger-Mai**'s React. auf Kermesbeerfarbstoff im Wein.
Eine Mischung von 5 ccm Rotwein u. 10 Tropfen Jodjodkaliumlösung filtrirt man nach 2stündigem Stehen u. gibt einen Ueberschuss von Natriumthiosulfatlösung zu. Ist der Wein noch rötlich gefärbt, so ist Kermesbeerfarbstoff vorhanden.
Forschungsber. etc. 1895. II. 343.
Archiv d. Pharm. (3) **9**. 481.

**Himmel**'s Reag. zum Färben mikroskop. Präparate ist Neutralrot: (1 ccm kaltgesättigte Lösung von Neutralrot mischt man mit 100 ccm physiolog. Kochsalzlösung).
Chem. Centralbl. 1902. II. 1518.

**Himmelmann**'s React. auf Arsen neben Antimon
beruht auf der Entwickelung von Wasserstoff (u. Arsenwasserstoff) durch Zink und ammoniakalische Chlorammonlösung, wobei das entwickelte Gas durch Chlorzinklösung u. dann durch Silbernitratlösung geleitet wird.
Näheres siehe: Ztschr. f. anal. Chem. **7**. 477 u. Pharm. Centrh. 1868. 272.

**Hindelang**'s Reag. auf Eiweiss
ist eine frisch bereitete Lösung von Metaphosphorsäure in Wasser. Eiweisshaltiger Harn wird durch dieses Reag. getrübt.
Siehe Acid. phosphoric. glaciale (Meta-) in guttis, Merck's Index 1902. 13.
Berl. klin. Wochenschr. 1881. Nr. 15.
Dillner, Jahresber. f. Tierchem. 1882. 209.

**Hirschfeld**'s React. auf Chloralhydrat.
Eine Lösung von Chloralhydrat färbt sich auf Zusatz von Calciumsulfhydrat in kurzer Zeit purpurrot.
Pharm. Ztschr. f. Russl. **24**. 166.
Ztschr. f. anal. Chem. **25**. 565.
Arch. d. Pharm. **223**. 26.

**v. Hirschhausen**'s React. auf Berberin.
1. Versetzt man eine alkoholische Lösung von Berberin mit Jodjodkaliumlösung, so entsteht ein grünlich flimmernder Niederschlag (bestehend aus Krystallen von Berberinhydrojodid und Bijodberberin).
2. Löst man Berberin in einigen Tropfen Salzsäure (D. = 1,16), so bewirkt 1 Tropfen Chlorwasser eine kirschrote Färbung.

Ztschr. f. anal. Chem. **24**. 157.

**v. Hirschhausen**'s React. auf Hydrastin.
Hydrastin löst sich in Vanadinschwefelsäure mit morgenroter Farbe, die in Orangerot übergeht und allmählich verblasst.
Ztschr. f. anal. Chem. **24**. 160.

**v. Hirschhausen**'s React. auf Oxyacanthin.
In concentr. Schwefelsäure löst sich das Alkaloid gelb, dann braunrot u. später weinrot; in Fröhde's Reag. löst es sich mit tiefvioletter Farbe, dann braunviolett mit gelbgrüner Randzone.
Dissertation Dorpat 1884.
Ztschr. f. anal. Chem. **24**. 162.

**Hirschsohn**'s React. auf Acetanilid in Phenacetin.
10 ccm einer kalt gesättigten Lösung von Phenacetin werden mit 5 ccm Bromwasser versetzt. Bei Anwesenheit von Acetanilid (auch Phenol) entsteht eine krystallinische Ausscheidung. Es lassen sich so noch 5% Acetanilid nachweisen.
Pharm. Ztschr. f. Russl. **27**. 794.
Ztschr. f. anal. Chem. **40**. 685.
Vergleiche Deutsches Arzneibuch IV. 282.

**Hirschsohn**'s React. auf Acetanilid u. Phenacetin im Exalgin.
1 g Exalgin löst sich in 2 ccm Chloroform bei Abwesenheit von Acetanilid u. Phenacetin klar auf. Noch empfindlicher ist die Probe, wenn man die erhaltene Lösung mit 20 ccm Petroläther mischt. 10% Phenacetin u. 20% Acetanilid bewirken eine krystallinische Abscheidung.
Pharm. Ztschr. f. Russl. **29**. 17.
Ztschr. f. anal. Chem. **40**. 684.

**Hirschsohn**'s Reactionen auf Aloë.
Eine Lösung von Aloë (1:1000) versetzt man mit einem Tropfen Kupfersulfatlösung. 10 ccm dieser Lösung erwärmt man mit einem Tropfen Wasserstoffsuperoxyd (ca. 2%) zum Kochen. Es entsteht eine intensiv rote Färbung. Empfindlichkeitsgrenze = 1 : 14000. Bei dieser React. sind freie Säuren, Alkalien, Alkohol u. Brunnenwasser zu vermeiden.
Näheres siehe Pharm. Centrh. 1901. 64.

**Hirschsohn**'s Reagentien zur Prüfung der ätherischen Oele.
1. 2—4 Tropfen officinelle Eisenchloridlösung mischt man mit 30 g 95%igen Alkohols. Das Reag. gibt man tropfenweise in die alkoholische Lösung der Oele und beobachtet die Farbenerscheinungen.
2. Man löst 0,1 g Fuchsin in 1 Liter Wasser u. leitet Schwefeldioxyd bis zur Entfärbung ein. Zu der alkoholischen Lösung der Oele gibt man das 2—3fache Volum des Reag. u. beobachtet die eintretende Färbung.

Näheres Pharm. Ztschr. f. Russl. **32**. 417.

**Hirschsohn**'s Reactionen zur Unterscheidung von Buchenteer von Birken-, Tannen- und Wachholderteer
siehe Pharm. Ztschr. f. Russl. **35**. 801 oder Ztschr. f. anal. Chem. **38**. 129.

**Hirschsohn**'s React. auf Chinin u. Chinidin.
Eine neutrale, salz- oder schwefelsaure Lösung genannter Alkaloide färbt sich beim Kochen mit 1 Tropfen Wasserstoffsuperoxyd (2%) u. Kupfersulfatlösung (10%) intensiv himbeerrot. Die Farbe geht allmählich über Blauviolett und Blau in Grün über. Empfindlichkeitsgrenze 1 : 10000.
Pharm. Centrh. 1892. 367.
Chem. Centralbl. 1902. II. 540.

**Hirschsohn**'s React. auf Chloralalkoholat im Chloralhydrat.
Zu 1 g Chloralhydrat gibt man 1 ccm farblose Salpetersäure (D. = 1,4). Bei Anwesenheit von Chloralalkoholat färbt sich letztere innerhalb 10 Minuten gelb.
Lunge, Chem. Techn. Unters.-Meth. III. 674.

**Hirschsohn**'s Reag. auf Cholesterin
ist eine wässerige Lösung von 9 g Trichloressigsäure in 1 ccm Wasser. Kocht man Cholesterin mit diesem Reag., so löst es sich auf und es entsteht eine schwache Fluorescenz sowie eine rote Färbung, die im Laufe von 24 Stunden über Himbeerrot u. Blauviolett in Blau übergeht. Auch eine Mischung von 10 Teilen Reag. u. 1 Teil Salzsäure (D. = 1,12) wurde vom Autor vorgeschlagen.
Näheres siehe Pharm. Centrh. 1902. 357.

**Hirschsohn**'s React. auf Cineol in ätherischen Oelen.
0,05 g Jodol (Tetrajodpyrrol) versetzt man mit 15 Tropfen oder so viel des zu prüfenden Oeles, als zur Lösung nötig ist. Die nach 24 Stunden ausgeschiedenen Krystalle werden nach dem Waschen mit Petroläther mit Kalilauge gekocht. Bei Anwesenheit von Cineol tritt dessen charakteristischer Geruch auf.
Pharm. Ztschr. f. Russl. 1893. No. 4 u. 5.
Pharm. Centrh. 1893. 136.

**Hirschsohn**'s React. auf Colophonium im Tolubalsam u. Guajakharz.
Das gepulverte Harz wird mit Petroläther geschüttelt und filtrirt. Bei Anwesenheit von Colophonium wird das Filtrat durch Kupferacetatlösung (1 : 100) grün gefärbt.

**Hirschsohn**'s React. auf Cottonöl im Olivenöl.
5 ccm Olivenöl versetzt man mit 10 Tropfen einer Lösung von 1 g Goldchlorid in 200 g Chloroform u. erwärmt die Mischung 20 Minuten lang im siedenden Wasserbade. Bei Anwesenheit von Cottonöl entsteht eine rote Färbung.
Chem. Ztg. 1888. Rep. 341.

**Hirschsohn**'s React. auf Gurjunbalsam in ätherischen Oelen.
1 g Zinnchlorür, 3 ccm 95% Alkohol und 4—5 Tropfen des zu untersuchenden Oeles werden bis zur Lösung des Zinnchlorürs gekocht. Bei Anwesenheit von Gurjunbalsam tritt Rot-, Violett- u. Blaufärbung ein.
Eine dem Gurjunbalsam ähnliche Färbung geben Selleriesamenöl, Cubebenöl, Galgantöl, Lorbeeröl, Patschouliöl, Sumbulöl, Sandelöl, Pfefferöl, Cardamomenöl u. Baldrianöl. Wermutöl u. Kamillenöl geben eine grüne bis blaugrüne Färbung.
Pharm. Ztschr. f. Russl. **35**. 25, 65.
Ztschr. f. anal. Chem. **36**. 60.

**Hirschsohn**'s React. auf Gurjunbalsam in Copaivabalsam.
Kocht man 1 g Copaivabalsam mit 3 g Alkohol (95%) u. 1 g Zinnchlorür bis zur erfolgten Lösung, so tritt bei Anwesenheit von Gurjun eine rote Färbung ein, die allmählich in Blau übergeht. Es lässt sich auf diese Art noch 1% Gurjunbalsam leicht nachweisen. Mit dieser Probe lässt sich Gurjunbalsam oder ätherisches Gurjunöl auch in ätherischen Oelen erkennen.
Pharm. Ztschr. f. Russl. **34**. 499 u. **35**. 25, 65.
Ztschr. f. anal. Chem. **36**. 60, 806.
Gehe, Pharm. Centrh. 1896. 276.

**Hirschsohn**'s React. auf fette Oele im Copaivabalsam.
20—30 Tropfen Balsam übergiesst man mit 1—2 ccm einer Lösung von 1 Teil Aetznatron in 5 Teilen 95%igen Alkohols, kocht einigemale auf u. vermischt nach dem Erkalten mit dem doppelten Volum Aether. Bei Anwesenheit von Oelen entsteht eine gallertartige Mischung. Reiner Balsam gibt bei dieser Probe eine klare oder nur wenig trübe Lösung.
Pharm. Ztschr. f. Russl. **34**. 32.
Pharm. Ztg. **40**. 603.
Ztschr. f. anal. Chem. **35**. 238.

**Histed**'s React. auf Natalaloin.
Lässt man die Dämpfe rauchender Salpetersäure über eine Lösung von Natalaloin in concentr. Schwefelsäure streichen, so färbt sich letztere erst grün, dann rot u. zuletzt blau. Dieselbe React. bringt ein Krystall Kaliumnitrat hervor. Diese React. gibt nur die Natalaloë.
Pharm. Centrh. 1900. 33.
Heuberger, Schweizer Wochenschr. f. Chem. u. Pharm. 1899. 506.

**Hlasiwetz**' React. auf Blausäure
beruht auf der Bildung von Isopurpursäure (mit intensiver Rotfärbung) beim Erwärmen alkalischer Blausäurelösung mit Pikrinsäure.
Hager, Pharm. Prax. 1880. I. 66.
Kippenberger, Nachw. v. Gift. 1897. 17.

**Hoffmann**'s Reag. auf Eiweiss u. Phenol
ist identisch mit Millon's Reag. (siehe dieses).

**Hoffmann**'s React. auf Mutterkorn in Mehl u. Brod.
Siehe Pharm. Ztg. **23**. 726 u. 742 od. Ztschr. für anal. Chem. **36**. 121.
Lauck, Ztschr. f. anal. Chem. **36**. 273.
Medicus, Südd. Apoth.-Ztg. 1892. 605.
Ulbricht, Ztschr. f. anal. Chem. **33**. 766.
Hartwich, Pharm. Centrh. **34**. 662.
Medicus-Kober, Ztschr. Nahr.-Genussmittel 1902. 1077.

**Hoffmann**'s Reag. auf Phenol.
Phenol gibt mit einer Lösung von Kaliumnitrat oder Salpetersäure in concentr. Schwefelsäure eine violettrote bis violette Färbung.
Näheres siehe: Hager, Pharm. Prax. Erg.-Bd. 1883. 10.

**Hoffmann**'s React. auf Tyrosin.
Kocht man Tyrosin mit einer möglichst neutralen Lösung von Mercurinitrat, so entsteht ein roter, flockiger Niederschlag, während die Lösung nach dem Absetzen farblos ist.
Liebig's Annal. **87**. 123.
Nach Loth. Meyer muss das Reag. etwas salpetrige Säure enthalten.
Ztschr. f. anal. Chem. **3**. 199.
Staedeler, Liebig's Annal. **106**. 65.
Kühne, Archiv f. pathol. Anatom. **39**. 130.

**Hofmann**'s React. auf primäre Amine.
1. Primäre Amine geben beim Erwärmen mit Chloroform u. Kalilauge den charakteristischen Geruch des Isonitrils. (Isonitrilreaction).
Berl. Ber. **3**. 767.

2. Primäre Amine, in Alkohol u. Schwefelkohlenstoff gelöst, geben nach teilweisem Verdampfen des Alkohols und Erhitzen des Rückstandes mit Quecksilberchloridlösung den scharfen Geruch des betreffenden Senföles.
Berl. Ber. **8**. 108.
Weith, Berl. Ber. **8**. 461.

**Hofmann's** React. auf Anilin.
1. In salzsaurer Lösung wird Anilin durch Platinchlorid gefällt.
2. Eine alkoholische Lösung von Anilin wird durch alkoholische Quecksilberchloridlösung krystallinisch gefällt.
3. Eine Lösung von Anilin in verd. Salz- oder Schwefelsäure wird durch Bromwasser in rötlichweissen Krystallen gefällt.

**Hofmann's** React. auf Chloroform
beruht auf der Zersetzung desselben beim Erhitzen mit Alkalien unter Bildung leicht nachweisbarer Salzsäure (resp. Chlorids).

**Hofmann's** React. auf Chloroform.
(Isonitrilreaction). Versetzt man die zu prüfende Flüssigkeit mit einer Lösung von Anilin und Natriumhydroxyd in Alkohol u. erwärmt, so tritt bei Anwesenheit von Chloroform der charakteristische Geruch des Isonitrils ein. Empfindlichkeitsgrenze = 1 : 60 000.
Berl. Ber. **3**. 769.
Ztschr. f. anal. Chem. **10**. 225.

**Hofmann's** React. auf Cyanursäure.
Die Lösung der Cyanursäure versetzt man auf einem Uhrglase mit concentr. Natronlauge u. erwärmt einige Augenblicke über einem Spitzbrenner. Es bilden sich feine Nadeln von cyanursaurem Natrium, welche beim Erkalten wieder verschwinden, wenn die Lösung der Cyanursäure nicht zu concentrirt war.
Berl. Ber. **3**. 769.

**Hofmann's** React. auf Pyridinbasen.
Man gibt zu einigen Tropfen der zu prüfenden Substanz etwas Methyljodid u. setzt nach dem Erhitzen ein Stückchen Aetzkali u. einige Tropfen Wasser zu. Bei erneutem Erhitzen macht sich ein charakteristischer, senfölähnlicher Geruch bemerkbar.
Berl. Ber. **17**. 1908.

**Hofmann's** Reag. I auf Salpetersäure.
Man löst 1 g Anilin in 100 ccm verd. Schwefelsäure (1 : 6). Eine Mischung von 1 ccm concentr. Schwefelsäure u. 0,5 ccm Reag. wird durch Spuren von Salpetersäure (auch von salpetriger Säure) rot gefärbt.
Näheres siehe Ztschr. f. anal. Chem. **6**. 72.

**Hofmann's** Reag. II auf Salpetersäure
ist eine Lösung von Diphenylamin in concentr. Schwefelsäure (1 : 100). Schichtet man über dieses Reag. eine Lösung, die Spuren von Salpetersäure oder Nitraten enthält, so entsteht ein blauer Ring.
Liebig's Annal. **132**. 160.
Böttger, Jahresber. d. Chem. 1875. 918.
Vergleiche: Cimmino, Ztschr. f. anal. Chem. **38**. 429 u. Cimmino's React., ferner Kopp's Reag.

**Hofmann-Schroff's** React. zur Unterscheidung von Morphin u. Papaverin.
Verdünnte, wässerige Lösungen von Papaverin geben mit einer Lösung von Kaliumcadmiumjodid einen weissen, massigen, atlasglänzenden, schuppigen Niederschlag, während Morphinlösungen noch in einer Verdünnung 1 : 1000 schöne, nadelförmige Krystalle abscheiden, wenn sie mit genanntem Reag. versetzt werden.
Jahrb. der Pharm. **31**. 28.
Ztschr. f. anal. Chem. **8**. 471.

**Hofmeister's** React. auf Kreatinin.
Versetzt man eine mit Salpetersäure angesäuerte Lösung von Kreatinin mit Phosphorwolframsäure, so entsteht ein gelber, krystallinischer Niederschlag.
Ztschr. f. physiol. Chem. **5**. 67.
Vergleiche Kerner's React.

**Hofmeister's** React. auf Leucin
beruht auf der reduzirenden Wirkung von Leucin auf Mercuronitrat, das beim Erwärmen in metallisches Quecksilber übergeführt wird.
Liebig's Annal. **189**. 16.

**Hofmeister's** Reag. auf Pepton im Harn
ist Phosphorwolframsäure oder Tannin.
Näheres siehe Ztschr. f. physiol.. Chem. **4**. 253. **5**. 67.
Ztschr. f. anal. Chem. **20**. 161.

**Höhnel's** React. auf Quecksilber im Harn.
Man dampft 1 Liter Harn auf 250 ccm ein, gibt 3—4 g Cyankalium zu, digerirt 1/2 Stunde bei 60 bis 70° C. und filtrirt. Das Filtrat digerirt man mit einigen Streifen von blankem Kupferblech 2 Stunden lang bei 60—70° C. Bei Anwesenheit von Quecksilber zeigt sich auf dem Kupfer ein weisser bis blauweisser Beschlag mit glänzender Oberfläche.
Chem. Ztg. 1900. Rep. 56.
Pharm. Centrh. 1900. 277.

**v. Höhnel's** Reag. auf Holzstoff
ist eine concentr. Lösung von Phenol in Salzsäure (1,19), durch welche Holzstoff grün gefärbt wird, oder eine Lösung von Jodjodkalium und Schwefelsäure von bestimmter Concentration, womit Holz blau u. Holzschliff dunkelgelb gefärbt wird.
Chem. Ztg. **13**. 155.
Ztschr. f. anal. Chem. **28**. 737.

**v. Höhnel's** Reag. auf Seide
ist eine gesättigte, wässerige Lösung von Chromsäure, die mit einem gleichen Volumteil Wasser verdünnt wurde. Das Reag. löst echte Seide innerhalb einer Minute auf.
Dingler's Journ. **246**. 465.

**Holde's** React. auf Harzöl in Oelen.
Siehe Chem. Ztg. 1890. Rep. 107, 1891. Rep. 144.

**Holde's** React. auf Mineralöle in fetten Oelen.
Siehe Chem. Ztg. 1889. Rep. 202.

**Holfert's** Reag. für mikroskop. Zwecke (Conservirungs- u. Härtungsmittel)
ist Formaldehyd, welcher nach Bokorny als Protoplasmagift zur Haltbarmachung tierischer Präparate sehr geeignet ist. Nach Blum tritt bei der Verwendung des Formaldehyds keine Schrumpfung des Objektes ein (Chem. Ztg. **17**. Rep. 310).
Chem. Ztg. **18**. Rep. 135.
Ztschr. f. anal. Chem. **36**. 511.

**Homberger's** Reag. zur Gonokokkenfärbung
ist eine Lösung von Kresylechtviolett 1 : 10 000. Mit diesem Reag. färben sich Gonokokken rotviolett, Kerne schwach blau.
Pharm. Centrh. 1900. 790.
Centr. f. Bacteriolog. 1900.

**Hoogoliet**'s Reag. auf Chloride.
Man löst Silberchromat in Ammoniak und tränkt damit Filtrirpapierstreifen. Die noch feuchten Streifen zieht man rasch durch verdünnte Salpetersäure, wodurch das Silberchromat auf dem Papier verteilt bleibt. Das nach dem Trocknen rote Papier wird beim Eintauchen in chloridhaltige Flüssigkeiten entfärbt.
Pharm. Centrh. 1890. 268.
Ztschr. f. anal. Chem. **31**. 311.

**Hooker**'s Reactionen auf Carbazol u. Pyrrol.
Siehe Berl. Ber. **21**. 3299 oder Ztschr. f. anal. Chem. **28**. 711.

**Hoppe-Seyler**'s React. auf Gallenfarbstoffe.
Man versetzt ikterischen Harn mit Kalkmilch, leitet Kohlensäure ein u. filtrirt nach mehrstündigem Stehenlassen. Den Niederschlag rührt man mit wenig Wasser an, gibt Essigsäure zu und schüttelt mit Chloroform aus, in das der grüne Farbstoff übergeht u. besser erkannt werden kann. Der Niederschlag kann auch mit salpetriger Säure enthaltender Salpetersäure betupft werden, wobei grüne bis blaue Färbungen auftreten (Vergleiche Gmelin's React.)
Deubner, Ztschr. f. anal. Chem. **25**. 459.
Jolles, „ „ „ „ **29**. 402.

**Hoppe-Seyler**'s Reag. auf Glucose im Harn
ist eine Lösung von o-Nitrophenylpropiolsäure in Natronlauge (1:200). Erhitzt man 5 ccm dieses Reag. mit 10 Tropfen Harn zum Sieden, so tritt bei Anwesenheit von Glucose Blaufärbung (Indigo) auf.
Ztschr. f. physiol. Chem. **17**. 88.
Ztschr. f. anal. Chem. **32**. 268.
Ruini, Chem. Ztg. 1902. Rep. 60.
Jolles, Pharm. Centrh. 1895. 306.
Baeyer, Berl. Ber. **13**. 2260.

**Hoppe-Seyler**'s React. auf Kohlenoxyd im Blut.
Mischt man normales Blut mit Natronlauge, so wird es missfarbig, Kohlenoxyd enthaltendes Blut wird dagegen nach Zusatz von Natronlauge in dünner Schicht eine mennigrote Farbe behalten.
Virchow's Archiv f. pathol. Anatomie **11**. 288 u. **13**. 104.
Vergleiche Salkowski's React.

**Hoppe-Seyler**'s React. auf Phenol
beruht auf der Blaufärbung von Fichtenholz durch Phenol u. Salzsäure.
Archiv f. Physiol. 1872. 470.

**Hoppe-Seyler**'s React. auf Xanthin.
Gibt man etwas Xanthin zu einer Mischung von Natronlauge und Chlorkalk, so bildet sich um das Xanthin eine dunkelgrüne Zone, die bald in Braun übergeht.
Liebig u. Wöhler, Annal. **26**. 340.
Engel, Ztschr. f. anal. Chem. **15**. 345.

**Horsford**'s React. auf Amidoessigsäure.
Gycocoll gibt beim Erwärmen mit Kalilauge eine hellrote Färbung.
Liebig's Annal. **60**. 1.

**Horsley**'s Butterprobe
beruht auf der klaren Löslichkeit des geschmolzenen u. getrockneten Butterfettes in Aether bei 18,5° C. Näheres siehe Ztschr. f. anal. Chem. **2**. 100.

**Horsley**'s Reag. auf Glucose.
1. Eine Lösung von 30 g Kupfersulfat, 30 g Weinsäure, 90 g Kaliumhydroxyd und 90 g Kaliumcarbonat in 1440 ccm Wasser. Gebraucht wie Fehling's Reag.
2. Eine mit Kalilauge versetzte Lösung von Kaliumchromat. — Das Reag. färbt sich beim Kochen mit Glucose grün.
Merck's Report 1901. 20.

**Horsley**'s React. auf Morphin.
Gibt man zu einer heissen Lösung von Morphinacetat einige Tropfen Silbernitratlösung, so wird metallisches Silber abgeschieden und das Filtrat wird durch Salpetersäure blutrot gefärbt.
Ztschr. f. anal. Chem. **1**. 516. **7**. 485.
Schmidt's Jahrbücher **115**. 274.

**Horsley**'s Reag. auf Salpetersäure
ist eine Lösung von Pyrogallol in concentr. Schwefelsäure, die durch Salpetersäure violettblau gefärbt wird.

**v. Hösslin**'s Reag. auf Salzsäure im Magensaft
ist eine Lösung von Congorot.
Münchener med. Wochenschr. 1886 No. 6.

**Houzeau**'s Reag. auf Ozon
ist weinrotes Lackmuspapier u. Jodkaliumstärkepapier, welche beide unter der Einwirkung von Ozon gebläut werden.
Compt. rend. **66**. 44.

**Howie**'s React. auf Curcuma in Rhabarber
siehe Ztschr. f. anal. Chem. **14**. 400.
Americ. Journ. of Pharm. (4) **4**. 16.

**Hoyer**'s Reag. (Conservirungsmittel)
ist eine Lösung von arabischem Gummi u. Chloralhydrat in einer Mischung von Wasser und Glycerin. Gebraucht als Beobachtungs- und Conservirungsmittel.
Merck's Index 1902. 270.
Biolog. Centralbl. 1882. 23.

**Hoyer**'s Reag. zum Färben mikroskopischer Präparate.
1. Eine Lösung von 2 g Carmin in 100 ccm ammoniakalischem Wasser, mit einem Zusatz von Chloralhydrat. Gebr. zum Färben von Kernen, Achsencylindern u. Nervenzellen.
Biolog. Centralbl. 1882. 17.
Merck's Index 1902. 269.
2. Man löst 1 g Carmin in 10 ccm Alkohol unter Erwärmen und Zugabe von einigen Tropfen Schwefelsäure, filtrirt die Lösung u. gibt Bleiacetat zu, bis violette Niederschläge entstehen. Alsdann filtrirt man, gibt Bleiacetat im Ueberschuss zu, sammelt, wäscht den Niederschlag u. löst denselben in Alkohol u. etwas Schwefelsäure, wobei ein weisser Rückstand und eine rote Lösung entsteht.
Arch. f. mikroskop. Anat. 1876. 650.

**Hoyer**'s (trockenes) Carminsaures Ammon für mikroskop. Zwecke.
Man löst 10 g Carmin in 20 ccm Ammoniak (D.=0,91) u. 60 ccm Wasser u. erhitzt diese Lösung, bis sie nicht mehr nach Ammoniak riecht. Nach dem Erkalten filtrirt man u. gibt zu je 10 ccm Filtrat 0,1—0,5 g Chloralhydrat. Die erhaltene Lösung versetzt man mit dem 5fachen Volum Alkohol. Der entstandene Niederschlag wird gesammelt, gewaschen u. getrocknet. Gebraucht in wässeriger (ammoniakalischer) Lösung zum Färben von Kernen, Achsencylindern, Nervenzellen etc.
Biolog. Centralbl. 1882. 17.

**Hoyer**'s Reag. zum Imprägniren mikroskop. Präparate.
Man löst 0,5—0,75 g Silbernitrat in 10 ccm Wasser u. gibt so viel Ammoniak zu, dass sich der entstandene Niederschlag wieder löst. Alsdann verdünnt man die Lösung mit Wasser zu 100 ccm.
Arch. f. mikrosk. Anat. 1876. 649.

**Hoyer**'s Reag. für mikroskop. Zwecke.
(Carminleim zur warmflüssigen Injection.) Man löst 100 g Leim in 50 g Wasser u. färbt diese Masse mit neutraler Carminlösung hellrot. Alsdann gibt man 2 Gew. Proc gesättigter Chloralhydratlösung u. 5—10 Vol. Proc. Glycerin zu.
Biolog. Centralbl. 1882. 20.
Hoyer's Berlinerblaulösung siehe Arch. f. mikroskop. Anat. 1876. 649.
Hoyer's Bleichromatlösung siehe ebenda 1867. 136.

**v. Hübl**'s Reag. zur Bestimmung der Jodzahl.
a) Eine Lösung von 25 g Jod in 500 ccm Alkohol (90 %).
b) Eine Lösung von 30 g Quecksilberchlorid in 500 ccm Alkohol (90 %).
Zum Gebrauche mischt man nach dem Deutschen Arzneibuche gleiche Volumteile. Die Einstellung geschieht mit $^1/_{10}$ N-Natriumthiosulfatlösung.
Nach v. Hübl werden die Lösungen a u. b gemischt aufbewahrt, aber nicht vor 48stündigem Stehen nach der Mischung verwendet.
Vergleiche Hanus' Reag.
Ztschr. f. anal. Chem. **25**. 432.
Dingler's Journ. **253**. 281.
Grünhagen, Pharm. Ztg. 1900. 969.
Kitt, Chem. Ztg. 1902. 554.

**v. Hübl-Waller**'s Reag. zur Bestimmung der Jodzahl ist v. Hübl's Reag., das im Liter 50 g Salzsäure (D. = 1,19) enthält.
Chem. Ztg. **19**. 1786. 1831.
Ztschr. f. anal. Chem. **40**. 428.
Holde, Ztschr. f. Unters. Nahr.-Genussm. **1**. 417.
Dieterich, Helfenberger Annal. 1895. 66.
Henriques, Ztschr. f. öff. Chem. **3**. 401.

**Huber**'s Reag. auf freie Mineralsäuren ist eine wässerige Lösung von Ammonmolybdat u. Ferrocyankalium. Dieses Reag. gibt mit Lösungen, die freie Salz-, Salpeter-, Schwefel-, Phosphor-, Arsen-, schwefelige u. phosphorige Säure enthalten, eine rötlichgelbe bis dunkelbraune Färbung (oder Trübung), welche auf Zusatz von Alkali verschwindet.
Hager, Pharm. Prax. Erg.-Bd. 1883. 78.
Pharm. Centrh. **17**. 346.
Ztschr. f. anal. Chem. **16**. 242; **18**. 618.
Merck's Index 1902. 262.
Vergleiche Hager's Reag.

**Hüfner**'s Reag. auf Harnstoff.
Siehe dessen Reag. auf Stickstoff.

**Hüfner**'s Reag. auf Stickstoff ist eine Lösung von Brom in Natronlauge (1 + 10). Harnstoff u. ähnliche stickstoffhaltige Substanzen geben mit diesem Reag. behandelt ihren Stickstoff gasförmig ab. Das Reag dient zur quantitativen Bestimmung des Stickstoffs.
Ztschr. f. physiol. Chem. **1**. 350.
Ztschr. f. anal. Chem **21**. 299.
Jacobj, Ztschr. f. anal. Chem. **24**. 307.
Arnold, Ztschr. f. anal. Chem. **21**. 605.
Quinquaud, Moniteur scientif. (3) **11** 641.
Wormley, Jahresber. f. Tierchem. 1882. 64.
Schleich, Journ. f. pract. Chem. (2) **10**. 262.
Schenck, Pflüger's Archiv **38**. 325, 511.
Pflüger-Bohland, Chem. Ztg. 1886. Rep. 144.
Luther, Ztschr. f. physiol. Chem. **13**. 500.
Vergleiche Knop's React.

**Huguenin**'s Reag. zum Färben mikroskop. Präparate ist identisch mit Ehrlich's Reag. 2 (Dahliaviolettlösung) zum Färben.
Corresp. Schweizer Aerzte 1874.

**Hühnerfeld**'s Reag. auf Blut im Harn ist eine Mischung von 10 T. Terpentinöl, 10 T. Alkohol, 10 T. Chloroform, 1 T. Eisessig u. 1 T. Wasser.
1 ccm dieser Mischung u. 1 ccm Guajaktinktur schichtet man vorsichtig über etwa 5 ccm Harn. Bei Anwesenheit von Blut tritt eine blaue Zone auf. Vergleiche Schär's React.
Ztschr. f. anal. Chem. **34**. 130.
Schär, ebenda **39**. 134.
Breteau, Pharm. Centrh. 1898. 706.

**Huizinga**'s React. auf Glucose im Harn.
Kocht man Glucoselösung mit einigen Tropfen Kalilauge u. Ammonmolybdatlösung (oder auch Natriumwolframatlösung) u. gibt dann tropfenweise Salzsäure zu, so entsteht eine schöne blaue Färbung.
Näheres siehe Ztschr. f. anal. Chem. **10**. 250.
Arch. d. Physiol. **3**. 496.

**Hume**'s Reag. auf arsenige Säure.
Eine wässerige, 5 %ige Silbernitratlösung versetzt man so lange mit Ammoniak bis sich der anfangs entstandene Niederschlag wieder gelöst hat. Das Reag. gibt mit arseniger Säure u. Arseniten einen gelben Niederschlag.

**Huppert**'s React. auf Gallenfarbstoffe.
Wird ikterischer Harn mit Kalkmilch versetzt und der entstandene Niederschlag mit schwefelsäurehaltigem Alkohol in der Wärme extrahirt, so zeigt die Lösung eine grüne Färbung.
Archiv d. Heilkunde **8**. 351.
Deubner, Ztschr. f. anal. Chem. **25**. 459.
Jolles, ebenda **29**. 402.
Munk, ebenda **38**. 205.
Huppert, ebenda **3**. 237.
Nakayama, Ztschr. f. physiol. Chem. 1902. 398.
Hammarsten, Physiol. Chem. 1899. 507.

**Huppert**'s React. auf Harnsäure.
Versetzt man die Lösung eines harnsauren Salzes mit Salzsäure u. Phosphorwolframsäure so entsteht ein feinkörniger, hellbrauner Niederschlag.
Ztschr. f. anal. Chem. **29**. 633.
Schöndorff, Pflüger's Archiv **62**. 29.

**Huppert**'s React. auf Homogentisinsäure im Harn.
Siehe Ztschr. f. anal. Chem. **38**. 395 u. **30**. 524, ferner Baumann, Münchener medic. Wochenschr. 1891. 1. u. Ztschr. f. physiol. Chem. **15**. 228.

**Husemann**'s React. auf Blausäure.
Die zu prüfende Flüssigkeit (Destillat) versetzt man mit einigen Tropfen Ferrosulfatlösung u. Natronlauge, erhitzt zum Sieden und filtrirt. Das Filtrat säuert man mit Salzsäure an u. gibt einen Tropfen Eisenchlorid zu. Blausäure gibt sich durch Bildung von Berlinerblau zu erkennen.
Almén, Upsala Läkareför. Förh. **6**. 385.
Husemann, Toxicologie 196.

**Husemann**'s React. auf Morphin.
Morphin wird mit concentr. Schwefelsäure gekocht. Auf Zusatz von Spuren Salpetersäure, Chlorwasser, Salpeter etc. entsteht eine blau- bis rotviolette Färbung. Auf diese Art soll sich noch $^1/_{100}$ mg. Morphin nachweisen lassen.
Archiv d. Pharm. **206** 231.
Ztschr. f. anal. Chem. **3**. 149, **15**. 103.
Bruylants, Pharm. Centrh. 1895. 284.
Hager, Pharm. Prax. 1880. II. 465.

**Husemann**'s React. auf Narcotin.
Siehe Dragendorff-Husemann.

**Husson**'s Butterprobe.

Man löst 1 g Butterfett in 10 g einer Mischung von gleichen Teilen Aether u. Alkohol (95 %) bei einer Temperatur von 35—40° C. u. lässt 24 Stunden bei 18° C. stehen. Der entstandene Bodensatz darf nicht über 40 % und nicht unter 35 % betragen.

Hager, Pharm. Prax. Erg.-Bd. 1883. 166.
Pharm. Centrh. 1878. 9.
Compt. rend. **85**. 718.

**Husson**'s React. auf Fuchsin im Wein

beruht auf der färbenden Kraft eines solchen Weines gegenüber weissen Wollfäden.

Siehe Hager, Pharm. Prax. 1880. II. 1254.

**Huxley-Brooks'** Reag. auf Wasser im Chloroform

ist Kaliumbleijodid $Pb J_2 \cdot 2 K J$, das sich bei Anwesenheit von Wasser gelb färbt.

Pharm. Centrh. 1898. 509.
Ztschr. f. anal. Chem. **40**. 117.

**Huysse**'s Reag. auf Indium.

Man dampft die zu prüfende Lösung mit Schwefelsäure ein, nimmt in Wasser auf und gibt Caesiumchlorid zu. Bei Anwesenheit von Indium entstehen farblose Octaëder. An Stelle von Caesiumchlorid kann auch Ammoniumfluorid verwendet werden. Aluminium u. Eisen darf bei diesen Reactionen nicht zugegen sein.

Chem. Ztg. 1900. Rep. 39.
Pharm. Centrh. 1900. 254.

**Huysse**'s Reag. auf Kalium, Rubidium und Caesium.

Man löst Wismutsubnitrat in möglichst wenig Salzsäure und fügt Wasser zu bis ein starker Niederschlag entstanden ist. Letzteren bringt man durch eine gerade genügende Menge von Natriumthiosulfat wieder in Lösung. Die erhaltene Mischung wird mit Alkohol bis zur bleibenden Trübung versetzt und letztere durch Wasserzusatz wieder gehoben. — Die zu prüfende Lösung verdampft man auf einem Objektträger und gibt etwas Reag. zu. Bei Anwesenheit von Kalium, Rubidium und Caesium entstehen gelbgrüne Nädelchen

Chem. Ztg. 1900. Rep. 39.

**Hyde**'s React. auf Chinin.

Lässt man zu einer mit Salzsäure angesäuerten Lösung von Chinin Calciumhypochlorit zufliessen bis die bläuliche Fluorescenz gerade verschwindet u. gibt einige Tropfen Ammoniak zu, so entsteht eine schöne grüne Färbung, die auf Zusatz von Schwefelsäure in Rot übergeht.

Chem. Ztg. 1897. Rep. 101.
Pharm. Centrh. 1897. 343.
Journ. Amer. Chem. Soc. 1897. 331.

**Ihl**'s React. auf ätherische Oele.

Alkoholische Lösung von Lepidin und concentr. Salzsäure geben mit Zimmtöl eine hochrote Färbung, mit Pimentöl einen gelblichen, sich bald rot färbenden Niederschlag (ähnlich auch Nelkenöl), mit Sassafrasöl einen gelblichweissen, später roten Niederschlag, mit Esdragonöl einen weissen, später zinnoberroten Niederschlag. Empfindlicher ist dieselbe React. mit alkoholischer Pyrrollösung.

Chem. Ztg. 1890. 1571.

**Ihl**'s React. auf Arabin

siehe Wheeler-Tollens' React.

**Ihl**'s React. auf Glucose.

Eine mit Natriumcarbonat versetzte Lösung von Methylenblau wird durch Glucose entfärbt. (Ebenso wirken Dextrin u. Invertzucker).

Ztschr. f. anal. Chem. **29**. 368.
Chem. Ztg. **12**. 25.
Neumann-Wender, Ztschr. f. anal. Chem. **33**. 118.
Herzfeld, ebenda **29**. 369.

**Ihl**'s React. auf Holzstoff.

Holzstoff(-Papier) wird nach dem Befeuchten mit Harnstofflösung u. concentr. Salzsäure innerhalb kurzer Zeit intensiv gelb gefärbt. Auch eine Lösung von Antipyrin oder Thymol lässt sich an Stelle von Harnstoff verwenden.

Näheres siehe Chem. Ztg. 1889. 832.

**Ihl**'s Reag. auf Holzstoff u. Aldehyde

ist eine alkoholische Lösung von Pyrrol. Das Reag. gibt mit Holzstoff u. Aldehyden (eventuell erst beim Erwärmen) eine rote Färbung. Auch Lepidin in alkoholischer Lösung färbt Holzstoff rot. In beiden Fällen ist concentr. Salzsäure in bekannter Weise mit zu verwenden.

Chem. Ztg. 1890. 1571.

**Ihl**'s Reactionen der Phenole u. ätherischen Oele mit Kohlehydraten.

Siehe Chem. Ztg. **9**. 231 u. **13**. 264.
Ztschr. f. anal. Chem. **24**. 601.

Die beachtenswerteste dieser Reactionen ist nach dem Autor die auf Pfefferminzöl: Erhitzt man eine alkoholische Lösung von Pfefferminzöl mit etwas fein gepulvertem Rübenzucker u. Salzsäure, so erhält man eine blaugrüne Färbung. (Menthol gibt diese React. nicht).

**Ihl**'s Reactionen auf Rübenzucker.

Kocht man Rübenzuckerlösung mit wenig Salz- oder Schwefelsäure u. gibt nach dem Erkalten Resorcin u. concentr. Salzsäure zu, so erhält man eine an Intensität zunehmende, eosinrote Färbung und zuletzt eine hochrote, flockige Abscheidung.

Kocht man Rübenzuckerlösung mit alkoholischer Orcinlösung und concentr. Salzsäure, so entsteht unter starker Reaction eine gelbe Flüssigkeit, die mit Wasser einen grünen Niederschlag gibt.

Gibt man zu einer Rübenzuckerlösung alkoholische $\alpha$-Naphtollösung u. concentr. Schwefelsäure, so erhält man eine violettrote Färbung.

Chem. Ztg. 1887. 2.

**Ilimow**'s React. auf Eiweiss

ist eine Modification von Méhu's React.

Allgem. medic. Centralztg. 1879. XXVI.
Pharm. Centrh. **20**. 337.
Ztschr. f. anal. Chem. **19**. 382.

**Ilosvay**'s Reag. auf Acetylen

ist eine Lösung, welche Kupfersulfat, -nitrat oder -chlorid, Ammoniak und salzsaures Hydroxylamin in genau bestimmtem Verhältnis enthalten muss. Das Reag. gibt mit Acetylen rote Niederschläge von Acetylenkupfer.

Näheres siehe Berl. Ber. **32**. 2697 oder Ztschr. f. anal. Chem. **40**. 123.

**Ilosvay**'s Reag. auf salpetrige Säure.

1. 0,5 g Sulfanilsäure löst man in 150 ccm verdünnter Essigsäure;
2. 0,1 g festes $\alpha$-Naphtylamin kocht man mit 20 ccm Wasser, giesst die farblose Lösung von dem blauvioletten Rückstand ab und gibt zu dieser Lösung 150 ccm verd. Essigsäure.

Diese beiden Lösungen kann man für sich aufbewahren oder auch mit einander mischen. (Lunge, Ztschr. f. angew. Chem. 1889. 666).

Nach Ilosvay gibt man einige ccm der Lösung 1 zu 20 ccm der zu prüfenden Flüssigkeit, erwärmt auf ca. 75° C. und gibt dann einige ccm der Lösung 2 zu. Bei Anwesenheit von salpetriger Säure färbt sich die Mischung rot. Empfindlichkeitsgrenze 1 : 1000 Millionen.

Bull. Soc. Chim. Paris (3) **2**. 347.
Vergleiche Griess' React. u. Lunge's React.

**Ilosvay**'s Reag. auf Wasserstoffsuperoxyd.

Man löst 5 Tropfen Dimethylanilin u. 0,03 g Kaliumdichromat in 1 Liter Wasser. — 5 ccm der zu prüfenden Lösung, 5 ccm Reag. u. 1 Tropfen 5%ige Oxalsäurelösung geben nach dem Mischen bei Anwesenheit von Wasserstoffsuperoxyd noch im Verhältnis von 1 : 5 000 000 eine gelbe Färbung.

Chem. Ztg. 1895. Rep. 305.
Berl. Ber. **28**. 2029.

**Imendörffer**'s Reag. auf Arsen.

10 g Zinnchlorür löst man in 30 g Salzsäure (D. = 1,16) u. gibt unter starker Abkühlung 10 g concentr. Schwefelsäure zu. Dieses Reag. soll vor Bettendorf's Reag. verschiedene Vorzüge haben. (?)

Vergleiche Pharm. Ztg. 1891. 733 oder Pharm. Centrh. 1891. 740.

**Ince**'s Reag. auf Salpetersäure

ist eine gesättigte, wässerige Lösung von Natriumsulfocarbolat ($C_6H_4 . SO_3Na . OH$). 5 ccm Reag. u 5 ccm concentr. Schwefelsäure werden gemischt u. die zu prüfende Flüssigkeit darüber geschichtet. Bei Anwesenheit von Salpetersäure entsteht ein braunroter Ring. Empfindlichkeitsgrenze = 1 : 30 000.

Pharm. Journ. and Trans. 1886. 832.

**Ipsen**'s React. auf Kohlenoxyd im Blut.

Einige ccm Kohlenoxydblut werden mit Kalilauge alkalisch gemacht u. etwas reiner, gepulverter Traubenzucker zugegeben. Ebenso behandelt man zur Controle eine Probe normalen Blutes Man lässt diese Mischungen in luftdicht verschlossenen Gefässen mehrere Stunden stehen. Alsdann ist Kohlenoxydblut hell kirschrot, normales Blut dunkel schwarzrot gefärbt.

Ztschr. f. anal. Chem. **39**. 605.
Vierteljahresschr. f. gerichtl. Medicin **18**. 46.

**Istrati**'s Reactionen auf Aldehyde im Alkohol.

Siehe tabellarische Zusammenstellung in Ztschr. f. anal. Chem. **38**. 517.

**van Itallie**'s React. auf Antipyrin.

Beim Erhitzen einer Antipyrinlösung mit Salpetersäure entsteht eine kirschrote Färbung.

Apoth. Ztg. 1892. 28.

**v. Itallie**'s React. auf Harzöl in Leinöl

beruht auf dem Verhalten harzölhaltiger Leinöle, mit Kalkwasser keine oder nur unvollständige Emulsion zu geben.

Pharm. Weekbl. 1903 No. 6.
Pharm. Ztg 1902. 956, 1903. 185.

**v. Itallie**'s React. zur Unterscheidung des Phenols u. Resorcins von Salicylsäure.

Versetzt man 100 ccm einer gesättigten, wässerigen Lösung von Salicylsäure mit 2 Tropfen Eisenchloridlösung, so entsteht eine blauviolette Färbung, welche auf Zugabe von 10 Tropfen Milchsäure nicht verschwindet. Resorcin u. Phenol geben mit Eisenchlorid eine Blauviolettfärbung, die auf Zusatz von 1 Tropfen Milchsäure in Gelbgrün übergeht.

Apoth. Ztg. **4**. 99.
Chem. Ztg. **13**. Rep. 47.
Ztschr. f. anal. Chem. **28**. 713.

**v. Itallie**'s React. auf Salicylsäure.

Erhitzt man Natriumsalicylatlösung mit einer verdünnten Lösung von Kaliumnitrit u. einigen Tropfen Schwefelsäure zum Sieden, so färbt sich die Mischung erst gelb, dann braun u. rotbraun. Kalilauge bewirkt hierauf eine dunklere Färbung, die beim Erhitzen mit Zinkstaub verschwindet. Einige Tropfen Natriumhypochloritlösung erzeugen eine schöne Grünfärbung, die nach Uebersättigung mit Säuren in Rot übergeht. Empfindlichkeitsgrenze = 1 : 2000

Ztschr. d. österr. Apoth.-Ver. **37**. 549.
Apoth. Ztg. 1899. 383 u. 384.
Chem. Ztg. 1899. Rep. 206.
Pharm. Centrh. 1900. 125.

**v. Itallie**'s Reag. auf Schwefelwasserstoff

ist p-Diazobenzolsulfosäure. Eine frisch bereitete Lösung derselben ruft in einer alkalischen Lösung von Schwefelwasserstoff eine gelbe bis rotbraune Färbung hervor.

Apoth. Ztg. 1891. 366.
Pharm. Centrh. 1891. 459.
Chem. Ztg. 1891. Rep. 207.

**v. Itallie**'s React. auf Thymol.

Eine Thymol enthaltende Lösung wird nach Zugabe von 1 Tropfen Kalilauge u. so viel Jodjodkaliumlösung, bis die Lösung gelblich gefärbt erscheint, bei gelindem Erwärmen schön rot gefärbt. Andere Phenole sollen diese React. nicht geben.

Archiv d. Pharm. (3) **27**. 228.
Ztschr. f. anal. Chem. **29**. 205.
Chem. Ztg. 1889. Rep. 91.

**Ittner**'s React. auf Blausäure u. Cyanide.

Die zu prüfende, alkalisch gemachte Lösung versetzt man mit wenig Ferrosulfat und Ferrichlorid, erwärmt gelinde u. gibt dann überschüssige Salzsäure zu. Bei Anwesenheit von Cyaniden tritt Blaufärbung (Berlinerblau) auf.

Diese Methode benützt das deutsche Arzneibuch zur Prüfung auf Cyanide z. B. bei Kaliumjodid, Kaliumcarbonat, Natriumjodid etc.

Siehe auch Hager, Pharm. Prax. 1880. I. 65.

**Ivar Bang** siehe Bang.

**Jackson**'s React. auf Titan.

Eine wässerige Lösung von Titan wird durch Wasserstoffsuperoxyd gelb bis orangegelb gefärbt.

Merck's Report 1901. 21.
Vergl. Richardson's Reag. auf Wasserstoffsuperoxyd.

**Jacobs**' Glycerin-Gelatine für mikroskop. Zwecke.

Man löst 1 Teil Tragant, 5 Teile arabisches Gummi u. 1 Teil Gelatine in der genügenden Menge heissen Wassers, das 17 % Glycerin enthält.

Journ. Roy. Microsc. Soc. 1885. 900.

**Jacobsen**'s Reag. auf freie Fettsäuren in fetten Oelen

ist Rosanilin (Triamidodiphenyltolylcarbinol). Ranzige Oele lösen infolge ihres Gehaltes an freier Oel- oder Fettsäure trockenes Rosanilin unter Rotfärbung auf, während neutrale Oele ungefärbt bleiben.

Pharm. Centrh. 1867. 231.
Ztschr. f. anal. Chem. **6**. 452.

**Jacobson**'s React. auf Phenol.
Siehe Landolt's React.

**Jacobson**'s Reag. zur Bacterienfärbung.
a) Eine Lösung von 1 g Fuchsin u. 5 g Phenol in 100 ccm Wasser u. 10 g Alkohol,
b) eine concentrirte, alkoholische Lösung von Methylenblau.
Zum Gebrauch mischt man 20 ccm Wasser mit 15 Tropfen der Lösung a u. 8 Tropfen der Lösung b.
Pharm. Centrh. 1896. 867.

**Jacquemart**'s React. auf Aethyl- u. Methyl-Alkohol.
Quecksilberoxydnitrat wird durch Aethylalkohol zu Oxydulnitrat reduzirt nicht aber durch Methylalkohol. Man erkennt nach erfolgter Einwirkung die Reduction an dem schwarzen Niederschlag, den Ammoniak im Reactionsgemisch hervorbringt.
Ztschr. d. öst. Apoth.-Ver. **16**. 414.
Ztschr. f. anal. Chem. **18**. 291.
Merck's Index 1902. 262.

**Jacquemin**'s Reaction auf Anilin.
1. Versetzt man eine anilinhaltige Flüssigkeit mit Natriumhypochlorit und einigen Tropfen einer sehr verdünnten Schwefelammonlösung (1 Tropfen auf 30 ccm Wasser), so erhält man eine schöne Rosafärbung. Empfindlichkeitsgrenze = 1 : 250 000. (Rhodeinreaction).
Compt. rend. **83**. 226.
Berl. Ber. **9**. 1423.
Ztschr. f. anal. Chem. **16**. 246.
2. Versetzt man eine anilinhaltige Flüssigkeit mit wenig Ammoniak und Phenol, so entsteht eine blaue Färbung, nach dem Ansäuern in Rot übergehend. Empfindlichkeitsgrenze = 1 : 70 000.
Vergleiche Jacquemin's React. auf Phenol.

**Jacquemin**'s React. auf Nitrobenzol (in Bittermandelöl etc.).
Man gibt einige Tropfen der zu prüfenden Substanz in alkalische Zinnchlorürlösung u. erwärmt. Vorhandenes Nitrobenzol wird dabei zu Anilin reduzirt. Auf Zusatz von etwas Phenol und Natriumhypochloritlösung tritt Blaufärbung ein. (Siehe Jacquemin's React. auf Phenol.)
Journ de Pharm. et de Chim. **21**. 455.
Archiv d. Pharm. **208**. 86.
Ztschr. f. anal. Chem. **15**. 467.

**Jacquemin**'s React. auf Phenol.
(Indophenolreaction). Die zu prüfende Flüssigkeit versetzt man mit etwas Anilin und Natriumhypobromit. Bei Anwesenheit von Phenol tritt eine intensive Blaufärbung ein, die durch Säuren in Rot übergeht u. durch Alkalien regenerirt wird.
Compt. rend. **76**. 1605.
Archiv d. Pharm. 208. 47.
Neubauer, Ztschr. f. anal. Chem. **15**. 368.
Denigès, Bull. Soc. Chim. (3) **5**. 66.

**Jacquemin**'s React. auf Seiden-, Wollen- und Baumwollenfasern.
Das Gewebe wird mit lauwarmer Chromsäurelösung behandelt. Wollen- und Seidenfasern färben sich gelb, Baumwolle bleibt ungefärbt.
Compt. rend. **79**. 523.
Ztschr. f. anal. Chem. **13**. 468.

**Jacquemin**'s React. auf Urethan im Harn.
Man schüttelt 500 ccm Harn dreimal mit Aether aus, lässt letzteren verdunsten, löst den Rückstand in 20 ccm Wasser, versetzt mit Kalilauge und lässt 5 %ige, wässerige Quecksilberchloridlösung zufliessen bis der entstandene, gelbe Niederschlag sich nicht mehr löst. Die vorhandene Menge Urethan ist der verbrauchten Menge Sublimatlösung proportional. (Bei Anwesenheit von viel Urethan entsteht ein weisser Niederschlag.)
Journ. de Pharm. et de Chim. 1888. 538.
Pharm. Centrh. 1888. 125.

**Jaffé**'s React. auf Indican (im Harn).
10 ccm der zu prüfenden Lösung mischt man mit 10 ccm Salzsäure u. gibt tropfenweise gesättigte Chlorkalklösung zu. Bei Anwesenheit von Indican tritt Blaufärbung ein. Wenn man mit Chloroform ausschüttelt, geht der gebildete Indigo in dasselbe über u. färbt es blau. Die Reaction gelingt noch, wenn ein Harn in 100 ccm 0,4 mg. enthält.
Archiv f. d. g. Physiolog. **3**. 448. (Pflüger's Archiv).
Ztschr. f. anal. Chem. **10**. 126.
Salkowski, Virchow's Archiv **68**. 11. — Ztschr. f. anal. Chem. **16**. 366.
Michailow, Chem. Centralbl. 1887. 1270.
Rosenbach, Ztschr. f. anal. Chem. **29**. 240.
Beker-Breda, Pharm Weckbl. 1901. 21 oder Pharm. Centrh. 1901. 585.
Wolowski, Deutsche Med. Wochenschr. 1901. No. 2.
Kühn, Münchener Med. Wochenschr. 1901. No. 2.

**Jaffé**'s React. auf Kreatinin.
Eine Lösung von Kreatinin wird auf Zusatz von wässeriger Pikrinsäurelösung und Natronlauge je nach der vorhandenen Menge Kreatinin gelbrot bis dunkelblutrot gefärbt. Freie Säuren stören die React. Kreatin gibt die React nicht.
Ztschr. f. physiol. Chem. **10**. 399.
Ztschr. f. anal. Chem. **26**. 121.
Chem. Ztg. 1886. Rep. 186.

**Jaffé**'s React. auf Kynurensäure.
Dampft man Spuren von Kynurensäure mit etwas Salzsäure u. Kaliumchlorat auf dem Wasserbade zur Trockne, so erhält man einen rötlichen Rückstand, der sich mit Ammoniak befeuchtet in kurzer Zeit smaragdgrün färbt.
Ztschr. f. physiol. Chem. **7**. 399.
Ztschr. f. anal. Chem. **22**. 625.

**Jäger**'s Reag. für mikroskop. Zwecke
ist eine Mischung von 1 Teil Alkohol u. 1 Teil Glycerin mit 10 Teilen Seewasser. Gebraucht als Einschlussmittel.
Vogt-Yung, Lehrb. Anat. 1888. 16.
Calberla, Ztschr. f. Mikroskop. 1878. 442.

**de Jager**'s Reag. auf freie Säure im Magensaft.
Man löst 0,5 g Natriumsalicylat in 100 ccm Wasser und gibt 2 Tropfen officineller Eisenchloridlösung zu. Zum Nachweis sehr geringer Säuremengen verdünnt man dieses Reag. mit 80 % Wasser. 2 ccm dieser Lösung gibt man zu 10 ccm der zu prüfenden Flüssigkeit. Die gelbbraune Farbe des Reag. wird durch Salzsäure blauviolett, durch Milchsäure weinrot. Empfindlichkeitsgrenze = 0,02% Salzsäure, 0,05% Milchsäure. Wie Salzsäure verhalten sich alle Mineralsäuren und Essigsäure.
Ztschr. f. anal. Chem. **29**. 110

**Jahr**'s Butterprobe
siehe Pharm. Centrh. 1896. 43.

**v. Jaksch**'s React. auf Gallenfarbstoffe.
10—15 ccm Blut lässt man gerinnen, hebt das Serum ab, filtrirt es durch Asbest und lässt in dünner Schicht bei 80° C erstarren. Bei Anwesenheit von Gallenfarbstoffen ist das Serum grünlich gefärbt und wird durch wiederholtes Erwärmen auf 50—60° C. grasgrün; normales Serum ist nur hellgelb u. milchig getrübt.
Ztschr. f. anal Chem. **31**. 725.

**v. Jaksch**'s Reag. auf Glucose im Harn.
50 ccm Harn mischt man mit einer Lösung von 2 g Phenylhydrazinchlorhydrat u. 1,5 g Natriumacetat in 20 ccm Wasser u. erwärmt auf dem Wasserbade. Bei Anwesenheit von Glucose entsteht ein gelber, krystallinischer Niederschlag. Nach Grocco gelingt die React. noch bei 0,001%.
Ztschr. f. anal. Chem. **24** 478.
Grocco, Annali di Chim. appl. alla Farmacia **79**. 258.
v. Jaksch, Ztschr. f. klinische Medic. **11**. 20. oder Ztschr. f. anal. Chem. **25**. 603, wonach sich das Reag. auch zum Nachweise von Zucker in Blut u. serösen Flüssigkeiten verwenden lässt.
Rosenfeld, Deutsche med. Wochenschr. 1888. 451 u. 479.
Kowarsky, Berliner klin. Wochenschr. 1899. 412.
Lamanna, Pharm. Centrh. 1897. 135.

**v. Jaksch**'s React. auf Harnsäure
ist eine Modification der Murexidprobe, nach der statt Salpetersäure Chlorwasser verwendet wird.
Vergleiche Weidel's React. auf Xanthin.
Magnier de la Source verwendet zur Murexidprobe Bromwasser.
Répert. de Pharm. **3**. 103.
Arch. d. Pharm. **208**. 84.
Ztschr. f. anal. Chem. **15**. 504.

**v. Jaksch**'s React. auf p-Kresol.
Eine wässerige Lösung von p-Kresol wird durch Kalilauge u. Nitroprussidnatrium rotgelb und dann nach dem Ansäuern mit Essigsäure rosarot gefärbt.
Ztschr. f. klin. Medic. 1884. 130.

**v. Jaksch**'s React. auf Melanin u. Melanogen im Harn.
Verdünnte Eisenchloridlösung gibt mit genannten Stoffen einen schwarzen Niederschlag, der nur in Kalilauge u. concentr. Säuren löslich ist.
Ztschr. f. physiol. Chem. **13**. 385.
Ztschr. f. anal. Chem. **28**. 758.
Vergleiche Eiselt u. Zeller's React.

**v. Jaksch**'s React. auf Salzsäure im Magensaft.
Eine wässerige, blaue Lösung von Smaragdgrün wird durch sehr verdünnte Salzsäure grün gefärbt.
Näheres siehe Pharm. Centrh. 1888. 323.

**v. Jaksch**'s Reag. auf Zucker in tierischen Flüssigkeiten.
Siehe Jaksch's Reag. auf Glucose.

**Jandrier**'s React. auf Baumwolle in Wollstoffen
beruht auf der Umwandlung der Cellulose in Kohlehydrate mit Aldehydcharakter durch Behandeln mit Schwefelsäure (20° Bé.). Der Nachweis des gebildeten Aldehyds geschieht durch die Farbenreactionen mit Resorcin-Schwefelsäure (rot) oder α-Naphtol-Schwefelsäure (violett).
Chem. Ztg. 1899. Rep. 350.
Pharm. Centrh. 1900. 144.
Istrati, ebenda 1900. 289.
Barbet-Jandrier, Ztschr. f. anal. Chem. **37**. 47.

**Jandrier**'s React. auf Oxycellulosen.
2 ccm einer Lösung oder Aufschüttelung von Oxycellulose versetzt man mit einigen Centigr. eines Phenoles u. lässt dann 1 ccm reine concentr. Schwefelsäure zufliessen. Es tritt ein farbiger Ring auf u. zwar gibt Phenol eine goldgelbe, α-Naphtol eine violette, β-Naphtol u. Hydrochinon eine braune, Resorcin eine gelbbraune, Gallussäure eine grüne, Morphin u. Codeïn eine violette Färbung etc.
Näheres siehe Compt. rend. **128**. 1407 od. Ztschr. f. anal. Chem. **41**. 58.
Barbet-Jandrier, The Analyst **21**. 295.

**Janssens**' Reag. zum Färben mikroskop. Präparate
ist eine angesäuerte, alkoholische Lösung von Carminblau (2—3 Tropfen Salzsäure auf 100 ccm).
La Cellule 1893. 9.

**Jassoy**'s React. auf Morphin in Chininsulfat
beruht auf der Eigenschaft des Morphins aus Jodsäure Jod in Freiheit zu setzen.
Näheres siehe Ztschr. f. anal. Chem. **13**. 456.
Arch. der Pharm. **204**. 517.
Frederking, Ztschr. f. anal. Chem. **13**. 456.

**Jaworowski**'s Reag. auf Alkaloide.
Eine warm bereitete Lösung von 0,3 g Natriumvanadat in 10 ccm Wasser wird nach dem Abkühlen mit einer Lösung von 0,3 g Kupfersulfat in 10 ccm Wasser vermischt u. so lange tropfenweise Essigsäure zugesetzt bis sich der entstandene Niederschlag wieder gelöst hat. Das Reag. wird filtrirt.
Beim Gebrauche wird das Alkaloid, wenn es als Salz vorliegt, in 1—5 ccm Wasser gelöst; freie Basen löst man unter Zugabe von 1—10 Tropfen 5%iger Essigsäure. Diese Lösung versetzt man mit 1 Tropfen des Reag. Hat sich nach 1/4 Stunde keine Ausscheidung gebildet, so teilt man die Lösung in 2 Teile. Zu dem einen gibt man noch einige Tropfen des Reag., den andern erhitzt man zum Sieden. Die im einen oder anderen Falle auftretende Trübung oder Opalescenz lässt einen Schluss zu, in welche der vom Autor aufgestellten Gruppen das untersuchte Alkaloid gehört.
Näheres siehe Pharm. Ztschr. f. Russl. **35**. 326 oder Ztschr. f. anal. Chem. **36**. 410.

**Jaworowski**'s Reag. auf Ammoniak.
Man löst 1 g Quecksilberchlorid, 1 g Natriumcarbonat u. 4 g Natriumchlorid in 30 g Wasser.
Ztschr. f. anal. Chem. **35**. 589.
Vergl. Nessler's Reag.

**Jaworowski**'s Reag. auf Chinin.
Eine frisch bereitete Mischung aus gleichen Teilen 10% Natriumthiosulfatlösung u. 5% Kupfersulfatlösung. Dieses Reag. erzeugt in Lösungen von Chinin, Chinidin, Cinchonin u. Cinchonidin einen gelben, amorphen Niederschlag.
Pharm. Ztschr. f. Russl. **35**. 84.
Ztschr. f. anal. Chem. **36**. 208.

**Jaworowski**'s Reactionen auf Chloralhydrat.
1. Schichtet man eine resorcinhaltige, wässerige Lösung von Chloralhydrat über concentr. Schwefelsäure, so entsteht ein brauner Ring, beim Mischen wird die Mischung braun. Ammoniak erzeugt einen gelbroten Ring.
2. Eine wässerige Lösung von Chloralhydrat gibt mit Nessler's Reag. einen ziegelroten Niederschlag.
3. Erhitzt man Chloralhydratlösung mit Rhodankalium bis zum Sieden, so bewirkt ein Zusatz von 5 Tropfen Normal-Kalilauge eine hellbraune Färbung, später einen dunkelbraunen Niederschlag.
4. Erhitzt man Chloralhydratlösung mit etwas Natriumthiosulfat, so entsteht eine trübe, ziegelrot gefärbte Flüssigkeit, welche durch Kalilauge klar u. braun wird.
5. Erhitzt man Chloralhydratlösung mit wenig Phloroglucin, so bewirkt Kalilauge eine braunrote Farbe, die beim Schütteln mit etwas Salzsäure u. Amylalkohol in letzteren übergeht.
Pharm. Ztschr. f. Russl. **33**. 373.
Ztschr. f. anal. Chem. **37**. 60.

**Jaworowski**'s React. auf Cobalt (neben Nickel).
Die zu prüfende Flüssigkeit neutralisirt man mit Natriumcarbonat, schüttelt mit trockenem Natriumpyrophosphat bis zur Lösung des ausgeschiedenen Cobalthydroxyds (-carbonats) u. verdünnt die erhaltene Lösung mit Wasser bis sie fast farblos geworden ist. Schüttelt man 8 ccm dieser Lösung mit 1,5 g Natriumcarbonat u. 8 Tropfen Bromwasser, so entsteht bei Anwesenheit von Cobalt eine grüne Färbung.
Näheres siehe: Pharm. Ztschr. f. Russl. 1897. 632.
Pharm. Centrh. 1897. 896.

**Jaworowski**'s Reag. auf Eiweiss im Harn.
Eine Lösung von 1 Teil Ammoniummolybdat u. 4 T. Citronensäure in 40 T. Wasser. 4 ccm Harn wird nach eventuellem schwachen Ansäuern mit Citronensäure durch 1 Tropfen des Reag. getrübt, wenn Eiweiss vorhanden ist. Diese Trübung verschwindet beim Erwärmen nicht. Auch Pepton wird durch dieses Reag. angezeigt, allein die durch letzteres entstandene Trübung verschwindet beim Erwärmen.
Pharm. Zeitschrift für Russland **35**. 83.
Ztschr. f. anal. Chem. **36**. 70.
Jahresber. f. Tierchem. 1892. 192.
Chem. Centralbl. 1896. I. 770.

**Jaworowski**'s React. auf Glucose im Harn
beruht auf der Reduction von Natriumjodat.
Näheres siehe Pharm. Ztschr. f. Russl. **33**. 487.

**Jaworowski**'s Reactionen auf Glucose (Aldehyde und Ketone).
1. Erwärmt man Glucoselösung mit Jaworowski's Reag. auf Ammoniak, so entsteht ein gelber, später grau werdender Niederschlag (Calomel u. Quecksilber).
2. Erwärmt man Glucoselösung mit o-Nitrophenol, so entsteht Braunfärbung, mit Nitrobenzol eine rote, dann schmutzigbraune Färbung.
3. Kocht man Glucoselösung mit wenig Jodsäure u. Natronlauge und überschichtet die erkaltete, angesäuerte Lösung mit Ammoniak, so entsteht ein dunkler Niederschlag (Jodstickstoff).
4. Ueberschichtet man eine Lösung von 0,1 g Natriumvanadat in 3 ccm verd. Schwefelsäure mit Glucoselösung, so entsteht ein grüner oder blauer Ring.
5. Schüttelt man Calomel mit 10 %iger Jodkaliumlösung, filtrirt u. erwärmt das Filtrat mit Glucoselösung und Natronlauge, so entsteht ein grauer Niederschlag (Quecksilber).
Pharm. Post 1893. 549.
Pharm. Centrh. 1894. 50.
Ztschr. f. anal. Chem. **35**. 588.

**Jaworowski**'s React. auf Guajakol.
1. Ammoniakalische, 5%ige Silbernitratlösung wird durch 1 Tropfen Guajakol oder Kreosot zu metallischem Silber reduzirt, besonders beim Erwärmen.
2. Mischt man ammoniakalische Silberlösung mit Guajakol u. dann mit Essigsäure, so färbt sich die Mischung nach einiger Zeit rot.
Pharm. Zeitschr. f. Russl. 1896. Nr. 22.
Pharm. Centrh. 1896. 273. 805.

**Jaworowski**'s React. auf Kupfer.
5 ccm der zu prüfenden Flüssigkeit versetzt man mit überschüssigem Ammoniak und dann mit 2 Tropfen Phenol. Je nach der Menge des vorhandenen Kupfers soll innerhalb 1 Stunde eine blaue Färbung eintreten.
Näheres siehe: Pharm. Centrh. 1896. 337.
Pharm. Ztschr. f. Russl. 1896. 83 u. 1897. 529.
Chem. Ztg. 1897. Rep. 254.

**Jaworowski**'s React. auf Sadebaumöl.
1. Löst man 1 Tropfen Sadebaumöl in 4 ccm (90 %) Alkohol und schichtet diese Lösung über verd. Schwefelsäure, so bildet sich ein roter Ring.
2. Schüttelt man 1 Tropfen Sadebaumöl mit 20 ccm Wasser, lässt 12 Stunden stehen, mischt 0,3 g Magnesiumcarbonat zu und filtrirt, so entsteht beim Ueberschichten des Filtrates über verd. Schwefelsäure ein grünlichgelber Ring.
3. Je 6 ccm verdünnte Schwefelsäure u. 5 Tropfen Milchsäure bringt man in zwei Reagensgläser, gibt zu einer Mischung 1 Tropfen Sadebaumöl und erhitzt beide Mischungen, bis die ölfreie gelb geworden ist. Nach dem Abkühlen verdünnt man die ölhaltige Mischung mit 5 ccm Wasser u. schüttelt mit Aether oder Benzol. Das Benzol färbt sich grün mit gelbem oder bläulichem Schein, der Aether wird braun; die wässerige Flüssigkeit zeigt grüne Fluorescenz. Gibt man zu der ätherischen Ausschüttelung vorsichtig Benzol, so färbt sich die obere Schichte des Aethers grün, wobei der braune Stoff als brauner Ring nach unten fällt.
Pharm. Ztschr. f. Russl. **33**. 374 oder Ztschr. f. anal. Chem. **36**. 808.

**Jaworowski**'s React. auf Santonin.
Man löst 0,01—0,02 g Santonin unter vorsichtigem Erwärmen in 2 ccm concentr. Schwefelsäure und gibt tropfenweise 1%ige, mit Schwefelsäure angesäuerte Ceriumsulfatlösung zu. Die gelbe Farbe der Santoninlösung geht hierbei in Kirschrot über und auf Wasserzusatz erfolgt ein violetter Niederschlag.
Chem. Ztg. 1897. Rep. 269.
Pharm. Zeitschr. f. Russl 1897. 559.
Pharm. Centrh. 1897. 821.

**Jean**'s React. auf Seife in Schmierölen.
Die ätherische Lösung des zu prüfenden Oeles versetzt man mit einer alkoholischen Lösung von Metaphosphorsänre. Bei Anwesenheit von Seife entsteht ein Niederschlag.
Näheres siehe Chem. Ztg. 1896. Rep. 36.

**Jean**'s Reag. auf Oele
ist mit gasförmiger Chlorwasserstoffsäure gesättigte, concentr. Phosphorsäure (80%) oder concentrirte Schwefelsäure, welche in einem besonderen Apparate beim Mischen mit Oelen eine spez. Temperaturerhöhung bewirkt.
Benedikt, Anal. d. Fette 3. Aufl. 415.
Journ. de Pharm. et de Chim. 1889. 337.

**Jehn**'s React. auf mehrwertige Alkohole
beruht auf der Eigenschaft der letzteren, die alkalische Reaction einer Boraxlösung in eine saure zu verwandeln.
Arch. d. Pharm. (3) **25**. 250.
Ztschr. f. anal. Chem. **27**. 395.
Klein, Compt. rend. **86**. 826, **99**. 144.
Ztschr. f. angew. Chem. 1896. 551; 1897. 5.
Lambert, Compt. rend. **108**. 1016.

**Jodlbauer**'s Reag. zur Stickstoffbestimmung (Phenolschwefelsäure)
ist eine Lösung von 50 g Phenol in concentrirter Schwefelsäure, sodass die Mischung 100 ccm beträgt.
Näheres siehe Ztschr. f. anal. Chem. **26**. 93.
Chem. Ztg. 1887. Rep. 12. (Stutzer u. Reitmair).

**Johannson**'s Reag. auf Alkaloide
ist eine Lösung von 1 g Ammonvanadat in 100 ccm concentr. Schwefelsäure. Das Reag. färbt sich mit Aconitin hellkaffeebraun, mit Atropin gelbrot bis rot, mit Apomorphin violettblau, dann grün und rötlichbraun, mit Brucin blutrot, mit Cinchonin u. Cocaïn orange, mit Codein grünlichbraun, mit Colchicin grün, dann braun, mit Coniin grün, dann bräunlich, mit Digitalin dunkelbraun, mit Morphin braun, mit Narceïn braun, blauviolett, dann braun, mit Narcotin blutrot, mit Papaverin violett, bläulichgrün, dann orangegelb, mit Pikrotoxin gelbrot, mit Pilocarpin orange, mit Chinidin blaugrün, mit Chinin orange, blaugrün, dann grünbraun, mit Strychnin blauviolett, dann rot, mit Veratrin braunrot bis rötlichviolett.
Merck's Report 1901. 41.

**Johannson**'s Reag. auf Colchicin
ist eine Lösung von 13,5 g Quecksilberchlorid und 50 g Jodkalium in 1 Liter Wasser. — Eine mit Schwefelsäure angesäuerte Colchicinlösung wird durch das Reag. getrübt oder gefällt.
Ztschr. f. anal. Chem. **15**. 456.
Dragendorff, Wertbest. etc. Petersburg 1874. 73.

**Johnson**'s React. auf Arsen
ist dieselbe wie Gatehouse's React. (Siehe diese).
Chem. News **38** 301.

**Johnson**'s Reag. auf Eiweiss
ist gesättigte, wässerige Pikrinsäurelösung.
Vergleiche Esbach. Galippe u. Hager.
Ztschr. f. anal. Chem. **23**. 115.

**Johnson**'s Reag. auf Glucose im Harn.
Der zu prüfende Harn wird zur Entfernung von Harnsäure etc. mit Quecksilberchlorid versetzt, nach einiger Zeit filtrirt u. das überschüssige Quecksilberchlorid mit Ammoniak ausgefällt. Die so erhaltene Flüssigkeit versetzt man mit Pikrinsäure u. Kalilauge u. erhitzt zum Sieden Bei Anwesenheit von Glucose tritt Rotfärbung ein. Empfindlichkeitsgrenze = 1 : 10 000.
Ztschr. f. anal. Chem. **23**. 111.
Brit. med. Journ. 1883. 504.
Rosenfeld, Deutsche med. Wochenschr. 1888. 451 u. 479.
Hager, Pharm. Prax. 1880. I. 103.

**Johnson**'s Reag. zum Färben mikroskop. Präparate
ist eine Mischung von 2 Teilen Rosin's Triacidgemisch und 1 Teil 20%iger Nigrosinlösung.

**Johnson**'s Reag. zum Härten mikroskop. Präparate
ist eine Lösung von 1,75 g Kaliumdichromat, 0,2 g Osmiumsäure, 0,15 g Platinchlorid u. 5 g Eisessig in 95 ccm Wasser.
Vergleiche Lee-Mayer, Mikrosk. Technik 1898. 58.

**Johnstone**'s React. auf Silber im Blei.
Die Lösung von Blei in Salpetersäure wird mit Soda nahezu neutralisirt u. ein Zink- u. ein Kupferstreifen angehängt. Blei schlägt sich am Zink, Silber am Kupfer nieder.
Näheres siehe Chem. Ztg. 1890. Rep. 19.
Chem. News **60**. 309.

**Jolles**' Reag. auf Brom im Harn.
Man löst 0,5 g p-Dimethylphenylendiamin in 500 ccm Wasser, tränkt mit dieser Lösung Filtrirpapier und trocknet es. Leitet man Bromdämpfe über solches Papier, so entsteht ein Farbenring, der innen violett, an den Rändern durch Blau in Grau bis Braun übergeht. Wird das Papier angefeuchtet, so wird die rotviolette Farbe deutlicher. 10 ccm Harn werden in einem Kölbchen mit Schwefelsäure angesäuert u. Kaliumpermanganat bis zur bleibenden Rotfärbung zugegeben. In den Hals des Kölbchens hängt man einen angefeuchteten Streifen genannten Reag.-Papiers u. erwärmt Bei Anwesenheit von Brom entstehen auf letzterem die angegebenen Farbenerscheinungen. Empfindlichkeitsgrenze = 0,001% Bromnatrium.
Ztschr. f. anal. Chem. **37**. 439.
Wiener med. Bl. 1898. 173.

**Jolles**' React. auf Eiweiss im Harn.
10 ccm Harn versetzt man mit 10 ccm concentr. Salzsäure u. schichtet auf diese Mischung vorsichtig einige Tropfen gesättigter Chlorkalklösung. Eiweiss erzeugt einen weissen Ring. Empfindlichkeitsgrenze 1 : 10 000.
Ztschr. f. anal. Chem. **29**. 406.

**Jolles**' Reag. auf Eiweiss im Harn.
10 g Quecksilberchlorid, 20 g Bernsteinsäure u. 20 g Natriumchlorid löst man in 500 ccm Wasser. Eiweisshaltiger Harn wird durch dieses Reag. getrübt. Bei salzarmen Harnen soll das Reag. empfindlicher sein als Spiegler's Reag.
Ztschr. f. physiol. Chem. **21**. 306.
Ztschr. f. anal. Chem. **36**. 69 u. **39**. 146.
Merck's Index 1902. 262.
Graul, Dissertation 1897 in Stahel's Verlag, Würzburg.

**Jolles**' React. auf Gallenfarbstoffe.
50 ccm Harn versetzt man mit einigen Tropfen 10%iger Salzsäure, überschüssigem Chlorbaryum u. 5 ccm Chloroform. Man schüttelt die Mischung einige Minuten lang, lässt dann absitzen, bringt mit Hülfe einer Pipette Chloroform u. Niederschlag in ein Reagensglas u. verdampft das Chloroform bei 80° C. Hat sich nach einigem Stehen bei gewöhnlicher Temperatur der Niederschlag zusammengeballt, so giesst man die überstehende Flüssigkeit ab u. lässt an der Glaswand ca. 3 Tropfen einer Mischung, bestehend aus 1 T. rauchender u 3 T. concentr. Salpetersäure, herabfliessen. Bei Anwesenheit von Gallenfarbstoffen bilden sich die charakteristischen grünen u. blauen Farbenringe.
Ztschr. d. öst. Apoth.-Ver. 1894. 89.
Ztschr. f. physiol. Chem. **18**. 545; **20**. 460.
Ztschr. f. anal. Chem. **33**. 503; **34**. 127 u. 490.
Triollet, Pharm. Centrh. 1900. 764.
Hammarsten, Physiol. Chem. 1899. 507.

**Jolles**' React. auf Histon im Harn.
50 – 100 ccm Harn werden mit Essigsäure schwach angesäuert u. so lange Chlorbaryumlösung zugegeben bis kein Niederschlag mehr entsteht. Der Niederschlag wird auf einem Filter gesammelt u. dann in 10 ccm einer 1%igen Salzsäure gelöst. Nach dem Neutralisiren mit festem Natriumcarbonat u. Zugabe von etwas überschüssigem Natriumcarbonat filtrirt man u. versetzt das Filtrat mit Salzsäure u dann mit Ammoniak. Bei Anwesenheit von Histon entsteht eine Trübung.
Ztschr. f. physiol. Chem. **25**. 236.

**Jolles**' React. auf Jod im Harn.
10 ccm Harn mischt man mit 10 ccm concentr. Salzsäure u. schichtet vorsichtig einige Tropfen einer schwachen Chlorlösung (Chlorkalklösung) darüber. Bei Anwesenheit von Jod entsteht an der

Berührungsstelle ein braungelber Ring, der durch Stärkelösung intensiv blau gefärbt wird. Empfindlichkeitsgrenze = 1/382 Prozent.
Ztschr. f. anal. Chem. **30**. 289 u. **33**. 543.
Vergleiche Sandlund's React.

**Jolles'** React. auf Nitrite im Harn.
Siehe Schaeffer's React.

**Jolles'** Reag. auf Pyramidon im Harn.
Man mischt 1 ccm Jodtinktur mit 10 ccm Wasser. — Ueberschichtet man den Harn mit diesem Reag., so bildet sich bei Anwesenheit von Pyramidon nach einiger Zeit ein braunroter Ring.
Wiener med. Bl 1898. 173.
Pharm. Centrh. 1898. 226.

**Jolles'** React. auf Quecksilber im Harn.
100—300 ccm Harn werden mit etwa 2 g grobkörnigen Goldpulvers u. mit so viel concentr. Salzsäure versetzt, dass aus Zinn frisch bereitete, gesättigte Zinnchlorürlösung keine Ausscheidung mehr damit gibt. Man gibt dann 30—50 ccm auf 70 bis 80° C. erwärmte Zinnchlorürlösung zu, digerirt 5 Minuten lang unter Umrühren u. lässt dann absitzen. Das Goldpulver wird mit Wasser gewaschen u. dann mit 3—4 Tropfen warmer, concentr. Salpetersäure das daran haftende Quecksilber gelöst. Die so erhaltene Lösung gibt mit Zinnchlorür noch bei 0,0002 g Quecksilber in der angewendeten Harnmenge eine deutliche Trübung.
Wiener med. Presse 1895. No. 43.
Merck's Jahresber. 1896. 32.
Schuhmacher u. Jung, Ztschr. f. anal. Chem. **38**. 393.
Jolles, ebenda **39**. 231 (Modification obiger Methode) u. Pharm. Centrh. 1900. 277.

**de Jong**'s Reag. auf Arsen.
Man schüttelt 25 g. Zinnchlorür mit 100 ccm Aether u. 20 ccm Salzsäure u. giesst nach einigem Stehen die klare Lösung ab. Sie dient wie Bettendorf's Reag. zum Nachweis von Arsen. Die zu prüfende Flüssigkeit versetzt man mit Salzsäure, schüttelt mit dem Reag. u. erwärmt auf 40° C. Bei Anwesenheit von Arsen tritt an der Berührungsstelle der beiden Flüssigkeiten ein bräunlichroter Ring auf. Empfindlichkeitsgrenze = 0,02 mg Arsentrioxyd.
Chem. Ztg. 1902. Rep. 342.
Ztschr. f. anal. Chem. **41**. 596.
Chem. Centralbl. 1902. II. 1525.

**Jordan**'s Reag. für mikroskop. Zwecke
ist eine Mischung von 1 Teil Cedernholzöl mit 4 Teilen 3%iger Celloidinlösung. Gebraucht als Einbettungsmittel. Vergleiche Bollett's Celloidinlösung.
Ztschr. f. Mikroskop. 1900. 193.

**Jorissen**'s Reag. auf Aethylperoxyd im Aether
ist eine Lösung von 0,4 g Vanadinsäure in 4 ccm concentr. Schwefelsäure, die mit Wasser auf 100 ccm verdünnt wird. Das Reag. ist von grünlichblauer Farbe — Schüttelt man 10 ccm Aether mit 2 ccm Reag., so färbt sich letzteres bei Gegenwart von Peroxyd rosarot bis blutrot.
Journ. de Pharm. d'Anvers 1903. No. 4.
Pharm. Ztg. 1903. 363.

**Jorissen**'s Reag. auf Alkaloide u. Glycoside.
1 g geschmolzenes Chlorzink löst man in 30 ccm concentr. Salzsäure u. 30 ccm Wasser. Dampft man das Untersuchungsobjekt mit diesem Reag. auf dem Dampfbade zur Trockne ein, so erhält man verschiedene Farbenreactionen, die meistens vom Rande aus beginnen.

So färbt sich: Strychnin = rosa; Thebain, Berberin = gelb; Narceïn = olivengrün; Delphinin = braunrot; Veratrin = rot; Chinin = blassgrün, Digitalin = braun; Salicin = violletrot; Santonin = violletblau; Cubebin = carminrot; Brucin, Codeïn, Morphin, Narcotin, Coffeïn, Anemonin, Chelidonin, Aconitin, Pikrotoxin u. Cantharidin geben keine charakteristische Reaction.
Bull. de l'Academ. royale de Belgique (2) **48**. IX. u. X.
Ztschr. f. anal. Chem. **19**. 358.
Ztschr. f. Mikroskop. 1894. 408.

**Jorissen**'s React. auf Apiol.
Versetzt man eine verdünnte, alkoholische Apiollösung mit Chlorwasser bis zur Trübung und gibt dann Ammoniak zu, so entsteht eine schön rote Färbung, die bald wieder verschwindet.
Pharm. Centrh. 1900. 785.
Ztschr. f. anal. Chem. **41**. 72.

**Jorissen**'s React. auf Dulcin.
Man löst 1—2 g frisch gefälltes Quecksilberoxyd in verd. Salpetersäure u. gibt so lange Natronlauge zu bis eben ein Niederschlag entsteht. Die Lösung bringt man mit Wasser auf 15 ccm. Wenig Dulcin, in 5 ccm Wasser suspendirt u. mit 2—4 Tropfen Reag. 5—10 Minuten lang im siedenden Wasserbade erwärmt, erzeugt eine veilchenblaue Färbung, die auf Zusatz von Bleisuperoxyd in Violett übergeht.
Ztschr. f. anal. Chem. **35**. 628.
Dennhardt, Ber. d. pharm. Ges. 1896. 287.

**Jorissen**'s React. auf Fuselöl im Alkohol.
Man mischt 10 ccm Alkohol mit 10 Tropfen farblosen Anilins u. 2—3 Tropfen Salzsäure. Bei Anwesenheit von Fuselöl entsteht eine rote Färbung. Empfindlichkeitsgrenze = 1 : 1000.
Pharm. Centrh. 1881. 3, 1882. 131.
Ztschr. f. anal. Chem. **20**. 584.
Förster, Berl Ber. **15**. 230 oder Ztschr. f. anal. Chem. **22**. 258.
Neumann-Wender, Chem. Ztg. 1891. Rep. 27.

**Jorissen**'s React. auf Hydrastinin.
Eine salzsaure Lösung von Hydrastinin wird durch Nessler's Reag. gefällt und geschwärzt.
Näheres siehe: Pharm. Centrh. 1903. 261.

**Jorissen**'s React. auf freie Mineralsäuren in organischen Säuren.
Man löst etwas der zu prüfenden Säure in einer Mischung von 1 T. ätherischem Gurjunbalsam und 25 T. Eisessig. Enthält das Prüfungsobjekt nur 5 Tausendel Schwefelsäure oder andere Mineralsäuren, so entsteht eine Rosafärbung, die später in Violett übergeht.
Ztschr. f. anal. Chem. **21**. 466.

**Jorissen**'s React. auf Morphin.
Erwärmt man etwas Morphin mit concentr. Schwefelsäure u. dann mit einem Kryställchen Ferrosulfat u. überschichtet mit Ammoniakfl., so entsteht eine rote bis violette Zone und die Ammoniakfl. färbt sich blau. Empfindlichkeitsgrenze = 0,6 mg.
Ztschr. f. anal. Chem. **20**. 122.

**Jorissen**'s React. auf $\alpha$-Naphtol.
Wenig Naphtol versetzt man mit 2 ccm Jodjodkaliumlösung und überschüssiger Natronlauge. $\alpha$-Naphtol gibt eine violette Färbung, $\beta$-Naphtol gibt eine ungefärbte Lösung. $\alpha$-Naphtol lässt sich so in $\beta$-Naphtol nachweisen.
Chem. Ztg. **26**. Rep. 215.
Apoth.-Ztg. 1902. 594.
Pharm. Ztg. 1902. Nr. 72.

**Jorissen**'s Reag. auf salpetrige Säure.

Man löst 0,01 g Fuchsin in 100 ccm Eisessig. Dieses Reag. wird durch salpetrige Säure (Nitrite) violett, blau, grün u. zuletzt gelb gefärbt.
Ztschr. f. anal. Chem. **21**. 210.
Vergl. Vogel, Journ. f. pract. Chem. **94**. 457.

**Jorissen**'s Reag. auf Zimmtsäure in Benzoësäure

ist eine Lösung von Uranacetat oder Urannitrat in Wasser (1 : 20). Man schüttelt etwas Benzoesäure mit einigen ccm Reag. in einem verschlossenen Fläschchen u. stellt dasselbe ins direkte Sonnenlicht. Bei Anwesenheit von Zimmtsäure macht sich nach einiger Zeit der Geruch nach Benzaldehyd bemerkbar.
Ztschr. d. öst. Apoth.-Ver. **55**. 667.
Pharm. Journ. 1901. 747.
Ztschr. f. anal. Chem. **41**. 630.
Journ. de Pharm. de Liège 1900. 185.
Pharm. Centrh. 1901. 7 u. 654.

**Joseph**'s Reag. für mikroskop. Zwecke.

1. Silberlösung ist eine Lösung von 1 g Silbernitrat in 100 ccm Wasser u. 100 ccm 10%ig. Salpetersäure.
Sitzungsber. d. k. pr. Acad. d. Wissenschaft. Berlin 1888.
2. Goldlösung ist eine Lösung von 1 g Chlorgold in 100 ccm Wasser, die mit etwas Essigsäure angesäuert ist.
Archiv f. mikrosk. Anat. 1870.

**Joulie**'s Reag. zur Aciditätsbestimmung des Harns.

10 g gepulverten Aetzkalk u. 20 g Zucker schüttelt man mit 1 Liter Wasser, lässt 24 Stunden stehen, filtrirt u. stellt auf $^1/_{10}$ Normal-Salzsäure ein. Als Endreaction der Säurebestimmung im Harn dient das Auftreten einer bleibenden Trübung (Kalkphosphat).
Ztschr. f anal. Chem. **37**. 410.
Compt. rend. de l'Academie des sciences **125**. 1129.

**Joung**'s React. auf Methylalkohol im Aethylalkohol

beruht auf der Entfärbung von Kaliumpermanganatlösung, die bei Anwesenheit von Methylalkohol (Aldehyd) sofort eintritt.
Pharm. Journ. **7**. 278.
Ztschr. f. anal. Chem. **4**. 486.

**Julhiard**'s Reag. auf Glucose im Harn

ist Lackmustinktur. Kocht man Harn mit etwas Sodalösung und einigen Tropfen Lackmustinktur, so färbt sich die Mischung bei Gegenwart von Glucose schmutziggelb, bei Abwesenheit derselben bleibt die Mischung blau.
Répert. de Pharm. 1898. 201.

**Julius**' React. auf Benzidin.

Eine wässerige Lösung von Benzidin gibt mit Kaliumdichromatlösung sofort einen voluminösen, tiefblauen Niederschlag (Nadeln), der in allen gebräuchlichen Lösungsmitteln unlöslich ist. Empfindlichkeitsgrenze = 1 : 50 000.
Monatshefte f. Chem. **5**. 193.
Ztschr f. anal. Chem. **23**. 550.

**Kadyi**'s Einbettungsmasse für mikroskop. Zwecke

ist eine Lösung von 25 g Stearinnatronseife in 100 ccm heissem Alkohol (96%), der man nach dem Filtriren 5—10 ccm Wasser zugibt.
Zoolog. Anzg. 1897. 477.
Döllken, Ztschr. f. Mikroskop 1897. 33.
Salensky, Morphol. Jahrb. 1887. 558.

**Kaiser**'s React. auf Holzstoff.

Man erwärmt gleiche Teile furfurolfreien Amylalkohol u. concentr. Schwefelsäure auf 90° C. bis zur Gasentwicklung u. lässt dann erkalten. In dieser Flüssigkeit färbt sich reines, schwedisches Filtrirpapier rot, geringere Qualitäten violett, Holzstoffpapier blau.
Chem. Ztg. 1902. 335.
Pharm. Centrh. 1902. 336.
Nat. Drugg. 1903. 247.
Apoth.-Ztg. 1903. 194.

**Kaiser**'s Reag. zum Färben mikroskop. Präparate

ist eine heiss bereitete, concentr. Lösung von Bismarckbraun in 60%ig. Alkohol oder eine Lösung von 1 g Naphtylaminbraun in 100 ccm Alkohol u. 200 ccm Wasser.
Ztschr. f. Mikroskop. 1889. 471, 1891. 363.

**Kaiser**'s Reag. zum Fixiren mikroskop. Präparate

ist eine Lösung von 10 g Quecksilberchlorid in 300 g 3%iger Essigsäure.
Ztschr. f. Mikroskop. 1891. 363.
Wasielewski, ebenda 1899. 332.

**Kaiser**'s Reag. für mikroskop. Zwecke

ist ein Conservirungsmittel für Pflanzenpräparate, bestehend aus einer mit Carbolsäure und Glycerin versetzten Gelatinelösung. Zur Darstellung erweicht man 7 g Gelatine in 42 g Wasser, löst durch Erwärmen, gibt 38 ccm Glycerin u. 1 g Phenol zu u. filtrirt heiss durch Glaswolle.
Merck's Index 1902. 267.
Botan. Centralbl. 1880. 25.
Brand verwendet eine Lösung von 2 T. Gelatine in 3 T. Glycerin (durch Glaswolle filtrirt).
Zeit. Mikrosk. Berlin 1880. 69.

**Kaiserling**'s Reag. zum Fixiren mikroskop. Präparate

ist eine Lösung von 3 g Kaliumnitrat und 6 g Kaliumacetat in 200 ccm Wasser u. 40 ccm Formaldehyd (40%).
Zum Conserviren empfiehlt der Autor eine Lösung von 10 g Kaliumacetat u. 20 g Glycerin in 200 ccm Wasser
Arch. Path. Anat. 1897. 396.
Kaiserling's Conservirungsmittel für anatomische Präparate ist obiges Reag. z. Fixiren, siehe Pharm. Centrh. 1902. 514.
Vergl. Wickersheimer's Reag.

**Kalbrunner**'s React, auf Morphin

ist identisch mit Kieffer's React.
Ztschr. d. öst. Apoth.-Ver. **11**. 409.
Ztschr. f. anal. Chem. **12**. 444.

**Kämmerer**'s React. auf Salpeter- u. salpetrige Säure

ist eine Modification von Trommsdorff's React. (siehe diese) unter Verwendung von Essigsäure statt Schwefelsäure
Vergleiche auch Fresenius' React.
Ztschr. f. anal. Chem. **12**. 377.

**Kassner**'s React. auf Wasserstoffsuperoxyd.

Wasserstoffsuperoxyd wird unter der Einwirkung von Ferricyankalium u. Alkali in Wasser u. Sauerstoff zerlegt. Auf diese React. gründet sich eine einfache Darstellungsart des Sauerstoffes, indem man zu einer Mischung von Ferricyankalium und Wasserstoffsuperoxyd Kalilauge zufliessen lässt oder eine Mischung von Baryumsuperoxyd und Ferricyankalium mit Wasser übergiesst.
Chem. Ztg. **13**. 1302. 1338. 1407.
Ztschr. f. angew. Chem 1890. 448, 1891. 170.
Ztschr. f. anal Chem. **30**. 690.
Lunge, ebenda **26**. 66.

**Kastle**'s Reag. auf Brom u. Jod
ist das Dichlorbenzolsulfonamid, welches Brom u. Jod aus seinen Verbindungen frei macht. Man verwendet zugleich Schwefelkohlenstoff in bekannter Weise, um die Reaction empfindlicher zu gestalten.
Ztschr. d. öst. Apoth.-Ver. **50**. 420.
Ztschr. f. anal. Chem. **36**. 696.
Amer. Journ. Chem. 1895. 704.

**Katayama**'s React. auf Kohlenoxyd im Blute.
Das zu prüfende Blut verdünnt man mit dem 50 fachen Wasser. 10 ccm dieser Lösung versetzt man mit 0,2 ccm gelbem Schwefelammon u. 0,2—0,3 ccm 30%iger Essigsäure. Die Flüssigkeit muss schwach sauer reagiren. Kohlenoxyd enthaltendes Blut färbt sich dabei schön rosenrot, während normales Blut grüngrau oder rötlichgrüngrau gefärbt wird.
Virchow's Archiv f. path. Anat. **114**. 53.
Ztschr. f. anal. Chem. **28**. 758.

**Kathrein**'s React. auf Gallenfarbstoffe im Harn.
4—5 ccm frisch gelassenen Harn versetzt man tropfenweise mit 5—10 Tropfen Jodtinktur (1:10). Bei Anwesenheit von Gallenfarbstoffen tritt Grünfärbung ein, während normaler Harn sich rotbraun färbt.
Pharm. Post 1890. 845.
Chem. Centralbl. 1891. I. 272.
Ztschr. f. anal. Chem. **30**. 527.

**Kauzmann**'s React. auf Morphin.
Lässt man eine Lösung von Morphin 24 Stunden bei gewöhnlicher Temperatur stehen, so erfolgt auf Zusatz einer Spur Salpetersäure Rotfärbung. Empfindlichkeitsgrenze = 0,00001 g Morphin.
Otto, Ausmittel. d. Gifte 5. Aufl. 40.

**Kayser**'s React. auf Saccharin.
Die zu prüfende Flüssigkeit wird mit Schwefelsäure angesäuert u. mit einer Mischung aus gleichen Teilen Aether u. Petrolaether ausgeschüttelt. Nach dem Verdunsten der ätherischen Lösung wird der Rückstand auf süssen Geschmack geprüft.
Pharm. Ztg. **33**. 168.
Allen, Ztschr. f. anal. Chem. **28**. 117.

**Keller**'s Reaction auf Digitaliskörper.
Löst man etwas Digitoxin in Eisessig, gibt einen Tropfen Eisenchloridlösung zu und schichtet diese Mischung über concentr. Schwefelsäure, so entsteht eine dunkle Zone und im Eisessig ein blaues Band.
Vergleiche Keller-Kiliani's React.
Ztschr. f. anal. Chem. **36**. 72 u. **38**. 541.

**Keller**'s React. auf Digitonin.
0,01 g Digitonin erhitzt man im siedenden Wasserbade etwa 5 Minuten lang mit 5 ccm Salzsäure (D. = 1,19). Die Lösung färbt sich gelb, rot, granatrot u. zuletzt bläulichrot. Verdünnt man nach dem Erkalten mit 20 ccm Wasser, so erhält man eine blaue Lösung mit roter Fluorescenz.
Ber. d. pharm. Ges. 1897. 470.

**Keller**'s React. auf Ergotinin (Cornutin).
Eine kleine Menge gepulvertes Mutterkorn schüttelt man während 1/4 Stunde öfter mit Aether durch und filtrirt. Schüttelt man das Filtrat mit einer Mischung von 5 ccm Salzsäure u. 100 ccm Aether (nur wenige Tropfen!), so scheiden sich gelbe Flocken von Ergotinin aus. Löst man den Niederschlag in etwas Eisessig u. schichtet diese Lösung über Eisenoxyd enthaltende, concentr. Schwefelsäure, so entsteht ein azurblauer Ring.
Schweizer Wochenschr. für Chem. und Pharm. 1895. 303.

**Keller-Kiliani**'s React. auf Digitalisstoffe.
Löst man eine Spur Digitoxin in 3—4 ccm eisenoxydhaltigem Eisessig (1 ccm 5%iger Ferrisulfatlösung in 100 ccm Eisessig) und schichtet diese Mischung auf eisenoxydhaltige, concentr. Schwefelsäure, so entsteht eine dunkle Zone und über derselben ein indigoblauer Streifen, der allmählich die ganze obere Schicht färbt, während die Schwefelsäure fast farblos bleibt. Dieselbe React. gibt Digitoxose. Digitalinum verum u. Digitaligenin färben bei dieser Probe nur die Schwefelsäure rotviolett. Digitonin u. Digitogenin geben keine React. (Vergleiche auch Keller's u. Kiliani's Reag.)
Archiv d. Pharm. **234**. 273.
Ztschr. f. anal. Chem. **38**. 71.
Beitter, ebenda **38**. 541 od. Arch. d. Pharm. 1897. 137.

**Kemp**'s Reag. auf Alkaloide
ist Hager's Reag. (Pikrinsäure).
Liebig's Annal. **40**. 317.

**Kentmann**'s Reag. auf Formaldehyd
ist eine Lösung von 1 g Morphinhydrochlorid in 10 ccm concentr. Schwefelsäure. Schichtet man über dieses Reag. eine Formaldehyd enthaltende Flüssigkeit, ohne zu mischen, so färbt sich die wässerige Flüssigkeit in einigen Minuten rotviolett. Empfindlichkeitsgrenze = 1 : 6000.
Chem. Ztg. 1896. Rep. 313.
Pharm. Gen.-Anz. 1896. 356.

**Kerner**'s React. auf Chinin im Harn.
Zur Entfernung von Chloralkalien (Harnsäure, Phosphor- u. Schwefel-Säure) fällt man den Harn mit Quecksilberoxydulnitrat u. filtrirt. Bei Anwesenheit von Chinin zeigt das Filtrat Fluorescenz. Mit dem vom Autor construirten Fluoroscop soll sich Chinin noch im Verhältnis von 1 : 2 000 000 bis zu 1 : 8 000 000 nachweisen lassen.
Archiv f. Physiolog. **2**. 200.
Ztschr. f. anal. Chem. **11**. 134.

**Kerner**'s Bestimmung der Nebenalkaloide im Chininsulfat
wird nach der Modification des Deutschen Arzneibuchs folgendermassen ausgeführt: 2 g bei 40 bis 50° C. völlig verwittertes Chininsulfat übergiesst man in einem Reagensglase mit 20 ccm Wasser u. stellt das Ganze eine halbe Stunde lang in ein auf 60—65° C. erwärmtes Wasserbad. Alsdann kühlt man auf 15° C. ab u. lässt bei dieser Temperatur 2 Stunden lang stehen. 5 ccm der abgepressten u. filtrirten Flüssigkeit werden bei 15° C. allmählich mit Ammoniakflüssigkeit (D. = 0,96 od. 10 %) von 15° C. versetzt, bis der entstandene Niederschlag sich wieder klar gelöst hat. Reines Chininsulfat soll bei diesem Verfahren nicht mehr als 4 ccm Ammoniakfl. verbrauchen. Ein grösserer Verbrauch zeigt das Vorhandensein von Nebenalkaloiden an.
Ztschr. f. anal. Chem. **1**. 150, **27**. 627.
Biginelli, Südd. Apoth. Ztg. 1903. 322.

**Kerner**'s React. auf Kreatinin.
Mit Salpetersäure angesäuerte Lösungen von Kreatinin werden durch Phosphormolybdänsäure gefällt (gelber, krystallinischer Niederschlag). Empfindlichkeitsgrenze = 1 : 2000.
Pflüger's Archiv **2**. 220.

**Kerner**'s React. auf Xanthin.
Gibt man zu einer Xanthinlösung wenig Salpetersäure u. Phosphormolybdänsäure, so entsteht ein gelber Niederschlag. Empfindlichkeitsgrenze = 1 : 10 000.
Pflüger's Archiv **2**. 222.

**Kieffer**'s Reag. auf Mineralsäuren (zur quantitativen Bestimmung der Schwefelsäure), ist eine Lösung von Kupfersulfat in Wasser, der so viel Ammoniak zugesetzt wird, als zur Lösung des entstandenen Niederschlages nötig ist.
Beschreibung der Methode siehe Liebig's Annal. **93**. 386.
Ztschr. f. anal. Chem. **29**. 76.

**Kieffer**'s Reag. auf Morphin.
Eine frisch bereitete Lösung von Ferricyankalium (1 : 100) mischt man mit Eisenchloridlösung (10%ig). Dieses Reag. wird auf Zusatz von Morphin sofort durch Bildung von Berliner Blau gebläut.
Kalbrunner, Ztschr. d. öst. Apoth.-Ver. **11**. 409 od. Ztschr. f. anal. Chem. **12**. 444.

**Kiliani**'s Reag. auf Digitalisglycoside u. deren Spaltungsproducte.
1 ccm 5% Ferrisulfatlösung mischt man mit 100 ccm concentr. Schwefelsäure. Ein Körnchen der zu prüfenden Substanz verteilt man durch Schütteln oder Umrühren in 5 ccm des Reag. Dabei färbt sich Digitalinum verum goldgelb u. löst sich mit roter Farbe, die schnell in ein sehr beständiges Rotviolett übergeht, bei Verwendung grösserer Substanzmengen aber rot bleibt. Digitaligenin verhält sich ebenso. Digitoxigenin färbt das Reag. eigenartig rot unter starker Fluorescenzerscheinung. Digitoxin färbt sich mit dem Reag. dunkel u. gibt eine klare, schmutzig braunrote Lösung. Digitonin u. Digitogenin geben keine Farbenreaction.
Arch. d. Pharm. **234**. 273.
Ztschr. f. anal. Chem. **36**. 71.
Vergleiche Keller's React. u. Keller-Kiliani's React.
Brissemoret, Pharm. Centrh. 1900. 262.

**Kingzett-Hake**'s React. auf Benzol, Phenol, Kampher, Salicylsäure, Morphin, Nelkenöl etc.
Siehe Berl. Ber. **10**. 298.
Nach den Autoren geben die genannten Stoffe die Pettenkofer'sche Gallensäurereaction.

**Kintschgen-Gintl**'s Reag. auf Eiweiss
ist Millon's Reag.

**Kippenberger**'s Reag. auf Alkaloide (zur quantitativen Bestimmung)
ist eine 1/20 Normal-Jodjodkaliumlösung.
Ztschr. f. anal. Chem. **34**. 318. **35**. 10.

**Kippenberger**'s Reag. z. Trennung von Alkaloidgemischen
ist Salzsäure-Gerbsäure-Lösung. Eine concentr., wässerige Lösung von Tannin versetzt man so lange mit starker Salzsäure, bis eine bleibende Trübung entsteht u. gibt dann vorsichtig so viel Wasser zu bis sich die Trübung wieder gelöst hat.
Nachw. v. Giftstoffen 1897. 58.

**Kippenberger**'s React. auf Colchicin.
Versetzt man eine wässerige Colchicinlösung mit Hydroxylaminchlorhydrat u. Natronlauge in geringem Ueberschuss, so tritt besonders beim Erwämen nach kurzer Zeit Orangefärbung ein.
Nachw. v. Gift. 1897. 104.

**Kippenberger**'s React. auf Morphin
beruht auf einer Grünfärbung stark alkalischer Morphinlösung durch geringe Mengen Jodjodkaliumlösung.
Näheres siehe dessen Nachw. v. Gift. 1897. 127.

**Kirk**'s Reag. auf Eiweiss
ist identisch mit Rosenbach's Reag. (Chromsäure).
Glasgow Medic. Journ. 1884. 320.

**Kitasato-Salkowski**'s React. auf Indol
ist eine Modification von Baeyer's React. (siehe diese). Indol wird an der Rotfärbung erkannt, die Kaliumnitrit u. Schwefelsäure damit hervorbringen.
Siehe Salkowski's React.

**Klar**'s React. auf Alkohol
siehe Lieben's React.

**Klebs**' Reag. für Bacterienpräparate
ist eine Lösung von Gelatine in Glycerin. Es dient als Einschlussmittel für mikroskopische Präparate.
Merck's Index 1902. 267.
Auch eine concentr. Lösung von Hausenblase in einer Mischung von 2 Teilen Wasser und 1 Teil Glycerin wurde vom Autor empfohlen.
Arch. f. mikrosk. Anat. 1869. 165.

**Klebs**' Reag. auf Cellulose
(zum mikroskop. Nachweis gebraucht) ist Congorot.
Näheres siehe Untersuchgn. d. botan. Inst. Tübingen 1888.
Heinricher, Ztschr. f. Mikroskop. 1888.

**Kleemann**'s React. auf Malonsäure.
Erwärmt man etwas Malonsäure mit Essigsäureanhydrid, so tritt unter Kohlensäureentwicklung gelbe bis gelbrote Färbung u. gelbgrüne Fluorescenz ein. 1 mg. Malonsäure gibt noch starke Fluorescenz.
Berl. Ber. **19**. 2030.
Ztschr. f. anal. Chem. **27**. 72.

**Klein**'s Reag. zur Trennung von Mineralgemischen
ist Cadmiumborowolframatlösung vom spec. Gew. 3,28.
Merck's Index 1902. 55. 274.
Compt. rend. **93**. 318.
Bull. Soc. Chim. **35**. 492.

**Klein**'s Reag. auf Pepton
ist Borwolframsäure, welche mit Peptonen einen gelblichen, im Ueberschuss des Reag. löslichen Niederschlag gibt. Das Reag. gibt auch mit Alkaloiden weisse (Chinin, Cinchonin) oder gelbe (Strychnin) Niederschläge.
Bull. Soc. Chim. **36**. 208.

**Klein**'s Reag. auf Quecksilber
ist Chlorammon und alkalische Jodkaliumlösung. (Umkehrung von Nessler's Reag. auf Ammon). Empfindlichkeitsgrenze = 1 : 79000.
Archiv der Pharm. **227**. 73.
Ztschr. f. anal. Chem. **29**. 186.

**Klein**'s Chromsäurelösung für mikroskop. Zwecke
ist eine Lösung von 0,1 g Chromsäure in 65 ccm Wasser u. 35 ccm Alkohol (90%). Gebraucht zum Fixiren.
Quart. Journ. Microsc. Scienc. 1878. 315; 1879. 126.

**Klein**'s Reag. zur Gonokokkenfärbung
ist concentr., wässerige Lösung von Methylenblau, in der noch etwas Eosin (0,5 : 100 ccm) gelöst wird.
Finger, Blennorrhoe d. Sexualorg. 5. Aufl.

**Kleinenberg**'s Reag. zum Färben mikroskop. Präparate.
Eine gesättigte Lösung von Alaun und Calciumchlorid in 70%igem Alkohol verdünnt man mit dem 6fachen Volum desselben Alkohols und gibt tropfenweise alkoholische Hämatoxylinlösung zu, bis die Mischung blauviolett geworden ist. Gebraucht zu Kernfärbungen.
Mayer, Mitteilg. d. zoolog. Stat. Neapel 1891. 174.
Quart. Journ. Microsc. Scienc. 1879. 208.

**Kleinenberg**'s mikroskopisches Einbettungsmittel
ist eine Lösung von Cacaoöl u. Wallrat in Ricinusöl.
Merck's Index 1902. 270.

**Kleinenberg-Mayer**'s Fixirungsmittel (Pikrinschwefelsäure) ist eine gesättigte Lösung von Pikrinsäure in 2 %iger Schwefelsäure, der einige Tropfen Kreosot zugesetzt sind. Zum Gebrauch wird mit der 3fachen Menge Wasser verdünnt. (Mayer).

Man mischt 3 ccm concentr. Schwefelsäure mit 100 ccm gesättigter, wässeriger Pikrinsäurelösung und filtrirt. Je 1 ccm Filtrat erhält einen Zusatz von 3 ccm Wasser. (Kleinenberg).

Merck's Index 1902. 271.
Quart. Journ. Microsc. Scienc. 1879. 208.
Mitteilg. d. zoolog. Stat. Neapel 1881. 2.
Wasielewski, Ztschr. f. Mikroskop. 1899. 329.

**Klemensiewicz**' Reag. zum Färben mikrosk. Präparate ist ähnlich zusammengesetzt wie Ranvier's Reag. siehe dieses.

Sitz.-Ber. d. Acad. d. Wissensch. Wien 1878. 35.

**Klett**'s React. auf Indican im Harn.
Zu 10 ccm Harn setzt man 5 ccm 25 %iger Salzsäure nebst einem Krystall von Ammoniumpersulfat u. gibt dann Chloroform zu. Letzteres zeigt durch Blaufärbung die Anwesenheit von Indican im Harn an.

Merck's Bericht 1900. 54.
Chem. Ztg. 1900. 690.

**Kletzinsky**'s React. auf Chinin.
(Rufiochinreaction). Man mischt 1 Vol. gesättigter, wässeriger Ferricyankaliumlösung mit 5 Vol. gesättigter, wässeriger Chlorkaliumlösung und macht mit Ammoniak stark alkalisch. — Gibt man zu einer Chininlösung überschüssiges Chlorwasser und dann von obigem Reag., so entsteht eine blutrote bis violette Färbung. Vergl. Vogel's React.

Merck's Report 1901. 63.

**Kletzinsky**'s Reag. auf Glucose ist identisch mit Löwe's Reag. (Glycerin und Kupferlösung).

**Kletzinsky**'s React. auf Nicotin.
Gibt man einen Tropfen Nicotin auf trockene Chromsäure, so verglimmt derselbe und verbreitet einen Geruch nach Tabakskampher.

Ztschr. f. anal. Chem. **5**. 409.

**Kliebahn**'s React. auf Pyrogallussäure beruht auf der Ueberführung der letzteren in Rufigallussäure durch Schmelzen mit Ammonoxalat u. dem Nachweis derselben mittels verschiedener Reagentien.

Näheres siehe: Ztschr. f. anal. Chem. **26**. 641.
Pharm. Post 1887. 2.
Deutsche Chem. Ztg. **2**. 64.

**Klunge**'s React. auf Aloë. (Cyanreaction.)
Stark verdünnte Lösungen von Aloë versetzt man mit wenig Kupfersulfatlösung und dann mit verdünnter Blausäurelösung oder Kirschlorbeerwasser. Es entsteht bei gewöhnlicher Temperatur eine rote Färbung.

Pharm. Centrh. 1900. 33.

**Klunge**'s React. auf Aloe hepatica. (Jodsäurereaction).
Gibt man zu einer wässerigen Lösung von Leberaloë eine stark verdünnte Lösung von Jodjodkalium tropfenweise zu, so entsteht eine schöne rosaviolette Färbung. Empfindlichkeitsgrenze = 1 : 80000. Aloë lucida bringt nur eine schwache, schnell vorübergehende Violettfärbung hervor.

Schweizer Wochenschr. f. Pharm. **18**. 170.
Chem Ztg. **4**. 393.
Ztschr. f. anal. Chem. **21**. 220.
Pharm. Centrh. 1900. 33.

**Klunge**'s Cupraloinreaction.
Eine Lösung von Aloë in Wasser (1 : 1000) wird durch Kupfersulfatlösung (1 : 10) gelb gefärbt. Auf Zugabe von Kochsalz u. gelindes Erwärmen färbt sich die Mischung rot. Alkohol bewirkt die Rotfärbung schon bei gewöhnlicher Temperatur.

Chem. Ztg. 1889. Rep. 91.
Prollius, Jahresber. der Pharm. 1884. 77.
Hirschsohn, Pharm. Centrh. 1901. 64.
Heuberger, ebenda 1900. 33 u. 216.
Kremel, Helfenberger Annalen 1896. 26.
Schaer, Archiv d. Pharm. 1900. 42 u. Pharm. Centrh. 1900. 216.
Léger, Chem. Ztg. 1900. 626.

**Klunge**'s React. auf Berberin.
Eine wässerige, mit Salzsäure angesäuerte Lösung von Berberin wird mit Chlorwasser rotgefärbt.

Merck's Report 1901. 63.

**Klunge**'s Reactionen auf Eugenol.

Siehe Schweizer Wochenschr. f. Pharm. **20**. 393.
Pharm. Ztschr. f. Russl. **21**. 800.
Ztschr. f. anal. Chem. **23**. 76.
Pharm. Centrh. 1882. 569.

**Knapp**'s Reag. auf Glucose.
Man löst 10 g Quecksilbercyanid mit 100 ccm Natronlauge (D. = 1,145) in Wasser zu 1 Liter. Beim Erwärmen wird aus dieser Lösung durch Glucose metallisches Quecksilber abgeschieden. 1 ccm Reag. entspricht 0,0025 g Glucose. Als Indikator dient Schwefelammon.

Liebig's Annal. **154**. 252.
Ztschr. f. anal. Chem. **9**. 395.
Merck's Index 1902. 262.
Mertens, Berl. Ber. **6**. 440 od. Ztschr. f. anal. Chem. **13**. 76.
Soxhlet, Journ. f. pract. Chem. **21**. 227 oder Ztschr. f. anal. Chem. **20**. 425.
Hammarsten, Physiol. Chem. 1899. 516.

**Knop**'s Reag. auf Stickstoff.
Stickstoffhaltige Substanzen (z. B. Harnstoff) geben bei der Behandlung mit Hypobromiten (Natronlauge u. Brom) ihren Stickstoff gasförmig ab.

Chem. Centralbl. 1860. 244 u. 1870. 132, 294.
Leconte, Compt. rend. **47**. 237.
Davy, Journ. f. pract. Chem. **63**. 188.
Bernthsen, Lehrb. d. Chem. 1895. 280.
Vergleiche Hüfner's Reag.

**Knorr**'s React. auf Antipyrin.
Wässerige Antipyrinlösung wird durch Eisenchlorid blutrot gefärbt. Empfindlichkeitsgrenze = 1 : 100000.

Vergleiche Flückiger's React.
Henocque, Journ. de Pharm. et de Chim. (5) **12**. 25.
Berl. Ber. **29**. Ref. 813.

**Knorr**'s Pyrazolinreaction = React. auf Pyrazolinbasen
beruht auf der Bildung roter u. blauer Farbstoffe bei der Einwirkung oxydirender Mittel wie Chromsäure, salpetrige Säure, Eisenchlorid, Wasserstoffsuperoxyd etc. auf bestimmte Pyrazolinbasen.

Berl. Ber. **26**. I. 100.

**Knorre**'s Reag. auf Cobalt, Eisen u. Kupfer ist eine Lösung von Nitroso-$\beta$-Naphtol in 50 %iger Essigsäure.

Näheres siehe Berl. Ber. **18**. 699, **20**. 281.
Chem. Ztg. 1895. 1421.

**v. Kobell**'s React. auf Wismut.
Schmilzt man wismuthaltige Stoffe mit Schwefel u. Jodkalium auf Kohle vor dem Lötrohre, so erhält man einen sehr flüchtigen, scharlachroten Beschlag.
Näheres siehe Ztschr. f. anal. Chem. **11**. 311.

**Kobert**'s React. auf Hämoglobin (u. Methämoglobin) mittelst Zinkstaub.
Siehe Pharm. Centrh. 1891. 566.
Ztschr. f. anal. Chem. **30**. 753.

**Kobert**'s Reag. auf Morphin u. seine Derivate ist Formaldehydschwefelsäure, bestehend aus 3 ccm concentr. Schwefelsäure und 3 Tropfen Formaldehyd (40%). Morphin gibt mit diesem Reag. eine purpurrote, in Violett, Blauviolett u. Blau übergehende Färbung (Absorptionsspectrum in Orange u. Gelb), Dionin wird mit dem Reag. rasch tiefblau (Abs.-Spectr. etwas weniger intensiv als bei Morph.), Codeïn wird erst rötlichviolett, dann blauviolett (im Spectr. ist Orange u. Gelb gelöscht), Heroin wird rotviolett u. rasch blauviolett (im Spectr. scharf begrenzte Auslöschung von Orange u. Gelb), Peronin wird dauernd rotviolett gefärbt (im Spectr. ist nur das Ende von Orange u. Gelb hell).
Ztschr. d. öster. Apoth.-Ver. **37**. 368.
Ztschr. f. anal. Chem. **40**. 61.
Siehe auch: Marquis' Reag. Pharm. Centrh. 1901. 368, (bestehend aus 2 ccm Formaldehyd u. 3 ccm concentr. Schwefelsäure) und Kentmann's Reag. auf Formaldehyd.

**Koch**'s React. auf Eiweiss
ist eine gesättigte, wässerige Lösung von Sulfosalicylsäure, die mit Eiweiss eine weisse Fällung gibt. Letztere soll sich mit Eisensalzen intensiv rot färben.
Wèvre, Bull. Soc. Belge Microsc. 1894. 91.
Ztschr. f. Mikroskop. 1894. 407.

**Koch**'s Reag. zur Bacterienfärbung.
1. Man mischt 1 ccm (10 ccm) concentr., alkohol. Methylenblaulösung mit 200 ccm Wasser und macht mit Kalilauge schwach alkalisch (2—4 Tropfen officinelle Kalilauge).
2. Man mischt einige Tropfen alkoholische Methylviolettlösung mit 20 ccm Wasser oder 10 ccm alkoholiche, concentr. Methylviolettlösung mit 100 ccm Anilinwasser u. 10 ccm Alkohol.

**Koch**'s Reaction auf Cholerabacillen.
Versetzt man Choleraculturen mit Schwefelsäure, so tritt durch deren Einwirkung auf die Stoffwechselproducte der Culturen (Indol u. salpetrige Säure) Rotfärbung ein.

**Koch**'s Reag. zum Färben von Tuberkelbacillen.
20 ccm gesättigte, wässerige Anilinlösung versetzt man mit concentr., alkoholischer Lösung von Fuchsin oder Gentianaviolett bis zur Bildung einer glänzenden Haut.

**Koch-Ehrlich**'s Reag. zum Färben von Bacterien ist eine mit 3—4 Tropfen 10%ig. Kalilauge alkalisch gemachte, wässerige Lösung von Methylenblau 1 : 200 u. eine concentr., wässerige Lösung von Vesuvin.
Merck's Index 1902. 271.

**Kodis'** Reag. zum Färben mikroskop. Präparate ist eine Lösung von 1 g Hämatoxylin und 1,5 g Molybdänsäure in 100 ccm Wasser u. 0,5 g Wasserstoffsuperoxyd. Gebraucht zur Färbung des Centralnervensystems.
Arch. f. mikroskop. Anat. 1901. 211.
Ztschr. f. Mikroskop. 1901. 352.

**Köhler**'s React. auf Elaterin.
Verdampft man eine Lösung von Elaterin in concentr. Salzsäure, so färbt sich der Rückstand mit concentr. Schwefelsäure rot. Empfindlichkeitsgrenze = 0,25 mg.
N. Rep. d. Pharm. **18**. 577, 602.

**Köhler**'s React. auf Pikrotoxin.
Pikrotoxin löst sich in concentr. Schwefelsäure safranfarbig, wird auf Zusatz von Kaliumdichromat violettrot u. zuletzt apfelgrün gefärbt.
N. Rep. d. Pharm. **17**. 213.

**Kohn**'s React. auf Glycerin
beruht auf der Umwandlung des letzteren in Acrolein und Nachweis mittels Schiff's Reag.
Näheres siehe Ztschr. f. anal. Chem. **30**. 619.

**Kolisch**'s Reag. auf Kreatinin
ist eine Lösung von 30 g Quecksilberchlorid, 1 g Natriumacetat und 3 Tropfen Eisessig in 125 ccm absolut. Alkohol.
Näheres siehe Centralbl. f. innere Medic. 1895. XI.
Ztschr. f. anal. Chem. **34**. 485.
Liebig, Annal. d. Chem. u. Pharm. **62**. 257.
Johnson, Chem. Centralbl. **1**. 513, Chem. News **55**. 304.
Maly, Annal. d. Chem. u. Pharm. **159**. 279.

**Kollmann**'s Reag. zum Fixiren mikroskop. Präparate
ist eine Lösung von 2 g Chromsäure, 2 g Salpetersäure u. 5 g Kaliumdichromat in 100 ccm Wasser.
Archiv f. Anat. 1885.

**Kollmann**'s Reag. f. mikroskop. Zwecke.
Man löst 1 g Carmin in 1 g Ammoniak u. 2—4 g Wasser u. mischt mit 20 ccm Glycerin. Zu dieser Lösung gibt man eine Mischung von 20 Tropfen Salzsäure mit 20 ccm Glycerin u. verdünnt das Ganze noch mit 40 ccm Wasser. Gebraucht als Injectionsflüssigkeit.
Ztschr. f. Zoolog. 1864.

**Kolossow**'s Reagentien zum Fixiren u. Färben mikroskop. Präparate.
1. Fixirungsflüssigkeit: Man löst 1 g Osmiumsäure in 2 g Salpetersäure u. 100 ccm 50 %igem Alkohol.
2. Färbungsflüssigkeit oder Entwickler: Man löst 30 g Tannin in 100 ccm Wasser u. filtrirt die Lösung nach 24 stündigem Stehen an der Luft. Das Filtrat mischt man mit einer Lösung von 30 g Pyrogallol in 350 ccm Wasser u. gibt 50 ccm Glycerin u. 100 ccm Alkohol (85 %) zu.
Ztschr. f. Mikroskop. 1888. 51; 1892, 39.

**Kolossow**'s Reag. für mikroskop. Färbung
ist eine Lösung von 1 g Osmiumsäure u. 0,25 g Silbernitrat in 200 ccm Wasser.
Ztschr. f. Mikroskop. 1892. 38 u. 1898. 92.
Boveri, ebenda 1887. 91.

**Kolossow**'s Reag. zum Imprägniren mikroskop. Präparate.
a) Eine Lösung von 1 g Goldchlorid u. 1 g Salzsäure in 100 ccm Wasser;
b) eine Lösung von 0,01—0,02 g Chromsäure in 100 ccm Wasser.
Ztschr. f. Mikroskop. 1888. 52.

**de Koninck**'s Reag. auf Alkohol im Chloroform
ist eine Lösung von Kaliumpermanganat in gesättigtem Barytwasser. Das Reag. wird durch Alkohol enthaltendes Chloroform grün gefärbt.
Krauch, Prüfg. d. Reag. 1896. 90.

**de Koninck**'s React. auf Hyposulfite
beruht auf der Ueberführung der Hyposulfite in Gegenwart von Kalium- oder Natriumhydrat in Sulfide durch Aluminium. Sulfide lassen sich dann leicht nachweisen wie z. B. mit Nitroprussidnatrium.
Ztschr. f. anal. Chem. **26**. 26.
Chem. Ztg. 1887. Rep. 25.

**de Koninck**'s Reag. auf Kalium
ist eine wässerige Lösung von Natrium-Cobaltnitrit. Es gibt mit Kaliumsalzen einen gelben Niederschlag von Kalium-Cobaltnitrit.
Ztschr. f. anal. Chem. **20**. 390.

**de Koninck**'s React. auf Schwefelverbindungen im Aether.
Schüttelt man Aether mit einem Tropfen Quecksilber, so tritt bei Anwesenheit von Schwefelverbindungen Abscheidung eines schwarzen Pulvers ein.
Pharm. Ztg. 1889. 222.

**de Koninck**'s Reag. für verschiedene analytische Zwecke
ist eine Lösung von Brom in 10% iger Bromkaliumlösung.
Siehe Ztschr. f. anal. Chem. **19**. 468.

**Kopp**'s Reag. auf Salpetersäure.
Man löst 0,1 g Diphenylamin in 5 ccm concentrirter Schwefelsäure unter Zugabe von circa 5 ccm Wasser u. ergänzt diese Lösung mit concentr. Schwefelsäure auf 1 Liter. Salpetersäure oder Nitrate enthaltende Stoffe oder Lösungen färben dieses Reag. intensiv blau (eventuell Schichtprobe).
Berl. Ber. **5**. 284.
Ztschr. f. anal. Chem. **11**. 461; **23**. 209.
Laar, Berl. Ber. **15**. 2086 oder Ztschr. f. anal. Chem. **23**. 210.

**Köppen**'s Reag. zum Färben mikroskop. Präparate
ist eine Mischung von 5 g gesättigter, alkoholischer Gentianaviolettlösung mit 100 ccm Wasser u. 5 g Phenol. Gebraucht zum Färben elastischer Fasern etc.
Ztschr. f. Mikrosk. 1889. 473 u. 1890. 22.

**Kopsch**'s Reag. zum Härten mikroskop. Präparate
ist eine Mischung von 80 ccm 3,5 %iger Kaliumdichromatlösung mit 20 ccm Formaldehyd (40 %).
Anat. Anzg. 1896. 727.

**Kossel**'s React. auf Hypoxanthin.
Eine Lösung von Hypoxanthin wird nach dem Behandeln mit Zink und Salzsäure auf Alkalizugabe rot gefärbt.
Ztschr. f. physiol. Chem. **10**. 250, **12**. 241.

**Kossinski**'s Reag. zum Färben mikroskop. Präparate.
a) Eine concentr., wässerige Lösung von Indigocarmin; b) eine Lösung von 0,1 g Safranin in 100 ccm Wasser.
Ztschr. f. Mikroskop. 1889. 61.

**Kost**'s React. auf Salzsäure im Magensaft.
Gibt man zu Magensaft etwas 10 %ige Tanninlösung und Methylviolettlösung, so geht bei Anwesenheit von freier Salzsäure die violette Farbe in Blau oder Grün über.
Merck's Report 1901. 96.

**Köster**'s Reag. auf Salzsäure im Magensaft.
Eine blaugrüne Lösung von Malachitgrün in Wasser (0,25 : 1000) wird durch 0,05 %ige Salzsäure noch smaragdgrün gefärbt.
Upsala Läkareförenings Förhandlingar **20**. 355.
Jahresber. f. Tierchem. 1885. 287.

**Kotlarewski**'s Reag. zum Conserviren mikroskopischer Präparate
ist eine 10 %ige, wässerige Lösung von Bleiacetat.
Mitteilg. d. Nat. Ges. Bern, 1888. 17.

**Kowalewsky**'s Reag. auf Eiweissstoffe
ist eine wässerige Lösung von Uranylacetat (ca. 2 : 100), die mit Eiweiss einen gelben Niederschlag gibt.
Näheres siehe: Ztschr. f. anal. Chem. **24**. 552.

**Kowarski**'s React. auf Glucose im Harn
ist eine Modification der Phenylhydrazinprobe von Fischer.
Siehe Südd. Apoth.-Ztg. 1903. 251.
Pharm. Centrh. 1899. 537 u. 1902. 208.

**Koziczkowsky** siehe Ehrlich-Koziczkowsky.

**Kràl**'s Reag. auf Schwefelwasserstoff
ist eine ammoniakalische Lösung von Nitroprussidnatrium.
Man befeuchtet Filtrirpapier mit einer wässerigen Lösung von Natriumnitroprussiat, der man einige Tropfen Ammoniakflüssigkeit zugesetzt hat. Mit freiem Schwefelwasserstoff färbt sich dieses Papier rotviolett.
Pharm. Centrh. 1896. 69.
Chem. Ztg. 1896. Rep. 54.
Ztschr. f. anal. Chem. **36**. 696.

**Krämer**'s React. auf Aceton
ist identisch mit Lieben's React.
Berl. Ber. **13**. 1000.

**Krasser**'s Reag. auf Eiweissstoffe
ist eine alkoholische Lösung von Alloxan, welche Eiweiss rot färbt.
Wèvre, Ztschr. f. Mikroskop. 1894. 407.

**Krause**'s Reag. zum Fixiren mikroskop. Präparate
ist eine Lösung von 5 g Ammonmolybdat in 100 ccm Wasser. Gebraucht zum Fixiren von Geweben.
Mon. intern. Anat. Phys. 1884.
Gierke, Ztschr. f. Mikroskop. 1884. 96.

**Krause**'s Triacidgemisch zum Färben mikroskopischer Präparate
ist eine Modification von Ehrlich-Biondi's Reag.
Näheres siehe: Arch. f. mikrosk. Anat. 1893. 59; 1897, 709.
Das Reag. ist eine Mischung von 4 ccm einer 20 %igen Rubin S-lösung mit 7 ccm einer 8 %igen Orange G-lösung und 8 ccm einer 8 %igen Methylgrünlösung.

**Krehbiel**'s React. auf Gallenfarbstoffe.
4 T. Harn versetzt man mit 1 T. Salzsäure und dann tropfenweise mit Chlorkalklösung. Nach 3—6 Tropfen tritt Grünfärbung ein u. bei weiterem Zusatz der Umschlag in Blau, Violett u. Gelbrot wie bei Gmelin's oder Capranika's React.
Wiener medic. Wochenschr. 1883. 9.
Ztschr. f. anal. Chem. **22**. 627.
Deubner, ebenda **25**. 458.

**Kreis**' React. auf Cholesterin u. Phytosterin.
Verdunstet man einige Tropfen einer ätherischen Lösung genannter Stoffe u. gibt 3 Tropfen Melzer's Reag. und concentr. Schwefelsäure zu, so entsteht eine rotviolette bis dunkelviolette Färbung.
Chem. Ztg. 1899. 21.

**Kreis**' Reactionen auf fette Oele
siehe Bishop-Kreis' React.

**Kreis'** React. auf Thiophen im Benzol.

In dem zu prüfenden Benzol löst man etwas Thallinbase u. schüttelt mit Salpetersäure (D. = 1,4). Bei Anwesenheit von Thiophen färbt sich die Säure intensiv violett.

Chem. Ztg. 1902. 523.
Pharm. Centrh. 1902. 470.

**Kremel**'s React. auf Aloë.

(Chrysaminsäurereaction). Man digerirt Aloë mit der 6 fachen Menge concentr. Salpetersäure mehrere Stunden auf dem Dampfbade, gibt 3 Teile Wasser zu und erhitzt weiter. Auf Zusatz von viel Wasser scheidet sich nach dem Erkalten Chrysaminsäure in gelben Krystallen oder Flocken aus. Die Lösung dieser Säure in Kali- oder Natronsalzlösungen ist carminrot, in Ammoniaksalzlösungen violett. Natalaloë liefert keine Chrysaminsäure.

Pharm. Centrh. 1900. 34.
Heuberger, Schweizer Wochenschr. f. Chem. u. Pharm. 1899. 506.

**Kremel**'s React. auf Carbonat in Natriumbicarbonat.

Löst man 2 g Natriumbicarbonat in 25 ccm kaltem Wasser und gibt einige Tropfen Phenolphtalein (1 : 100 Alkohol) zu, so färbt sich die Lösung bei Anwesenheit von Monocarbonat mehr oder weniger rot.

Pharm. Post. 1884. 849.
Vergleiche Deutsch. Arzneibuch IV. 250.
Flückiger, Archiv d. Pharm. (3) **22**. 607.
Salzer, Pharm. Ztg. 1884. 746.

**Kremel**'s React. auf Colchiceïn in Colchicin.

Eine wässerige Lösung von Colchicin versetzt man mit einer Eisenchloridlösung, die bis zur Farblosigkeit mit Wasser verdünnt wurde. Bei Anwesenheit von Colchiceïn tritt Grünfärbung ein.

Pharm. Centrh. 1888. 510.

**Kromayer**'s React. auf Syringin.

Versetzt man eine wässerige oder alkoholische Lösung von Syringin mit einem gleichen Volum concentr. Schwefelsäure, so entsteht eine dunkelblaue Färbung, die durch weiteren Zusatz von Schwefelsäure in Violett übergeht.

Archiv d. Pharm. **109**. 18.

**Kronecker**'s Reag. für mikroskop. Zwecke

(künstl. Serum) ist eine Lösung von 0,06 g Natriumcarbonat (oder Aetznatron) und 6 g Natriumchlorid in 1 Liter Wasser.

Böhm-Oppel, Taschenb. 1896. 19.
Lee-Henneguy, Traité 1896. 260.

**Krüger**'s Reag. auf Glucose

ist eine Modification von Nylander und Almén's Reag. mit einem Zusatz von Glycerin.

**Krysinski**'s Reag. für mikroskop. Zwecke

(Photoxylinlösung) ist eine Lösung von 1 oder 5 g Photoxylin (Colloxylin) in 50 g Alkohol u. 50 g Aether. Gebraucht als Einbettungsmittel.

Virchow's Archiv 1887. 217.
Busse, Ztschr. f. Mikroskop. 1892. 47.
Tschernischeff, ebenda 1900.
Unna, Monatsh. f. pract. Dermatol. 1900.

**Kubel**'s React. auf Colchicin.

Colchicin gibt mit Salpetersäure (D. = 1,4) eine charakteristische violette Färbung, die beim Verdünnen mit Wasser hellgelb und durch überschüssiges Alkali orangerot wird.

Merck's Report 1901. 96.
Vergl. Struve's React.

**Kubli**'s Reag. auf Natriumcarbonat in Bicarbonat

ist eine Lösung von 0,4 g Chininhydrochlorid in 100 ccm Wasser. Enthält das Bicarbonat mehr als 2 % Monocarbonat, so wird eine wässerige Lösung 3:50 (bei 10° C.) durch ein gleiches Volum Chininlösung nur vorübergehend getrübt. Nach 5 Minuten tritt an der Oberfläche der Mischung eine Trübung ein, die aber von der beginnenden Zersetzung des Bicarbonates herkommt.

Archiv d. Pharm. **236**. 321.

**Kubli**'s React. I auf Nebenalkaloide im Chininhydrochlorid.

(Wasserprobe) 1,8 g bei 40—50° C. völlig verwittertes Chininhydrochlorid u. 0,375 g wasserfreies Natriumsulfat erhitzt man in einem Kölbchen mit 60 g Wasser zum Sieden, lässt 5 Minuten lang kochen und bringt das Gesamtgewicht der Mischung mit Wasser auf 62 g. Man kühlt hierauf auf 20° C. ab und schüttelt während 1/2 Stunde bei derselben Temperatur öfter durch. Nachdem man durch ein trockenes Filter von 9 cm Durchmesser filtrirt hat, gibt man 5 ccm des Filtrates in einen Glascylinder von 25—30 ccm Inhalt, fügt 3 Tropfen Natriumcarbonatlösung (1:10) und dann so lange und so viel Wasser von 20° C. zu bis der entstandene Niederschlag sich wieder gelöst hat. Es sollen hierzu nicht mehr als 12 ccm Wasser gebraucht werden.

Pharm. Ztschr. f. Russl. **34**. 593. (Siehe auch nächsten Absatz.)
Dieselbe Probe für Chininsulfat siehe Ztschr. f. anal. Chem. **38**. 379.

**Kubli**'s React. II auf Nebenalkaloide im Chininhydrochlorid.

(Kohlendioxydprobe). Man verfährt wie bei React. I angegeben. 5 ccm Chininlösung fällt man in einem Glascylinder mit 3 Tropfen Natriumcarbonatlösung (1:10), gibt 5 ccm einer frisch und kalt bereiteten Natriumbicarbonatlösung (3:50) und bringt die so erhaltene Lösung auf 15° C. zu. In diese Lösung leitet man 1/2 Stunde lang luftfreies, trockenes Kohlendioxyd. Es muss ein krystallinischer Niederschlag entstehen.

Pharm. Ztschr. f. Russl. **34**. 593.
Ztschr. f. anal. Chem. **38**. 391.

Dieselbe Probe für Chininsulfat siehe Ztschr. f. anal. Chem. **38**. 384.

Hesse, Archiv d. Pharm. **235**. 114.
Weller, Pharm. Ztg. 1897. No. 40.
Kubli, Archiv d. Pharm. **235**. 619.

**Kuborne**'s React. auf Cocaïn.

Dampft man etwas Cocaïn mit 1 ccm Salpetersäure (D. = 1,4) auf dem Wasserbade zur Trockne und gibt nach dem Erkalten eine Lösung von Aetzkali in Alkohol oder Amylalkohol zu, so entsteht keine Färbung (wie bei Atropin). Erwärmt man aber auf dem Wasserbade, so tritt eine intensive Violettfärbung auf.

Pharm. Centrh. 1892. 411.
Ztschr. f. anal. Chem. **31**. 729.

**v. Kügelgen**'s React. auf Chelidonin.

Das Alkaloid löst sich in concentr. Schwefelsäure mit blassgrüner Farbe, die allmählich in Braun u. Violettbraun übergeht. Fröhde's Reag. färbt sich damit grün, blaugrün, blau u. dann schwarzgrün, Selenschwefelsäure grün, blau u. dann grünbraun, Chromsäure- oder Salpeterschwefelsäure grün u. blau.

**v. Kügelgen**'s React. auf Sanguinarin.
Das Alkaloid löst sich in concentr. Schwefelsäure blassblauviolett, später in Grün übergehend, in Fröhde's Reag. rotviolett dann grün, in Vanadinschwefelsäure blauviolett, dann fast schwarz werdend.
Näheres siehe Dragendorff, Ermittel. v. Giften 1888. 263.
Ztschr. f. anal. Chem. **24**. 165.

**Kühne**'s React. auf Tyrosin.
Erwärmt man Tyrosin mit concentr. Salzsäure und einer Spur Kaliumchlorat, so entsteht eine dunkelorangerote Lösung.
Arch. f. pathol. Anat. **39**. 130.
Ztschr. f. anal. Chem. **6**. 284.

**Kühne**'s Reagentien zur Bacillenfärbung.
1. Carbolmethylenblau ist eine Lösung von 1,5 g Methylenblau und 5 g Phenol in 10 g Alkohol und 100 ccm Wasser.
2. Carbolfuchsinlösung ist eine Lösung von 1 g Fuchsin u. 5 g Phenol in 10 g Alkohol u. 100 ccm Wasser.

**Kühne**'s Reag. zum Färben von Typhus- u. Cholerabacillen.
Einer kaltgesättigten Lösung von Methylenblau gibt man auf 100 ccm 1 g Ammoniumcarbonat zu.

**Kultschitzky**'s Reag. zum Färben mikroskop. Präparate.
1. Eine Lösung von 2 g Hämatoxylin in 10 g Alkohol, der 100 g 3%ige Essigsäure beigemischt werden.
2. 2 g Carmin kocht man mit 100 ccm 10%iger Essigsäure (ca. 3 Stunden lang) und filtrirt die erhaltene Lösung nach dem Erkalten.
   Anat. Anzg. 1890. 519.
   Schaffer, Ztschr. f. Mikroskop. 1891. 227.
3. Man mischt eine Lösung von 0,25 g Rubin S in 100 ccm 2%ig. Essigsäure mit 100 ccm gesättigter, wässeriger Pikrinsäurelösung.
4. Eine Mischung von 5 ccm obiger Rubinlösung mit 100 ccm Alkohol (96%).
   Anat. Anzg. 1893. 357.
5. Eine Lösung von 0,5 g Magdalarot und 0,25 g Methylenblau in 200 g Alkohol (96%), der 10 ccm 1%ige, wässerige Kaliumcarbonatlösung zugegeben sind.
   Ztschr. f. Mikroskop. 1896. 75.

**Kultschitzky**'s Reag. zum Fixiren mikroskop. Präparate.
1. Man macerirt feingepulvertes Kaliumdichromat u. Kupfersulfat 24 Stunden im Dunkeln mit 50%igem Alkohol, wobei man eine grüngelbe Lösung erhält. Zum Gebrauch gibt man auf 100 ccm dieser Lösung 5 Tropfen Eisessig.
   Ztschr. f. Mikroskop. 1887. 348.
2. Eine Lösung von 2 g Kaliumdichromat u. 0,25 g Quecksilberchlorid in 50 g 2%iger Essigsäure u. 50 g Alkohol.
   Arch. f. mikrosk. Anat. 1887. 7.

**Külz**' React. auf Gallensäuren im Harn
ist eine Modification von Pettenkofer's React. Da man letztere React. mit Harn direkt nicht vornehmen kann, sondern nur mit den daraus isolirten Gallensäuren, so verdampft man einige Tropfen Harn auf dem Dampfbade, gibt einen Tropfen Zuckerlösung zu und dann einen Tropfen concentr. Schwefelsäure. Bei Anwesenheit von Gallensäuren färbt sich die Masse beim Erwärmen an den Rändern violettrot.
Ztschr. f. anal. Chem. **15**. 106.
Centralbl. f. d. med. Wissensch. 1875. 515.
Neukomm, Archiv f. Anatom. etc. 1860. 365.
Vitali, Berl. Ber. **14**. 547.
Stokvis, Archiv f. klin. Medic. 1883. 115.

**Kundrát**'s Reag. auf Alkaloide u. Glycoside
ist eine Lösung von 0,1 g vanadinsaurem Ammon in 10 ccm concentr. Schwefelsäure. Das Reag. gibt mit genannten Stoffen charakteristische Farbenreactionen.
Näheres siehe Ztschr. f. anal. Chem. **28**. 709.
Chem. Ztg. 1889. 265.
Vergleiche Mandelin's Reag.

**Kunkel**'s Reag. auf Kohlenoxyd im Blute
ist eine 3%ige, wässerige Tanninlösung. 2 ccm des zu untersuchenden Blutes verdünnt man mit 8 ccm Wasser, gibt 10 ccm des Reag. zu und mischt gut durch Umschütteln. Bei Anwesenheit von Kohlenoxydblut bleibt das nach einiger Zeit entstandene Gerinnsel längere Zeit rot als Sauerstoffblut, welches bald graubraun wird. Diese Probe soll empfindlicher sein als die spektroskopische Untersuchung.
Pharm. Centrh. **30**. 189.
Ztschr. f. anal. Chem. **36**. 412.
Kostin, Chem. Ztg. 1901. Rep. 183.

**Kunz-Krause**'s React. auf Glycotannoide
beruht auf der Bildung von Blausäure bei mehrtägiger Einwirkung von Liebermann's Reag. (8 g Kaliumnitrit : 100 g Schwefelsäure) auf die sog. Glycotannoide.
Pharm. Centrh. 1898. 39. 401. 421. 441.

**Kupferschläger**'s React. auf Chlor in Salzsäure
beruht auf der Unlöslichkeit von metallischem Kupfer in chlorfreier Salzsäure u. auf der Löslichkeit desselben in chlorhaltiger Salzsäure (bei gewöhnlicher Temperatur).
Chem. Ztg. 1889. Rep. 241.
Bull. Soc. Chim. (3) **2**. 136.

**Kupferschläger**'s React. auf teerige Stoffe im Ammoniak.
Uebersättigt man Salmiakgeist mit mässig verdünnter Salpetersäure, so entsteht bei Gegenwart teeriger Stoffe eine rote oder braune Färbung.
Bull. Soc. Chim. Paris (2) **23**. 256.
Ztschr. f. anal. Chem. **18**. 90.
Wittstein, Dingler's Journ. **213**. 512.

**v. Kupffer**'s Reag. zum Färben mikroskop. Präparate.
1. Eine 3%ige, wässerige Lösung von Methylenblau.
   Vergleiche Arnstein's Reag.
2. Eine concentrirte, wässerige Lösung von Fuchsin S. Gebraucht zur Färbung von Nerven.
   Sitz.-Ber. d. k. bayr. Acad. d. Wissensch. 1884. 446.
   Ztschr. f. Mikroskop. 1885. 100.

## L

**Labarraque**'s Reag.
(Eau de Labarraque) ist eine Lösung von Natriumhypochlorit u. Chlornatrium. Man schüttelt 10 g Chlorkalk mit 50 ccm Wasser u. gibt eine Lösung von 12,5 g Natriumcarbonat in 250 ccm Wasser zu. Nach dem Klären der Flüssigkeit wird filtrirt. Der verwendete Chlorkalk soll 25 % wirksames Chlor enthalten.
Schmidt, Pharm. Chem. 1893. I. 537.
Dragendorff, Ermittel. v. Giften 1888. 84.
Hager, Pharm. Prax. 1880. I. 877.
Eau de Javelle*) ist eine Lösung von Kaliumhypochlorit und Chlorkalium, die wie Labarraque's Reag. in entsprechendem Verhältnis dargestellt wird. (Im Handel versteht man unter Eau de Javelle gewöhnlich die Lösung von Natriumhypochlorit; siehe Merck's Index 1901. 153.)

*) Javelle ein Ort bei Paris, wo diese Flüssigkeit zuerst (1792) dargestellt wurde.

**Labiche**'s Reag. auf Cottonöl.
Man löst 50 g neutrales Bleiacetat in 100 ccm warmem Wasser. 25 g des zu prüfenden Fettes erwärmt man mit 25 ccm Bleilösung auf 35° C. und mischt gut nach Zugabe von 5 ccm Ammoniak. Bei Anwesenheit von Cottonöl wird die so erhaltene Emulsion nach kurzer Zeit gelbrot. Reines Mohnöl, Rapsöl, Sesamöl und Schweinefett geben keine gelbrote Färbung.
Ztschr. f. anal. Chem. **29**. 722.
Deiss, Chem. Ztg. 1888. Rep. 191.

**Laborde**'s React. auf freie Säure im Magensaft beruht auf Farbenerscheinungen, die säurehaltiger Magensaft mit Anilinsulfat u. Bleisuperoxyd hervorbringt: Salzsäure = dunkelgrün; Milchsäure = purpurrot etc.
Ztschr. f. anal. Chem. **1**. 151.

**Ladendorf**'s React. auf Blut ist eine Modification von Almén's u. Vitali's React. unter Verwendung von Eucalyptusöl. Gibt man zu einer mit Guajakholztinktur versetzten Lösung, welche Blut enthält, etwas Eucalyptusöl, so färbt sich letzteres violett, während sich die wässerige Schicht blau färbt.
Merck's Report 1901. 96.

**Lafon**'s Reag. auf Codeïn ist eine Lösung von Ammon- oder Natriumselenit in concentr. Schwefelsäure. 1/10 mg Codeïn färbt dieses Reag. noch schön grün.
Compt. rend. **100**. 1543.
Ztschr. f. anal. Chem. **25**. 567.
Umgekehrt lässt sich mit Codeïn selenige Säure in Schwefelsäure nachweisen.
Merck's Jahresbericht 1900. 28.

**Lafon**'s Reag. auf Digitalin (französisches).
Gibt man zu (französ.) Digitalin eine kleine Menge einer Mischung von gleichen Teilen Alkohol und concentr. Schwefelsäure, erwärmt und gibt einen Tropfen Eisenchlorid zu, so entsteht eine schöne, blaugrüne Färbung.
Compt. rend. **100**. 1463.
Ztschr. f. anal. Chem. **25**. 567.

**Lagrange**'s Reag. auf Glucose.
Man löst 10 g neutrales Kupfertartrat und 40 g Natriumhydroxyd in 500 ccm Wasser. Dieses Reag. soll haltbarer sein als Fehling's Lösung u. weder bei längerem Stehen noch beim Kochen für sich Kupferoxydul abscheiden.
Compt. rend. 1874. 1005.
Ztschr. f. anal. Chem. **15**. 111.

**Lailler**'s React. auf echtes Olivenöl.
Man mischt 2 T. 12 % Chromsäurelösung mit 1 T. Salpetersäure (D. = 1,4). — 2 g Reag. schüttelt man mit 8 g des zu prüfenden Oeles. Ist das Olivenöl rein, so wird es nach 48 Stunden teilweise, nach einigen Tagen aber vollständig fest u. färbt sich blau.
Journ. de Pharm. et de Chim. 1865. I. 180.

**Lalande-Tambon**'s React. auf Sesamöl.
Zu 5 ccm farbloser Salpetersäure (D. = 1,4) gibt man 15 ccm des zu prüfenden Oeles und schwenkt 2 Minuten lang leicht um. Bei Anwesenheit von Sesamöl färbt sich die Salpetersäure gelb und wird beim Verdünnen mit Wasser weiss getrübt. Olivenöl, Erdnussöl u. Cottonöl geben diese Reactionen nicht.
Journ. de Pharm. et de Chim. (5) **23**. 234.
Chem. Ztg. **15**. Rep. 70.

**Lamal**'s Reag. auf Morphin.
0,3 g Uranacetat u. 0,2 g Natriumacetat löst man in 100 ccm Wasser. Einige Tropfen des Reag. und einige Tropfen der zu prüfenden Flüssigkeit verdampft man auf dem Wasserbade zur Trockne. Bei Anwesenheit von Morphin hinterbleiben bräunliche bis gelbe, ins Rötliche spielende Ringe. Es sollen sich noch 0,05 mg Morphin nachweisen lassen.
Répert. d. Pharm. 1894. 308.
Ztschr. f. anal. Chem. **36**. 275.
Pharm. Centrh. **35**. 634.
Semaine médic. 1894. 267.

**Lambert**'s React. auf Phenole.
Durch Behandeln mit Jodoform (Chloroform, Bromoform) und Kalilauge, geben die Phenole Farbenreactionen: Carbolsäure, Resorcin, Phloroglucin u. Pyrogallol = rot, Orcin u. Salicylsäure = rotviolett, Guajakol u. Thymol = violett, Hydrochinon u. Naphtol = blau.
Ztschr. d. öst. Apoth.-Ver. **30**. 110.
Ztschr. f. anal. Chem. **32**. 235.

**Landois**' React. auf Kohlenoxyd im Blut.
Eine Mischung von 3 ccm Blut und 100 ccm Wasser versetzt man mit wässeriger Pyrogallollösung und einigen Tropfen Kalilauge. Normales Blut wird beim Schütteln schmutzigbraun, Kohlenoxydblut behält seine hellrote Farbe.
Deutsche Medic.-Zeitg. 1893. 256.
Ztschr. f. anal. Chem. **37**. 341.
Pharm. Centrh. 1893. 207.

**Landois**' Reag. für mikroskopische Zwecke (Macerationsflüssigkeit) ist eine Lösung von je 5 g Natriumsulfat, Ammonchromat u. Kaliumphosphat in 100 ccm Wasser.
Arch. f. mikrosk. Anat. 1885. 445.
Fischel, Ztschr. f. Mikroskop. 1894. 49.
Nansen, ebenda 1888. 242.
Nach anderer Lesart ist das Reag. eine Mischung von 5 g gesättigter, wässeriger Natriumsulfatlösung, 5 g Ammonchromatlösung u. 5 g Kaliumphosphatlösung mit 100 ccm Wasser.
Lee et Henneguy, Traité 1896. 313.

**Landolt**'s React. auf Paraffin im Wachs siehe Zeitschr. f. anal. Chem. **1**. 116.
Dingler's Journ. **160**. 224.

**Landolt**'s React. auf Phenol.
Phenol gibt noch in sehr starker Verdünnung mit Wasser auf Zusatz von Bromwasser einen Niederschlag (Tribromphenol). Es lässt sich auf diese Art noch 1 T. Phenol in 43 700 T. Wasser nachweisen.
Ueber andere Stoffe, wie Guajakol, Kresol, Thymol, Anilin, Alkaloide etc., welche ebenfalls mit Bromwasser Niederschläge geben, siehe: Ztschr. f. anal. Chem. **11**. 95.
Berl. Ber. **4**. 770.
Jacobson, Ztschr. f. anal. Chem. **25**. 607.

**Lang**'s Reag. zum Färben mikroskop. Präparate ist eine Lösung von 1 g Pikrocarmin u. 1 g Eosin in 200 ccm Wasser. Gebraucht zum Färben von niederen Tierformen.
Merck's Index 1902. 271.

**Lang**'s Härtungsmittel ist eine Lösung von 3—12 g Quecksilberchlorid in 100 ccm mit 5 ccm Essigsäure angesäuertem Wasser, in dem 0,5 g Alaun u. 10 g Chlornatrium gelöst ist. Gebraucht als Härtungsmittel für frische Objekte.
Merck's Index 1902. 271.
Zoolog. Anzg. 1878. 14.

**Lang**'s Reag. zum Fixiren mikroskop. Präparate
ist eine gesättigte Lösung von Quecksilberchlorid in Pikrinschwefelsäure, der auf 100 ccm 5 g Essigsäure zugesetzt werden.
Zoolog. Anzg. 1879. 46.

**Langerhans**' Reag. zum Conserviren mikroskop. Präparate
ist eine Lösung von 5 g arabischem Gummi in 5 g Wasser, 5 g Glycerin u. 10 g 5%iger Carbolsäurelösung.
Zoolog. Anzg. 1879. 575.
Faris, Journ. Roy. Microsc. Soc. 1890. 514.

**Langley**'s React. auf Alkaloide
beruht auf derselben Methode wie bei dessen React. auf Pikrotoxin angegeben ist. Die Alkaloide geben bei dieser React. verschiedene Farbenerscheinungen.
Amer. Journ. of Science (2) **34**. No. 100. 109.

**Langley**'s React. auf Pikrotoxin.
Befeuchtet man eine Mischung von 1 T. Pikrotoxin u. 3 T. Salpeter mit concentr. Schwefelsäure, so bewirkt ein Ueberschuss von Natronlauge ziegelrote Färbung. Diese Farbenreaction ist nach dem Autor durch eine Verunreinigung bedingt, vollkommen reines Pikrotoxin gibt sie nicht. Nach Köhler ist die React. dem reinen Pikrotoxin eigen.
Zeitschr. f. anal. Chem. **2**. 204.
Schmidt, Pharm. Chem. 1896. II. 1504.
Otto, Ausmittel. d. Gifte. 5. Aufl. 60.

**Langley-Köhler**'s React. auf Alkaloide
ist eine Modification von Langley's React. unter Verwendung von Natriumcarbonatlösung.

**Lanz**' Reag. zur Gonokokkenfärbung
ist eine Mischung von 20 ccm Carbolfuchsinlösung (2 %) und 80 ccm gesättigter, wässeriger Thioninlösung.
Deutsche med. Wochenschr. 1898. 637.

**Lapeyrère**'s React. auf Blauholzextract im Rotwein.
Mit concentr. Kupferacetatlösung getränktes Filtrirpapier taucht man in den zu prüfenden Wein. Bei Anwesenheit von Blauholzfarbe wird das Papier blauviolett gefärbt. Reiner Wein färbt grau bis rötlichgrau.
Journ. de Pharm. et de Chim. 1870.
Polytechn. Centralbl. 1870. 944.
Ztschr. f. anal. Chem. **10**. 234.

**Lassaigne**'s React. auf Blausäure.
Die zu prüfende Flüssigkeit versetzt man mit einem Ueberschuss von schwefeliger Säure und dann mit etwas Kupfersulfatlösung. Bei Anwesenheit von Blausäure entsteht eine weisse Trübung von Kupfercyanür.
Hager, Pharm. Prax. 1880. I 67.
Zu 1 ccm des zu prüfenden Destillates gibt man 1—2 Tropfen Kupfersulfatlösung u. soviel Natronlauge, dass Trübung eintritt. Säuert man dann mit Salpetersäure an, so bleibt bei Anwesenheit von Blausäure ungelöstes Kupfercyanür zurück. Empfindlichkeitsgrenze = 0,006 g in 100 ccm.
Dragendorff, Ermittelung von Giften 1888. 62.

**Lassaigne**'s Reag. auf tierische Faserstoffe (Wolle u. Seide)
ist eine Lösung von 10 g Bleiacetat in 100 ccm Wasser, der so viel Kalilauge zugesetzt wird, dass sich das entstandene Bleihydroxyd eben wieder löst. — Behandelt man die zu prüfenden Faserstoffe mit diesem Reag. einige Minuten bei gewöhnlicher Temperatur, so färbt sich Wolle braun, Seide bleibt ungefärbt.
Siehe auch Hager, Pharm. Prax. 1880. II. 37.

**Lassaigne**'s React. auf Stickstoff in organischen Substanzen
beruht auf der Bildung von Cyannatrium beim Erhitzen einer stickstoffhaltigen Substanz mit metallischem Natrium. Das in Wasser gelöste Reactionsproduct gibt nach dem Erwärmen mit etwas Ferrosulfat auf Zusatz von Eisenchlorid und Salzsäure eine blaue Färbung (Berlinerblau).

**Lassar-Cohn**'s React. auf Alkohol im Aether
beruht auf der Ausschüttelung des Aethers mit Wasser, der Oxydation dieser wässerigen Lösung u. dem Nachweis des hierbei aus Alkohol gebildeten Aldehyds durch Nessler's Reag.
Näheres siehe Pharm. Centrh. 1897. 251 oder Ztschr. f. anal. Chem. **38**. 251.

**Laubenheimer**'s React. auf Phenanthrenchinon.
5 ccm einer 0,5% igen Lösung von Phenanthrenchinon in Eisessig mischt man mit 1 ccm Toluol u. gibt allmählich 4 ccm concentr. Schwefelsäure zu. Es entsteht eine blaugrüne Flüssigkeit, die beim Verdünnen mit Wasser trübe blauviolett wird u. an Aether einen rotvioletten Farbstoff abgibt.
Berl. Ber. **8**. 224.

**Laubenheimer**'s React. auf Thiotolen.
Phenanthrenchinon gibt mit thiotolenhaltigem Toluol, Eisessig und Schwefelsäure eine blaugrüne Färbung. Nach dem Verdünnen mit Wasser und Schütteln mit Aether färbt sich letzterer violett.
Berl. Ber. **17**. 1338.
Vergleiche dessen React. auf Phenanthrenchinon.

**Laurent**'s React. auf Narcotin
ist identisch mit Gerhardt's React.

**Lauth**'s React. auf aromatische Amine.
1 Tropfen oder ein Kryställchen des zu prüfenden Amins bringt man auf ein Uhrglas und gibt 10 Tropfen verdünnte Essigsäure (3 Vol. Essigsäure auf 7—8 Vol. Wasser) zu. Auf den Rand des Uhrglases bringt man einige Körnchen Bleisuperoxyd u. benetzt dieselben durch Neigen des Glases mit der Flüssigkeit. Die entstehenden Farbenreactionen siehe:
Ztschr. f. anal. Chem. **30**. 490.
Compt. rend. **111**. 975.

**Lauth**'s React. auf Schwefelwasserstoff.
Eine Lösung von Schwefelwasserstoff wird in schwach saurer Lösung auf Zusatz von p-Phenylendiaminchlorhydrat und Eisenchlorid violett gefärbt.
Berl. Ber. **9**. 1035.
Bernthsen, Liebig's Annal. **230**. 123.

**Lavdowsky**'s Reag. auf Blut
ist eine Lösung von 2 g Jodsäure in 100 ccm Wasser.
Näheres siehe Ztschr. f. Mikroskop. 1893. 4.

**Lavdowsky**'s Reag. zum Conserviren mikroskop. Präparate
ist eine Lösung von 5 g Chloralhydrat in 100 ccm Wasser.
Arch. f. mikrosk. Anat. 1876. 359.
Munson, Journ. Roy. Microsc. Soc. 1881. 847.
Als Macerationsflüssigkeit empfiehlt der Autor eine 2—5%ige Lösung von Chloralhydrat.
Hickson, Quart. Journ. Microsc. Sc. 1885. 244.

**Lavdowsky**'s Reag. zum Fixiren mikroskop. Präparate.
1. Eine Mischung von 0,5 g Eisessig, 3 g Formaldehyd (40%), 10 g Alkohol (95%) und 20 g Wasser.

2. Eine Mischung von 1 g Eisessig, 5 g Formaldehyd, 15 g Alkohol u. 30 g Wasser.
   Anat. Hefte 1894. 355.
   Ztschr. f. Mikroskop. 1894. 507.
3. Zu einer Lösung von 20—25 g Kaliumdichromat in 500 ccm 1%iger Essigsäure gibt man 5—10 ccm concentr., wässerige Quecksilberchloridlösung.
   Ebenda 1900. 302.
4. Eine Mischung von 10 ccm Platinchloridlösung u. 10 ccm Alkohol mit 100 ccm 0,5 %iger Essigsäure.
   Anat. Hefte 1894.

**Lave**'s React. auf Veratrin.
3—4 Tropfen einer 1 %igen, wässerigen Furfurollösung mischt man mit 1 ccm concentr. Schwefelsäure und bringt hiervon 3—5 Tropfen in der Weise zu der zu prüfenden Substanz, dass dieselbe an den Rand der Flüssigkeit zu liegen kommt. Bei Anwesenheit von Veratrin zieht sich von der Substanz aus allmählich ein dunkler Streifen in die Flüssigkeit, der am Ausgangspunkte blau neben blauviolett, in der Verlängerung grün erscheint. Beim Mischen färbt sich die Flüssigkeit dunkelgrün u. wird nach einiger Zeit blau und violett.
Ztschr. f. anal. Chem. **37**. 61.
Pharm. Ztg. **37**. 338.
Chem. Ztg. **16**. Rep. 198.

(**Carey**) **Lea**'s Reag. auf Blausäure.
1 g Ferroammonsulfat u. 1 g Urannitrat (oder auch Cobaltnitrat) löst man in 2—300 ccm Wasser. Dieses Reag. gibt mit Cyankalium eine intensiv rote Färbung. Bei geringem Blausäuregehalt der zu prüfenden Flüssigkeit lässt man einige Tropfen der letzteren zu dem Reagens fliessen, das sich in einer Porzellanschale befindet. Die Rotfärbung erkennt man dann am besten an den Berührungsstellen der Flüssigkeiten. Empfindlichkeitsgrenze 1 : 5000.
Chem. Centralbl. 1875. 199.
Ztschr. f. anal. Chem. **14**. 370.
Pharm. Centrh. 1875. 154.

**Lea**'s React. I auf Blausäure.
Von einer Mischung, die aus stark verdünnter Ferrosulfatlösung, wenig Ferriammoncitrat u. Salzsäure besteht, gibt man 1 Tropfen in ein Porzellanschälchen, gibt die zu prüfende Flüssigkeit u. sehr wenig Aetzkali zu. Nach dem Mischen bildet sich Berlinerblau, wenn die Säure im Ueberschuss vorhanden ist. 0,003 mg Blausäure sollen noch eine Reaction geben.

**Lea**'s React. II auf Blausäure.
Die zu prüfende Flüssigkeit (Destillat) versetzt man mit etwas Aetzkali u. einigen Tropfen Pikrinsäurelösung u erhitzt auf 60° C. Bei Anwesenheit von Blausäure entsteht eine blutrote Färbung. Empfindlichkeitsgrenze = 1 : 3000.

**Lea**'s Reag. auf Pikrinsäure
ist eine wässerige Lösung von Kupfersulfatammoniak, welche mit Pikrinsäure einen grünen Niederschlag gibt. Empfindlichkeitsgrenze = 1 : 5000.
Journ. f. pract. Chem. **86**. 186.
Amer. Journ. of Science (2) **32**. 180.
Vergleiche auch andere Reactionen in Ztschr. f. anal. Chem. **1**. 485.

**Lea**'s React. auf unterschweflige Säure
beruht auf einer Rotfärbung, die beim Kochen der mit Ammoniak übersättigten Lösung der unterschwefligen Säure mit Rutheniumsesquichlorid entsteht.
Ztschr. f. anal. Chem. **5**. 123, **7**. 245.

**Lebbin**'s React. auf Formaldehyd.
Einige ccm der zu prüfenden Flüssigkeit erhitzt man mit dem gleichen Volum 50%iger Natronlauge und 0,05 g Resorcin zum Sieden. Bei Anwesenheit von Formaldehyd entsteht erst Gelb- dann Rotfärbung. Empfindlichkeitsgrenze = 1 : 10 Million.
Ztschr. d. öster. Apoth.-Ver. **51**. 92.
Pharm. Ztg. 1897. 18.
Pilhashy, Ztschr. f. anal. Chem. **41**. 249.

**Leber**'s Reag. für mikroskop. Zwecke.
a) Eine Lösung von 1 g Ferrosulfat in 100 ccm Wasser.
b) Eine Lösung von 1 g Ferricyankalium in 100 ccm Wasser. Gebraucht zum Imprägniren.
Arch. f. Ophtalm. **14**. 300.

**Lecco**'s React. auf Spermaflüssigkeit
siehe Florence's React.

**Lechini**'s React. auf Blut im Harn.
Schüttelt man 10 ccm Harn nach dem Ansäuern mit Essigsäure mit 3 ccm Chloroform, so färbt sich letzteres bei Anwesenheit von Blutfarbstoff rot.
Pharm. Centrh. 1887. 106.

**Leconte**'s Reag. auf Phosphorsäure
ist eine wässerige Lösung von Urannitrat, welches in essigsaurer Lösung mit Phosphaten (u. Arseniaten) einen gelben Niederschlag gibt. (Siehe Anleitungen u. Lehrbücher über die titrimetrische Bestimmung der Phosphorsäure mittels Uranlösungen).

**Lee**'s Reactionen auf Formaldehyd
siehe Chem. News **72**. 153 oder Ztschr. f. anal. Chem. **35**. 589.

**Lee**'s Reag. f. mikroskop. Zwecke.
Macerationsgemisch: Eine Mischung von 1 T. Alkohol, 1 T. Glycerin und 2 T. Wasser.

**Lefort**'s React. auf Morphin.
Morphin bewirkt mit Jodsäure bei darauffolgendem Zusatz von Ammoniak eine braune Färbung, während bei anderen Alkaloiden durch Ammoniak Entfärbung eintritt. Empfindlichkeitsgrenze = 1 : 10 000.
Näheres siehe Ztschr. f. anal. Chem. **1**. 134.

**Légal**'s React. auf Aceton im Harn.
Versetzt man acetonhaltigen Harn (oder dessen Destillat) mit einer frisch bereiteten, alkalischen Lösung von Nitroprussidnatrium, so färbt es sich rot. Diese Farbe geht bald in Gelb über. Setzt man dann überschüssige Essigsäure zu, so entsteht eine carminrote Färbung, welche im Laufe von 1—2 Tagen durch Violett in Blau übergeht.
Breslauer ärztliche Ztschr. 1883. III u. IV.
Jahresber. über die Fortschr. d. Chem. 1883. 1648.
Béla von Bittó, Liebig's Annalen **267**. 372.
Gunning, Journ. de Pharm. et de Chim. (5) **4**. 30. (1881).
Vergl. le Noble's Reag. u. Weyl's Reag.
le Noble, Ztschr. f. anal. Chem. **24**. 148.
v. Engel, Ztschr. f. klin. Med. **20**. 530.

**Légal**'s Pikrocarmin
ist eine Mischung von 1 Vol. gesättigter, wässeriger Pikrinsäurelösung mit 10 Vol. Alauncarmin.
Morphol. Jahrb. 1883. 353.

**Léger**'s Reag. auf $\alpha$-Naphtol.
Man löst 30 ccm Sodalösung (36° Bé.) u. 5 ccm Brom in 100 ccm Wasser. $\alpha$-Naphtol gibt in wässeriger Lösung mit diesem Reag. eine violette Färbung, $\beta$-Naphtol eine gelbe bis grüne Färbung. Es lässt sich so noch 1% $\alpha$-Naphtol in $\beta$-Naphtol nachweisen.
Journ. de Pharm. et de Chim. 1897. 527.
The Analyst **22**. 245.
Ztschr. f. anal. Chem. **38**. 251.
Pharm. Centrh. 1897. 454.

**Léger**'s React. auf Nataloin.
1. Eine Lösung von Natalaloë in Natronlauge färbt sich auf Zusatz von etwas Mangansuperoxyd oder Kaliumdichromat grün.
2. Eine stark verdünnte Lösung von Natalaloë wird durch wenig Ammoniumpersulfat violett gefärbt.
Schweizer Wochenschr. f. Chem. und Pharm. 1899. 506.
Pharm. Centrh. 1900. 34.

**Léger**'s Reag. auf Wismut.
Man löst 1 g Cinchonin in 100 ccm Wasser u. etwas Salpetersäure, erwärmt gelinde und gibt dann 2 g Jodkalium zu. Wismutlösungen geben mit diesem Reag. einen orangefarbigen Niederschlag. Empfindlichkeitsgrenze = 1 : 500 000. (Salz- und Schwefelsäure dürfen nicht zugegen sein.)
Ztschr. f. anal. Chem. **28**. 347.
Chem. Ztg. 1888. Rep. 230.

**Legler**'s React. auf Formaldehyd.
Das Destillat der zu prüfenden Flüssigkeit (z. B. Milch) versetzt man mit Ammoniak im Ueberschuss u. verjagt letzteres durch Eindampfen fast vollständig. Auf Zusatz von Bromwasser scheidet sich eine gelb gefärbte Substanz aus (Hexamethylentetraminbromid).
Berl. Ber. **16**. 1333.

**Lehmann**'s React. auf Kornrade im Mehl.
20 g des mit Petroläther extrahirten Mehles zieht man mit einer heissen Mischung von 20 g Alkohol u. 80 g Chloroform aus, verdampft den filtrirten Auszug zur Trockne, nimmt den Rückstand in Wasser auf, filtrirt, verdampft das Filtrat zur Trockne u. gibt einige Tropfen conc. Schwefelsäure zu. Bei Anwesenheit von Kornrade tritt eine gelbe, dann braunrote Färbung ein.
Chem. Ztg. **26**. Rep. 356.

**Lenz**' React. auf Alkaloide.
Beim Schmelzen mit Kaliumhydroxyd färbt sich die Schmelze mit Chinin u. Chinidin grasgrün, Cinchonin u. Cinchonidin blaugrün, Cocaïn zuerst grünlichgelb, dann bläulich und schmutzig rosenrot.
Ztschr. f. anal. Chem. **25**. 29.

**Lenz**' React. auf Pilocarpin.
Eine Mischung von Pilocarpinhydrochlorid und Calomel schwärzt sich beim Befeuchten mit Wasser oder verdünntem Alkohol.
Ztschr. f. anal. Chem. **30**. 264.
Deutsch. Arzneibuch IV. 286.
Vergleiche Flückiger's React. auf Cocaïn.
Nagelvoort, Pharm. Rundsch. 1893. 285.

**Lenz**' Reag. für mikroskopische Zwecke
ist eine wässerige, 50 %ige Natriumsalicylatlösung. Es dient als Aufhellungsmittel. Auch eine Lösung von 8 g Chloralhydrat in 5 g Wasser wurde vom Autor in Vorschlag gebracht.
Chem. Ztg. 1894. Rep. 164.
Ztschr. f. Mikroskop. 1894. 18—19.

**Leo**'s React. auf freie Salzsäure im Magensafte
beruht auf der Neutralisation des Magensaftes mit Calciumcarbonat, welches freie Säuren, nicht aber saure Phosphate sättigt. Man schüttelt den Magensaft zur Entfernung von Milchsäure u. Fettsäuren mit Aether aus versetzt bei gewöhnlicher Temperatur mit Calciumcarbonat u. filtrirt. Ist das Filtrat weniger sauer als der ursprüngliche Magensaft, so war Salzsäure vorhanden.
Centralbl. f. medic. Wissensch. 1889. 481.
Chem. Centralbl. 1889. 268.
Pharm. Centrh. 1889. 566.
Pflüger's Archiv **48**. 614.

**Léon**'s Reagentien zum Färben mikroskop. Präparate.
1. Borax-Franceïn: 1 g Franceïn löst man in 100 ccm warmem Wasser, dann werden 2 g Borax u. 300 g Alkohol (96 %) hinzugegeben u. filtrirt.
2. Pikrofranceïn: 2 g Franceïn löst man in 25 ccm Wasser und der genügenden Menge Ammoniak, lässt 10 Tage lang an der Luft stehen u. mischt dann mit dem 4 fachen Volum gesättigter, wässeriger Pikrinsäurelösung.
3. Ammoniak-Franceïn: 1 g Franceïn löst man in 4 g heissem Ammoniak, gibt 50 ccm Wasser zu und lässt die Mischung so lange stehen bis der Ammoniakgeruch verschwunden ist.
Zoolog. Anzg. 1895. 160.
Ztschr. f. Mikroskop. 1895. 322.

Franceïn ist ein von Istrati zuerst aus Pentachlorbenzol u Nordhäuser Schwefelsäure dargestellter Farbstoff.
Näheres siehe: Compt. rend. **106**. 277, Bull. Soc. Chim. **58**. 35, Berl. Ber. **20**. Ref. 695, **21**. Ref. 139, **22**. Ref. 659.

**Leonard**'s React. auf Formaldehyd in Milch.
Erhitzt man Milch mit concentr. Salzsäure, so entsteht bei Anwesenheit von Formaldehyd eine violette Färbung. Empfindlichkeitsgrenze = 1 : 1 Million.
Chem. Ztg. 1899. 43.
Pharm. Centrh. 1899. 143.

**Leonardi**'s Reag. auf Ricinusöl im Olivenöl
ist ein mit Olivenöl gesättigter und filtrirter Alkohol. Schüttelt man gleiche Teile Olivenöl u. Reag., so nimmt das Volumen des Reag. bei Anwesenheit von Ricinusöl zu, anderen Falles nimmt es ab.
Pharm. Ztg. 1893. 705.
Pharm. Centrh. 1893. 704.

**Lepage**'s Reag. auf Alkaloide
ist Kalium-Cadmiumjodid; siehe Marmé's Reag.
Répert. de Pharm. 1875. 647.
Archiv d. Pharm. **6**. 271.
Ztschr. f. anal. Chem. **16**. 129 u. 260.

**Lepel**'s Reagentien auf Farbstoffe von Fruchtsäften.
Siehe Ztschr. f. anal. Chem. **19**. 24.

**Letheby**'s React. auf Anilin.
Erwärmt man Anilin mit concentr. Schwefelsäure und Braunstein, so entsteht eine blaue Färbung. — Verteilt man einen Tropfen einer Lösung von 1 T. Anilin in 1000 T. verd. Schwefelsäure auf einem Platinblech, verbindet dasselbe mit dem positiven Pole eines Bunsen-Elementes u. berührt den Tropfen mit dem negativen Poldrahte, so färbt sich die Flüssigkeit sofort intensiv blau.
Ztschr. f. anal. Chem. **1**. 375.

**Letulle**'s Reagentien zum Färben von Tuberkelbacillen.
a) Eine Lösung von 2 g Carbolsäure in 100 ccm Wasser sättigt man mit Rubin S.
b) Eine Lösung von 1 g Jodgrün u. 2 g Carbolsäure in 100 ccm Wasser.

**Lévy**'s Reactionen auf Alkaloide, Phenole etc. einerseits und auf Niobsäure, Tantalsäure, Titansäure u. Zinnsäure andrerseits, siehe Journ. de Pharm. et de Chim. 1887. 70, Compt rend. 1886. 1195, Chem. Ztg. 1887. Rep. 4.

**Lewin**'s Reag. auf Aldehyde
ist eine Mischung von Piperidin u. Nitroprussidnatriumlösung. Mit diesem Reag. liefert Acroleïn eine enzianblaue Färbung (noch in einer Verdünnung von 1 : 3000 Wasser, Acetaldehyd noch in einer Verd. von 1 : 12 000). Auf das Reag. wirken auch Paraldehyd, Propionaldehyd u. Zimmtaldehyd, nicht

dagegen Formaldehyd, Trichloraldehyd, Isobutylaldehyd, Benzaldehyd, Salicylaldehyd, Phenylacetaldehyd, Oenanthol u Furfurol.
Berl. Ber. **32**. 3388.

**Lewin**'s React. auf Gallenfarbstoffe
ist Gmelin's React.

**Lewin**'s React. auf Sesamöl.
Man übergiesst 0,5 g Zuckerpulver mit 2 ccm des zu prüfenden Oeles und lässt vorsichtig 1 ccm Salzsäure (D. = 1,19) zufliessen. Bei Anwesenheit von Sesamöl entsteht innerhalb 5 Minuten ein rosarot gefärbter Ring.
Vergl. Baudouin's React.

**Lex**' React. auf Phenol.
Versetzt man wässerige Phenollösung mit Ammoniak u. dann mit unterchlorigsaurem Natrium, so tritt beim Erwärmen auch in starker Verdünnung Blaufärbung ein. Diese Blaufärbung erhält man auch beim Behandeln mit Brom, Jod, Baryumsuperoxyd oder beim Stehenlassen an der Luft. Empfindlichkeitsgrenze = 1 : 10 000.
Berl. Ber. **3**. 457.
Ztschr. f. anal. Chem. **10**. 101.
Salkowski, Archiv d. Physiolog. **5**. 353 oder Ztschr. f. anal. Chem. **11**. 316.

**Leys**' Reag. auf Natriumcarbonat in Bicarbonat od. Borax
ist eine gesättigte, wässerige Lösung von Calciumsulfat. Enthält eine Lösung von Natriumbicarbonat kleine Mengen Carbonat, so entsteht mit dem Reag. **sofort** ein krystallinischer Niederschlag (von Calciumcarbonat).
The Analyst **23**. 51.
Ztschr. f. anal. Chem. **39**. 372.
Journal de Pharm. et de Chim. 1897. 440.

**Leys**' React. auf Saccharin.
5 ccm Saccharinlösung (1 : 2500) versetzt man mit 2 Tropfen Eisenchloridlösung (2 ccm officinelle Eisenchloridlösung u. 98 ccm Wasser) u. 2 ccm Wasserstoffsuperoxyd (0,05 Vol. %). Nach $^1/_2$—$^3/_4$ Stunde entsteht eine violette Färbung.
Chem. Ztg. 1901. 424.
Pharm. Centrh. 1901. 418.

**Lidforss**' Reag. auf Glucose.
Zu einer mit wenig Essigsäure angesäuerten, alkoholischen Lösung von Kupferacetat, der man etwas Glycerin zugesetzt hat, gibt man ein gleiches Volum alkoholische Natronlauge. Das Reag. dient zum Nachweise von Glucose in Pflanzenzellen.
Ztschr. f. Mikroskopie 1894. 272.

**Lidow**'s React. auf fette Oele.
(Elaïdinprobe.) Das zu prüfende Oel wird mit Eisessig geschüttelt und die hierbei entstandene Lösung oder Emulsion mit Natriumnitrit versetzt.
Chem. Ztg. 1893. Rep. 7.

**Lidow**'s React. auf Proteïnsubstanzen.
Erwärmt man die Lösung einer Proteïnsubstanz (Albumin, Caseïn, Legumin, Globulin, Fibrin, Hämoglobin etc.) mit Silbernitrat u. einem geringen Ueberschuss von Kalilauge, so nimmt sie fast sofort eine braune Färbung an, die sich allmählich bis zur Zimmtfarbe verstärkt.
Chem. Ztg. 1899. 997.
Pharm. Centrh. 1900. 146.

**Lieben**'s React. auf Aceton.
Fügt man zu einer acetonhaltigen Flüssigkeit (Harn) eine wässerige Jodjodkaliumlösung u. einige Tropfen Kalilauge, so bildet sich Jodoform, das schon am Geruche erkenntlich ist. Ein Niederschlag entsteht mit 0,01 mg Aceton noch in 1—3 Minuten, in 24 Stunden sogar noch mit 0,0001 mg. (Auch Alkohol gibt diese Reaction.)
Liebig's Annalen, Suppl. **7**. 236 (1870).

**Lieben**'s React. auf Alkohol.
Eine wässerige Flüssigkeit, die auf Alkohol geprüft werden soll, erwärmt man in einem Reagensglase, gibt einige Körnchen Jod und einige Tropfen Kalilauge zu, so dass die Lösung gerade farblos wird. Bei Anwesenheit von Alkohol entsteht ein gelber, krystallinischer Niederschlag von Jodoform. Auf diese Art ist Alkohol noch in einer Verdünnung von 1 : 2000 nachweisbar. Nach Klar kann man die Jodoform in Lösung enthaltende Flüssigkeit mit alkalischer Resorcinlösung versetzen. Man erhält dann eventuell beim Erwärmen eine grüne Färbung.
Liebig's Annal. Suppl. **7**. 218.
Ztschr. f. anal. Chem. **9**. 265.
Hager, Pharm. Centrh 1870. 153 oder Ztschr. f. anal. Chem. **9**. 492.

**Liebermann**'s Reag. auf Aethylsulfid im Harn
ist eine Lösung von 8 g Kaliumnitrit in 100 g concentr. Schwefelsäure, der noch 6—7 g Wasser zugesetzt wird. Von der ausgeschiedenen Krystallmasse wird (durch Glaswolle) abfiltrirt. — Das Reag. wird durch Aethylsulfid vorübergehend grün gefärbt.
Berl. Ber. **20**. 3232.

**Liebermann**'s React. auf Cholesterin
siehe dessen React. auf Phytosterin.

**Liebermann**'s React. auf Chrysophansäure
beruht auf der Blaufärbung der Kalischmelze.
Näheres siehe Berl. Ber. **11**. 1606.
Ztschr. f. anal. Chem. **21**. 226.
Lenz, ebenda **25**. 29.

**Liebermann**'s React. auf Eiweiss.
Gut coagulirtes Eiweiss verteilt man auf einem Filter u. wäscht einige Male mit Alkohol u. dann mit Aether aus. Dann lässt man vom Rande des Filters aus heisse, rauchende Salzsäure vorsichtig zufliessen. Wo sich Säure und Eiweiss berühren, entsteht eine violettblaue Färbung. Die Reaction soll mit 5 ccm eines 0,1 % Eiweiss enthaltenden Harns noch gelingen.
Centralbl. f. d. medic. Wissensch. 1887. 321 und 450.
Ztschr. f. anal. Chem. **26**. 674; **42**. 190.
Chem. Ztg. 1887. Rep. 130.
Udranszky, Ztschr. f. physiol. Chem. **12**. 355 und 377.
Vergleiche Wurster's React.

**Liebermann**'s React. auf Phenole.
(Nitrosoreaction). Erwärmt man Phenole mit Schwefelsäure, die salpetrige Säure enthält (5 g Natriumnitrit in 100 ccm Säure), so entstehen intensiv gefärbte Lösungen, die beim Uebersättigen mit Kalilauge blau werden. Diese React. geben auch die Nitrosamine u. viele Nitrosoverbindungen.
Berl. Ber. **15**. 1529.

**Liebermann**'s Reactionen auf Phytosterin.

In eine kaltgesättigte Lösung von Phytosterin in Essigsäureanhydrid tropft man reine, concentrirte Schwefelsäure. Es zeigen sich folgende Farbenerscheinungen:

Cholesterin (aus Gallenstein): rosenrot — blau — grün;
Phytosterin (aus Baumwollsamenöl): rosenrot — blau — grün;
ebenso Phytosterin (aus Belladonnablättern und aus Grasblättern), ferner Cinchol u. Benzoresinol;
Onocol: bränlichgelb — rötlichbraun — grün; ebenso Onoketon.
Berl. Ber. **18**. 1804.
Pharm. Centrh. 1897. 435.
Vergleiche Salkowski's React.
Burchard, Jahresber. f. Thierchem. 1889. 85.

**Liebermann**'s Reag. auf Thiophen im Benzol

ist eine filtrirte Lösung von 8 g Kaliumnitrit in 100 g concentrirter Schwefelsäure u. 6 g Wasser. — Schüttelt man 10 ccm Benzol mit 20—30 Tropfen Reag., so färbt sich letzteres nach einiger Zeit grün u. dann kornblumenblau, wenn das Benzol Thiophen enthält.

Berl. Ber. **16**. 1473, **20**. 3231.

**Liebermann**'s React. zur Unterscheidung von Gespinnstfasern.

Eine Lösung von 3—5 g Fuchsin in 30 ccm Wasser erhitzt man zum Sieden, gibt tropfenweise Kalioder Natronlauge zu, bis die Lösung farblos geworden ist und filtrirt. — Zur Prüfung gibt man das Gewebe einige Sekunden in das erwärmte Reag. u. spült dann mit kaltem Wasser ab. Wolle ist rot gefärbt, Baumwolle zeigt keine Färbung. Seide verhält sich wie Wolle, Leinen u. vegetabilische Fasern wie Baumwolle.

Dingler's Journ. **181**. 133.

**Liebermann-Seyewetz**' React. auf Schwefelkohlenstoff im Benzol.

Versetzt man 10 ccm Benzol mit 5 Tropfen Phenylhydrazin u. lässt die Mischung unter öfterem Umschütteln 1—2 Stunden stehen, so entsteht bei Anwesenheit von Schwefelkohlenstoff ein krystallinischer Niederschlag. Empfindlichkeitsgrenze = 0,03 %.

Berl. Ber. **24**. 788.
Beilstein, Handb. 1893. I. 880.

**Liebig**'s React. auf Aldehyde

beruht auf der Reduction ammoniakalischer Silberlösung.

Annal. d. Chem. **98**. 132.
Polyt. Journ. **140**. 199.

**Liebig**'s React. auf Blausäure.

Die zu prüfende Flüssigkeit dampft man mit etwas Schwefelammon auf dem Dampfbade zur Trockne. Bei Anwesenheit von Blausäure wird der Rückstand mit verdünnter Eisenchloridlösung blutrot gefärbt.

**Liebig**'s React. auf Nebenalkaloide im Chininsulfat.

0,5 g Chininsulfat schüttelt man mit 1 ccm Ammoniakflüssigkeit u. 5 ccm Aether (D. = 0,728). Ist das Präparat genügend rein, so entstehen zwei klare Schichten, enthält es zu viel Cinchonin oder Cinchonidin, so bleibt die untere Schicht trüb.

Vergleiche Hesse's React.

**Liebig**'s React. auf Cystin.

Kocht man Cystin mit einer Lösung von Bleioxyd in Natronlauge, so entsteht ein schwarzer Niederschlag von Bleisulfid.

Suter, Ztschr. f. physiol. Chem. **20**. 568.
Goldmann-Baumann ebenda **12**. 254.
Müller-Niemann, Arch. f. klin. Medic. 1876. 259.

**Liebig**'s Reag. zur Harnstoffbestimmung.

Man löst 77,2 g trockenes Quecksilberoxyd in 160 g Salpetersäure (D. = 1,185), verdampft zur Sirupconsistenz u. löst in Wasser zu 1 Liter. 10 ccm entsprechen 0,1 g Harnstoff.

Näheres siehe Hager, Pharm. Prax. 1880. II. 1188.

**Linde**'s React. auf Glycerin.

Borax färbt die Flamme bei Anwesenheit von Glycerin grün. Mit Lackmus blau gefärbte Boraxlösung wird auf Zusatz von Glycerin rot gefärbt.

Hager, Pharm. Prax. Erg.-Bd. 1883. 487.
Vergl. Ztschr. f. angew. Chem. 1896. 551 und 1897. 5.

**Linde-Molisch**'s React. auf Glucose

ist Molisch's React. mit Thymol und Schwefelsäure (Siehe diese.)

**Lindo**'s React. auf Alkaloide.

Man löst das Alkaloid in concentr. Schwefelsäure, beobachtet das Verhalten und versetzt dann mit concentr. Eisenchloridlösung. Die Farbenerscheinungen siehe Hager, Pharm. Prax. Erg.-Bd. 1883. 64.
Chem. News **37**.

**Lindo**'s React. auf Antipyrin u. Antifebrin.

Erhitzt man Antipyrin in einer Porzellanschale auf freier Flamme mit concentr. Salpetersäure bis Reaction eintritt, so erhält man nach dem Abkühlen eine purpurrote Flüssigkeit, die beim Verdünnen mit Wasser und Filtriren ein purpurrotes Filtrat und einen violetten Rückstand auf dem Filter liefert.

Erhitzt man Antifebrin mit concentr. Schwefelsäure, verdünnt mit Wasser, gibt wenig Natriumnitrit zu und dann etwas Naphtylaminsulfatlösung, so erhält man eine intensiv rot gefärbte Lösung. (Vergleiche Griess' React. auf salpetrige Säure.)

Chem. News **58**. 51.
Ztschr. f. anal. Chem. **28**. 353.
Berl. Ber. **21**. Ref. 858.

**Lindo**'s React. auf Elaterin.

Elaterin löst sich in flüssiger Carbolsäure ohne Färbung auf. Nach Zugabe von concentr. Schwefelsäure tritt sofort eine carminrote Färbung auf, die in Orange u. Scharlachrot übergeht.

Chem. News **37**. 35.
Ztschr. f. anal. Chem. **17**. 500.

**Lindo**'s React. auf Glucose.

Der durch Einwirkung von Salpetersäure auf Brucin entstehende, gelbe, krystallinische Körper wird in Natronlauge gelöst. Dieses Reag. färbt sich auf Zusatz von Glucose zuerst gelb, dann intensiv blau.

Chem. News **38**. 145.
Ztschr. f. anal. Chem. **19**. 357.

**Lindo**'s Reag. auf Morphin.

1 T. Kupfersulfat löst man in 10 T. Wasser und gibt so viel Ammoniakfl. zu, dass sich der entstandene Niederschlag gerade wieder auflöst. Dieses Reag. wird durch Morphin smaragdgrün gefärbt.

Archiv d. Pharm. (3) **14**. 62.
Ztschr. f. anal. Chem. **19**. 359.

Auch Phenol u. Salicylsäure geben Grünfärbung (vergleiche Schulz' Reag.)

**Lindo**'s React. auf Saccharin.

Mindestens 0,5 mg Saccharin dampft man mit concentr. Salpetersäure auf dem Dampfbade zur Trockne. Nach dem Erkalten gibt man einige Tropfen concentr. Kalilösung in 50 %igem Alkohol zu, verteilt die Flüssigkeit auf der Porzellanschale u. erwärmt über freier Flamme. Es entstehen blaue, rote u. violette Farbenerscheinungen. Gibt man zu dem Rückstand ein Stückchen Kalihydrat und einige Tropfen Wasser oder 50 %igen Alkohol, so fliessen beim Erwärmen gefärbte Streifen vom Kali ab.

Chem. News **58**. 51. 155.
Lunge, Chem. Techn. Unters.-Meth. III. 706.
Ztschr. f. anal. Chem. **28**. 353.
Berl. Ber. **21**. Ref. 858.

**Lindo**'s React. auf Salpetersäure.

0,5 ccm der zu prüfenden Flüssigkeit versetzt man mit 1 Tropfen Salzsäure, 1 Tropfen Resorcinlösung (1 : 10 Wasser) u. 2 ccm concentr. Schwefelsäure. Bei Anwesenheit von Salpetersäure entsteht eine purpurrote Färbung. Empfindlichkeitsgrenze = 1 : 1 000 000.

Chem. Ztg. 1888. Rep. 288.
Chem. News **58**. 176.

**Lindo**'s React. auf Santonin.

Versetzt man eine kalt bereitete Lösung von Santonin in concentr. Schwefelsäure mit wenig verdünnter Eisenchloridlösung, so entsteht eine rote, dann violette Färbung.

Pharm. Journ. **8**. 464.
Modification des Deutschen Arzneibuches IV. 315.
Hager, Pharm. Prax. Erg.-Bd. 1883. 1072.
Lunge, Chem. Techn. Unters. Meth. III. 711.
Kossakowsky, Pharm. Centrh. 1888. 405.

**Linke**'s Reag. auf Alkaloide

ist Formaldehyd-Schwefelsäure (siehe Marquis', Kobert' und Kentmann's Reag.). Charakteristisch ist das Reag. für Morphin (pfirsichrot, violett), Apomorphin (violett — rosarot — schwarzblau), Codeïn (veilchenblau) und Digitalin (ziegelrot — dunkelweinrot). Cocaïn, Pilocarpin, Eserin und Coffeïn geben keine Reaction.

Ber. d. pharm. Ges. 1901. 258.
Chem. Ztg. 1901. Rep. 184.

**Lintner**'s Reag. auf Diastase

ist eine mit einigen Tropfen Wasserstoffsuperoxyd versetzte Guajakharztinktur. Das Reag. gibt mit einer Lösung von wirksamer Diastase sofort eine blaue Färbung.

Zeitschr. f. Spir. 1886. 503.
Chem. Ztg. 1897. Rep. 180.
Berl. Ber. **30**. 1313.

**Lintner**'s Reag.

ist ein modificirtes Millon'sches Reag. (siehe dieses). Es ist eine Mischung von gleichen Teilen 10 %iger Mercurinitratlösung, 1 %er Natriumnitritlösung und verdünnter Schwefelsäure.

Ztschr. f. angew. Chem. 1900. 707.
Ztschr. f. anal. Chem. **39**. 736.

**Lipliawsky**'s React. auf Acetessigsäure im Harn.

6 ccm einer 1 %igen Lösung von p-Amidoacetophenon (unter Zusatz von 2 ccm Salzsäure) und 3 ccm einer 1 %igen Kaliumnitritlösung werden mit 9 ccm Harn und 1 Tropfen Ammoniak versetzt und geschüttelt. Es entsteht eine ziegelrote Färbung. Von dieser Mischung werden entsprechend dem Gehalt an Acetessigsäure 10 Tropfen bis 2 ccm mit 15—20 ccm concentr. Salzsäure, 3 ccm Chloroform und 2—4 Tropfen Eisenchloridlösung versetzt. Unter vorsichtigem Schütteln, um eine Emulsion zu vermeiden, nimmt das Chloroform selbst bei geringen Spuren Acetessigsäure einen charakteristisch violetten Farbenton an, während es bei Abwesenheit von Acetessigsäure gelblich oder schwach rötlich gefärbt erscheint.

Pharm. Centrh. 1901. 374.
Deutsche med. Wochenschr. 1901. 151.

**Lipowitz**' Reag. auf Phosphorsäure

ist eine Lösung von Ammonmolybdat in Salpetersäure.

Vergl. Fairbank's Reag.
Pharm. Centrh. 1867. 343.

**Lipp**'s React. auf Dextrin.

Eine gesättigte, wässerige Lösung von Bleiacetat wird bei 60° C. mit Bleioxyd im Ueberschusse versetzt und dann mit Wasser extrahirt. Das so erhaltene Reag. wird beim Kochen mit Dextrinlösung weiss gefällt.

Merck's Index 1902. 262.

**Lippmann-Pollak**'s React. auf aromatische Kohlenwasserstoffe.

Man suspendirt den Kohlenwasserstoff in concentr. Schwefelsäure und gibt unter Kühlung einige Tropfen Benzalchlorid zu. Naphtalin färbt sich fuchsinrot, Cymol orange, Phenanthren carminrot etc.

Monatsh. f. Chem. 1902. VI.
Pharm. Ztg. 1902. 717.

**List**'s Reagentien zum Färben mikroskop. Präparate.

1. a) Eine concentr., wässerige Lösung von Bismarckbraun; b) eine 0,5 %ige, wässerige Lösung von Methylgrün. Gebraucht zur Doppelfärbung.
2. a) Eine Lösung von 0,5 g Eosin in 100 ccm Wasser und 300 ccm Alkohol; b) eine Lösung von 1 g Methylgrün in 200 ccm Wasser.
3. Hämatoxylin-Eosin siehe Ztschr. f. Mikroskop. 1885. 148.
4. Hämatoxylin-Rosanilinnitrat siehe ebenda **2**. 149.

**Lister Armitage**'s React. auf Morphin

ist die schon von Kieffer (siehe diese) angegebene Reaction.

Ztschr. f. anal. Chem. **28**. 354 u. 623.
Pharm. Journ. Trans. 1888. 761.

**Livache**'s React. auf trocknende Oele.

Trocknende Oele zeigen beim Zusammenbringen mit Bleipulver nach ca. 18 Stunden eine Gewichtszunahme, während nicht trocknende Oele erst nach 4—5 Tagen eine solche constatiren lassen.

Näheres siehe Monit. scientif. (3) **13**. 299.
Ztschr. f. anal. Chem. **23**. 262.

**Lloyd**'s React. auf Morphin.

Eine Mischung von Morphin und Hydrastin wird mit concentr. Schwefelsäure violettblau (Heroin violett bis purpur) gefärbt.

Näheres siehe Ztschr. f. anal. Chem. **41**. 575.
Mayer, Deutsch-Amer. Apoth.-Ztg. **22**. 68.
Wangerin, Pharm. Ztg. 1903. 57.

**Löffler**'s Reag. zum Färben von Bacteriengeisseln: (Ferrotannatbeize).

1. Man löst 20 g Tannin in 80 g Wasser (unter Erwärmen) u. gibt 50 ccm einer kalt gesättigten, wässerigen Ferrosulfatlösung u. 10 g concentr., alkoholische Fuchsinlösung zu. Dem Reag. können 20 Tropfen 1 %ige Natronlauge zugegeben werden.

2. a) Eine Mischung von 100 ccm Tanninlösung (20+80 Wasser) mit 50 Tropfen concentr., wässeriger Ferrosulfatlösung u. 50 ccm Campecheholzabkochung;

b) eine Lösung von 5 g Gentianaviolett (Fuchsin oder Methylenblau) in 100 ccm Anilinwasser u. 1 ccm Natronlauge (1%).

Centralbl. f. Bacteriol. 1890. 625.
Germano-Maurea, Ziegler's Beitr. 1892.
Günther, Einf. i. d. Stud. d. Bacteriol. Leipzig 1895.
Merck's Index 1902. 270.
Trenkmann, Ztschr. f. Mikroskop. 1890. 79.

**Löffler**'s Reag. auf Tuberkelbacillen.
(Löfflers Methylenblau) ist eine Mischung von 30 Volum concentr., alkohol. Methylenblaulösung mit 100 Volum Kalilauge (1 : 10 000).

Merck's Index 1902. 262.

**Longi**'s Reag. auf Salpetersäure
ist p-Toluidin oder Anilinöl, in Wasser u. Schwefelsäure gelöst. — Versetzt man eine Lösung, die Salpetersäure oder Nitrate enthält mit einigen Tropfen einer Lösung von p-Toluidinsulfat und schichtet diese Mischung über concentr. Schwefelsäure, so entsteht ein roter Ring. Empfindlicher ist diese React., wenn eine Mischung von p-Toluidin u. Anilin (oder Anilinöl) verwendet wird. Empfindlichkeitsgrenze = 1 $KNO_3$ in 32 000 Wasser.
Chlorate, Bromate, Jodate, Chromate u. Permanganate geben eine intensiv blaue Färbung, Nitrite nur eine gelbliche Färbung.

Ztschr. f. anal. Chem. **23**. 350.
Rosenstiehl, Annal. de Chim. et de Phys. **25**. 233.
Lauth, Wurtz's Dictionnaire de Chimie, tome II. 843.
Piccini (Gazz. chim. ital. **9**. 395 od. Ztschr. f. anal. Chem. **19**. 354) zerstört salpetrige Säure durch Harnstoff u. prüft dann auf Salpetersäure.

**Longstaff**'s React. auf Zinnchlorür.
Zinnchlorürlösungen geben mit Ammoniummolybdat noch in sehr grosser Verdünnung eine blaue Färbung. Empfindlichkeitsgrenze = 1 : 1 500 000.

Chem. Ztg. 1900. Rep. 4.
Pharm. Centrh. 1900. 131.

**Loof**'s Reag. auf Arsen.
Man zerreibt 50 g unterphosphorigsaures Natrium mit 100 g concentr. Salzsäure und filtrirt nach kurzer Zeit durch Glaswolle. Dieses Reag. wird wie Bettendorf's Reag. verwendet und verhält sich auch wie letzteres gegen Arsenverbindungen.

Pharm. Centrh. 1890. 699.
Ztschr. f. anal. Chem. **30**. 248.
Vergleiche Bettendorf's Reag.

**Loof**'s Reag. auf Morphin u. andere Alkaloide
ist Fröhde's Reag., das in 1 ccm concentr. Schwefelsäure 0,001 bis 0,1 g Ammonmolybdat enthält. Tabellarische Zusammenstellung der Farbenerscheinungen siehe Apoth.-Ztg. 1895. 449.

**Loof**'s React. auf Jodsäure in Salpetersäure.
Versetzt man 5 ccm officinelle Salpetersäure mit 0,1 g Calcium- oder Natriumhypophosphit, so tritt nach einigen Minuten eine rötliche bis violette Färbung ein, die durch Chloroform deutlicher gemacht werden kann.

Chem. Ztg. **17**. 196.
Apoth.-Ztg. 8. 335.
Ztschr. f. anal. Chem. **33**. 596.
Pharm. Centrh. 1893. 465.

**Loof**'s React. auf Salpetersäure im Wasser.
In 5 ccm des zu prüfenden Wassers löst man 0,5 g Natriumsalicylat u. lässt 10 ccm concentr. Schwefelsäure zufliessen. Bei Anwesenheit von Salpetersäure entsteht beim Mischen eine gelbliche bis rote Färbung.

Empfindlichkeitsgrenze = 1 : 100 000.
Näheres siehe Pharm. Centrh. 1890. 700.
Ztschr. f. anal. Chem. **30**. 373.
Chem. Ztg. 1890. Rep. 350.

**Lorin**'s React. auf Rohrzucker im Milchzucker.
Schmilzt man gleiche Teile Milchzucher u. Oxalsäure auf dem Dampfbade, so wird die Masse bei Anwesenheit von Rohrzucker schnell dunkel bis schwarz gefärbt. Empfindlichkeitsgrenze = 1 : 100.

Pharm. Ztschr. f. Russl. **17**. 372.

**Lossen**'s React. auf Cocaïn
ist identisch mit Biel's React.

**Loubiou**'s React. auf Indoxylschwefelsäure im Harn.
1—2 ccm Harn versetzt man mit demselben Volumen Chloroform, hierauf mit 1 ccm 5—10 %iger Wasserstoffsuperoxydlösung u. 2 Volum. concentr. Salzsäure. Beim Erwärmen bildet sich Indigo, dessen Menge nach der Blaufärbung des Chloroforms geschätzt werden kann. (Hiezu siehe auch Jaffé's und Hammarsten's Reag.)

Revue de la Chimie analyt. et appl. **5**. 61.
Ztschr. f. anal. Chem. **36**. 738.
Chem. Ztg. 1897. Rep. 82.
Répert. de Pharm. 1897. 111.

**Löw**'s Reag. auf Sauerstoff
ist eine alkalische Lösung von Pyrogallochinon, die durch freien Sauerstoff blau gefärbt wird.

Näheres siehe Pharm. Centrh. 1882. 422.
Ztschr. f. anal. Chem. **16**. 475.
Journ. f. pract. Chem. **15**. 326.

**Löw-Bokorny**'s Reag. auf Eiweiss (organisirtes)
ist eine alkalische Silberlösung, mit welcher mikroskop. Schnitte behandelt werden. In der lebenden Zelle soll das Reag. durch Eiweiss reduzirt werden, in der toten nicht. Zur Darstellung des Reag. mischt man 10 ccm Ammoniak (D. = 0,96) mit 13 ccm Kalilauge (D. = 1,33) und ergänzt mit Wasser auf 100 ccm. Zum Gebrauch mischt man 1 ccm dieser Lösung mit ebensoviel einer 1 %igen, wässerigen Silbernitratlösung und verdünnt mit 1 Liter Wasser.

Flora 1895. 68.

**Löwe**'s Reag. auf Glucose.
16 g Kupfersulfat löst man in 64 ccm Wasser und gibt zu dieser Lösung nach und nach unter Vermeidung von Wärme 80 ccm Natronlauge (D. = 1,34); hierauf fügt man unter Umschütteln 6—8 g reines Glycerin zu, bis völlige Lösung eingetreten ist. Dieses Reag. scheidet beim Erhitzen mit glucosehaltigen Flüssigkeiten Kupferoxydul aus u. kann wie Fehling's Lösung benützt werden.

Ztschr. f. anal. Chem. **9**. 20. u. **10**. 452; ferner **22**. 220.
Merck's Index 1902. 262.

Nach Neubauer u. Vogel, Anal. d. Harns, ist Löwe's Reag. eine Lösung von 15 g Wismutsubnitrat in 150 ccm Wasser, 70 ccm Natronlauge u. 30 g Glycerin.

**Löwenthal**'s Reag. auf Glucose

ist eine Lösung von 5 g Eisenchlorid, 60 g Weinsäure u. 240 g Natriumcarbonat in 500 ccm Wasser. Beim Kochen mit Glucoselösung entsteht ein brauner Niederschlag.

Merck's Index 1902. 262.
Journ. f. pract. Chem. **73**. 71.

Eine Lösung von 6 g Weinsäure, 36 g Natriumcarbonat, 2 g Kupfersulfat auf 1 Liter Wasser gibt Pharm. Centrh. 1867. 139 an.

**Löwenthal**'s Reag. zum Färben mikroskop. Präparate

(Natronpikrocarmin) siehe Anat. Anzg. 1887. 22 oder Ztschr. f. Mikroskop. 1893. 313.

**Lowin**'s React. auf Emetin u. Cephaëlin.

Emetin färbt sich mit Eisenchloridlösung gelb, nach dem Erwärmen bordeauxrot, Cephaëlin grüngelb u. nach dem Erwärmen braunrot. Mit Fröhde's Reag. färbt sich Emetin grünlichgelb, dann grün bis hellblau, Cephaëlin indigoblau, dann grünlichschwarz bis dunkelgrün.

Pharm. Ztg. 1902. Nr. 21 u. 50.
Pharm. Centrh. 1903. 154.
Chem. Ztg. 1903. Rep. 25.

**Löwit**'s Reagentien für mikroskop. Zwecke.

1. Eine Lösung von 0,25 g Quecksilberchlorid, 2 g Chlornatrium und 4 g Natriumsulfat in 300 ccm Wasser. Gebraucht wie Gower's Reag.
2. a) Eine Mischung von gleichen Raumteilen Ameisensäure u. Wasser; b) eine Lösung von 1 g Chlorgold in 100 ccm Wasser. Gebraucht zum Imprägniren.

Sitzungsber. d. Acad. d. Wissensch. Wien 1875. 1.
Arch. f. mikrosk. Anat. 1875. 366.
Fischer, Archiv f. mikrosk. Anat. 1877.
Bremer, ebenda 1882.

**Löwy**'s Reag. für mikroskop. Zwecke.

1. Eine 6 %ige Holzessiglösung. Gebr. zum Maceriren der Epidermis.
   Arch. f. mikrosk. Anat. 1891.
2. Eine Mischung gesättigter, wässeriger Lösungen von Quecksilberchlorid u. Natriumsulfat (je 5 g) und von Chlornatrium (2 g) mit 300 ccm Wasser. Gebraucht als Conservirungsmittel.
   Sitz.-Ber. d. Acad. d. Wissensch. Wien, XCV. 3. 129.

**Luchini**'s Reag. auf Alkaloide und Glycoside

ist eine heiss bereitete Lösung von Kaliumdichromat in concentr. Schwefelsäure. Zu etwas Alkaloid gibt man 1—2 Tropfen Reagens. Es färben sich Codeïn gelbgrün-grün, nach 24 St. blau; Brucin rot, nach 24 St. grün; Morphin nach 24 St. gelbgrün etc.

Archiv d. Pharm. (3) **23**. 684.
Ztschr. f. anal. Chem. **25**. 565.
Jahresber. f. Pharm. 1885. 342.

**Lücke**'s React. auf Hippursäure.

Verdampft man Hippursäure mit concentr. Salpetersäure zur Trockne u. erhitzt den Rückstand in einem Glasröhrchen, so entwickelt sich Nitrobenzolgeruch.

Arch. f. patholog. Anat. 1860. 196.

**Ludwig**'s React. auf Anilin.

Eine wässerige Lösung von Anilin wird auf Zusatz von Phenol durch Natriumhypochloritlösung blau gefärbt (auf Säurezusatz rot).

Merck's Report 1901. 129.

**Ludwig**'s React. auf Quecksilber im Harn.

Der schwach mit Salzsäure angesäuerte Harn wird auf 50—60° C. erwärmt u. Zinkstaub zugegeben. Der Zinkstaub wird nach dem Sammeln u. Trocknen in einer an einem Ende ausgezogenen Glasröhre erhitzt, wobei sich das Quecksilber in der Capillare ansammelt.

Näheres siehe Wiener medic. Jahrbücher 1877. 143.
Ztschr. f. physiol. Chem. **6**. 495.
Vergleiche Fürbringer's React.
Nega, Berl. klin. Wochenschr. **21**. 298. 359. 459.

**Luedy**'s React. auf Harnstoff.

Eine alkoholische Lösung von Harnstoff (oder alkoholischer Harnauszug) wird mit einem geringen Ueberschuss von o-Nitrobenzaldehyd eingedampft, der Rückstand mit Alkohol gewaschen, mit einer Lösung von Phenylhydrazinchlorhydrat u. verd. Schwefelsäure (10 %) versetzt u. zum Sieden erhitzt. Es entsteht eine orange bis rote Färbung.

Monatsh. f. Chem. **10**. 303.
Chem. Ztg. 1889. Rep. 221.

**Luff**'s Reag. auf Glucose

ist eine Modification von Fehling's Reag., nach welcher an Stelle von Weinsäure Citronensäure verwendet wird. Zur Darstellung löst man 35,9 g Kupfercitrat (Merck's Index 1902. 81) in einer wässerigen Lösung von 63 g Citronensäure unter Erwärmen auf und gibt nach dem Erkalten 67,2 g Kaliumhydroxyd zu.

Ztschr. f. anal. Chem. **38**. 778. **42**. 116.
Ztschr. f. d. ges. Brauwesen **21**. 319.
Chem. Centralbl. 1898. II. 395.

**Lugol**'s Reag. auf Eiweiss im Harn

ist eine Mischung von Eisessig und Wasser oder eine Lösung von Jodjodkalium, die mit Essigsäure angesäuert ist. Das Reag. gibt mit Eiweiss enthaltenden Lösungen einen Niederschlag.

Merck's Index 1902. 262.

**Lugol**'s Reag. für mikroskop. Zwecke

ist eine Lösung von 1 g Jod und 2 g Jodkalium in 50 ccm Wasser (oder 4 + 6 : 100). Gebraucht als Färbeflüssigkeit.

Fol, Lehrbuch, 103.

**Lunge**'s Reag. auf salpetrige Säure.

Man löst 0,1 g α-Naphtylamin in 20 ccm kochendem Wasser, giesst vom Rückstand ab und gibt 150 ccm verd. Essigsäure zu der farblosen Lösung. Zu dieser Mischung gibt man eine Lösung von 0,5 g Sulfanilsäure in 150 ccm verd. Essigsäure. Dieses Reag. gibt mit Spuren salpetriger Säure Rotfärbung.

Ztschr. f. angew. Chem. 1889. 666.
Ztschr. f. anal. Chem. **33**. 223.
Merck's Index 1902. 262.

**Lunge-Lwoff**'s Reag. auf Salpetersäure

ist eine Lösung von 0,2 g Brucin in 100 ccm concentr. Schwefelsäure. Die Lösung dient zur colorimetrischen Bestimmung der Salpetersäure.

Näheres siehe Ztschr. f. angew. Chem. 1894. 345.

**Lunge-Lwoff**'s Reag. auf salpetrige Säure

ist eine Lösung von 0,1 g α-Naphtylamin in 100 ccm Wasser und 5 ccm Eisessig, der noch eine Lösung von 1 g Sulfanilsäure in 100 ccm Wasser zugegeben wird. Das Reag. dient zur colorimetrischen Bestimmung der salpetrigen Säure.

Näheres siehe Ztschr. f. angew. Chem. 1894. 345.

**Lustgarten**'s React. auf Jodoform.

Beim Erwärmen von Jodoform u. Phenolkalium oder Resorcinkalium entsteht unter Bildung von Rosolsäure eine rot gefärbte Flüssigkeit, deren Farbe auf Säurezusatz verschwindet. In einem Reagensglase erwärmt man wenig Phenolkalium mit 1—3 Tropfen des in Alkohol gelösten Jodoforms, das man durch Ausschütteln mit Aether etc. aus dem Untersuchungsobjekt erhalten hat. Nach wenigen Sekunden tritt ein roter Beschlag auf, der sich in wenig Alkohol mit carmoisinroter Farbe löst. Diese Reaction tritt noch mit 0,2—0,3 mg. Jodoform ein.

Ztschr. f. anal. Chem. **22**. 97 u. 467.
Monatsh. f. Chem. **3**. 715.

**Lustgarten**'s React. auf Naphtol oder Chloroform.

Erwärmt man eine Lösung von Naphtol in starker Kalilauge nach Zusatz von etwas Chloroform, so färbt sich die Mischung vorübergehend blau (Farbe des Berlinerblaus). Empfindlichkeitsgrenze = 0,016 g Naphtol. In ihrer Umkehrung kann die React. zum Nachweise des Chloroforms dienen; Empfindlichkeitsgrenze = 1 : 24 000.

Anzeiger d. k. k. Academ. in Wien 1882. 101.
Ztschr. f anal. Chem. **22**. 97 u. 467.
Monatsh. f. Chem. **3**. 722.

**Lustgarten**'s Reag. zum Färben mikroskop. Präparate.
Eine gesättigte, alkoholische Lösung von Victoriablau mischt man mit Wasser im Verhältniss 1 : 2—4. Gebraucht zu Kernfärbungen.

Wiener med. Jahrb. 1886. 285.

**Luther-Udranszky**'s React. auf Glucose im Harn.

Ueber 1 ccm concentr. Schwefelsäure schichtet man 0,5 ccm Wasser u. 1 Tropfen $\alpha$-Naphtollösung in Chloroform (1 : 10). Gibt man hierzu einen Tropfen der zu prüfenden Flüssigkeit (Harn), so entsteht bei Anwesenheit von Glucose ein blau- bis rotvioletter Ring. Empfindlichkeitsgrenze = 0,01 mg.

Näheres siehe Prager Med. Wochenschr. 1890. 479.
Pharm. Centrh. 1890. 670.
Jahresber. f. Tierchemie 1891. 197.
Luther, Dissertation-Freiburg 1890.

**Lüttke**'s React. auf Phenacetin.

Kocht man Phenacetin mit Salzsäure und gibt dann Eisenchlorid zu, so entsteht eine blutrote Färbung.

Chem. Ztg. 1890. Rep. 62.
Pharm. Centrh. 1890. 65.

**Lutz**' Reag. für mikrochemische Zwecke (zum Färben von Schnitten).

Eine gesättigte Lösung von Methylgrün in 90%igem Alkohol versetzt man tropfenweise mit Ammoniak bis zur Entfärbung. Einen weisslichen Niederschlag bringt man durch vorsichtigen Zusatz von Essigsäure unter Umschütteln in Lösung.

Bull. des sciences pharmacolog. 1900. 124.
Pharm. Centrh. 1901. 221.

**Lutz**' Reag. zum mikrochem. Nachweis der Gerbstoffe.
Man löst 2 g Kupfersulfat in 50 ccm Wasser und gibt so viel Ammoniak zu, dass der entstandene Niederschlag sich wieder löst. Dann füllt man mit Wasser zu 100 ccm auf. Schnitte der zu prüfenden Droge legt man einige Stunden in dieses Reag. und betrachtet sie in einem geeigneten Einbettungsmittel unter dem Mikroskope. Gerbstoffe sind an der Braunfärbung zu erkennen.

Pharm. Centrh. 1900. 194.
Ztschr. f. anal. Chem. **41**. 70.

**Lux**' React. auf fettes Oel in Mineralöl

beruht auf der Verseifung der fetten Oele mit Natrium oder Natriumhydroxyd. Noch 2 % fettes Oel lassen sich am Erstarren der erkalteten, verseiften Masse erkennen.

Näheres siehe Ztschr. f. anal. Chem. **24**. 357 bis 362.
Chem. Ztg. 1885. 1504.
Ruhemann, Chem. Ztg. 1893. Rep. 91.

**Lyons**' Reactionen auf Hydrastin.

Siehe Archiv d. Pharm. (3) **24**. 634.
Ztschr. f. anal. Chem. **26**. 645. (auch **23**. 237 u. **24**. 160).
Western Druggist. 1886. 73.

**Mac Lagan**'s React. auf Nebenalkaloide im Cocaïn.

0,06 g Cocaïnhydrochlorid löst man in 60 ccm Wasser und gibt 2 Tropfen Ammoniak zu. Reibt man die Gefässwände kräftig mit einem Glasstabe, so soll innerhalb 1/4 Stunde ein reichlicher, krystallinischer Niederschlag entstehen. Eine milchige Trübung zeigt einen Gehalt von mehr als 4 % amorphen Alkaloides an.

Amer. Drugg. 1887. 22.
Pharm. Centrh. 1889. 597; 1890. 111.
Chem. Ztg. 1887. Rep. 68.

Modification nach Merck's Index 1902. 76: Löse 0,1 g Cocaïnhydrochlorid in 85 ccm Wasser, füge 0,2 ccm 10%iges Ammoniak zu und schlage die Flüssigkeit mit einem Glasstabe bis eine reichliche, krystallinische Cocaïnausscheidung entsteht, was nicht länger als 5 Minuten dauern soll.

Böhringer, Pharm. Centrh. 1899. 393.

**Mac Munn**'s React. auf Indican im Harn.

10 ccm Harn mischt man mit 10 ccm Salzsäure und gibt tropfenweise Salpetersäure zu. Bei Anwesenheit von Indican tritt Blaufärbung auf.

Siehe Jaffé's React.
Merck's Report 1901. 161.

**Mac William**'s Reag. auf Eiweiss ist Salicylsulfosäure.

Siehe Roch's React.

**Maisch**'s React. auf Curcuma in Rhabarber u. Senf.

Die Substanz schüttelt man 2 Minuten lang mit Alkohol, filtrirt u. versetzt das Filtrat mit Borax u. Salzsäure. Bei Anwesenheit von Curcuma wird das Filtrat durch Borax braun gefärbt u. bleibt es auch nach Zusatz von Salzsäure.

Amer. Journ. of Pharm. 1871. 259.

**Malassez**' Reag. (Ammoniak-Carmin) siehe Ranvier.

**Malassez**' Reag. für mikroskop. Zwecke (Serum).

a) Chlornatrium 3 g : 100 ccm Wasser,
b) Natriumsulfat 5 g : 100 ccm Wasser,
c) arabisches Gummi 8 g : 100 ccm Wasser.

Die 3 Lösungen stellt man auf ein spec. Gew. von 1,022, mischt a u. b und gibt zu dieser Mischung 45 ccm von der Lösung c. Nach dem Filtriren gibt man etwas Kampher zu.

Marcano, Ztschr. f. Mikroskop. 1899. 365.

**Malerba**'s React. auf Aceton.

2—5 g Dimethyl-p-Phenylendiaminchlorhydrat löst man in 100 ccm Wasser. — Versetzt man die zu prüfende Flüssigkeit mit einigen Tropfen dieses Reag., so geht die violette Farbe in Rosa u. innerhalb 24 Stunden in Rot über. Die Lösung zeigt

im Spectroscop zwei dem Oxyhämoglobin analoge Streifen zwischen D u. E. Durch Alkali verschwindet die Färbung, durch Säuren wird sie regenerirt (violett).
Répert. de Pharm. 1895. 324.
Jahresber. f. Tierchem. 1894. 76.
Chem. Ztg. **19**. Rep. 82.

**Malerba**'s Reag. auf Harnsäure
ist eine 5%ige, wässerige Lösung von Dimethyl-p-Phenylendiaminchlorhydrat. Die zu prüfende Substanz dampft man mit Salpetersäure zur Trockne ein u. gibt dann einige Tropfen Reag. zu. Bei Anwesenheit von Harnsäure entsteht eine blaue Färbung mit einem leichten Stich ins Violette.
Répert. de Pharm. 1895. 324.
Archiv. italienn. de Biologie **22**. 86.
Jahresber. f. Tierchem. 1894. 76.

**Mallet**'s Reactionen auf Wolfram.
Siehe Ztschr. f. anal. Chem. **16**. 474 oder Chem. News **31**. 276.

**Mallory**'s Reagentien zum Färben mikroskop. Präparate.
1. Eine Lösung von 1 ccm 10%iger Phosphormolybdänsäure, 1 g Hämatoxylin u. 10 g Chloralhydrat in 100 ccm Wasser. Gebraucht zum Färben von Achsencylindern, Gliazellen und Ganglienzellen des Centralnervensystems.
   Ztschr. f. Mikroskop. 1891. 341.
   Anat. Anzg. 1891. 375.
   Auerbach, Neurol. Centralbl. 1897. 439.
   Schiefferdecker, Ztschr. f. Mikroskop. 1891. 342.
   Ribbert, ebenda 1898. 93.
2. Man löst 0,1 g Hämatoxylin u. 2 g Phosphorwolframsäure in 100 ccm Wasser u. gibt 0,2 g Wasserstoffsuperoxyd zu.
3. Eine Lösung von 0,5 g Anilinblau, 2 g Orange G u. 2 g Oxalsäure in 100 ccm Wasser.
   Journ. f. exper. Medic. 1900.
   Ztschr. f. Mikroskop. 1901. 176.

**Mandel**'s Reag. auf Eiweissstoffe
ist 5%ige Chromsäurelösung.
Siehe Guérin u. Rosenbach.

**Mandelin**'s Reag. auf Alkaloide
ist eine Lösung von 1 g vanadinsaurem Ammon in 200 g Schwefelsäure (Mono- oder Bihydrat). Das Reag. gibt mit Alkaloiden charakteristische Farbenreactionen. Tabellarische Zusammenstellung siehe
Ztschr. f. anal. Chem. **23**. 235.
Vergleiche Kundrát's Reag.
Merck's Index 1902. 262.
Pharm. Ztschr. f. Russl. **22**. 22.

**Mandelin**'s React. auf Nepalin (= Napellin oder Pseudaconitin).
Nepalin gibt mit einigen Tropfen rauchender Salpetersäure eingedampft einen moschusähnlich riechenden Rückstand, welcher sich mit alkoholischer Kalilauge intentiv carmin- bis purpurrot färbt. Empfindlichkeitsgrenze = 0,01 mg Nepalin. Aconitin verhält sich bei gleicher Behandlung indifferent.
Pharm. Ztschr. f. Russl. **23**. 41.
Ztschr. f. anal. Chem. **28**. 760.
Pharm. Centrh. 1890. 352.

**Mandelin**'s React. auf Strychnin.
Bringt man auf einem Uhrglase etwas Strychnin mit einigen Tropfen einer Lösung von 1 g Ammonvanadat in 100 oder 200 g Schwefelsäuremonohydrat zusammen, so entsteht sofort eine prachtvolle Blaufärbung, die allmählich in Violett, Zinnoberrot und Orange übergeht. Gibt man nach Eintritt der zinnoberroten Färbung Natronlauge zu, so entsteht eine rosa bis purpurrote Färbung, die auch beim Verdünnen mit Wasser beständig ist.
Pharm. Ztschr. f. Russl. **22**. 345.
Ztschr. f. anal. Chem. **23**. 240.

**Manget-Marion**'s Reag. auf Ammoniak
ist Diamidophenol, welches mit Ammoniak eine intensive Gelbfärbung erzeugt. Das Reag. soll empfindlicher sein als Nessler's Reag. Empfindlichkeitsgrenze = 1 : 1 000 000.
Annal. Chim. analyt. appl. **8**. 83.

**Manget-Marion**'s React. auf Formaldehyd.
Formaldehydhaltige Milch färbt sich nach dem Bestreuen mit Amidophenol oder Diamidophenol-1·2·4 (Amidol) innerhalb einiger Minuten kanariengelb. Empfindlichkeitsgrenze = 1 : 50 000.
Formaldehydhaltige Bouillon (Fleischgelée) färbt sich beim Schütteln mit wenig Diamidophenol gelb und auf Zusatz von Ammoniak schmutziggelb; formaldehydfreie Bouillon wird blassrotbraun und mit Ammoniak blau gefärbt.
Chem. Centralbl. 1902. II. 1276.
Chem. Ztg. 1902. 1043.

**Mangin**'s Reagentien auf Cellulose.
1. Jodlösung = 1 g Jod u. 3 g Jodkalium in 200 ccm Wasser;
2. Chlorcalciumjodlösung = 1 g Jodkalium, 0,2 g Jod, 20 g concentr., wässerige Chlorcalciumlösung.
3. Chlorzinkjodlösung = 1,3 g Jod, 6,5 g Jodkalium, 20 g Zinkchorid in 10,5 g Wasser.
4. Jodphosphorsäure = 0,3 g Jod, 0,5 g Jodkalium in 25 ccm Phosphorsäure.
5. Jodzinnchloridlösung = eine wässerige Lösung von Chlorzinn u. Jodjodkalium.
6. Jodaluminiumchloridlösung = eine wässerige Lösung von Aluminiumchlorid u. Jodjodkalium.
7. Jodhaltige Jodwasserstoffsäure.

Durch diese Reagentien wird Cellulose nach Ueberführung in Amyloid blau gefärbt.
Répert. de Pharm. 1897. 277.
Merck's Index 1902. 261.
Vergl. Mangin's Nachweis von Pektinstoffen mit Rutheniumsequichlorid, Ztschr. für Mikroskop. 1890. 268 u. 1893. 126.

**Mangini**'s Reag. auf Alkaloide
ist eine Lösung von Jodkalium u. Jodwismut in concentr. Salzsäure. Das Reag. gibt mit Alkaloiden braune Niederschläge.
Merck's Index 1902. 262.
Gazz chim. ital. 1882.
Vergleiche Dragendorff's Reag.
Kraut, Liebig's Annal. **210**. 310.

**Mann**'s Reag. auf Wasser in Alkohol od. Aether etc.
2 T. Citronensäure und 1 T. Molybdänsäure werden geschmolzen, in Wasser gelöst und mit dieser Lösung Filtrirpapier getränkt. Dieses Papier ist nach dem Trocknen blau gefärbt. Durch wasserhaltigen Alkohol oder Aether wird das Papier entfärbt.
Archiv d. Pharm. (3) **17**. 122.
Ztschr. f. anal. Chem. **21**. 271.
Merck's Index 1902. 262.

**Mann**'s Reag. zum Fixiren mikroskop. Präparate
ist Heidenhain's Reag. z. Fix., dem auf 100 ccm je 1 g Tannin und Pikrinsäure zugesetzt sind oder eine Mischung von gleichen Teilen Heidenhain's Reag. u. 1%iger, wässeriger Osmiumsäurelösung.

Gebraucht zum Fixiren der Nervenzellen. Auch eine Lösung von 4 g Pikrinsäure, 15 g Quecksilberchlorid u. 6 g Tannin in 100 ccm Alkohol wurde vom Autor vorgeschlagen.
Ztschr. f. Mikrosk. 1893. 222, 1895. 480, 1884. 479.
Anat. Anzg. 1893. 441.

**Mann**'s Reag. zum Färben mikroskop. Präparate.
Man mischt 35 ccm 1 %ige, wässerige Lösung von Eosin mit 35 ccm 1 %iger, wässeriger Lösung von Methylblau u. 100 ccm Wasser.
Toluidinblau-Reag. siehe Ztschr. für Mikroskop. 1894. 489.
Wasserblau-Reag. siehe ebenda 1894. 490.
Hämateïn-Reag. siehe ebenda 1895. 487.

**Manseau**'s React. auf Phenol.
Einige Krystalle reiner Carbolsäure löst man in 1 ccm Alkohol u. gibt einige Tropfen Ammoniak u. zuletzt Jodtinktur zu. Anfangs verschwindet das Jod, bei weiterer Zugabe entsteht eine wassergrüne Färbung. Salpetersäure u. Schwefelsäure zerstören diese Färbung, nicht aber Salzsäure. Kresole geben die React. nicht.
Ztschr. d. öst. Apoth.-Ver. 1901. 548.
Schweizer Wochenschr. für Chem. und Pharm. 1901. 372.
Bull. Soc. Pharm. de Bordeaux **41**. 117.

**Marcano**'s Reag. zum Fixiren von Blutpräparaten ist eine Lösung von 1 g Formaldehyd (40 %) und 1 g Natriumchlorid in 100 ccm Wasser. Zum Gebrauche mischt man das Reag. mit dem doppelten Volum Wasser.

**Marchi-Algeri**'s Reag.
siehe Müller's Reag. zum Härten etc.

**Marchoux**' Reag. ist Nicolle's Reag.

**Maréchal**'s React. auf Chloroform im Harn.
Man leitet einen Luftstrom durch den betreffenden Harn u. dann durch eine rotglühende Glas- oder Porzellanröhre in einen Kugelapparat, der mit Silbernitratlösung beschickt ist. An der Bildung von Chlorsilber kann die Anwesenheit von Chloroform im Harn erkannt werden.
Ztschr. f. anal. Chem. **8**. 99.

**Maréchal**'s React. auf Gallenfarbstoffe.
Gibt man zu biliösem Harn, der entweder sauer oder neutral ist, 2—3 Tropfen Jodtinktur, so färbt er sich smaragdgrün. Nach etwa 1/2 Stunde schlägt die Farbe in Rosenrot u. zuletzt in Gelb um.
Pharm. Centrh. 1868. 362, 1894. 308.
Ztschr. f. anal. Chem. **8**. 99.
Vergleiche Smith's u. Dumontpallier's React.

**Marina**'s Reag. zum Fixiren mikroskop. Präparate ist eine Lösung von 0,1 g Chromsäure und 5 g Formaldehyd (40%) in 100 g Alkohol (90%). Gebr. zum Fixiren für das Centralnervensystem.
Neurol. Centralbl. 1897. 166.

**Marmé**'s Reag. auf Alkaloide.
10 g Cadmiumjodid löst man in einer heissen Lösung von 20 g Jodkalium in 60 ccm Wasser u. gibt dann ein gleiches Volumen kalt gesättigter Jodkaliumlösung zu. Das Reag. gibt mit Alkaloiden weisse bis gelbe Niederschläge.
Ztschr. f. rat. Med. 1867.
Hager, Pharm. Prax. 1880. I. 203.
Ztschr. f. anal. Chem. **6**. 123.
Merck's Index 1902. 262.
N. Rep. d. Pharm. **16**. 386.
Verven, Chem. Ztg. 1897. Rep. 116.

**Marmé**'s Reactionen des Oxydimorphins, Morphins, Apomorphins u. Codeïns
Siehe tabellarische Zusammenstellungen in:
Pharm. Ztg. **30**. 2 oder
Ztschr. f. anal. Chem. **24**. 642—647.

**Marmé**'s React. auf Taxin
beruht auf seiner roten Lösung in concentrirter Schwefelsäure, sowie darauf, dass es durch Kaliumplatincyanür u. die Chloride des Goldes, Quecksilbers u. Platins auch in concentr. Lösung nicht gefällt wird.
Jahresber. f. Pharm. 1876. 93.

**Marqué**'s React. auf Sparteïn.
Erwärmt man etwas Sparteïn mit einem Kryställchen Chromsäure, so färbt sich die Mischung grün unter Entwicklung von Coniingeruch.
Pharm. Centrh. 1895. 538.
Vergleiche Kippenberger, Nachw. v. Gift. 1897. 143.

**Marquis**' Reag. ist Formaldehydschwefelsäure, siehe Kobert's Reag. auf Morphin oder Ztschr. f. anal. Chem. **38**. 467 u. Pharm. Ztschr. f. Russl. **35**. 549 und Linke's Reag.
Nach Pharm. Centrh. 1896, 844 u. 1897. 76 versteht man ausserdem unter Marquis' Reag. auch eine Mischung von 10 Tropfen einer concentr. Oxymethylsulfosäurelösung mit 10 ccm concentrirter Schwefelsäure; nach Kippenberger auch eine Lösung von Methylal, Hexamethylentetramin, Trioxy- oder Hexaoxymethylen in Schwefelsäure.

**Marsh**'s React. auf Arsen.
Der in einer arsenhaltigen Flüssigkeit mit Zink u. Schwefelsäure entwickelte Wasserstoff scheidet den als Arsenwasserstoff enthaltenen Arsen in einer zum Glühen erhitzten Glasröhre an den kälteren Stellen der letzteren als glänzenden Spiegel ab.
Otto, Ausmittelung der Gifte.
Fresenius, Analyt. Chemie. etc. etc.
Dragendorff. Ermittel. v. Giften 1888. 376.
Mohr, Ztschr. f. anal. Chem. **5**. 299.
Bertrand, Bull. Soc. Chim. Paris, (3) **27**. 851.
Apoth.-Ztg. 1903. 283.

**Marsh**'s Reag. zum Entkalken mikroskop. Präparate.
Man löst 1 g Chromsäure in 200 ccm Wasser u. gibt 30 Tropfen Salpetersäure zu.
Merck's Report 1901. 163.
Lee et Henneguy, Traité 1896. 321.
Fol, Lehrbuch 112.

**Marson**'s Reag. auf Glucose.
Man kocht 8 ccm Harn mit 0,1 g Ferrosulfat u. 0,25 g Kaliumhydrat. Bei zuckerreichem Harn färbt sich der Niederschlag dunkelgrün bis schwarz, die Lösung braunrot bis schwarz. Bei weniger als 0,5% bleibt der Niederschlag dunkelgrün und die Lösung nur schwach gefärbt.
Archiv d. Pharm. **225**. 1028.
Ztschr. f. anal. Chem. **27**. 257.
Journ. de Pharm. et de Chim. (5) **16**. 306.

**Marson**'s Reag. für mikroskop. Zwecke ist eine Lösung von Storax in Bromnaphtalin.
Vergl. Abbe's u. van Heurck's Reag.

**Martin**'s Reag. auf Salpetersäure ist identisch mit Hofmann's Reag. (Diphenylamin-Schwefelsäure).
Merck's Report 1901. 163.

**Martinotti**'s Reag. zum Conserviren mikroskop. Präparate.

Eine kalt bereitete Lösung von Damarharz in Xylol wird nach dem Filtriren zu einer dickflüssigen Masse eingedampft.

Ztschr. f. Mikroskop. 1887. 153.
P f i t z n e r, Morphol. Jahrb. 1880. 469.

**Martinotti**'s Reag. zum Färben mikroskop. Präparate.

1. a) Eine 2—4 %ige Lösung von Arsensäure in Wasser;
   b) Eine Lösung von 1 g Silbernitrat in 1,5 g Wasser u. 10 ccm Glycerin.
2. Eine 3 %ige, wässerige Lösung von Methylenblau.
   Vergl. Arnstein's Reag.
3. 40 ccm Renaut's Reag. 2 werden mit 30 ccm einer concentr. Lösung von Eosin in kochsalzhaltigem (1 %) Glycerin u. 130 ccm einer concentr. Lösung von Alaun in Glycerin gemischt. Gebraucht zur Mehrfachfärbung.
   Vergl. auch Hämatoxylin, Hämateïn u. Carmin, Abhandlung des Autors in Ztschr. f. Mikroskop. 1891. 488.
4. Eine Lösung von 5 g Safranin in 100 ccm Alkohol u. 200 ccm Wasser.
   Ebenda 1887. 328.
5. (Pikronigrosin). Eine wässerige, mit Pikrinsäure u. Nigrosin gesättigte Lösung.
   Ebenda 1884. 478.

**Maschke**'s React. auf Harnsäure.

Versetzt man eine Lösung von Wolframsäure in überschüssiger Natronlauge mit Harnsäure, so färbt sich die Mischung grün oder blau. Die Färbung verschwindet durch Einwirkung von Luft (Oxydation). Harnstoff, Kreatinin, Glucose u. Rohrzucker geben die React. nicht, wohl aber Lävulose.

Ztschr. f. anal. Chem. **16**. 425.
Vergl. Offer's React.

**Maschke**'s React. auf Kreatinin.

Versetzt man eine Lösung von Kreatinin mit Natriumcarbonat und Fehling's Lösung (oder Seignettsalz u. Kupfersulfat), sodass die Flüssigkeit nicht zu blau erscheint, so entsteht nach einigem Stehen oder besser nach vorherigem Erwärmen auf 50—60° C. eine weisse Trübung, die sich allmählich zu weissen Flocken umwandelt und dann einen weissen Bodensatz bildet. Bei grösserem Gehalt an Kreatinin tritt auch Entfärbung der Lösung ein. Empfindlichkeitsgrenze = 0,01 : 100.

Ztschr. f. anal. Chem. **17**. 134.

**Maschke**'s Molybdänreagens auf Aetzalkalien, oxydirende Substanzen, salpetrige Säure etc.

Siehe Ztschr. f. anal. Chem. **12**. 384.

**Masin**'s Reag. auf Alkaloide

ist identisch mit Mayer's Reag. (Quecksilberjodidjodkaliumlösung).

**Mason**'s Reag. zum Fixiren mikroskop. Präparate

ist eine alkoholische Jodlösung u. eine Lösung von 3 g Kaliumdichromat in 100 ccm Wasser, der man ein Stückchen Kampher zugibt.

Whitman, Methods 196.
F r i t s c h, Dissert. Berlin 1878.
H ä c k e l, Zellen- u. Befrucht.-Lehre, Jena 1899.

**Masset**'s React. auf Gallenfarbstoffe.

2 g Harn versetzt man mit 2—3 Tropfen concentr. Schwefelsäure u. einem Kryställchen Natriumnitrit. Bei Anwesenheit von Gallenfarbstoff entstehen grüne Streifen und beim Umschwenken färbt sich die ganze Flüssigkeit schön u. beständig dunkelgrün.

Journ. de Pharm. et de Chim. (4) **30**. 49.
Chem. Centralbl. (3) **10**. 585.
Ztschr. f. anal. Chem. **19**. 255.
D e u b n e r, ebenda **25**. 458.

**Massie**'s React. zur Unterscheidung von Oelen.

Behandelt man verschiedene fette Oele mit Salpetersäure und metallischem Quecksilber, so beobachtet man verschiedene Farbenveränderungen. Siehe die ausführliche Abhandlung des Autors im Journ. de Pharm. et de Chim. (IV) **12**. 13.

Vergleiche auch Poutet's React. (Elaïdinprobe).

**Matthieu - Morfaux**' React. auf Teerfarbstoffe im Rotwein.

Ein mit 10 %iger Salpetersäure gebeiztes Stückchen weisse Seide bringt man 5 Minuten lang in den Wein und nach dem Ausdrücken in Wasser, dem einige Tropfen Bleiacetatlösung zugegeben worden sind. Bei Anwesenheit von Teerfarbstoffen bleibt die Seide rot gefärbt, ausserdem färbt sie sich grün.

Pharm. Zeitschr. f. Russl. 1895. 760.
Pharm. Centrh. 1896. 30.

**Matthieu-Plessy**'s Reagens

ist eine Schmelze von 54 T. Ammonnitrat, 34 T. Bleinitrat u. 21 T. Bleihydroxyd. Dieselbe liefert mit Glucose eine rote, mit Rohrzucker eine graubraune und mit Pyrogallol eine grüne Färbung.

Monit. scientif. 1889. 1446.
Sucrerie indigène **34**. 410.

**Maumené**'s Reactionen auf Glucose.

1. Man tränkt weisse Wolle mit 33 %iger, wässeriger Chlorzinklösung u. trocknet dieselbe. Gibt man auf die so präparirte Wolle etwas Glucoselösung und erhitzt auf 130° C., so färben sich die mit Glucose getränkten Stellen braun bis schwarz.
2. Erhitzt man Glucoselösung mit Zinnchlorür, so entsteht ein schwarzbrauner Niederschlag.
   M e r c k's Report 1901. 163.
   Vergleiche Bizzari's React.

**Maumené**'s React. auf fette Oele.

Beim Mischen von bestimmten Mengen Oel und concentr. Schwefelsäure treten bei verschiedenen Oelen verschiedene Temperaturerhöhungen ein, deren Grad einen Rückschluss auf die Identität oder Reinheit gestattet. Dieselbe Reaction verwendet Duyk zur Prüfung der ätherischen Oele.

Répert. de Pharm. 1898. 17 oder Pharm. Centrh. 1898. 59.
A m b ü h l, Pharm. Ztg. 1888. 740 od. Chem. Ztg. 1888. Nr. 92.
G r e s h o f f, Pharm. Weekblad. **40**. 257.

**Maupy**'s React. auf Ricinusöl im Copaivabalsam.

Man erhitzt 10 g Balsam mit 10 g trockenem Aetznatron vorsichtig in einer Silberschale bis zum Aufhören des Schäumens. Bei Anwesenheit von Ricinusöl tritt Geruch nach Caprylalkohol auf.

Journ. de Pharm. et de Chim. **29**. 362.
Ztschr. f. anal. Chem. **37**. 265.
Ztschr. d. öst. Apoth.-Ver. **48**. 290.

**Mayençon-Bergeret**'s React. auf Arsen

ist Flückiger's React.

**Mayer**'s Reag. auf Alkaloide

ist eine Lösung von 13,55 g Quecksilberchlorid u. 50 g Jodkalium zu 1 Liter Wasser. Das Reag. gibt in schwach saurer Lösung mit den meisten

Alkaloiden weissliche Niederschläge. Es kann auch zur quantitativen Bestimmung verwendet werden.
Merck's Index 1902. 262.
Hager, Pharm. Prax. 1880. I. 202 und Erg.-Bd. 1883. 65.
Chem. News 1863. 159.
Amer. Journ. of Pharm. **35**. 20.
Wittstein's Viertelj.-Schr. f. Pharm. **13**. 43.
Liebig's Annal. **133**. 236.
Lyons, Amer. Journ. of Pharm. 1886. 579.

**Mayer**'s React. auf Cholesterin.
Cholesterin gibt mit Salzsäure und Eisenchlorid eine rotviolette bis violette Färbung.
Dingler's Journ. **247**. 305.

**Mayer**'s Carmin-Reagentien zum Färben mikrosk. Präparate.

1. Man löst 1 g Carminsäure u. 3 g Aluminiumchlorid in 200 ccm Wasser. (Eventuell Zusatz von 0,2 g Salicylsäure).
2. Magnesiacarmin: Man kocht 1 g Carmin mit 0,1 Magnesiumoxyd und 50 ccm Wasser 5 Minuten lang, filtrirt u. gibt 3 Tropfen Formaldehyd zu.
3. Boraxcarmin: Man kocht 70 %igen Alkohol mit einem Ueberschuss von Carmin und Borax, lässt erkalten u. filtrirt.
4. Salzsäurecarmin: Man löst 4 g Carmin in einer kochenden Mischung von 15 ccm Wasser u. 30 Tropfen Salzsäure; dann gibt man 95 ccm Alkohol (85 %) zu, filtrirt u. gibt Ammoniak zu bis ein bleibender Niederschlag entsteht (filtriren!)
5. Mucicarmin: Man erhitzt 0,5 Aluminiumchlorid u. 1 g Carmin mit 2 ccm Wasser circa 2 Minuten lang, setzt dann nach u. nach 100 ccm Alkohol (50 %) zu u. filtrirt nach 24 Stunden.

Ztschr. f. Mikroskop. 1897. 23.
Mitteilgn. der zoolog. Station Neapel 1883. 521, 1896. 317.
Siehe auch: Mayer's Carmalaun, Cochenilletinktur, Chloralcarmin, Paracarmin, Pikrocarmin u. Saurer Carmin.

**Mayer**'s Hämatoxylin-Reagentien zum Färben mikrosk. Präparate.

1. (Hämalaun) Man löst 1 g Haemateïn (Merck's Index 1902. 256) in 50 g Alkohol u. mischt mit 1000 g 5 %iger, wässeriger Alaunlösung. Durch Zusatz von 2 % Essigsäure erhält man den »sauren Hämalaun«. An Stelle von Hämateïn kann man Hämateïnammoniak verwenden, den man durch Eindampfen einer Lösung von 1 g Hämatoxylin in 1 ccm Ammoniak u. 20 ccm Wasser bei gewöhnlicher Temperatur erhält.
   Ztschr. f. Mikroskop. 1891, 337 u. 1901. 35.
2. Alkoholische Alaunhämatoxylinlösung ist identisch mit Kleinenberg's Reag.
3. (Hämacalcium) Eine Lösung von 1 g Hämateïn und 1 g Aluminiumchlorid in 600 ccm 70 %ig. Alkohol, worin man noch 10 ccm Essigsäure u. 50 g Chlorcalcium löst.
4. (Hämammon) Eine Lösung von 5 g Ammonnitrat in 10 ccm Hämalaun u. 10 ccm Alkohol (70 %).
   Mitteilgn. d. zoolog. Stat. Neapel 1891. 182. 172.
   Siehe auch Mayer's Glychämalaun u. Muchämateïn.

**Mayer**'s Carmalaun.

1. Man löst 1 g Carminsäure und 10 g Alaun in 200 ccm Wasser. Zur Conservirung kann man etwas Thymol oder Salicylsäure zugeben.
2. 2 g Carmin u. 5 g Alaun kocht man eine Stunde lang mit 100 ccm Wasser (filtriren!)
   Ztschr. f. Mikroskop. 1897. 29.
   Mitteilgn. d. zoolog. Stat. Neapel 1891. 489.

**Mayer**'s Cochenilletinktur zum Färben mikroskop. Präparate.

1. Alte Tinktur: 10 g Cochenille lässt man mehrere Tage mit 100 ccm 70%ig. Alkohol unter öfterem Umschütteln stehen u. filtrirt dann.
2. Neue Tinktur: 10 g Cochenillepulver mischt man in einem Porzellanmörser mit 10 g Calciumchlorid u. 1 g Aluminiumchlorid u. kocht diese Mischung mit 100 ccm Wasser u. 100 ccm Alkohol nach Zusatz von 16 Tropfen Salpetersäure (D. = 1,2) und lässt dann noch einige Tage unter öfterem Umschütteln stehen.

Mitteilgn. d. zoolog. Stat. Neapel 1880. 14, 1892. 498.

**Mayer**'s Chloralcarmin.
0,5 g Carmin kocht man mit 30 ccm Alkohol u. 30 Tropfen Salzsäure (25 %) 1/2 Stunde lang auf dem Wasserbade u. gibt dann nach dem Erkalten 25 g Chloralhydrat zu. Die Lösung wird filtrirt.
Ber. d. deutsch. botan. Ges. 1892. 363.

**Mayer**'s Paracarmin zum Färben mikroskop. Präparate.
Man löst 1 g Carminsäure, 0,5 g Aluminiumchlorid u. 4 g Calciumchlorid in 100 ccm verd. Spiritus (70 %). Gebraucht zu Kerntinktionen.
Ztschr. f. Mikroskop. 1894. 35.
Mitteilgn. d. zoolog. Stat. Neapel 1892. 491.

**Mayer**'s Pikrocarmin zum Färben mikroskop. Präparate ist eine wässerige Lösung von Pikrocarmin. Zu einer Lösung von 8 g Carmin in 100 ccm Ammoniak gibt man gesättigte, wässerige Lösung von Pikrinsäure bis zur Bildung eines Niederschlages.
Vergl. Ranvier's u. Weigert's Reag.
Vergl. auch: Pikromagnesiumcarmin, Mitteilgn. d. zoolog. Stat. Neapel 1897. 25.
Merck's Index 1902. 271.
Ztschr. f. Mikroskop. 1897. 18.

**Mayer**'s Saurer Carmin zur Kernfärbung.

1. Eine ammoniakalische (1—2 %ige) Carminlösung versetzt man bis zur hellroten Färbung mit verdünnter (30 %iger) Essigsäure.
2. Eine Lösung von 1 g Carmin in 100 ccm verd. Spiritus u. 1—2 ccm Salzsäure. (Identisch mit Grenacher's Carmin-Salzsäure.)
   Merck's Index 1902. 269.
3. (Salzsäurecarmin.) Eine heiss bereitete Lösung von 4 g Carmin in 15 ccm Wasser u. 30 Tropfen Salzsäure mischt man mit 95 ccm 85 %igem Alkohol, filtrirt heiss und gibt so lange Ammoniak zu, bis eine bleibende Trübung entsteht.
   Mitteilgn. d. zoolog. Stat. Neapel 1883. 521.

**Mayer**'s Glychämalaun.
Eine Lösung von 2 g Hämateïn u. 25 g Alaun in 150 ccm Glycerin u. 350 ccm Wasser.
Mitteilgn. d. zoolog. Stat. Neapel 1896. 301.

**Mayer**'s Muchämateïn (alkoholisch).
Man löst 2 g Hämateïn u. 1 g Aluminiumchlorid in 1000 ccm Alkohol (70 %) u. gibt 10—20 Tropfen Salpetersäure zu.
Harris, Ztschr. f. Mikroskop. 1901. 36.

**Mayer**'s Muchämateïn (wässerig).
Man löst 2 g Hämateïn durch Anreiben in Glycerin u. bringt die Lösung mit Glycerin auf 400 ccm, dann gibt man eine Lösung von 1 g Aluminiumchlorid in 600 ccm Wasser zu.
Mitteilgn. d. zoolog. Stat. Neapel 1896. 307.

**Mayer**'s Fixirungsmittel

ist eine Lösung von Pikrinsäure in stark verd. Salpetersäure oder Salzsäure.

Man mischt 3 ccm concentr. Salpetersäure mit 100 ccm gesättigter, wässeriger Pikrinsäurelösung und filtrirt. Je 1 ccm Filtrat erhält einen Zusatz von 3 ccm Wasser. Man kann auch eine Lösung von wenig Pikrinsäure in einer Mischung von 3 ccm Salzsäure u. 100 ccm 90%igem Alkohol verwenden.

Merck's Index 1902. 271.
Vergl. Kleinenberg - Mayer's u. Mayer - Retzius' Reag.
Mitteilgn. d. zoolog. Stat. Neapel 1881. 5.

**Mayer**'s Pikrinsalpetersäure.

Eine Mischung von 5 ccm Salpetersäure (D. = 1,185) u. 100 ccm Wasser sättigt man mit Pikrinsäure u. filtrirt.

Mitteilgn. d. zoolog. Stat. Neapel 1881. 5.

**Mayer**'s Pikrinschwefelsäure für mikroskop. Zwecke.

Siehe Kleinenberg-Mayer.

**Mayer-Retzius**' Reag. zum Fixiren mikroskop. Präparate

(bei Methylenblaufärbung) ist eine Lösung von Ammoniumpikrat in Glycerin.

Ztschr. f. Mikroskop. 1889. 422.
Internat. Monatsschr. f. Anat. u. Physiol. 1890, Heft 8.

**Mayet**'s Reag. f. mikroskop. Zwecke.

1. Man löst 2 g Natriumphosphat in 100 ccm Wasser und gibt so viel Rohrzucker zu, bis die Lösung ein spec. Gew. von 1,085 hat. Gebraucht wie Gower's Reag.
   Vergl. Friedländer - Ebert, Mikrosk. Techn. 5. Aufl. 283.
2. Eine Mischung von wässeriger Eosinlösung mit Osmiumsäure u. Glycerin.
   Wiener med. Presse 1888. 883.
   Zappert, Ztschr. f. klin. Med. 1893. 234.
   Marschner, Prager med. Wochenschr. 1895.

**Mean**'s React. auf Citronensäure.

Man erhitzt Citronensäure mit 0,7 T. Glycerin bis zur Entwicklung von Acroleïndämpfen, nimmt die Masse mit Ammoniak auf, verdampft letzteres durch gelindes Erwärmen und gibt dann tropfenweise eine Mischung von 1 T. rauchender Salpetersäure und 4 T. Wasser zu. Citronensäure gibt bei dieser Behandlung eine grüne, beim Erwärmen in Blau übergehende Färbung. Weinsäure und Aepfelsäure geben diese React. nicht.

Journ. de Pharm. et de Chim. (5) **13**. 477.
Archiv d. Pharm. (3) **24**. 637.
Ztschr. f. anal. Chem. **26**. 642.

**Meates**' Reag. für mikroskop. Zwecke.

Eine Mischung von 60 g Schwefel u. 20 g Brom werden bis zum Schmelzen erhitzt und dann 26 g fein gepulvertes Arsen zugegeben. Das Ganze wird bis zur Lösung erhitzt (Brech.-Ind. 2,4). Gebraucht als Einschlussmittel.

Vergl. Thompson, Journ. Roy. Microsc. Soc. 1892. 902.

**Mecke**'s Reag. auf Alkaloide

ist eine Lösung von seleniger Säure in concentr. Schwefelsäure 1 : 200. Mit diesem Reag. liefern charakteristische Färbungen:

Apomorphin — dunkelviolett, Morphin = blau, dann blaugrün bis olivgrün, Codeïn = blau, schnell in smaragdgrün übergehend, Veratrin = citronengelb, dann olivgrün, Narcotin = grünlichblau, dann kirschrot etc. etc.

Siehe Ztschr. f. öffentl. Chem. **5**. 351.
Merck's Report 1901. 192.

**Méhu**'s Reag. auf Eiweiss

ist eine Lösung von 1 T. krystallisirtem Phenol u. 1 T. Eisessig in 2 T. 90%igem Alkohol. Auf 100 ccm der zu prüfenden Flüssigkeit nimmt man 2 ccm Salpetersäure u. 10 ccm Reag. Eiweiss scheidet sich in Flocken aus (quantitativ).

Journ. de Pharm. et de Chim. 1869. 95.
Ztschr. f. anal. Chem. **8**. 522.
Merck's Index 1902. 262.
Ruizand, Journ. de Pharm. et de Chim. (5) **29**. 364.
Simon, Chem. Ztg. 1887. Rep. 4.
Ilimow, Ztschr. f. anal. Chem. **19**. 382.

**Meigen**'s React. auf Aragonit u. Kalkspat.

Das zu prüfende, fein gepulverte Mineral kocht man einige Minuten lang mit einer verdünnten Lösung von Kobaltnitrat. Aragonit gibt einen lilaroten Niederschlag, Kalkspat bleibt weiss oder wird nur schwach gelblich gefärbt.

Centralbl. f. Mineralogie 1901. 577.
Ztschr. f. anal. Chem. **41**. 119.

**Meillère**'s Reag. (Molybdänlösung).

Zu einer Lösung von 30 g Ammonmolybdat in 200 ccm Wasser gibt man 20 ccm 50%ige Schwefelsäure u. 30 ccm concentr. Salpetersäure.

Journ. de Pharm. et de Chim. (6) **3**. 61. (1896).
The Analyst **21**. 81.
Pharm. Centrh. 1896. 222.

**Meldola**'s Reag. auf salpetrige Säure

ist eine Lösung von 0,5 g p-Amidobenzolazodimethylanilin in 1 Liter verd. Salpetersäure. — Die zu prüfende Lösung versetzt man mit einigen Tropfen Reag. u. Salzsäure und gibt dann unter Umrühren (an der Luft) tropfenweise Ammoniak zu. Bei Anwesenheit von salpetriger Säure entsteht eine blaue Färbung.

Berl. Ber. **17**. 256.

**Melnikow**'s Reag. zum Conserviren anatomischer Präparate

ist eine Lösung von 5 g Kaliumchlorid und 30 g Natriumacetat in 1 Liter Wasser u. 100 ccm Formaldehyd (40%).

Vergl. Wickersheimer's Reag.

**Melzer**'s Reactionen auf Alkaloide.

Als Reag. verwendet man eine Mischung von 20 g Benzaldehyd und 80 g absolut. Alkohol. Veratrin, Codeïn, Morphin, Delphinin und Pikrotoxin geben in festem Zustande mit diesem Reag. und concentr. Schwefelsäure in Berührung gebracht, charakteristische Farbenerscheinungen.

Näheres: Ztschr. f. anal. Chem. **37**. 351 u. 747 od. Chem. Ztg. 1898. Rep. 230 u. 1899. Rep. 29.
Kreis, Chem. Ztg. 1899 21.

**Melzer**'s React. auf Coniin u. Nicotin.

Zu einer alkoholischen Lösung des Coniins gibt man einige Tropfen Schwefelkohlenstoff und nach einigen Secunden einige Tropfen Kupfersulfatlösung (1 : 200 Wasser). Je nach der Menge des vorhandenen Coniins entsteht ein Niederschlag oder eine gelbe bis dunkelbraune Färbung. Mit einer 1% Eisenchloridlösung erhält man unter denselben Bedingungen eine tiefbraune Färbung, mit Nicotin

eine gelbliche Färbung, die viel weniger intensiv ist als die mit Coniin erzeugte. Letztere bräunt sich mit Kupfersulfat; beim Schütteln mit Aether geht die Färbung in letzteren über. Empfindlichkeitsgrenze = 1 : 10 000.
Rev. intern. falsific. 1899. 197.
Ztschr. d. öst. Apoth.-Ver. 1900. 65.
Ztschr. f. anal. Chem. **41**. 327.

**Melzer**'s React. auf Nicotin.
Löst man einen Tropfen Nicotin in 2—3 ccm Epichlorhydrin u. erhitzt zum Sieden, so entsteht eine deutliche Rotfärbung. Coniin reagirt nicht.
Ztschr. d. öst. Apoth.-Ver. 1900. 65.

**Mendius**' React. ist eine synthetische React., in deren Verlauf durch Einwirkung von Wasserstoff auf Blausäure u. Nitrile Amine gebildet werden.
Siehe Lehrbücher der Chemie.

**Mène**'s React. auf Anilin.
Wasserfreies Anilin oder eine alkoholische Lösung desselben wird durch gasförmige, salpetrige Säure gelbbraun gefärbt u. dann auf Säurezusatz gerötet. Diese rote Lösung wird durch Wasser gelb und durch Säuren wieder rot.
Compt. rend. **52**. 311.

**Mentzel-Arnold**'s React. auf Formaldehyd.
5 ccm der zu prüfenden Flüssigkeit versetzt man mit 0,03 g salzsaurem Phenylhydrazin, 4 Tropfen Eisenchlorid, 10 Tropfen concentr. Schwefelsäure u. soviel Alkohol oder Schwefelsäure bis sich die trübe Flüssigkeit klärt. Bei Anwesenheit von Formaldehyd entsteht Rotfärbung. Empfindlichkeitsgrenze = 1:4000.
Zeitschr. Untersuchg. d. Nahr.- u. Genussmittel 1902. 353.
Pharm. Centrh. 1902. 284.

**Mentzel**'s (Arnold-Mentzel's) Reag. auf Wasserstoffsuperoxyd
ist eine Lösung von 1 g Vanadinsäure in 100 g verd. Schwefelsäure. Wasserstoffsuperoxyd enthaltende Flüssigkeiten werden durch eine genügende Menge Reag. dauernd rot gefärbt. Empfindlichkeitsgrenze = 0,0006 %.
Ztschr. Nahr.-Genussmittel **6**. 305.
Chem. Centralbl. 1903. I. 1043.

**Mercier**'s Reag. zum Färben mikroskop. Präparate.
Schwache Lösung: Eine Lösung von 2 g Hämatoxylin und 2 g Alaun in 100 g Alkohol, 100 g Wasser u. 100 g Glycerin.
Starke Lösung: Eine Lösung von 2 g Hämatoxylin u. 2 g Alaun in 120 g Alkohol, 130 g Wasser u. 50 g Glycerin. Gebraucht zur Markscheidenfärbung.
Näheres siehe: Ztschr. f. Mikroskop. 1891. 481.

**Merget**'s React. auf Quecksilber in tierischen Flüssigkeiten.
Die zu prüfende Flüssigkeit kocht man mit Salpetersäure und neutralisirt mit Ammoncarbonat, bis an einem eingetauchten Kupferblech keine Gasblasen mehr entstehen. Diese Flüssigkeit lässt man 36 Stunden auf 1 mm dicke Kupferfäden einwirken. Die mit Wasser gewaschenen und mit Filtrirpapier getrockneten Fäden wickelt man in Papier, das vorher mit ammoniakalischer Silberlösung getränkt u. im Dunkeln getrocknet wurde, u. unterwirft dasselbe einem gelinden Druck. Bei Anwesenheit von Quecksilber entstehen auf dem Papier sofort oder nach einigen Minuten dunkle Flecken. Empfindlichkeitsgrenze = 0,01 mg Quecksilber in 100 ccm.
Journ. de Pharm. et de Chim. (5) **19**. 444.
Ztschr. f. anal. Chem. **29**. 113.
Chem. Centralbl. 1889. II. 62.

**Merget**'s Reag. auf Quecksilberdämpfe
ist ammoniakalische Silbernitratlösung, mit welcher weisses Papier beschrieben wird. Die Schriftzüge färben sich durch Quecksilberdämpfe grau.
Näheres siehe: Pharm. Centrh. 1889. 754.

**Mering** siehe **Cohn-Mering.**

**Merk**'s Reag. zum Färben mikroskop. Präparate
ist eine Lösung von 1 g Orceïn in 80 ccm Alkohol, 40 ccm Wasser und 40 Tropfen Salpetersäure. Gebr. zum Färben elastischer Fasern.
Vergleiche Stutzer' u. Unna-Tänzer's Reag.

**Merk**'s Reag. zum Fixiren mikroskop. Präparate
ist eine Lösung von 1,5 g Chromsäure, 0,8 g Osmiumsäure und 10 g Eisessig in 180 ccm Wasser.
Ztschr. f. Mikroskop. 1888. 237.

**Merkel**'s Reagentien zum Färben mikrosk. Präparate.
1. a) Eine gesättigte Lösung von Indigocarmin in 3 %ig., wässeriger Oxalsäure; b) eine Lösung von carminsaurem Ammon = Gerlach's Reag. Das Reag. dient zum Färben von Ossificationspräparaten.
2. Eine Lösung von 1 g Fuchsin in 80 ccm Wasser u. 80 ccm Alkohol.

Vergleiche Hermann's Reag.
Merck's Index 1902. 270.
Untersuch. d. anat. Instit. Rostock 1874.
Lee et Henneguy, Traité 1896. 180.
Mayer, Mitteilgn. der zoolog. Stat. Neapel, 1896. 320.

**Merkel**'s Reag. zum Fixiren mikroskop. Präparate
ist eine Lösung von 1 g Platinchlorid und 1 g Chromsäure in 800 ccm Wasser.
Merkel, Macula lutea d. Menschen, Leipzig 1870. 19.
Merck's Index 1902. 269.
Mitteilgn. d. zoolog. Stat. Neapel 1881. 11.

**Merkel-Schiefferdecker**'s Reag. für mikroskopische Präparate.
1. Man löst 10 g Celloïdin in 100 ccm Aether und 100 ccm Alkohol.
2. Man gibt zu 1 so viel Colloidin bis die Flüssigkeit Sirupconsistenz angenommen hat. Gebraucht als Einbettungsmittel.

Arch. f. Anat. u. Phys. 1882. 200.
Ztschr. f. Mikroskop. 1888. 504.

**Mermet**'s Reag. auf Kohlenoxyd.
1. Eine Lösung von 2—3 g Silbernitrat in 1 Liter Wasser;
2. eine Lösung von Kaliumpermanganat: 1 Liter kochendes, destillirtes Wasser wird mit einigen Tropfen Salpetersäure u. so viel Kaliumpermanganatlösung versetzt, dass eine bleibende, schwache Rötung eintritt. Nach dem Erkalten gibt man 1 g Kaliumpermanganat u. 50 ccm Salpetersäure zu.

Zum Gebrauch mischt man 40 ccm der Lösung 1 mit 2 ccm der Lösung 2 und 2 ccm Salpetersäure u. ergänzt mit Wasser auf 100 ccm. Kohlenoxyd und andere reduzirende Gase entfärben dieses Reag.
Schweizer Wochenschr. f. Chem. u. Pharm. 1897. 195.
Pharm. Centrh. 1897. 305.

**Mermet**'s Reag. auf Sulfocarbonate
ist eine stark verdünnte, ammoniakalische Lösung von Nickelchlorür. Das Reag. wird durch minimale Mengen von Sulfocarbonat weinrot gefärbt. Schwefelalkalien geben diese React. nicht.
Pharm. Centrh. 1875. 355.

**Merz'** React. auf reines Olivenöl.
Man erhitzt eine Oelprobe auf 250° C. u. vergleicht dieselbe mit nicht erhitztem Oele. Bei gleich dicker Schicht hat reines Oel nach dem Erhitzen eine hellere Farbe als das nicht erhitzte.

**Merz'** React. auf freie Säuren in Oelen
beruht auf der Einwirkung des Oeles auf Zinkblech bei 100° C.
Näheres siehe Deutsche Industrie-Ztg. 1877. 124 und 135.
Ztschr. f. anal. Chem. **17**. 391.

**Mesnard**'s React. auf Eiweiss.
Eiweissstoffe werden in einer stark zuckerhaltigen Glycerinlösung durch Salzsäuredämpfe intensiv rot gefärbt. Diese React. ist besonders geeignet zum mikroskop. Nachweis von Proteïnstoffen in Pflanzenteilen.

**Messinger's** Reaction auf Aceton
ist identisch mit Lieben's React.

**Messinger-Vortmann**'s React. auf Phenol
siehe Vortmann's React.

**Messner**'s React. auf Wasser im Jodoform.
1 g Jodoform muss sich in 10 g Benzol vollkommen klar auflösen. Je mehr Wasser (Feuchtigkeit) das Präparat enthält, desto trüber die Lösung. Noch empfindlicher ist die React. mit Petroläther.

**Messner**'s Reag. auf Alkohol in Butteräther, Amylacetat etc.
ist eine gesättigte, wässerige Lösung von Chlorcalcium. Schüttelt man den Ester mit gleichen Teilen Reag., so darf nach erfolgter Trennung der Schichten bei Butteräther keine Veränderung der Volumina eingetreten sein, bei Amylacetat darf bei Verwendung von 25 ccm Ester u. 25 ccm Reag das letztere höchstens um 1 ccm zugenommen haben.
Lunge's Chem.-techn. Unters.-Method. III. 658, 661.

**Messner**'s Reag. zur Differenzirung der Chinaalkaloide
ist eine 5%ige, wässerige Lösung von Dinatriumphosphat ($Na_2HPO_4 . 12 H_2O$). Die neutralen Chloride u. Sulfate der Chinaalkaloide, wie sie in den Handel kommen (bekanntlich gegen Lackmus schwach alkalisch reagirend), lassen sich in 1%iger, wässeriger Lösung mit Hülfe genannten Reag. in folgender Weise unterscheiden. Man gibt auf 10 ccm Alkaloidlösung 3 Tropfen Reag.
1. Es tritt weder sofort noch nach einiger Zeit eine Trübung ein = Cinchonidin:
2. Es tritt nicht sofort aber längstens innerhalb 1/2 Minute eine Trübung ein = Cinchonin;
3. Jeder Tropfen Reag. bringt sofort eine Trübung hervor, die beim Umschwenken wieder verschwindet = Chinin oder Chinidin.

Zur Unterscheidung der letzten beiden Alkaloide gibt man so viel Salzsäure zur wässerigen Lösung, dass sie gerade schwach sauer gegen Lackmus reagirt (ca. 1 Tropfen 25%ige Salzsäure auf 100 ccm) u. versetzt dann 10 ccm der Alkaloidlösung mit 10 ccm Reag. Es tritt sofort eine starke krystall. Abscheidung auf = Chinin:
Es tritt keine Veränderung ein, auch nicht nach längerem Stehen, = Chinidin.
Ztschr. f. angew. Chem. 1903. 477.

**Meyer**'s React. auf echten Lebertran.
10 g Tran schüttelt man mit 1 g einer Mischung aus gleichen Teilen concentr. Schwefelsäure u. Salpetersäure. Reiner Dorschlebertran färbt sich feurig rosa, schnell in Citronengelb übergehend.
Ztschr. f. analyt. Chem. **23**. 434.

**Meyer**'s React. auf Nataloin.
Versetzt man eine alkoholische Lösung von Nataloin mit Piperidin, so färbt sie sich gelb und bei anhaltendem Schütteln im durchfallenden Lichte violettrot, im auffallenden Lichte bläulich.
Pharm. Centrh. 1900. 34.

**Meyer**'s Reag. auf Thiophen
ist eine Lösung von Isatin in concentr. Schwefelsäure. Das Reag. wird durch Spuren Thiophen (z. B. mit thiophenhaltigem Benzol) intensiv blau gefärbt. (Indopheninreaction).
Beilstein, Handb. d. org. Chem. III. 738.

**Meyer**'s Reag. zum Conserviren mikroskop. Präparate
ist eine etwas Salicylsäure enthaltende Mischung von Holzessig, Glycerin u. Wasser.
Näheres siehe Arch. f. mikrosk. Anat. 1876. 868.

**Meyer-Haffter**'s React. auf Chloralhydrat
beruht auf der Umsetzung desselben in Chloroform u. ameisensaures Natrium durch (Normal-) Natronlauge. Beide Producte können durch specifische Reactionen nachgewiesen werden. Die Reaction dient zur quantitativen Bestimmung des Chloralhydrats.
Medicus, Mass-Analyse 2. Aufl. 45.

**Meyer-Locher**'s React. zur Unterscheidung primärer, secundärer u. tertiärer Alkohole u. Alkoholradikale.
Das Untersuchungsobjekt wird mit Silbernitrit destillirt. Das Destillat wird durch Behandeln mit Kali und salpetriger Säure bei Anwesenheit eines primären Alkohols rot, bei Anwesenheit eines secundären blau u. bei Anwesenheit eines tertiären Alkohols farblos.
Näheres siehe: Berl. Ber. **7**. 1510.
Gutknecht, ebenda **12**. 622.

**Meymott Tidy**'s Reag. auf Eiweiss.
Gleiche Teile Phenol u. Eisessig werden gemischt u. eventuell so lange Eisessig zugegeben, bis sich ein Tropfen des Reag. mit wenig Wasser klar löst. Dieses Reag. fällt Eiweisslösungen u. soll empfindlicher sein als Carbolsäure. Besser ist folgendes Verfahren: Die zu prüfende Flüssigkeit versetzt man mit 15 Tropfen Alkohol und dann mit der gleichen Menge Carbolsäure. Albumin wird in Flocken ausgeschieden. Die React. gelingt noch in einer Verdünnung von 1 : 15000. (Vergleiche Méhu's Reag.)
Centralbl. f. d. medic. Wissensch. 1870. 511.
Ztschr. f. anal. Chem. **10**. 102.

**Mezger**'s React. auf Cocaïn.
Gibt man zu einer Lösung von 0,05 g Cocaïnhydrochlorid in 5 ccm Wasser 5 Tropfen Chromsäurelösung (5%), so ruft jeder Tropfen einen deutlichen Niederschlag hervor, der sofort wieder verschwindet. Auf Zusatz von 1 ccm concentr. Salzsäure entsteht dann ein orangegelber Niederschlag von chromsaurem Cocaïn.
Pharm. Ztg. 1889. 697.
Lunge, Chem. Techn. Unters.-Meth. III. 678.
Deutsch. Arzneibuch IV. 88.
Vergleiche Schäffer's React.

**Mialhe**'s React. auf Blut an blutbefleckten Gegenständen
ist eine Modification von van Deen's React. unter Verwendung von Guajaktinktur u. Wasserstoffsuperoxyd-Aether.
Näheres siehe Hager, Pharm. Prax. 1880. II. 881.

**Mibelli**'s Reag. zum Färben mikroskop. Präparate ist eine 1%ige, alkoholische und eine 1%ige, wässerige Lösung von Safranin, welche heiss zusammengegossen werden. Gebraucht zur Darstellung der elastischen Fasern in der Haut.
Monitore italiano zool. **1**. 17. (1890).

**Michaël-Ryder**'s React. auf Aldehyde.
Eine kleine Menge der zu prüfenden Substanz gibt man in eine Lösung von 1 T. Resorcin in 2 T. absolut. Alkohol u. setzt einige Tropfen concentr. Salzsäure zu. Wenn sich nicht sofort eine harzige Abscheidung bildet, so giesst man die Lösung nach einigen Stunden in Wasser. Ein Niederschlag zeigt die Anwesenheit eines Aldehydes an. Ketone geben diese React. nicht.
Americ. Chem. Journ **9**. 134.
Ztschr. f. anal. Chem. **27**. 513.

**Michaelis**' Azurblau zum Färben von mikroskop. Präparaten.
Man erhitzt eine Lösung von 2 g Methylenblau in 200 ccm Wasser mit 10 ccm 1/10 Norm. Natronlauge zum Sieden, lässt erkalten und gibt 10 ccm 1/10 Norm. Schwefelsäure zu. Zum Gebrauch mischt man das Reag. mit dem 5 fachen Volum 1%ig. Eosinlösung. Gebr. zum Färben von Blutpräparaten.
Vergleiche Romanowsky's Reag.

**Michaelis**' Reag. zum Färben von Blutpräparaten.
a) Man löst 1 g chlorzinkfreies Methylenblau in 100 ccm destillirtem Wasser u. 100 g absolut. Alkohol.
b) Man löst 1,2 g Eosin in 120 g destill. Wasser und 280 g (nach anderer Lesart 500 g) Aceton (Siedep. 56—58).
Vor dem Gebrauch mischt man gleiche Teile von a und b.
Deutsche Med. Wochenschr. 1899. 490. und 1901. 127.
Pharm. Centrh. 1899. 489.
Ztschr. f. Mikroskop. 1901. 197.

**Michaelis**' Reag. zum Färben mikroskop. Präparate.
Eine gesättigte, filtrirte Lösung von Fettponceau K in 70%ig. Alkohol. Gebr. zum Färben von Fett neben Hornsubstanz.
Virchow's Archiv 1901. II. 263.
Merck's Bericht 1902. 69.

**Michailow**'s React. auf Proteïnstoffe.
Schichtet man eine Lösung von Eiweiss u. Ferrosulfat über concentr. Schwefelsäure und gibt 1 Tropfen Salpetersäure zu, so entsteht ausser der bekannten Salpetersäurereaction noch ein blutroter Ring.
Berl. Ber. **17**. Ref. 450.

**Millard**'s Reag. auf Eiweiss
ist eine Lösung von 7,76 g Phenol, 27,21 g Eisessig u. 4,78 g Aetzkali in 80,75 g Wasser. Eiweiss wird durch dieses Reag. gefällt. Beim Erwärmen löst sich diese Fällung nicht auf zum Unterschied von Pepton, welches sich löst.
A treatise on Bright's disease of the kidneys. Sec. Edition. New-York 1886. 65.
Centralbl. f. klin. Medic. 1885. 651.
Med. Record 1885. 379

**Miller**'s React. auf Methylalkohol
beruht auf der Oxydation desselben zu Ameisensäure mittels Kaliumdichromat und Schwefelsäure. Im Destillat wird Ameisensäure durch die reduzirende Wirkung auf Silbernitratlösung nachgewiesen.
Allen's Organ. Anal. 3 Ausg. I. 81.
Ztschr. f. anal. Chem. **40**. 608.
Pharm. Journ. **6**. 534.
Draper, ebenda 641.

**Millian**'s React. auf Cottonöl im Olivenöl.
Das zu prüfende Oel wird verseift, die Fettsäure durch Schwefelsäure abgeschieden und 5 ccm davon in 20 ccm heissem Alkohol gelöst. Nach Zugabe von 2 ccm wässeriger Silbernitratlösung (3 : 10) wird im Wasserbade erhitzt. Bei Anwesenheit von Cottonöl tritt Reduction des Silbernitrates ein. Empfindlichkeitsgrenze = 1 : 100.
Ztschr. f. Nahrungsm.-Unters. 1888. 81.
Schweizer Wochenschr. f. Pharm. 1888. 379.
Vergleiche Bechi's React.

**Millian**'s React. auf Sesamöl.
Man verseift 15 ccm des zu prüfenden Oeles, scheidet aus der mit Wasser verdünnten Seifenlösung die Fettsäuren ab, trocknet letztere bei 110° C. und schüttelt mit dem gleichen Volumen Baudouin's Reag. Rotfärbung zeigt Sesamöl an.
Moniteur scientifique 1888. 366.

**Millon**'s Reag. auf Eiweiss
ist eine Lösung von Quecksilber in rauchender Salpetersäure 1 : 1, die mit 2 Volum Wasser versetzt wird. Das Reag. gibt beim Erwärmen mit Eiweisslösungen einen ziegelroten Niederschlag.
Merck's Index 1902. 262.
Nach Hager, Pharm. Prax. 1880 II. 142 löst man 10 g Quecksilber in 25 g Salpetersäure (D. = 1,185) u. 25 g Wasser bei gelinder Wärme. Diese Lösung mischt man mit einer bei Digestionswärme bewirkten Lösung von 10 g Quecksilber in 22 g Salpetersäure (1,3).
Nach Nickel löst man 1 ccm Quecksilber in 9 ccm Salpetersäure (D. = 1,5) und verdünnt mit dem gleichen Volum Wasser.
Vergleiche Riegler's Reag. u. Lintner's Reag.
Nasse, Ztschr. f. anal. Chem. **40**. 193.
Kühne, „ „ „ „ **4**. 449.

**Millon**'s Reag. auf Phenole
siehe dessen Reag. auf Salicylsäure.

**Millon**'s Reag. auf Salicylsäure
ist dieselbe Lösung von Mercurinitrat, wie dessen Reag. auf Eiweiss. Eine stark verdünnte, wässerige Lösung von Salicylsäure (1 : 1 000 000) wird in der Siedehitze durch dieses Reag. rot gefärbt.
Compt. rend. **28**. 40.
Pharm. Centrh. 1888. 286.
Almén erhitzt 20 ccm der zu prüfenden Flüssigkeit mit 10 Tropfen Reag. zum Sieden. Bei Anwesenheit von Salicylsäure (oder Phenol) entsteht ein gelber Niederschlag. Auf Zusatz von Salpetersäure bildet sich eine rote Lösung. Empfindlichkeitsgrenze = 1 : 400 000.
Nach Nasse gibt nicht nur Phenol u. Salicylsäure diese Reaction, sondern auch alle Monohydroxylsubstitutionsproducte des Benzols.
Almén, Ztschr. f. anal. Chem. **17**. 107.
Hager, Pharm. Prax. Erg.-Bd. 1883. 35.
Nickel, Pharm. Centrh. 1889. 538.

**Mindes**' Reactionen zur Unterscheidung von Dionin, Heroin u. Peronin
siehe tabellarische Zusammenstellung in Pharm. Post 1902. No. 46 oder Apoth.-Ztg. 1902. 884.
Pharm. Centrh. 1903. 9.

**Minervini**'s Reag. zum Färben mikroskop. Präparate.
Eine warm bereitete Lösung von 1 g Safranin u. 1 g Resorcin in 100 ccm Wasser filtrirt man nach dem Erkalten u. gibt zum Filtrate 25 ccm Eisenchloridlösung (D. = 1,28). Nachdem man diese Mischung zum Sieden erhitzt hat, lässt man er-

kalten, sammelt, wäscht u. trocknet den erhaltenen Niederschlag und löst ihn in 100 ccm Alkohol (90 %) unter Zusatz von 1 g Salzsäure.
Ztschr. f. Mikroskop. 1901. 163.

**Mingazini**'s Reag. zum Fixiren mikroskop. Präparate besteht aus 1 Vol. Alkohol, 1 Vol. Eisessig und 2 Vol. concentr., wässeriger Quecksilberchloridlösung.
Ricerche Lab. anat. Roma. 1893. 47.

**Minkowski**'s React. auf Oxybuttersäure im Harn beruht auf der Isolirung derselben in Form ihres Silbersalzes. — Den Verdampfungsrückstand des Harns extrahirt man mit Alkohol, verdunstet letzteren, löst den Rückstand in Wasser, säuert mit Schwefelsäure an u. schüttelt mit Aether aus. Der Aether wird verdampft, die alkoholische Lösung des Rückstandes mit Tierkohle gereinigt, mit Natronlauge neutralisirt u. zur Sirupconsistenz eingedampft. Dieser Sirup erstarrt bei Anwesenheit von Oxybuttersäure auf Zusatz einiger Tropfen gesättigter, wässeriger Silbernitratlösung zu einem Brei von feinen, verfilzten Nadeln.
Archiv. f. exper. Patholog. u. Pharmacolog. **18**. 35 u. 147.
Külz, Ztschr. f. Biolog. **20**. 157.
Hammarsten, Physiol. Chem. 1899. 524.

**Minot**'s Reagentien zum Färben mikroskop. Präparate.
Hämatoxylin-Reag. siehe Ztschr. f. Mikroskop. 1886. 177.
Pikrocarmin siehe Methods of microsc. Anat. Whitman's, 42.

**Minovici**'s Reag. auf Pikrotoxin
ist eine Lösung von 20 g Anisaldehyd in 80 g absolut. Alkohol. Versetzt man Pikrotoxin in Substanz oder Lösung (2—3 Tropfen) mit 2 Tropfen Schwefelsäure u. nach einer Minute mit 1 Tropfen Reag., so entsteht eine indigoviolette Färbung, die allmählich in Blau übergeht. Beim Erwärmen auf 80° C. gibt eine Lösung 1:2000 noch eine sehr tiefe, 1:5000 noch eine sichtbare, rotviolette bis blassrote Färbung.
Zeitschr. Nahr.- u. Genussm. 1900. 687.
Pharm. Centrh. 1900. 744.
Chem. Ztg. 1901. Rep. 52.
Ann. Pharm. **7**. 1.

**Mitscherlich**'s React. auf Phosphor.
Erhitzt man phosphorhaltige Flüssigkeiten nach eventuellem Ansäuern mit Weinsäure in einem Kolben zum Sieden und lässt die entweichenden Dämpfe durch ein Glasrohr in geeigneter Weise entweichen, so kann man im Glasrohre eine leuchtende Erscheinung (Ring) beobachten.
Näheres siehe Otto, Ausmittel. d. Gifte u. andere analytische Werke.

**Miura**'s Reag. zum Imprägniren mikroskop. Präparate.
a) Eine Lösung von 1 g Chlornatrium u. 20 g Glucose in 100 ccm Wasser,
b) eine Lösung von 0,5 g Goldchloridchlornatrium in 100 ccm Wasser.
Virchow's Archiv 1884. 144.

**Möbius**' Reagentien zum Maceriren mikroskop. Präparate.
1. Eine Mischung von 100 ccm (Ost-) Seewasser mit 4—600 ccm 0,5 %iger Kaliumdichromatlösung.
2. (Ost-) Seewasser, das auf 100 ccm 0,25 g Chromsäure, 0,1 g Osmiumsäure u. 0,1 g Essigsäure enthält.
Morphol. Jahrb. 1887, 174.

**v. d. Moer**'s React. auf Cytisin.
Gibt man zu Cytisin etwas Eisenchlorid, so entsteht eine blutrote Färbung, welche auf Zusatz von Wasser oder Säuren verschwindet. Auf Zusatz von Wasserstoffsuperoxyd verschwindet die Rotfärbung ebenfalls, bei sehr gelindem Erwärmen färbt sich die Mischung blau.
Ztschr. f. anal. Chem. **31**. 723 u. **37**. 66.

**Moerck**'s React. auf Acetanilid in ähnlich zusammengesetzten Körpern (Methacetin, Phenacetin, Lactophenin, Salophen- u. Phenocollchlorhydrat).
Siehe Ztschr. d. öst. Apoth.-Ver. **50**. 814 oder Ztschr. f. anal. Chem. **40**. 685.

**Mohler**'s Reag. auf Aldehyde.
30 ccm 0,1 %iger Rosanilinlösung mischt man mit 20 ccm Natriumbisulfitlösung (34° Bé.), 200 ccm Wasser und 3 ccm Schwefelsäure (66° Bé.) Das Reag. muss farblos sein. Aldehyde färben dasselbe violettrot.
Ztschr. f. anal. Chem. **31**. 583.
Paul, ebenda **35**. 647.

**Mohler**'s Reag. auf Weinsäure.
1 g Resorcin löst man in 100 g concentr. Schwefelsäure (D. = 1,84). Die zu prüfende Substanz erwärmt man mit 1 ccm Reag. auf 125—130° C. Weinsäure bewirkt Rotfärbung. 0,01 mg Weinsäure lässt sich noch nachweisen. (Vergl. Denigès' Reag.)
Ztschr. f anal. Chem. **30**. 620.
Bull. Soc. Chim. (3) **4**. 728.

**Mohr**'s Reag. auf Morphin
ist eine mit verdünnter Schwefelsäure angesäuerte Lösung von Kaliumjodat, welche durch Morphin gelb bis rotbraun gefärbt wird. Durch Verwendung von Schwefelkohlenstoff oder Stärkelösung wird die React. verschärft.
Otto, Ausmittel. d. Gifte 5. Aufl. 41.

**Mohr**'s React. auf freie Schwefelsäure.
Eine Flüssigkeit, die freie Schwefelsäure enthält, wird auf Zusatz von wenig Rohrzucker beim Eindampfen auf dem Sandbade schwarz gefärbt. Man kann auch mit genannter Lösung Filtrirpapier befeuchten u. bei mässiger Wärme trocknen. Die befeuchteten Stellen werden schwarz.
Ztschr. f. anal. Chem. **13**. 323.

**Mohr**'s Reag. auf freie Säuren (Mineral-).
1. Eine Mischung von Ferriacetat- u. Rhodankaliumlösung wird bei Abwesenheit von Alkaliacetaten durch Mineralsäuren blutrot gefärbt. Salz- Salpeter- und Schwefel-Säure geben diese Reaction, nicht aber Phosphorsäure.
2. Eine Mischung von Jodkalium - Ferriacetat- und Stärke-Lösung wird durch freie Mineralsäuren, besonders Salzsäure gebläut.
Neues Repert. d. Pharm. **23**. 257.
Ztschr. f. anal. Chem. **13**. 321.

**Mola-Vitali**'s React. auf freie Salzsäure.
Die zu prüfende Flüssigkeit kocht man mit überschüssigem Chinidin, filtrirt, schüttelt das Filtrat mit Chloroform unter Zusatz von etwas Alkohol aus und lässt das Chloroform verdunsten. War freie Salzsäure vorhanden, so hinterbleibt Chinidinhydrochlorid, in dessen wässeriger Lösung die Salzsäure mit Silbernitrat nachgewiesen werden kann.
Bollet. Chim. e Farm. 1895. 513.
Chem. Centralbl. 1896. I. 142.
Ztschr. f. anal. Chem. **36**. 412.

**Moleschott**'s React. auf Cholesterin
beruht auf Farbenerscheinungen der Cholesterinkrystalle mit concentr. Schwefelsäure (rot) und wässeriger Jodlösung (violett), die sich unter dem Mikroskope beobachten lassen.
Wiener medic. Wochenschr. 1855. 129.

**Moleschott**'s Reag. zum Aufhellen für mikroskop. Präparate
ist eine Mischung von 12 g Essigsäure, 20 ccm Alkohol u. 108 g Wasser.

**Moleschott**'s Reag. zum Maceriren mikroskop. Präparate
ist eine Lösung von 32,5 g Kaliumhydroxyd (Kal. caust. alkoh. dep in bacill.) in 67,5 g Wasser oder eine Lösung von 10 g Chlornatrium in 90 ccm Wasser und 20 ccm Alkohol.
Untersuchungen z. Naturl. **11**. 99.

**Molher** siehe **Gayon-Molher.**

**Molisch**'s Reag. auf Eiweiss
ist eine Lösung von 20 g $\alpha$-Naphtol in 100 g Alkohol. — Zu 1 ccm der zu prüfenden Flüssigkeit gibt man 2 Tropfen Reag. u. 5 ccm concentr. Schwefelsäure. Bei Anwesenheit von Eiweiss u. Pepton entsteht eine rote oder violette Färbung.
Monatsh. f. Chem. **7**. 198.
Vergl. Molisch's React. auf Zucker.

**Molisch**'s Reag. auf (Holzschliff) Coniferin.
Man löst 20 g Thymol in 80 g Alkohol u. verdünnt mit Wasser bis zur beginnenden Abscheidung des Thymols. Die erhaltene Mischung versetzt man mit chlorsaurem Kalium. — Holzschliff mit diesem Reag. u. concentr. Salzsäure befeuchtet, färbt sich blau.
Näheres siehe Pharm. Centrh. 1887. 116.

**Molisch**'s React. auf Kohlehydrate.
Siehe dessen React. auf Zucker.

**Molisch**'s React. auf Zucker (u. Glycoside):
1. In 1 ccm einer Zuckerlösung bringen 2 Tropfen 15—20 %iger, alkoholischer $\alpha$-Naphtollösung u. 1—2 ccm concentr. Schwefelsäure eine tiefviolette Färbung hervor. Gibt man Wasser zu, so entsteht ein blauvioletter Niederschlag, der sich in Alkohol u. Aether mit gelblicher, in Kalilauge mit goldgelber Farbe auflöst, in Ammoniak aber zu gelblichbraunen Tropfen zerfliesst.
2. Dieselbe Probe mit einer 15—20 %igen Thymollösung ausgeführt, liefert eine carminrote Färbung. Mit Wasser entsteht ein roter Niederschlag, der sich in Alkohol, Aether u. Kalilauge mit schwach gelblicher, in Ammoniak mit gelber Farbe löst.
Empfindlichkeitsgrenze = 0,001 % Zucker bei beiden Proben.
Monatshefte f. Chem. 1866. 198.
Ztschr. f. anal. Chem. **26**. 369.
Leuken, Ztschr. f. anal. Chem. 26. 258.
Centralbl. f. d. med. Wissensch. 1888. 34.
Seegen, ebenda 1886. 802.
Vergl. folgende React.

**Molisch**'s React. zur Unterscheidung von Pflanzen- u. Tierfasern
beruht auf der Umwandlung der Cellulose in Zucker, welche durch obige React. mit $\alpha$-Naphtol oder Thymol u. Schwefelsäure nachgewiesen werden kann. Tierfasern geben die React. nicht.
Monatshefte f. Chem. **7**. 198.
Ztschr. f. anal. Chem. **26**. 258.
Seegen, Chem. Ztg. **10**. Rep. 257.
Leuken, Apoth.-Ztg. **1**. 246.
Udranszky, Ztschr. f. anal. Chem. **28**. 130.
Rosenfeld, Deutsche med. Wochenschr. 1888. 451 u. 479.

**Monnier**'s React. auf Eiweiss.
Man rührt etwas Stärke mit Wasser an, gibt einige Tropfen Jodlösung zu, dann Eiweisslösung u. erwärmt. Es tritt sofort Entfärbung ein. Bei Abwesenheit von Eiweiss färbt sich die Mischung blau.
Répert. d. Pharm. 1900. 73.
Pharm. Centrh. 1900. 289.

**Monticelli**'s Reag. zum Färben mikroskop. Präparate.
Man mischt eine Lösung beliebiger Mengen Pikrocarmin in Ammoniak mit einem gleichen Volum Grieb's Alauncarmin u. lässt das freie Ammoniak verdunsten, bis die Lösung dicklich geworden ist.
Ztschr. f. Mikroskop. 1894. 57.

**Moore-Pelouze**'s React. auf Glucose.
Wird Glucoselösung mit Alkalilauge erhitzt, so färbt sie sich je nach Menge des vorhandenen Zuckers u. Alkalis gelb bis braun.
Vergl. Heller's React.
Lancet II. 26. Sept. 18?4.
Sollmann, Chem. Ztg. 1901. Rep. 209.

**Morawski** siehe **Demski-Morawski** u. **Storch-Morawski.**

**Moritz**' Reag. auf Glucose
ist eine wässerige Lösung von Kupfersulfat, 80,78 g im Liter enthaltend. Zur Ausführung der Bestimmung werden in einem 1/2 Literkolben 5 ccm Kupfersulfatlösung mit 140 ccm 7% igem Ammoniak gemischt, 5 ccm 12%ige Natronlauge zugegeben u. in der Siedehitze mit der Zuckerlösung auf das Verschwinden der Blaufärbung titrirt.
Näheres siehe Archiv f. klin. Med. **46**. 221.

**Mörk**'s React. auf Vanillin.
Die zu prüfende Lösung versetzt man mit so viel Brom, bis sie darnach riecht u. gibt frisch bereitete Ferrosulfatlösung zu. Bei Anwesenheit von Vanillin entsteht eine blaugrüne Färbung. (Cumarin gibt diese React. nicht). Empfindlichkeitsgrenze = 1:200 000.
Amer. Journ. Pharm. **63**. 521.
Chem. Ztg. 1891. Rep. 343.

**Mörner**'s React. auf Acetessigsäure im Harn.
Kocht man Harn, der Acetessigsäure enthält, mit Jodkalium und Eisenchlorid im Ueberschuss, so entwickeln sich die Schleimhäute stark reizende Dämpfe, die vom Jodgeruch leicht zu unterscheiden sind.
Ztschr. f. anal. Chem. **35** 637.
Skandinavisches Archiv für Physiologie **5**. 276.

**Mörner**'s Reag. auf Tyrosin
ist eine Mischung von 1 Vol. Formaldehyd (40%) mit 45 Vol. Wasser u. 55 Vol. concentr. Schwefelsäure. Tyrosin wird beim Kochen mit diesem Reag. dauernd grün gefärbt.
Ztschr. f. physiol. Chem. **37**. 86.
Ztschr. f. angew. Chem. 1903. 327.

**Mörner-Sjöquist**'s React. auf Salzsäure im Magensaft
beruht auf der Bildung von Chlorbaryum beim Behandeln des Harns mit Bariumcarbonat, Eindampfen u. Glühen des Rückstandes, Fällen des gebildeten Chlorbaryums mit Ammoniumchromat, und der jodometrischen Bestimmung des abgeschiedenen Baryumchromates.
Näheres siehe Ztschr. f. klin. Med. **32**.

**Morpurgo**'s React. auf Dulcin.
Wenig Dulcin wird mit 2 Tropfen Phenol und 2 Tropfen concentr. Schwefelsäure kurze Zeit erwärmt u. mit einigen ccm Wasser verdünnt. Diese Lösung

überschichtet man mit etwas Ammoniak, wobei sich die Berührungsfläche der beiden Flüssigkeiten blau oder violettblau färbt.
Pharm. Centrh. 1893. 466.
Ztschr. f. anal. Chem. **35**. 104.
Vergleiche Wender's u. Jorissen's React.

**Morpurgo**'s React. auf Nitrobenzol.
2 Tropfen flüssiges Phenol, 3 Tropfen Wasser u. ein erbsengrosses Stück Aetzkali erhitzt man vorsichtig zum Sieden u. gibt etwas von der zu prüfenden Flüssigkeit zu. Bei Anwesenheit von Nitrobenzol färben sich nach anhaltendem Sieden die Ränder der Flüssigkeit carmoisinrot. Auf Zusatz von Chlorkalklösung geht die Farbe in Grün über.
Ztschr. d. öst. Apoth.-Ver. **30**. 110.
Ztschr f. anal. Chem. **32**. 235.
Pharm. Post 1890. 258.

**Morson**'s React. auf Phenol u. Kreosot
gründet sich auf die bekannten Eigenschaften genannter Stoffe in Bezug auf ihr Verhalten gegenüber Glycerin. In letzterem löst sich Phenol, nicht aber Kreosot.
Merck's Report 1901. 193.
Vergl. Michonneau, Chem. Centralbl. 1903. I. 671.

**Mosnier**'s Reag. auf Wasser u. Alkohol im Aether
ist Bleiammoniumjodid ($3\,PbJ_2 . 4\,NH_4J$), welches durch Wasser und Alkohol in Bleijodid u. Jodammonium zerlegt wird. Schüttelt man Aether mit diesem Reag., so kann man in der Lösung Jodammonium nachweisen, wenn Wasser oder Alkohol vorhanden ist.
Annal. de Chim. et de Phys. **12**. 382.
Ztschr. f. anal. Chem. **38**. 252.

**Mosso**'s Reag. für mikroskop. Zwecke
ist eine 1%ige, wässerige Lösung von Osmiumsäure. Gebraucht wie Gower's Reag.
Atti Acad. Lincei Rendiconti, 1888. 431.
Flesch, Ztschr. f. Mikroskop. 1888. 83.

**Moulin**'s React. auf Asparagin.
Resorcinhaltige, concentr. Schwefelsäure wird beim Erwärmen mit Asparagin grünlichgelb gefärbt. Diese Reactionsflüssigkeit nimmt nach dem Verdünnen mit Wasser auf Zusatz von Natronlauge oder Ammoniak eine grünliche Fluorescenz an. Wie Asparagin reagirt auch Saccharin
Journ. de Pharm. et de Chim. (6) **3**. 543.
The Analyst **21**. 332.
Ztschr. f. anal. Chem. **36**. 715.

**Mulder**'s React. auf Eiweiss.
(Xanthoproteïnreaction) Eiweissstoffe werden beim Kochen mit Salpetersäure gelb gefärbt. Beim Uebersättigen mit Natronlauge färbt sich das Reactionsgemisch orangegelb bis bräunlich.
Bernthsen, Lehrb. d. Chem. 1895. 539.
Schmidt, Pharm. Chem. 1896. II. 1621.
Hammarsten, Physiol. Chem. 1899. 26.

**Mulder**'s Reag. auf Glucose
ist eine mit Natriumcarbonat alkalisch gemachte Indigocarminlösung, die sich beim Erhitzen mit Glucose (über Grün u. Rot) gelb färbt.
Merck's Index 1902. 263.
Chem. Centralbl. 1861. 176.
Ztschr. f. anal. Chem. **1**. 96.

**Müller**'s React. auf Cystin.
Eine alkalische, wässerige Lösung von Cystin wird durch Nitroprussidnatrium violettrot gefärbt.
Arch. f. klin. Medic. 1876. 259.
Mankiewicz, Pharm. Centrh. 1883. 301.
Vergleiche Liebig's React.

**Müller**'s Reag. auf Natriumhydroxyd in Natriumcarbonat
ist eine verdünnte, wässerige Lösung von Kaliumpermanganat, die sich bei Anwesenheit von Natriumhydroxyd grün färbt.
Merck's Report 1901. 193.

**Müller**'s React. auf Quecksilber im Harn
mittels Kupferfeile siehe Mitteilungen aus d. med. Klinik zu Würzburg 2. B. 357 od. Ztschr. f. anal. Chem. **26**. 670.
Vergleiche Almén's React.

**Müller**'s Reag. zum Entkalken mikroskop. Präparate
ist eine Lösung von 1 g Natriumsulfat und 2,5 g Kaliumdichromat in 100 ccm Wasser mit oder ohne Zusatz von 1 g Salpetersäure.
Haug, Ztschr. f. Mikroskop. 1891. 3.

**Müller's Formol** siehe Orth's Reag.

**Müller**'s Reag. zum Härten mikroskop. Präparate
ist eine Lösung von 1 g Natriumsulfat und 2 g Kaliumdichromat in 100 ccm Wasser. Gebraucht zum Härten für viele Organe, besonders für das Nervensystem u. den Bulbus. Marchi u. Algeri geben auf 10 ccm dieses Reag. noch 5 ccm 1%ige, wässerige Osmiumsäurelösung zu, um damit degenerirende Nervenfasern zu färben.
Langley-Anderson, Ztschr. für Mikroskop. 1899. 380.
Marchi, ebenda 1893. 350.

**Müller**'s Reag. zum Imprägniren mikroskop. Präparate
besteht aus 3 Lösungen:
a) 1%ige, wässerige Silbernitratlösung,
b) 1 g Jodsilber u. eine Spur Jodkalium in 100 ccm Wasser,
c) 0,1%ige, wässerige Silbernitratlösung.
Arch. f. path. Anat. **31**. 110.

**Mulliken-Scudder**'s React. auf Methylalkohol
beruht auf der Oxydation des Methylalkohols zu Formaldehyd mittels einer oxydirten, glühenden Kupferspirale. Der entstandene Formaldehyd wird mit diesem Reactionsgemisch nach Zugabe von Resorcin und Schichten über concentr. Schwefelsäure durch einen rosaroten Ring nachgewiesen.
Amer. Chem. Journ. **21**. 266.
Ztschr. f. anal. Chem. **40**. 608.

**Munk**'s React. auf Gallenfarbstoffe.
10 ccm Harn macht man mit Natriumcarbonatlösung alkalisch und gibt dann solange 10%ige Calciumchloridlösung zu als noch ein Niederschlag entsteht. Man sammelt den letzteren auf einen kleinen Faltenfilter, wäscht mit Wasser aus und löst ihn in 10 ccm einer Mischung von 5 ccm concentr. Salzsäure u. 95 ccm Alkohol. Die erhaltene Lösung färbt sich bei Anwesenheit von Gallenfarbstoffen grün bis blau. Empfindlichkeitsgrenze = 0,00002 g Bilirubin in 10 ccm Harn.
Deutsche Medic.-Ztg. 1898. 934.
Pharm. Centrh. 1899. 61.
Vergleiche Huppert's React.

**Musculus**' Reag. auf Harnstoff.
Mit ammoniakalischem, in Gährung befindlichem Harn tränkt man Filtrirpapier und färbt es nach dem Trocknen mit Curcuma. Der Autor filtrirt den Harn durch Filtrirpapier und benützt dann dieses Papier als »Harnfermentpapier«. Im trockenen Zustande lässt sich das Papier lange

aufbewahren. Taucht man dieses Papier in eine Flüssigkeit, die Harnstoff enthält, so färbt sich dasselbe in kurzer Zeit braun.
Berl. Ber. 1874. 124.
Ztschr. f. anal. Chem. **13**. 247; **15**. 363.
Archiv d. Physiolog. **12**. 214.

**Musculus-Mering**'s React. auf Urochloralsäure.
Papierstreifen, die mit einer Lösung von Xylidin in 50%iger Essigsäure befeuchtet sind, werden durch Urochloralsäure rot gefärbt.
Näheres siehe Pharm. Centrh. 1897. 436.

**Musset**'s React. auf Thiosulfat in Natriumbicarbonat.
Verreibt man 5 g Natriumbicarbonat mit 0,1 g Calomel und einigen Tropfen Wasser, so färbt sich die Masse bei Anwesenheit von Thiosulfat grau.
Chem. Ztg. 1890. Rep. 129.
Pharm. Centrh. 1890. 230.

**Muthmann**'s Reag. zur Trennung von Mineralgemischen ist Acetylentetrabromid (D. = 2,97—3,00).
Merck's Index 1902. 2. u. 274.
Pharm. Centrh. 1899. 16.

**Mya**'s Reag. auf Eiweiss.
Eine wässerige Lösung von Nitroprussidkalium gibt mit angesäuertem (Essigsäure), eiweisshaltigem Harn eine Trübung oder einen Niederschlag, ähnlich wie Ferrocyankalium.
Archiv d. Pharm. **225**. 500.
Ztschr. f. anal. Chem. **27**. 124.

**Mylius**' React. auf Gallensäuren
siehe Udranszky's Modification von Pettenkofer's React.

**Nadler**'s React. auf Morphin
1. Eine alkalische Lösung von Morphin färbt eine Lösung von Kupferoxydammoniak von Blau in Grünblau.
2. Kocht man etwas Morphin mit einer Mischung von 2 T. concentr Schwefelsäure u. 1 T. Wasser, versetzt mit überschüssigem Ammoniak u. schüttelt mit Chloroform, so färbt sich letzteres noch bei 1 mg Morphin rosenrot.
Archiv. d. Pharm. **202**. 553.
Ztschr. f. anal. Chem. **13**. 235.

**Nägeli**'s React. auf Aldehyde u. Ketone
beruht auf der Ueberführung genannter Stoffe in Oxime bei der Behandlung mit Hydroxylamin.
Näheres siehe: Berl. Ber. **16**. 494.
Ztschr. f. anal. Chem. **23**. 74.

**Nakayama**'s Reag. auf Gallenfarbstoffe.
a) Eine Mischung von 1 g rauchender Salzsäure, die 0,4% Eisenchlorid enthält, mit 99 g Alkohol (96%);
b) eine Lösung von 10 g Baryumchlorid in 90 ccm Wasser.
Die Reaction ist eine Modification von Huppert's React.
Näheres siehe: Südd. Apoth.-Ztg. 1903. 322.

**Napier**'s React. auf Wasser im Aether
Gibt man zu Aether blaues Cobaltpapier, so färbt sich dasselbe bei Anwesenheit von Wasser rot.
Krauch, Prüfg. d. Reag. 1896. 10.

**Nasse**'s React. auf Tannin, Gallus- u. Pyrogallus-Säure.
Die drei genannten Körper geben in wässeriger u. alkoholischer Lösung bei Anwesenheit geringer Mengen von neutralen oder sauren Salzen mit Jodlösung eine vorübergehende purpurrote Färbung.
Berl. Ber. **17**. 1166.
Ztschr. f. anal. Chem. **24**. 100.

**Neelsen**'s Reag. auf Tuberkelbacillen siehe **Ziehl-Neelsen**'s Reag.

**Negro**'s Reag. zum Färben mikroskop. Präparate.
Eine Mischung von 4 ccm concentr., alkohol. Hämatoxylinlösung mit 150 ccm concentr., wässeriger Ammoniakalaunlösung lässt man 8 Tage lang an der Luft stehen u. gibt dann 25 ccm Methylalkohol und 25 ccm Glycerin zu.

**Neisser**'s Reag. zur Bacterienfärbung
ist **Ziehl-Neelsen**'s Reag. oder:
a) Eine Lösung von 1 g Methylenblau in 20 ccm Alkohol (90%), verdünnt mit 950 ccm Wasser u. 50 ccm Eisessig;
b) eine filtrirte Lösung von 2 g Vesuvin in 1000 ccm Wasser. Gebraucht zur Diphtheriediagnose.
Ztschr. f. Mikroskop. 1899. 260.
Ztschr. f. Hyg. u. Infect. 1897. 443.

**Neitzel**'s Reag. auf Zucker
ist eine Modification von Molisch's Reag. Statt $\alpha$-Naphtol wird Kampher verwendet, der gegen eventuell vorhandene Nitrite nicht reagirt. Vergl. Udránszky's React
Chem. Ztg. 1894. Rep. 93.
Ztschr. Zuckerindustr. 1894. 221.

**Nelis**' Reag. zum Fixiren mikroskop. Präparate.
Eine Lösung von 2 g Kupfersulfat und 0,5 ccm Eisessig in 100 ccm Formaldehyd (7 %), die mit Quecksilberchlorid gesättigt ist.

**Nencki**'s React. auf Indol.
Versetzt man eine Indollösung mit roter, rauchender Salpetersäure, so entsteht ein hellroter Niederschlag, aus mikroskopisch kleinen Nadeln bestehend.
Berl. Ber. **8**. 336.
Vergleiche Baeyer's React.

**Nencki-Sieber**'s React. auf Phenol.
Mischt man eine stark verdünnte, wässerige Phenollösung mit wenig p-Oxybenzaldehyd u. dem gleichen Volum concentr. Schwefelsäure, so färbt sich die Mischung gelb und nach Uebersättigen mit Alkali rosarot.
Journ. f. pract Chem. (2) **26**. 25.

**Nencki-Sieber**'s React. auf Urobilin im Harn.
Man schüttelt 20 ccm Harn mit 10 ccm Amylalkohol. Letzterer zeigt auf Zugabe einiger Tropfen 1%iger, ammoniakalischer, alkoholischer Chlorzinklösung eine grüne Fluorescenz und ein charakteristisches Absorptionsspectrum.
Journ. f. pract. Chem. (2) **26**. 336.
Monatsh. f. Chem. **10**. 573.
Lépinois, Journ. de Pharm. et de Chim. (6) **6**. 389.

**Nessler**'s Reag. auf Aldehyd (im Aether)
ist identisch mit Nessler's Reag. auf Ammon. Aldehyd gibt mit diesem Reag. einen in Cyankaliumlösung unlöslichen, braunen Niederschlag. Zur Herstellung des Reag. kann an Stelle von Natriumhydroxyd auch Baryumhydroxyd verwendet werden.
Liebig's Annal. **284**. 226.
Chem. Ztg. 1895. 58.

**Nessler**'s Reag. auf Ammon.
Man löst 10 g Quecksilberjodid in 5 g Jodkalium u. 50 ccm Wasser und gibt eine Lösung von 20 g Natriumhydroxyd in 50 ccm Wasser zu. Das Reag. gibt mit Ammoniak oder Ammonsalzen in wässeriger Lösung je nach der vorhandenen Menge eine gelbe Färbung bis zu einem braunroten Niederschlag.
Merck's Index 1902. 263.

Nach Hager, Pharm. Prax. 1880. I. 292 löst man in Jodkaliumlösung (7:70) so viel Quecksilberchlorid bis eine Trübung ensteht, hebt letztere durch etwas Jodkalium, gibt 20 g Kaliumhydroxyd zu u verdünnt mit Wasser auf 250 ccm.
Armstrong, Chem. News **17**. 247.
Salzer, Ztschr. f. anal. Chem. **20**. 225.
Bolley, ebenda **7**. 478.
Koninck, ebenda **32**. 188.
Schulze, Berl. Ber. **25**. 661.
Winkler, Pharm. Centrh. 1900. 296.
Egeling (Kubel), Zeitschr. Nahr.-Genussmittel **4**. 27.

**Nessler**'s React. auf Citronensäure im Wein beruht auf der Abscheidung von citronensaurem Kalk nach besonderem Verfahren.
Näheres siehe Ztschr. f. anal. Chem. **21**. 61.

**Nessler**'s React. auf freie Schwefelsäure in Wein u. Essig.
Man lässt 30—40 cm lange Streifen von weissem Filtrirpapier mit dem unteren Ende in die zu prüfende Flüssigkeit eintauchen. Nach 24 Stunden wird der Papierstreifen bei 100° C. getrocknet. Bei Gegenwart von freier Schwefelsäure färbt sich das Papier an der obersten Verdunstungsgrenze braun bis schwarz. Bei Anwesenheit von Zucker verliert die Empfindlichkeit.
Pharm. Centrh. 1877. 329.
Ztschr. f. anal. Chem. **17**. 223.
Vergl. Mohr's React. auf freie Schwefelsäure.

**Nessler**'s Reag. auf Weinfarben ist eine Lösung von 7 g Alaun u. 10 g Natriumacetat in 100 ccm Wasser.
Ztschr. f. anal. Chem. **23**. 318.

**Neubauer**'s React. auf Gallensäuren ist identisch mit Külz' React. (siehe diese).

**Neuberg**'s React. auf Bernsteinsäure beruht auf der Ueberführung des bernsteinsauren Ammons in Pyrrol durch Glühen mit Zinkstaub. Pyrrol gibt die Fichtenspahnreaction.
Empfindlichkeitsgrenze = 0,0006 g.
Ztschr. f. physiol. Chem. **31**. 574.
Ztschr. f. anal. Chem. **40**. 193.

**Neuberg**'s Reag. auf Formaldehyd ist eine wässerige Lösung von salzsaurem p-Dihydrazindiphenyl. — Formaldehydlösungen geben mit diesem Reag. eine gelbe Färbung oder Fällung, besonders beim Erwärmen. Empfindlichkeitsgrenze = 1:5000—8000.
Berl. Ber. **32**. 1961.

**Neuberg** siehe auch **Blumenthal-Neuberg.**

**Neumann**'s React. auf Glucose im Harn ist eine Modification von Fischer's Phenylhydrazinprobe.
Näheres siehe Pharm. Centrh. 1902. 208.
Berliner klin. Wochenschr. 1900. 881.

**Neumann-Wender**'s Reag. auf Alkaloide ist eine Mischung von 1 g Furfurol und 50 ccm concentr. Schwefelsäure. Zusammenstellung der Farbenreactionen siehe Chem. Ztg. 1893. 950.

**Neumann-Wender**'s React. auf Glucose im Harn beruht auf der Reduction von Methylenblau. 1 ccm Harn verdünnt man mit 10 ccm Wasser. Von dieser Mischung versetzt man 1 ccm mit 1 ccm Natronlauge und 1 ccm wässeriger Methylenblaulösung (1:1000), gibt 2 ccm Wasser zu und kocht eine Minute lang. Tritt Entfärbung der Mischung ein, so ist Glucose vorhanden.
Pharm. Post **26**. 393.
Ztschr. f. anal Chem. **33**. 118.
Fröhlich, Chem. Ztg. 1898. 45.
Bremer, Wiener med. Pr. 1898. 635 od. Pharm. Centrh. 1898. 315.

**Nickel**'s Reag. auf Iridol ist eine Lösung von 1 T. Natriumnitrit u. 2 T. Quecksilberchlorid in 40 T. Wasser. Gleiche Volumteile dieses Reag. und einer alkoholisch-wässerigen Lösung von Iridol zum Kochen erhitzt, zeigen nach einigen Minuten eine bläulichviolette Färbung. (Dieselbe Reaction gibt Vanillin).
Chem. Ztg. **18**. 531.
Ztschr. f. anal. Chem. **36**. 194.

**Nickel**'s React. der Kohlenstoffverbindungen.
Siehe Ztschr. f. anal. Chem. **28**. 244 u. Botan. Centralbl. 1889. XXIII. od. Nickel, die Farbenreactionen der Kohlenstoffverbindungen 2. Aufl. 1890, Verlag von H. Peters, Berlin; ferner Ztschr. f. anal. Chem. **29**. 604 u. **30**. 718.

**Nickel**'s React. auf Mineralsäuren neben organischen Säuren ist eine Umkehrung von Wiesner's React. auf Holzstoff. — Die zu prüfende Flüssigkeit (Magensaft, Essig etc.) wird mit Phloroglucin versetzt und mit einem Stück Coniferenholz gekocht. Bei Anwesenheit von freier Mineralsäure färbt sich das Holz rot.
Pharm. Centrh. 1894. 85.

**Nicklès** React. auf Aprikosenöl im Mandelöl.
Man schüttelt 10 g des zu prüfenden Oeles mit 1,5 g Kalkhydrat, erhitzt auf dem Dampfbade und filtrirt möglichst heiss. Bei Anwesenheit von Aprikosenöl zeigt das Filtrat nach dem Abkühlen eine weisse Trübung, bei Abwesenheit desselben bleibt es klar.
Journ. de Pharm. et de Chim. (4) **3**. 332.
Bull. Soc. Industr. Mulhouse, **36**. 88.

**Nicklès**' Reag. auf Trauben- u. Rohrzucker ist Zweifachchlorkohlenstoff, erhalten durch Einwirkung von Chlor u. Wasserdampf auf Schwefelkohlenstoff. Rohrzucker wird mit dem Reag. bei 100° C. gebräunt, nicht aber Glucose.
Compt. rend. **61**. 1053.

**Nicolle**'s Reag. zum Färben mikroskop. Präparate.
a) Eine concentr. Lösung von Thionin in 50%ig. Alkohol;
b) eine 2%ige, wässerige Phenollösung;
Man mischt 1 Teil von a mit 5 Teilen von b und lässt die Mischung vor dem Gebrauche einige Tage stehen.
Marchoux, Annal. Instit. Pasteur 1897.

**Niebel**'s React. auf Pferdefleisch beruht auf der Isolirung von Glycogen und dem Nachweis desselben durch Goldstein's React.
Siehe Ztschr. f. Fleisch- u. Milchhygiene **1**. 185, 210 u. **5**. 86, 130.
Ztschr. f. anal. Chem. **36**. 267.
Brücke, Ztschr. f. anal. Chem. **10**. 500.
Külz, ebenda **22**. 299.

**Niggel**'s React. auf Lignin (verholzte Zellmembranen). (Indolreaction). Das zu prüfende Objekt wird mit wässeriger Indollösung durchfeuchtet u. mit 20%iger Schwefelsäure versetzt. Lignin gibt sich (unter dem Mikroskope) durch rote bis rotviolette Färbung zu erkennen.
Merck's Jahresber. 1888. 35.
Zipperer, Pharm. Centrh. 1888. 474.
Singer, Sitzb. d. Ac. Wiss. Wien. **85**. 346.

**Nikiforoff**'s Reag. zum Fixiren von Blutpräparaten ist eine Mischung von gleichen Teilen Alkohol u. Aether.
Labbé, Archiv f. Zool. Exper. 1894.

**Nikiforoff**'s Formolalkohol für mikroskop. Zwecke ist eine Mischung von 10 Teilen Formaldehyd (40%) u. 90 Teilen Alkohol.

**Nikiforoff**'s Reag. zum Färben mikroskop. Präparate. (Boraxcarmin.) Man kocht 15 g Carmin mit 500 ccm 5%iger, wässeriger Boraxlösung unter Zugabe von Ammoniak bis sich der Carmin gelöst hat, dampft die Lösung auf 250 ccm ein u. gibt dann Essigsäure bis zum Verschwinden der kirschroten Färbung zu. Gebraucht zu Kernfärbungen etc.
Merck's Index 1902. 269.
Ztschr. f. Mikroskop. 1888. 337.

**Nissl**'s Reagentien zum Färben mikroskopischer Präparate.
1. Magentarot: Eine gesättigte, wässerige Lösung;
2. Methylenblau: 3,75%ige Lösung mit 1,75 g venetianischer Seife in 100 ccm Wasser.
3. Eine Lösung von Congorot.
Münchener med. Wochenschr. 1886. 528.
Centralbl. Nervenheilk. u. Psychiatrie 1884. 337.
Neurol. Centralbl. 1894. 781.

**Nivière** u. **Hubert**'s React. auf Fluor im Wein beruht auf der Fällung der Flusssäure als Fluorcalcium und der Ueberführung des letzteren in Kieselfluorwasserstoff durch Behandeln mit Kieselsäure u. Schwefelsäure.
Näheres siehe: Monit. scientif. (4) **9**. I. 324.
Ztschr. f. anal. Chem. **35**. 372.

**Le Noble**'s Reag. auf Aceton im Harn.
Eine acetonhaltige Flüssigkeit wird nach Zusatz von Nitroprussidnatriumlösung u. Ammoniak beim Schütteln mit Luft erst rosenrot dann violettrot. Beim Erwärmen verschwindet die Farbe und tritt beim Erkalten wieder hervor. Beim Kochen mit Säuren geht die Farbe in Grünblau über.
Ztschr. f. anal. Chem. **24**. 148.
Vergleiche Légal's u. Weyl's React.

**Noll**'s Reag. (Corrosionsmittel) für mikrosk. Zwecke (zur Darstellung von Kieselschwammskeletten) ist Eau de Javelle. Siehe Labarraque's Reag.
Zoolog. Anzg. 1882. 528.

**Noll**'s Reag. zum Conserviren mikroskop. Präparate ist eine Mischung von Meyer's u. Farrant's Reag.
Ebenda 1883. 472.

**Norris-Shakespeare**'s Reag. zum Färben mikroskop. Präparate ist identisch mit Merkel's Reag. (Carmin u. Indigocarmin). Vergl. auch Bayerl's Reag.
Amer. Journ. Med. Sc. 1877 (Jan.)

**Nylander**'s Reag. auf Glucose.
Man löst 2 g Wismutsubnitrat u. 4 g Seignettesalz in 100 g 8%iger Natronlauge. 10 ccm Harn kocht man mit 1 ccm Reag. Bei Anwesenheit von Glucose entsteht eine Schwärzung, bezw. schwarzer Niederschlag. (0,1% Glucose gibt noch einen reichlichen, schwarzen Niederschlag). Empfindlichkeitsgrenze = 0,04%.
Ztschr. f. anal. Chem. **23**. 440.
Ztschr. f. physiol. Chem. **8**. 175.
Vergleiche Almén's u. Böttger's Reag.
Merck's Index 1902. 263.
le Noble, Centralbl. f. d. medic. Wissenschaft. 1887. 678.
Jolles, Ztschr. f. anal. Chem. **30**. 260.
Buchner, Münchener med. Wochenschr. **41**. 991.
Glan, Deutsche Med.-Ztg. 1895. 689.
Süss, Pharm. Centrh. 1895. 522.
Francqui u. van de Vyvère, Pharm. Centrh. 1867. 63.

## O

**Obermayer**'s React. auf Eiweiss beruht auf der Bildung einer Diazoverbindung, wenn Eiweiss mit salpetriger Säure u. dann mit Phenol u. Alkali behandelt wird.
Näheres siehe: Berl. Ber. **27**. Ref. 354.

**Obermayer**'s React. auf Indican.
Der zu prüfende Harn wird mit der ausreichenden Menge 20%iger Bleiacetatlösung ausgefällt und die Mischung filtrirt. Das Filtrat versetzt man mit einem gleichen Volum rauchender Salzsäure, welche in 500 Teilen 1 bis 2 Teile Eisenchlorid enthält und schüttelt 1—2 Minuten lang. Das gebildete Indigoblau wird durch Ausschütteln mit Chloroform sichtbar gemacht, in welches es mit blauer Farbe übergeht.
Wiener klin. Wochenschr. 1890. 176.
Chem. Centralbl. 1890. 274.
Wiener klin. Rundschau 1898. 537.
Harnack, Ztschr. f. physiol. Chem. **29**. 205.
Kühn, Münchener medic. Wochenschr. 1901. Nr. 2.
Hendrix, Pharm. Centrh. 1902. 52.
Bouma, Chem. Ztg. 1899. Rep. 225.
Merck's Index 1902. 263.

**Obermüller**'s React. auf Cholesterin.
Beim vorsichtigen Zusammenschmelzen von etwas Cholesterin mit Propionsäureanhydrid entsteht dessen Ester. Beim Abkühlen der Masse beobachtet man Farbenerscheinungen von violett, blau, grün, orange u. zuletzt rot.
Ztschr. f. physiol. Chem. **15**. 39.
Archiv f. Physiolog. 1889. 556.
Liebreich, Pharm. Centrh. 1890. 291.

**Obregia**'s Reag. zum Imprägniren mikrosk. Präparate.
a) Eine Mischung von 10 Tropfen wässeriger, 1%ig. Chlorgoldlösung mit 10 ccm Alkohol;
b) eine Lösung von Natriumthiosulfat in Wasser 1 : 10.
Gebraucht zum Vergolden der mit Golgi's Sublimat- oder Silberlösung imprägnirten Schnitte. Vergleiche Golgi's Reagentien.
Virchow's Archiv. 1890. 387.

**Oechsner de Coninck**'s Reag. u. React. auf Amidobenzoesäuren siehe Compt. rend. **114**. 595. 758. 1275, u. **117**. 118. od. Ztschr. f. anal. Chem. **31**. 569; **32**. 233.

**Oechsner de Coninck**'s Reag. zur Harnstoffbestimmung.
60 g Chlorkalk löst man in 600 ccm ausgekochten Wassers, filtrirt und gibt eine Lösung von 120 g Soda in 300 ccm Wasser zu. Nach gutem Durchschütteln filtrirt man und ergänzt das Filtrat mit Wasser zu 1 Liter.
Compt. rend. de la soc. biol. (10) **1**. 457.
Ztschr. f. anal. Chem. **34**. 255.

**Offer**'s Reag. auf Harnsäure ist Phosphormolybdänsäure, welche in alkalischer Lösung schon in der Kälte durch Harnsäure reduzirt wird (auch durch Tannin, Kreatin u. Eiweiss) und sich dabei blau färbt. Enthält eine Lösung 0,05% Harnsäure oder mehr, so entsteht ein

krystallinischer Niederschlag, der unter dem Mikroskop tiefblaue, sechsseitige Prismen darstellt.
Centralbl. f. Physiologie **8**. 801.
Ztschr. f. anal. Chem. **35**. 118.
Vergleiche Maschke's React.

**Oglialoro**'s React. auf Pikrotoxin.
1. Dampft man etwas Pikrotoxin mit wenig concentr. Salpetersäure auf dem Wasserbade zur Trockne, so färbt sich der Rückstand mit Kaliumcarbonat rot.
2. Pikrotoxin löst sich in concentr. Schwefelsäure mit gelber bis saffrangelber Farbe, welche auf Zusatz von Kaliumdichromat in Grünviolett übergeht.
Arch. d. Pharm. (3) **16**. 317.

**Ogston**'s React. auf Chloralhydrat.
Eine Lösung, welche Chloralhydrat enthält, wird auf Zusatz von Schwefelammon braun gefärbt; beim Erhitzen bildet sich ein roter Niederschlag.
Merck's Report 1900. 226.
Ztschr. f. anal. Chem. **25**. 607.

**Ohlmacher**'s Reag. zum Härten mikrosk. Präparate ist eine Lösung von ca. 20 g Quecksilberchlorid in 80 g Alkohol, 15 g Chloroform u. 5 g Eisessig.
Ztschr. f. Mikroskop. 1899. 435.

**Ohlmacher**'s Reag. zum Färben mikrosk. Präparate.
a) Gentianaviolettlösung in Anilinwasser (Ehrlich's Reag. I z. Bacterienfärbung)
b) Eine Lösung von 1 g Säurefuchsin in 200 g halbgesättigter Pikrinsäurelösung.
Journ. f. exper. Medic. 1897. 675.

**Oliver**'s React. auf Gallensäuren im Harn.
Eine Lösung von Pepton, Salicylsäure u. Essigsäure soll in Galle haltigem Harn eine Trübung hervorbringen.
Pharm. Centrh. 1885. 225.

**Oliver**'s Reag.-Papiere
sind mit bekannten Eiweiss- u. Glucose-Reagentien getränkte Papiere.
Näheres siehe: Pharm. Centrh. 1884. 3.

**Oppel**'s Reag. zum Imprägniren mikrosk. Präparate.
a) Eine Lösung von 0,2 g Osmiumsäure und 3—8 g Kaliumchromat in 100 ccm Wasser;
b) eine 0,75 %ige, wässerige Silbernitratlösung.
Ztschr. f. Mikroskop. 1890. 222; 1891. 224.
Anat. Anzg. 1890. 143; 1891. 165.

**Oppenheimer**'s Reag. auf Aceton.
5 g Quecksilberoxyd löst man in einer Mischung von 20 ccm concentr. Schwefelsäure und 80 ccm Wasser und filtrirt diese Lösung nach 24 Stunden. 3 ccm Harn versetzt man mit diesem Reag. im Ueberschuss, lässt absitzen, filtrirt, gibt 2 ccm Reag. und 3—4 ccm 30 %iger Schwefelsäure zu und erhitzt zum Sieden. Bei Anwesenheit von Aceton (auch von Acetessigsäure) entsteht ein weisser Niederschlag, der in Salzsäure löslich ist. Empfindlichkeitsgrenze = 1 : 50 000.
Berliner klin. Wochenschr. **36**. 828.

**Oppermann**'s Reag. für mikroskop. Zwecke ist Eugenol oder eine ätherische Lösung des Eugenols. Es dient als Aufhellungsmittel besonders bei der Untersuchung von Pflanzenpulvern.
Ztschr. f. anal. Chem. **36**. 511.
Pharm. Centrh. **37**. 82.
Apoth.-Ztg. 1896. Nr. 7.

**Orlow**'s React. auf Lecithin.
Alkoholische Lösungen von Lecithin und Alloxan färben sich rosa dann rot u. schliesslich entsteht ein roter Niederschlag.
Näheres siehe: Chem. Ztg. 1898. Rep. 233.

**Orlow-Horst**'s Reag. auf Alkaloide
ist eine Lösung von Ammonpersulfat in Schwefelsäure. Es gibt mit Alkaloiden folgende Farbenerscheinungen: Chelidonin = gelb, dann grün u. zuletzt braun; Chelerythrin = violett, dann blau; Sanguinarin = dunkelbraun; Corydalin = gelb, dann schmutzig grün u. zuletzt schmutzig gelb; Morphin = blassorange; Codeïn = orange; Narcotin = orangerot; Papaverin = gelb; Narceïn = violett, dann blutrot u. zuletzt gelb; Apomorphin = grün, dann blau.
Merck's Report 1902. 241.

**Orlowski**'s Reag. für analytische Zwecke
ist Ammoniumthiosulfat. Gebraucht als Gruppenfällungsreagens an Stelle von Schwefelwasserstoff.
Ztschr. f. anal. Chem. **21**. 214, **22**. 357.
Journ. Chem. Soc 1884. 363.
Himly, Liebig's Annal. **43**. 150.
Vohl, ebenda **96**. 237.

**Orth**'s Reag. zum Fixiren von mikroskop. Präparaten (sog. Müller-Formol) ist eine Mischung von 10 ccm Formaldehyd (40 %) und 100 ccm Müller's Reag. z. Härten.
Berliner klin. Wochenschr. 1896.
Braus, Denkschr. med. nat. Ges. Jena 1896.
Hamilton, Journ. Anat. Phys. 1878.

**Orth**'s Reag. für Kerntinktionen.
(Lithioncarmin). Man löst 1 g Lithiumcarbonat u. 2—3 g Carmin in 100 ccm Wasser.
Berl. klin. Wochenschr. 1883. 421.
Kühne, Nachw. d. Bacterien 1888. 44.
Merck's Index 1902. 271.
Zu demselben Zwecke dient diese Lösung mit Pikrinsäure versetzt.

**Osann**'s React. auf Arsen
ist identisch mit Bloxam's React.

**Ost**'s Reag. zur Bestimmung der Glucose.
Man löst 17,5 g reines, krystallisirtes Kupfersulfat, 250 g wasserfreies Kaliumcarbonat und 100 g Kaliumbicarbonat in Wasser zu 1 Liter. Nach dem Autor ist die Kupfersulfatlösung langsam in die Lösung der Carbonate einzutragen, so dass kaum ein Verlust von Kohlensäure entsteht. Die Lösung ist eventuell zu filtriren.
Chem. Ztg. **19**. 1784.
Ztschr. f. anal. Chem. **36**. 395. (**29**. 638).
Schmoeger, Berl. Ber. **24**. 3610. oder Ztschr. f. anal. Chem. **31**. 715.

**Ost**'s React. auf Pyridin u. empyreumatische Stoffe im Ammoniak (Salmiakgeist).
Man mischt 20 ccm Ammoniak mit 40 ccm Wasser, gibt 1 Tropfen Methylorange zu u. lässt aus einer Bürette 20%ige Schwefelsäure bis fast zur Neutralisation zufliessen. Bei diesem Punkte lässt sich der Geruch nach Verunreinigungen leicht wahrnehmen.
Pharm. Ztg. 1895. 589.
Journ. f. pract. Chem. **28**. 271 (N. F.)

**Otto**'s React. auf Alkohol im Chloroform.
Das zu prüfende Chloroform schüttelt man mit etwas Chlorcalcium u. gibt dann Jod zu. Bei Gegenwart von Alkohol färbt sich das Chloroform braun, bei Abwesenheit desselben rot.
Lehrb. d. Chem. 4. Aufl. II. 770.
Braun, Ztschr. f. anal. Chem. **5**. 254. **6**. 487.

**Otto**'s Reag. auf Glucose, Pikrotoxin etc.
ist eine Modification von Fehling's Reag. Man löst 4 g Kupfersulfat in 16 g Wasser, gibt diese Lösung zu 20 g Seignettesalz in 70 g Natronlauge (D. = 1,2) u. verdünnt mit Wasser auf 115,5 ccm.
Otto, Ausmittel. d. Gifte 5. Aufl. 60.

**Otto**'s React. auf Morphin.
Eine Lösung von Eisenchlorid u. Ferricyankalium wird durch Morphin unter Bildung von Berlinerblau gebläut.
Erwärmt man eine Lösung von Morphin in concentr. Schwefelsäure u. gibt nach dem Erkalten ein Kryställchen Kaliumdichromat zu, so entsteht eine braune Färbung.
Otto, Ausmittel. d. Gifte 5. Aufl. 40, 42.

**Otto**'s React. auf Pikrotoxin.
Pikrotoxin löst sich in concentr. Schwefelsäure mit gelblicher Farbe u. verkohlt beim Erwärmen unter Schwarzfärbung.
Otto. Ausmittel. d. Gifte 5. Aufl. 60.

**Otto**'s React. auf Strychnin.
Eine Lösung von Strychnin in concentr. Schwefelsäure wird durch ein Kryställchen Kaliumdichromat violett gefärbt.
Otto, Ausmittel. d. Gifte 5. Aufl. 47.

**Pacini**'s Reagentien für mikroskop. Zwecke.
1. Eine Lösung von 2 g Quecksilberchlorid u. 4 g Chlornatrium in 226 g Wasser u. 26 g Glycerin.
2. Eine Lösung von 1 g Quecksilberchlorid in 115 ccm Wasser und 43 g Glycerin mit einem Zusatz von 2 ccm Essigsäure. — Dient als Conservirungsmittel für Nerven, Retina u. Lymphkörperchen.
Journ. de Micrographie 1880. 138.
Merck's Index 1902. 271.
Mosso, Ztschr. f. Mikroskop. 1890. 64.

**Pagel**'s React. auf phosphorige Säure in Phosphorsäure beruht auf der Reduction von Quecksilberchlorid durch phosphorige Säure.

**Pagenstecher**'s React. auf Blausäure siehe Schönbein-Pagenstecher.

**Pagnoul**'s Reag. auf Weinfarbstoffe im Wein ist Seifenlösung, welche nur den natürlichen Weinfarbstoff entfärbt, nicht aber Teerfarbstoffe.
Näheres siehe Chem. Ztg. 1889. Rep. 104 oder Journ. de Pharm. et de Chim. (5) **19**. 326.

**Pain**'s React. auf Santonin.
Erwärmt man Santonin mit einer alkoholischen Lösung von Aethylnitrit u. einigen Tropfen Kalilauge, so entsteht eine violettrote Färbung.
Journ. de Pharm. 1901. 351.

**Pal**'s Reag. zum Färben mikroskop. Präparate ist eine Lösung von 1 g Hämatoxylin in 100 ccm Alkohol (70 %).
Wiener med. Jahrb. 1886.
Ztschr. f. Mikroskop. 1887. 92 u. 1888. 88.

**Pal**'s Säuregemisch für mikroskop. Zwecke ist eine Lösung von 1 g Oxalsäure u. 1 g Kaliumsulfit in 200 ccm Wasser. Gebraucht zum Entfernen von Mangansuperoxyd aus mit Kaliumpermanganat behandelten Schnitten.
Wiener med. Jahrb. 1887. 589.
Ztschr. f. Mikroskop. 1887. 92.

**Paladino**'s Reag. zum Färben mikroskop. Präparate.
1. Eine Mischung von 25 ccm 2 %iger, wässeriger Lösung von Scharlach 3B (Biebricher Scharlach) mit 50 ccm Alaunhämatoxylin.
2. Eine 0,1 %ige, wässerige Lösung von Chlorpalladium u. eine 1%ige Lösung von Jodkalium. Der Autor schlägt später 1—2 %iges Chlorpalladium und 4 %ig. Jodkalium vor.
Rendiconti Acad. Napoli, 1890. 14; 1892. 227.
Arch. Ital. Biol. 1894. 40.
Ztschr. f. Mikroskop. 1890. 237; 1892. 238.

**Palas**' Reag. auf Rüböl.
Man löst 0,03 g Fuchsin in 30 ccm Wasser, gibt 20 ccm Natriumbisulfitlösung (D. = 1,25), 200 ccm Wasser u. dann 5 ccm concentr. Schwefelsäure zu. Mischt man 5 ccm des zu prüfenden Oeles mit 5 ccm des farblosen Reag., so darf keine schnell zunehmende Rosafärbung entstehen, was bei Anwesenheit von Rüböl geschieht.
Ztschr. d. öst. Apoth.-Ver. 1896. 866.

**Palm**'s Reagentien auf Alkaloide sind:
1. Natriumsulfantimoniat (Schlippe'sches Salz),
2. Bleichlorid,
3. Natriumchlorid, Reag. auf Bebeerin.
Siehe Ztschr. f. anal. Chem. **22**. 224 ff.

**Palm**'s React. auf Milchsäure (im Magensaft) beruht auf der Bildung von Bleilactat 3 PbO. ($C_3H_6O_3$)$_2$, das in Wasser unlöslich ist.
Näheres siehe Ztschr. f. anal. Chem. **26**. 33. od. Pharm. Centrh. 1887. 166.
Chem. Ztg. 1887. Rep. 30.

**Palm**'s Reag. zur Unterscheidung von Chinin und Cinchonin ist eine Lösung von Fünffach-Schwefelkalium.
Näheres siehe Pharm. Zeitschr. f. Russl. 1863. 342 od. Zeitschr. f. anal. Chem. **3**. 153.

**Palm**'s Reagentien auf Eiweiss sind basisches Ferriacetat, basisches Kupferacetat, Bleiessig oder Bleichlorid in alkoholischer Lösung.
Näheres siehe Ztschr. f. anal. Chem. **26**. 35, ferner **27**. 363.
Chem. Ztg. 1887. Rep. 30.

**Palm**'s React. auf Nicotin.
Erwärmt man 1 Tropfen Nicotin mit 3 Tropfen Salzsäure, so tritt eine bräunlichrote Färbung auf. Nach dem Erkalten bewirkt 1 Tropfen Salpetersäure (D. = 1,3) Violett- bis Orangefärbung.
Vergl. Guareschi, Alkaloide 1896. 293.

**Palm**'s React. auf Pikrotoxin.
Versetzt man eine ammoniakalische Lösung von Pikrotoxin mit Bleiacetatlösung, so entsteht ein Niederschlag, der sich nach dem Uebergiessen mit concentr. Schwefelsäure gelb, gelbrot und dann violettrot färbt.
Ztschr. f. anal. Chem. **24**. 556, **27**. 99.
Repert. d. analyt. Chem. **2**. 265.
Pharm. Ztschr. f. Russl. **26**. 257.

**Paneth**'s Reag. zum Färben mikroskop. Präparate ist eine Lösung von 1 g Blauholzextrakt in 100 ccm 10 %igem Alkohol, der nach dem Filtriren 10 Tropfen concentr. Lithiumcarbonatlösung zugegeben werden.
Ztschr. f. Mikroskop. 1887. 213.
Breglia, ebenda 1890. 236.

**Panum**'s React. auf Eiweiss.
Versetzt man die zu prüfende Flüssigkeit mit Essigsäure und erhitzt nach Zugabe eines gleichen Volumens gesättigter Natrium- oder Magnesiumsulfatlösung zum Sieden, so entsteht bei Anwesenheit von Eiweiss eine Ausscheidung.
Virchow's Archiv **4**. 428.
Vergl. Heynsius' React.

**Papasogli**'s React. auf Nickel.
Gibt man in die Lösung eines Nickelsalzes Cyankalium und einen Streifen Zinkblech, so beschlägt sich letzteres unter Gasentwickelung mit metallischem Nickel und um denselben färbt sich die Lösung rot.
Berl. Ber. **13**. 203 od. Ztschr. f. anal. Chem. **19**. 349.

**Papasogli**'s React. auf Rohrzucker neben Traubenzucker.
Die zu untersuchende Lösung versetzt man mit einigen Tropfen einer wässerigen Lösung von Cobaltchlorid (-nitrat oder -sulfat) und hierauf mit einem geringen Ueberschuss von Natronlauge. Bei Anwesenheit von Rohrzucker tritt eine violette Färbung ein, während Traubenzucker nur vorübergehend blau, dann schmutzig grün färbt. 1 T. Rohrzucker soll sich so noch neben 9 T. Traubenzucker nachweisen lassen. Gefärbte Lösungen müssen vorher entfärbt werden, Gummi und Dextrin durch Bleiessig oder Baryt ausgefällt werden.
Bull de l'assoc. chim. **13**. 68.
Dingler's Journ. **77**. 167.
Ztschr. f. anal. Chem. **36**. 715.
Répert. de Pharm. 1895. 346.
Die React. wurde schon 1856 von Reich angegeben.
Zeitschr. Nahr.-Genussm. 1899. 254.

**Papasogli-Poli**'s React. auf Aepfelsäure.
Kocht man eine Lösung von Aepfelsäure mit etwas Schwefelsäure und Kaliumdichromat, so soll sich ein Geruch nach frischen Aepfeln (Aldehyd?) entwickeln.
Näheres siehe Ztschr. f. anal. Chem. **22**. 97.
Ztschr. d. öst. Apoth.-Ver. **20**. 106.

**Pappenheim**'s Reag. zum Färben mikroskop. Präparate ist eine Mischung von 1 T. concentr., wässeriger Pyroninlösung u. 3 T. concentr., wässeriger Methylgrünlösung.

**Pappenheim**'s (panoptisches) Triacidgemisch ist eine Modification von Ehrlich's Triacidgemisch, bei welcher an Stelle von Methylgrün Methylenblau verwendet wird.
Deutsche med. Wochenschr. 1901. 798.

**Parker**'s (-Floyd's) Formolalkohol f. mikroskop. Zwecke ist eine Mischung von 1 T. Formaldehyd (40 %) mit 49 T. Wasser und 75 T. Alkohol (95 %).
Anat. Anzg. 1895. 156, 1896. 568.

**Parker**'s Reag. zum Entwässern von Methylenblaupräparaten
ist Aceton oder Methylal.
Näheres siehe Zoolog. Anzg. 1892. 375.

**Partheil**'s Reag. auf Cystin
ist Kaliumwismutjodidlösung, die mit Cystin einen braunen Niederschlag gibt.
Archiv d. Pharm. **231**. 459.

**Partsch**'s Reag. zum Färben mikroskop. Präparate.
(Alaun-Carmin) Cochenille kocht man einige Zeit mit 5%iger Alaunlösung, filtrirt und gibt etwas Salicylsäure (zur Conservirung) zu.
Merck's Report 1901. 260.
Arch. f. mikroskop. Anat. 1877. 180

**Patein**'s React. auf Cocaïn
ist eine Modification von da Silva's React.
Journ. de Pharm. et de Chim. (5) **23**. 553.

**Patein-Dufau**'s Reag. zum Klären des Harns.
20 g saures Quecksilbernitrat löst man in 60 ccm Wasser, macht bis zum Eintritt eines Niederschlages mit Natronlauge alkalisch und füllt auf 100 ccm mit Wasser auf. 50 ccm Harn versetzt man mit so viel Reag. bis kein Niederschlag mehr entsteht, macht unter starkem Schütteln mit Natronlauge alkalisch und bringt die Mischung auf ein bestimmtes Volum. Das Filtrat kann zur Titration oder Polarisation verwendet werden.
Journ. de Pharm. et de Chim. **10**. 433.
Ztschr. f. anal. Chem. **39** 603.

**Paul**'s React. auf Cocaïn
ist identisch mit Biel's React.

**Paul**'s React. auf Gallenfarbstoffe.
Harn, der Galle oder Gallenfarbstoffe enthält, löst Methylviolett (Pariser Violett) mit roter Farbe, während normaler Harn den Farbstoff mit bläulichvioletter Farbe löst. (Wert der React. fraglich.)
Pharm. Centrh. **16**. 396
Ztschr. f. anal Chem. **16**. 132.
Demelle u. Longuets Chem. Centralbl. (3) **7**. 697 u. Ztschr. f. anal. Chem. **16**. 260.
Deubner, Ztschr. f. anal. Chem. **25**. 458.

**Paul**'s Krystallisationsprobe siehe Hesse's React. auf Cinchonidin im Chininsulfat.

**Pauly**'s Reag. auf Kalium.
a) Basische Wismutlösung;
b) Natriumthiosulfatlösung.
Die beiden Lösungen sollen soviel Wismutsubnitrat bezw. Thiosulfat in gleichen Volumteilen enthalten, als theoretisch zur Bildung des Doppelsalzes $Na_3Bi(S_2O_3)_3$ nötig ist. Zum Gebrauch werden gleiche Volum. a u. b gemischt. 4 Tropfen dieser Mischung werden mit 1 ccm Wasser und alsdann mit 10—15 ccm absolut. Alkohol gemischt. Eine eventuell eingetretene Trübung beseitigt man durch tropfenweise Zugabe von Wasser. Diese Lösung wird durch kaliumhaltige Flüssigkeiten unter Ausscheidung von gelbem Kalium-Wismutthiosulfat getrübt.
Chem. Ztg. 1887. Rep. 111.
Ztschr f. anal. Chem. **36**. 512.
Pharm. Centrh. 1887. 187.
Carnot, Compt. rend. **83**. 338.
Hauser, Ztschr. f. anorg. Chem. 1903. 1.

**Pavy**'s Reag. auf Eiweiss besteht aus Ferrocyankalium u. Citronensäure.
Vergl. Hilger's Reag.

**Pavy**'s Reag. auf Glucose.
120 ccm Fehling's Reag. versetzt man mit 300 ccm Ammoniakflüssigkeit (D. = 0,880) und verdünnt mit Wasser zum Liter. Glucose reduzirt diese Lösung unter Entfärbung ohne Abscheidung von Kupferoxydul. 10 ccm entsprechen 0,005 g Glucose.
Chem. News **39**. 77.
Ztschr. f. anal. Chem. **19**. 98.
Merck's Index 1902. 263.
Chem. Centralbl. 1879. 406.
Berl. Ber. **13**. 1884.
Virchow-Hirsch, Jahresber. 1884. I. 244.
Vergl. Hehner's Reag.
Andere Vorschrift: Man löst 4,158 g Kupfersulfat in 250 ccm Wasser, gibt 10 g Mannit und 50 ccm Glycerin zu und gibt in diese Mischung eine Lösung von 20,4 g Kaliumhydroxyd in 100 ccm Wasser. Nach Zugabe von 300 ccm Ammoniak (D. = 0,88) wird filtrirt und mit Wasser auf 1 Liter ergänzt. 25 ccm dieser Lösung = 15 mg Glucose.
Schweizer Wochenschr. f. Chem. u. Pharm. 1901. 321.
Pharm. Centrh. 1901. 618.

**Payen**'s React. auf Mineralsäuren im Essig.
100 ccm Essig erhitzt man eine halbe Stunde lang mit 0,05 g Stärke und prüft auf letztere nach dem Erkalten des Reactionsgemisches mit wässeriger Jodlösung. Bei Gegenwart von freien Mineralsäuren tritt keine Bläuung (Jodstärke) ein, da die Stärke verzuckert ist.
Ganassini, Apoth.-Ztg. 1903. 305.
Boll. chimic. farmaceut. 1903.

**Pellagri**'s React. auf Morphin.
Die zu untersuchende Substanz löst man in concentr. Salzsäure und dampft nach Zusatz von wenig concentr. Schwefelsäure auf dem Oelbade bei 100—120° C. ein. Bei Anwesenheit von Morphin entsteht eine purpurrote Färbung. Gibt man nach dem Verdampfen der Salzsäure neue Salzsäure zu und neutralisirt mit Soda, so entsteht eine violette Färbung, die auf Zugabe von Jod in Jodwasserstoff in Grün umschlägt. Die React. gelingt noch bei Anwesenheit einiger 1/10 mg Morphin.
Berl. Ber. **10**. 1384.
Ztschr. f. anal. Chem. **17**. 373.
Pharm. Centrh. 1901. 368.
Gazz. Chim. Ital. **7**. 297.

**Pellet**'s Reag. auf Glucose
enthält im Liter (Wasser) 68,7 g krystallis. Kupfersulfat, 200 g Chlornatrium, 100 g wasserfreies Natriumcarbonat und 7 g Chlorammon. 1 ccm Reag. entspricht 0,005 g Glucose.
Merck's Index 1902. 263.

**Pelletier**'s React. auf Brucin.
Versetzt man eine Brucinlösung mit Chlorwasser, so färbt sich die Mischung hellrot, blutrot und dann gelb.
Vergl. Kippenberger, Nachw. v. Gift. 1897. 109.

**Pelletier**'s React. auf Narceïn
ist identisch mit Dragendorff's React.

**Pelletier**'s React. auf Strychnin
beruht auf der Bildung von Trichlorstrychnin unter der Einwirkung von Chlorgas auf wässerige Strychninlösungen. Beim Einleiten von Chlorgas entsteht eine weisse, krystallinische Ausscheidung.
Siehe auch Hager, Pharm. Prax. 1880. II. 1066.

**Pelouze**'s React. siehe **Moore-Pelouze.**

**Peltier**'s Reag. auf (Seide u. Wolle) tierische Faserstoffe.
Behandelt man tierische Faserstoffe eine halbe Stunde lang mit einer Mischung von concentr. Schwefelsäure und concentr. Salpetersäure (D. = 1,4) bei ca. 20° C. und wäscht mit kaltem Wasser aus, so hat sich Wollfaser gelb bis braun gefärbt (Baumwolle färbt sich nicht), Seide hat sich gelöst.
Siehe auch Hager, Pharm. Prax. 1880. II. 37.

**Penzoldt**'s React. auf Aceton im Harn.
Acetonhaltiger Harn liefert mit einigen Tropfen Kalilauge und etwas Orthonitrobenzaldehyd (nach Baeyer u. Drewsen, Berl. Ber. **15**. 2860) Indigo. Zum Gelingen der React. sind mindestens 1,6 mg Aceton nötig. Beim Schütteln mit wenig Chloroform wird letzteres durch Aufnahme des Indigo blau gefärbt.
Archiv f. klin. Med. **34**. 132 (1883).
Melckebeke, Chem. Ztg. 1899. Rep. 84.

**Penzoldt**'s React. auf Gallenfarbstoffe.
Eine möglichst grosse Menge ikterischen Harnes filtrirt man durch ein doppeltes Papierfilter. Nach dem Trocknen des Filters bringt man auf dasselbe einige ccm Eisessig. Die über das Papier laufende Flüssigkeit färbt sich gelbgrün, grün bis blaugrün. Nach dem Trocknen zeigt das Papier grüne Ränder.
Penzoldt, Aeltere und neuere Harnproben; Jena 1884. 21.

**Penzoldt**'s React. auf Glucose im Harn.
Ein g krystallisirte Diazobenzolsulfosäure löst man durch Schütteln in 60 ccm Wasser. Einige ccm dieser Lösung macht man mit Kalilauge schwach alkalisch und gibt sie in ein gleiches Volum stark alkalischen Harns. Bei Anwesenheit von Glucose färbt sich die Mischung gelbrot, dann bordeauxrot, bei viel Glucose dunkelrot und undurchsichtig. Empfindlichkeitsgrenze = 1 : 10000.
Berl. Ber. **16**. 657.
Berliner klin. Wochenschr. 1883. XIV.
Ztschr. f. anal. Chem. **22**. 466.
Vergl. Ehrlich's Diazoreaction.
Rosenfeld, Deutsche med. Wochenschr. 1888. 451 u. 479.
Petri, Ztschr. f. physiol. Chem. **8**. 293.

**Penzoldt**'s React. auf Naphtalin im Harn.
Schichtet man Naphtalinharn auf concentr. Schwefelsäure, so färbt er sich dunkelgrün. Allmählich nimmt auch die Säure diese Färbung an.
Arch. f. experim. Patholog. **21**. 34.

**Penzoldt-Fischer**'s React. auf Aldehyde.
Eine Lösung von Acetaldehyd (oder Traubenzucker) gibt mit einer alkalischen Lösung von Diazobenzolsulfosäure nach einiger Zeit eine rote Färbung, die beim Stehen allmählich ins Violette übergeht. — Man löst jedesmal frisch 1 g krystallisirte reine Diazobenzolsulfosäure in 60 ccm kaltem Wasser und etwas Natronlauge, gibt die zu prüfende Substanz und einige Körnchen Natriumamalgam zu und lässt die Mischung ruhig stehen. Bei Anwesenheit eines Aldehyds zeigt sich nach 10—20 Minuten die rotviolette Färbung.
Berl. Ber. **16**. 657.
Ztschr. f. anal. Chem. **23**. 74.

**Penzoldt-Fischer**'s Reag. auf Phenol.
Phenol bewirkt mit Diazobenzolsulfosäure in alkalischer Lösung eine dunkelrote Färbung ohne violetten Ton wie bei den Aldehyden.
Ztschr. f. anal. Chem. **23**. 75.
Vergl. Penzoldt-Fischer's Reag. auf Aldehyde.

**Perényi**'s Reag. zum Härten mikroskop. Präparate
ist eine Lösung von 0,15 g Chromsäure in 30 ccm Wasser, der 30 ccm Alkohol und 40 ccm Salpetersäure (10 %) zugemischt werden. Gebraucht als Fixirungsmittel für feinere pflanzliche u. tierische Objekte.
Zoolog. Anzg. 1882. 459.
Merck's Index 1902. 269.
Bornet, Ztschr. f. Mikroskop. 1890. 252.

**Perkin**'s React.
ist eine für die Synthese wichtige React.: Bildung ungesättigter, aromatischer Säuren durch Einwirkung von aromatischen Aldehyden auf Fettsäuren.
Siehe Lehrbücher der Chemie: ferner Liebig's Annal. **216**. 101.

**Perrins** siehe **Dyson Perrins.**

**Perrot**'s Reag. auf ätherische Oele
ist eine Lösung von Violet de Paris (Dimethylanilinviolett) in Eisessig u. Alkohol.
Näheres siehe Ztschr. f. anal. Chem. **37**. 402 u. Ztschr. d. öst. Apoth.-Ver. **46**. 802.

**Persoz**' Reag. auf echte Seide.
10 g Zinkchlorid löst man in 10 ccm Wasser und schüttelt diese Lösung mit 2 g Zinkoxyd. Echte Seide löst sich beim Erwärmen auf 45° C. in diesem Reag. auf.
Moniteur scientif. (4) **1**. 597.
Ztschr. f. anal. Chem. **2**. 82, **29**. 625.
Merck's Index 1902. 263.
Compt. rend. **55**. 810.

**Peska**'s Reag. auf Glucose.

a) Eine Lösung von 6,93 g Kupfersulfat in 160 ccm Ammoniak (25 %), die mit Wasser zu 500 ccm aufgefüllt wird;

b) Eine Lösung von 34,5 g Seignettesalz u. 70 ccm 15 %iger Natronlauge, zu 500 ccm mit Wasser aufgefüllt.

Zum Gebrauch mischt man gleiche Volumteile von a u. b.

Ztschr. f. anal. Chem. **35**. 93.
Chem. Centralbl. 1895. I. 1044 u. 1896. I. 138.

**Petermann**'s React. auf Kornrade im Mehl beruht auf dem Nachweise des Githagins.

Näheres siehe Ztschr. f. anal. Chem. **20**. 132.
Annal. de Chim. et de Phys. (5) **19**. 243.

**Petit**'s Reag. (Conservirungsmittel) für mikroskop. Präparate.

Siehe Ripart's Flüssigkeit.

**Petri**'s React. auf Eiweiss.

Nach Petri kann man Ehrlich's Reag. (Diazobenzolsulfosäure) auch zum Nachweise von Aceton, Eiweiss und Peptonen verwenden, welche rotgelbe oder braunrote Farbenerscheinungen zeigen.

Ztschr. f. physiol. Chem. **8**. 291.
Ztschr. f. anal. Chem. **24**. 152.

**Pettenkofer**'s React. auf Gallensäuren.

Gibt man zu dem zu prüfenden Harn etwas Rohrzucker und concentr. Schwefelsäure, so färbt sich die Mischung bei Anwesenheit von Gallensäuren intensiv rot bis violett.

Annal. d. Chem. u. Pharm. **52**. 90.
Koschlakoff u. Bogomoloff, Centralbl. f. medic. Wissensch. 1868. 529.
Külz, Centralbl. d. medic. Wissensch. 1875. 515.
Mörner, Skandin. Archiv 1895. 371.
Kingzett u. Hake, Berl. Ber. **10**. 298.
Mylius, Ztschr. f. anal. Chem. **27**. 259.
Udránszky, ebenda **28**. 130 od. Ztschr. f. physiol. Chem. **12**. 355 u. 377.
Schenk, Jahresber. f. Thierchem. **2**. 232.
Huppert, Ztschr. f. anal. Chem. **6**. 294.
Neukomm, Liebig's Annal. **116**. 30.

**Pettenkofer**'s Reag. auf freie Kohlensäure im Trinkwasser

ist eine Lösung von 1 g Rosolsäure in 500 g Alkohol (80 %), die mit Barytwasser bis zur beginnenden rötlichen Färbung versetzt ist. 50 ccm des zu prüfenden Wassers mischt man mit 0,5 ccm Reag. Freie Kohlensäure entfärbt das Reag., gebundene Kohlensäure bewirkt Rotfärbung (auch Bicarbonate).

Pharm. Centrh. 1875. 234.

**Pfeiffer-Herbst**'s React. auf Atropin siehe Herbst's React.

**Pfeiffer-Wellheim**'s Reag. zum Fixiren und Härten von Süsswasseralgen

ist eine Mischung von 1 T. Formaldehyd (40 %), 1 T. Holzessig u. 1 T. Methylalkohol.

Ztschr. f. Mikroskop. 1898. 122.

**Pfitzner**'s Reag. zur Bacterienfärbung

ist eine Lösung von 1 g Safranin in 300 g 33 %igem Alkohol.

Pharm. Centrh. 1890. 718.
Morphol. Jahrb. **6**. 478; **7**. 291.

**Pfitzner**'s Reag. zum Färben mikroskop. Präparate.

1. Eine Lösung von 0,2 g Nigrosin in 100 ccm Wasser.
2. Eine concentr. Lösung von Safranin in Anilinwasser.

Vergl. auch Pfitzner. Morphol. Jahrb. **7**. 292.

**Pfitzner**'s Beobachtungsmittel für mikroskop. Zwecke ist eine Lösung von Dammarharz in Benzol und Terpentinöl.

Morphol. Jahrb. **6**. 469.
Flemming, Arch. f. mikrosk. Anat. 1881. 322.

**Pflüger-Bleibtreu**'s Reag.

ist eine Mischung von 100 ccm Salzsäure (D. = 1,124) und 900 ccm Phosphorwolframsäurelösung (10 %). Sie dient zur Trennung des Harnstoffs von anderen stickstoffhaltigen Körpern des Harns (Kreatin, Kreatinin, Harnsäure etc.)

Näheres siehe Pharm. Centrh. 1898. 315.
Chassevant, Répert. de Pharm. 1898. 148.

**Phipson**'s React. auf Benzoe-, Salicyl- und Hippursäure siehe Ztschr. f. anal. Chem. **13**. 66.

Chem. News **28**. 13.

**Phipson**'s React. auf Frangulin.

Frangulin färbt sich mit concentr. Schwefelsäure zuerst grün, dann purpur- bis dunkelrot.

**Phipson**'s React. auf Rhinanthin.

Erhitzt man eine wässerige Lösung dieses Glycosides mit einigen Tropfen Salzsäure, so färbt sich die Mischung braun und es scheidet sich ein dunkelbrauner Niederschlag (Rhinanthogen) aus.

Chem. News **58**. 99.
Ztschr. f. anal. Chem. **28**. 354.

**Phipson**'s React. auf Zimmtsäure

beruht auf der bekannten Eigenschaft der Säure, mit Schwefelsäure u. Kaliumdichromat Benzaldehyd zu bilden, welches leicht am Geruche wahrnehmbar ist.

Chem. News **63**. 275.
Böttcher, Ztschr. f. anal. Chem. **5**. 253.

**Pianese**'s Reag. zum Färben mikroskop. Präparate.

a) Eine Mischung von 50 ccm gesättigter, wässeriger Lithiumcarbonatlösung mit 100 ccm gesättigter, wässeriger Methylenblaulösung;

b) Eine Mischung von 50 ccm gesättigter, wässeriger Lithiumcarbonatlösung mit einer Lösung von 0,25 g Eosin (gelbstichig) in 50 ccm 70 %igem Alkohol

Gebraucht zur Doppelfärbung von Geweben und Mikroorganismen.

Riforma med. 1893. II. 828 (Napoli).
Vergl. auch: Ameisensäure-Hämatoxylin, Ameisensäure-Carmin etc. in Ztschr. f. Mikropskop. 1894. 501—503, 345.

**Picard**'s Reag. auf (Gummi) Ammoniacum

ist eine wässerige Lösung von Natriumhypochlorit. — Eine alkoholische Lösung von Ammoniacum wird durch dieses Reag. rot gefärbt.

Vergl. Plugge's Reag.
Pharm. Centrh. 1884. 121.

**Pichard**'s Reag. auf salpetrige Säure.

Eine Mischung von gleichen Teilen der nitrithaltigen Flüssigkeit u. Salzsäure wird durch Brucin zinnoberrot bis hellgelb gefärbt. Empfindlichkeitsgrenze = 1:640 000.

Pharm. Centrh. 1897. 326.
Répert. de Pharm. 1897. 110.

**Picini**'s React. auf Nitrate neben Nitriten

beruht auf der Zerstörung der Nitrite durch Harnstoff, worauf Jodkaliumstärkekleister in saurer Lösung keine Blaufärbung mehr gibt. Bei Anwesenheit von Nitraten entsteht aber eine solche, sobald man metallisches Zink zugibt.

Gazz. chimica Ital. **9**. 395.
Ztschr. f. anal. Chem. **19**. 354.

**Pick**'s Reag. zur Bacterienfärbung ist Jacobson's Reag.

**Pick**'s Reag. zum Conserviren anatomischer Präparate ist eine Lösung von 1 g Kaliumsulfat, 9 g Chlornatrium, 18 g Natriumbicarbonat u. 22 g trockenem Natriumsulfat in 1 Liter Wasser mit einem Zusatz von 50 ccm Formaldehyd (40 %).
Vergl. Wickersheimer's Reag.

**Pickering**'s React. auf Indol u. Skatol.
Versetzt man Axenfeld's Reag. (siehe dieses) mit einer Lösung von Indol oder Skatol, so tritt Blaufärbung (Reduction) ein.
Journ. of Physiolog. 1893. 371.

**Piffard**'s Reag. auf Glucose im Harn ist ein modificirtes Fehling's Reag. in Form einer Paste.

**Pilhashy**'s Reag. auf Formaldehyd.
Man löst 1 g salzsaures Phenylhydrazin u. 1,5 g Natriumacetat in 10 ccm Wasser. Erhitzt man 5 ccm der zu prüfenden Flüssigkeit mit 5 Tropfen Reag. und 5 Tropfen Schwefelsäure etwa 1 Minute lang, so entsteht nach einigen Minuten eine grüne Färbung. Empfindlichkeitsgrenze = 1 : 250 000.
Ztschr. f. anal. Chem. **41**. 250.

**Pinerna**'s Reag. auf Aepfel-, Citronen- u. Wein-Säure ist eine Lösung von 0,02 g $\beta$-Naphtol in 1 ccm reiner concentr. Schwefelsäure (D. = 1,83). Etwa 0,05 g des zu prüfenden Präparates versetzt man in einem Porzellanschälchen mit 10—15 Tropfen des Reag. u. erhitzt vorsichtig auf freier Flamme. Aepfelsäure liefert eine grüngelbe Schmelze, die bei weiterem Erhitzen hellgelb wird. In Wasser löst sich die Schmelze mit hellorangegelber Färbung. Citronensäure liefert eine blaue Schmelze, die sich in Wasser farblos oder hellgelb löst. Weinsäure liefert eine blaue Schmelze, die bei weiterem Erhitzen in Grün übergeht und sich in Wasser mit gelbroter Farbe löst.
Chem. News **75**. 61.
Ztschr. f. anal. Chem. **36**. 713.
Chem. Ztg. 1897. Rep. 34.

**Piotrowski**'s React. auf Eiweiss siehe Rose's Biuretreaction.

**Piria**'s React. auf Tyrosin.
Eine in der Wärme bereitete Lösung von Tyrosin in concentr. Schwefelsäure neutralisirt man nach Zusatz von etwas Wasser mit Calcium- oder Baryumcarbonat u. versetzt das Filtrat mit neutralem Ferrichlorid. Es entsteht eine violette Färbung.
Liebig's Annal. **82**. 252.

**Piria-Staedeler**'s React. auf Tyrosin ist identisch mit Piria's React.

**Piron-Delin**'s React. auf Sublimat in Calomel.
0,2 g Calomel mischt man mittels eines Glasstabes mit 1 Tropfen einer 10 %igen, alkoholischen Seifenlösung (Sapo medic.), 1 Tropfen einer frisch bereiteten, 10%igen, alkoholischen Guajakharzlösung u. 2 ccm Aether. Bei Anwesenheit von Quecksilberchlorid entsteht nach dem Verdunsten des Aethers eine grüne Färbung. Empfindlichkeitsgrenze = 1 : 30 000.
Le Moniteur du Pract. **2**. 178.
Chem. Ztg. 1886. Rep. 216.

**Piutti**'s React. auf Lignin beruht auf einer Gelbfärbung des Holzstoffes durch Ortho-Bromphenetidin.
Näheres siehe Chem. Ztg. 1898. Rep. 271.
Gazz. chimic. Ital. 1898. 168.

**Planta**'s Reag. auf Alkaloide ist Kaliumquecksilberjodidlösung (identisch mit Mayer's Reag.). Eine Lösung von Quecksilberchlorid in Wasser versetzt man mit so viel Jodkalium, bis der entstandene Niederschlag sich wieder gelöst hat. Delfs benützt eine Lösung von Quecksilberjodid in Jodkalium.
Otto, Ausmittel. d. Gifte 5. Aufl. 34.
Dragendorff, Ermittel. v. Giften 1888. 122.

**Platner**'s Reag. zum Färben mikroskop. Präparate ist eine concentr., wässerige Lösung von Nigrosin (Kernschwarz).
Ztschr. f. Mikroskop. 1887. 349.
Zur Nervenfärbung empfiehlt der Autor Eisenchlorid und Dinitrosoresorcin (Echtgrün).
Ebenda 1889. 186.
Beer, Jahrb. der Psychiatr. 1893. No. 1.

**Platner**'s Reag. zum Fixiren mikroskop. Präparate ist eine Lösung von 2,8 g Eisenchlorid in 100 ccm Wasser oder 70%ig. Alkohol. (Siehe das vorige Reag.)
Ztschr. f. Mikroskop. 1889. 187.

**Plessy** siehe **Matthieu-Plessy.**

**Plugge**'s Reag. auf (Gummi) Ammoniacum.
Man löst 3 g Natriumhydrat in 20 ccm Wasser, gibt 2 g Brom zu und verdünnt mit Wasser auf 100 ccm. — Versetzt man einen mit verdünnter wässeriger oder alkoholischer Natronlauge gefertigten Auszug von Ammoniakgummi mit diesem Reag., so entsteht eine vorübergehende violette Färbung.
Merck's Index 1902. 263.
Archiv d. Pharm. **221**. 801.

**Plugge**'s Reag. auf Ceriumoxyduloxyd.
Man löst 1 g Strychninsulfat in 1000 g concentr. Schwefelsäure. Die zu prüfende Flüssigkeit macht man mit Natronlauge alkalisch, verdunstet zur Trockne und gibt einige Tropfen Reag. zu. Bei Anwesenheit von Cerhydroxyd (Cersalzen) entsteht eine blaue bis violettblaue Färbung. Empfindlichkeitsgrenze = 0,01 mg Ceriumoxyd.
Vergleiche Sonnenschein's Reag. auf Alkaloide.
Archiv d. Pharm. **229**. 558.
Ztschr. f. anal. Chem. **32**. 337.

**Plugge**'s React. auf Narceïn.
Verdampft man eine Spur Narcein in verdünnter Schwefelsäure auf dem Dampfbade, so entsteht bei genügender Concentration der Schwefelsäure eine schöne violette Färbung, die allmählich in Kirschrot übergeht. Nach dem Abkühlen ruft Kaliumnitrit in dieser Lösung blauviolette Streifen hervor.
Pharm. Centrh. 1887. 289.
Nederl. Tijdsch. voor Pharm. 1887. 163.

**Plugge**'s React. auf Phenol.
Kocht man verdünnte Phenollösung mit einer Lösung von Quecksilberoxydulnitrat, die etwas salpetrige Säure enthält, so entsteht unter Abscheidung von metallischem Quecksilber eine rotgefärbte Lösung. Dabei macht sich der Geruch nach salicyliger Säure bemerkbar. Die Rotfärbung ist in einer Lösung von 1 : 60 000 noch deutlich und lässt sich noch in einer Lösung von 1 : 200000 erkennen.
Ztschr. f. anal. Chem. **11**. 173.
Plugge, ebenda **29**. 455 od. Archiv d. Pharm. 228. 9.

**Plugge**'s React. auf salpetrige Säure.
Wässerige Phenollösung und salpetersaures Quecksilberoxydul geben bei Anwesenheit von Spuren salpetriger Säure beim Kochen eine Rotfärbung. Empfindlichkeitsgrenze = 1 : 500 000.
Ztschr. f. anal. Chem. **14**. 130.

**Plunket**'s Reag. auf Kalium
ist eine concentr., wässerige Lösung von Natriumbitartrat, welches mit Kaliumsalzlösungen einen Niederschlag von Weinstein gibt.
Journ. de Pharm. (3) **34**. 371.

**Podwyssozki**'s Reag. zum Fixiren mikroskop. Präparate
ist eine Lösung von 1,5 g Chromsäure, 0,75 g Quecksilberchlorid, 0,8 g Osmiumsäure und 60 Tropfen Eisessig in 190 ccm Wasser.
Ztschr. f. Mikroskop. 1886. 405.

**Podwyssotzki**'s React. auf Emetin.
Eine frisch bereitete Lösung von Natriumphosphomolybdat in concentr. Schwefelsäure färbt Emetin braun; gibt man einen Tropfen concentr. Salzsäure zu, so schlägt die Farbe in Indigoblau um.
Pharm. Ztschr. f. Russl. **19**. 1.
Ztschr. f. anal. Chem. **19**. 484.

**Pohl**'s Reag. zum Fällen der Globuline
ist eine ammoniakalische, gesättigte, wässerige Lösung von Ammonsulfat.
Archiv f. experim. Patholog. **20**. 426.

**Pokrowski**'s Celloidinlösung
ist eine Lösung von Celloidin in Aether. Gebraucht als Einbettungsmittel.
Ztschr. f. Mikroskop. 1900. 331.

**Polacci**'s React. auf Chinin.
0,01 g der zu prüfenden Substanz erwärmt man mit 1 ccm Wasser, 2 Tropfen Schwefelsäure und einem erbsengrossen Stück Bleisuperoxyd allmählich zum Sieden, entfernt von der Flamme, erhitzt nochmals u. verdünnt mit 3—4 ccm Wasser. Ueberschichtet man die geklärte Flüssigkeit mit etwas Ammoniak, so entsteht bei Anwesenheit von Chinin ein grüner Ring.
Chem. Ztg. **22**. Rep. 202.
Ztschr. f. anal. Chem. **40**. 60.

**Polacci**'s Reag. auf Eiweiss im Harn.
Man löst 1 g Weinsäure u. 5 g Quecksilberchlorid in 100 ccm Wasser, filtrirt und gibt 5 ccm Formaldehyd (40 %) zu. Man schichtet den Harn über das Reag. Ein an der Berührungsfläche entstehender Ring zeigt Eiweiss an.
Südd. Apoth.-Ztg. 1902. 157.
Pharm. Centrh. 1902. 302.

**Polacci**'s React. auf Phenol.
Man schüttelt 1 Tropfen Anilin mit 30 ccm Wasser. Hiervon mischt man 10 Tropfen mit 10 ccm Wasser und tröpfelt bis zur Blau- und Braunfärbung Natriumhypochloritlösung zu. Sobald die blaue Färbung verschwunden ist, gibt man Ammoniak u. Phenollösung zu. Es tritt wieder Blaufärbung ein, die auf Säurezusatz in Rot übergeht (Dragendorff's Modification).
Berl. Ber. **7**. 360.

**Pollet**'s Reag. ist identisch mit Kopp's Reag.

**Pollitis**' Reag. auf Glucose.
24,95 g Kupfersulfat, 140 g Seignettesalz u. 25 g Natriumhydroxyd löst man in Wasser u. füllt zum Liter auf. Zur quantitativen Bestimmung der Glucose wird die zu prüfende Flüssigkeit mit einem Ueberschuss des Reag. gekocht und das restirende Kupfersulfat titrimetrisch mit $^1/_{10}$ N-Natriumthiosulfatlösung bestimmt.
Näheres siehe Ztschr. f. anal. Chem. **30**. 64.
Journ. de Pharm. et de Chim. (5) **20**. 62.
Lehmann, Archiv. f. Hygiene **30**. 267.
Barth, Schweizer Wochenschr. f. Chem. u. Pharm. **37**. 290.

**Pölzam**'s Einbettungsmittel für mikroskop. Zwecke (Transparentseife) ist eine heiss bereitete Lösung von 10 g getrockneter Kernseife in einer Mischung von 35 g Alkohol (90 %) und 22 g Glycerin.
Morphol. Jahrb. 1887. 558.

**Pommer**'s Reag. zum Färben mikroskop. Präparate
ist eine Lösung von 0,1 g Dahliaviolett in 250 ccm Wasser.

**Posner**'s React. auf Pepton u. Eiweiss im Harn.
Den zu prüfenden Harn macht man alkalisch und überschichtet ihn mit sehr verdünnter (fast farbloser) Kupfersulfatlösung. Bei Anwesenheit von Pepton bildet sich in der Kälte eine violette Zone, Eiweiss ruft sie erst beim Erwärmen hervor.
du Bois-Reymond's Archiv f. Physiol. 1887. 495.
Archiv f. patholog. Anatomie v. Virchow **104**. 497.
Ztschr. f. anal. Chem. **27**. 408.
Chem. Centralbl. 1888. 338.
Freund, Wiener klin. Rundschau. 1898. 37.

**Potain**'s Reag. für mikroskop. Zwecke.
Man stellt wässerige Lösungen von Natriumsulfat, Chlornatrium u. arabischem Gummi auf ein spec. Gew. von 1,02 ein u. mischt sie zu gleichen Teilen.
Vergl. Gower's Reag.

**Poutet**'s React. auf fette Oele
ist eine Elaidinprobe mit rauchender Salpetersäure u. Quecksilber.
Näheres siehe Benedikt, Anal. d. Fette 3. Aufl. 382.

**Pozzi-Escot**'s Reag. auf Kupfer
ist Jodkalium, das der ammoniakalischen Kupferlösung zugesetzt wird. Es entstehen kleine blaue Tetraëder.
Chem. Ztg. 1900. Rep. 146.
Pharm. Centrh. 1900. 380.

**Pozzi-Escot**'s Reag. auf Yttrium, Erbium und Didym
ist eine Lösung von Ammoniumchromat. Es dient zum mikrochemischen Nachweise genannter Stoffe.
Chem. Ztg. 1900. 387.
Pharm. Centrh. 1900. 348.
Vergl. Couquet's Reag.

**Pozzi-Escot** u. **Couquet**'s React. auf Palladium.
Versetzt man eine Lösung von Palladiumchlorid mit Natriumnitrit und überschüssigem Aetzkali, -natron oder -ammoniak, so bilden sich schöne, rhomboidische Krystalle des orthorhombischen Systems. Sie sind voluminös und mehr oder weniger gefärbt.
Chem. Ztg. 1900. 365.
Pharm. Centrh. 1900. 351.

**Pradine**'s Reag. zur Prüfung des Weines auf fremde Farbstoffe
ist ein mit Ammoniak gesättigter Aether, der echten Wein grün, gefärbten dunkel färben soll (?).
Pharm. Centrh. 1883. 566.

**Prelinger**'s Reag. auf Guanidine
ist Pikrinsäure, welche mit genannten Stoffen schwerlösliche Salze gibt. So gibt α-Triphenylguanidin in Lösung 1 : 10 000 mit Pikrinsäure noch einen Niederschlag, Phenylguanidin gibt in Lösung 1 : 7800 nach einigen Stunden eine deutliche Krystallisation (Nadeln) etc.
Monatsh. f. Chem. **13**. 97.

**Preuss**' Reag. auf Glucose
ist das modificirte Reag. von Soldaini.
Ztschr. f. Zuckerindustr. **38**. 722.
Chem. Ztg. **13**. Rep. 239.

**Preyer**'s Reag. auf Blausäure.
Eine verdünnte, etwas Kupfersulfat enthaltende Guajaktinktur wird durch Blausäure intensiv blau gefärbt. Schon Blausäuredämpfe genügen, um diese React. hervorzubringen.
(Vergl. auch Schönbein-Pagenstecher's React.)
Die Blausäure von W. Preyer (Monographie), Bonn, 1870.
Schaer, Ztschr. f. anal. Chem. **13**. 7.

**Preyer**'s React. auf Kohlenoyyd im Blut
beruht darauf, dass Kohlenoxydblut nach Zugabe von Cyankalium und 5 Minuten langem Erwärmen auf 40° C. seiner Spectralreaction nicht beraubt wird, während normales Blut die Sauerstoffhämoglobinstreifen mit einem breiten Absorptionsband vertauscht. Man verwendet zu dieser Probe 3—4 Tropfen des defibrinirten Blutes mit 12 ccm Wasser und 5 ccm Cyankaliumlösung (1 : 2).
Centralbl. f. Med. Wissensch. 1867. 259. 274.
Ztschr. f. anal. Chem **6**. 288—280.

**Pritchard**'s Chromsäurealkohol
ist eine Lösung von 1 g Chromsäure in 20 ccm Wasser, der 189 ccm Alkohol (84 %) zugegeben werden. Gebraucht als Fixirungsmittel.
Quart. Journ. Microsc. Sc. 1873. 427.

**Pritchard**'s Reag. für die Imprägnirung mit Goldlösung
(eine Reductionsflüssigkeit) ist eine Mischung von 1 g Amylalkohol und 1 g Ameisensäure mit 98 g Wasser.
Carrière, Arch. f. mikrosk. Anat. 1882. 146.

**Procter**'s Reag. und React. zur Differenzirung der Gerbstoffe
siehe: Der Gerber, **20**. 170 oder Ztschr. f. anal. Chem. **34**. 228.

**Procter**'s React. auf Gerbsäure.
Versetzt man eine Lösung von Gerbsäure mit Kaliumarseniat, so färbt sie sich unter Sauerstoffaufnahme aus der Luft grün, auf Zusatz von Säuren rotviolett und durch oxydirende Stoffe braun.
Berl Ber. **7**. 598.
Ztschr, f. anal. Chem. **13**. 326.

**Prudden**'s Alaunhämatoxylin
ist identisch mit Delafield's Alaunhämatoxylin.

**Purdy**'s Reag. auf Glucose.
Man löst 4,15 g Kupfersulfat und 10 g Mannit in Wasser, 50 g Glycerin, 125 ccm Kalilauge (D. = 1,14) und 300 ccm 33 %igem Ammoniak und verdünnt mit Wasser zu 1 Liter.
Vergl. Peska u. Moritz' Reag.

**Pusch**'s React. auf Weinsäure in Citronensäure.
1 g gepulverte Citronensäure erhitzt man mit 10 g concentr. Schwefelsäure 1 Stunde lang im siedenden Wasserbade. Reine Citronensäure gibt eine gelbe Lösung, solche, die nur 0,5 % Weinsäure enthält, wird bräunlich bis rotbraun.
Arch. d. Pharm. **222**. 315.
Ztschr. f. anal. Chem. **23**. 437.
Schmidt, Lehrbuch der pharm. Chem. (organ. Teil) 539.
Deutsches Arzneibuch IV. 12.

**Puscher**'s React. auf Alkohol in ätherischen Oelen
beruht auf der Unlöslichkeit von Fuchsin in ätherischen Oelen. 1 % Alkohol bewirkt schon Lösung und Rotfärbung.
Deutsche Industrie-Ztg. 1866. 68.
Nach Otto u. Zeise ist diese React. nicht massgebend. Siehe Ztschr. f. anal. Chem. **6**. 487.
Hager, Pharm. Centrh. **4**. 75. **8**. 19.
Frank, Neues Jahrb. f. Pharm. **27**. 129.

**Quincke**'s React. auf Copaivabalsam im Harn.
Nach dem Genuss von Copaivabalsam wird der Harn mit Mineralsäuren rosa bis purpurrot gefärbt und es tritt allmählich ein schmutzig violetter Niederschlag auf. Die rote Lösung zeigt ein Absorptionsspectrum und zwar einen schmalen Streifen im Orange, einen breiten zwischen D u. E im Blau.
Berl. Ber. **17**. 6.

**Quincke**'s Reag. zur patholog.-histologischen Untersuchung auf Eisen auf mikroskop. Wege ist Schwefelammonlösung, womit sich die eisenhaltigen Pigmentkörner schwarzgrün färben.
Archiv f. klin. Medic. **25**. (über Siderosis).

**Quirini**'s Reag. auf Glucose im Harn
ist eine 0,5 %ige Lösung von Orthonitrophenylpropiolsäure.
Vergl. Hoppe-Seyler's Reag.
Merck's Report 1901. 96.

**Raabe**'s React. auf Eiweiss im Harn.
Den filtrirten Harn versetzt man mit etwas krystallisirter Trichloressigsäure. Letztere löst sich in der Flüssigkeit auf und es entsteht bei Anwesenheit von Eiweiss eine trübe Zone.
Pharm. Ztschr. f. Russl. **20**. 445.
Ztschr. f. anal. Chem. **21**. 303, **24**. 551.
Das Reag. wurde zuerst von Grossstern und Fudakowsky angegeben.
Obermayer, Centralbl. f. Physiolog. 1889. 223.
Martin, Journ. of Physiol. **15**. 376.

**Rabl**'s Reagentien zum Fixiren mikroskop. Präparate.
1. Man löst 0,3 g Chromsäure und 2 Tropfen Ameisensäure in 100 ccm Wasser. Gebraucht zum Fixiren tierischer Gewebe.
2. Man löst 0,1—0,3 g Platinchlorid in 100 ccm Wasser. Gebraucht zum Fixiren von Kernstrukturen.
3. Eine Mischung von concentr., wässeriger Quecksilberchloridlösung, desgl. Pikrinsäurelösung und Wasser 1 : 1 : 2.
4. Eine Mischung von 1 %ig. Platinchloridlösung, concentr. Quecksilberchloridlösung und Wasser 1 : 1 : 2.
5. Eine Mischung von 1 %ig. Platinchloridlösung, concentr., wässerigerPikrinsäurelösung undWasser 1 : 2 : 7.

Morphol. Jahrb. 1884. 215.
Merck's Index 1902. 269.
Ztschr. f. Mikroskop. 1894. 42, 164 u. 517.
Wasielewski, ebenda 1899. 315.

**Rabl**'s Reag. zur Schleimfärbung.
Eine Lösung von 1 g Carminsäure und 2 g Aluminiumchlorid in 50 ccm Wasser und 50 ccm Alkohol dampft man auf dem Dampfbade zur Trockene ein und löst den Rückstand in 50 ccm Wasser und 50 ccm Alkohol.
Anat. Anzg. 1899. 439.

**Rabl**'s Reagentien zum Färben mikroskop. Präparate.
1. a) Hämatoxylinlösung, siehe Delafield's Reag.
   b) Lösung von 0,2 g Safranin in 100 ccm 50%igem Alkohol.

   Gebraucht zu Doppelfärbungen.
   Morphol. Jahrb. 1884. 215.
   Merck's Index 1902. 270.
2. (Alauncarmin) 25 g Cochenille u. 25 g Alaun kocht man mit 800 g Wasser bis auf 600 g ein. (Vor dem Gebrauch zu filtriren.)
   Ztschr. f. Mikroskop. 1894. 168.

**Rabuteau**'s React. auf überchlorsaures Kalium im Harn.

Der zu untersuchende Harn wird durch Silbernitrat von Chlor (bezw. Chloriden) befreit, filtrirt und im Filtrat durch Aetzkali das überschüssige Silber ausgefällt. Nach dem Filtriren dampft man die Lösung zur Trockne u. erhitzt den Rückstand zur Rotglut, wobei vorhandenes überchlorsaures Kalium in Chlorkalium übergeht. Die wässerige Lösung des Glührückstandes wird dann nach dem Ansäuern mit Salpetersäure auf Zusatz von Silbernitrat wieder Chlorsilber abscheiden.

Neues Repert. f. Pharm. **18**. 43.
Ztschr. f. anal. Chem. **8**. 233.

**Rabuteau's** Reag. auf Salzsäure im Magensaft.

Die zu prüfende Flüssigkeit versetzt man mit einem Ueberschuss von frisch gefälltem Chinin u. digerirt die Mischung mehrere Stunden bei 40—50 ° C. Hierauf verdampft man zur Trockne, extrahirt mit Amylalkohol u. verdunstet letzteren. War freie Säure vorhanden, so findet sie sich an Chinin gebunden im Rückstand des Amylalkohols u. kann auf übliche Art identificirt werden.

Gazette méd. de Paris 1874. IX.
Centralbl. f. d. medic. Wissensch. 1874. 572.
Ztschr. f. anal. Chem. **13**. 348.
Ztschr. f. physiol. Chem. **1**. 152.

**Raby**'s React. auf Codeïn u. Aesculin.

Codeïn färbt sich mit Natriumhypochloritlösung u. concentr. Schwefelsäure blau. Aesculin gibt eine violette Färbung, wenn man zuerst Schwefelsäure u. dann Hypochloritlösung zugibt. Näheres siehe

Pharm. Centrh. 1884. 502.
Chem. Ztg. 1884. 791.
Journ. de Pharm. et de Chim. **5**. 402.

**Rafaële**'s Reag.
ist Spiegler's Reag. auf Eiweiss.

**Raikow**'s Reag. auf Halogene in organischen Verbindungen
ist eine Lösung von Silbernitrat in concentr. Schwefelsäure.

Erwärmt man eine halogenhaltige Substanz mit diesem Reag., so färbt sie sich zunächst unter Entwickelung brauner Dämpfe gelb bis braun. Beim Kochen wird die Mischung farblos. Die dabei auftretenden Erscheinungen sind folgende:

Jodverbindungen entwickeln Joddämpfe, eventuell bildet sich auch etwas Jodsilber, welches sich aber ebenfalls unter Jodbildung zersetzt, wenn man das Erwärmen fortsetzt.

Brom- u. Chlorverbindungen geben beim Erhitzen mit dem Reag. weisse bis hellgelbe Niederschläge, die sich bei weiterem Erhitzen auflösen. Mit einiger Uebung kann man aus der Farbe des Niederschlages auf das betreffende Halogen schliessen.

Chem. Ztg. **19**. 902.
Ztschr. f. anal. Chem. **36**. 522.

**Raikow**'s React. auf Halogene, Schwefel u. Stickstoff in organischen Verbindungen mittelst Phloroglucin-Vanillin siehe Chem. Ztg. 1898. 20 oder Jahresber. d. Pharm. 1898. 366.

**Ramón y Cajal**'s Reag. für mikroskop. Zwecke.

a) Eine Lösung von 0,2 g Osmiumsäure u. 2,4 g Kaliumdichromat in 100 ccm Wasser;
b) Eine 0,75 %ige, wässerige Silbernitratlösung. Gebraucht zum Imprägniren von Kleinhirn u. Retina.

Ztschr. f. Mikroskop. 1892. 241; 1890. 332.
La Cellule, 1891. 129; 1883. 129.
Anat. Anzg. 1890. 85.
Kallius, Anat. Hefte 1894. 527.

**Ramón y Cajal**'s Reag. zum Fixiren mikroskop. Präparate
ist eine Lösung von 0,25 g Osmiumsäure u. 3 g Kaliumdichromat in 125 ccm Wasser.

Ztschr. f. Mikroskop. 1890. 66, 235.
Riese, Anat. Anzg. 1891. 401.

**Ramón y Cajal**'s Reag. zum Färben mikroskop. Präparate
ist eine Lösung von 0,25 g Indigocarmin in 100 ccm gesättigter, wässeriger Pikrinsäurelösung.

Vergl. Calleja, Ztschr. f. Mikroskop. 1898. 323.

**Ramsay**'s React. auf Phosgen im Chloroform.

Ueberschichtet man Chloroform mit Barytwasser, so entsteht bei Anwesenheit von Phosgen an der Berührungsfläche der beiden Flüssigkeiten ein weisses Häutchen.

Chem. Ztg. 1892. 1230.
Pharm. Centrh. 1893. 80.

**Ranvier**'s Drittelalkohol zum Härten u. Maceriren von organischen, mikroskopischen Präparaten
ist 30 %iger Alkohol oder eine Mischung von 30 ccm 90 %igem Alkohol u. 60 ccm Wasser.

Ranvier, Traité technique d'Histologie 1875. 241, 1888. 68.

**Ranvier**'s Reagentien zum Färben mikroskopischer Präparate.

1. Eine alkoholische Lösung von Pikrocarmin. Gebraucht zur Doppelfärbung: Die Kerne werden rot, das Bindegewebe rosa, elastische Fasern gelb etc. Nach anderer Lesart ist das Reag. eine 1 %ige Lösung von Pikrocarmin in Wasser oder eine Lösung von 1 g Carmin und 2 g Pikrinsäure in 100 ccm Wasser und 5 ccm Ammoniak.
   Ranvier, Traité technique d'Histologie, 1875. 100.
   Merck's Index 1902. 271.
2. Eine Lösung von 0,1 g Anilinblau in 125 ccm Wasser und 75 ccm Alkohol. Gebraucht für Knochenschliffe etc.
3. Eine Lösung von Chinolinblau in 50 %ig. Alkohol. Gebr. zum Färben von Muskeln, Nerven, Kernen etc.
   Traité technique 1875. 102.

**Ranvier**'s Reag. zum Imprägniren mikroskop. Präparate
ist eine Lösung von 1 g Chlorgold in 100 ccm Wasser mit einem Zusatze von 25 ccm Ameisensäure oder eine Lösung von 1 g Goldchloridchlorkalium in 100 ccm Wassser. Letzteres Reag. wird für Präparate verwendet, die vorher mit Citronensäure behandelt wurden. Die Reduction geschieht nach Zugabe von Essigsäure im Tageslicht.

Quart. Journ. Microsc. Sc. 1880. 456.
Ranvier, Traité 1875. 813.
Retzius, Biolog. Unters. 1881.
Grünhagen, Archiv f. mikrosk. Anat. 1882.

**Ranvier-Frey**'s Reag. (Jodserum) für mikroskop. Zwecke.

Man löst 0,2—2 g Chlornatrium und 15 g Eiweiss in 135 g Wasser, gibt 3 ccm Jodtinktur zu und filtrirt.

Ranvier, Traité 1875. 76.
Frey, Mikroskop 1877. 75.

**Raspail**'s React. auf Eiweiss
beruht auf einer Rotfärbung bei Einwirkung von Zucker und concentr. Schwefelsäure. (Auch viele Alkaloide geben eine Rotfärbung.)

Merck's Report 1901. 96.
Wèvre, Bull. Soc. Belge Microsc. 1894. 91.

**Rath**'s Reag. zum Conserviren mikroskop. Präparate ist eine Lösung von 1 g Osmiumsäure und 4 ccm Eisessig in 1 Liter gesättigter, wässeriger Pikrinsäurelösung.
Zoolog. Anzg. 1891. 363.
Anat. Anzg. 1895. 280.
Ztschr. f. Mikroskop. 1895. 488.

**Rath**'s Reag. zum Fixiren mikroskop. Präparate.
1. Eine Lösung von 1 g Platinchlorid in 10 ccm Wasser u. 25 ccm einer 20 %igen, wässerigen Osmiumsäurelösung gibt man zu 200 ccm gesättigter, wässeriger Pikrinsäurelösung u. säuert mit 2 ccm Eisessig an.
2. Obige Lösung ohne Osmiumsäure.
3. Eine Mischung von 100 ccm gesättigter, wässeriger Pikrinsäurelösung u. 100 ccm in der Wärme gesättigter Quecksilberchloridlösung (in Wasser oder 0,75 %iger Kochsalzlösung), der 2 ccm Eisessig zugegeben sind.
4. Reag. 3 mit 20 ccm 2 %iger Osmiumsäurelösung.
5. Eine Lösung von 1 g Quecksilberchlorid u. 2 ccm Eisessig in 200 ccm Alkohol.
Anat. Anzg. 1895. 280.
Ztschr. f. wiss. Zoolog. 1893. 97.
Ztschr. f. Mikroskop. 1895. 56 u. 488.

**Raupenstrauch**'s React. auf Phenole u. analoge Körper mit Chloroform u. Alkalien, siehe:
Pharm. Ztg. **33**. 737.
Chem. Centralbl. (4) **1**. 36.
Chem. Ztg. **13**. Rep. 9 oder
Ztschr. f. anal. Chem. **28**. 711.
Die React. ist im Wesentlichen identisch mit Guareschi's, Reuter's, Crismer's u. Schwarz' React. auf Resorcin bezw. Chloral u. Chloroform (siehe diese).

**Rausch**'s Reag. für mikroskop. Zwecke
ist eine gesättigte, wässerige Lösung von Salicylsäure oder Natriumsalicylat. Gebraucht als Macerationsmittel.
Monatsh. f. pract. Dermatol. 1897.

**Rauwerda**'s React. auf Cytisin.
1 Tropfen Nitrobenzol, das etwas Dinitrothiophen enthält, gibt mit Cytisin eine beständige, violettrote Färbung. Die React. gelingt noch mit 0,5 mg Cytisin. Coniin gibt eine ähnliche React., allein die Färbung verschwindet sehr bald.
Merck's Report 1901. 296.

**Rawitz**' Alauncarmin zum Färben mikroskop. Präparate.
Man löst 1 g Carminsäure u. 10 g Ammoniakalaun in 75 ccm Wasser u. 75 ccm Glycerin.
Anat. Anzg. 1899. 438.

**Rawitz**' Reag. zum Färben mikroskop. Präparate
(Glychämalaun) ist eine Lösung von 1 g Hämateïn u. 6 g Ammoniakalaun in 200 ccm Wasser u. 200 ccm Glycerin.
Leitf. f. hist. Unters., Jena. 2. Aufl. 63.

**Rawitz**' Reag. zum Färben mikroskop. Präparate.
a) Eine concentr., wässerige Lösung von Eosin;
b) Hämalaun.
Die Schnitte werden erst in a dann in b gefärbt; Kerne = dunkelblau, Protoplasma = rot, Bindegewebe = graublau.

**Rawitz**' Viertelalkohol für mikroskop. Zwecke
ist 25 %iger Alkohol. Gebraucht als Macerationsflüssigkeit.

**Rawson**'s React. zur Unterscheidung von Gallus- u. Gerbsäure.
Chlorammon u. Ammoniak erzeugen in Tanninlösungen einen weissen, rasch in rötlichbraun übergehenden Niederschlag. Gallussäure wird durch genannte Mischung rot gefärbt aber nicht gefällt. Eine Tanninlösung 1 : 5000 gibt die Fällung nur allmählich. Durch Schichtproben soll sich Tannin noch 1 : 100 000 erkennen lassen.
Chem. News **59**. 52.
Ztschr. f. anal. Chem. **28**. 351.
Chem. Ztg. 1889. Rep. 39.

**Read**'s React. auf Phenol u. Kreosot.
Phenol löst sich in concentr. Ammoniak, nicht aber Kreosot.
Merck's Report 1901. 297.

**Reale**'s React. auf freie Salzsäure in Eisenchlorid.
Eine Eisenchloridlösung, die freie Salzsäure enthält, wird durch eine 1 %ige Phenollösung grün, bei Abwesenheit von freier Salzsäure aber amethystfarbig gefärbt.
Merck's Report 1901. 297.

**Recklinghausen**'s Reag. für mikroskop. Zwecke
ist eine Lösung von Silbernitrat in Wasser (1:500). Gebraucht zur Darstellung von Saftlücken, Lymph- u. Blutgefässen etc.
Die Lymphgefässe, etc. Berlin, 1862. 5.
Dekhuyzen, Anat. Anzeiger 1889. 789.

**Reed**'s Reag. zur Bacterienfärbung.
Eine gesättigte, alkoholische Lösung von Dahliaviolett mischt man mit der 5fachen Menge Wasser.
Amer. microsc. Soc. Trans. 1897.

**Rees**' Reag. zum Fällen der Albumine
ist alkoholische, essigsaure Gerbsäurelösung (identisch mit Almén's Reag.).

**Regaud**'s Reag. zum Färben mikroskop. Präparate.
a) Eine Lösung von 1 g Osmiumsäure in 100 ccm gesättigter, wässeriger Pikrinsäurelösung;
b) eine Lösung von 1 g Silbernitrat in 100 ccm Wasser oder in genannter Pikrinsäurelösung.
Näheres siehe Ztschr. f. Mikroskop. 1895. 74.
Journ. Anat. Phys. Paris 1894. 719.

**Regnauld-Retterer**'s Reag. für mikroskop. Zwecke
ist eine Mischung von 5 g Ameisensäure mit 50 g Alkohol (36 Vol. %).
Journ. Anat. Physiol. 1892.

**Regnault**'s React. auf Chloroform.
Erhitzt man Chloroform mit alkoholischer Kalilauge, so entsteht Aethylformiat und Kaliumchlorid. Verwendet man genügend Kalilauge, so wird das Aethylformiat verseift und es bildet sich Kaliumformiat.
Vergl. Hofmann's React.

**Rehm**'s Reag. zum Färben mikroskop. Präparate
1. Eine concentr., wässerige Lösung von Congorot. Gebr. wie Alt's Reag.
2. a) Eine 1 %ige Lösung von Ammoniakcarmin;
b) eine 0,1 %ige Lösung von Methylenblau.
Münchener med. Wochenschr. 1892. 217.

**Reich**'s Reag. auf Rohrzucker
Siehe Papasogli's React.

**Reichardt**'s React. auf Arsen im Harn
beruht auf dem Verfahren von Marsh.
Archiv d. Pharm. **217**. 1.

**Reichardt**'s React. auf Chloroform
beruht auf der Reduction von Fehling's Reag. unter Abscheidung von Kupferoxydul beim Erhitzen mit Chloroform. Empfindlichkeitsgrenze = 1 : 4500.

**Reichardt**'s React. auf Salpetersäure.
Salpetersäure enthaltende Flüssigkeiten erzeugen in einer Lösung von Brucin in concentr. Schwefelsäure eine intensiv rote Färbung. Empfindlichkeitsgrenze = 1 : 256000.
Kersting, Liebig's Annal. **125**. 254.
Longi, Ztschr. f. anal. Chem. **23**. 350.

**Reiche**'s React. auf Gummi.
Kocht man Gummi einige Zeit mit Orcin und concentr. Salzsäure, so entsteht eine rote bis violette Färbung und schliesslich ein blauer Niederschlag, der sich auf Zusatz von Alkohol mit grünlichblauer Farbe löst. Diese Lösung nimmt mit Natronlauge eine violette Farbe und grüne Fluorescenz an. Auch Bassorin und Kirschgummi verhalten sich ähnlich. Dextrin, Stärke und Cellulose geben unter gleichen Verhältnissen eine gelbe bis braungelbe Färbung.
Chem. News. **38**. 145.
Ztschr. f. anal. Chem. **19**. 357.

**Reichl**'s React. auf Glycerin (Glycereïnprobe).
Gleiche Teile Glycerin, Phenol und concentr. Schwefelsäure auf 120° C. erhitzt, scheiden eine braungelbe Masse aus, die sich in Wasser und Ammoniak mit carminroter Färbung löst.
Dingler's Journ. **235**. 232.
Ztschr. f. anal. Chem. **20**. 381.

**Reichl**'s (**Mikosch's**) Reag. auf Eiweiss.
Eiweiss gibt mit einer Mischung von Ferrisulfat, verd. Schwefelsäure und alkoholischer Benzaldehydlösung eine blaue Färbung. Empfindlichkeitsgrenze = 1 : 1500.
Chem. Centralbl. 1890. II. 475.
Chem. Ztg. 1889. Rep. 221.
Monatsh. f. Chem. **10**. 317 u. **11**. 155.
Ber. d. deutsch. botan. Ges. 1890. 33.

**Reinsch**'s React. auf Arsen.
Erhitzt man eine mit Salzsäure versetzte Arsenlösung mit einem blanken Kupferblech, so bildet sich auf letzterem ein grauer Beschlag. (Die Abwesenheit von Quecksilber und Antimon vorausgesetzt).
Ztschr. f. anal. Chem. **1**. 220, **3**. 206, **5**. 202, **39**. 657.
Vergl. auch Meier, Pharm. Centrh. 1890. 105.
Journ. f. pract. Chem. **82**. 286.
Dieselbe Reaction benutzt der Autor zum Nachweis der schwefligen Säure.
N. Jahrb. d. Pharm. **16**. 277.

**Reinitzer**'s React. auf Pentosen ist identisch mit Allen-Tollens' Orcinreaction.
Ztschr. f. physiol. Cem. **14**. 453.
Ztschr. f anal. Chem. **40**. 544.

**Reischauer**'s React. auf Saccharin siehe Herzfeld-Reischauer's React.

**Remak**'s Reag. zum Härten mikroskopischer Präparate.
Man löst 20 g Kupfersulfat in 150 ccm Wasser und gibt 3 ccm Holzessig und 50 ccm Alkohol zu.
Nach anderer Lesart: Eine Mischung von 50 ccm 2 %iger, wässeriger Kupfersulfatlösung mit 50 ccm 25 %ig. Alkohol und 35 Tropfen Holzessig (Götte's Modification).
Fol, Lehrbuch, 1884. 106.

**Remsen**'s React. auf Saccharin neben Salicylsäure ist identisch mit Börnstein's React. (Siehe diese).

**Rénard**'s React. auf Arachisöl im Olivenöl besteht in der Isolirung der Arachinsäure, deren Schmelzpunkt 75° C. ist.
Journ. de Pharm. et de Chim. **15**. 48.
Wittstein's Vierteljahresschr. **21**. 571.
Chem. Ztg. 1895. 451.
Ztschr. f. anal. Chem. **12**. 231.

**Renaut**'s Reag. zum Färben mikroskopischer Präparate.
1. Ein Gemisch von Ehrlich's Glycerinhämatoxylin (siehe dieses) mit getrennt bereiteten Lösungen von Eosin in (1 %) kochsalzhaltigem Glycerin und von Kalialaun (1 %) in reinem Glycerin. Das Reag. färbt Kerne violett, Bindegewebe perlgrau, elastische Fasern u. Blutkörperchen dunkelrot. Das Zellprotoplasma u. das Protoplasma der Achsencylinder werden rosa, die Schleimzellen blau gefärbt.
2. Eine Lösung von 1 g Hämatoxylin u. 1 g Alaun in 50 ccm Alkohol, 50 ccm Glycerin u. 50 ccm Wasser. Das Reag. muss einige Wochen an Licht u. Luft reifen, bis der Alkoholgeruch verschwunden ist.
3. Eine Lösung von Eosin (-Natrium) in Wasser oder 30 %igem Alkohol.
Vergl. Dreschfeld's Reag.
Archiv de Physiolog. 1881. 640.
Merck's Index 1902. 270.

**Reoch**'s React. auf freie Mineralsäuren im Magensaft beruht auf der Rotfärbung eines neutralen Gemisches von Rhodankalium- u. Eisenoxydsalzlösungen, welche durch Mineralsäuren, nicht aber durch verdünnte Milchsäure (2 %) hervorgebracht werden soll.
The acidity of gastric juice. Journ. of Anat. and Physiol. 1874. 274.
Pharm. Centrh. 1888. 322.

**Reoch**'s React. auf Oxalsäure im Harn beruht auf der Fällung des Calciumoxalates mit Alkohol.
Siehe Salkowski's React.

**Retterer**'s Reag. zum Fixiren mikroskop. Präparate ist eine Lösung von 5 g Platinchlorid u. 6 g Eisessig in 100 ccm Wasser u. 100 ccm Formaldehyd.
Journ. Anat. Phys. Paris 1897. 463.

**Reuss**' React. auf Atropin ist identisch mit Gulielmo's React.

**Reuter**'s React. zur Unterscheidung von Naphtalin, $\alpha$- u. $\beta$-Naphtol beruhen auf Farbenerscheinungen, welche beim Erhitzen genannter Stoffe mit geschmolzenem Chloralhydrat eintreten.
Näheres siehe Pharm. Ztg. **36**. 289.
Chem. Ztg. **15**. Rep. 143.
Ztschr. f. anal. Chem. **30**. 717.

**Reuter**'s Reag. auf p-Phenetidin im Phenacetin.
In 2,5 g geschmolzenen Chloralhydrats trägt man 0,5 g Phenacetin ein. Ist das letztere rein, so löst es sich farblos auf, wenn es nicht länger als 3 Minuten im siedenden Wasserbade erhitzt wurde. Spuren von Phenetidin bewirken eine intensive Blau- oder Violettfärbung.
Pharm. Ztg. **36**. 185.

**Reuter**'s React. auf Resorcin.
Einige ccm einer Lösung von Resorcin in Kalilauge (0,1 : 50) erwärmt man im Wasserbade und gibt einige Tropfen Chloroform zu. Die Flüssigkeit

färbt sich sehr bald intensiv rot. An Stelle von Chloroform kann man auch Bromoform, Chloralhydrat oder Bromalhydrat verwenden.
Pharm. Ztg. **36**. 292.
Chem. Ztg. **15**. Rep. 143.
Ztschr. f. anal. Chem. **30**. 718.
Diese React. stammt von Guareschi.
Pharm. Ztg. **36**. 299.
Berl. Ber. 1872. 1055.

**Reynolds'** React. auf Aceton im Harn.
Man schüttelt den Harn mit frisch gefälltem Quecksilberoxyd und filtrirt; war Aceton vorhanden, so lässt sich im Filtrate Quecksilber nachweisen, das als Acetonquecksilber in Lösung gegangen ist. Der Nachweis des Quecksilbers geschieht entweder mit Schwefelammon (Schichtprobe) oder mit Bettendorf's Reag.
Proc. Roy. Soc. **19**. 431 (1871).
Ztschr. f. Chem. [2] **7**. 254.
Ztschr. f. anal. Chem. **24**. 148.
Salkowski, Ztschr. f. anal. Chem. **34**. 125.

**Reynolds'** React. auf Methylalkohol im Aethylalkohol.
Eine kleine Menge des zu prüfenden Alkohols destillirt man, gibt 3 Tropfen sehr verdünnte Quecksilberchloridlösung und überschüssige Kalillauge zu und schüttelt unter Erwärmung um. Bei Anwesenheit von Methylalkohol löst sich der entstandene Niederschlag von Quecksilberoxyd auf. Man teilt die erwärmte Lösung in 2 Teile. Der eine Teil gibt nach dem Ansäuern mit Essigsäure einen flockigen, gelblichweissen Niederschlag, der andere Teil gibt einen ähnlichen Niederschlag beim Erhitzen bis zum Sieden, wenn Methylalkohol vorhanden war.
Pharmaceutical. Journal 5. 272.
Ztschr. f. anal. Chem. **3**. 504, **4**. 220.

**Reynolds** Reactionen auf Natriumthiosulfat.
1. Man kocht mit etwas Salzsäure und weist den abgeschiedenen Schwefel nach Zusatz von Natronlauge durch Nitroprussidnatrium nach (Béchamp's React.). Empfindlichkeitsgrenze = 1 : 6000.
2. Thiosulfat wird noch in Lösung 1 : 30 000 Wasser durch Eisenchlorid rot gefärbt.
3. Jodamylumlösung wird von Thiosulfat in Lösung 1 : 160 000 noch entfärbt.
4. Eisenchloridlösung wird durch Thiosulfat reduzirt. Empfindlichkeitsgrenze = 1 : 130 000.
5. Thiosulfat wird noch 1 : 500 000 durch Zink und Salzsäure unter Bildung von Schwefelwasserstoff zersetzt (Bleipapier).
Chem. News 1863. 283.
Zeitschr. f. anal. Chem. **3**. 146.

**Reynolds-Gunning**'s React. auf Aceton.
Siehe Reynold's React.

**Ribbert**'s Reag. zur Bacterienfärbung
ist eine concentr., wässerige Lösung von Dahliaviolett, der auf 100 ccm noch 50 ccm Alkohol und 12,5 ccm Eisessig zugemischt sind.
Friedländer, Microscop. Technik 1894, 201.

**Rice**'s Reag. auf Phenol.
Man löst 1 g Kaliumchlorat in 10 ccm concentr. Salzsäure und gibt nach 10 Minuten 15 ccm Wasser zu. Nach dem Entfernen des über der Flüssigkeit befindlichen Chlorgases schichtet man über die Flüssigkeit Ammoniakflüssigkeit. Gibt man einen Tropfen einer phenolhaltigen Flüssigkeit zu, so färbt sich die Ammoniakschicht rosenrot bis rotbraun. Empfindlichkeitsgrenze = 1 : 12 000. (Kreosot gibt diese React. ebenfalls).
Amer. Journ. of Pharm. **45**. 98.
Ztschr. f. anal. Chem. **13**. 237.

**Richardson**'s React. auf $\alpha$- u. $\beta$-Naphtol.
0,05 g Sulfanilsäure löst man in 5 ccm Normal-Natronlauge und gibt 5 ccm Normal-Schwefelsäure und dann 0,02 g Natriumnitrit (in einigen Tropfen Wasser gelöst) zu. Diese Mischung giesst man in eine Lösung von 0,04 g Naphtol in 0,5 ccm Natronlauge. $\alpha$-Naphtol gibt eine dunkelblutrote, $\beta$-Naphtol eine rötlichgelbe Färbung. $\alpha$-Naphtol wird alsdann auf Zusatz von verdünnter Schwefelsäure dunkelbraun gefällt, $\beta$-Naphtol bleibt damit unverändert.
Chem. News **65**. 18.
Ztschr. f. anal. Chem. **31**. 330.

**Richardson**'s Reag. auf Wasserstoffsuperoxyd.
Man kocht Titandioxyd mit starker Schwefelsäure, verdünnt, filtrirt und versetzt das Filtrat mit Ammoniak. Der entstandene Niederschlag wird nach dem Auswaschen in kalter, verdünnter Schwefelsäure gelöst. Mit Wasserstoffsuperoxyd gibt das Reag. Gelbfärbung. Empfindlichkeitsgrenze = 1 : 1 800 000.
Journ. of the Chemic. Society **63**. 1109.
Ztschr. f. anal. Chem. **35**. 630.
Vergl. Staedel, Ztschr. f. angew. Chem. 1902. 642.

**Richardson**'s Reag. auf Typhus siehe **Gruber-Widal.**

**Riche-Bardy**'s React. auf Aethylalkohol im Methylalkohol.
Erhitzt man Methylalkohol mit Schwefelsäure, verdünnt mit Wasser und destillirt, so wird das Destillat nach Zusatz von Schwefelsäure und Kaliumpermanganat und zuletzt von Natriumthiosulfat bei Anwesenheit von Aethylalkohol durch verdünnte Fuchsinlösung violett gefärbt.
Compt. rend. **82**. 768.
Berl. Ber. 1876. 638.
Rupp, Chem. Ztg. 1887. Rep. 25.

**Riche-Bardy**'s React. auf Methylalkohol im Aethylalkohol
beruht auf der Ueberführung der Alkohole in Methyl- und Aethylanilin durch Behandlung mit Jod, Phosphor und Anilin und der Oxydation des Reactionsproductes (mit Zinnchlorid etc.) in alkalischer Lösung, wobei ein Körper entsteht, der je nach der Menge des vorhandenen Methylalkohols sich mit mehr oder weniger violetter Farbe in Alkohol löst.
Näheres siehe Berl. Ber. **8**. 697.
Ztschr. f. anal. Chem. **15**. 342.

**Richemont**'s React. auf Salpetersäure.
Man löst 1 T. Ferrosulfat in einer Mischung von 1 T. Wasser und 1 T. verdünnter Schwefelsäure (15 %). Die mit concentr. Schwefelsäure gemischte oder gelöste Substanz gibt bei Anwesenheit von Salpetersäure oder Nitraten beim Ueberschichten mit dem Reag. eine braune Zone. (Salpetersäurenachweis des Deutschen Arzneibuches.)
Sprengel, Ztschr. f. anal. Chem. **3**. 115.
Vergl. Desbassin's React.

**Ridenour**'s React. auf Salicylsäure.
Eine Lösung von Salicylsäure wird bei Anwesenheit von Ammoniumcarbonat durch Wasserstoffsuperoxyd (ca. 2,3 %) kirschrot gefärbt.
Chem. Centralbl. 1899. 848.
Pharm. Centrh. 1899. 785.

**Rieckher**'s React. auf Arsen
beruht auf der Bildung von Silberarseniat (gelber Niederschlag) auf Zusatz von Silbernitrat zu einer möglichst neutralen Arseniat-Lösung. Empfindlichkeitsgrenze = 1 : 200 000.
Näheres siehe Ztschr. f. anal. Chem. **3**. 204, **5**. 201.

**Riegler**'s Reag. auf Acetessigsäure im Harn
ist eine Lösung von 6 g krystallisirter Jodsäure in 100 ccm Wasser. 50 ccm des zu prüfenden Harns säuert man mit 20—30 Tropfen concentr. Schwefelsäure an und mischt dann mit 50 ccm Reag. Bei Anwesenheit von Acetessigsäure entsteht eine Rosafärbung, welche nach ca. 1/2 Stunde wieder verschwindet. Die Färbung geht beim Schütteln mit Chloroform in letzteres nicht über (charakteristisch!), während normaler Harn unter gleichen Bedingungen das Chloroform violett färbt.
Wien. Medic. Blätter 1902. 227.
Pharm. Centrh. 1902. 249.
Südd. Apoth.-Ztg. 1903. 216.
Voltolini, Münchener med. Wochenschr. 1903. 698.
Apoth.-Ztg. 1903. 281.

**Riegler**'s Reag. auf Albumosen und Peptone
ist Paradiazonitranilinlösung (siehe Riegler's Reag. auf Salicylsäure). — 10 ccm Harn versetzt man mit 10 ccm Reag. und dann mit 30 Tropfen Natronlauge (10 %). Bei Anwesenheit von Albumosen und Peptonen entsteht eine gelbrote bis blutrote Färbung.
Näheres siehe Pharm. Centrh. 1899. 707.
Auch Eiweiss lässt sich mit diesem Reag. nachweisen.

**Riegler**'s React. auf Aldehyde
siehe dessen React. auf Formaldehyd und Glucose oder Ztschr. f. anal. Chem. **42**. 168.

**Riegler**'s Reag. auf Alkaloide.
Asaprol gibt mit sauren Alkaloidlösungen einen Niederschlag, der beim Erwärmen sich löst, beim Erkalten sich wieder ausscheidet.
Pharm. Centrh. 1896. 845.
Ztschr. f. anal. Chem. **37**. 726.

**Riegler**'s Reag. auf Ammoniak (und stickstoffhaltige organische Stoffe, welche mit starken Basen Ammoniak geben).
1 g p-Nitranilin löst man unter Erwärmen in 2 ccm Salzsäure und 20 ccm Wasser, gibt 160 ccm Wasser und dann (nach dem Erkalten) eine Lösung von 0,5 g Natriumnitrit in 20 ccm Wasser zu.
Näheres siehe Chem. Ztg. 1897. Rep. 307.

**Riegler**'s Asaprolreag. auf Eiweiss im Harn.
1. 8 g Asaprol (Abrastol) und 8 g Citronensäure löst man in 200 ccm Wasser. Eiweisshaltiger Harn wird durch dieses Reag. getrübt. Die refraktometr. Bestimmung des Eiweisses nach Riegler siehe Wiener medic. Blätter 1895 Nr. 48. Nach dieser Methode wird das Eiweiss durch Asaprol gefällt und in Kalilauge von bekanntem Brechungsexponenten gelöst. Aus der Differenz dieses Exponenten mit dem Exponenten der alkalischen Eiweisslösung berechnet sich nach Riegler das chemisch reine Albumin. (Bestimmung im Refractometer von Pulfrich).
2. Auch eine 10%ige Lösung von Asaprol, die mit 1/10 Volum concentr. Salzsäure versetzt ist, zeigt Eiweiss und Peptone noch in 0,01%iger Lösung an.
Répert. de Pharm. **51**. 60.
Wiener klin. Wochenschr. 1894. Nr. 52.
Ztschr. f. anal. Chem. **38**. 485

**Riegler**'s Reag. I auf Eiweiss und Albumosen.
Man löst 4 g Alumnol (β-naphtoldisulfosaures Aluminium) und 4 g Citronensäure in 100 ccm Wasser. 10 ccm der zu prüfenden Flüssigkeit versetzt man mit 20—30 Tropfen Reag. Eiweiss bewirkt eine Trübung, die sich beim Erwärmen nicht löst, Albumosen bewirken eine Trübung, die beim Erwärmen verschwindet. Auch die freie β-Naphtoldisulfosäure kann als Reag. benützt werden. Empfindlichkeitsgrenze = 1 : 40000.
Pharm. Centrh. 1897. 379.
Ztschr. f. anal. Chem. **38**. 68.

**Riegler**'s Reag. II auf Eiweiss.
Man löst 5 g β-Naphtalinsulfosäure in 100 ccm Wasser und filtrirt. 5—6 ccm Harn versetzt man mit 20—30 Tropfen Reag. Bei Anwesenheit von Eiweiss, Albumosen und Peptonen entsteht eine Trübung oder Fällung. Der durch Eiweiss hervorgerufene Niederschlag verschwindet beim Erwärmen nicht, wohl aber der durch Albumosen und Peptone erzeugte. Empfindlichkeitsgrenze = 1 : 40000.
Merck's Index 1902. 263.
Pharm. Centrh. 1897. 379.

**Riegler**'s React. auf Formaldehyd in Milch.
2 ccm Milch und 2 ccm Wasser schüttelt man mit ca. 0,1 g salzsaur. Phenylhydrazin bis zu dessen Lösung und gibt 10 ccm Natronlauge (10 %) zu. Hierauf schüttelt man etwa 1/2 Stunde lang. Bei Anwesenheit von Formaldehyd entsteht eine rosarote Färbung.
Pharm. Centrh. 1900. 769.
Ztschr. f. anal. Chem. **40**. 564 u. **42**. 168.

**Riegler**'s Reag. auf Gallenfarbstoffe.
Man löst 5 g p-Nitranilin in 25 ccm Wasser und 6 ccm concentr. Schwefelsäure, gibt 100 ccm Wasser und eine Lösung von 3 g Natriumnitrit in 25 ccm Wasser zu und ergänzt die klare Lösung mit Wasser auf 500 ccm. — 20 ccm Harn werden mit 5 ccm Chloroform etwa 3 Minuten lang geschüttelt. Nach 1/2 Stunde lässt man die Chloroformschicht abfliessen, gibt ein gleiches Volum absolut. Alkohol zu derselben und schüttelt die Mischung mit 2 ccm Reag. Bei Anwesenheit von Gallenfarbstoffen färbt sich die Chloroformschicht nach einiger Zeit gelbrot bis rot.
Wiener Medic. Bl. 1899. 271.
Ztschr. f. anal. Chem. **39**. 735.
Vergl. Clemens' u. Ehrlich's React. auf Gallenf.

**Riegler**'s React. I auf Glucose im Harn.
1 ccm Harn erhitzt man auf der Flamme mit je einer Messerspitze kryst. Natriumacetats und Phenylhydrazinchlorhydrats. Bei Anwesenheit von Glucose tritt innerhalb einer Minute eine rotviolette Färbung auf.
Deutsche medic. Wochenschr. 1901. Nr. 3.
Ztschr. f. anal. Chem. **40**. 564.
Pharm. Centrh. 1901. 120.

**Riegler**'s React. II auf Glucose im Harn.
1 ccm Harn kocht man mit einer Messerspitze voll oxalsaurem Phenylhydrazin und 10 ccm Wasser unter Umschütteln bis zur Lösung. Nach Zugabe von 10 ccm Kalilauge (10 %) verschliesst man das Kölbchen und schüttelt kräftig. Bei Anwesenheit von Glucose wird die Mischung sofort oder innerhalb einer Minute rosarot. Später auftretende Färbung ist nicht beweisend. Empfindlichkeitsgrenze = 0,05 %.
Deutsche med. Wochenschr. 1903. 266.
Apoth.-Ztg. 1903. 250.
Pharm. Ztg. 1903. 371.
Ztschr. f. anal. Chem. **42**. 169.

**Riegler**'s Reag. auf Harnsäure.
(Diazoreagens) 0,5 g p-Nitranilin bringt man durch vorsichtiges Erhitzen in 10 ccm Wasser und 15 Tropfen concentr. Schwefelsäure zur Lösung und gibt nach dem Erkalten 20 ccm Wasser und dann unter Kühlen und Umschütteln 10 ccm 2,5 %iger Natriumnitritlösung zu. Nach 1/4 Stunde verdünnt man mit 60 ccm Wasser und filtrirt. Versetzt man 10 ccm einer Harnsäurelösung mit 10 Tropfen Reag. und 10 Tropfen 10 %iger Natronlauge, so färbt sich die Mischung erst gelbrötlich, dann blau oder grün. Die React. ist zum direkten Nachweise der Harnsäure im Harn nicht geeignet.
Wiener medic. Blätter 1897. 427.
Ztschr. f. anal. Chem. **38**. 130.

**Riegler**'s React. auf Harnsäure.
Man schüttelt 5 ccm der zu prüfenden Flüssigkeit mit etwas Phosphormolybdänsäure und lässt dann 10—15 Tropfen concentr. Natronlauge zufliessen. Bei Anwesenheit von Harnsäure (auch von Guanin, Alloxan und Alloxantin) färbt sich die Mischung sofort intensiv blau. Empfindlichkeitsgrenze = 1 : 100 000.
Wiener medic. Blätter 1901. 789 od. Pharm. Centrh. 1902. 787.
An Stelle von Natronlauge lässt sich auch eine 10 %ige Lösung von Dinatriumphosphat verwenden: 10 Tropfen oder einige Körnchen der zu prüfenden Substanz und einige Kryställchen Phosphormolybdänsäure versetzt man in einem Schälchen mit 20 Tropfen Dinatriumphosphatlösung. Sofortige Blaufärbung zeigt Harnsäure an.
Wiener medic. Blätter 1902. 405.
Pharm. Centrh. 1902. 338.

**Riegler**'s Reag. zur Harnstoffbestimmung.
(Modification von Millon's Reag.). 10 ccm Quecksilber löst man in 130 ccm Salpetersäure (D. = 1,4) und verdünnt mit 140 ccm Wasser.
Näheres siehe Ztschr. f. anal. Chem. **33**. 49.

**Riegler**'s React. auf Milchzucker in Milch.
Eine Mischung von 1 ccm Milch, 2—3 ccm Wasser, ca. 0,1 g salzsaur. Phenylhydrazin und einer Messerspitze voll Natriumacetat erhitzt man zum Sieden und gibt 10 ccm Natronlauge (10 %) zu. Die Mischung färbt sich rosa und nach einigen Minuten rot. Mit dieser React. lässt sich auch Traubenzucker im Harn etc. nachweisen.
Pharm. Centrh. 1900. 770.

**Riegler**'s React. auf Phosphorsäure
beruht auf der Tatsache, dass aus einer ammoniakalischen Lösung von Ammoniumphosphomolybdat durch Chlorbaryum die Phosphorsäure quantitativ gefällt wird [als $Ba_{27} (Mo\,O_4)_{24}\,P_2\,O_8 + 24\,H_2\,O$].
Näheres siehe Ztschr. f. anal. Chem. **41**. 675.

**Riegler**'s React. auf Saccharin.
(p-Diazonitranilinlösung). Man löst 2,5 g p-Nitranilin in 25 ccm Wasser und 5 ccm concentr. Schwefelsäure. Hierauf verdünnt man mit 25 ccm Wasser und gibt eine Lösung von 1,5 g Natriumnitrit in 20 ccm Wasser zu. Nach gutem Umschwenken ergänzt man die Mischung mit Wasser auf 250 ccm und filtrirt. — Zum Nachweis des Saccharins wird seine wässerige, schwach alkalische Lösung tropfenweise und unter Umschwenken mit obigem Reag. versetzt, mit Aether ausgeschüttelt und die abgehobene ätherische Schicht mit Natronlauge oder Ammoniak geschüttelt. Die ätherische Schicht färbt sich dabei grün bis blaugrün.
Näheres siehe Ztschr. f. anal. Chem. **41**. 121 u. Pharm. Centrh. 1900. 563.

**Riegler**'s React. auf Salicylsäure.
Zu einer Lösung von 0,01 g Salicylsäure in 10 ccm Wasser und 2 Tropfen 10 %ig. Natronlauge lässt man unter Umschwenken tropfenweise p-Diazonitranilinlösung (siehe Riegler's Reag. auf Saccharin) zufliessen, bis die auftretende rote Färbung eben wieder verschwunden ist. Man schüttelt mit 10 ccm Aether aus, hebt letzteren ab und schüttelt ihn mit 20 Tropfen 10 % Natronlauge. Der Aether ist farblos, die Natronlauge rot gefärbt. Gibt man zu dem abermals abgehobenen Aether 5 ccm Ammoniak und schüttelt, so färbt sich letzterer rot. Der Aether bleibt farblos.
Ztschr. f. anal. Chem. **41**. 121.
Pharm. Centrh. 1900. 564.

**Riegler**'s Naphtionsäurereag. auf salpetrige Säure.
0,02—0,03 g krystallisirte Naphtionsäure schüttelt man mit circa 5 ccm der zu prüfenden Flüssigkeit, gibt 3 Tropfen concentr. Salzsäure zu und schüttelt eine Minute lang kräftig um. Schichtet man über diese Mischung vorsichtig 20—30 Tropfen Ammoniak, so bildet sich bei Anwesenheit von salpetr. Sr. ein rosa gefärbter Ring. Beim Mischen wird die Flüssigkeit rosa bis dunkelrot.
Ztschr. f. anal. Chem. **35**. 677.
Colorimetrische Bestimmung der salpetr. Sr. mit Riegler's Reag. siehe Ztschr. f. anal. Chem. **36**. 306.

**Riegler**'s Naphtolreag. auf salpetrige Säure.
2 g Natriumnaphtionat und 1 g β-Naphtol werden mit 200 ccm dest. Wasser kräftig geschüttelt und filtrirt. Zu 10 ccm der zu prüfenden Flüssigkeit gibt man 10 Tropfen Reag., 2 Tropfen conc. Salzsäure und lässt nach dem Umschütteln 20 Tropfen Ammoniak vorsichtig zufliessen. An der Berührungsfläche tritt ein mehr oder weniger rot gefärbter Ring auf, beim Umschütteln wird je nach Menge der vorhandenen salpetrigen Säure die Flüssigkeit rosa bis rot. Salpetr. Sr. lässt sich noch in einer Verdünnung von 1 : 100 Millionen nachweisen. (Das Reag. kann auch in Pulverform verwendet werden. Die Mischung besteht aus gleichen Teilen α-Naphtionsäure und β-Naphtol.)
Ztschr. f. anal. Chem. **36**. 377.
Merck's Index 1902. 263.
Pharm. Centralh. 1897. 191. 209.

**Riegler**'s React. auf freie Säuren.
Man mischt 3—4 ccm der zu prüfenden Flüssigkeit mit 5 Tropfen 1 %iger Natriumnitritlösung und 10 Tropfen Riegler's Naphtolreag. und schichtet 15 Tropfen Ammoniakflüssigkeit darüber. Bei Anwesenheit von freier Säure entsteht ein roter Ring. Zum Gelingen der React. muss die zu prüfende Lösung mindestens 0,02—0,04 g Säure im Liter enthalten.
Wiener medic. Blätter **22**. 335.
Ztschr. f. anal. Chem. **40**. 170.

**Rimini**'s React. auf Aceton (im Harn).
Acetonhaltige Flüssigkeiten werden auf Zusatz eines aliphatischen Amins (besonders der Monamine) wie Methyl-, Aethyl-, Propyl-, Isopropyl-, Allylamin oder ihrer Chlorhydrate und einiger Tropfen Nitroprussidnatriumlösung fuchsinrot gefärbt. Essigsäure bewirkt alsdann Violettfärbung. Empfindlichkeitsgrenze = 1 : 1000.
Chem. Ztg. 1898. Rep. 159 u. 199.
Ztschr. f. anal. Chem. **41**. 438.
Pilhashy, Ztschr. f. anal. Chem. **41**. 250.

**Rindfleisch**'s Reag. für mikroskop. Zwecke
ist eine Lösung von 0,1 g Osmiumsäure in 100 ccm Wasser. Gebraucht als Macerationsflüssigkeit für das Centralnervensystem.

**Rinmann**'s React. auf Zink.
Glüht man Zinkoxyd oder andere Zinkverbindungen, mit einer stark verdünnten Cobaltlösung befeuchtet, auf Kohle oder Platin, so bildet sich eine grüne Masse.
Volhard, Anleitg. z. Anal. 1889. 38.
Schmidt, Pharm. Chem. I. 707. (1893).
Bloxam, Journ. of the Chem. Soc. **3**. 98.

**Ripart**'s Flüssigkeit (auch Ripart-Petit's Reag. genannt)
ist eine mit 1 g Essigsäure versetzte Lösung von 0,3 g Kupferchlorid und 0,3 g Kupferacetat in 150 ccm Kampherwasser. Gebraucht als Conservirungsmittel für Algen.
Carnoy, La Biologie cellulaire 1884. 95.
Merck's Index 1902. 271.
Amann, Ztschr. f. Mikroskop. 1896. 19.

**Ritsert**'s Reactionen auf Acetanilid.
1. Man kocht 0,1 g Acetanilid mit 1 ccm Salzsäure einige Male auf, lässt erkalten und gibt in diese Lösung 5 Tropfen Chlorwasser. Es entsteht eine kornblumenblaue Färbung, welche nach etwa 5 Minuten verschwindet u. durch Chlorwasser wieder zum Erscheinen gebracht wird.
2. 1 ccm derselben Lösung nach und nach mit Chlorkalklösung (1 : 200) versetzt, gibt ebenfalls kornblumenblaue Färbung.
3. 1 ccm derselben Lösung mit 1—2 Tropfen Kaliumpermanganatlösung versetzt, gibt eine klare, grüne Lösung.
4. 1 ccm derselben Lösung mit 1—2 Tropfen einer 3%igen Chromsäurelösung versetzt, färbt sich gelbgrün, dann trüb dunkelgrün; auf Zusatz von Kalilauge scheidet sich ein dunkelblauer Niederschlag aus.
Pharm. Ztg. **33**. 383.
Ztschr. f. anal. Chem. **27**. 667.
Schwarz, Pharm. Ztg. **33**. 364.

**Ritsert**'s Reactionen auf Phenacetin.
1. Man kocht 0,1 g Phenacetin mit 1 ccm Salzsäure einige Male auf, lässt erkalten und gibt in diese Lösung tropfenweise Chlorwasser. Nach 5 Minuten ist die Mischung rubinrot gefärbt. Durch mehr Chlorwasser wird die Farbe blasser.
2. Dieselbe Lösung gibt mit Chlorkalklösung (1 : 200) rubinrote Färbung.
3. Dieselbe Lösung gibt mit Kaliumpermanganatlösung violette bis rubinrote Färbung.
4. Dieselbe Lösung mit dem 10fachen Wasser verdünnt wird nach Zusatz von 3 Tropfen Chromsäurelösung allmählich tief rubinrot.
Pharm. Ztg. **33**. 383.
Ztschr. f. anal. Chem. **27**. 667.
Chem. Ztg. 1888. Rep. 193.

**Ritsert**'s React. auf Phenacetin.
Gibt man zu einer Lösung von Phenacetin in kalter, concentr. Schwefelsäure einige Tropfen concentr. Salpetersäure, so färbt sich die Lösung gelb, auf Zusatz von mehr Salpetersäure scheidet sich nach einiger Zeit ein citronengelber Niederschlag aus. Nach einer anderen Angabe des Autors soll man einige Tropfen der schwefelsauren Lösung in Salpetersäure geben.
Pharm. Ztg. **34**. 98 u. 175.
Ztschr. f. anal. Chem. **28**. 749.

**Ritsert**'s React. auf Sulfonal.
Erhitzt man Sulfonal mit Natriumamalgam oder Pyrogallol, so entsteht Mercaptan. Schmilzt man Sulfonal mit Kaliumhydroxyd, so tritt ein stechender, senfölartiger Geruch auf.
Pharm. Ztg. **33**. 312.

**Ritsert**'s React. auf Verunreinigungen im Glycerin.
Modification des Deutschen Arzneibuches IV.: Wird eine Mischung von 1 ccm Ammoniak und 1 g Glycerin auf 60° C. erwärmt und dann sofort mit 3 Tropfen Silbernitratlösung versetzt, so soll innerhalb 5 Minuten in dieser Mischung weder eine Färbung noch eine braunschwarze Ausscheidung erfolgen (eine solche könnte durch Acroleïn, Ameisensäure etc. bewirkt werden).
Deutsch. Arzneibuch IV. 180.
Lunge, Chem. Techn. Unters.-Method. III. 157.

**Ritthausen**'s React. auf Proteïnstoffe
ist eine Biuretreaction.
Siehe Journ. f. pract. Chem. **102**. 376.
Ztschr. f. anal. Chem. **7**. 266.
Vergl. Brücke's u. Rose's React.

**Robert**'s Reag. I auf Eiweiss
ist eine Lösung von 1 T. Kochsalz in 2,5 T. Wasser, der 5% Salzsäure (D. = 1,052) zugesetzt ist. Man gibt zu 5 ccm Harn 5 ccm Reag., wobei bei Anwesenheit von Eiweiss (od. Pepton) eine Trübung oder ein Niederschlag entsteht. (Eventuell Schichtprobe.)
Chem. Centralbl. 1883. 424.
New Remedies **12**. 17.
Archiv d. Pharm. (3) **21**. 378.
Ztschr. f. anal. Chem. **6**. 503, **22**. 629.
Nach Hager, Pharm. Prax. 1880. II. 1180 kann man unter Robert's Reag. auch Salpetersäure (D. = 1,3) verstehen. Siehe auch Pharm. Centrh. 1867. 182.

**Roberts**' Reag. II auf Eiweiss
ist eine Mischung von 5 T. gesättigter Magnesiumsulfatlösung und 1 T. concentr. Salpetersäure. Man mischt 5 ccm Reag. mit 5 ccm Harn; bei Anwesenheit von Eiweiss entsteht eine Trübung oder flockige Ausscheidung.
Chem. Centralbl. 1885. 412.

**Roberts**' React. auf Glucose im Harn
beruht auf der Abnahme des Spec. Gew. durch Gährung. Eine Abnahme desselben um 0,001 entspricht einem Gehalte von 0,23% Glucose.
Vergl. Hammarsten, Physiol. Chem. 1899. 517.

**Robin**'s React. auf Alkaloide
beruht auf Farbenerscheinungen, die beim Mischen von Alkaloid, Zucker und concentr. Schwefelsäure entstehen.
Näheres siehe Pharm. Centrh. 1881. 392.

**Robin**'s Reagentien für mikroskop. Zwecke.
1. Glycerin-Gelatine: Man löst 10 g Gelatine in 60 g (arsenige Säure enthaltendem) Wasser und 30 g Glycerin und gibt einen Tropfen Phenol zu.
2. Carminmasse: Man löst 3 g Carmin in einer genügenden Menge Wasser und Ammoniak, gibt 50 g Glycerin zu und filtrirt. Das Filtrat mischt man mit Glycerin und Eisessig (50 + 5) bis es schwach sauer reagirt. 1 T. dieser Masse mischt man mit 3—4 T. Glycerin-Gelatine.
3. Ferrocyankupfermasse: a) Man mischt eine concentr. Lösung von Ferrocyankalium (20 ccm) mit 50 ccm Glycerin; b) ebenso 35 ccm concentr. Kupfersulfatlösung mit 50 ccm Glycerin. Unter Umrühren werden a und b gemischt.

4. Gelbe Masse enthält Bleichromat oder Cadmiumsulfid.
5. Blaue Masse enthält Berlinerblau.
6. Grüne Masse ist eine Mischung von 4 und 5 oder enthält Kupferarsenit.

Traité du Microscope, Paris 1871. 32—37.
Näheres siehe Lee et Henneguy, Traité 1896. 291.

**Roch**'s React. auf Eiweiss im Harn.

Zu dem zu prüfenden Harn gibt man einige Krystalle Salicylsulfosäure und schüttelt um. Bei Anwesenheit von Eiweiss entsteht eine Trübung oder ein flockiger Niederschlag. Empfindlichkeitsgrenze = 0,005 %, nach Mac William: 1 : 130 000.

Pharm. Centrh. 1889. 549.
Ztschr. f. anal. Chem. **29**. 241, **30**. 749.
William, Brit. med. Journ. 1891. 837.
Praum, Deutsche medic. Wochenschr. 1901. 220.
Neumann, Dissertation (Erlangen) 1891.

**Rochleder**'s React. auf Coffeïn.

Verdampft man Coffeïn mit wenig concentr. Salpetersäure oder Chlorwasser auf dem Dampfbade zur Trockne, so erhält man einen gelben Rückstand, der sich mit Ammoniak purpurrot färbt.

Vergl. Deutsch. Arzneib. IV. 92 u. Guareschi, Alkaloide 1896. 404.

**Rodillon**'s React. auf Pyramidon.

Eine Lösung von 0,1 g Pyramidon in 5 ccm Wasser wird durch einen Tropfen Eau de Javelle sofort blau gefärbt. Einige Tropfen Wasserstoffsuperoxyd bewirken dieselbe Färbung.

Ueber die Blaufärbung des Pyramidons mit arabischem Gummi (einer Wirkung von Oxydasen) siehe

Pharm. Ztg. 1902, No. 66 u. 83.
Journ. de Pharm. et de Chim. 1903. 173.
Pharm. Ztg. 1903. 184.
Apoth.-Ztg. 1903. 225.

**Rogers**' React. auf Zinn

beruht auf der Blaufärbung von Ammoniummolybdatlösung durch Zinnchlorür, welche weit empfindlicher ist als Quecksilberchlorid. Empfindlichkeitsgrenze = 1 : 250 000.

Chem. Ztg. 1900. Rep. 135.
Pharm. Centrh. 1900. 355.
Vergl. Longstaff's React.

**Rohrbach**'s Reag. zur Trennung von Mineralgemischen

ist eine Lösung von Baryumquecksilberjodid (D. = 3,5).

Merck's Index 1902. 264 u. 274.
Retgers, Jahrb. f. Mineral. 1889. II. 185.

**du Roi-Köhler**'s React. auf gekochte u. ungekochte Milch.

50 ccm Milch schüttelt man kräftig mit 1 ccm Wasserstoffsuperoxyd. 3 ccm dieser Mischung versetzt man mit 3 ccm Jodkaliumstärkekleister und schüttelt um. Rohe Milch färbt sich blau, gekochte Milch bleibt rein weiss.

Pharm. Centrh. 1902. 137.
Chem. Ztg. 1902. Rep. 13.

**Roman-Delluc**'s Reag. auf Urobilin im Harn.

Man löst 1 g krystallisirtes Zinkacetat in 1 Liter 95 %igem Alkohol. — 100 ccm Harn säuert man mit 10 Tropfen Salzsäure an und schüttelt mit 20 ccm Chloroform aus. 2 ccm dieses Chloroforms überschichtet man mit 4 ccm Reag. Es entsteht bei Anwesenheit von Urobilin ein grüner Ring und beim Mischen eine grüne Fluorescenz, während die Flüssigkeit im durchfallenden Lichte rosa gefärbt erscheint.

Chem. Ztg. 1900. Rep. 211.
Pharm. Centrh. 1900. 800.

**Roman-Delluc**'s Reag. auf Zink

ist eine Urobilinlösung, welche man aus Harn von Leberkranken durch Ausschütteln mit Chloroform erhält. 2 ccm dieses Chloroformauszuges mischt man mit 5 ccm absolutem Alkohol und gibt einige Tropfen der zu prüfenden (neutralen oder mit Ammoniak neutralisirten) Flüssigkeit zu. Bei Anwesenheit von Zink entsteht sofort eine grüne Fluorescenz.

Zeitschr. Nahr.- u. Genussmittel 1901. 419.

**Romanowsky**'s Reag. zum Färben mikroskop. Präparate.

a) Eine Lösung von 2 g Methylenblau (chlorzinkfrei) in 200 ccm Wasser kocht man mit 10 ccm $^1/_{10}$ Norm. Natronlauge 15 Minuten lang, lässt erkalten und gibt 10 ccm $^1/_{10}$ Norm. Schwefelsäure zu.
b) Eine Lösung von 1 g Eosin in 1 Lit. Wasser.

Zum Gebrauch mischt man 1 ccm von a mit 6 ccm von b.

Vergl. Michaeli's Azurblau.

**Romanowsky-Reuter**'s Reag. zum Färben mikroskop. Präparate.

Eine Lösung von 1 g Methylenblau u. 0,5 Natriumbicarbonat in 100 ccm Wasser erwärmt man 2—3 Tage lang im Thermostaten bei 40—60° C. Die Flüssigkeit wird nach dem Erkalten filtrirt, mit einem kleinen Ueberschuss von gesättigter, wässeriger Eosinlösung gefällt, der Niederschlag ausgewaschen und getrocknet. Man löst 0,1 g davon in 50 g Alkohol und 1 g Anilin. Zum Gebrauch verdünnt man 1 ccm Reag. mit 15—20 ccm Wasser.

Nocht, Centralbl. f. Bact. 1898 u. 1899.
Reuter, ebenda 1901.

**Romanowsky-Ziemann**'s Reag. ist eine Modification des vorhergehenden Reag.

Kossel-Weber, Arbeiten d. k. Ges. Amt. 1900.

**Romei**'s React. auf Fuchsin in Wein u. Sirupen

beruht auf der Löslichkeit desselben in Amylalkohol.

Näheres siehe Ztschr. f. anal. Chem. **11**. 176.
Romei-Sestini, ebenda **6**. 178.

**Romei**'s Reag. auf Wasser im Aether

ist trockenes Phenolkalium, das sich in wasserhaltigem Aether teilweise löst, während sich der ungelöste Teil rotbraun färbt. In wasserfreiem Aether soll das Reag. fast unlöslich sein. Der Autor will noch 0,25 % Wasser mit dem Reag. nachgewiesen haben.

Ztschr. f. anal. Chem. **8**. 390.

**Romijn**'s Reactionen auf Formaldehyd.

Siehe: Ztschr. f. anal. Chem. **36**. 44.
Pharm. Centrh. 1895. 630.

**Rosa**'s Reag. auf Salpetersäure

ist eine gesättigte, wässerige Lösung von Ferroammonsulfat, mit welcher die bekannte Schichtprobe ausgeführt wird.

Berl. Ber. **18**. 692.
Vergl. Richemont's Reag.

**Rose**'s React. auf Eiweiss

(Biuretreaction). Gibt man zu einer Eiweisslösung Natronlauge und dann tropfenweise unter Um-

schütteln ca. 2%ige Kupfersulfatlösung, so wird die Flüssigkeit erst rosa, dann violett, dann immer stärker blau, ohne aber den roten Stich zu verlieren. Empfindlichkeitsgrenze = 1 : 1000.
Poggendorf's Annal. **28**. 132 (1833).
Neumeister, Ztschr. f. anal. Chem. **30**. 110.
Piotrowski, Ber. d. Wiener Acad. **24**. 335. od. Jahresber. f. Chem. 1857. 534.

**Rosenbach**'s Reag. auf Eiweiss im Harn.
Versetzt man eiweisshaltigen Harn mit einigen Tropfen Chromsäurelösung (5%), so erhält man eine Trübung oder flockige Abscheidung. Schichtet man (nach Zülzer) den Harn über die Chromsäurelösung, so erhält man einen trüben Ring.
Deutsche med. Wochenschr. 1892. XVII.
Guérin, Ztschr. f. anal. Chem. **32**. 635.

**Rosenbach**'s React. I. auf Gallenfarbstoffe.
Filtrirt man ikterischen Harn durch Filtrirpapier und betupft die Innenfläche des noch feuchten Filters mit concentr., schwach rauchender Salpetersäure, so färbt sich die betreffende Stelle gelb, gelbrot und am Rande violett. An der Peripherie bildet sich ein intensiv blauer Ring und an diesen schliesst sich ein immer deutlicher werdender, smaragdgrüner Kreis an.
Chem. Centralbl. 1876. 150.
Ztschr. f. anal. Chem. **15**. 501.
Centralbl. f. d. medic. Wissensch. 1876. 5.
Deubner, Ztschr. f. anal. Chem. **25**. 458.
Jolles, Ztschr. f. anal. Chem. **29**. 402.
Hammarsten, Physiol. Chem. 1899. 507.

**Rosenbach**'s React. II. auf Gallenfarbstoffe.
Versetzt man ikterischen Harn vorsichtig mit einigen Tropfen 5%iger Chromsäurelösung, so färbt er sich grün. Ein Ueberschuss des Reag. ist zu vermeiden. Mit Chromsäure getränktes Filtrirpapier färbt sich mit solchem Harn ebenfalls grün.
Deutsche med. Wochenschr. 1892. XVII.
Chem. Centralbl. 1892. II. 557.
Zeehuisen, Ztschr. f. klin Medic. 1895. 188.

**Rosenbach**'s Reag. auf Glucose.
Erhitzt man Glucose enthaltende Lösungen (Harn) mit Natronlauge und gesättigter Nitroprussidnatriumlösung, so entstehen braunrote oder orangerote Färbungen, die noch bei 0,1% Glucose erkennbar sind. (Auch Milchzucker gibt diese React.) Die gekochte Probe färbt sich bei Anwesenheit von Zucker nach dem Ansäuern lasurblau in Abwesenheit von Zucker schmutziggrün.
Centralbl. f. klin. Medic. **13**. 257.
Ztschr. f. anal Chem. **31**. 724.

**Rosenbach**'s React. auf Indirubin im Harn.
Zum Sieden erhitzter Harn wird bis zur Purpurfärbung mit Salpetersäure versetzt. Nach dem Abkühlen gibt man Ammoniak im Ueberschuss zu und schüttelt mit Aether. Färbt sich letzterer purpurrot, so enthält der Harn Indigrot.
Ztschr. f. anal. Chem. **29**. 240.

**Rosenberg**'s React. auf Harnsäure.
Versetzt man Harn mit dem gleichen Volumen 5%iger Phosphorwolframsäure und 1 Tropfen Natronlauge, so entsteht eine blaue Färbung. Diese Reductionserscheinung kann auch durch andere reduzirende Stoffe als durch Harnsäure hervorgerufen werden.
Centralbl. f. klin. Medic. 1890. 249.
Ztschr. f. anal. Chem. **29**. 633.

**Rosenfeld**'s Reag. auf salpetrige Säure.
Man löst 0,5 gr Pyrogallussäure in 90 ccm Wasser und 10 ccm concentr. Schwefelsäure. 100 ccm Brunnenwasser versetzt man mit 2 ccm Reag. 0,4 mg. $N_2O_3$ im Liter bewirken sofort eine Gelbfärbung, 0,3 mg $N_2O_3$ im Liter nach etwa 6 Minuten, 0,2 mg nach etwa 23 Minuten, 0,1 mg nach 7 Stunden.
Ztschr. f. anal. Chem. **29**. 663.

**Rosenfeld**'s Reag. auf Salpetersäure
ist eine Lösung von 0,5—1 g Pyrogallussäure in 100 ccm Wasser. 3 ccm des Prüfungsobjektes (z. B. Brunnenwasser) mischt man man mit 6 ccm concentr. Schwefelsäure und gibt einen Tropfen Reag. zu. In Anwesenheit von Salpetersäure färbt sich die obere Schicht der Lösung sofort oder nach einigen Minuten violett bis dunkelbraun.
Ztschr. f. anal. Chem. **29**. 661.

**Rosenstiehl**'s React. auf Anilin
ist eine Modification von Runge's React. (Siehe diese.) Der Autor schlägt vor zu dieser React. Aether zu verwenden, da dieser braun gefärbte Produkte, welche die Schönheit der Farbenreaction beeinträchtigen, aufnimmt.
Polytechn. Journ. **190**. 57.
Ztschr. f. anal. Chem. **6**. 357, **8**. 78.

**Rosenthal**'s Reag. zum Conserviren mikroskop. Präparate
ist eine Lösung von 5 g Chinolinchlorhydrat und 6 g Chlornatrium in 900 g Wasser u. 100 g Glycerin.
Biolog. Centralbl. 1890. 767.

**Rosin**'s React. auf Gallenfarbstoffe.
Schichtet man über ikterischen Harn Jodtinktur, die mit Alkohol bis zur Färbung des Portweines verdünnt wurde, so erhält man einen grasgrünen Ring. Diese React. soll schärfer sein als Gmelin's React.
Berliner klin. Wochenschr. 1893. 106.
Munk, Archiv f. Physiol. 1898. 361.

**Rosin**'s Reag. zum Färben mikroskop. Präparate
ist eine Modification des von Ehrlich-Biondi-Heidenhain angegebenen Reag. Es dient zum Färben des Nervensystems
Näheres siehe Neurol. Centralbl. 1893. 1 oder Ztschr. f. Mikroskop. 1895. 77, 1899. 238.

**Rossel**'s React. auf Blutfarbstoff im Harn.
Der zu prüfende Harn wird mit Essigsäure stark angesäuert u. mit dem gleichen Volum Aether ausgeschüttelt. Den Aether gibt man dann in ein Reagensglas, fügt einige Tropfen Wasser, 15—30 Tropfen altes Terpentinöl (oder statt dessen 5—10 Tropfen Wasserstoffsuperoxyd) u. nach dem Schütteln 10—20 Tropfen frisch bereitetete, 2%ige Aloinlösung (Barbados-Aloin in verd. Spiritus) zu und schüttelt gut um. Bei Anwesenheit von Blutfarbstoff tritt Rotfärbung ein.
Schweizer Wochenschr. f. Chem. u. Pham. 1901. 557.
Ztschr. d. öst. Apoth.-Ver. 1902. 958.
Pharm. Centrh. 1903. 223.

**Rossel**'s Reag. auf Glucose im Harn.
34,56 g krystallisirtes Kupfersulfat löst man in 100 ccm Wasser, gibt 150 g Glycerin zu, löst in dieser Mischung 130 g Kaliumhydroxyd u. ergänzt mit Wasser zu 1 Liter 1 ccm entspricht 0,005 g Glucose.
Schweizer Wochenschr f. Pharm. 1891. 442.
Ztschr. f. anal. Chem. **33**. 239.

**Roth**'s Reag. für fette Oele
ist mit Salpetrigsäuredämpfen gesättigte Schwefelsäure (D. = 1,4). Man beobachtet die Zeit, nach welcher ein mit dem Reag. geschütteltes Oel fest wird. Auch lassen sich durch Farbenerscheinungen fremde Oele im Olivenöl nachweisen.
Merck's Index 1902. 263.
Krauch, Réactifs chimiques, Edit. franç. 1892. 257.

**Rothenburg**'s Pyrazolonreactionen
siehe Chem. Ztg. 1894. Rep. 103.
Berl. Ber. **27**. 782.

**Roucher**'s React. auf Pfefferminzöl.
Gibt man wenig Pfefferminzöl zu 10%iger Essigsäure, so entsteht nach etwa einer halben Stunde eine schöne blaue Färbung, die allmählich in Grün und Gelb übergeht.
Archiv d. Pharm. (3) **19**. 235.
Ztschr. f. anal. Chem. **21**. 576.
Südd. Apoth.-Ztg. 1902. 932.
Schack, Archiv d. Pharm. (3) **19**. 428.
Welmans, Pharm. Ztg. 1901. 532.

**Roussin**'s Reag. zur Unterscheidung von Dextrin u. arab. Gummi
ist eine möglichst neutrale Lösung von Ferrichlorid oder Ferrisulfat. Das Reag. gibt mit Gummilösung einen gelblichen, voluminösen Niederschlag. Dextrin gibt denselben nicht.
Pharm. Centrh. 1868. 218.

**Roussin**'s React. auf Nicotin.
Eine ätherische Lösung von Nicotin gibt mit ätherischer Jodlösung eine Krystallisation von roten Nadeln, die 1—2 Zoll lang sind.
Otto, Ausmittel. d. Gifte, 5. Aufl. 37.
Dragendorff, Ermittel. v. Giften 1888. 268,
Kippenberger, Ztschr. f. anal. Chem. **42**. 232.

**Roussin**'s React. auf Pikrinsäure
beruht auf der Bildung von Pikraminsäure (Rotfärbung) beim Erwärmen mit alkalischer Zinnchlorürlösung. Man bereitet letztere, indem man Zinnchlorürlösung mit so viel Natronlauge versetzt, bis sich der entstandene Niederschlag wieder gelöst hat.
Beilstein, 1896. II. 687.
Ztschr. f. anal. Chem. **23**. 93.
Vergl. Kippenberger, Nachw. v. Gift. 1897. 234.

**le Roy**'s React. auf Chlor in Salzsäure.
Gibt man zu Salzsäure etwas Diphenylamin, so färbt sie sich bei Anwesenheit von Chlor blau.
Chem. Ztg. 1890. Rep. 5.
Bull. Soc. Chim. (3) **2**. 739.

**de la Royere**'s React. auf fette Oele in Mineralölen.
Zu einer Lösung von 0,5 g Fuchsin in 1 Liter Wasser gibt man gerade so viel Natronlauge als zur Entfärbung nötig ist. — Versetzt man einige Tropfen des zu prüfenden Oeles mit 2—3 Tropfen Reag., so färbt sich die Mischung bei Anwesenheit von tierischen oder pflanzlichen Fetten rötlich.
Répert. de Pharm. 1894. 261.
Nach Jean ist diese React. nicht charakteristisch.
Répert. de Pharm. 1894. 452.
Revue de Chim. analyt. Septembre 1894.
Halphen, Chem. Ztg. 1896. Rep. 36.

**Rubner**'s React. auf Glucose und Lactose.
Traubenzuckerlösungen geben nach Zusatz von Bleizucker und Ammoniak beim Erwärmen einen rosenroten bis fleischroten Niederschlag. Empfindlichkeitsgrenze = 1 : 10 000. Milchzuckerlösung färbt sich beim Kochen mit Bleizucker gelb bis bräunlich. Auf Zusatz von Ammoniak entsteht eine ziegelrote Färbung und dann ein kirschroter bis kupferroter Niederschlag.
Näheres siehe Ztschr. f. Biologie **20**. 367.
Ztschr. f. anal. Chem. **24**. 477 u. 603.
Chem. Centralbl. (3) **16**. 122.
Pharm. Centrh. 1897. 560.
Rosenfeld, Deutsche med. Wochenschr. 1888. 451 u. 479.
Gentil, Chem. Centralbl. 1893. II. 338.

**Rubner**'s React. auf Kohlenoxyd im Blute.
Das zu prüfende Blut schüttelt man eine Minute lang mit dem 4—5 fachen Volum Bleiessig. Kohlenoxydblut wird schön rot, normales Blut bräunlich und beim Stehenlassen braun bis braungrau.
Archiv f. Hygiene **10**. 397.
Ztschr. f. anal. Chem. **30**. 112.

**Rubner**'s Reaction auf gekochte und ungekochte Milch
beruht auf dem Nachweis des Albumins durch die Kochprobe. — Man scheidet das Caseïn durch einen Ueberschuss von Kochsalz ab, filtrirt und erhitzt das gelbliche Filtrat zum Sieden. Geronnenes Eiweiss beweist, dass die Milch nicht gekocht war.
Hygien. Rundschau 1895. 1021.
Pharm. Centrh. 1896. 18.

**Ruggeri**'s React. auf Dulcin.
Dampft man Dulcin mit Silbernitrat- oder Quecksilberchloridlösung auf dem Wasserbade ein, so entsteht eine Violettfärbung, die von warmem Alkohol mit weinroter Farbe aufgenommen wird.
Pharm. Centrh. 1898. 45.

**Ruini**'s Reag. auf Glucose im Harn
ist eine Lösung von o-Nitrophenylpropiolsäure in 6%iger Natronlauge. 5 ccm Reag. kocht man $^1/_2$ Minute lang mit einigen Tropfen des zu prüfenden Harns. Bei Anwesenheit von Glucose entsteht eine blaue Färbung, die beim Schütteln mit Chloroform in letzteres übergeht.
Chem. Ztg. 1902. Rep. 60.
Pharm. Centrh. 1902. 236.

**Rümpler**'s Reag. auf freie Säuren in fetten Oelen
ist eine concentr., wässerige Lösung von Natriumcarbonat (frei von NaOH) und Chlornatrium. — Schüttelt man gleiche Teile Reag. und Oel, so bildet sich bei Gegenwart von freier Säure eine Emulsion, bei Abwesenheit von Säure scheidet sich das Oel nach dem Schütteln wieder ab.
Deutsche Industrie-Ztg. 1869. 457.

**Runge**'s Reag. auf Anilin.
Gibt man zu einer Anilinlösung Chlorammon und Chlorkalklösung, so entsteht eine rotviolette Färbung, die auf Säurezusatz in Rosa umschlägt. Empfindlichkeitsgrenze = 1 : 25 000.
Befeuchtet man einen Fichtenspahn mit stark verdünnter Anilinlösung, so wird er gelb gefärbt.
Vergl. auch Rosenstiehl's React. u. Hager, Pharm. Prax. 1880. I. 361.

**Runge**'s React. auf Rohrzucker
beruht auf der Schwärzung d. h. Verkohlung des Zuckers beim Eindampfen mit verdünnter Schwefelsäure.

**Ruoss**' Reagentien auf Gerbsäure:
1. a) Eine Lösung von 20 g Ferrisulfat im Liter;
   b) 28 g krystallisirtes Natriumcarbonat im Liter;
   c) Essigsäure (D. = 1,04) mit 5 g Natriumtartrat im Liter (kann auch zur Differenzirung von Gallus- und Gerbsäure dienen).

2. a) 10 g Ferrisulfat, 15 g Natriumacetat und 1,7 g Natriumtartrat im Liter;
   b) 1,25 g Gelatine löst man in 125 ccm heissen Wassers und mischt mit 875 ccm Essigsäure (D. = 1,064).

Ueber die Verwendung dieser Reagentien siehe:
Ztschr. f. anal. Chem. **41**. 730.
Pharm. Centrh. 1903. 139.
Chem. Ztg. 1903. Rep. 22.
Apoth.-Ztg. 1903. 331.

**Rupp**'s React. auf Aethylalkohol im Methylalkohol ist identisch mit Riche-Bardy's React. (siehe diese).

**Rupp**'s React. auf Methylalkohol im Aethylalkohol beruht auf der Bildung von Methylviolett, wenn nach besonderer Vorschrift verfahren wird.
Näheres siehe Chem. Ztg. 1887. Rep. 25.

**Russow**'s mikrochemisches Reag. auf Stärke, Alkaloide etc.
ist eine Lösung von Jod und Jodkalium in Wasser.
Merck's Index 1902. 271.

**Rust**'s Reag. auf Kreosot oder Phenol
ist Collodium, welches beim Schütteln mit Phenol eine Gallerte bildet, nicht aber mit Kreosot. (Prüfung des Kreosot's auf Phenol nach Vorschrift des deutschen Arzneibuches.)
Pharm. Centrh. 1867. 151.

**Rusting**'s React. auf Cobalt.
Eine Cobalt enthaltende Lösung versetzt man mit einigen Krystallen Natriumthiosulfat, dann mit Rhodankalium und schüttelt mit Aetheralkohol. Letzterer färbt sich intensiv blau.
Pharm. Post 1899. 722.
Pharm. Centrh. 1900. 77.

**Sabanin-Laskowsky**'s React. auf Citronensäure.
Erhitzt man etwas Citronensäure mit Ammoniakflüssigkeit in einem zugeschmolzenen Glasrohr oder Kölbchen einige Stunden auf 120° C., so färbt sich die Mischung nach darauffolgendem Stehen an der Luft blau oder grün.
Näheres siehe Ztschr. f. anal. Chem. **17**. 73.

**Sabatier**'s React. auf Kupfer
ist eine Modification von Deniges React. Minimale Kupfermengen lassen sich in einem Tropfen Lösung noch durch eine Rot- bis Violettfärbung nachweisen, die durch concentr. Bromwasserstoffsäure hervorgerufen wird.
Pharm. Centrh. 1894. 226.
Répert. de Pharm. **50**. 109.

**Sachsse**'s Reag. auf Glucose.
18 g Quecksilberjodid, 25 g Jodkalium u. 80 g Kaliumhydroxyd löst man mit Wasser zu 1 Liter. 40 ccm dieser Lösung (= 0,72 g $HgJ_2$) entsprechen im Mittel 0,15 g Glucose oder 0,1072 g Invertzucker. Dieses Reag. wird beim Kochen mit Glucose reduzirt. Als Indicator verwendet man Schwefelwasserstoff in essigsaurer Lösung. (Vergleiche auch Sachsse-Heinrich's Reag.)
Merck's Index 1902. 263.
Pharm. Ztschr. f. Russl. 1876. 549.
Ztschr. f. anal. Chem. **16**. 121.
Chem. Centralbl. 1877. 471; 1878. 409.
Soxhlet, Journ. f. pract. Chem. **21**. 227 oder Ztschr. f. anal. Chem. **20**. 425.
Haas, Ztschr. f. anal. Chem. **22**. 215.

**Sachsse-Heinrich**'s Reag. auf Glucose.
18 g Quecksilberjodid, 25 g Jodkalium und 10 g Kaliumhydroxyd löst man mit Wasser zu 1 Liter. Dieses Mischungsverhältnis gestattet die Bestimmung von Traubenzucker neben Rohrzucker besser als die Lösung von Sachsse, weil sie nicht so stark alkalisch ist.
Chem. Centralbl. 1878. 409.
Ztschr. f. anal. Chem. **18**. 352.
Merck's Index 1902. 263.

**Sahli**'s Reag. für mikroskopische Zwecke
ist eine wässerige Lösung von Methylenblau und Borax (25 g gesättigte, wässerige Methylenblaulösung mischt man mit einer Lösung von 0,8 g Borax in 55 g Wasser oder man löst 0,75 g Methylenblau und 0,8 g Borax in 80 ccm Wasser). Das Reag. färbt die Markscheiden tiefblau, die Ganglienzellen grünlich u. die Gliakerne blau.
Merck's Index 1902. 269.
Ztschr. f. Mikroskop. 1885. 50.
Methylenblau-Säurefuchsin siehe ebenda 1885. 1.

**Salkowski**'s React. auf Albumosen (Pepton) im Harn beruht auf der Biuretreaction des mit Phosphorwolframsäure aus dem Harn abgeschiedenen Peptons.
Centralbl. f. d. medic. Wissensch. 1894. 113.
Berliner klin. Wochenschr 1897. 353.
Ztschr. f. anal. Chem. **36**. 739.
Aldor, Chem. Ztg. 1899. Rep. 285.

**Salkowski**'s React. auf Cholesterin.
Löst man etwas (einige cg) Cholesterin in Chloroform (2 ccm) u. gibt das gleiche Volum concentr. Schwefelsäure zu, so färbt sich das Chloroform blutrot und die Schwefelsäure zeigt eine grüne Fluorescenz. Gibt man einige Tropfen der Chloroformlösung in eine Porzellanschale, so färbt sich die Lösung schnell blau, dann grün und zuletzt gelb.
Archiv d. Physiolog. **6**. 207. (Pflüger's Archiv.)
Ztschr. f. anal. Chem. **11**. 443.
Reinitzer, Monatsh. f. Chem. **9**. 421.

**Salkowski**'s Farbenreact. des Eiweiss.
Siehe Virchow's Archiv **68**. 9 oder Ztschr. für anal. Chem. **16**. 261.

**Salkowski**'s React. auf Gallenfarbstoffe.
Man macht ikterischen Harn mit Natriumcarbonat alkalisch und setzt Chlorcalcium zu. Der erhaltene Niederschlag wird in salzsäurehaltigem Alkohol gelöst. Erhitzt man diese Lösung, so tritt grüne bis blaue Färbung ein.
Salkowski u. Leube's Lehre vom Harn 1882. 156.

**Salkowski**'s React. auf Glucose im Harn
beruht auf einer Fällung des Traubenzuckers durch Kupfersulfatlösung (199,52 g im Liter) und Natronlauge und der Isolirung desselben aus dieser Kupferverbindung durch Schwefelwasserstoff etc.
Näheres siehe Ztschr. f. physiol. Chem. **3**. 78.
Ztschr. f. anal. Chem. **18**. 635.

**Salkowski**'s React. auf Indol.
Löst man wenig Indol in Eisessig und gibt concentr. Schwefelsäure zu, so entsteht eine schön violette Färbung mit grünlicher Fluorescenz.
Ztschr. f. physiol. Chem. **12**. 221.
Vergl. Adamkiewicz' React.

**Salkowski**'s React. auf Kohlenoxyd im Blut.
1. Das zu prüfende Blut verdünnt man mit der 20 fachen Menge Wasser u. dem gleichen Volumen Natronlauge (D. = 1,34). Kohlenoxydblut trübt

sich weisslich, dann lebhaft hellrot und trennt sich in hellrote Flocken und eine schwach rosa gefärbte Flüssigkeit. Normales Blut wird schmutzig bräunlich.
Ztschr. f. physiol. Chem. **12**. 227.
Ztschr. f. anal. Chem. **27**. 541.

2. Etwa 0,9 ccm Blut verdünnt man mit 50 ccm Wasser und gibt 1/2 bis 3/4 Volum gesättigtes Schwefelwasserstoffwasser zu. Kohlenoxydblut ändert seine Farbe kaum merklich, normales Blut wird innerhalb einiger Minuten schmutziggrün.
Ztschr. f. physiol. Chem. **7**. 114.
Ztschr. f. anal. Chem. **22**. 471.
Deutsche Med. Ztg. 1883. 316.

**Salkowski**'s React. auf Kreatinin ist eine Modification von Weyl's React.: Kreatininlösung wird durch Nitroprussidnatrium u. Natronlauge rot, dann gelb gefärbt. Uebersättigt man die gelb gewordene Lösung mit Essigsäure und erhitzt, so färbt sie sich grünlich, dann blau (Berlinerblau).
Ztschr. f. physiol. Chem. **4**. 133.

**Salkowski**'s React. auf Oxalsäure im Harn.
200 ccm Harn versetzt man bis zur schwach alkalischen Reaction mit Kalkwasser und dann mit Calciumchloridlösung. Der erhaltene Niederschlag wird mit 60%igem Alkohol u. mit wenig heissem Wasser gewaschen, in Salzsäure gelöst, die Lösung mit Ammoniak alkalisch gemacht und dann mit Essigsäure angesäuert. Nach längstens 24 Stunden hat sich das Calciumoxalat in glitzernden Krystallen abgeschieden.
Ztschr. f physiol. Chem. **10**. 120.

**Salkowski**'s React. I. auf Pentosen im Harn.
(Orcinreaction.) Mischt man Harn, der Pentosen enthält, mit dem gleichen Volum rauchender Salzsäure und erhitzt mit etwas Orcin, so färbt sich die Mischung vorübergehend rot oder violett und dann grünlich. Schüttelt man die Mischung nach dem Erkalten mit Amylalkohol, so färbt sich derselbe, je nach der Menge der vorhandenen Pentosen, mehr oder weniger intensiv grün.
Ztschr. f. physiol. Chem. **27**. 507.
Ztschr. f. anal. Chem. **39**. 132.
Vergleiche Tollens' React.

**Salkowski**'s React. II. auf Pentosen im Harn.
Man löst etwas Phloroglucin unter Erwärmen in 5—6 ccm rauchender Salzsäure, so dass ein kleiner Ueberschuss ungelöst bleibt, teilt in zwei Teile und setzt nach dem Erkalten dem einen Teile 1/2 ccm des zu prüfenden Harns, dem andern Teile 1/2 ccm normalen Harns zu. Taucht man beide Proben in siedendes Wasser, so zeigt der pentosehaltige Harn nach kurzer Zeit einen intensiv roten oberen Saum, von dem sich die Färbung allmählich nach unten verbreitet während normaler Harn seine Farbe nicht oder nur unbedeutend verändert.
Vergl. Tollens' React.
Centralbl. f. d. med. Wissensch. 1892. 594.
Ztschr. f. anal. Chem. **34**. 772 u. **39**. 132.

**Salkowski**'s React. auf Pepton im Harn.
Der zu prüfende Harn wird mittels Phosphorwolframsäure (nach Salkowski Ztschr. f. anal. Chem. **33**. 503 u. **36**. 739) gefällt, der Niederschlag nach dem Auswaschen mit Wasser in erwärmter Natronlauge gelöst und 1—2 Tropfen Kupfersulfat zugegeben. Bei Anwesenheit von Pepton tritt Rotfärbung ein. Nach Freund stört ein eventueller Gehalt des Harns an Eiweiss. Er fällt letzteres durch Bleizucker und stellt im Filtrate die Biuretreaction an.
Siehe Wiener klin. Rundsch. 1898. 37 od. Pharm. Centrh. 1898. 94.
Bang, Deutsche medic. Wochenschr. 1898. 17.

**Salkowski**'s React. auf Phenol.
In ammoniakalischer Lösung wird Phenol durch oxydirende Agentien wie z. B. Chlorkalk grün oder blau gefärbt.

**Salkowski**'s React. auf Phytosterin.
Siehe Pharm. Centrh. 1894. 424 u. 1897. 435.
Bömer, Ztschr. Nahr.- u. Genussmittel 1898 No. 1 u. 2 od. Pharm. Centrh. 1898. 161.
Vergl. Liebermann's u. Forster-Richelmann's React.
Kreis u. Wolf, Chem. Ztg. 1898. 805.
Zetzsche, Pharm. Centrh. 1898. 877.

**Salzer**'s React. auf Acetanilid:
Löst man 0,1 g Acetanilid in 2 ccm Salzsäure und überschichtet mit Chlorkalklösung, so entsteht eine milchige Trübung, die beim Umschwenken verschwindet. Nach einiger Zeit scheiden sich weisse, seideglänzende Nadeln ab.
Pharm. Ztg. 1888. 364.

**Salzer**'s React. auf Alkohol siehe **Puscher**.

**Salzer**'s React. auf Weinsäure in Citronensäure beruht auf der Reduction von Chromsäure zu Chromoxydsalz (violett) durch Weinsäure bei gewöhnlicher Temperatur. Empfindlichkeitsgrenze = 1 : 200.
Näheres siehe Pharm. Centrh. 1888. 399.

**Sandlund**'s React. auf Jod im Harn.
Zu 5 ccm Harn gibt man 1 ccm verd. Schwefelsäure (1:4) nebst 1—3 Tropfen Natriumnitritlösung (1:500) und schüttelt die Mischung mit Schwefelkohlenstoff oder Chloroform. Bei Anwesenheit von Jod färbt sich das Chloroform deutlich rosa. Empfindlichkeitsgrenze = 0,001 Procent.
Chem. Ztg. 1894. 128.
Archiv d. Pharm. **232**. 177.
Jolles, Ztschr. f. anal. Chem. **33**. 543.

**Sandmeyer**'s Reactionen sind synthetische Reactionen, bei deren Verlauf unter der Einwirkung von Cuprosalzen oder Kupferpulver die Amido- resp. Diazogruppe gegen Halogene oder Cyan ausgetauscht werden.
Berl. Ber. **17**. 1633. 2650, **18**. 1492, **23**. 1218. 1628.
Siehe Lehrbücher der Chemie.

**Sanfelice**'s Reag. zum Färben mikroskop. Präparate. (Jodhämatoxylin.) Man mischt eine Lösung von 0,7 g Hämatoxylin in 20 ccm Alkohol mit einer Lösung von 0,2 g Alaun in 60 ccm Wasser. Nach mehrtägigem Stehen am Lichte filtrirt man und gibt 10—15 Tropfen Jodtinktur zu. Nach dem Absetzen ist die Mischung gebrauchsfähig.
Boll. della Soc. di Natural. in Napoli Vol. III. 1889. 37.
Mayer, Mitteilgn. d. zoolog. Stat. Neapel 1891. 178.

**Sankey**'s Reag. zum Färben mikroskop. Präparate ist eine Lösung von 1 g Anilinschwarz in 200 ccm Alkohol (98 %).
Quart. Journ. Microsc. Sc. 1876. 69.

**Sauer**'s Reag. zum Fixiren mikroskop. Präparate ist eine Mischung von 10 ccm Salpetersäure und 90 ccm Alkohol. Gebraucht zum Fixiren von Nierenepithel.
Arch. f. mikrosk. Anat. 1895. 110.

**Saul**'s React. auf Eserin.
Erhitzt man eine wässerige Lösung von Eserin zum Sieden und gibt einige Tropfen concentr. Salpetersäure zu, so entsteht eine orangerote Färbung, die durch überschüssiges Alkali in Violett verwandelt wird.
Merck's Report 1901. 331.

**Saul**'s React. auf Gallus- u. Gerbsäure.
Löst man 0,015 g Tannin in 3 ccm Wasser, gibt 3 Tropfen einer 20 %igen, alkoholischen Thymollösung zu und mischt mit 3 ccm concentr. Schwefelsäure, so entsteht eine trübe Rosafärbung. Gallussäure gibt diese React. nicht.
Merck's Report 1901. 331.

**Savalle**'s React. auf Fuselöl im Alkohol
beruht auf einer Bräunung des Alkohols beim Kochen mit gleichen Teilen concentr. Schwefelsäure bei Anwesenheit von Fuselöl.

**Schacht**'s React. auf Siambenzoesäure.
Alkalische Kaliumpermanganatlösung wird durch Siambenzoesäure entfärbt, durch andere Benzoesäuren nur grün gefärbt.
Arch. d. Pharm. **219**. 321.

**Schacht**'s React. auf gekochte und ungekochte Milch
beruht auf einer Blaufärbung der ungekochten Milch durch Guajaktinktur.
Arch. d. Pharm. 1842. 3.
Vergl. Arnold-Weber's React.

**Schack**'s React. auf Pfefferminzöl
ist identisch mit Roucher's React.
Ztschr. f. anal. Chem. **21**. 576.

**Schaer**'s React. auf Morphin
beruht auf einer Blaufärbung der Morphinlösung durch stark verdünnte Eisenchloridlösung in möglichst neutraler Lösung.

**Schaer**'s Reag. und React. zur Unterscheidung von Acetanilid, Morphin und Strychnin
siehe Archiv d. Pharm. **232**. 249 oder Ztschr. f. anal. Chem. **35**. 121 ff.

**Schaer**'s React. I auf Blut.
Die zu prüfende Flüssigkeit versetzt man mit Guajaktinktur (1 g Harz zu 100 ccm. absol. Alkohol) und filtrirt. War Blut vorhanden, so bleibt dasselbe nebst feinverteiltem Harz auf dem Filter zurück. Das Filter schüttelt man mit Hühnerfeld's Reag., das bei Anwesenheit von Blut eine Blaufärbung hervorruft.
Pharm. Ztg. **39**. 477.
Ztschr. f. anal. Chem. **34**. 130 u. **39**. 134.

**Schaer**'s React. II auf Blut.
(Aloin-Blutreaction.) Eine etwas Blut enthaltende 75 %ige, wässerige Chloralhydratlösung mischt man mit einer schwachen Aloin-Chloralhydratlösung und überschichtet mit Wasserstoffsuperoxydlösung oder mit Huehnerfeld's Reag. Nach einiger Zeit entsteht eine violettrote Zone, die allmählich in eine gleichmässige rote Farbe der Aloinlösung übergeht.
Ztschr. f. anal. Chem. **42**. 8.
Pharm. Ztg. 1903. 191.

**Schäfer**'s React. auf Cinchonidin im Chininsulfat
(Tetrasulfatprobe). Man löst 1 g Chininsulfat in 9 g absolutem Alkohol und 3 g 5 %iger Schwefelsäure und lässt unter öfterem Umschütteln 24 Stunden stehen. Bei Anwesenheit von Cinchonidin hat sich dasselbe als Tetrasulfat krystallinisch abgeschieden.
Pharm. Ztg. 1887. 97.
Ztschr. f. anal. Chem. **27**. 561 u. 573.
Chem. Ztg. 1887. Rep. 53.
Vergl. auch Arch. d. Pharm. **224**. 844 u. Ztschr. f. anal. Chem. **26**. 655.

**Schäfer**'s React. auf Nebenalkaloide im Chininsulfat (Oxalatprobe). 2 g Chininsulfat (krystallisirt) löst man in 60 ccm siedendem Wasser, gibt eine Lösung von 0,5 g neutralem Kaliumoxalat in 5 ccm Wasser zu und ergänzt das Gemisch auf 67,5 g. Man kühlt auf 20° C. ab und erhält unter öfterem Umschütteln auf dieser Temperatur 1/2 Stunde lang. Das Filtrat dieser Mischung versetzt man mit Kalilauge oder Natronlauge. Enthält das angewendete Chininsulfat mehr als 1 % Cinchonidin, so entsteht ein Niederschlag.
Ztschr. f. anal. Chem. **26**. 662, **27**. 584.
Archiv d. Pharm. 1887. 64.
Chem. Ztg. 1887. Rep. 52.

**Schäffer**'s React. auf Martiusgelb in Teigwaren.
Ein alkoholischer Auszug des Untersuchungsobjektes wird bei Anwesenheit von Färbemitteln gelb gefärbt sein. Durch einige Tropfen Salzsäure wird die Lösung farblos, wenn Martiusgelb vorhanden ist; die Farbe ändert sich nicht, wenn Safran zum Färben verwendet wurde; Rotfärbung zeigt Metanilgelb an.
Schweizer Wochenschr. f. Chem. und Pharm. **33**. 251.
The Analyst **20**. 225.
Ztschr. f. anal. Chem. **36**. 404.

**Schäffer**'s React. auf gekochte und ungekochte Milch.
10 ccm Milch schüttelt man mit 1 Tropfen 0,2 %ig. Wasserstoffsuperoxyd und 2 Tropfen 2 %ig. p-Phenylendiaminlösung. Ungekochte Milch färbt sich blau.
Merck's Report 1901. 376.

**Schäffer**'s Reag. auf Nebenalkaloide im Cocaïn
ist eine 3 %ige, wässerige Lösung von Chromsäure. 0,05 g Cocaïnhydrochlorid löst man in 20 ccm Wasser und gibt bei 15° C. 5 ccm Reag. und 5 ccm 10 % Salzsäure zu; ist das Cocaïn rein, so bleibt die Lösung klar, je mehr fremde Cocabasen vorhanden, desto stärker die entstehende Trübung.
The Chimist and Druggist 1899. 591.
Lunge's Chem.-techn. Unters.-Method. III. 678.
Pharm. Journ. 1899. 336.
Chem. Ztg. 1899. Rep. 247.

**Schäffer**'s React. auf Nitrite im Harn.
Versetzt man eine farblose Flüssigkeit mit verdünnter Essigsäure und einem Tropfen Ferrocyankaliumlösung, so entsteht bei Anwesenheit von Nitriten eine intensive Gelbfärbung. Nach Jolles verfährt man am besten in folgender Weise: 3—4 ccm mit Tierkohle entfärbten Harns versetzt man mit 3—4 ccm 10 %iger Essigsäure und mit höchstens 3 Tropfen 5 %iger Ferrocyankaliumlösung. Empfindlichkeitsgrenze = 0,000045 g $N_2O_3$ in 100 ccm.
Ztschr. f. anal. Chem. **32**. 764.
Karplus, ebenda **33**. 117
Deventer, Berl. Ber. **26**. 589. 932.

**Schäffer**'s Reag. zur Gonokokkenfärbung.
a) Man löst 0,1 g Fuchsin in 5—10 ccm heissen Wassers, fügt 200 g 5 %iges Carbolwasser zu und gibt zu dieser Mischung 20 g Alkohol.
b) Zu 10 ccm einer 1 %igen Lösung von Aethylendiamin gibt man 2—3 Tropfen einer 10 %igen Lösung von Methylenblau in Wasser.

Bei richtiger Färbung ist das Protoplasma der Leucocyten hellrot, die Kerne hellblau und die Gonokokken schwarzblau; die Köpfe der Spermatozoën werden blau, die Schwänzchen rot gefärbt.
Monatsh. f. pract. Derm. 1898. 54.
Pharm. Centrh. 1899. 46.

**Schaffgotsch'** Reag. auf Magnesium
ist eine Lösung von 235 g Ammoncarbonat und 180 ccm 25 %igem Ammoniak in Wasser zu 1 Liter verdünnt. Magnesiumsalze werden in nicht zu starker Verdünnung durch das Reag. gefällt.
Fresenius, Qualitat. chem. Anal. 13. Aufl. 117.

**Schapringer**'s Reag. auf Holzstoff im Papier.
2 Tropfen Anilinöl und einige Tropfen verd. Schwefelsäure färben Holzstoff enthaltendes Papier gelb.
Dingler's Journ. **176**. 166.

**Schardinger**'s Reag. auf gekochte und ungekochte Milch.
5 ccm gesättigte, alkoholische Methylenblaulösung mischt man mit 5 ccm Formaldehyd (40 %) und 190 ccm Wasser. — 20 ccm Milch entfärben 1 ccm Reag. bei 45—50° C., wenn die Milch nicht gekocht war.
Ztschr. Unters. Nahr.- u. Genussmittel 1902. 1113.
Chem. Centralbl. 1903. I. 96.
Utz, ebenda 1903. I. 854.

**Schärges'** React. auf Cocaïn.
Eine Lösung von 0,02 g Cocaïnhydrochlorid in 1 ccm concentr. Schwefelsäure gibt mit 1 Tropfen Kaliumdichromat einen schnell wieder verschwindenden Niederschlag; die gelbrote Farbe der Lösung geht beim Erwärmen in Grün über und bei stärkerem Erhitzen entweichen Dämpfe von Benzoesäure.
Pharm. Ztschr. f. Russl. **32**. 667.
Ztschr. f. anal. Chem. **36**. 541.
Schweizer Wochenschr. f. Chem. u. Pharm. 1893. 341.

**Scheele**'s Reag. auf Arsenige Säure
ist Kupfersulfatlösung. Arsenite geben mit dem Reag. einen grünen Niederschlag (Scheele's Grün = Kupferarsenit).

**Scheele**'s Reag. auf Schwefelwasserstoff
ist mit ammoniakalischer Nitroprussidnatriumlösung getränktes Papier, das durch Spuren von Schwefelwasserstoff purpurrot-violett gefärbt wird. Modificirte Béchamp'sche React.)
Deutsch-amerik. Apoth.-Ztg. **17**. 23.
Ztschr. f. anal. Chem. **42**. 181.

**Scheerer**'s React. auf Phosphor u. Phosphorwasserstoff
beruht auf der Schwärzung von Silbernitratpapier (Bildung von Phosphorsilber) durch Phosphordämpfe. Die React. dient nur zur Vorprüfung.
Liebig's Annal. **112**. 216.

**Scheibler**'s Reag. auf Alkaloide
ist eine Mischung von Natriumwolframatlösung mit 25 %iger Phosphorsäure. Das Reag. gibt mit Alkaloiden (auch mit Eiweiss) Niederschläge. So lässt sich Strychnin noch in einer Lösung 1 : 200 000, Chinin 1 : 100 000 nachweisen.
Ztschr. f. anal. Chem. **12**. 316.
Merck's Index 1902. 263.
Archiv f. Pharm. **59**. 182.
Erdmann, Journ. f. pract. Chem. **80**. 211.

**Schell**'s React. auf Cocaïn.
Mischt man gleiche Teile Cocaïnhydrochlorid und Calomel, so wird diese Mischung beim Anhauchen oder Befeuchten mit Wasser oder Weingeist schwarz gefärbt.
Pharm. Ztg. **36**. 55.
Ztschr. für anal. Chem. **30**. 264.
Deutsches Arzneibuch IV. 88.
Flückiger, Pharm. Ztg. **36** 72.

**Scherer**'s React. auf Inosit.
Dampft man Inosit mit concentr. Salpetersäure auf dem Dampfbade zur Trockne und wiederholt dieselbe Operation mit etwas Ammoniak und Chlorcalcium, so hat der erhaltene Rückstand eine rosarote Färbung. Empfindlichkeitsgrenze = 0,0001 g.
Annal. d. Chem. u. Pharm. **81**. 375.
Boedecker, Ztschr. f. rat. Medic. (3) **10**. 162.

**Scherer**'s React. auf Leucin.
Verdampft man Leucin mit Salpetersäure in einer Platinschale zur Trockne und erhitzt den Rückstand auf freier Flamme mit einigen Tropfen Natronlauge, so bildet sich ein nicht adhärirender, ölartiger Tropfen.
Liebig's Annal. **112**. 257.
Arch. f. pathol. Anat. **10**. 228.
N. Jahrb. f. Pharm. **7**. 306.
Verhandl. d. phys. med. Ges. Würzburg **2**. 323 und **7**. 123.

**Scherer**'s React. auf Tyrosin.
Dampft man etwas Tyrosin mit Salpetersäure ein, so wird der Rückstand durch Ammoniak und Natronlauge rotbraun gefärbt.
Merck's Rep. 1901. 376.

**Schermer**'s React. auf Santonin.
Schmilzt man Santonin mit Cyankalium, so erhält man eine rote, schnell braungelb werdende Schmelze, die in Wasser gelöst eine starke, grüne Fluorescenz zeigt.
Mit Aetzkali liefert Santonin eine rote Schmelze. Letztere löst sich in Wasser mit roter Farbe, die bald in Braungelb und Gelb übergeht.
Pharm. Ztschr. f. Russl. **32**. 120.
Ztschr. f. anal. Chem. **36**. 408.

**Schiefferdecker**'s Reagentien zum Färben mikroskop. Präparate.

1. Man macerirt Blauholz 2—3 Wochen mit Wasser. Die erhaltene Farblösung versetzt man mit Alaun bis sie burgunderrot geworden ist und filtrirt sie nach nochmaligem 24 stündigem Stehen. Gebraucht zu Kernfärbungen.
2. Eine schwache, wässerige Lösung von Methylviolett 5 B.
3. Eine Lösung von 0,2 g Nigrosin in 100 ccm Wasser.
4. a) Eine concentr., wässerige Lösung von Eosin (-Natrium) versetzt man mit Essigsäure im Ueberschuss, sammelt, wäscht und trocknet den erhaltenen Niederschlag und löst ihn in Alkohol; b) 1 g Dahliaviolett oder Methylviolett löst man in 200 ccm Wasser.

Arch. f. mikrosk. Anat. 1878. 30.

**Schiefferdecker**'s Reag. f. mikroskop. Zwecke

1. (Methylmixtur, Macerationsflüssigkeit für Retina und Centralnervensystem) ist eine Mischung von 10 ccm Methylalkohol, 200 ccm Wasser und 100 ccm Glycerin.
2. (Macerationsflüssigkeit zur Darstellung der Epidermis u. Epithelzellen) ist eine gesättigte, wässerige Lösung von Pankreatin.

Arch. f. mikrosk. Anat. 1886. 305.
Ztschr. f. Mikroskop. 1886. 483.

**Schiff**'s Reag. auf Aldehyde
ist eine mit Schwefeldioxyd entfärbte, wässerige Lösung von Fuchsin 0,25 : 1000. Das Reag. färbt sich mit sehr geringen Mengen Aldehyd violettrot.
Liebig's Annalen **140**. 93.
Vergl. Gayon's u. Mohler's Reag.
Paul, Dissertation 1895, Würzburg u. Ztschr. f. anal. Chem. **39**. 647.
Béla v. Bittó, Ztschr. f. anal. Chem. **36**. 373.
Blaser verwendet eine an der Sonne gebleichte Lösung von Fuchsin 1 : 100 000. Pharm. Centrh. 1899. 607.

**Schiff**'s Reactionen auf Cholesterin.

1. Concentr. Schwefelsäure und Jod geben mit Cholesterin eine grüne Farbenreaction.
2. Eine Lösung von Cholesterin in concentr. Schwefelsäure wird durch Ammoniak rot gefärbt.
3. Cholesterin bewirkt beim Kochen mit Salzsäure und Eisenchlorid eine rote Farbenerscheinung.
4. Der beim Verdampfen von Cholesterin mit Salpetersäure verbleibende Rückstand wird durch Ammoniak rot gefärbt.

Hager, Pharm. Prax. Erg.-Bd. 1883. 1185.

**Schiff**'s React. auf Chromsäure.

Eine mit Schwefelsäure schwach angesäuerte Lösung von Chromsäure oder Chromaten wird durch Guajaktinktur (1 T. Harz : 100 T. verd. Spiritus) intensiv blau gefärbt. Empfindlichkeitsgrenze = 1 : 10 Million.

Liebig's Annal. **120**. 208.

**Schiff**'s Reag. auf Glucose (Kohlehydrate).

(Furfurolreaction.) Man tränkt Papierstreifen mit einer Mischung gleicher Teile Eisessig und Xylidin in etwas Alkohol. Setzt man solche Streifen den Dämpfen aus, wie sie beim Erhitzen von Kohlehydraten entstehen (Furfuroldämpfe), so färben sie sich rot. Die React. gelingt noch bei Verwendung von 2 Tropfen 0,1% Zuckerlösung und 1 ccm Schwefelsäure (beim Erwärmen).

Berl. Ber. **20**. 540.
Ztschr. f. anal. Chem. **27**. 72.
Chem. Ztg. 1887. Rep. 83.

**Schiff**'s React. auf Harnsäure.

Man befeuchtet weisses Filtrirpapier mit Silbernitratlösung und tropft darauf Natriumcarbonatlösung. Bringt man hierauf eine Lösung, die Harnsäure enthält, so entsteht ein schwarzer Fleck.

Liebig's Annal. **109**. 67.

**Schiff**'s React. auf Harnstoff.

Versetzt man ein Harnstoffkryställchen mit einem Tropfen Furfurolwasser und einem Tropfen concentr. Salzsäure, so färbt sich die Mischung über Gelb, Grün, Blau und Violett schön purpurviolett.

Berl. Ber. **10**. 773.

**Schiff**'s Reag. zum Ersatz des Schwefelwasserstoffs ist eine 30%ige, wässerige Lösung von Ammoniumthioacetat.

Näheres siehe Merck's Bericht 1895. 38 od. Berl. Ber. 1894. 3437 u. 1895. 1204.

**Schindelmeiser**'s React. auf Nicotin.

Versetzt man Nicotin mit 1 Tropfen ameisensäurefreien (30%) Formaldehyds und dann mit 1 Tropfen concentr. Salpetersäure, so tritt eine rosa bis rote Färbung ein. 0,5 mg Nicotin geben noch deutliche Reaction, Coniin gibt sie nicht.

Pharm. Centrh. 1899. 703.

**Schindler**'s React. auf Bombaymacis.

5 g der zu prüfenden Bandamacis werden durch zweimaliges Aufgiessen von 8 ccm 98%ig. Alkohols ausgezogen, dieser erste Auszug für sich aufbewahrt und mit dem Rückstand noch zwei Auszüge hergestellt. Versetzt man die drei erhaltene Auszüge mit einigen Tropfen Bleiessig, so entsteht bei echter Bandamacis im ersten Auszug ein stark gelber bis roter Niederschlag, der im zweiten Auszug weit schwächer ist und im dritten Auszug nicht eintritt. Bei Bombaymacis oder einem Gemenge ist es umgekehrt; im letzten Auszug ist die Färbung stärker als im ersten. — Versetzt man den alkoholischen Auszug von Macis mit Ammoniak, so liefert echte Macis eine hellgelbe, Bombaymacis eine blutrote bis braunrote Färbung.

Ztschr. f. öff. Chem. 1902.
Südd. Apoth. Ztg. 1902. 750.

**Schlagdenhauffen**'s Reag. auf Alkaloide

ist eine Lösung von seleniger Säure in concentr. Schwefelsäure.

Vergl. Lafon's u. da Silva's Reag.

Auch Pyrogallol ist vom Autor als Reag. auf Alkaloide vorgeschlagen worden.

Jahresber. f. Chem. 1874. 956.

**Schlagdenhauffen**'s Reag. zur Differenzirung von Alkaloiden u. Glycosiden

ist eine Mischung von gleichen Teilen Guajaktinktur und gesättigter Quecksilberchloridlösung. Das Reag. wird nur durch Alkaloide nicht durch Glycoside blau gefärbt.

Merck's Index 1902. 263.

**Schlickum**'s React. auf Arsen.

In eine Lösung von 0,3—0,4 g Zinnchlorür in 3 bis 4 g. Salzsäure (D. = 1,124) gibt man 0,01 g. Natriumsulfid u. schichtet über diese Lösung die zu prüfende Flüssigkeit. 1/20 mg arsenige Säure gibt auf der Berührungsfläche sofort einen gelben Ring von Schwefelarsen.

Pharm. Ztg. **30**. 465.
Archiv d. Pharm. **223**. 710.
Ztschr. f. anal. Chem. **26**. 635.

**Schlickum**'s React. auf Nebenalkaloide im Chinin.

0,5 g Chininsulfat wird mit 10 ccm Wasser zum Sieden erhitzt und 0,15 g zerriebenes Kaliumchromat zugegeben. Die Mischung wird gut durchgeschüttelt, während mindestens 4 Stunden öfter umgerührt, filtrirt und das Filtrat mit 1 Tropfen Natronlauge versetzt. Innerhalb einer Stunde darf sich keine Ausscheidung bilden. 0,5% Cinchoninsulfat u. 1% Chinidin- oder Cinchonidinsulfat geben noch eine flockige Ausscheidung.

Pharm. Ztg. 1887. 23.
Chem. Ztg. 1887. Rep. 24.

**Schlömann**'s Reag. auf primäre Amine

ist eine concentr. Lösung von Metaphosphorsäure in Wasser (25% $P_2O_5$).

Näheres siehe Berl. Ber. 1893. 1020.

**Schlossberger**'s Reag. zur Unterscheidung von Gespinnstfasern

ist eine Lösung von frischgefälltem Nickelhydroxydul in concentr. Ammoniakflüssigkeit. Das Reag. löst Seidenfaser aber nicht Wolle oder Baumwolle.

Merck's Index 1902. 263.

**Schmaus**' Reagentien zum Färben mikrosk. Präparate.

1. Urankarminlösung: 1 g Urannitrat u. 2 g carminsaures Natrium kocht man mit 200 ccm Wasser ½ Stunde lang unter Ersatz des verdampfenden Wassers. Nach dem Erkalten wird die Lösung filtrirt.
2. Blaulösung: Man löst 0,5 g Reinblau in 100 ccm Wasser und gibt 100 ccm Alkohol mit etwas Pikrinsäure zu.

Ztschr. f. Mikroskop. 1891. 230.
Münchener med. Wochenschr. 1891. 147.
Gierke, Ztschr. f. Mikroskop. 1884. 92.

**Schmelck**'s Reag. auf Blutflecken an Eisen u. Stahl ist Wasserstoffsuperoxyd. Betüpfelt man mit diesem eine auf Blut zu prüfende Stelle, so tritt bei Anwesenheit von eingetrocknetem Blut Schaumbildung auf.

Ztschr. f. Nahr.-Genussmittel **2**. 510.

**Schmidt's** React. auf Fichtenharz im Bienenwachs.

5 g Wachs erhitzt man in einem Glaskolben 1 Minute lang mit 20—25 g Salpetersäure (D. = 1,32—1,33) zum Sieden. Dann gibt man 25 ccm Wasser und unter Umschütteln so viel Ammoniak zu, bis die Mischung darnach riecht. Bei Anwesenheit von Harz ist die vom abgeschiedenen Wachs abgegossene Flüssigkeit rotbraun, ausserdem gelb. Es soll sich noch 1 % Harz nachweisen lassen.

Berl. Ber. **10**. 837.
Ztschr. f. anal. Chem. **17**. 509.
Donath, Dingler's Journ. **205**. 131 od. Ztschr. f. anal. Chem. **12**. 325.

**Schmidt's** React. zur Unterscheidung von Rohr- und Traubenzucker.

Versetzt man Glucoselösung mit Ammoniak und Bleiessig, so entsteht ein weisser, beim Erwärmen schnell rot werdender Niederschlag. Rohrzucker gibt einen weissen Niederschlag, der sich nicht färbt.

Liebig's Annal. **119**. 102.

**Schmidt's** Reag. auf Salpetersäure

ist eine Lösung von 10 g Anilin in 100 ccm verd. Schwefelsäure. 5 ccm Reag. und 5 ccm der zu prüfenden Lösung mischt man und schichtet sie über concentr. Schwefelsäure. Bei Anwesenheit von Salpetersäure oder Nitraten entsteht ein roter Ring.

**Schmiedeberg's** React. auf Chloroform

beruht auf der Zersetzung desselben über glühendem Calciumoxyd unter Bildung von Chlorcalcium, welches mit Silbernitrat qualitativ und quantitativ bestimmt werden kann.

Dissertation, Dorpat 1866.
Archiv f. Heilkunde **8**. 273.
Gréhant-Quinquaud, Compt. rend. **97**. 753; Ztschr. f. anal. Chem. **23**. 274. 448.

**Schmiedeberg's** Reag. auf Glucose.

34,632 g Kupfersulfat löst man in 200 ccm Wasser, ferner 16 g Mannit in 100 ccm Wasser, mischt beide Lösungen, gibt 480 ccm Natronlauge (D. = 1,145) zu und verdünnt mit Wasser zum Liter. Das Reag. wird wie Fehling's Lösung verwandt.

Chem. Ztg. **9**. 1432.
Ztschr. f. anal. Chem. **26**. 77.
Arch. f. experim. Patholog. u. Pharmacol. **28**. 363.
Chem. Centralbl. 1885. 960.

**Schmitt's** Reag. auf Oxydasen

ist eine 5 ‰ige, alkoholische Lösung von Guajacin, eines aus Guajakholz durch ein besonderes Verfahren gewonnenen, harzigen Productes. Das Reag. zeigt durch Blaufärbung Oxydasen an.

Le bois de Gajac, Thèse de Nancy, 1875.
Merck's Index 1902. 256.
Merck's Bericht 1902. 75.
Neumann-Wender, Chem. Ztg. 1902. 1217.
Bertrand, Agenda du Chimiste 1897. 550.

**Schmitt's** React. auf Saccharin in Wein etc.

100 ccm des stark angesäuerten Weines schüttelt man 3 mal mit je 50 ccm einer Mischung gleicher Teile Aether und Petroläther aus, verdunstet die vereinigten, ätherischen Auszüge versetzt den Rückstand in einer Silberschale mit etwas Natronlauge, dampft zur Trockne ein und erhitzt mit 1 g Natriumhydroxyd ½ Stunde lang auf 250° C. Bei Anwesenheit von Saccharin enthält die Schmelze jetzt Salicylsäure, die nach dem Ansäuern mit Schwefelsäure und Extrahiren mit Aether durch Eisenchlorid identifizirt werden kann.

Repert. d. anal. Chem. **7**. 437.
Ztschr. f. anal. Chem. **27**. 396.
Haas, Zeitschr. f. Nahrungsmittelunters. u. Hygiene **3**. 53.

**Schneider's** React. auf Alkaloide

beruht auf dem Verhalten einiger Alkaloide gegenüber Zucker und concentr. Schwefelsäure. Gibt man zu einem Tropfen Schwefelsäure in einem Porzellanschälchen einige mg einer Mischung von 1 T. Morphin und 6—8 T. Zucker, so färbt sich diese sofort schön purpurrot. Die Farbe geht langsam in Blauviolett, Schmutzigblaugrün und schliesslich in Gelb über. Dem Morphin ähnlich verhält sich Codeïn. Die Reactionen von Aconitin, Delphinin, Chelerythrin und Chelidonin siehe die Originalabhandlung:

Poggengorff's Annal. **147**. 128 oder Ztschr. f. anal. Chem. **12**. 219.
Vergl. Weppen's React.

**Schneider's** React. auf schwefelhaltige Oele im Olivenöl.

Zu einer Mischung von Oel und Aether (1 + 2) gibt man 5 ccm concentr., alkoholische Silbernitratlösung. Bei Anwesenheit von schwefelhaltigen Oelen (Cruciferenöl) tritt innerhalb 12 Stunden eine Schwärzung der Mischung auf.

Ztschr. f. anal. Chem. **33**. 550.
Benedikt, Anal. d. Fette 2. Aufl. 345.

**Schneider's** Reag. auf Wismut.

Man löst 3 Teile Weinsäure und 1 Teil Zinnchlorür in der nötigen Menge Kalilauge. Die damit versetzte, neutrale oder alkalische Lösung des Wismuts wird einige Zeit auf 70—80° C. erwärmt. Es erfolgt ein schwarzbrauner Niederschlag. Empfindlichkeitsgrenze = 1 : 200 000.

Hager, Pharm. Prax. Erg.-Bd. 1883. 150.

**Schneider's** Reag. für mikroskopische Zwecke

ist eine heiss gesättigte Lösung von Carmin in 45 %iger Essigsäure. Gebraucht verdünnt oder unverdünnt zu Kernfärbungen.

Zoolog. Anzg. 1880. 254.

**Scholvien's** React. auf Phosgen im Chloroform.

Gibt man zu Chloroform eine Lösung von Anilin in wasserfreiem Benzol oder auch Amidophenetol, so entsteht bei Anwesenheit von Phosgen eine Trübung (von Phenylharnstoff bezw. Phenetolharnstoff).

Pharm. Centrh. 1895. 611.
Ztschr. f. anal. Chem. **33**. 488, **36**. 274.
Ber. d. pharm. Gesellsch. **3**. 213.

**Schönbein's** React. auf Blausäure im Blut.

Wasserstoffsuperoxyd färbt blausäurehaltiges Blut braun.

Nach D. Huizinga ist diese React. für sich allein kein Beweis für das Vorhandensein von Blausäure oder Cyankalium im Blute, da jede Spur irgend einer Säure im freien Zustande ebenfalls eine Bräunung verursacht.

Centralblatt f. d. medic. Wissenschaft 1868. 865.
Ztschr. f. anal. Chem. **8**. 233.
Repert. f. Pharm. **16**. 605.

**Schönbein's** React. auf Blut

ist eine Modification von Almén's React.

**Schönbein's** React. auf Kupfer.

Ein mit Guajaktinktur und verdünnter Cyankaliumlösung getränktes Papier wird durch Kupfersalzlösungen blau gefärbt; ebenso eine starkverdünnte Cyankaliumlösung mit Guajaktinktur.

Vergl. Schönbein-Pagenstecher's React. auf Blausäure.

**Schönbein**'s Reag. auf Nitrite

ist Pyrogallussäure, welche in wässeriger, mit Schwefelsäure angesäuerter Lösung durch Nitrite gebräunt wird. Empfindlichkeitsgrenze = 1:50 000.

Ztschr. f. anal. Chem. **1**. 319.

**Schönbein**'s React. auf Ozon.

Mit Jodkaliumstärkekleister getränktes Papier wird durch Ozon blau gefärbt. Andere Reactionen des Autors siehe:

Journ. f. pract. Chem. **84**. 193, **86**. 72.
Ztschr. f. anal. Chem. **2**. 77.
Heldt, Chem. Centralbl. 1862. 886.

**Schönbein**'s React. auf Wasserstoffsuperoxyd.

Eine Wasserstoffsuperoxyd enthaltende Lösung wird nach Zusatz von Ferrosulfat durch Jodkalium- oder Jodzink-Stärkekleister gebläut. Die Mischung soll neutral oder nur schwach sauer sein.

Ztschr. f. anal. Chem. **1**. 9. 440.

Nach Traube gelingt diese React. auch in sehr sauren Lösungen, ohne an ihrer Empfindlichkeit etwas einzubüssen, wenn etwas Kupfersulfat zugegen ist. Zu 8 ccm der zu prüfenden Lösung gibt man etwas Schwefelsäure und Jodzinkstärkelösung, höchstens 4 Tropfen einer 2 %igen Kupfersulfatlösung und zuletzt wenig 0,5 %ige Ferrosulfatlösung. Spuren von Wasserstoffsuperoxyd bringen in einigen Sekunden Blaufärbung hervor.

Berl. Ber. **17**. 1062.
Ztschr. f. anal. Chem. **7**. 468, **24**. 586.

**Schönbein**'s Reag. auf Wasserstoffsuperoxyd, Ozon und salpetrige Säure

ist eine mit Salzsäure versetzte und mit Schwefelalkalien entfärbte, wässerige Indigolösung. Dieses Reag. wird durch oben genannte Stoffe gebläut.

Näheres siehe Journ. f. pract. Chem. **92**. 150 od. Ztschr. f. anal. Chem. **4**. 116.

**Schönbein**'s Reagentien auf Wasserstoffsuperoxyd sind:

1. Jodkaliumstärkelösung;
2. Ferricyankalium und Ferrichlorid;
3. Kaliumpermanganat;
4. Indigotinktur und Ferrosulfat;
5. Chromsäure.
   Näheres siehe Ztschr. f. anal. Chem. **1**. 9—13.
6. Bleiessig;
7. Guajaktinktur.
   Näheres siehe ebenda **6**. 114.

**Schönbein-Pagenstecher**'s React. auf Blausäure.

Man imprägnirt weisses Filtrirpapier zuerst mit Guajaktinktur und nach dem Trocknen mit einer 0,1 %igen, wässerigen Kupfersulfatlösung. Dieses Papier wird durch Blausäure blau gefärbt.

Hager, Pharm. Prax. 1880. I. 66.
Schönn, Ztschr. f. anal. Chem. **9**. 210.
Schaer, ebenda **13**. 7.
Link, ebenda **17**. 457.
Doebner, Arch. d. Pharm. 1896. 614.
Pharm. Centrh. 1897. 485.
Breteau, Journ. de Pharm. et de Chim. 1898. VII. 569.
Pharm. Centrh. 1898. 706.
Aé, Polytechn. Notizbl. **24**. 239.
Lebaigne, Journ. Pharm. Chim. **9**. 107.
Eckmann, Neues Jahrb. d. Pharm. **32**. 30.
Brünnich, Chem. Centralbl. 1903. I. 1158.

**Schonleben**'s React. auf Aloë.

Sättigt man Aloëlösungen 1:1000 mit Borax, so entsteht nach etwa 20 Minuten eine intensiv grüne Fluorescenz. Natalaloë gibt diese Erscheinung nicht.

Pharm. Centrh. 1900. 34.

**Schönn**'s React. auf Cobalt.

Cobaltsalzlösungen werden durch Rhodannatriumlösung blau gefärbt.

**Schönn**'s React. auf Wasserstoffsuperoxyd.

Wasserstoffsuperoxyd wird durch Titansäurelösung intensiv gelb gefärbt.

Vergl. Jackson's React. auf Titan.
Merck's Report. 1901. 377.

**Schönn**'s React. auf Molybdän.

Befeuchtet man ein Molybdat mit concentr. Schwefelsäure und erhitzt auf freier Flamme vorsichtig bis zum Verdampfen der letzteren, so färbt sich die Mischung ultramarinblau. 1 mg Ammon-, Natrium- oder Baryummolybdat gibt noch sehr deutliche Reaction.

Ztschr. f. anal. Chem. **8**. 379, **12**. 383.
Maschke, ebenda **12**. 383.
Archiv d. Pharm. (3) **5**. 67 u. **6**. 125.
v. Kobell, Ztschr. f. anal. Chem. **14**. 317.

**Schönvogel**'s Reag. zur Unterscheidung von Tier- u. Pflanzenölen

ist eine gesättigte, wässerige Lösung von Borax. Schüttelt man Oele mit diesem Reag., so bilden die Pflanzenöle eine Emulsion; Tieröle u. Olivenöl bilden keine Emulsion, sondern scharf getrennte Schichten.

**Schönvogel**'s Reag. zur Prüfung der Butter

ist ebenfalls Boraxlösung. 6 ccm Reag. u. 5 Tropfen geschmolzene Butter schüttelt man bei 20—25° C. Butter, Rindertalg u. Olivenöl geben keine Emulsion, alle anderen Fette geben eine Emulsion.

Chem. Ztg. 1894. 1449; 1895. 1832.

**Schott**'s Reag. auf Schwefelwasserstoff u. Schwefelalkali

ist mit Bleiweiss überzogenes Papier, das durch Schwefelalkali braunschwarz gefärbt wird. Gebraucht u. a. auch zur titrimetrischen Bestimmung von Zink mittels Schwefelnatrium.

**Schotten-Baumann**'s React.

ist eine für die Synthese wichtige React.: Entstehung der Ester (der Benzoësäure) durch Einwirkung von Benzoylchlorid auf Alkohole.

Vergl. die Lehrbücher der Chemie, ferner Baumann's Reag. auf mehrwertige Alkohole.

**Schoutelen**'s React. auf Aloë.

Concentr. Boraxlösung gibt mit aloëhaltigen Flüssigkeiten nach 20—25 Minuten eine grüne Fluorescenz, welche bei längerem Stehen wieder verschwindet. Empfindlichkeitsgrenze = 1:10 000.

Ztschr. d. öst. Apoth.-Ver. **46**. 249.
Ztschr. f. anal. Chem. **31**. 723.
Pharm. Centrh. 1901. 65.
Jahresber. f. Pharm. 1892. 112.

**Schramm**'s React. auf fette Oele in ätherischen Oelen.

Man tränkt Docht oder Baumwolle mit einer Lösung des betreffenden Oeles in Alkohol und zündet an. Nach dem Verbrennen des Alkohols kann man fette Oele am Geruch erkennen.

Dingler's Journ. **101**. 375.

**Schreiber**'s Reag. auf Glucose im Harn.

Man löst 2 g Kupfersulfat, 2 g Natriumsalicylat und 2 g Natriumcarbonat in 88 g Wasser. Kocht man 5 ccm Reag., so bildet sich ein grauer bis schwarzer Niederschlag; kocht man mit gleichen Teilen glucosehaltigem Harn, so ist der Niederschlag schmutziggrün mit gelber Ausscheidung am Boden des Gefässes; kocht man mit überschüssigem Urin, so wird die Reduction vollständig und der entstandene Niederschlag ist gelb.
Merck's Report. 1901. 377.

**Schreiber**'s React. auf Kryofin im Harn.

1. Versetzt man Harn mit 2 Tropfen Salzsäure, dann mit 2 Tropfen Natriumnitritlösung (1 %) und zuletzt mit einigen Tropfen einer alkalischen, wässerigen α-Naphtollösung, so verursacht ein Ueberschuss von Alkali bei Anwesenheit von Kryofin eine rote Färbung, die auf Zusatz von Salzsäure in Violett übergeht.
2. Versetzt man den Harn mit Salzsäure und kocht ihn kurze Zeit, so tritt nach dem Erkalten auf Zusatz von wässeriger (5 %iger) Phenollösung eine indigoblaue Färbung auf, wenn Kryofin vorhanden ist.
Pharm. Centrh. 1898. 100.
Deutsche med. Wochenschr. 1897. Therap. Beilage pag. 73.

**Schröder**'s React. auf Acetanilid im Phenacetin.

0,5 g Phenacetin kocht man mit 5—8 ccm Wasser, lässt erkalten und filtrirt vom auskrystallisirten Phenacetin ab. Das Filtrat wird mit verdünnter Salpetersäure und etwas Kaliumnitrit gekocht und dann nach Zugabe von salpetrigsäurehaltiger Salpetersäure abermals gekocht. Reines Phenacetin verändert sich nicht, Acetanilid bewirkt noch bei Anwesenheit von 2 % eine Rotfärbung.
Chem. Ztg. 1889. Rep. 40.
Pharm. Ztg. **34**. 57.
Ztschr. f. anal. Chem. **28**. 376.

**Schuchardt**'s Reag. auf Salzsäure im Magensaft

ist Tropäolin.
Vergl. Töpfer's Reag.

**Schultze**'s Reag. auf Alkaloide.

Man löst 10 g Antimonchlorid in 40 g gesättigter Natriumphosphatlösung. (Auch eine Lösung von Antimonchlorid in Phosphorsäure kann verwendet werden). Das Reag. gibt mit Alkaloidlösungen weisse Niederschläge.
Merck's Index 1902. 263.
Hager, Pharm. Prax. 1880. I. 206.
Liebig's Annal. **109**. 177.

**Schultze**'s Reag. auf Cellulose

ist eine Lösung von 250 g Zinkchlorid und 80 g Jodkalium in 85 ccm Wasser, die mit Jod gesättigt ist. Das Reag. färbt Cellulose blau.
Merck's Index 1902. 263.

**Schultze**'s React. auf Eiweiss.

Eine Lösung von Eiweiss in mässig concentr. Schwefelsäure wird nach Zusatz von etwas Zuckerlösung beim Erwärmen auf 60 ° C. bläulichrot gefärbt.

**Schultze**'s Reag. zum Fixiren mikroskop. Präparate

1. ist eine wässerige Lösung von Osmiumsäure 1:100. Gebraucht zum Fixiren und Härten von zarten Geweben, ferner zum Färben der Fette und des Nervenmarkes;
2. ist eine Lösung von 0,1—0,3 g Palladiumchlorid in 100 ccm Wasser. Gebraucht zum Fixiren und Härten für Präparate von niederen Pflanzen und Infusorien.
Arch. f. mikrosk. Anat. 1867. 477.

**Schultze**'s Reagentien für mikroskop. Zwecke.

1. Macerationsflüssigkeit zum Isoliren der Muskelfasern ist eine Mischung von 10 g Kaliumchlorat (mit Wasser angefeuchtet) mit 40 g Salpetersäure oder eine Lösung von 0,06 g Kaliumchlorat in 100 ccm Wasser und 1 ccm Salpetersäure.
2. Macerationsflüssigkeit zum Isoliren verholzter Pflanzenteile ist eine Lösung von Kaliumchlorat in Salpetersäure.
3. Einschlussflüssigkeit ist eine concentr., wässerige Lösung von Kaliumacetat.
Kühne, Ranvier's Traité 79.
Arch. f. mikrosk. Anat. 1872. 180.
4. Jodserum ist eine Lösung von Jod in Serum (aus Amnioswasser von Schafen und Kühen).
Näheres siehe Arch. Path. Anat. 1864. 263.

**Schulz**' Reag. auf Kohlenoxyd im Blute

ist Kunkel's Reag. siehe pag. 82.
Pharm. Centrh. 1895. 701.
Ztschr. f. anal. Chem. **36**. 412.

**Schulz**' Reag. auf Salicylsäure.

Eine wässerige Lösung von Salicylsäure oder Natriumsalicylat wird auf Zusatz von wenig Kupfersulfatlösung smaragdgrün gefärbt. Empfindlichkeitsgrenze für Natriumsalicylat = 1:2000. Freie Mineralsäuren beeinträchtigen die Reaction, ebenso Ammoniak.
Chem. Centralbl. (3) **10**. 694.
Ztschr. f. anal. Chem. **19**. 85.
Archiv d. Pharm. (3) **15**. 246.

**Schulze**'s Reag. auf Carbonate im Trinkwasser

ist eine wässerige Lösung von Bleichlorid. Das Reag. gibt mit gebundener, nicht aber mit freier Kohlensäure eine milchige Trübung. Empfindlichkeitsgrenze = 1:240000.
Chem. Ztg. 1890. Rep. 84.

**Schulze**'s React. auf Isocholesterin.

Löst man Isocholesterin in erwärmtem Essigsäureanhydrid oder Chloroform u. Essigsäureanhydrid und gibt nach dem Erkalten einen Tropfen concentr. Schwefelsäure zu, so färbt sich die Lösung gelb bis gelbrot. Dabei zeigt sich eine grüne Fluorescenz. Empfindlichkeitsgrenze = 1 mg Isocholesterin. Burchard gibt an, dass die Farbenreaction dunkelgrün sei.
Ztschr. f. physiol. Chem. **14**. 522.
Ztschr. f. anal. Chem. **31**. 90.
Burchard, zur Kenntnis der Cholesterine, Rostock 1889.

**Schumpelitz**' Reag. auf Veratrin siehe **Czumpelitz**.

**Schuster**'s Reag. auf Bierfarbstoffe.

Schüttelt man Bier mit Tanninlösung, so wird es entfärbt, nicht aber, wenn es mit Zuckerkouleur und ähnlichen Färbemitteln versetzt ist.
Dingler's Journ. **205**. 388.

**Schütz**' Reag. zur Gonokokkenfärbung

ist eine gesättigte Lösung von Methylenblau in 5 %igem Carbolwasser.
Münchener med. Wochenschr. 1889.

**Schützenberger**'s React. auf Anthrachinon.

Eine alkalische Lösung von Anthrachinon wird durch hydroschwefligsaures Natrium rot gefärbt.

Beim Stehen an der Luft wird das Anthrachinon zurückgebildet.
Compt. rend. **69**. 196.
Pharm. Centrh. 1878. 167.
Ztschr. f. anal. Chem. **17**. 500.

**Schuyten**'s Reag. auf salpetrige Säure
ist eine Lösung von 1 g Antipyrin in 100 g 10 % iger Essigsäure. — 5 ccm Reag. mischt man mit 5 ccm der zu prüfenden Flüssigkeit. Bei Anwesenheit von Nitriten tritt Grünfärbung ein. Empfindlichkeitsgrenze = 1 : 20 000.
Pharm. Centrh. 1897. 4.

**Schwabe**'s React. auf Ricinusöl und Copaivabalsam im Perubalsam.
1 g Perubalsam wird mit 4—5 Tropfen concentr. Schwefelsäure zusammengerieben. Ist der Balsam unverfälscht, so bildet sich eine zähe, knetbare Masse, welche beim Erkalten so hart wird, dass man sie mit dem Pistill ganz aus dem Mörser herausheben kann. Verfälschter Balsam wird dagegen salbenartig schmierig.
Archiv d. Pharm. **142**. 241.

**Schwanda**'s React. auf Gallenfarbstoffe.
Den zu prüfenden Harn verdampft man zur Trockne, wäscht den Rückstand mit Wasser und bringt ihn auf ein Filter. Nach dem Trocknen extrahirt man das Filter mit Chloroform und prüft letzteres mit Salpetersäure wie bei Gerhardt's React. angegeben.
Ztschr. f. anal. Chem. **6**. 501.

**Schwarz**' React. auf Chloral oder Chloroform.
Beim Erhitzen von Chloral oder Chloroform mit Resorcin und überschüssiger Kalilauge entsteht eine intensiv rote Färbung, welche auf Zugabe von Salzsäure verschwindet, durch Alkali regenerirt wird. Verwendet man zu dieser React. überschüssiges Resorcin und wenig Kalilauge, so entsteht eine gelbrote Färbung mit gelbgrüner Fluorescenz.
Näheres siehe Pharm. Ztg. 1888. 419.
Vergl. Crismer's React.

**Schwarz**' React. auf Gelsemin.
Gelsemin gibt mit Schwefelsäuretrihydrat und Kaliumdichromat behandelt eine grüne bis blaugrüne Mischung.
Dissert. Dorpat 1882.
Pharm. Ztschr. f. Russl. 1882.
Dragendorff, Ermittel. v. Giften 1888. 171.

**Schwarz**' React. auf Glucose.
(Modification der Phenylhydrazinprobe) 10 ccm Harn versetzt man mit 1—2 ccm Bleiessig und filtrirt. 5 ccm des Filtrates mischt man mit 5 ccm Normal-Kalilauge nebst 1—2 Tropfen Phenylhydrazin und erhitzt zum Sieden. Glucose bewirkt Gelbfärbung und auf Zusatz von überschüssiger Essigsäure entsteht sofort ein gelber Niederschlag.
Pharm. Ztg. **33**. 465.
Chem. Centralbl. 1888. 1187.
Ztschr. f. anal. Chem. **28**. 380.

**Schwarz**' React. auf Sulfonal.
Erhitzt man Sulfonal mit Kohlepulver in einem Reagensglase, so bilden sich dichte, nach Mercaptan riechende Nebel.
Pharm. Ztg. **33**. 405.
Ztschr. f. anal. Chem. **27**. 665.
Deutsch. Arzneib. IV. 359.

**Schwarzenbach**'s Reag. auf Alkaloide
ist Kaliumplatincyanür. Siehe Delf's Reag.

**Schwarzenbach**'s React. auf Coffeïn.
Mit Chlorwasser zur Trockne eingedampftes Coffeïn färbt sich purpurrot, bei stärkerem Erhitzen gelb und durch Ammoniak wieder rot.
Chem. Centralbl. 1861. 989.

**Schwarzenbach-Delfs**' Reag. auf Alkaloide
ist Kaliumplatincyanür, welches mit Alkaloidlösungen krystallinische Niederschläge gibt.
Ztschr. f. Chem. u. Pharm. 1863. 630.
Ztschr. f. anal. Chem. **4**. 237.
Wittstein's Vierteljahresschrift **6**. 422, 8. 518.

**Schweiger-Seidel**'s Reag. zum Färben mikroskop. Präparate.
Man versetzt Gerlach's Reag. mit überschüssiger Essigsäure und filtrirt. Gebraucht zu Zellkernfärbungen.
Ranvier, Traité 99.
Frey, Mikroskop. 1877. 96.

**Schweissinger**'s Reag. auf Alkalien
ist Jodgalläpfeltinktur. Es gibt mit alkalischen Flüssigkeiten eine rosenrote Färbung. Kohlensaures Kalium gibt die Reaction noch 1 : 100 000.
Ztschr. f. anal. Chem. **25**. 99.
Chem. Centralbl. (3) **16**. 26.

**Schweissinger**'s React. auf Atropin
ist identisch mit Gerrard's React. (Siehe diese.)

**Schweissinger**'s React. auf Kairin.
1. Mit Eisenchloridlösung färbt sich Kairin violett und dann schmutzig braun, gibt man zu dieser Mischung concentr. Schwefelsäure, so tritt purpurrote Färbung ein.
2. Kairin färbt sich mit Kaliumdichromat violett.
3. Kairin färbt sich mit Chlorkalklösung rot, dann schmutzig braun.

Archiv d. Pharm. 1884. 686.

**Schweissinger**'s React. auf Strychnospräparate.
Erwärmt man etwas Strychnos-Extract oder Tinktur mit verdünnter Schwefelsäure in einer Porzellanschale, so entsteht eine intensiv violette Färbung. $^1/_{10}$ Tropfen Tinktur oder 0,00005 g Extract gibt noch diese Reaction, die wahrscheinlich durch das Glycosid Loganin hervorgerufen wird. Diese Reaction kann sehr zweckmässig als Unterscheidungsmittel von Strychnostinktur und anderen gleichgefärbten Tinkturen z. B. Strophantustinktur verwandt werden.
Pharm. Ztg. **31**. 186.
Ztschr. f. anal. Chem. **25**. 463.

**Schweitzer**'s React. auf Wasser im Aceton.
Man mischt 50 ccm Aceton und 50 ccm Petroleumäther vom Siedep. 40—60° C. Bei Anwesenheit von Wasser bilden sich zwei Schichten. Wasserfreies Aceton mischt sich klar mit Petroleumäther.
Chem. Ztg. **19**. 1384.
Ztschr. f. anal. Chem. **37**. 57.

**Schweitzer**'s Reag. auf Wolle etc.
ist eine gesättigte Lösung von frisch gefälltem Kupferhydroxyd in concentr. Ammoniak. Das Reag. löst Baumwolle, Seide und Leinen, nicht aber Wolle.
Merck's Index 1902. 263.
10 g Kupfersulfat löst man in 100 ccm Wasser und gibt 5 g Aetzkali in 50 ccm Wasser zu. Der entstandene Niederschlag wird gesammelt, mit Wasser gewaschen, etwas getrocknet und mit 20 g Aetzammonlösung (20 %) einen Tag unter Umschütteln macerirt.

Hager, Pharm. Prax. 1880. I. 976.
Schlossberger, Liebig's Annal. **107.** 24.
Péligot, Compt. rend. 1861. 209.

**Schweitzer-Lungwitz'** React. auf Wasser im Aceton siehe Schweitzer.

**Schwicker's** React. auf Aceton

ist identisch mit Gunning's React. (Siehe diese.)
Pharm. Centrh. 1891. 475.
Chem. Ztg. 1891. 914.

**Seegen's** React. auf Glucose im Harn.

Der mit Blutkohle vollständig entfärbte Harn wird mit Fehling's Reag. erhitzt. Die Reduction ist so deutlicher zu erkennen als in gefärbtem Harn und soll eindeutiger sein. Empfindlichkeitsgrenze = 1 : 10 000.
Näheres siehe Pharm. Centrh. 1892. 730.
Ztschr. f. anal. Chem. **10.** 501.

**Sehlen's** Reag. zur Harnuntersuchung auf Tuberkelbacillen.

Man löst 10 g Borax und 10 g Borsäure in 250 ccm Wasser.
Daiber, Mikroskopie d. Harns pag. 40.

**Seidel's** React. auf Inosit.

Wird etwas Inosit mit concentr. Salpetersäure auf dem Dampfbade zur Trockene verdampft, in wenig Wasser gelöst und Strontiumacetat zugegeben, so tritt eine violette Färbung ein.
Fick, Pharm. Ztschr. f. Russl. **26.** 81.
Maquenne, Compt. rend. **104.** 225 u. 297.

**Seiler's** Reag. zum Färben mikroskop. Präparate.

a) Eine Lösung von 1 g Carmin und 3 g Borax in 150 ccm Wasser und 330 ccm Alkohol;
b) eine Mischung von 10 ccm Salzsäure mit 40 ccm Alkohol;
c) eine Mischung von 4 Tropfen einer gesättigten, wässerigen Lösung von indigoschwefelsaurem Natrium mit 60 ccm Wasser. Gebraucht für histologische Präparate.
Merck's Index 1902. 270.
Am. Quart. Microsc. Journ. 1879. 220.
Journ. Roy. Microsc. Soc. 1879. 613.

**Seligsohn's** React. auf Cinchonin

siehe Bill's React.

**Seliwanoff's** React. auf Lävulose.

Erwärmt man eine Lösung von Resorcin in 1 T. conc. Salzsäure und 2 T. Wasser mit etwas Lävulose, so entsteht eine intensive Rotfärbung und allmählich ein dunkler Niederschlag, der sich in Alkohol mit roter Farbe löst. Milchzucker, Glucose, Maltose, Mannose, Galactose und Pentosen geben diese React. nicht.
Berl. Ber. **20.** 181.
Fischer, Berl. Ber. **27.** 1359.
Tollens, Landw. Versuchsstat. **39.** 421.
Miura, Ztschr. f. Biolog. **32.** 262.

**Seliwanoff's** React. auf Rohrzucker (Fruchtzucker).

Eine Lösung von Resorcin in Salzsäure (D. = 1,19) wird beim Erwärmen mit Rohrzucker rot gefärbt. Beim Erkalten scheidet sich ein dunkler Niederschlag ab, der sich in Alkohol mit roter Farbe löst. Nach dem Autor soll diese React. dem Fruchtzucker und den Zuckerarten eigen sein, die bei der Spaltung Fruchtzucker geben.
Berl. Ber. **20.** 181.
Tollens, Ztschr. f. anal. Chem. **40.** 559.
Ihl, Chem. Ztg. **9.** 231.

**Selmi's** Reag. auf Alkaloide.

Als Reagentien auf Alkaloide im Allgemeinen und zur Unterscheidung einzelner Alkaloide lassen sich Jod in Jodwasserstoff, Goldbromid, Natriumgoldhyposulfit, Kaliumgoldjodid, Kaliumplatinjodid, Bleitetrachlorid und Mangansuperoxyd in Schwefelsäure verwenden.
Nuovo processo generale per la ricerca delle sostanze venefiche, Bologna 1875. 54.
Berl. Ber. **8.** 1198; **9.** 195 u. 196.
Ztschr. f. anal. Chem. **16.** 245.
Merck's Index 1902. 263.
Dragendorff, Ermittel. v. Giften 1888. 126.

**Selmi's** React. auf Blut.

Das Untersuchungsobjekt macerirt man einige Zeit mit Ammoniakflüssigkeit, fällt die abfiltrirte Flüssigkeit mit Natriumwolframat und Essigsäure und behandelt den erhaltenen Niederschlag nach dem Auswaschen mit einer Mischung von 1 Volum Ammoniakflüssigkeit und 8 Volum absolutem Alkohol. Die erhaltene Lösung lässt man verdunsten. Der Rückstand zeigt, falls Blut vorhanden war, unter dem Mikroskope mit Kochsalz und Essigsäure behandelt, sehr deutlich Häminkrystalle.
Journ. de Pharm. et de Chim. 1879.
Ztschr. d. öst. Apoth.-Ver. **17.** 214.
Ztschr. f. anal. Chem. **19.** 129.

**Selmi's** React. auf Coniin und Nicotin.

Versetzt man eine wässerige Lösung von Coniin oder Nicotin mit Kaliumplatinjodid, so entsteht ein schwarzer Niederschlag. Bei Anwesenheit von 50 % Essigsäure gibt Coniin diese React. nicht, wohl aber Nicotin.
Memorie sopra argomenti tossicologici 1878. 61.

**Selmi's** React. auf Strychnin.

Strychnin, mit einer Lösung von Jodsäure in Schwefelsäure wenig befeuchtet, färbt sich gelb, dann ziegelrot und später, aber sehr langsam violettrot.
Berl. Ber. **11.** 1692.
Ztschr. f. anal. Chem. **18.** 292.

**Senft's** Reag. zum mikrochemischen Nachweis von Zucker in Pflanzengewebe:

a) Eine Lösung von Phenylhydrazinchlorhydrat in Glycerin (1:10);
b) eine Lösung von Natriumacetat in Glycerin (1 : 10).
Die Schnitte werden auf dem Objektträger mit je einem Tropfen von a u. b erwärmt. Zucker lässt sich unter dem Mikroskope an der Bildung von Phenylglucosazonkrystallen erkennen.
Pharm. Post 1902. 425.

**Senier-Lowe's** React. auf Glycerin.

Befeuchtet man Borax mit einer glycerinhaltigen Substanz und bringt ihn in die Bunsenflamme, so entsteht die charakteristische, grüne Borflamme.
Fittica's Jahresber. 1878. 1074.
Ztschr. f. anal. Chem. **20.** 382.

**Serullas'** React. auf Alkohol

ist identisch mit Lieben's React.

**Seybel-Wikander's** React. auf Arsen.

Um in Salz- oder Schwefelsäure Arsen nachzuweisen, versetzt man einige ccm der betreffenden Säure mit einigen Tropfen Jodkaliumlösung. Bei Anwesenheit von Arsen entsteht ein gelber Niederschlag ($AsJ_3$) oder eine gelbe Färbung. Empfindlichkeitsgrenze = 0,001 %.
Pharm. Centrh. 1902. 121.
Chem. Ztg. 1902. 50.

**Seyda**'s React. auf Gerbsäure.

Lösungen, die minimale Mengen Gerbsäure enthalten, werden durch einen Tropfen einer sehr verdünnten Lösung von Auronatriumchlorid nach einigen Minuten purpurrot gefärbt. Concentrirte Lösungen geben eine Fällung.

Ztschr. d. öst. Apoth.-Ver. **53**. 36.

**Siebold**'s React. auf Eiweiss im Harn.

Der zu prüfende Harn wird mit Ammoniak schwach alkalisch gemacht, filtrirt und mit Essigsäure angesäuert. Diese Lösung verteilt man auf zwei Reagensgläser. Den einen Teil erhitzt man zum Sieden und vergleicht ihn dann mit dem anderen Teil. Auf diese Art lässt sich die geringste Trübung entdecken.

Chem. Centralbl. 1874. 169.
Ztschr. f. anal. Chem. **13**. 248.

**Siebold**'s Reag. auf Morphin.

Erwärmt man 0,1 mg oder mehr Morphin mit concentr. Schwefelsäure und gibt Kaliumperchlorat zu, so entsteht eine tiefbraune Färbung.

Vergl. Grove's React.
Americ. Journ. of Pharm. **45**. 514.
Pharm. Journ. 1873. 809.

**Silbermann**'s React. auf Eiweiss.

Kocht man trockenes Eiweiss einige Zeit lang mit Salzsäure (D. = 1,19), so entsteht eine rotviolette Lösung.

**da Silva**'s Reag. auf Alkaloide

ist eine Lösung von selenigsaurem Ammon in concentr. Schwefelsäure 1 : 20. Es gibt mit Alkaloiden, besonders mit Opiumalkaloiden Farbenreactionen.

Merck's Index 1902. 262.
Progrès therap. 1891. 59.
Vergl. Lafon's u. Schlagdenhauffen's Reag.

**da Silva**'s React. auf Cocaïn.

Dampft man etwas Cocaïn mit rauchender Salpetersäure (D. = 1,4) auf dem Wasserbade zur Trockne ein und gibt dann 1—2 Tropfen einer concentr., alkoholischen Kalilösung zu, so entsteht ein an Pfefferminz erinnernder Geruch (Benzoesäureaethylester.)

Nach Flückiger erhält man denselben Geruch, wenn man Cocaïn mit concentr. Schwefelsäure bis zur Bildung von Benzoesäure erhitzt.

Compt. rend. **111**. 348.
Chem. Ztg. **14**. Rep. 251.
Ztschr. f. anal. Chem. **30**. 265.
Patein, Chem. Ztg. 1891. Rep. 177.

**da Silva**'s Eserinreaction.

Ein sandkorngrosses Stückchen Eserin oder Eserinsalz löst man in einigen Tropfen rauchender Salpetersäure, wobei eine klare, gelbe Lösung entsteht, die beim Erwärmen dunkler bis orangefarben wird und nach dem Eindampfen auf dem Wasserbade einen rein grünen Rückstand hinterlässt. Letzterer löst sich mit unveränderter Farbe in Wasser und Alkohol. Die Lösung in verdünnter Salpetersäure fluoreszirt im durchfallenden Lichte grünlichgelb, im auffallenden Lichte blutrot.

Pharm. Ztschr. f. Russl. **32**. 629.
Compt. rend. **117**. 330.
Ztschr. f. anal. Chem. **33**. 504, **36**. 540.
Pharm. Centrh. 1893. 628.
Vergl. auch Formánek's React.

**Simon**'s React. auf Acetaldehyd.

Versetzt man die zu prüfende Lösung mit einigen Tropfen einer wässerigen Trimethylaminlösung und mit stark verdünnter, kaum gefärbter Natriumnitroprussiatlösung, so entsteht bei Anwesenheit von Aldehyd eine blaue Färbung. Empfindlichkeitsgrenze = 0,0001 %.

Vergl. Légal's React.
Soc. Chim. de Paris, Bull. comm. 1898. 1.
Ztschr. f. angew. Chem. 1898. 977.
Journ. de Pharm. et de Chim. 1898. VII. 135.
Rimini, Annali di Farmacoterapia 1899. 249.

**Simon**'s React. auf Phenylhydrazin.

Erhitzt man eine Lösung von Phenylhydrazin mit einigen Tropfen einer wässerigen Lösung von Trimethylamin und verdünnter Nitroprusidnatriumlösung, so färbt sich die Mischung blau. Kalilauge bewirkt dann eine dunklere Färbung, Essigsäure eine himmelblaue Färbung. Die Beständigkeit dieser Farbe ist der Unterschied gegenüber der Aldehydreaction.

Pharm. Centrh. 1898. 301.
Ztschr. f. anal. Chem. **38**. 458.
Rimini, Chem. Ztg. 1898. Rep. 159.

**Simon**'s React. auf Pyrouvinsäure.

Behandelt man Pyrouvinsäure mit Ammoniak und gibt Nitroprussidnatrium zu, so entsteht, besonders beim Erwärmen, eine blauviolette Färbung, die nach längerem Stehen in Orange übergeht.

Näheres siehe Chem. Ztg. 1897. 896.
Pharm. Centrh. 1898. 192.

**Sjollema**'s Reag. zur Unterscheidung von Glucosen unter einander und von Rohrzucker.

1. Man löst 10 g Kupfersulfat in 100 ccm Wasser und gibt so viel Ammoniak zu, dass sich der entstandene Niederschlag eben wieder löst. Ein Ueberschuss von Ammoniak darf nicht vorhanden sein.
2. Man löst 5 g Kupferacetat in 100 ccm Wasser und verfährt wie bei 1.

Verschiedene Hexosen geben mit dem einen oder anderen Reag. eine unlösliche Verbindung.

Näheres siehe Chem. Ztg. 1897. 739 oder Pharm. Centrh. 1898. 99.

**Skey**'s Reag. auf Alkaloide

ist Kaliumzinkrhodanid oder überhaupt Rhodankalium in Verbindung mit einem Metallsalz.

Jahresber. f. Chem. 1868. 747.
Vergl. Gmelin's React.

**Skey**'s React. auf Cobaltsalze.

Versetzt man eine Cobaltlösung mit Weinsäure oder Citronensäure, überschüssigem Ammoniak und Ferricyankalium, so färbt sich die Lösung dunkelrot.

Ztschr. f. anal. Chem. **6**. 227 u. **8**. 207.

Nach Tyro lassen sich auch andere Säuren wie Oxalsäure, Salzsäure, Chromsäure etc. verwenden.

Chem. News 1867. 328.
Gintel, Ztschr. f. anal. Chem. **9**. 231.
Allen, ebenda **11**. 79.

**Skraup**'s React. auf Thallin.

Thallinlösungen werden durch Eisenchlorid, Chlor, Chromsäure und andere Oxydationsmittel grün gefärbt.

Monatsh. f. Chem. **6**. 767.

**Smith**'s Reag. auf Alkaloide

ist Antimonbutter (-trichlorid). Das zu prüfende Alkaloid gibt man in das geschmolzene Reag.

Brucin = dunkelrot, Veratrin = ziegelrot, Aconitin = broncefarbig, Narcotin = dunkelgrün, Narceïn = gelb, Morphin u. Codeïn = grünlich, Thebaïn = rot.
Berl. Ber. **12** 1420.

**Smith's** React. auf Gallenfarbstoffe

ist eine Modification von Maréchal's und Anderer React. Auf den in einem Reagensglase befindlichen Harn lässt man vorsichtig einen Tropfen Jodtinktur fliessen. Bei Anwesenheit von Gallenf. färbt sich die Lösung schön grün. An Stelle von Jodtinktur lässt sich nach dem Autor auch Wasserstoffsuperoxyd, Eisenchlorid und Bleisuperoxyd verwenden.
Chem. Centralbl. (3) 8. 299.
Dublin. Journ. of Med. Scienc. 1876. 449.
Ztschr. f. anal. Chem. **16**. 478.
Deubner, ebenda **25**. 458.
Hammarsten, Physiol. Chem. 1899. 508.

**Smith's** React. auf Santonin.

Erhitzt man Santonin mit concentr. Salpetersäure zum Sieden, so entsteht eine grüngelbe Flüssigkeit, die sich mit überschüssiger Natronlauge orangerot färbt.
Vergl. Kippenberger, Nachw. v. Gift. 1897. 94.
Merck's Report 1901. 414.

**Smith's** Reag. auf freie Säuren.

Man löst frisch gefälltes Chlorsilber in einer unzureichenden Menge von Ammoniakflüssigkeit, d. h. in so viel Ammoniak, dass nicht alles Chlorsilber gelöst ist, das Ammoniak aber mit Chlorsilber gesättigt ist. Dieses Reag. soll so empfindlich sein, dass sogar die in Brunnenwasser enthaltene Kohlensäure einen Niederschlag von Chlorsilber bewirken soll. (?)
Neues Jahrb. f. Pharm. **30**. 313.
Ztschr. f. anal. Chem. **8**. 208.

**Smithson's** React. auf Quecksilber in Flüssigkeiten

ist Gmelin's React., siehe diese.

**Solbrig's** Sechstelalkohol für mikroskop. Zwecke

ist eine Mischung von 1 T. Alkohol (96 %) mit 5 T. Wasser. Gebraucht als Macerationsflüssigkeit.

**Soldaïni's** Reag. auf Glucose.

15 g gefälltes Kupfercarbonat löst man allmählich in der Wärme in einer Lösung von 416 g Kaliumbicarbonat in 1,4 Liter Wasser. Diese Lösung wird durch Glucose und Milchzucker (auch durch Gerbsäure und Ameisensäure) reduzirt, nicht aber durch Rohrzucker und Dextrin.
Berl. Ber. **9**. 1126.
Ztschr. f. anal. Chem. **16**. 248.
Merck's Index 1902. 263.
Degener und Schweitzer, Chem. Centralbl. (3) **17**. 430 od. Ztschr. f. anal. Chem. **26**. 247.
Ost, ebenda **29**. 639.
Striegler, Chem. Ztg. 1889. Rep. 260.
Scheller, Pharm. Centrh. 1889. 696.

**Soltsien's** React. auf Cottonöl.

10 g des zu prüfenden Oeles oder Fettes erhitzt man in einem mit Steigrohr versehenen, weiten Reagensglase 1/4 Stunde lang mit 2 ccm einer Lösung von Schwefel in Schwefelkohlenstoff (1 : 100). Bei Anwesenheit von Cottonöl tritt Rotfärbung ein.
Ztschr. f. öff. Chem. 1899. 106.
Vergl. Halphen's React.

**Soltsien's** React. auf Sesamöl.

6 g des zu prüfenden Oeles schüttelt man mit 2 ccm Bettendorf's Reag. unter Erwärmen im siedenden Wasserbade einmal kräftig durch und lässt die entstandene Emulsion im Wasserbade sich trennen. Bei Anwesenheit von Sesamöl ist die Zinnchlorürlösung hell himbeerrot bis dunkel weinrot gefärbt. Es soll sich noch 1 % Sesamöl nachweisen lassen.
Ztschr. f. öff. Chem. 1897. 65.
Pharm. Centrh. 1897. 195, 1899. 171, 1901, 546.
Utz, Chem. Ztg. 1902. 309; Chem. Centralbl. 1902. II. 666.

**Sonnenschein's** Reag. I auf Alkaloide

ist Ceroxyduloxyd. Man löst das zu prüfende Alkaloid in concentr. Schwefelsäure und gibt wenig Ceroxyduloxyd zu. Strychnin liefert eine prachtvolle blaue Färbung, die langsam in Violett und schliesslich in ein beständiges Kirschrot übergeht. Weniger schön sind die Reactionen mit anderen Alkaloiden: Atropin = citronengelb; Brucin = gelblich; Chinin = citronengelb (ebenso Chinidin, Cinchonin, Cocaïn, Delphinin, Emetin, Morphin, Veratrin); Eserin = rötlich-bläulich; Thebain = rotbraun.
Hager, Pharm. Prax. 1880. I. 207.
Berl. Ber. **3**. 633.
Archiv d. Pharm. **193**. 252.
Ztschr. f. anal. Chem. **9**. 494 u. **11**. 440.
Merck's Index 1902. 263.
Djurberg, Chem. Centralbl. 1872. 153.

**Sonnenschein's** Reag. II auf Alkaloide (und Eiweiss)

ist eine Lösung von Phosphormolybdänsäure in Salpetersäure (30 %). Das Reag. fällt Alkaloide und Eiweiss aus wässeriger Lösung.
Merck's Index 1902. 263.
Chem. Centralbl. 1873. 423.
Hager, Pharm. Prax. 1880. I. 203.
Jahresber. f. Pharm. 1886. 244.
Liebig's Annal. **104**. 45.

**Sonnenschein's** Reag. auf Blut.

Phosphorwolframsäure, d. i. eine mit Phosphorsäure versetzte, wässerige, gesättigte Lösung von Natriumwolframat, gibt mit einer verdünnten, filtrirten Blutlösung einen voluminösen, rotbraunen Niederschlag. Letzterer löst sich in Ammon zu einer roten, dichroisirenden Flüssigkeit von stärkerer Färbung als eine entsprechende Menge Blut in Ammoniak annimmt. Die Lösung zeigt das Spectrum des alkalischen Methämoglobins
Ztschr. f. anal. Chem. **12**. 344.
Chem. Centralbl. 1873. 424.

**Sonnerat's** Reag. auf Glucose.

Man löst 0,639 g Kupfersulfat in 34 ccm **kaltem** Wasser und gibt diese Lösung nach und nach zu einer **kalt** bereiteten Lösung von 173 g Kaliumtartrat in 600 g Natronlauge (D. = 1,12). Die erhaltene Mischung wird mit Wasser auf 1 Liter ergänzt.
Ztschr. f. anal. Chem. **23**. 208.
Arch. d. Pharm. (3) **21**. 708.
Journ. de Pharm. et de Chim. (5) 8. 28.

**Soubeiran's** React. auf Chloroform

ist identisch mit Regnault's React.

**de la Souchère's** React. auf Sesamöl

beruht auf der Rotfärbung, die beim Schütteln sesamölhaltiger Oele mit concentr. Salzsäure und Zucker entsteht. (Baudouin's React.)

**de la Souchère's** React. auf Arachis-(Erdnuss-)öl und Cruciferenöl.

Verseift man 10 g Olivenöl mit alkoholischer Natronlauge, so tritt bei Anwesenheit von Cruciferenöl

Braunfärbung ein. Nach dem Verdampfen des Alkohols und Auflösen der Seife in Wasser, fällt man die Fettsäuren mit Säure und löst dieselben in heissem Alkohol. Bei Anwesenheit von Arachisöl krystallisirt beim Erkalten Arachinsäure in perlmutterglänzenden Krystallen aus.

**de la Souchère**'s React. auf Cottonöl.

Schüttelt man das zu prüfende Oel mit dem gleichen Volum Salpetersäure (D. = 1,37), so entsteht bei Anwesenheit von Cottonöl eine mehr oder weniger braune Färbung.

Monit. Prod. Chim. **2.** 610.
Chem. Ztg. **5.** 650.
Pharm. Centrh. 1881. 437.
Ztschr. f. anal. Chem. **21.** 445.
Monit. scientif. 1881. 790.

**Soudakewitsch**'s Reag. zum Färben mikroskop. Präparate

ist identisch mit Herxheimer's Reag.

**de la Source**'s Reactionen auf Weinsäure

siehe Compt. rend. **81.** Nr. 21.
Pharm. Centrh. 1896. 337.

**de la Source**'s React. auf Harnsäure.

(Murexidreaction) siehe v. Jaksch's React.

**Soxhlet**'s Reag. auf Glucose:

a) 34,632 g Kupfersulfat löst man mit Wasser zu ein Liter.
b) 63 g Natriumhydroxyd und 173 g Seignettesalz löst man mit Wasser zum Liter.

Zum Gebrauch mischt man gleiche Volumina von a und b.

Chem. Centralbl. 1878. 218 und 236.
Ztschr. f. anal. Chem. **18.** 349.

**Spaink**'s Reag. zum Färben mikroskop. Präparate.

a) Eine Lösung von 1 g Nigrosin in 100 ccm 10 %igem Alkohol;
b) eine Lösung von 1 g Safranin in 100 ccm Wasser und 200 ccm Alkohol.

Zum Gebrauch mischt man 30 ccm a mit 10 ccm b und 10 ccm Alkohol.

Moleschott's Unters. z. Naturl. 1891. 449.

**Spicea**'s React. auf Salicylsäure im Wein

beruht auf der Ueberführung der Salicylsäure in Pikrinsäure durch Salpetersäure. Pikrinsäure kann an ihrer stark färbenden Eigenschaft erkannt werden.

Merck's Report. 1901. 415.

**Spiegel**'s Reag. auf Salpetersäure

ist eine Lösung von Diphenylamin in concentr. Schwefelsäure und identisch mit Hofmann's Reag. (siehe dieses).

Merck's Index 1902. 263.

**Spiegel-Maass**' Reag. auf Molybdän

ist eine Lösung von 1 g Phenylhydrazin (frisch destillirt) in 70 g Essigsäure (50 %). — 10 ccm der zu prüfenden Lösung erhitzt man mit 5 ccm Reag. 1—2 Minuten lang zum Sieden. Bei Anwesenheit von Molybdän tritt Rotfärbung ein. Wenn die Färbung nicht deutlich ist, schüttelt man mit etwas Chloroform, in welches der rote Farbstoff übergeht. W, V, As, Sb, Cr, Sn, Fe, Mn u. U geben diese React. nicht. Empfindlichkeitsgrenze = 0,001 Mo : 1000.

Berl. Ber. **36.** 512.
Chem Centralbl. 1903. I. 670.
Chem. Ztg. 1903. Rep. 84.
Ztschr. f. angew. Chem. 1903. 325.

**Spiegler**'s Reag. auf Eiweiss im Harn.

8 g Quecksilberchlorid, 4 g Weinsäure und 20 g Rohrzucker löst man zu 200 ccm Wasser. Eiweisshaltiger Harn wird durch dieses Reag. getrübt. Ueberschichtet man das Reag. mit solchem Harn, so tritt an der Berührungsfläche ein weisser Ring auf. Auf diese Art soll Eiweiss im Verhältniss von 1 : 150 000, nach einigem Stehen sogar noch 1 : 225 000 erkennbar sein.

Berl. Ber. **25** 375.
Wiener medic. Blätter 1894. 38.
Ztschr. f. anal. Chem. **32.** 125.
Jolles, Ztschr. f. physiol. Chem. **21.** 307.

Um das Reag. haltbarer zu machen, kann man nach Spiegler an Stelle von Zucker auch Glycerin verwenden.

Centralbl. f. klin. Med. 1893. 49.
Pollacci, Pharm. Centrh. 1902. 301.
Hammarsten, Physiol. Chem. 1899. 497.

**Sprengel**'s Reag. auf Salpetersäure

ist eine Lösung von 1 T. Phenol in 2 T. Wasser und 4 T. concentr. Schwefelsäure. Salpetersäure bewirkt mit diesem Reag. eine rötlichbraune Färbung.

Ztschr. f. anal. Chem. **3.** 116.

**Springer**'s Reag. auf Kupfer im Wasser

ist Hydroxylaminchlorhydrat, das empfindlicher sein soll als Ammoniak und Ferrocyankalium. Nähere Angaben fehlen.

Chem. Ztg. 1898. 299.
Pharm. Centrh. 1898. 316.

Anmerkung: Stark verdünnte Kupfersulfatlösung reagirt mit salzsaurem Hydroxylamin in wässeriger neutraler, saurer u. ammoniakalischer Lösung nicht, wohl aber entsteht auf Zusatz von überschüssiger Kalilauge ein gelber bis orangegelber Niederschlag (Kupferoxydul). Die React. ist so scharf als die mit Ammoniak, tritt aber bei sehr starker Verdünnung erst nach einigem Stehen ein.

**Spuler**'s Reag. zum Färben mikroskop. Präparate.

Man kocht gepulverte Cochenille mit Wasser, filtrirt, dampft das Filtrat nicht ganz zur Trockne ein, löst den Rückstand in Wasser und filtrirt.

Deutsche med. Wochenschr. 1901. 116.

**Spuler**'s Reag. zum Fixiren mikroskop. Präparate

ist eine Lösung von 0,1 g Osmiumsäure und 1,2 ccm Eisessig in 200 ccm Wasser.

Arch. f. mikroskop. Anat. **40.** 541.

**Squibb**'s Reag. zur Harnstoffbestimmung.

(Hypochloritlösung.) 27 g Chlorkalk schüttelt man mit 200 ccm Wasser, filtrirt und schüttelt den Rückstand nochmals mit 75 ccm Wasser. Die vereinigten Filtrate werden mit einer Lösung von 48 g Natriumcarbonat in 90 ccm Wasser gemischt und filtrirt.

Chem. Centralbl. 1892. II. 270.
Journ. of the anal. Chem. **6.** 216.

**Squibb**'s React. auf Isatropylcocaïn im Cocaïn.

Erwärmt man 5 g Cocaïn mit 2 ccm concentr. Salzsäure auf freier Flamme bis zum Aufhören der Gasentwickelung und dem beginnenden Kochen, so entsteht bei Anwesenheit von Isatropylcocaïn eine dunkle bis tiefbraune Färbung, während reines Cocaïn eine fast farblose Lösung liefert.

The Chem. and Drugg. 1889. 307.

**Squire**'s Reag. zum Färben mikroskop. Präparate.

Eine Lösung von 2 g Hämatoxylin und 0,4 g Ammoncarbonat in 40 ccm verd. Alkohol lässt man 24 Stunden an der Luft stehen, erwärmt dann, wenn sich Krystalle ausgeschieden haben sollten, ergänzt eventuell den verdunsteten Alkohol und gibt dann eine Lösung von 2 g Ammoniakalaun in 80 ccm Wasser zu. Zu dieser Mischung werden noch 100 ccm Glycerin, 80 ccm Alkohol und 10 ccm Eisessig gegeben. Zum Gebrauch verdünnt man dieses Reag. mit 9 Teilen Wasser.

Squire's Methods and Formulae etc. 1892. 24.

**Squire**'s Pikro-Carmin.

1. Man löst 1 g Carmin unter gelindem Erwärmen in 3 ccm Ammoniak (D. = 0,91) und 5 ccm Wasser und gibt hierzu 200 ccm gesättigte, wässerige Pikrinsäurelösung. Diese Mischung wird zum Sieden erhitzt und nach dem Erkalten filtrirt.
2. Man löst 10 g Carmin in 1000 ccm heisser, 0,1 %iger, wässeriger Natronlauge. Die filtrirte Lösung wird mit 1000 ccm Wasser verdünnt und so lange 1 %ige Pikrinsäurelösung zugegeben als der entstandene Niederschlag beim Umrühren wieder verschwindet.

Squire's Methods and Formulae etc. 1892. 35.

**Squire**'s Reag. zum Entkalken mikroskop. Präparate ist eine Mischung von 5 g Salzsäure und 95 g Glycerin.

Squire's Methods etc. 1892. 12.

**Squire**'s Glyceringelatine für mikroskop. Zwecke.

100 g in Chloroformwasser aufgeweichte Gelatine löst man in 750 g warmem Glycerin auf, gibt 400 g Chloroformwasser und 50 g Hühnereiweiss zu, kocht die Mischung 5 Minuten lang und ergänzt sie dann mit Chloroformwasser auf 1550 g.

Squire's Methods etc. 1892. 84.

**Spuire**'s Reagentien zum Conserviren mikroskop. Präparate.

1. Eine Lösung von 10 g Dammarharz in 20 ccm Terpentinöl mischt man mit einer Lösung von 5 g Mastix in 20 ccm Chloroform.
2. Eine Lösung von 10 g Dammarharz in 10 ccm Benzol.

Squire's Methods etc. 1892. 84.

**Staedeler-Krause**'s Reag. auf Glucose.

a) Man löst 10 g Kupfer in 50 ccm Salzsäure und etwas Salpetersäure, neutralisirt mit Kalilauge und füllt mit Wasser zum Liter auf.
b) Eine wässerige Lösung von Weinsäure (37,5 %ig).
c) Eine Lösung von 150 g Aetzkali in Wasser zu 1 Liter aufgefüllt. Zum Gebrauche mischt man 2 ccm der Lösung b mit je 10 ccm der Lösungen a und c.

Pharm. Centralbl. 1854. 936.
Schmidt, N. Jahrb. f. Pharm. **29**. 270.

**Stahel**'s Reag. auf Glucose (neben Lävulose) ist Diphenylhydrazin.

Näheres siehe Chem. Ztg. 1890. Rep. 246.
Pharm. Centrh. 1890. 651.
Liebig's Annal. **258**. 242.
Berl. Ber. 1890. Ref. 582.

**Stahl**'s Reag. auf Feuchtigkeit.

Mit Cobaltchlorid befeuchtetes Papier trocknet man (eventuell bei 100° C.) bis es blau geworden ist. An feuchter Luft oder in wasserhaltigen Flüssigkeiten färbt sich dasselbe rot.

Bot. Ztg. 1894.

**Stahl**'s React. auf Pyrogallol.

Eine Mischung von Eisenchlorid und Ferricyankaliumlösung wird durch Spuren von Pyrogallol (reduzirt) gebläut. Empfindlichkeitsgrenze = 0,005 mg.

Pharm. Centrh. **33**. 675.
Ztschr. f. anal. Chem. **32**. 476.

**Stahre**'s React. auf Citronensäure.

0,01 g Citronensäure löst man in 1 ccm Wasser, fügt einige Tropfen 1/10 Norm-Kaliumpermanganat zu, erwärmt (aber nicht bis zum Kochen) bis die rote Farbe der Mischung verschwunden ist und gibt dann 3—5 Tropfen gesättigtes Bromwasser zu. Sofort oder nach dem Erkalten entsteht eine Trübung und auf Zusatz von Natronlauge entwickelt sich Bromoformgeruch. Mit 0,0002 g Citronensäure erhält man noch eine Opalescenz.

Nord. Pharm. Tidsshrift **2**. 141.
Ztschr. f. anal. Chem. **36**. 195.
Wöhlk, ebenda **41**. 77. 93.

**Stas-Otto**'s Reactionen auf Alkaloide.

Ein von Brunner zusammengestelltes Schema befindet sich:

Archiv d. Pharm. **202**. Beilage.
Ztschr. f. anal. Chem. **13**. 73.

**Stefanelli**'s React. auf Alkohol im Aether.

Man schüttelt den Aether mit etwas Anilinviolett. Alkoholhaltiger Aether färbt sich, alkoholfreier färbt sich nicht. Empfindlichkeitsgrenze = 1 : 100.

Berl. Ber. **8**. 439.
Ztschr. f. anal. Chem. **14**. 371.

**Stein**'s Reag. auf freies Alkali in Seifen ist eine wässerige Lösung von Quecksilberchlorid. Das Reag. gibt mit neutralen Seifenlösungen einen weissen, mit alkalischen einen gelbroten Niederschlag.

Pharm. Centrh. 1867. 87.
Pharm. Japonic. Ed. II. 208.

**Stein**'s Reag. auf Narceïn ist eine freies Jod enthaltende Jodzinkjodkaliumlösung. Narceïnlösungen geben mit diesem Reag. blaue, haarförmige Krystalle.

Journ. f. pract. Chem. **106**. 310.

**Stein**'s React. auf künstliche Weinfarbstoffe.

Ausführliche Beschreibung siehe Originalabhandlung: Dingler's Journ. **224**. 533 oder Ztschr. f. anal. Chem. **17**. 111.

**Stenhouse**'s React. auf Coffeïn.

Etwas Coffeïn kocht man einige Minuten mit rauchender Salpetersäure und verdampft die Flüssigkeit auf dem Wasserbade zur Trockne. Befeuchtet man den Rückstand mit Ammoniak, so färbt er sich intensiv purpurrot. Diese Färbung verschwindet auf Zusatz von Kalilauge.

Hager, Pharm. Prax. 1880. I. 921.

**Stenhouse**'s React. auf Pikrinsäure ist identisch mit Gerhardt's React.

**Stepanow**'s Celloidinlösung.

Man löst 6 g getrocknete Celloidinspähne in 20 ccm Nelkenöl oder Eugenol und 80 ccm Aether und gibt tropfenweise Alkohol (bis 4 ccm) zu, bis die Lösung erfolgt ist. Gebraucht als Einbettungsmittel.

Ztschr. f. Mikroskop. 1900. 185.

**Stephenson**'s Reag. für mikroskop. Zwecke ist eine Lösung von 65 g Quecksilberjodid und 50 g Jodkalium in 25 ccm Wasser.

Journ. Roy. Microsc. Soc. 1882. 167.

**Sternberg**'s React. auf Aceton.

Zu einer mit Phosphorsäure angesäuerten, wässerigen Acetonlösung gibt man wenig Kupfersulfatlösung und Jodjodkaliumlösung. Es entsteht eine bräunliche Trübung, beim Erwärmen entfärbt sich die Flüssigkeit und es scheidet sich ein grauweisser Niederschlag aus. Alkohol gibt diese React. erst nach längerem Kochen und nicht so stark.

Chem. Ztg. 1901. Rep. 181.
Pharm. Centrh. 1901. 636.
Centralbl. f. Physiol. **15**. 69.

**Stirling**'s Reag. zum Färben mikroskop. Präparate.

Man mischt eine Lösung von 10 g Gentianaviolett in 176 ccm Wasser mit einer Lösung von 4 g Anilin in 20 g Alkohol und filtrirt.

Merck's Report 1901. 415.
Hämatoxylin-Jodgrün siehe Journ. of Anat. and Phys. 1881. 353.
Pikrocarmin-Jodgrün siehe ebenda 1881. 349.

**Stirling**'s Reag. zum Maceriren mikroskop. Präparate ist eine 10 %ige, wässerige Lösung von Rhodankalium oder Rhodanammonium.

Journ. of Anat. and Phys. 1883. 208.

**Stock**'s React. auf Aceton.

(Hydroxylaminprobe) siehe Blumenthal-Neuberg's React.

Fröhner, Deutsche med. Wochenschr. 1901. 79.

**Stöder**'s React. auf Aloë

ist eine Modification von Klunge's Cyanreaction.

**Stöder**'s React. zur Differenzirung von Belladonna- und Bilsenkraut-Extrakt.

Man löst 1 g Extrakt in 2 g Wasser und schüttelt mit 10 ccm Aether. Den abgegossenen Aether schüttelt man mit 5 ccm Wasser und gibt dann 2 Tropfen Ammoniak zu. Fluoreszirt die wässerige Lösung intensiv gelbgrün, so liegt Belladonnaextrakt vor.

Merck's Report 1902. 241.
Vergl. auch Vogl's Commentar zur Pharmacop. Austriac. VII. 1890. 186.

**Stokvis**' React. auf Gallenfarbstoffe.

(Cholecyaninprobe.) 30 ccm Harn versetzt man mit 10 ccm Zinkchloridlösung (20 %) und fällt mit Natriumcarbonatlösung. Der Niederschlag wird nach dem Auswaschen in Ammoniak gelöst. Bei Anwesenheit von Gallenfarbstoff (Bilirubin) zeigt die Lösung ein charakteristisches Absorptionsspectrum und neben grüner Färbung meistens auch Fluorescenz.

Jahresber. f. Thierchem. 1882. 226.
Hammarsten, Physiol. Chem. 1899. 508.

**Stolba**'s Reag. auf Kalium

ist eine concentr., wässerige Lösung von Fluorbornatrium, welche mit Kaliumsalzlösungen einen krystallinischen Niederschlag gibt.

Näheres siehe Ztschr. f. anal. Chem. **14**. 339.

**Stone**'s React. auf Wismut.

Eine Lösung von Wismutsulfat (noch 0,01 mg Wismutoxyd in 10 ccm Wasser) gibt mit Jodkalium eine hellgelbe Färbun .

Journ. Soc. Chem. Ind. 1887. 416.

**Stooke**'s Reag. auf Oxyhämoglobin-Blut

ist eine mit Ammoniak und Weinsäure versetzte Lösung von Ferrosulfat, welche zu Hämoglobin reduzirt.

Näheres siehe Kippenberger, Nachw. v. Gift. 1897. 242.

**Storch**'s Reag. auf gekochte und ungekochte Milch

ist eine 2 %ige, wässerige Lösung von p-Phenylendiamin. Versetzt man 5 ccm Milch mit 2 Tropfen Reag. und 1 Tropfen Wasserstoffsuperoxyd (0,2 %), so färbt sich ungekochte Milch indigoblau, war die Milch über 80 ° C. erhitzt, so tritt keine Blaufärbung ein.

Pharm. Centrh. 1898. 617.
Jahresber. f. Pharm. 1898. 625.
Chem. Ztg. 1898. Rep. 199.
Milch-Ztg. 1898. 374.

**Storch-Morawski**'s React. auf Harz oder Harzöl in Oel.

Man löst etwas von dem zu prüfenden Objekt bei gelinder Wärme in Essigsäureanhydrid und lässt nach dem Erkalten einen Tropfen concentr. Schwefelsäure zufliessen. Bei Anwesenheit von Harz oder Harzöl entstehen vorübergehende blauviolette oder rote Färbungen. Die Lösung färbt sich dann braungelb und zeigt Fluorescenz.

Ztschr. f. anal. Chem. **28**. 123.
Morawski, Chem. Ztg. **12**. Rep. 270, **13**. Rep. 134.

**Storer**'s React. auf Chromsäure

ist identisch mit Barreswil's React.

**Störmer**'s React. auf Thymol.

Erhitzt man etwas Thymol in mässig concentr. Kalilauge mit einigen Tropfen Chloroform, so entsteht sofort eine violette Färbung, die beim Schütteln in Violettrot übergeht. 0,01 g Thymol gibt diese React. noch sehr deutlich.

Pharm. Ztg. **31**. 744.
Archiv d. Pharm. (3) **25**. 37.
Ztschr. f. anal. Chem. **26**. 642.

**Stowell**'s Reag. zum Fixiren mikroskop. Präparate

ist eine Lösung von 0,05 g Chromsäure in 35 g Wasser und 65 g Alkohol.

The Mikroskope 1884.

**Strassburg**'s React. auf Gallensäuren.

Die zu untersuchende Flüssigkeit (Harn) versetzt man mit etwas Rohrzucker und taucht in diese Lösung Streifen von Filtrirpapier. Nach dem Trocknen der Streifen bringt man einen Tropfen concentr. Schwefelsäure auf dieselben und lässt ihn abfliessen. Bei Anwesenheit von Gallensäuren wird das Papier besonders im durchfallenden Lichte schön violett gefärbt. (Modification von Pettenkofer's React.)

Pflüger's Archiv der Physiologie **4**. 461.
Ztschr. f. anal. Chem. **11**. 97.

**Strassburger**'s Reag. zum Färben mikroskopischer Präparate.

1. 100 ccm gesättigte, wässerige Lösung von Orange G mischt man mit 20 ccm einer gesättigten, wässerigen Lösung von Fuchsin S und 50 ccm gesättigter, wässeriger Lösung von Methylgrün. Zum Gebrauch mischt man diese Lösung mit gleichen Teilen Wasser und so viel 0,2 % Essigsäure, dass die Mischung purpurrot wird.
   (Das Reag. wird auch Ehrlich-Biondi-Heidenhain's Reag. genannt.)
2. Eine Lösung von 5 g Methylgrün in 200 ccm 1 %iger Essigsäure.
   Arch. f. mikrosk. Anat. 1882. 476.

3. Eine mit Natriumcarbonat versetzte, wässerige Lösung von Corallin (1 g Corallin, 25 g Natr. carb. und 100 ccm Wasser). Gebraucht zum Färben von Pflanzengeweben.
   Merck's Index 1902. 269.

**Strassburger**'s Reag. zum Härten von Pflanzenpräparaten

ist eine Mischung von 25 ccm Alkohol, 25 ccm Wasser und 25 ccm Glycerin.

**Strasser**'s mikroskopisches Einbettungsmittel.

1. Eine Lösung von Talg und Wallrat in Ricinusöl.
   Merck's Index 1902. 270.
2. Eine Mischung von 3 g Ricinusöl mit 2 g Aether und 2 g Collodium oder eine Mischung von 2 g Ricinusöl mit 4 g Collodium.
   Ztschr. f. Mikroskop. 1887. 45.

**Strauss**' React. auf Milchsäure im Magensafte.

In einem Scheidetrichter schüttelt man 10 ccm Magensaft mit 40 ccm Aether, lässt die wässerige Schicht abfliessen, gibt (zum Aether) etwas Wasser und 3—4 Tropfen Eisenchloridlösung (1 ccm officinellen Liquor mit 9 ccm Wasser verdünnt) zu und schüttelt um. Bei Anwesenheit von Milchsäure entsteht eine grüne Färbung. Empfindlichkeitsgrenze = 0,5 : 1000.
Berliner klin. Wochenschr. 1895. Nr. 36 u. 37.
Vergl. Pharm. Centrh. 1895. 32.

**Strecker**'s React. auf Xanthin.

Verdampft man Xanthin mit wenig concentr. Salpetersäure auf dem Wasserbade zur Trockne, so erhält man einen gelben Rückstand, der durch Kalilauge (nicht Ammoniak) gelbrot und nach dem Erkalten rotviolett gefärbt wird.
Liebig's Annal. **131**. 121.

**Streng**'s mikroskop. Reactionen

siehe Ztschr. f. anal. Chem. **23**. 185, **25**. 537.
Als Reag. auf Natrium empfiehlt der Autor Uranacetat, das mit Natriumsalzen charakteristisch geformte Krystalle gibt.

**Ströbe**'s Reag. zum Färben mikroskop. Präparate.

a) Eine gesättigte, wässerige Lösung von Reinblau,
b) eine mit dem gleichen Volum Wasser verdünnte, wässerige, gesättigte Lösung von Safranin.
   Ztschr. f. Mikroskop. 1893. 336.

**Strobel**'s React. auf Antifebrin, Antipyrin, Phenacetin und andere Antipyretica beruht auf dem Eintreten verschiedener Färbungen und verschiedenartig riechender Dämpfe etc. beim Schmelzen mit Zinkchlorid.
Deutsch-Amer. Apoth.-Ztg. **16**. 100.
Ztschr. f. anal. Chem. **40**. 687.

**Strohl**'s Reag. auf Mineralsäuren im Essig.

Sehr verdünnte Lösungen von oxalsaurem Ammon und von Chlorcalcium geben mit Essig einen Niederschlag von Calciumoxalat, wenn keine freien Mineralsäuren vorhanden sind. Bei Gegenwart von letzteren entsteht kein Niederschlag.
Näheres siehe Ztschr. f. anal. Chem. **13**. 459.
Journ de Pharm. et de Chim. (4) **20**. 172.

**Strohmeyer**'s Reag. auf Xanthin

ist Quecksilberchloridlösung, welche mit Xanthin in wässeriger Lösung noch im Verhältnis 1 : 30 000 eine deutliche Trübung gibt.
Ztschr. f. anal. Chem. **4**. 495.

**Struve**'s React. auf Blutfarbstoff im Harn.

Der zu prüfende Harn wird mit Natronlauge alkalisch gemacht, Tannin zugegeben und dann mit Essigsäure angesäuert. Bei Anwesenheit von Blut entsteht ein roter Niederschlag, mit dem man die Häminprobe anstellt (siehe Teichmann's React.).
Ztschr. f. anal. Chem. **11**. 29 u. 151.

**Struve**'s React. auf Colchicin.

Versetzt man Colchicin mit Salpetersäure (D. = 1,4), so entsteht eine violette, dann braunrote Färbung, die auf Zusatz von Wasser in Gelb übergeht. Natronlauge färbt alsdann orangerot.
Ztschr. f. anal. Chem. **12**. 166.

**Struve**'s React. auf Morphin.

Der durch Phosphormolybdänsäure in Morphinlösung erzeugte Niederschlag wird durch concentr. Schwefelsäure blau, beim Erwärmen braun gefärbt.
Ztschr. f. anal. Chem. **12**. 174.

**Strzyzowski**'s Reag. auf Blut

ist eine Mischung von je 1 ccm Wasser, Alkohol u. Eisessig mit 3—5 Tropfen Jodwasserstoffsäure (D. = 1,5). Gebraucht zum mikroskopischen Nachweis von Blut.
Therap. Monatsh. 1902. 459.
Merck's Bericht. 1902. 5.

**Strzyzowski**'s Reag. auf Eiweiss im Harn

ist eine 10 %ige, wässerige Lösung von Ammoniumpersulfat. Den zu prüfenden Harn schichtet man über dieses Reag. Bei Anwesenheit von Eiweiss entsteht eine weissgraue, trübe Zone. Empfindlichkeitsgrenze = 1 : 100 000.
Schweizer Wochenschr. f. Chem. u. Pharm. 1898. 545.
Ztschr. f. anal. Chem. **38**. 205.
Chem. Ztg. 1900. 147.
Pharm. Centrh. 1901. 110.

**Strzyzowski**'s React. auf Indican im Harn.

20 ccm Harn versetzt man mit 5 ccm neutraler Bleiacetatlösung (10 %) und 5 ccm Wasser, filtrirt und gibt zu 15 ccm Filtrat einen Tropfen Kaliumchloratlösung (1 %), 5 ccm Chloroform und 15 ccm Salzsäure (D. = 1,19). Bei Anwesenheit von Indican färbt sich das Chloroform beim Schütteln blau.
Oesterr. Chem. Ztg. 1901. Nr. 20.
Pharm. Centrh. 1903. 248.

**v. Stubenrauch**'s React. auf Jodoform.

Gibt man zu 1—2 ccm einer wässerigen Jodoformlösung **einen** Tropfen rauchende Salpetersäure und etwas Stärkelösung, so tritt keine Blaufärbung auf. Gibt man der Lösung nach vorhergehendem Erhitzen mit etwas Zinkstaub und 1 Tropfen Essigsäure 1 Tropfen Salpetersäure und dann Stärkelösung zu, so tritt sofort Blaufärbung ein.
Ztschr. Nahr.-Genussm. 1898. 737.
Pharm. Ztg. 1898, No. 92.

**Studer**'s React. auf Aceton im Harn.

Man destillirt 50 ccm Harn mit 5 ccm Salzsäure bis 3 ccm übergegangen sind und versetzt das Destillat mit 10 Tropfen einer frisch bereiteten Lösung von Nitroprussidnatrium (10 %) und mit einigen Tropfen Natronlauge bis zur deutlich alkalischen Reaction. Bei Anwesenheit von Aceton färbt sich die Mischung purpurrot. Bei nur hellroter Färbung (Spuren von Aceton) gibt man 6—8 Tropfen Essigsäure zu, wodurch bei Anwesenheit von Aceton eine weinrote Färbung eintritt.
Chem. Ztg. 1898. Rep. 127.
Schweizer Wochenschr. f. Chem. u. Pharm. 1898. 149.

**Stütz'** Reag. auf Eiweiss

besteht aus Gelatinekapseln, die Quecksilberchlorid-Chlornatrium, Citronensäure und Chlornatrium enthalten.

Siehe Fürbringer's Reag. Deutsche medic. Wochenschr. 1885. 467.

**Stutzer's** Reag. zur Trennung der Proteïne von anderen Stickstoffverbindungen

ist in Wasser aufgeschlämmtes, von Alkali vollkommen befreites Kupferhydroxyd in Breiform. Nach Fassbender ist die Darstellung folgende: 100 g Kupfersulfat und 2,5 ccm Glycerin löst man in 5 Liter Wasser und fällt mit verdünnter Natronlauge. Der erhaltene Niederschlag wird auf einem Filter gesammelt, dann mit Glycerinwasser (5 : 1000) angerieben und durch Dekantiren völlig von der Lauge befreit. Den Niederschlag sammelt man auf einem Filter und reibt ihn mit Glycerinwasser (10 %) zu einem Brei an.

Stutzer, Chem. Ztg. **4**. 360 od. Ztschr. f. anal. Chem. **20**. 307. 588.
Fassbender, Berl. Ber. **13**. 1822.
Schulze-Barbieri, Landw. Vers. Stat. **26**. 213.
Dehmel-Ritthausen, Ztschr. f. anal. Chem. **17**. 241.

**Stutzer's** Reag. zum Färben mikroskop. Präparate

ist eine Lösung von 1 gr. Orceïn in 100 ccm. Alkohol mit einem Zusatz von 50 ccm Wasser und 50 Tropfen Salzsäure. Gebraucht zum Färben elastischer Fasern.

**Suchanek's** Reag. für mikroskop. Zwecke

ist eine Lösung von venetianischem Terpentin in einem gleichen Volum absolut. Alkohol. Gebraucht als Beobachtungsmittel.

Näheres siehe Ztschr. f. Mikroskop. 1891. 463.

**Sulzer's** React. auf echten und künstlichen Weinfarbstoff.

Gleiche Teile Rotwein und Salpetersäure (concentr. rein oder roh) werden gemischt. Echter Rotwein hält seine Farbe mindestens eine Stunde lang; gefärbter Wein verliert oder ändert seine Farbe sofort oder innerhalb einer Minute. Die Reaction soll für folgende Farbstoffe zutreffen; Heidelbeer, Maulbeer, Phytolacca decandra, Malven, Campeche Fernambuk, Carmin und Fuchsin.

Schweizer Wochenschr. f. Pharm. 1876. 160.
Polytechn. Notizblatt **31**. 176.
Ztschr. f. anal. Chem. **15**. 485.
Vergl. Cottini-Fantogini's React.; ferner Sestini, Ztschr. f. anal. Chem. **11**. 232 und **15**. 486.

**Suter's** React. auf Cysteïn.

Cysteïnlösung gibt mit Kupfersulfatlösung eine vorübergehende Violettfärbung und dann einen grauen Niederschlag.

Ztschr. f. physiol. Chem. **20**. 562.
Vergl. Andreasch's React.

**Swoboda's** Reag. auf Pikrinsäure

ist eine wässerige Lösung von Methylenblau. Pikrinsäure gibt mit diesem Reag. einen flockigen, violetten Niederschlag, der in Aether, Chloroform, oder heissem Wasser mit blauer bis grüner Farbe löslich ist.

Ztschr. d. öster. Apoth.-Ver. 1896. 617.
Ztschr. f. anal. Chem. **36**. 518.

**Szabó's** Reag. auf Salzsäure im Magensaft

beruht auf der Rotfärbung einer Mischung von 0,5 %iger Natriumferritartratlösung und 0,5 %iger Rhodanammoniumlösung oder auch auf der Blaufärbung eines mit Jodkalium und jodsaurem Kalium versetzten Stärkekleisters.

Ztschr. f. physiol. Chem. **1**. 153.
Vergl. Reoch's und Rabuteau's React.

# T

**Tafel's** React. auf Anilide.

Löst man das Anilid in concentr. Schwefelsäure und gibt Kaliumdichromat zu, so entstehen rote bis violette Färbungen, so z. B. Acetanilid = rotviolett, Benzanilid = violett, Propionanilid = blutrot etc.

Berl. Ber. 1892. 412.

**Tafel's** React. auf Strychnin.

Behandelt man Strychninsalzlösungen mit Zinkstaub oder Natriumamalgam, so entstehen Reductionsproducte, die mit Eisenchlorid eine charakteristische, gelbrote Färbung zeigen.

Nach Lenz tritt die React. bei Anwesenheit von 0,005 g Strychninnitrat und 0,003 g Strychninsulfat noch deutlich ein, wenn mit Zinkstaub reduzirt wird.

Pharm. Centrh. 1898. 849; 1899. 168.
Ztschr. f. anal. Chem. **38**. 743.
Pharm. Ztg. 1898. 786.

**Taguchi's** Reag. zum Injiciren mikroskop. Präparate

ist eine wässerige Anreibung von chinesischer oder japanischer Tusche.

Arch. f. mikrosk. Anat. 1888. 565.

**Tambon's** Reag. auf Sesamöl.

Man löst 3—4 g chemisch reine Glucose in 100 ccm Salzsäure. 15 ccm des zu prüfenden Oeles schüttelt man mit 8 ccm Reag. und erhitzt bis zum beginnenden Sieden. Bei Anwesenheit von Sesamöl färbt sich die Säure sofort oder nach einigen Minuten rosa bis kirschrot.

Journ. de Pharm. et de Chim. 1901. 57.
Südd. Apoth.-Ztg. 1901. 236.
Pharm. Centrh. 1901. 355.

**Tangl's** Alaun-Carmin.

Man kocht Carminpulver 10 Minuten lang mit einer gesättigten, wässerigen Alaunlösung und filtrirt die erhaltene Lösung nach dem Erkalten.

Merck's Report 1902. 20.

**Tanret's** Reag. auf Alkaloide.

Man löst 13,546 g Quecksilberchlorid und 49,8 g Jodkalium zu ein Liter Wasser. Schwach saure Alkaloidlösungen werden durch das Reag. getrübt bezw. gefällt.

Siehe Mayer's Reag.

**Tanret's** Reag. auf Eiweiss.

3,32 g Jodkalium, 1,35 g Quecksilberchlorid und 20 ccm Essigsäure werden mit Wasser zu 60 ccm gelöst. Eiweisshaltiger Harn gibt nach dem Ansäuern mit diesem Reag. einen weissen Niederschlag.

Zur quantitativen Eiweissbestimmung verwendet man eine Lösung von 3,32 g Jodkalium u. 1,35 g Quecksilberchlorid in 100 ccm Wasser. 10 ccm Harn u. 2 ccm Essigsäure versetzt man tropfenweise mit dem Reag., bis die Lösung mit 1 %igem Quecksilberchlorid einen gelben Niederschlag gibt. Von der verbrauchten Tropfenzahl zieht man 3 ab; die restirende Tropfenzahl gibt den Eiweissgehalt des Harns für je 1 Liter in halben Grammen an.

Journ. de Pharm. et de Chim. (5) **28.** 490.
Merck's Index 1902. 263.
Centralbl. f. d. medic. Wissensch. 1877. 493.
Chem. Centralbl. 1894. I. 112.
Ztschr. f. anal. Chem. **17.** 525.
Venturoli, Ztschr. f. anal. Chem. **30.** 108.
Stephen, Lancet 1882. No. 15.

**Tanret**'s React. auf Ergotinin.

Gibt man zu einer Spur Ergotinin einige Tropfen Essigäther und concentr. Schwefelsäure, so entsteht eine gelbrote Färbung, die schnell in Violett und Blau umschlägt. Wasser verändert die entstandene Farbe nicht.
Annal. de Chim. et de Phys. (5) **17.** 493.
Ztschr. f. anal. Chem. **20.** 119.

**Tartuferi**'s Reag. zum Färben von Corneazellen.

a) Eine Lösung von 15 g Natriumthiosulfat in 100 ccm Wasser;
b) eine wässerige Suspension von Chlorsilber.
Anat. Anzg. 1890. 524.
Ztschr. f. Mikroskop. 1894. 346.

**Tassinari-Piazza**'s React. auf Salpetersäure.

Erwärmt man die zu prüfende Substanz mit Kalilauge und Zinkstaub, so entwickelt sich bei Anwesenheit von Nitraten Ammoniak. Empfindlichkeitsgrenze = 1 : 160 000.
Nuovo Cimento 1856. A. II. 456.
Longi, Ztschr. f. anal. Chem. **23.** 351.

**Tattersall**'s React. auf Cobalt.

Versetzt man die Lösung eines Cobaltsalzes mit Cyankalium, bis der anfangs entstandene Niederschlag wieder gelöst ist, so wird die gelbe Lösung auf Zusatz von gelbem Schwefelammon blutrot gefärbt. Nickelsalze verhindern die Reaction nicht, wohl aber Kupfersalze.
Chem. News **39.** 66.
Ztschr. f. anal. Chem. **14.** 474.
Papasogli, Berl. Berl. **12.** 297 od. Ztschr. f. anal. Chem. **18.** 584.

**Tattersall**'s React. auf Delphinin.

Man reibt Delphinin mit der gleichen Menge Aepfelsäure zusammen, gibt dann einige Tropfen concentr Schwefelsäure zu und mischt das Ganze ohne zu erwärmen. Man erhält anfangs Orangefärbung, die in Rosa übergeht. Allmählich färbt sich die Mischung blauviolett und zuletzt schmutzig kobaltblau.
Chem. News **41.** 63.
Ztschr. f. anal Chem. **20.** 118.

**Tattersall**'s React. auf Morphin.

Gibt man zu Morphin etwas concentr. Schwefelsäure und Natriumarseniat, so färbt sich die Mischung schmutzigviolett und hierauf meergrün. Erhitzt man bis zur Dampfbildung, so entsteht ein flüchtiges Dunkelgrau.
Chem. News **41.** 63.
Ztschr. f. anal. Chem. **20.** 119.

**Tattersall**'s React. auf Papaverin und Codeïn.

Die zu prüfende Substanz erwärmt man in einer Porzellanschale mit einigen Tropfen concentr. Schwefelsäure, gibt etwas Natriumarseniat zu und erwärmt auf einer kleinen Flamme, indem man die Flüssigkeit durch Hin- und Herneigen auf dem Schälchen möglichst verteilt. Dabei wird die Lösung weinrot bis violett. Beim Verdünnen mit 10 ccm Wasser färbt sich letztere orange und auf Zusatz von Aetznatron dunkel bis schwarz.

Codeïn gibt bei gleicher Behandlung eine tief dunkelblaue Färbung und auf Zusatz von Wasser und Aetznatron eine Orangefärbung.
Chem. News **40.** 126.
Chem Centralbl. (3) **10.** 694.
Ztschr. f. anal. Chem. **19.** 90.

**Teeter**'s Reag. auf Kalium

ist o-Nitrophenol in alkoholischer Lösung (1 : 50). Eine Lösung von Chlorkalium in 75%ig. Alkohol wird mit dem doppelten Volum Reag. versetzt. Es entstehen gelbe, prismatische Nadeln von Nitrophenolkalium.
Näheres siehe Amer. Drugg. 1887. 81.
Chem. Ztg. 1887. Rep. 143.

**Teichmann**'s React. auf Blut.

Durch Einwirkung von Eisessig und Chlornatrium auf Blut in der Wärme erhält man braunrote, mikroskopische Krystalle (Teichmann's Blutkrystalle) die sog. Häminkrystalle.
Ztschr. f. rat. Medic. N. F. **4.** 375, **8.** 141.
Gorup-Besanez, Physiolog. Chem. 1878. 163.
Vergl. Selmi's u. Struve's React.
Gunning-Geuns: Hagers Pharm. Prax. 1880. II. 879.
Blondlot, Erdmann, ebenda 880.
Högyes, Chem. Centralbl. (3) **11.** 367.
Huppert, Schmidt's Jahrbücher 1862. 273.
Gwosdew, Centralbl. f. med. Wissensch. 1866. 772.
Dannenberg, Ztschr. f. anal. Chem. **26.** 127 u. 268 od. Pharm. Centrh. **27.** 449.
Strzyzowski, Pharm. Post 1897, Nr. 1 od. Pharm. Centrh. 1897. 44 u. Ztschr. f. anal. Chem. **40.** 195.
Mazzaron, Ztschr. f. anal. Chem. **39.** 200.

**Tellyesniczky**'s Reag. zum Fixiren (Härten) mikroskop. Präparate

ist eine Lösung von 3 g Kaliumdichromat und 5 ccm Essigsäure in 100 ccm Wasser.
Arch. f. mikroskop. Anat. 1898. 202.
Wasielewski, Ztschr. f. Mikroskop. 1899. 331.

**Tessier**'s React. auf Jod bei Gegenwart von Gerbstoffen

beruht auf der Isolirung des Jodes durch Eisenchlorid.
Näheres siehe Ztschr. f. anal. Chem. **11.** 313.
Schweizer Wochenschr. f. Pharm. 1871. 285.

**Teubner-Eschka**'s React. auf Quecksilber.

(Golddeckelprobe) siehe:
Dingler's Journ. **204.** 47.
Oesterr. Ztschr. f. Berg- u. Hüttenwesen **27.** 423.
Ztschr. f. anal. Chem. **11.** 344 u. **19.** 198.

**Thäter**'s React. auf Santonin.

Erwärmt man 2—3 Tropfen alkoholische Santoninlösung mit 1—2 Tropfen alkohol. Furfurollösung und 2 ccm concentr. Schwefelsäure auf dem Wasserbade, so entsteht beim Verdunsten des Alkohols eine purpurrote, carmoisinrote, blauviolette und dann dunkelblaue Färbung. Die React. gelingt noch mit 0,1 mg Santonin.
Arch. d. Pharm. 1897. 408.

**Thénard**'s React. auf Aluminium.

Glüht man eine Aluminiumverbindung auf Kohle vor dem Lötrohre, befeuchtet mit Cobaltlösung und glüht abermals, so erhält man einen schön blau gefärbten Rückstand (Thenard's Blau).
Dammer, Lexik. d. angew. Chem. 1882. 274.
Fresenius, Qualit. Anal. 13. Aufl. 122.
Medicus, Qualit. Anal. 3. Aufl. 9.

**Thiele**'s React. auf Arsen
ist identisch mit Loof's Reag. Der Autor gibt zu der Arsen enthaltenden Flüssigkeit Salzsäure und dann unterphosphorigsaures Natrium, durch welches Arsen metallisch abgeschieden wird.
Liebig's Annal. **256**. 55.
Chem. Ztg. 1891. Rep. 213.
Pharm. Centrh. 1891. 511.
Vergl. Engel-Bernard's Reag.

**Thiersch**'s Reagentien z. Färben mikroskop. Präparate.
1. Boraxcarmin: Man löst 10 g Borax und 2,5 g Carmin in 140 ccm Wasser und mischt mit 300 ccm Alkohol.
2. Oxalsaurer Carmin: Eine heiss bereitete Lösung von 5 g Carmin in 5 ccm Ammoniak und 5 ccm Wasser mischt man mit einer Lösung von 4 g Oxalsäure in 80 ccm Wasser, gibt zu dieser Mischung 120 ccm Alkohol und filtrirt.
Merck's Index 1902. 271.
Arch. f. mikrosk. Anat. 1865. 150.

**Thiersch**'s Reag. für mikroskopische Zwecke.
(Warmflüssige Leimmasse gebraucht als Injectionsflüssigkeit).
a) Eine warme Lösung von 10 g Leim in 5 g Wasser mischt man mit 5 ccm kaltgesättigter Ferrosulfatlösung.
b) Eine warme Lösung von 20 g Leim in 10 g Wasser mischt man mit 8 ccm kaltgesättigter Oxalsäurelösung und 10 ccm gesättigter Ferricyankaliumlösung.
Bei einer Temperatur von 30° C. gibt man a tropfenweise und unter Umrühren in b, erwärmt diese Mischung auf 100° C. und filtrirt sie dann durch ein Stückchen dünnen Flanells.
Arch. f. mikrosk. Anat. 1865. 148.
Gelbe und grüne Injections-Masse, sowie Carmin-Masse siehe ebenda 149.

**Thiersch**'s Reag. zum Entkalken mikroskop. Präparate
ist identisch mit Waldeyer's Reag. 2. (Chromsäurelösung.)

**Thoma**'s Reag. zum Entkalken mikroskop. Präparate
ist eine Mischung von 20 ccm Salpetersäure (D. = 1,153) und 100 ccm Alkohol.
Ztschr. f. Mikroskop. 1891. 191.
Gage, Proceed. Amer. Microsc. Soc. 1892. 21. oder Ztschr. f. Mikroskop. 1893. 104.

**Thompson**'s Reag. für mikroskop. Zwecke
(Beobachtungsmedium) besteht aus Schwefel, Brom und Arsenik.
Vergl. Meates' Reag.

**Thoms**' Reag. auf Kupferoxydsalze
ist Jodkaliumlösung für sich oder mit Stärkelösung. Kupfersulfatlösung 1:100000 bis 200000 wird durch Jodkaliumlösung gelb bis gelblich gefärbt. Gibt man noch einige Tropfen Stärkelösung zu, so entsteht eine deutliche Violettfärbung.
Pharm. Centrh. 1890. 31.
Ztschr. f. anal. Chem. **33**. 464.

**Thoms**' React. auf Piperazin im Harn.
100 ccm Harn erwärmt man nach Zugabe von einigen Tropfen Natronlauge, filtrirt nach dem Erkalten, säuert mit Salzsäure an und gibt Jodkaliumwismutjodidlösung zu. Man erwärmt kurze Zeit auf 40—50° C., **kühlt rasch ab** und filtrirt. Nach dem Erkalten (eventuell beim Reiben der Gefässwand mit einem Glasstab) krystallisirt die Wismutverbindung als feines, granatrotes Pulver aus, das unter dem Mikroskop aus sternförmigen Krystallaggregaten besteht.
Pharm. Post 1891. 511.
Pharm. Centrh. 1891. 339.

**Thomson**'s Reag. auf Formaldehyd (in Milch).
Man löst 1 g Silbernitrat in 30 ccm Wasser und gibt so viel Ammoniak zu bis der entstandene Niederschlag sich wieder gelöst hat. Die Lösung ergänzt man mit Wasser auf 50 ccm. Das Reag. gibt mit Formaldehyd enthaltenden Flüssigkeiten schwarze Färbung oder schwarzen Niederschlag. In Milch lassen sich noch 12 mg Formaldehyd in 1 Liter nachweisen, wenn man 20 ccm Destillat aus 100 ccm Milch mit 5 ccm Reag. mehrere Stunden im Dunkeln stehen lässt.
Chem. News **71**. 247.
Ztschr. f. anal. Chem. **39**. 329.
Richmond und Boseley, The Analyst **20**. 154; **21**. 92.

**Thomson**'s React. auf Veratrin.
Versetzt man Veratrin mit concentr. Schwefelsäure, so tritt nur eine sehr schwache Färbung ein; erst nach 3—4 Minuten entsteht eine blutrote Färbung, welche 2—3 Stunden anhält.
Ztschr. f. anal. Chem. **I**. 228.

**Thoulet**'s Reag. zur Trennung von Mineralgemischen
ist eine concentr., wässerige Lösung von Quecksilberjodid und Jodkalium vom Spec. Gew. 3,17.
Bull. Soc. mineralog. de France 1879. 1.
Merck's Index 1902. 263.
Retgers, Neues Jahrb. f. Mineral. 1889. 185.
Church, Ztschr. f. anal. Chem. **20**. 391.
Goldschmidt, ebenda oder Neues Jahrb. f. Mineral. 1881.

**Thresh**'s Reag. auf Alkaloide.
Man löst 2,4 g Wismutcitrat in 20 ccm Wasser und der zur Lösung nötigen Menge Ammoniak und ergänzt mit Wasser auf 30 ccm. Diese Mischung gibt man in eine Lösung von 2 g Jodkalium in 45 ccm Salzsäure. — Das Reag. fällt Alkaloide (auch Eiweiss).
Merck's Index 1902. 263.

**Thresh**'s React. auf Alkohol
siehe Ztschr. f. anal. Chem. **18**. 487,
Chem. News **38**. 251.

**Thresh**'s React. auf Wismut.
Schwach saure Wismutlösungen werden durch überschüssige Jodkaliumlösung orangerot gefärbt. Empfindlichkeitsgrenze = 1:40000.
Pharm. Journ. Trans. 1880. 641.
Ztchr. d. öst. Apoth.-Ver. **18**. 261.
Ztschr. f. anal. Chem. **22**. 432.

**Tidy** siehe Meymott Tidy.

**Tocher**'s React. I auf Sesamöl (Formaldehydreaction).
Man mischt 10 ccm Formaldehyd (40 %) mit 50 ccm Wasser und 100 ccm Schwefelsäure. — Mischt man 5 ccm Reag. und 5 ccm Sesamöl, so nimmt die entstandene Emulsion allmählich eine beständige, blauschwarze Färbung an. Es lassen sich noch 2 % Sesamöl in anderen Oelen nachweisen.
Répert. de Pharm. 1899. 438.
Pharm. Centrh. 1900. 57.
(Dieses Reag. wird von Bellier angegeben im Répert. de Pharm.)
Vergl. Bellier's Reag.

**Tocher's** React. II auf Sesamöl (Pyrogallolreaction).
Man schüttelt 15 ccm des zu prüfenden Oeles mit einer Lösung von 1 g Pyrogallol in 14 ccm Salzsäure. Nach erfolgter Trennung der Schichten lässt man die Säureschicht abfliessen und erwärmt sie einige Minuten lang. Bei Anwesenheit von Sesamöl entsteht eine violette Färbung.
Répert. de Pharm. 1899. 437.
Pharm. Journ. 1891. 638.
Utz, Chem. Centralbl. 1902. II. 666.

**Toison's** Reag. für mikroskopische Zwecke
ist eine Lösung von 4 g Natriumsulfat und 0,5 g Chlornatrium in 80 ccm Wasser und 15 ccm Glycerin, der 0,125 g Methylviolett 5 B zugegeben werden. Gebraucht wie Gower's Reag.
Journ. Scienc. méd. de Lille, 1885.
Ztschr. f Mikroskop. 1885. 398.
Reinecke, Fortschr. d. Medic. 1889, 411.

**Tollens'** Reag. auf Formaldehyd.
Ammoniakalische Silbernitratlösung wird durch Formaldehyd reduzirt.

**Tollens'** React. auf Glucose.
Ammoniakalische Silberlösung, mit etwas Natronlauge versetzt, wird durch Glucoselösung reduzirt. Empfindlichkeitsgrenze = 1 : 100 000.
Näheres siehe Berl. Ber. **15**. 1636.

**Tollens'** Reag. auf Lävulose
ist eine Lösung von 1 g Resorcin in 60 ccm Wasser und 60 ccm Salzsäure (D. = 1,19). Die zu prüfende Lösung versetzt man mit einem gleichen Volum Salzsäure (D. = 1,19), etwas Reag. und erhitzt langsam über kleiner Flamme. Bei Anwesenheit von Lävulose entsteht eine feuerrote Färbung.
Ztschr. f. anal. Chem. **40**. 559.
Vergl. Ihl's und Seliwanoff's React.

**Tollens'** React. auf Pentosen.
(Blumenthal's Modifikation:) 5 ccm Harn erhitzt man mit 1 Messerspitze voll Orcin und 5 ccm Salzsäure (D. = 1,19) zum Sieden bis eine deutliche blaugrüne Färbung eingetreten ist und schüttelt dann mit einigen ccm Amylalkohol. Letzterer nimmt den grünen oder violettblauen Farbstoff auf, welcher ein charakteristisches Spectrum zeigt. — An Stelle von Orcin kann man auch Phloroglucin verwenden; man erhält dann bei Anwesenheit von Pentosen eine kirschrote Färbung.
Pharm. Centrh. 1900. 52.
Vergl. Salkowski's React.
Salkowski, Chem. Ztg. 1899. Rep. 249.

**Tommasi's** React. auf Phenol im Harn.
Ein Fichtenholzstäbchen tränkt man mit dem zu prüfenden Harn und taucht es dann in eine Lösung von 0,2 g Kaliumchlorat in 50 ccm Salzsäure und 50 ccm Wasser. Setzt man es nun den direkten Sonnenstrahlen aus, so färbt es sich blau, wenn Phenol zugegen. Empfindlichkeitsgrenze = 1:6000.
Berl. Ber. **14**. 1834.
Ztschr. f. anal. Chem. **21**. 300.

**Töpfer's** React. auf Salzsäure im Magensaft.
Zu 5 ccm filtrirten Magensaftes gibt man 1 Tropfen 1 %ige, alkoholische Phenolphtaleïnlösung und 1 Tropfen 0,5 %ige Lösung von Dimethylamidoazobenzol. Man titrirt mit $^1/_{10}$ Normal-Natronlauge bis die rote Färbung des Dimethylamidoazobenzols in Gelb übergegangen ist und erfährt so die im Magensafte enthaltene Menge freie Salzsäure in Prozenten, indem man die verbrauchte Anzahl ccm Na OH mit 20 und dann mit 0,00365 multiplicirt. — Titrirt man die Flüssigkeit mit Na OH bis zum Eintritt der Rotfärbung des Phenolphtaleïns, so kann man aus dem Verbrauch an Na OH die Gesamt-Säuremenge berechnen.
Jolles, Chem. Ztg. 1898. 456.
Jahresber. d. Pharm. 1898. 610.

**Tortelli-Ruggeri's** React. auf Cottonöl
beruht auf der Abscheidung der Fettsäuren, deren Reinigung und Behandlung derselben in alkoholischer Lösung mit 5 %iger, wässeriger Silbernitratlösung bei 60—70° C., wobei bei Anwesenheit von Baumwollsamenöl Schwärzung eintritt.
L'Orosi 1898. 181.
Pharm. Centrh. 1898. 535 und 888.
Ztschr. f. angew. Chem. 1898. 20.
Vergl. Bechi's React.

**Tortelli-Ruggeri's** React. auf Erdnussöl
beruht auf der Abscheidung und Reinigung der Fettsäuren und Lösen derselben in 90 %igem Alkohol bei 60° C. Aus dieser Lösung krystallisirt beim Erkalten bei Anwesenheit von Erdnussöl Lignocerinsäure in feinen, silberglänzenden Nadeln und Arachinsäure in perlmutterglänzenden Blättchen. Andere Oele zeigen keine Ausscheidung, ausser Cottonöl, welches aber nur eine amorphe Abscheidung liefert.
Näheres siehe Pharm. Centrh. 1898. 888.

**Tortelli-Ruggeri's** React. auf Sesamöl
beruht auf der Abscheidung und Reinigung der Fettsäuren, welch' letztere beim Schütteln mit dem gleichen Volum concentr. Salzsäure und einigen Tropfen alkohol. Furfurollösung bei Anwesenheit von Sesamöl eine Rotfärbung erzeugen.
Näheres siehe Pharm. Centrh. 1889. 888.
Vergl. Baudouin's u. Villavecchia-Fabri's React.

**Trambusti's** Reag. zum Färben mikroskop. Präparate
ist eine Mischung von Biondi's Reag. (1 : 150 Wasser) mit 2,5 ccm 1 %ig. Essigsäure.
Ric. Lab. Anat. Roma, 1896. 82.
Ztschr. f. Mikroskop. 1896. 347.

**Trapp's** React. auf Cevadin.
Löst man Cevadin in Salzsäure (D. = 1,19) und erhitzt zum Sieden, so erhält man eine violette, bei weiterem Kochen purpurrote Färbung. Aehnlich wirkt concentr. Schwefelsäure und Erdmann's Reag.

**Trapp's** Reag. auf Veratrin.
Veratrin gibt bei längerem Kochen mit concentr. Salzsäure eine intensiv rote, dauernde Färbung. Bei gewöhnlicher Temperatur tritt keine Färbung ein.
Pharm. Zeitschr. f. Russl. 1862. Nr. 2.
Buchner's Repert. **11**. 556.
Zeitschr. f. anal. Chem. **2**. 215.

**Trapp's** React. auf Digitalin.
Versetzt man eine wässerige Lösung von Digitalin mit Phosphormolybdänsäure, so färbt sich die Mischung grün. Ueberschuss von Ammoniak bewirkt dann Blaufärbung.
Hager, Pharm. Prax. 1880. I. 1005.
Dragendorff, Ermittel. v. Giften 1888. 121.

**Traube's** Reag. auf Wasserstoffsuperoxyd.
Siehe Schönbein's React.

**Trenkmann**'s Reag. zum Färben von Bacteriengeisseln. (Modification von Löffler's Reag.)

a) Eine Mischung von 1 Tropfen gesättigter, alkoholischer Fuchsinlösung mit 10 Tropfen Carbolwasser (1 %),
b) eine Lösung von 1 g Tannin in 100 ccm 0,5 %iger Salzsäure.

Centralbl. f. Bact. u. Parasitenk. 1889. 433.
Vergl. Löffler's Reag.

**Trillat**'s React. auf Formaldehyd.

1. Die zu prüfende Lösung versetzt man mit 0,5 ccm Dimethylanilin, säuert mit Schwefelsäure an und erwärmt eine halbe Stunde auf dem Dampfbade. Nachdem man mit Natronlauge alkalisch gemacht hat, kocht man die Mischung bis zum Verschwinden des Dimethylanilingeruches, filtrirt durch ein kleines Filter, welches man dann mit Essigsäure befeuchtet und mit Bleisuperoxyd bestreut. Bei Anwesenheit von Formaldehyd tritt Blaufärbung auf.
2. Gibt man zu einer verdünnten Lösung von Formaldehyd eine Lösung von Anilin (3 : 1000) so entsteht eine weissliche Trübung oder Fällung. Empfindlichkeitsgrenze = 1 : 20 000. (Acetaldehyd gibt diese React. auch.)

Ztschr. f anal. Chem. **33**. 85.
Pilhashy, ebenda **41**. 249.

**Trommer**'s React. auf Glucose.

Die zu prüfende Flüssigkeit versetzt man im Reagensglase mit 2—3 Tropfen Kupfersulfatlösung (1 : 10) und dann mit 5 ccm Natronlauge (15 %). Beim Kochen der Mischung entsteht Kupferoxydul, wenn Glucose vorhanden ist. Empfindlichkeitsgrenze = 1 : 500.

Liebig's Annal. **39**. 360.
Hammarsten, Physiol. Chem. 1899. 509.
Jastrowitz, Deutsche med. Wochenschr. 1891. 253 u. 292.
Maly, Ztschr. f. anal. Chem. **10**. 382.

**Trommsdorff**'s Reag. auf salpetrige Säure.

Versetzt man Trinkwasser mit Jodzinkstärkelösung und Schwefelsäure, so entsteht bei Anwesenheit von salpetriger Säure eine Blaufärbung.

Ztschr. f. anal. Chem. **8**. 358.
Leeds, Ztschr. f. anal. Chem. **18**. 536.
Jolles, ebenda **32**. 762.
Fresenius, ebenda **12**. 427.
Kämmerer, ebenda **12**. 377.
Gratama, ebenda **14**. 72.
Tschirikow, Chem. Ztg. 1892. Rep. 13.
Gill-Richardson, ebenda 1896. Rep. 37.

**Trotarelli**'s React. auf Alkaloide

ist identisch mit Vitali's Atropinreaction.

**Trotarelli**'s React. auf Fäulnissalkaloide (Ptomaïne)

beruht auf Farbenerscheinungen, die durch Nitroprussidnatrium und Palladiumnitrat hervorgerufen werden sollen.

Annali univers. di Med. Chir. (1879) **247**. 329.
Gräbner erhielt mit dieser React. nur negative Resultate.
Pharm. Ztschr. f. Russl. **21**. 512.
Ztschr. f. anal. Chem. **22**. 478.

**Trousseau**'s React. auf Gallenfarbstoffe

siehe Dumontpallier's React.

**Trousseau-Dumontpallier**'s React. auf Gallenfarbstoffe

siehe Dumontpallier's React.

**Truax**' React. auf Eiweiss im Harn

beruht auf der Ausscheidung des Albumins durch Alkohol.

Näheres siehe Pharm. Centrh. 1896. 81.

**Truchot**'s Reag. auf künstliche Seide.

Man löst das zu untersuchende Objekt in concentr. Schwefelsäure und gibt Diphenylamin zu. Künstliche Seide bewirkt in Folge ihres Gehaltes an Nitraten eine blaue Färbung.

Chem. Ztg. 1897. Rep. 101.
Pharm. Centrh. 1897. 491.

**Tscheppe**'s React. auf Alkohol.

Die zu prüfende Flüssigkeit schichtet man über 70 %ige Salpetersäure. Bei Anwesenheit von Alkohol entsteht eine grüne Färbung, auch bemerkt man nach kurzer Zeit den Geruch des Aethylnitrits.

Chem. Ztg. **15**. Rep. 13.
Ztschr. f. anal. Chem. **30**. 716.
Pharm. Rundschau 1890. 282.

**Tschirikow**'s Reag. auf salpetrige Säure

ist eine gesättigte Lösung von α-Naphtylamin. — 100 ccm Trinkwasser versetzt man mit je 5 Tropfen Salzsäure (D. = 1,19) und gesättigter, wässeriger Sulfanilsäurelösung. Nach 5 Minuten gibt man 5 Tropfen Reag. zu. Bei Anwesenheit von salpetriger Säure entsteht eine Rosafärbung.

Pharm. Ztschr. f. Russl. **30**. 802.
Vergl. Griess' React.

**Tschugajew**'s Reag. auf die Hydroxylgruppe

ist Magnesiumjodmethylat ($Mg\,J\,.\,CH_3$). Das Reag. gibt mit Hydroxylverbindungen (in Aether gelöst) Entwickelung von Methan.

Näheres siehe Chem. Ztg. 1902. Rep. 354.
Berl. Ber. 1902. 3912.
Chem. Centralbl. 1903. I. 14.

**Tschugajew**'s React. auf Cholesterin.

Erhitzt man eine Lösung von Cholesterin in Eisessig mit überschüssigem Acetylchlorid und Zinkchlorid zum Sieden, so entsteht eine eosinrote Färbung mit grünlich-gelber Fluorescenz. Empfindlichkeitsgrenze = 1 : 80 000.

Chem. Ztg. 1900. 542.
Pharm. Centrh. 1900. 472.
Journ. d. russisch-phys. chem. Ges. **32**. 363.

**Tuchen**'s React. auf ätherische Oele

beruht auf der Einwirkung von Jod auf ätherische Oele (0,1 g Jod u. 5—6 Tropfen Oel). Bei dieser Probe findet entweder eine Verpuffung, wie bei Terpentinöl und Citronenöl oder eine Erwärmung und Dampfentwickelung, z. B. bei Anis- und Fenchelöl oder gar keine Reaction statt, wie bei Nelken- und Pfefferminzöl.

Siehe Zusammenstellung in Hager, Pharm. Prax. 1880. II. 565.

**Tucholka**'s React. auf Bisabol-Myrrha.

6 Tropfen eines Petrolätherauszuges (1 : 15) und 3 ccm Eisessig schichtet man über 3 ccm concentr. Schwefelsäure. Es entsteht ein rosaroter Ring und allmählich färbt sich auch die Essigsäure rosarot. Herabol-Myrrha zeigt bei dieser React. einen grünen Ring und nur sehr schwache Rosafärbung der Essigsäure.

Archiv der Pharm. 1897. 290.

**Tuck**'s Reag. auf Methylalkohol neben Aethylalkohol.

Man löst 1 g Quecksilberjodid und 1,6 g Jodkalium in 30 ccm Wasser und 30 ccm Kalilauge. Den zu

prüfenden Alkohol versetzt man mit etwas Reag. und erhitzt zum Sieden. Methylalkohol bewirkt einen reichlichen Niederschlag.
Ztschr. f. anal. Chem. **4**. 240.
Pharm. Journ. Transact. **6**. 215. 218.
Reynolds, ebenda 292.

**Udránszky**'s React. auf Cholesterin.

5 ccm alkoholische Cholesterinlösung mischt man mit 5 Tropfen 0,5 %iger, wässeriger Furfurollösung und schichtet diese Mischung über 5 ccm concentr. Schwefelsäure. Mischt man dann unter Abkühlung langsam die beiden Schichten, so entsteht eine intensiv rote Färbung, die allmählich in Blau übergeht.
Ztschr. f. physiol. Chem. **12**. 355.

**Udránszky**'s React. auf Gallensäuren

ist eine Modification von Pettenkofer's React. 5 ccm der zu prüfenden Flüssigkeit (Harn) versetzt man mit 5 Tropfen 0,1 %igen Furfurolwassers und gibt unter Kühlung 5 ccm concentr. Schwefelsäure zu. Bei Anwesenheit von Gallensäuren tritt Rotfärbung ein.
Ztschr. f. physiol. Chem. **12**. 372.

**Udránszky**'s React. auf Glucose im Harn.

5 ccm concentr. Schwefelsäure überschichtet man mit 2—3 ccm Harn, dem 5 Tropfen alkoholische $\alpha$-Naphtollösung (15 : 100) zugemischt wurde. Bei Anwesenheit von Glucose (und von Kohlehydraten überhaupt) entsteht in kurzer Zeit ein violetter Ring. Beim Mischen färbt sich die Flüssigkeit carminrot und zeigt ein charakteristisches Absorptionsspectrum. Empfindlichkeitsgrenze = 1 : 2000—10 000.
Ztschr. f. physiol. Chem. **12**. 358.
Binet, Jahresber. f. Thierchem. 1892. 506.
Treupel, Ztschr. f. physiol. Chem. **16**. 54.
Roos, Ztschr. f. physiol. Chem. **15**. 519.
Hammarsten, Physiol. Chem. 1899. 513.

**Udránszky**'s React. auf Kohlehydrate

siehe Berl. Ber. **21**. 2744.
Luther, Pharm. Centrh. 1890. 670.

**Udránszky**'s React. auf p-Kresol

siehe dessen Reag. auf Phenol.

**Udránszky**'s Reag. auf Phenol

ist eine 0,5 %ige, wässerige Lösung von Furfurol. — Versetzt man 5 ccm wässerige Phenollösung mit 5 Tropfen Reag. und 5 ccm concentr. Schwefelsäure, so färbt sich die Mischung bläulichrot bis blau. p-Kresollösung wird bei dieser Probe hellrot, dann violett und zuletzt blau.
Ztschr. f. physiol. Chem. **12**. 355.

**Udránszky**'s React. auf Skatol.

Gibt man zu Skatollösung 1 Tropfen Furfurolwasser (2 %) und schichtet diese Mischung über concentr. Schwefelsäure, so entsteht eine rötlich-braune Färbung.
Ztschr. f. physiol. Chem. **12**. 355.

**Udránszky**'s React. auf Tyrosin.

Versetzt man wässerige Tyrosinlösung mit einigen Tropfen Furfurolwasser und dem gleichen Volum concentr. Schwefelsäure (unter Abkühlung), so entsteht eine blassrote Färbung.
Ztschr. f. physiol. Chem. **12**. 355.

**Udránszky-Baumann**'s React. auf mehrwertige Alkohole.
Vergl. Baumann's Reag.

**Uffelmann**'s React. auf Kornrade im Mehl.

Kocht man das zu prüfende Mehl mit verd., alkoholischer Natronlauge, so entsteht zuerst eine gelbe, dann eine rote Färbung, wenn Kornrade vorhanden ist.
Medicus-Kober, Ztschr. Unters. Nahr. u. Genussm. 1902. 1077.

**Uffelmann**'s Reag. auf Milchsäure im Magensaft.

1 Tropfen Eisenchloridlösung und 0,4 g Phenol löst man in 50 ccm Wasser. Das blaugefärbte Reag. wird durch Milchsäure gelb gefärbt. Empfindlichkeitsgrenze = 1 : 10 000.
Pharm. Centrh. 1887. 582, 1888. 323.
Brunner, Pharm. Centrh. 1887. 581.
Strauss, Berliner klin. Wochenschr. 1895. 805.
Bönniger, Deutsche med. Wochenschr. 1902. 738.
v. Jaksch, Klin. Diagnostik innerer Krankheiten 1896 (4. Aufl.).

**Ulex**' React. auf Terpentinharze im Tolubalsam.

Zerreibt man Tolubalsam mit concentr. Schwefelsäure, so entwickelt sich bei Anwesenheit von Terpentinharzen ein Geruch nach schwefliger Säure.
Hager, Pharm. Prax. 1880. I. 560.

**Ultzmann**'s React. auf Gallenfarbstoffe.

10 ccm Harn versetzt man mit 3—4 ccm 25 %iger, wässeriger Natronlauge und säuert dann mit Salzsäure an. Bei Gegenwart von Gallenpigment färbt sich die Mischung smaragdgrün.
Centralbl. d. medic. Wissensch. 1877. 831.
Ztschr. f. anal. Chem. **17**. 523.
Wiener medic. Presse 1877. **32**.
Deubner, Ztschr. f. anal. Chem. **25**. 458.
Jolles, Ztschr. f. anal. Chem. **29**. 402.
Hammarsten, Physiol. Chem. 1899. 508.

**Unna**'s Dahlialösung.

Man löst 1 g Dahliaviolett in 50 ccm Wasser und 50 ccm Alkohol (95 %) und gibt 10 g Salpetersäure, 90 ccm Wasser und 50 ccm Alkohol zu.
Monatsh. f. pract. Dermatol. 1886.

**Unna**'s Reagentien zum Färben von Plasmazellen und Mastzellen.

1. Eine Lösung von 1 g Methylenblau in 100 ccm 0,05 %iger Kalilauge, die zum Gebrauche mit dem 10—100 fachen Volum Anilinwasser gemischt wird.
2. Eine Lösung von 1 g Methylenblau und 1 g Kaliumcarbonat in 100 ccm Wasser und 20 g Alkohol wird auf dem Dampfbade auf 100 ccm eingedampft.
3. Eine Lösung von 1 g Methylenblau und 1 g Kaliumcarbonat in 100 ccm Wasser oder Carbolwasser.
   Ztschr. f. Mikroskop. 1892. 475.
4. Methylenblau-Orceïn-Reag. siehe Monatsh. f. pract. Dermatol. 1891. 394, 1894. 518.
   Ztschr. f. Mikroskop. 1892. 89. 94, 1895. 240.

**Unna**'s Hämatoxylinlösungen (Alaunhämatoxylin).

1. Besteht aus 1 g Hämatoxylin, 10 g Alaun, 100 g Spiritus, 200 g Wasser nnd 2 g sublim. Schwefel. (Letzterer soll dem Verderben des Reag. vorbeugen.)
2. Besteht aus einer alkoholischen Hämatoxylinlösung, gemischt mit einer wässerigen Alaunlösung (mit Soda blau gefärbt).
   Näheres siehe Ztschr. f. Mikroskop. 1891. 486; 1892. 483.
   Vergl. auch Unna, Monatsh. f. pract. Dermatol. 1894. 1, 277.

**Unna**'s Reag. zur Bacterienfärbung etc.

1. Eine Lösung von 1 g Methylenblau und 1 g Borax in 100 ccm Wasser.
2. Eine Lösung von 1 g Methylviolett in 100 ccm Alkohol (50 %).

Vergl. Ztschr. f. Mikroskop. 1891. 405, ferner Hansen, ebenda 1894. 383.

**Unna-Tänzer**'s Reag. zum Färben mikroskop. Präparate.

1. a) Eine Lösung von 1 g Orceïn in 200 g Alkohol und 50 g Wasser.
   b) Eine Lösung von 1 g concentr. Salzsäure in 200 g Alkohol und 50 g Wasser.
   In Ztschr. f. Mikroskop. 1895. 240 empfiehlt Unna eine Lösung von 1 g Orceïn und 1 g Salzsäure in 100 g Alkohol.
2. Eine Lösung von 1 g Fuchsin in 100 ccm 50 %igem Alkohol und 20 ccm Salpetersäure (25 %).

Vergl. Hermann's Reag.
Monatsh. f. pract. Dermatolog. 1891. 394.

**Unverdorben - Franchimont**'s Reag. zum mikroskop. Nachweis von Harzen und Terpenen in Pflanzenteilen

ist eine concentr., wässerige Lösung von Kupferacetat, womit sich genannte Stoffe grün färben.

Tschirch, Ber. d. Deutsch. botan. Ges. 1901. 25.

**Unverhau**'s React. auf Strophanthin.

1. Erwärmt man Strophanthin mit concentr. Salpetersäure, so entsteht eine rote bis violettrote Lösung, die plötzlich in Hellgelb übergeht.
2. Strophanthin färbt sich mit Nitroprussidnatriumlösung und Natronlauge rot.
3. Löst man Strophanthin in concentr., phenolhaltiger Salzsäure, so erhält man beim Erwärmen eine violette, später grüne Lösung.

**Unverhau**'s React. auf Helleboreïn.

Helleboreïn löst sich in einer Mischung von Alkohol und Schwefelsäure mit blassroter Färbung, in concentr. Schwefelsäure anfangs mit gelbbrauner, dann dunkelbrauner Färbung.

Vergl. Dragendorff, Ermittel. v. Giften 1888. 308.
Kippenberger, Nachw. v. Gift. 1897. 82.

**Upson**'s Reag. zum Färben mikroskop. Präparate.

1. Eine Lösung von 1 g Chlorgold in 100 ccm Wasser und 2 g Salzsäure.
2. Zu einer Mischung von 5 ccm schwefeliger Säure und 10 Tropfen 3 %iger Jodtinktur gibt man 1 Tropfen Eisenchloridlösung.

Neurolog. Centralbl. 1888. 319.
Mercier, Ztschr. f. Mikroskop. 1891. 474.

**Upson**'s Reag. zum Härten mikroskop. Präparate

ist eine 1—2,5 %ige, wässerige Lösung von Kaliumdichromat.

**Ure**'s React. auf Methylalkohol.

Man versetzt die zu prüfende Flüssigkeit mit gepulvertem Aetzkali. Bei Anwesenheit von Methylalkohol tritt innerhalb 1/2 Stunde Braunfärbung auf.

Ztschr. f. anal. Chem. 3. 504.

**Utz**' Reag. auf gekochte und ungekochte Milch

ist eine Lösung von 1 g Ursol D (p-Phenylendiamin) in 300 ccm Alkohol. — 2 ccm Milch mischt man mit 0,5 ccm Wasserstoffsuperoxyd (3 ccm 30 %iges $H_2O_2$ und 97 ccm Wasser) und schüttelt mit einigen Tropfen Reag. Ungekochte Milch färbt sich sofort blau, gekochte Milch färbt sich nicht.

Chem. Ztg. **26**. 1121.
Chem. Centralbl. 1903. I. 59.
Pharm. Centrh. 1903. 264.

An Stelle von Wasserstoffsuperoxyd schlägt der Autor neuerdings Ammonpersulfat oder Kaliumpercarbonat vor.

Chem. Ztg. **27**. 300.
Chem. Centralbl. 1903. I. 1046.
Vergl. Storch's Reag.
Wirthle, Chem. Ztg. 1903. 432.

## V

**Valenta**'s Reag. zur Prüfung der Fette

ist Eisessig, in dem sich Fette und fette Oele je nach ihrer Abstammung bei verschiedener Temperatur klar lösen.

Näheres sowie tabellarische Zusammenstellung siehe Ztschr. f. anal. Chem. **24**. 295.
Dingler's Journ. **252**. 296.

**Valentiner**'s React. auf Galle im Harn.

Man schüttelt 50 ccm Harn mit 5 ccm Chloroform. Bei Anwesenheit von Galle färbt sich letzteres gelb.

Ztschr. f. anal. Chem. 5. 264.
Cunisset, Journ. de Pharm. 3. 50.

**Valser**'s Reag. auf Alkaloide

ist eine gesättigte, wässerige Lösung von Quecksilberjodid (Quecksilberjodür?) in 10 %iger Jodkaliumlösung.

Vergl. Mayer's Reag.
Merck's Index 1902. 263.
Répert. de Chim. pure et appl. 1862. 460.
Ztschr. f. anal. Chem. 2. 79.

**Vanlair**'s Reag. zum Fixiren mikroskop. Präparate.

Man löst 0,5 g Osmiumsäure und 0,5 g Kaliumdichromat in 200 ccm Wasser und gibt 20 g 2 %ige Eosinlösung zu.

Archiv d. Biol. 1885. 130.

**v. d. Velden**'s Reag. auf Salzsäure im Magensaft

ist eine Lösung von Methylviolett, Fuchsin oder Tropäolin 00.

Deutsch. Archiv f. klin. Med. **23**. 31.

**Venable**'s React. auf Eisen.

Eine durch concentr. Salzsäure blau gefärbte Cobaltnitratlösung wird durch Spuren von Eisenoxydsalzen grün gefärbt. Eisenoxydulsalze geben diese React. nicht.

Journ. of anal. Chem. **1**. 312.
Chem. Ztg. 1887. Rep. 202.

**Verhassel**'s React. auf α- und β-Naphtol.

1. Chlorkalklösung färbt die wässerige Lösung von α-Naphtol violett, von β-Naphtol grüngelb.
2. Ferrocyankaluum färbt die wässerige Lösung von α-Naphtol violett, von β-Naphtol lichtgelb.
3. Ferricyankalium färbt die wässerige Lösung von α-Naphtol braun, von β-Naphtol grüngelb.
4. Ammoniak färbt die wässerige Lösung von α-Naphtol nicht, jene von β-Naphtol grünlich.
5. Eisenchlorid färbt die alkoholische Lösung von α-Naphtol violett (Niederschlag), von β-Naphtol grünlich (Niederschlag).

Ztschr. d. öst. Apoth.-Ver. **44**. 335.
Ztschr. f. anal. Chem. **31**. 461.

**Verven**'s Reag. auf Alkaloide

ist eine Lösung von 5 g Cadmiumjodid und 10 g Jodkalium in 100 ccm Wasser. Gibt man 5 ccm mit Schwefelsäure angesäuerte Alkaloidlösung zu

1 ccm Reag., so entsteht eine Trübung oder Fällung. Empfindlichkeitsgrenze für Aconitin = 1:13700, Atropin = 1:1600, Brucin = 1:14600, Chinin = 1:32300, Cinchonin = 1:18400, Cocaïnhydrochlorid = 1:16900, Strychnin = 1:19200, Veratrin = 1:5400.
Annal. de Pharm. **13**. 145.
Chem. Ztg. 1897. Rep. 116.

**di Vetere**'s React. auf Ricinusöl im Olivenöl.
Schüttelt man Olivenöl mit concentr. Salzsäure, so bilden sich bei Anwesenheit von Ricinusöl beim Stehen drei Schichten.
Merck's Report 1900. 342.

**Viallanes**' Reagentien zum Färben mikroskop. Präparate.
1. a) 1 %ige, wässerige Lösung von Osmiumsäure; b) 25 %ige Ameisensäure; c) Goldchloridlösung 1:5000.
Annal. des Scienc. Nat. 1883. 42.
Histolog. et Dév. des Insect. 1883. 42.
Bastian, Lee-Mayer's Grundz. d. mikrosk. Techn. 1898. 218.
Boccardi, Journ. Roy. Microsc. Soc. 1888. 155.
Bernheim, Arch. f. Anat. u. Physiol. 1892. Suppl. 29.
Vergl. Cohnheim's Reag.
2. a) Eine 1 %ige, wässerige Lösung von Kupfersulfat; b) eine Lösung von 0,25 g Hämatoxylin in 25 ccm Alkohol und 75 ccm Wasser. Gebraucht zum Färben des Centralnervensystems.
Annal. des Scienc. Nat. 1892. 356.

**Vignal**'s Reag. zum Fixiren mikroskop. Präparate
ist eine Lösung von 1 g Osmiumsäure in 100 ccm Wasser und 100 ccm Alkohol (90 %).
Arch. de Physiol. Paris 1884. 181.
Ranvier, Leçons d'Anat. génér. etc. 76.

**Villavecchia-Fabri**'s Reag. auf Sesamöl
ist concentr. Salzsäure (D. = 1,19), die etwas Furfurol enthält. Man schüttelt gleiche Teile Oel und Reag. Bei Anwesenheit von Sesamöl tritt Rotfärbung ein. (Vergl. Baudouin's React.)
Répert. de Pharm. 1899. 437.

**Villiers-Fayolle**'s Reag. auf Chlor
ist eine Mischung von 20 ccm gesättigter, wässeriger Lösung von α-Toluidin, 100 ccm ges., wäss. Anilinlösung und 30 ccm Essigsäure. Das Reag. wird durch freies Chlor blau gefärbt.
Merck's Report 1902. 59.

**Vincent**'s React. auf α- und β-Naphtol.
α-Naphtol gibt mit Jodsäure einen gelblichen, flockigen Niederschlag, der sich sehr bald violett färbt; β-Naphtol gibt mit Jodsäure einen Niederschlag, der allmählich rot wird; nach einiger Zeit ist die Lösung rötlich und der Niederschlag rotbraun.
Merck's Report 1902. 59.

**Violette**'s Reag. auf Glucose.
a) Eine Lösung von 34,64 g Kupfersulfat in 500 ccm Wasser.
b) eine Lösung von 200 g Seignettesalz und 130 g Natriumhydroxyd in 500 ccm Wasser. Zum Gebrauch werden gleiche Volumina von a und b gemischt.
Vergleiche Fehling's Reag.
Pharm. Centrh. 1900. 572.
Merck's Index 1902. 263.

**Vitali**'s React. auf Amylalkohol
beruht auf charakteristischen Farbenerscheinungen beim Mischen von concentr. Schwefelsäure mit verschiedenen Volum. Amylalkohol.
Näheres siehe Pharm. Centrh. 1883. 574.
L'Orosi, VI. 10, 328.

**Vitali**'s React. auf Alkohol.
Die zu prüfende Flüssigkeit versetzt man mit Schwefelkohlenstoff, Aetzkali, Ammoniummolybdat und überschüssiger, verdünnter Schwefelsäure. Bei Anwesenheit von Aethylalkohol entsteht eine Rotfärbung (auf der Bildung von Molybdänxanthogenat beruhend).
Boll. chim. farm. **38**. 377.
Ztschr. f. anal. Chem. **39**. 604.

**Vitali**'s React. auf Atropin.
Uebergiesst man Atropin mit Kaliumchloratlösung, so entstehen blaugrüne Streifen und man erhält schliesslich eine hellgrüne Lösung.
Ztschr. f. anal. Chem. **21**. 581.

**Vitali**'s React. auf Atropin und Daturin.
Dampft man etwas Atropin oder Daturin mit etwas rauchender Salpetersäure zur Trockne ein, so entsteht auf Zusatz von alkoholischer Kalilauge eine violette Färbung, die bald in Rot übergeht.
Archiv d. Pharm. **15**. 307.
Ztschr. f. anal. Chem. **20**. 563.
Beckmann, Arch. d. Pharm. 1886. 481.
Giotto und Spica, Pharm. Centrh. 1891. 26.
Menegazzi, Ztschr. d. öst. Apoth.-Ver. **48**. 373.
Vitali, Répert. de Pharm. **50**. 544; Ztschr. d. öst. Apoth.-Ver. **49**. 247; Ztschr. f. anal. Chem. **38**. 134.

**Vitali**'s Reactionen zur Unterscheidung von Atropin und Strychnin.
Dampft man Strychnin mit rauchender Salpetersäure auf dem Dampfbade zur Trockne und gibt nach dem Erkalten 4 %ige, alkoholische Kalilauge zu, so entsteht (wie beim Atropin) eine violette Färbung, welche aber schnell wieder verschwindet (Unterschied von Atropin).
Menegazzi, Berl. Ber. **27**. Ref. 275.

**Vitali**'s React. auf Blut neben Eiter
ist eine Modification von Almén's React. Bei Anwesenheit von Eiter tritt schon auf Zusatz von Guajaktinktur eine Blaufärbung auf, Blut gibt dieselbe erst mit Terpentinöl. Siehe Almén's React.
Vergl. Jahresber. von Maly **18**.

**Vitali**'s React. auf Chloroform.
Die zu prüfende Flüssigkeit wird mit Zink und Schwefelsäure versetzt und das aus einer dünnen Spitze entweichende Wasserstoffgas angezündet. Hält man in diese Flamme einen Kupferdraht, so färbt sie sich bei Anwesenheit von Chloroform grünblau.
Näheres siehe Ztschr. f. anal. Chem. **21**. 616.
Berl. Ber. **15**. 541.
Gaz. chim. ital. **11**. 489.

**Vitali**'s React. auf Chlorsäure.
Chlorate oder Chlorsäure geben mit concentr. Schwefelsäure und Anilinsulfat eine intensiv blaue Färbung.

**Vitali**'s React. auf Cocaïn.
Erhitzt man etwas Cocaïn mit Schwefelsäure (D. = 1,84) bis zur Entwickelung von Schwefelsäuredämpfen und gibt ein Körnchen jodsaures

Kalium zu, so färbt sich die Mischung grün, später blau bis rotviolett.
Pharm. Ztg. **36**. 72.
Ztschr. f. anal. Chem. **30**. 265.
Pharm. Centrh. 1891. 362.

**Vitali**'s React. auf Formaldehyd
beruht auf einer weisslichen, milchigen Trübung, die eine nicht zu concentr. Lösung von Phenylhydrazin in Formaldehyd enthaltenden Flüssigkeiten hervorbringt.
Näheres siehe Jahresber. d. Pharm. 1898. 299.
Boll. chimic. farmaceut. 1898. 321.

**Vitali**'s React. I. auf Gallenfarbstoffe
beruht auf der Abscheidung der Gallenfarbstoffe durch frisch gefälltes Bleisulfid oder Aluminiumhydroxyd. Den Bleiniederschlag behandelt man mit Alkohol, der sich bei Anwesenheit von Gallenfarbstoff grün färbt; der Aluminiumniederschlag ist gelb bis grün gefärbt und kann ausserdem noch zu Gmelin's React. verwendet werden.
Ztschr. f. anal. Chem. **31**. 725.
Jahresber. f. Tierchem. 1894. 676.

**Vitali**'s React. II. auf Gallenfarbstoffe.
Die zu prüfende Flüssigkeit versetzt man mit Schwefelsäure und Kaliumnitrit. Es tritt Grünfärbung ein, welche rasch in Gelb, dann in Rot und Blau übergeht.
Jahresber. f. Tierchemie 1873. 149.
Jolles, Ztschr. f. anal. Chem. **29**. 402.
Vitali, ebenda **31**. 725.

**Vitali**'s React. auf Gallensäuren.
Die zu prüfende Flüssigkeit wird mit verdünnter Schwefelsäure vorsichtig eingedampft, bis die Färbung über Violettrot in Gelb übergegangen ist. Man gibt allmählich Wasser zu, wodurch bei Anwesenheit von Gallensäuren eine gelbgrüne Färbung und dann ein blaugrüner Niederschlag entsteht. Den Niederschlag löst man unter Zugabe von wenig Zucker in Alkohol und verdunstet diese Lösung in einem Porzellanschälchen. Nach dem Verdunsten des Alkohols wird der Rückstand rotviolett und beim Stehen an der Luft blau.
Berl. Ber. **14**. 547.
Ztschr. f. anal. Chem. **20**. 480; **31**. 725.
Deubner, Ztschr. f. anal. Chem. **25**. 458.
Vitali, Jahresber. f. Tierchem. 1892. 539 und 1894. 676.

**Vitali**'s React. auf Guajakol u. Kreosot.
Mischt man einen Tropfen einer Formollösung (1 : 1000) und einen Tropfen wässeriger Guajakollösung mit 1 ccm concentr. Schwefelsäure, so entsteht eine klare, violette Flüssigkeit: bei Anwesenheit von Kreosot trübt sich die Flüssigkeit unter Abscheidung carminroter Flocken. Verwendet man als Reag. statt Formol Acetaldehyd, so gibt Kreosot eine carmoisinrote Färbung.
Ztschr. d. öst. Apoth.-Ver. **52**. 795.

**Vitali**'s React. auf Hydrastin.
1. Wird wenig Hydrastin mit Schwefelsäure angegerührt und ein Kryställchen Kaliumnitrat zugegeben, so tritt eine gelbbraune Färbung auf, die auf tropfenweisen Zusatz von Zinnchloridlösung in Rotviolett übergeht.
2. Wenig Hydrastin erhitzt man mit 4—6 Tropfen Salpetersäure zum Sieden, dampft dann bei gelinder Wärme zur Trockne und versetzt den gelblichen Rückstand mit alkoholischer Kalilösung. Hierbei entsteht eine dunkelgrüne, nach dem Eindampfen grünlichbraune Färbung. Dieser Rückstand färbt sich nach dem Erkalten mit concentr. Schwefelsäure intensiv violett. Empfindlichkeitsgrenze = 0,1 mg Hydrastin.
Répert. d. Pharm. **3**. 60.

**Vitali**'s React. auf Jodoform.
Schmilzt man Jodoform mit etwas Kaliumhydroxyd und Thymol, so erhält man eine violett gefärbte Masse, die sich in Alkohol mit violetter Farbe löst. Schwefelsäure verwandelt letztere in Scharlachrot.
Jahresber. f. Tierchemie 1883. 72.

**Vitali**'s React. auf Morphin und Codeïn.
Erwärmt man Morphin mit concentr. Schwefelsäure und Natriumarseniat, so entsteht eine zuerst blauviolette, dann hellgrüne Färbung, welche mit Wasser rosenrot und blau, durch Ammoniak grün wird.
Erwärmt man Morphin mit Schwefelsäure und Natriumsulfid, so färbt sich die Mischung fleischrot, violett und dann dunkelgrün. Gibt man nach Zusatz von Natriumsulfid etwas Kaliumchlorat in Schwefelsäure zu, so färbt sich die Mischung zuerst grün, dann violett und im Ueberschuss von Kaliumchlorat gelb.
Codeïn gibt ähnliche Farbenreactionen.
Ztschr. f. anal. Chem. **21**. 581.

**Vitali**'s React. auf Phenol.
Eine Lösung von Kaliumchlorat in concentr. Schwefelsäure wird durch Spuren Phenol grün, dann blau gefärbt.
Chem. Centralbl. (4). **3**. II. 91.
Ztschr. f. anal. Chem. **31**. 89.

**Vitali**'s React. auf Sulfonal.
Beim Erwärmen von 1 T. Sulfonal mit 3 T. Kaliumhydroxyd entsteht ein lauchartiger Geruch und allmählich eine gelbe bis rötliche, nach dem Erkalten scharlachrote Färbung. Auf Zusatz von Wasser entsteht eine trübe, blaue Lösung, die sich auf Zusatz von Salzsäure unter Abscheidung von Schwefel und Entwickelung von schwefeliger Säure vorübergehend violett färbt. Nach dem Eindampfen zur Trockne, Lösen in Wasser, Filtriren und Zugeben von Chlorbaryum entsteht ein Niederschlag von Baryumsulfat.
Erhitzt man Sulfonal und Kaliumhydroxyd bis zum Schmelzen des Reagensglases, in dem die Reaction vorgenommen wird, so erhält man eine blaue Schmelze.
Pharm. Centrh. 1903. 6.
Boll. chimic. farm. 1900.

**Vitali**'s Thalleiochinreaction.
Verreibt man 0,01 g Chininsalz mit etwa derselben Menge Kaliumchlorat und 1 Tropfen concentr. Schwefelsäure und gibt überschüssige Ammoniakflüssigkeit zu, so erhält man eine grüne Lösung.
Ztschr. f, anal. Chem. **26**. 740.
Mylius, Pharm. Centrh. 1886. 292.

**Vitali**'s React. auf Urochloralsäure im Harn
beruht auf der Reduzirbarkeit des bei der Spaltung der Urochloralsäure entstehenden Trichloraethylalkohols zu Aethylalkohol, der dann mit Vitali's React. auf Alkohol identificirt werden kann.
Näheres siehe Boll. chim. farm. **38**. 377.
Ztschr. f. anal. Chem. **39**. 604.

**Vitali-Stroppa**'s Reactionen auf Coniin.
1. Man löst 1 g Kaliumpermanganat in 200 ccm conc. Schwefelsäure. — Vermischt man einige Tropfen

dieses Reag. mit wenig Coniin, so geht die grüne Farbe des Reag. in Violett über.

2. Trichloressigsäure ruft in Coniinlösungen eine Trübung hervor, die sich im Ueberschuss der Säure löst. Bei vorsichtigem Verdampfen dieser Lösung hinterbleiben mikroskopisch kleine Nadelbüschelchen.

Apoth.-Ztg. 1900. Rep. 170.
Pharm. Centrh. 1900. 429.

**Vogel**'s React. auf Alkohol im Chloroform.

Behandelt man Chloroform mit etwas trockenem Aetzkali und giesst das Chloroform ab, so hat sich bei Anwesenheit von Alkohol etwas Kali gelöst. In diesem Falle wird auf Zusatz von Pyrogallol eine Gelb- bis Braunfärbung eintreten oder befeuchtetes, rotes Lackmuspapier wird mit dem Chloroform gebläut werden.

Repert. d. Pharm. **18**. 305.
Ztschr. f. anal. Chem. **8**. 473.
Vergl. auch Blachez' React.

**Vogel**'s React. auf Chenopodiumsamen im Mehl

beruht auf einer gelben Färbung, die Mehl bei Anwesenheit von Chenopodiumsamen gibt, wenn man es mit einer Mischung von 70 %igem Alkohol und verdünnter Salzsäure schüttelt.

Ztschr. f. anal. Chem. **20**. 579.

**Vogel**'s React. auf Chinin.

(Rufiochinreaction). Gibt man zu einer Chininlösung Chlorwasser, einen Tropfen Ferricyankalium und dann Ammoniak, so entsteht eine rote Färbung. Diese React. gelingt noch in einer Chininlösung 1 : 2500.

Liebig's Annal. **73**. 221, **86**. 122.
Kerner, Archiv f. Physiolog. **2**. 200 od. Ztschr. f. anal. Chem. **9**. 135.
Flückiger, Neues Jahrb. d. Pharm. **136**. od. Ztschr. f. anal. Chem. **11**. 317.
Vogel, Ztschr. f. anal. Chem. **23**. 78.

**Vogel**'s React. auf Cobalt.

Eine Lösung, die Cobaltsalze enthält, färbt sich auf Zusatz einer concentr. Rhodanammonlösung blau. Schüttelt man mit Amylalkohol, so geht die blaue Farbe in denselben über. Letzterer Umstand ist geeignet, geringe Mengen Cobalt in anderen Salzen nachzuweisen.

Treadwell, Chem. Ztg. 1901. Rep. 20. — Pharm. Centrh. 1901. 181.

**Vogel**'s React. auf Gerbsäure.

Eine Lösung von Gerbsäure wird auf Zusatz von Chlorwasser und Ammoniak blutrot gefärbt. (Gallussäure gibt diese React. auch.)

Vergl. Vogel's React. auf Narcein.

**Vogel**'s React. auf Glucose.

Alkalische Lösungen von Glucose entfärben beim Kochen Lackmustinktur.

Ztschr. f. anal. Chem. **1**. 378.
Vergl. Mulder's u. Neumann-Wender's React.

**Vogel**'s React. auf verdorbenes Mehl

beruht darauf, dass die Stärkekörner guten Mehles durch eine Lösung von Anilinviolett wenig oder gar nicht tingirt werden, während die Stärkekörner verdorbenen Mehles unter dem Mikroskope fast alle gefärbt erscheinen.

Ztschr. f. anal. Chem. **19**. 110.

**Vogel**'s React. auf Narceïn.

Narceïn, in einem Uhrglase mit Chlorwasser übergossen, gibt auf Zusatz von Ammoniak eine blutrote Färbung.

Berl. Ber. **7**. 906.
Nach Neubauer gibt auch Tannin diese Reaction. Ztschr. f. annal. Chem. **13**. 323.

**Vogel**'s React. auf Salpetersäure im Trinkwasser.

10—15 ccm Trinkwasser verdampft man nach Zugabe von etwas echtem Blattgold und einiger ccm Salzsäure auf einige ccm ein. In Anwesenheit von Salpetersäure (Nitraten) färbt sich die Lösung gelblich und wird auf Zusatz von Zinnchlorürlösung mehr oder weniger rot gefärbt. (Bei Anwesenheit von Salpetersäure geht etwas Gold in Lösung.)

Neues Repert. d. Pharm. **24**. 666.
Ztschr. f. anal. Chem. **15**. 478.

**Vogtherr**'s Reag. als Ersatz für Schwefelwasserstoff

ist eine 10—12 %ige Lösung von Ammoniumdithiocarbonat.

Berl. Ber. 1898. 228.

**Vohl**'s React. auf Naphtalin.

Behandelt man Naphtalin mit concentr. Salpetersäure, mischt mit Wasser, wäscht den Rückstand mit 20 %igem Alkohol und verdampft ihn dann mit wenig Kalilauge und Schwefelkalium zur Trockene, so erhält man einen Rückstand, der sich in Alkohol mit rotvioletter Farbe löst.

Polytechn. Notizbl. 1867. 336.
Ztschr. f. anal. Chem. **7**. 117.

**Vorländer**'s Reag. auf Aldehyde.

ist Dimethylhydroresorcin. Siehe Erdmann's Reag.

**Vortmann**'s React. auf Blausäure. (Nitroprussidreaction.)

Die zu prüfende Flüssigkeit versetzt man mit einigen Tropfen Kaliumnitritlösung, 2—4 Tropfen Eisenchloridlösung und so viel verd. Schwefelsäure, dass die gelbbraune Farbe eben in eine hellgelbe übergegangen ist. Hierauf erhitzt man die Lösung bis zum Kochen, kühlt ab, fällt das überschüssige Eisen durch etwas Ammoniak, filtrirt und gibt zum Filtrate 1—2 Tropfen stark verdünntes, farbloses Schwefelammon. War Blausäure vorhanden, so färbt sich die Lösung violett, dann blau, grün und zuletzt gelb. Bei sehr geringen Mengen tritt nur eine bläuliche Färbung ein. Empfindlichkeitsgrenze = 1 : 3 125 000.

Monatshefte f. Chem. **7**. 416.
Ztschr. f. anal. Chem. **26**. 642.

**Vortmann**'s React. auf Phenol.

Erwärmt man Phenol mit Jod und Natronlauge auf 50—60° C., so entsteht ein dunkelroter Niederschlag.

Näheres siehe Berl. Ber. **22**. 2313 und Ztschr. f. physiol. Chem. **17**. 122.

**Vosseler**'s Reag. für mikroskop. Zwecke

ist eine Mischung gleicher Volum. Alkohol und venetianischem Terpentin. Gebraucht als Einbettungsmittel.

Ztschr. f. Mikroskop. 1889. 292.

**Vournasos'** Reag. auf Milchsäure im Magensaft.

Man löst 1 g Jod und 0,5 g Jodkalium in 50 ccm Wasser, filtrirt und gibt 5 g Methylamin zu. — Den zu prüfenden Magensaft macht man mit Natronlauge alkalisch, erhitzt zum Sieden und gibt 1—2 ccm Reag. zu. Anwesende Milchsäure wird durch das Reag. in Jodoform und das Isonitril übergeführt.

Ztschr. f. angew. Chem. **15**. 172.

**Vreven**'s React. auf Chinidin.

In schwefelsaurer Lösung liefert Chinidin beim Schütteln mit Marmé's Reag. einen Niederschlag, der, unter dem Mikroskope betrachtet, aus feinen, zu Büscheln vereinigten Krystallen besteht. Nach einiger Zeit entstehen breite Krystalle, deren Form von denen des Chinins, Cinchonins und Cinchonidins verschieden ist.

Chem. Ztg. 1897. Rep. 255.
Annal. de Pharm. 1897. 466.

**Vreven**'s React. auf Fette.

Bei der Einwirkung von Schwefelsäure und Rohrzucker auf Fette und Oele entsteht eine Gelb- bis Braunfärbung, die in 10 Minuten in Rosa und dann in ein beständiges Lila übergeht. Bei festen Fetten muss man erwärmen.

Annal. de Pharm. 1896. 9.
Pharm. Centrh. 1896. 212.

**Vreven**'s React. zur Unterscheidung von Kreosot und Guajakol.

1 Tropfen der zu prüfenden Flüssigkeit schüttelt man in einem Reagensglase mit 3 Tropfen Aether, 2 Tropfen concentr. Salpetersäure, 2 Tropfen Salzsäure und lässt den Aether freiwillig verdunsten. Guajakol gibt hierbei gut ausgebildete, nadelförmige Krystalle, Kreosot nur ölige Tropfen.

Ztschr. d. öst. Apoth.-Ver. **50**. 711.
Ztschr. f. anal. Chem. **37**. 132.

**de Vrij**'s Reag. I auf Alkaloide

ist Phosphormolybdänsäure; siehe Sonnenschein's Reag. II auf Alkaloide.

**de Vrij**'s Reag. II auf Alkaloide

ist eine wässerige Lösung von Quecksilberjodid-Jodkalium.

Vergl. Mayer's u. Valser's Reag.
Ztschr. f. anal. Chem. **2**. 80.
Journ. de Pharm. et de Chim. 1854.

**de Vrij**'s React. I auf Nebenalkaloide im Chininsulfat.

(Bisulfatprobe.) Eine tarirte Mischung von 5 g Chininsulfat und 12 ccm Normal-Schwefelsäure wird auf dem Dampfbade bis zur Bildung von kleinen Krystallen eingedampft, bis zum Erkalten gerührt, mit Wasser auf das ursprüngliche Gewicht gebracht und durch Glaswolle filtrirt. Es wird mit Wasser nachgewaschen bis das Filtrat 12 ccm beträgt. Das Filtrat versetzt man mit 12 ccm Aether und Natronlauge im geringen Ueberschuss, schüttelt und lässt 12 Stunden stehen. Die ausgeschiedenen Krystalle von Cinchonin und Cinchonidin sammelt man auf einem kleinen Filter, wäscht mit wenig Wasser, löst in Alkohol und verdampft letzteren in einer tarirten Schale. Der Rückstand gibt die vorhandene Menge von Cinchonidin an.

Vergl. Schäfer's Tetrasulfatprobe pag. 127 oder Arch. d. Pharm. **224**. 844 u. Ztschr. f. anal. Chem. **26**. 655.
Pharm. Centrh. **27**. 552.
Ztschr. f. anal. Chem. **26**. 654.
Chem. Centralbl. (3) **16**. 968.
Repert. d. anal. Chem. **6**. 564.
Lenz, Ztschr. f. anal. Chem. **27**. 594.

**de Vrij**'s React. II auf Nebenalkaloide im Chininsulfat.

(Chromatprobe.) Zu einer mit siedendem Wasser bereiteten Lösung von Chininsulfat 1 : 45 gibt man 2,5 g neutrales Kaliumchromat und kühlt auf 15° C. ab. Nach einer Stunde filtrirt man und gibt zum Filtrate so viel Natronlauge bis es Phenolphtaleïnpapier rötet. Anwesenheit von Cinchonidin oder anderen Nebenalkaloiden ergibt sich aus einer hierbei entstandenen Trübung (resp. Niederschlag).

Ztschr. f. anal. Chem. **26**. 659, **27**. 575.
Chem. Ztg. 1887. Rep. 112.
Journ. de Pharm. et de Chim. (5) **15**. 360.

**Vulpian**'s Reag. zum Fixiren mikroskop. Präparate

ist 2,8 %ige Eisenchloridlösung.
Siehe Platner's Reag.

**Vulpius**' React. auf Acetanilid.

0,05 g Antifebrin kocht man mit 1 ccm Kalilauge und hält dann an einem Glasstabe einen Tropfen Chlorkalklösung darüber. Letzterer färbt sich gelb und bei weiterem Kochen violett.

Apoth.-Ztg. 1887. 153.
Pharm. Centrh. 1887. 249.

**Vulpius**' React. auf Eucaïn im Cocaïn.

In einem graduirten Glascylinder gibt man zu einer Lösung von 0,1 g Cocaïnhydrochlorid in 50 ccm Wasser 2 Tropfen Ammoniak und mischt durch Umschwenken. Bei Anwesenheit von 2 % Eucaïn entsteht sofort eine milchige Trübung, welche auf Zusatz von 10 ccm Wasser wieder verschwindet. Je mehr Eucaïn vorhanden, desto mehr Wasser ist zur Lösung der entstandenen Trübung nötig.

Ztschr. f. anal. Chem. **38**. 197.
Pharm. Centrh. 1896. 295.

**Vulpius**' React. auf Morphin.

Erwärmt man Morphin (mindestens 1/4 mg) mit 6 Tropfen concentr. Schwefelsäure und 0,03—0,05 g Natriumphosphat bis zur Entwickelung weisser Dämpfe, so färbt sich die Mischung violett, nach raschem Abkühlen veilchenblau. Auf Zusatz von Wasser färbt sich die Mischung lebhaft rot und nach Zusatz von 3—5 g Wasser schmutziggrün. Damit geschütteltes Chloroform färbt sich blau.

Archiv d. Pharm. **225**. 256.
Ztschr. f. anal. Chem. **30**. 250.
Chem. Ztg. 1887. Rep. 96.

**Vulpius**'s React. auf Paralbumin.

100 g der zu prüfenden Flüssigkeit filtrirt man, mischt mit 600 ccm Wasser und lässt einige Stunden lang einen Strom von Kohlensäure hindurchstreichen. Bei Anwesenheit von Paralbumin (oder Globulin) entsteht eine Trübung und dann eine flockige Ausscheidung.

Näheres siehe Archiv d. Pharm. (3) **15**. 307.
Chem. Centralbl. (3) **10**. 760.
Ztschr. f. anal. Chem. **19**. 381.

**Vulpius**' React. auf Säure in Aether.

Man schüttelt 20 ccm Aether mit 10 ccm Wasser und 2 Tropfen Phenolphtaleïnlösung und gibt dann 1/100 Normal-Kalilauge zu bis zur beginnenden Rotfärbung des Wassers. Aus der verbrauchten Menge lässt sich die etwa vorhandene Säure berechnen. Selbstverständlich müssen auch 10 ccm Wasser ohne Aether auf ihren Verbrauch von 1/100 Lauge geprüft werden und dieser in Rechnung gebracht werden.

Pharm. Ztschr. f. Russl. 1894. 38.

**Vulpius**' React. auf Sulfonal.

Erhitzt man etwas Sulfonal mit Cyankalium, so entwickelt sich ein Geruch nach Mercaptan.

Apoth.-Ztg. 1888. 247.

**Vulpius**' Thalleiochinreaction.

Nach dem Autor kann man bei Ausführung der bekannten React. statt Chlorwasser auch Salzsäure und Kaliumchlorat werwenden.

Pharm. Centrh. 1886. 280.
Chem. Ztg. 1886. Rep. 145.
Ztschr. f. anal. Chem. **26**. 739.
Vergl. Vitali's Thalleiochinreact.

**Vulpius'** React. auf Weinsäure in Citronensäure.

2 ccm einer Lösung von 1 g Kaliumacetat in 20 g Spiritus (90 %) versetzt man mit 1 ccm Citronensäurelösung (1 : 2 Wasser). Ist die Citronensäure rein, so entsteht (anfangs ein Niederschlag, dann aber) eine klare Lösung; ein Weinsäuregehalt von 2 % verursacht sofort, ein solcher von 1 % nach kräftigem Schütteln die Bildung von krystallinischem Weinstein.

Pharm. Ztg. **28**. 822.
Ztschr. f. anal. Chem. **23**. 437.
Deutsches Arzneibuch II. 10.

**Vulpius'** React. auf Wollfett (Lanolin).

Schichtet man eine Lösung von 0,02—0,03 g Lanolin in Chloroform über concentr. Schwefelsäure, so entsteht an der Berührungsstelle eine feurig braunrote Schicht, die in 24 Stunden ihre höchste Intensität erreicht hat.

Arch. d. Pharm. **224**. 298.
Ztschr. f. anal. Chem. **28** 256.

**Waage**'s Reag. auf Bombay-Macis

ist Kaliumchromatlösung. Versetzt man den alkoholischen Auszug der Macis mit wenig Reag., so färbt sich derselbe bei Anwesenheit von Bombay-Macis mehr oder weniger blutrot. Bei reiner Banda-Macis tritt kaum eine Veränderung der Farbe ein. Wenn man den Auszug reiner Banda-Macis zum Vergleiche heranzieht, soll sich noch 1 % Bombay-Macis nachweisen lassen.

Pharm. Centrh. 1892. 373 und 1896. 874.
Eine mikroskopische Prüfung unter Zuhülfenahme von Kaliumdichromat beschreibt Waage in d. Pharm. Centrh. 1895. 131.
Schindler, Ztschr. f. öff. Chem. 1902. 152.

**Wagner**'s Reag. auf Alkaloide

ist eine Lösung von 12,7 g Jod u. 20 g Jodkalium in 1 Liter Wasser. Das Reag. gibt mit Alkaloiden braune Niederschläge. Es kann auch zur quantitativen Bestimmung auf jodometrischem Wege verwendet werden.

Arch. d. Pharm. 1863. 260.
Hager, Pharm. Prax. Erg.-Bd. 1883. 65.

**Wagner**'s React. auf Eosin (und Methyleosin).

Betupft man einen mit Eosin gefärbten Stoff mit Collodium, so entsteht sofort ein weisser Fleck. Eosinlösung in Collodium gegeben, wird sofort entfärbt.

Dingler's Journ. **220**. 182.
Deutsche Industr.-Ztg. 1876. 4.

**Wagner**'s Reagentien auf Phosphorsäure:

1. Ammoncitratlösung: Dieses Reag., das zur Bestimmug der citratlöslichen Phosphorsäure (in Thomasphosphatmehl) gebraucht wird, ist eine wässerige Lösung von Ammoniak und Citronensäure, im Liter genau 27,93 g $NH_3$ und 150 g Citronensäure enthaltend.
2. Molybdänlösung: 1 Liter einer wässerigen Lösung, enthaltend 150 g Ammonmolybdat und 400 g Ammonnitrat giesst man in 1 Liter Salpetersäure (D. = 1,19), lässt die Mischung 24 Stunden bei 35° C. stehen und filtrirt.
3. Magnesiamixtur: Man löst 110 g Magnesiumchlorid und 140 g Chlorammon in 700 ccm 8 %ig. Ammoniak und 1300 ccm Wasser. Diese Lösung filtrirt man nach mehrtägigem Stehen.
Chem. Ztg. 1895. 1420.
Ztschr. f. anal. Chem. **25**. 273.

**Wagner**'s React. auf Wolle und Seide

beruht auf dem Nachweis von Schwefel durch Nitroprussidnatrium. Schwefel ist in Wolle aber nicht in Seide enthalten.

Näheres siehe Ztschr. f. anal. Chem. **6**. 23.

**Wagner-Fresenius'** Reag. ist Wagner's Reag. auf Alkaloide.

**v. Wahl**'s Reag. zum Färben von Gonokokken

ist eine Mischung von 20 ccm concentr., alkoholischer Auraminlösung, 15 ccm Alkohol (95 %), 20 ccm concentr., alkoh. Thioninlösung, 30 ccm concentr., wässeriger Methylgrünlösung und 60 ccm Wasser.

Centralbl. f. Bact. und Parasitenk. 1903. 239.

**Waldeyer**'s Reag. zum Färben mikroskop. Präparate

ist identisch mit Hermann's Reag.

Stricker's Handb. 1872. 958.

**Waldeyer**'s Reag. zum Entkalken mikroskop. Präparate.

1. Man löst 0,01 g Palladiumchlorid in 1000 ccm 1 %iger Salzsäure.
2. Man löst 0,5 g Chromsäure in 100 ccm Wasser mit einem Zusatz von 2 ccm Salpetersäure.

Näheres siehe Haug, Ztschr. f. Mikroskop. 1891. 4.
Lee et Henneguy, Traité 1896. 320.

**Wallach**'s React. auf Sesquiterpen (Cadinen) in ätherischen Oelen.

Versetzt man die Lösung von Sesquiterpen in viel Eisessig mit concentr. Schwefelsäure, so färbt sich die Mischung grün und dann indigoblau.

Wallach, Liebig's Annal. **225, 227, 230, 238, 252, 271** etc.
Schmidt, Pharm. Chem. 1896. II. 1091.

**Wangerin**'s React. auf Apomorphin.

Eine Lösung von 0,3 g Uranacetat und 0,3 g Natriumacetat in 100 ccm Wasser erzeugt in Lösungen von Apomorphin einen braunen Niederschlag, der von Säuren gelöst und entfärbt, durch Alkalien wieder zum Vorschein gebracht wird. Morphin gibt mit dem Reag. eine hyacinthrote bis orangegelbe Färbung.

Chem. Centralbl. 1902. II. 660.
Pharm. Ztg. **47**. 588.
Pharm. Centrh. 1902. 469.

**Wangerin**'s Reag. auf Narceïn

ist Resorcin-Schwefelsäure. 0,02 g Resorcin verreibt man mit 10 Tropfen Schwefelsäure, gibt eine Spur Narceïn zu und erwärmt auf dem Wasserbade. Es tritt eine carmoisin- bis kirschrote Färbung ein. Verwendet man an Stelle von Resorcin Tannin, so erhält man eine grüne Mischung, die bei weiterem Erhitzen blaugrün, blau und dann schmutziggrün gefärbt wird. Narcotin und Hydrastin geben mit Tannin-Schwefelsäure eine ähnliche Reaction.

Pharm. Ztg. 1902. 916.
Chem. Centalbl. 1903. I. 58.

**Warnecke**'s Reactionen auf verholzte Zellmembranen

beruhen auf Farbenerscheinungen. Es bewirkt Jodlösung = Gelbfärbung, Indollösung u. Schwefelsäure = rotviolette Färbung, Orcin und concentr. Salz-

säure = blauviolette Färbung, Resorcin und Salzsäure = tiefblaue Färbung, Pyrogallol und Salzsäure = blaugrüne—blaue Färbung, Phloroglucin und Salzsäure = violettrote Färbung.
Näheres siehe Pharm. Ztg. 1888. 573 od. Chem. Ztg. 1888. Rep. 268.

**Warren** siehe **Bruce Warren.**

**Wartha**'s React. auf schwefelige Säure im Wein
beruht auf einer in Salpetersäure löslichen Trübung des Weindestillates mit Silbernitrat.
Näheres siehe Berl. Ber. **13**. 660; **16**. 200.
Haas, Berl. Ber. **15**. 154.
Liebermann, ebenda **15**. 439.
Kiticsán, ebenda **16**. 1179.

**Wayne**'s Reag. auf Glucose.
Zu einer Lösung von 10 g Kupfersulfat in 50 ccm Wasser und 50 g Glycerin gibt man 325 ccm Kalilauge (D. = 1,14) und füllt mit Wasser zum Liter auf. Gebraucht wie Fehling's Reag.
Merck's Index 1902. 264.

**Wayne**'s React. auf Ricinusöl im Copaivabalsam.
Da Ricinusöl in Petroleumbenzin unlöslich, Copaivabalsam aber vollständig löslich ist, so erkennt man einen Gehalt von Ricinusöl im Balsam an dieser Eigenschaft. Man schüttelt den Balsam mit der dreifachen Menge Benzin. Bei Anwesenheit von Ricinusöl ist die Mischung milchig getrübt und beim Stehen trennt sich letztere in zwei Schichten.
Amer. Journ. of Pharm. (4) **3**. 326.
Ztschr. f. anal. Chem. **13**. 347.

**Weber**'s React. auf Blut im Harn
ist eine Modification von Almén's React. Die React. mit Guajaktinktur und Terpentinöl wird mit der ätherischen Ausschüttelung des mit Essigsäure versetzten Harnes vorgenommen.
Siehe Almén's React.
Berliner klin. Wochenschr. 1893. 441.

**Weber**'s React. auf Indican im Harn.
30 ccm Harn, 30 ccm concentr. Salzsäure und 1—2 Tropfen verdünnte Salpetersäure erhitzt man bis zum Kochen. Schüttelt man das erhaltene Reactionsgemisch mit Aether aus, so färbt sich letzterer bei Vorhandensein von Indican rosenrot—carminrot—violett.
Archiv. d. Pharm. **213**. 340.
Ztschr. f. anal. Chem. **18**. 634.
Vergl. Hammarsten's React.

**Weber-Tollens**' React. auf Formaldehyd.
Beim Erwärmen von Formaldehyd oder dessen Derivaten (Methylenderivate) mit concentr. Salzsäure und Phloroglucin scheiden sich erst weissliche dann rotgelbe, flockige Niederschläge ab.
Liebig's Annal. **299**. 316.
Berl. Ber. **30**. 2510.
Clowes, ebenda **32**. 2841.

**Wedell**'s Reag. auf Säuren, Blei und andere Metalle
ist ein alkoholischer Auszug von Campecheholz 1 : 100.
Näheres siehe Pharm. Centrh. 1884. 517.
Pharm. Journ. **84**. 717.

**Wedl**'s Reag. zum Färben mikroskop. Präparate
ist eine Lösung von Orseille in einer Mischung von 20 ccm Alkohol, 40 ccm Wasser und 5 ccm Essigsäure (60 %).
Arch. f. pathol. Anat. 1878. 148.
Fol's Lehrb. 1884. 192.

**Wefers Bettink** u. **Dissel**'s Reag. auf Ptomaïne
ist eine Lösung von 2 g Eisenchlorid in 2 ccm 1 %iger Salzsäure und 98 ccm Wasser, der 0,5 g Chromsäure zugegeben werden. — Man löst ca. 1 mg des Ptomaïns in 1 Tropfen 1 %iger Salzsäure und gibt 1 Tropfen Reag. zu. Auf Zusatz von Ferricyankalium entsteht eine blaue Färbung (Berlinerblau). Ausser Morphin sollen nur Ptomaïne diese React. geben. (?)
Nederl. Tijdschr. v. Pharm. Févr. 1884.
Berl. Ber. **17**. Ref. 379.

**Weidel**'s React. auf Sarkin (Hypoxanthin).
Erwärmt man kleine Mengen Sarkin mit Chlorwasser und einer Spur Salpetersäure, verdampft vorsichtig im Wasserbade zur Trockne und setzt den Rückstand Ammoniakdämpfen aus, so färbt er sich dunkelrosenrot.
Liebig's Annal. **158**. 365
Ztschr. f. anal. Chem. **11**. 96.
Salomon, Berl. Ber. **16**. 198, **18**. 3408.
Kossel, Ztschr. f. physiol. Chem. **6**. 426.
Scherer, Liebig's Annal. **112**. 267.
Fischer, Annal. d. Chem. **215**. 310.

**Weidel**'s React. auf Xanthin
siehe dessen React. auf Sarkin.

**Weigert**'s Boraxblutlaugensalzlösung
ist eine Lösung von 2 g Borax und 2,5 g Ferricyankalium in 100 ccm Wasser. Gebraucht als Differenzirungsflüssigkeit bei der Schnittfärbung mit Hämatoxylinlösung.

**Weigert**'s Carbolxylol
ist eine Lösung von 1 g Phenol in 3 g Xylol. Gebraucht zum Aufhellen mikroskop. Präparate.
Ztschr. f. Mikroskop. 1886. 480.
Lee et Henneguy, Traité 1896. 228.

**Weigert**'s Reagentien zu mikroskopischen Färbungen.
1. (Pikrocarmin.) Eine concentr. Lösung von Pikrinsäure (100 ccm) versetzt man mit einer Lösung von Carmin in Ammoniak (1 + 2). Diese Lösung wird nach 24 Stunden mit etwas Essigsäure (bis zur beginnenden Trübung) und nach 48 Stunden mit etwas Ammoniak versetzt.
Virchow's Archiv **84**. 275. 315.
Merck's Index 1902. 271.
Köppen, Ztschr. f. Mikroskop. 1890. 25.
2. (Orseille.) Eine dunkelrote Lösung von Orseille in einer Mischung von 10 g Essigsäure, 40 g Alkohol und 80 ccm Wasser.
3. (Bismarkbraun.) Eine Lösung von Bismarkbraun in Wasser oder stark verd. Alkohol, der eventuell etwas Essigsäure oder Osmiumsäure zugesetzt wird.
Pal, Ztschr. f. Mikroskop. 1890. 68.
Arch. f. mikrosk. Anat. 1878. 258.

**Weigert**'s Reagentien zur Bacterienfärbung.
1. Eine 2 %ige Lösung von Fuchsin (Rubin S.) in 15 %igem Alkohol. An Stelle von Fuchsin kann auch Methylenblau oder Victoriablau B verwendet werden.
Strassburger, Botan. Pract. 679.
Merck's Index 1902. 261.
2. Eine Lösung von 20 g Gentianaviolett in 100 ccm Alkohol und 5 ccm Ammoniak.
3. Eine Mischung von 10 ccm concentr., alkohol. Methylviolettlösung mit 100 ccm Alkohol und 100 ccm Anilinwasser.
Fortschr. der Med. 1887. 228.
Ztschr. f. Mikroskop. 1887. 512.

**Weigert**'s Hämatoxylinlösung zum Färben mikroskop. Präparate.

1. Man löst 1 g Hämatoxylin in 10 ccm Alkohol und mischt mit einer Lösung von 0,012 g Lithiumcarbonat in 90 ccm Wasser.
2. a) Eine Lösung von 0,08 g Lithiumcarbonat in 100 ccm Wasser; b) eine Lösung von 1 g Hämatoxylin in 10 ccm Alkohol. Zum Gebrauch mischt man 1 Raumteil b mit 9 Raumteilen a.

Fortschr. der Medic. 1884. 113. 190; 1885. 136.
Deutsche med Wochenschr. 1891. 1184.
Flesch, Ztschr. f. Mikroskop. 1884. 564.
Pal, Wiener med. Jahrb. 1886.
Kaiser, Neurol. Centralbl. 1893. 363.

**Weigert**'s Resorcin-Fuchsin-Eisenchlorid-Lösung für mikroskop. Zwecke.

Eine Lösung von 2 g Fuchsin und 4 g Resorcin in 200 ccm Wasser erhitzt man in einer Porzellanschale zum Sieden, gibt 25 ccm Liquor ferri sesquichlorati (Ph. G. IV) zu und erhält das Ganze unter Umrühren noch ca. 5 Minuten im Sieden. Den hierbei entstandenen Niederschlag sammelt man auf einem Filter und kocht ihn dann mit 200 ccm Alkohol (94 %). Nach dem Erkalten wird filtrirt und dem Filtrat 4 ccm Salzsäure und so viel Alkohol zugegeben, dass die Lösung 200 ccm beträgt. Gebr. zum Färben elastischer Fasern.

Centr. f. allgem. Pathol. 1898.
Ztschr. f. Mikroskop. 1899. 82.
Minervini ebenda 1901. 161.

**Weil**'s Reag. für mikroskop. Zwecke.

Zur Glashärte eingedampften Canadabalsam pulvert man und übergiesst ihn mit viel Chloroform. Die erhaltene Lösung filtrirt man und dampft bei gelinder Wärme zur Sirupconsistenz ein. Gebraucht als Einbettungsmittel.

Merck's Index 1902. 266.
Journ. Roy. Microsc. Soc. 1888. 1042.
Ztschr. f. Mikroskop. 1888. 200.

**Weingärtner**'s Reag. (Tanninreactif).

Man löst 10 g Tannin und 10 g Natriumacetat in 100 ccm Wasser. Das Reag. dient zur Unterscheidung von basischen und sauren Teerfarbstoffen, da es mit letzteren Niederschläge gibt.

Merck's Index 1902. 264.
Chem. Ztg. **11**. 135.
Ztschr. f. anal. Chem. **27**. 233.

**Wellcome**'s React. auf Morphin.

Morphin gibt mit Chlorkalklösung eine rote Lösung.
Merck's Report 1902. 166.

**Weller**'s React. auf Chinin

beruht auf einer Rotfärbung concentr. Lösung von Chininhydrochlorid in Wasser durch Bromwasser. Näheres siehe Pharm. Centrh. 1886. 270.

**Weller**'s React. auf Titan

ist identisch mit Barreswil's React.

**Welmans**' Reag. zur Bestimmung der Jodzahl.

Man löst 30 g Jod und 30 g Quecksilberchlorid in 500 g Eisessig und so viel Essigäther, dass das Volum der Lösung 1 Liter beträgt.

Pharm. Centrh. 1900. 265.
Vergl. v. Hübl's Reag.

**Welmans**' Reag. auf Pflanzenöle

ist eine 5%ige, mit Salpetersäure versetzte, wässerige Lösung von Natriumphosphomolybdat. Man löst 1 ccm des zu prüfenden Fettes (z. B. Schweinefett) in 5 ccm Chloroform und schüttelt diese Lösung etwa 1 Minute lang mit 2 ccm Reag. Enthält das Fett vegetabilische Oele, so färbt sich die Mischung grün, auf Zusatz von Ammoniak blau. Cocosöl, gebleichte und ranzige Oele gebe diese React. nicht.

Welmans, Ztschr. f. öff. Chem. **4**. 852; **6**. 127, 143.
Kohlmann, Ztschr. f. öff. Chem. **4**. 105, 813; **5**. 104.
Soltsien, Ztschr. f. öff. Chem. **5**. 229, **6**. 187.
Geuther, Ztschr. f. öff. Chem. **6**. 328. (Siehe auch Geuther's Reag.)
Seiler-Verda, Pharm. Ztg. 1903. 192.
Merck's Index 1902. 264.

**Welmans**' React. auf Santonin.

0,1 g Santonin übergiesst man mit 2 ccm concentr. Schwefelsäure, 2 ccm Alkohol und gibt sofort einen Tropfen Eisenchlorid zu. Es entsteht eine blutrote, alsbald beständig rotviolett werdende Färbung.

Pharm. Ztg. 1898. 908.

**Weltzien**'s React. auf Wasserstoffsuperoxyd.

Eine Lösung von Eisenchlorid und Ferricyankalium wird durch Wasserstoffsuperoxyd blau gefärbt.
Merck's Report 1902. 166.

**Welzel**'s React. auf Kohlenoxyd im Blute.

1. 10 ccm Blut versetzt man mit 15 ccm 20 %iger Ferrocyankaliumlösung und 2 ccm einer Mischung aus 1 Vol. Eisessig und 2 Vol. Wasser. Das beim Umschwenken entstehende Gerinnsel ist bei normalem Blut schwarzbraun, bei Kohlenoxydblut intensiv hellrot.
2. Versetzt man sehr verdünntes Blut mit 5 Tropfen 40%iger, alkoholischer Phenylhydrazinlösung, so wird die Mischung dunkelrot, in auffallendem Lichte schwarz, während Kohlenoxydblut seine hellrote Farbe beibehält.
3. Mit der 4-fachen Menge Wasser verdünntes Blut versetzt man mit etwa der 3-fachen Menge 1 %iger Tanninlösung. Kohlenoxydblut gibt einen hellcarmoisinroten Niederschlag, der seine Färbung monatelang behält, normales Blut gibt zunächst auch einen roten Niederschlag, der aber nach 1—2 Stunden braun und nach 24 Stunden grau wird.

Ztschr. f. anal. Chem. **29**. 244.

**Wemince**'s React. zur Unterscheidung von trocknenden und nicht trocknenden Oelen

ist eine modificirte Elaidinreaction, die darin besteht, dass man in eine Aufschüttelung von Oel und Wasser, Dämpfe von Stickstoffoxyd leitet, wie sie bei der Einwirkung von Salpetersäure auf Eisenteile entstehen. Die trocknenden Oele bleiben hierbei flüssig, die nicht trocknenden Oele erstarren.

**Wender**'s React. auf Dulcin (Phenetolcarbamid).

Dampft man eine Spur Dulcin mit einigen Tropfen rauchender Salpetersäure auf dem Wasserbade zur Trockne und versetzt den Rückstand mit 2 Tropfen flüssigen Phenols und 2 Tropfen concentr. Schwefelsäure, so wird derselbe blutrot gefärbt.

Pharmaceut. Post **26**. 269.
Chem. Ztg. **17**. Rep. 170.
Ztschr. f. anal. Chem. **33**. 469.

**Wender**'s React. auf Glucose

siehe Neumann-Wender's React.

**Wenzel**'s Reag. auf Alkaloide

siehe Wenzel's Reag. auf Strychnin.
Dragendorff, Ermittel. v. Giften 1888. 132.

**Wenzel**'s React. auf Strychnin.

Eine Lösung von 1 T. Kaliumpermanganat in 2000 T. Schwefelsäure gibt mit Strychnin eine violette Färbung. Man gibt einige Tropfen des Reag. auf die zu prüfende Substanz und lässt das Reag. abfliessen, das bei Anwesenheit von Strychnin violett gefärbt ist. Das Reag. ist wegen seiner gelbgrünen Farbe einer wässerigen Permanganatlösung vorzuziehen.
Amer. Journ. of Pharm. 1870. 385.
Ztschr. f. anal. Chem. **10**. 226.

**Weppen**'s React. auf Morphin

ist identisch mit Schneider's React. auf Alkaloide.
Archiv d. Pharm. **205**. 112.
Ztschr. f. anal. Chem. **13**. 455.

**Weppen**'s React. auf Veratrin und Cevadin.

Versetzt man Veratrin oder Cevadin mit der 2—4-fachen Menge Rohrzucker, gibt einige Tropfen concentr. Schwefelsäure zu und verreibt das Gemisch innig, so färbt es sich anfangs nur gelb, später aber wird es dunkelgrün und färbt sich dann schön blau.
(Vergl. Schneider's React.)
Archiv d. Pharm. **205**. 112.
Ztschr. f. anal. Chem. **13**. 454.
Laves, Pharm. Centrh. 1892. 427.

**Werber**'s React. auf Nitroglycerin

siehe Ztschr. f. anal. Chem. **7**. 158.
Schmidt's Jahrb. d. ges. Medicin 1867.

**Wermel**'s Reagentien zum Färben mikroskop. Präparate

sind Lösungen von Eosin, Gentianaviolett oder Methylenblau in formaldehydhaltigem Wasser (mit oder ohne Alkohol). Diese Reagentien fixiren und färben zu gleicher Zeit. Gebr. zum Färben von Mikroorganismen und Blutpräparaten.
Näheres siehe Ztschr. f. Mikroskop. 1899. 50.

**Werther**'s React. auf Vanadinsäure

beruht auf der Rotfärbung einer angesäuerten Vanadatlösung mit Wasserstoffsuperoxyd. Empfindlichkeitsgrenze = 1 : 84 000.
Journ. f. pract. Chem. **83**. 195.
Ztschr. f. anal. Chem. **1**. 72.

**Weselsky**'s Reag. auf fette Oele

ist concentr. Salpetersäure, die mit salpetriger Säure gesättigt ist. Das Reag. dient zur Anstellung der Elaïdinprobe.

**Weselsky**'s React. auf Phloroglucin.

Gibt man zu einer Phloroglucinlösung Anilinnitrat oder Toluidinnitrat und Kaliumnitrat, so färbt sich die Lösung über gelb und orange zinnoberrot. Empfindlichkeitsgrenze = 1 : 200 000. (Diese Farbenreactionen geben auch die Naphtole, Phenole etc.)
Cazeneuve u. Hugounenq, Ztschr. f. anal. Chem. **31**. 212.
Nickel, Zeitschr. f. anal. Chem. **28**. 248.

**Wesenberg**'s React. auf Heroin.

Mit Salpetersäure gibt Heroin eine Gelbfärbung, beim Erwärmen Rotfärbung; mit Bromalhydrat tritt eine gelbgrüne, später violette Färbung, mit Furfurolschwefelsäure eine rote, beim Erwärmen in Violett übergehende Färbung auf.
Pharm. Ztg. 1898. 858.
Pharm. Centrh. 1898. 908.
Ztschr. f. anal. Chem. **40**. 750.
Zernik, Apoth.-Ztg. 1903. 159 od. Ber. d. pharm. Ges. 1903. 65.

**Wetzel**'s React. auf Kohlenoxyd im Blute siehe **Welzel** *).

**Weyl**'s React. auf Kreatinin (u. Kreatin).

Eine verdünnte, wässerige Lösung von Kreatinin wird auf Zusatz von stark verdünnter Nitroprussidnatriumlösung auf tropfenweise Zugabe von Natriumcarbonat vorübergehend schön rubinrot dann gelb gefärbt.
Berl. Ber. **11**. 2175.
Archiv d. Pharm. (3) **19**. 131.
Ztschr. f. anal. Chem. **21**. 575.
Salkowski, Ztschr. f. physiol. Chem. **4**. 133 od. Berl. Ber. **13**. 822.
Légal, Breslauer ärztl. Ztschr. 1883. III u. IV.
le Noble, Ztschr. f. anal. Chem. **24**. 148.
Guareschi, Berl. Ber. 1888. Ref. 373.
Colasanti, Jahresber. f. Tierchem. 1888. 132.

**Weyl**'s React. auf Luteïn

beruht auf der Löslichkeit desselben in Aether mit gelber Farbe, welche Färbung auf Zusatz von wässeriger, salpetriger Säure verschwindet.
Ztschr. f. anal. Chem. **40**. 501.

**Weyl-Anrep**'s React. auf Kohlenoxyd im Blute

beruht darauf, dass sich Sauerstoff-Hämoglobin durch Kaliumpermanganat schneller in Methämoglobin überführen lässt, als Kohlenstoff-Hämoglobin. Man verwendet eine 0,025 %ige, wässerige Lösung von Kaliumpermanganat. Von diesem Reag. gibt man einige Tropfen in verdünntes Blut. Bei Anwesenheit von Kohlenoxyd bleibt das Blut innerhalb 20 Minuten rot und klar und das charakteristische Spectrum des Methämoglobins tritt nicht auf.
Näheres siehe du Bois-Reymond's Arch. f. Physiol. 1880. 227.
Berl. Ber. **13**. 1294.
Ztschr. f. anal. Chem. **20**. 154.

**Wharton**'s React. auf Mineralsäuren im Essig.

30 g Essig dampft man nach Zugabe von etwas Zucker zum dicken Sirup ein, lässt bis Handwärme erkalten und rührt dann einige Centigramme Kaliumchlorat ein. Enthält das Extrakt mehr als 1 % Schwefelsäure, so entzündet sich die Masse; geringere Mengen, sowie anwesende Salzsäure sind am Chlorgeruche zu erkennen.
Merck's Report 1902. 167.
American. Journ. of Pharm. **54**. 100.
Archiv. d. Pharm. **220**. 469.
Ztschr. f. anal. Chem. **23**. 90.

**Wharton**'s React. auf Strychnin.

Eine Lösung von Strychnin in gleichen Teilen Wasser und concentr. Schwefelsäure im Dampfbade erhitzt, wird auf Zusatz einer Lösung von Brom (1 Tropfen in 2 ccm Chloroform) oder durch Bromdampf carminrot gefärbt.
Chem. Ztg. 1902. Rep. 41.
Pharm. Centrh. 1902. 236.

**Wheeler-Tollen**'s React. auf Pentosen (Pentaglucosen).

Beim Erwärmen von concentr. Salzsäure (D. = 1,09) mit Phloroglucin liefern Xylose und Arabinose (und alle Stoffe, welche unter diesen Umständen genannte Körper entstehen lassen) eine kirschrote Färbung. Die React. wurde zuerst von Ihl für Arabin festgestellt.

*) Der Name des Autors ist in der Literatur fast durchgehends irrtümlicher Weise Wetzel statt Welzel geschrieben, weshalb ich den Namen an dieser Stelle wiederholt bringe.

Chem. Ztg. **12**. 1906, 1624.
Berl. Ber. **22**. 1046, **29**. 1202.
Liebig's Annal. **254**. 304.
Ihl, Chem. Ztg. 1887. 19.
Allen-Tollens, Liebig's Annal. **260**. 304.

**Wickersheimer**'s Reag. zum Conserviren von anatomischen Präparaten

ist eine Lösung von 12 g Kaliumnitrat, 25 g Chlornatrium, 60 g Kaliumcarbonat, 100 g Kalialaun und 20 g Arsenigsäureanhydrid in 3 Liter Wasser.
Merck's Index 1902. 271.
Melnikow, Glage und Pick Pharm. Centrh. 1902. 514.

**Widal**'s Reaction auf Thyphus

siehe Gruber-Widal.

**Wiederhold**'s React. auf echten Cognac.

Versetzt man echten Cognac mit Eisenchloridlösung, so entsteht eine tiefschwarze Färbung. Façon-Cognac gibt diese React. nicht (?).
Neue Gewerbeblätter f. Kurhessen 1864. 318.
Dingler's Journ. (5) **171**. 398.

**Wiederhold**'s React. auf echten Rum.

Man mischt 10 ccm Rum mit 3 ccm concentr. engl. Schwefelsäure. Echter Rum behält nach dem Erkalten sein Aroma selbst noch nach 24 Stunden, künstlicher Rum (Façon-Rum) verliert sein Aroma.
Neue Gewerbeblätter f. Kurhessen 1863. 265.
Dingler's Journ. (2) **171**. 159.

**Wiesner**'s Reag. auf Holzsubstanz.

Holzschliff enthaltendes Papier wird durch Betupfen mit einer 0,5 %igen, alkoholischen Lösung von Phloroglucin und darauffolgendes Befeuchten mit concentr. Salzsäure rot gefärbt. An Stelle von Phloroglucin kann auch Anilinsulfat verwendet werden.
Ztschr. f. anal. Chem. **4**. 249, **17**. 511.
Dingl. Journ. **227**. 397.
Merck's Index 1902. 264.
Herzberg, Ztschr. f. anal. Chem. **30**. 383.
Seliwanoff, Chem. Centralbl 1889. 549.

**Wijs**' Reag. zur Bestimmung der Jodzahl.

Man löst 13 g Jod in 1 Liter 95 %iger Essigsäure und leitet so lange salzsäurefreies Chlorgas ein bis sich der Titer der Lösung verdoppelt hat. Diese Chlorjodlösung verändert ihren Titer nur wenig.
Siehe Berl. Ber. 1898. 750.

**Wildenstein**'s Reag. auf Chromsäure

ist eine Abkochung von Blauholz.
Näheres siehe Ztschr. f. anal. Chem. **1**. 328.
Empfindlichkeitsgrenze = 1 : 500 Million.
Vogel, ebenda **2**. 390.

**Will**'s React. auf freie Säure in Aluminiumsulfat.

1. 10 ccm einer 5—10 %igen Lösung von Aluminiumsulfat in Wasser versetzt man mit 1 Tropfen Liquor ferri acetici und 5 ccm Jodzinkstärkelösung, erhitzt bis zum Sieden und stellt in kaltes Wasser. Bei Anwesenheit freier Säure entsteht Jodstärke.
2. Eine 10 %ige Lösung von Aluminiumsulfat wird durch einige Tropfen Methylorange (1 : 100) nelkenrot, durch Congorot blau gefärbt, wenn freie Säure vorhanden ist.

Apoth.-Ztg. 1888. 858.

**Willebrand**'s Reag. für mikroskopische Zwecke (zum Färben von Blutpräparaten).

Man mischt 50 ccm gesättigte, wässerige Methylenblaulösung mit 50 ccm einer Lösung von Eosin in 70 % Alkohol (0,5 : 100). Zu dieser Mischung gibt man tropfenweise 20—30 Tropfen 1 %iger Essigsäure. Die Erythrocyten färben sich mit diesem Reag. rot, die Kerne dunkelblau, die neutrophilen Granula violett, die acidophilen rein rot und die Mastzellengranula intensiv blau.
Deutsche medic. Wochenschr. 1901. 57.
Pharm. Centrh. 1901. 257.
Vergl. auch Ztschr. f. Mikroskop. 1901. 69, 198.
Becker, ebenda 1901. 199.

**Willen**'s React. auf Aceton im Harn

beruht auf der reduzirenden Eigenschaft des Acetons gegenüber Kaliumpermanganat. Die Reaction ist im Destillate des Harns vorzunehmen.
Pharm. Centrh. 1897. 44.
Schweizer Wochenschr. f. Chem. u. Pharm. 1896. 434.

**Williamson**'s React. auf diabetisches Blut.

Man löst 1 g Methylenblau in 6000 ccm Wasser. — 1 g Blut und 2 ccm Wasser erhitzt man mit 50 ccm Reag. und 2 ccm Kalilauge (6 %) 3—4 Minuten im siedenden Wasserbade. Diabetisches Blut bewirkt Entfärbung der Mischung, normales Blut nicht.
Merck's Bericht 1898. 94.
Müller, Münch. Med. Wochenschr. 1899. 820.

**Wilson**'s React. auf salpetrige Säure in Schwefelsäure

beruht auf einer intensiven Gelbfärbung der Schwefelsäure durch wässerige Resorcinlösung bei Anwesenheit von salpetriger Säure.

**Wilson**'s Reag. zur Härtebestimmung des Wassers

ist eine Lösung von Seife in Alkohol (56 Vol. %). Bei Verwendung von 100 ccm Wasser zeigt jeder verbrauchte ccm Reag. $^1/_2$ Härtegrad an.
Näheres siehe Liebig's Annal. **119**. 318 oder Ztschr. f. anal. Chem. **1**. 106.
Schneider, Wittstein's Viertelj.-Schr. **14**. 258.
Wood, Jahresber. d. Technol. v. Wagner 1869. 573.
Kubel, Wasserunters. Braunschweig 1866.
Fleck, Dingler's Journ. **185**. 226.

**Windisch**'s Reag. auf Aldehyd im Spiritus

ist eine wässerige Lösung von Metaphenylendiaminchlorhydrat. Ueber das frisch bereitete Reag. schichtet man den zu prüfenden Spiritus. Enthält er Aldehyd, so entsteht ein gelber Ring, der durch Alkali zerstört und durch Säuren regenerirt wird. Empfindlichkeitsgrenze = 1 : 200000.
Zeitschr. f. Spiritusindustrie 1886. 519.
Chem. Ztg. **11**. Rep. 24.
Ztschr. f. anal. Chem. **27**. 514.

**Windisch**'s React. auf Milchsäure.

Geringe Mengen von Milchsäure lassen sich durch Destillation mit Schwefelsäure und Kaliumdichromat an der Färbung von vorgelegtem Nessler's Reag. erkennen. Empfindlichkeitsgrenze = 0,005 %.
Näheres siehe Chem. Ztg. 1887. Rep. 112.

**Winckler**'s Reag. auf Alkaloide

ist identisch mit Mayer's Reag. (siehe dieses).
Rep. d. Pharm. **35**. 57.

**Winkler**'s React. auf Narceïn

ist identisch mit Dragendorff's React.

**Winkler**'s React. auf freie Salzsäure im Magensaft.

Freie Salzsäure gibt sich an einer blauvioletten, rasch tintenartig dunkel werdenden Zone zu er-

kennen, wenn man den Magensaft nach Zusatz von etwas Dextrose mit einer Lösung von 5 g α-Naphtol in 100 g Alkohol oder 10 g α-Naphtol in 100 g Chloroform vorsichtig erhitzt.
Chem. Ztg. 1897. Rep. 257.
Centrbl. ges. Med. 1897. 1009.

**Winkler's** Reag. auf Sauerstoff.

50 g Pyrogallol löst man in 1 Liter Kalilauge (D. = 1,2). Das Reag. absorbirt begierig Sauerstoff aus Gasgemischen. Es findet in der Gasanalyse Verwendung.

**Winton's** Reag. auf Phosphorsäure.

a) Eine Lösung von 1000 g Molybdänsäure in 4160 ccm einer Mischung von 1 Teil Ammoniak (D. = 0,9) und 2 Teilen Wasser;
b) eine Lösung von 5300 g Ammonnitrat in 3090 ccm Wasser und 6250 g Salpetersäure (D. = 1,4).

Man gibt a langsam zu b unter beständigem Umrühren, lässt einige Tage an einem warmen Orte stehen und giesst dann die klare Flüssigkeit ab.
Journ. Amer. Soc. Chem. 1896. 445.

**Wirsing's** React. auf Urobilin im Harn

ist eine Modification von Nencki-Sieber's React., welche in Verwendung von Chloroform an Stelle des Amylalkohols besteht.
Verhandl. d. phys. med. Ges. Würzburg (2) **26**.

**Wittich's** Reag. zum Isoliren frischer Muskeln

ist eine Lösung von 0,06 g Kaliumchlorat in 200 ccm Wasser und 1 ccm Salpetersäure.

**Wittmack's** React. zur Unterscheidung von Weizen- und Roggenmehl

beruht auf der Eigenschaft der Roggenstärkekörner, in Wasser schon bei 62,5° C. zu quellen, während Weizenstärke unverändert bleibt.
Näheres siehe Pharm. Centrh. 1886. 173.
Ztschr. f. anal. Chem. **24**. 3.

**Witz'** Reag. auf freie Mineralsäuren im Essig oder im Magensaft

ist eine Lösung von 1 cg Methylviolett in 100 ccm Wasser. Den zu prüfenden Essig versetzt man mit einigen Tropfen Reag. Bei Anwesenheit von 0,2 % Schwefelsäure oder Salzsäure färbt sich die Mischung blau, bei 0,5 % blaugrün und bei 1 % grün.
Pharm. Centrh. 1875. 94.
Ztschr. f. anal. Chem. **15**. 108.
Ztschr. f. physiol. Chem. **1**. 189.
Hilger, Arch. der Pharm. **5**. 193.
Balzer-Witz, Apoth.-Ztg. 1903. 305.
Ganassini, ebenda.
Vergl. Kost's React.

**Wolesky's** Reag. auf Holzschliff im Papier.

1 g Diphenylamin löst man in 50 ccm Alkohol und gibt 5—6 ccm concentr. Salzsäure zu. Geleimtes und ungeleimtes Papier, das Holzschliff enthält, wird durch Betupfen mit diesem Reag. orangerot gefärbt, besonders deutlich nach dem Trocknen. Das Reag. soll besser sein als Wiesner's Reag. (Ztschr. f. anal. Chem. **17**. 511).
Pharm. Centrh **35**. 641.
Ztschr. f. anal. Chem. **36**. 343.

**Wolf's** React. auf Methylalkohol im Aethylalkohol

beruht auf der Uebertührung des vorhandenen Methylalkohols in Formaldehyd durch Chromsäure und dem Nachweis des letzteren mittels Trillat's React. 1. (Siehe diese).
Chem. Ztg. **23**. Rep. 256.
Ztschr. f. anal. Chem. **40**. 668.

**Wolff's** React. auf Benzidin und Tolidin.

Löst man eine geringe Menge genannter Stoffe in Eisessig, verdünnt mit Wasser und gibt Bleisuperoxyd zu, so entsteht eine schöne, blaue Färbung, die beim Erhitzen wieder verschwindet. Auch Bromwasser ruft in der essigsauren Lösung der Basen eine blaue Färbung oder Fällung hervor.
Chem. Ztg. **23**. Rep. 313.
Ztschr. f. anal. Chem. **39**. 582.

**Wolff's** React. auf Blut im Harn.

30 ccm Harn erwärmt man mit 3 ccm einer 3 %igen Zinkacetatlösung 1/4 Stunde lang. Der in Ammoniakflüssigkeit gelöste Niederschlag zeigt bei spektroskopischer Prüfung die charakteristischen Streifen.
Ztschr. f. anal. Chem. **38**. 132.
Chem. Centralbl. 1888. 299.

**Wolff's** React. auf Naphtole.

Erwärmt man eine Lösung von α- oder β-Naphtol in alkoholischer Kalilauge mit etwas Chloroform auf ca. 50° C., so entsteht eine dunkelblaue Lösung. Säuren bewirken Rotfärbung, Alkalien wieder Blaufärbung.
Pharm. Ztg. **40**. 44.
Chem. Ztg. **19**. Rep. 14.

**Wolff's** React. auf Weinsäure.

Erhitzt man eine Lösung von Resorcin in concentr. Schwefelsäure bis zur Dampfbildung, so rufen sehr geringe Mengen von Weinsäure eine intensive Rotfärbung hervor.
Chem. Ztg. **23**. Rep. 313.
Ztschr f. anal. Chem. **39**. 582.
Vergl. Mohler's React.

**Wolfbauer's** React. auf Cottonöl

ist eine Elaïdinprobe mit Salpetersäure und Quecksilber.
Vergl. de la Souchère's React. u. a.

**Woltering's** Reag. auf Alkaloide

ist eine 2 %ige, wässerige Furfurollösung. In 0,5 ccm Reag. löst man eine Spur des zu untersuchenden Stoffes und schichtet diese Lösung vorsichtig über kalte, concentr. Schwefelsäure. Bei Anwesenheit von Alkaloiden bildet sich an der Berührungsfläche ein gefärbter Ring.

Morphin gibt einen rosafarbenen bis violetten Ring,
Codeïn einen kirschroten bis violetten Ring (auf Zusatz von Wasser blau).
Veratrin gibt einen roten Ring und darüber noch einen blaugrünen Kreis.
Chinin färbt braun mit gelbem Ring am Rande.
Cinchonin liefert eine braune Färbung, auf kirschrotem Ringe ruhend.
Pharm. Ztschr. f. Russl. **31**. 526.
Ztschr. f. anal. Chem. **36**. 410.

**Wolters'** Reag. zum Färben mikroskop. Präparate

ist identisch mit Kultschitzky's Hämatoxylinlösung.
Ztschr. f. Mikroskop. 1891. 466.

**Wolters'** Reag. zum Fixiren mikroskop. Präparate

ist eine Lösung von 2 g Vanadiumchlorid und 2 g Aluminiumacetat in 100 ccm Wasser.
Ztschr. f. Mikroskop. 1891. 471.
Heidenhain, Anat. Hefte 1. Abt. 1895. 302.

**Worm-Müller's** Reag. auf Glucose.

a) 25 g Kupfersulfat werden mit Wasser zum Liter gelöst;

b) 100 g Seignettesalz, 40 g Aetznatron (oder 56 g Aetzkali) werden mit Wasser zum Liter gelöst.

5 ccm filtrirten, eiweissfreien Harns erhitzt man in einem Reagensglase zum Sieden. Ebenso erhitzt man eine Mischung von 1—1,5 ccm der Lösung a mit 2,5 ccm der Lösung b. Das Sieden wird bei beiden Lösungen gleichzeitig unterbrochen und 20—25 Sekunden später werden sie gemischt. Die Abscheidung von Kupferoxydul erfolgt entweder sofort oder innerhalb 10 Minuten. Empfindlichkeitsgrenze = 1:5—10 000.

Pflüger's Archiv f. d. ges. Physiol. **27**. 22, 127.
Ztschr. f. anal. Chem. **21**. 611.
Merck's Index 1902. 264.
Hammarsten, Physiol. Chem. 1899. 510.

**Wörner**'s Reag. auf Kalium.

Man löst 1 g Phosphorwolframsäure in 10 ccm Wasser. Das Reag. gibt mit neutralen und sauren Kalisalzen einen weissen Niederschlag.

Ber. d. deutsch. pharm. Ges. 1900. 4.
Pharm. Centrh. 1900. 216.

**Wortmann**'s Reag. für mikroskop. Zwecke

ist Formaldehyd (siehe Blum's u. Holfert's Reag.)

Chem. Ztg. **18**. 1598.
Ztschr. f. anal. Chem. **36**. 511.

**Wright**'s React. auf Aconitin.

Man verreibt 1 mg Aconitin mit einigen Tropfen wässeriger Zuckerlösung in einem Porzellanschälchen und lässt einen Tropfen concentr. Schwefelsäure zufliessen. An der Berührungsstelle entsteht eine rosa Zone, die sich alsbald in schmutzig Violett und Braun verfärbt.

Merck's Report 1902. 203.

**Wurster**'s Reag. auf Eiweiss.

Der Autor modificirt die React. nach Adamkiewicz und nach Liebermann (vergl. diese) dahin, dass er statt Schwefelsäure oder Salzsäure, eine Mischung beider, am besten eine 10—20 % Schwefelsäure enthaltende Salzsäure, vorschlägt.

Centralbl. f. Physiolog. 1887. 193.
Ztschr. f. anal. Chem. **27**. 261.

**Wurster**'s Reag. auf Holzschliff im Papier.

1. Di-papier ist mit Dimethyl-p-Phenylendiamin getränktes Filtrirpapier. Genannte Base erzeugt mit der Holzsubstanz unter Wasserbefeuchtung einen carmoisinroten Fleck. Das Reag. ist unter der Bezeichnung: »Rotes Reag. in Papierform« im Handel.
2. Als Controle des obigen Reag. dient eine Anilinsalzlösung, das sog. »Gelbe Reag. in Papierform« (auch in Lösung zu haben).

Näheres siehe Pharm. Centrh. 1900. 456.

**Wurster**'s React. auf Leucin.

Versetzt man eine wässerige Lösung von Leucin mit Natriumcarbonatlösung und einer Spur Chinon, so färbt sich die Mischung violett. Ausser Leucin geben diese React. auch andere Amidosäuren und Eiweiss.

Centralbl. f. Physiolog. 1888. 590.

**Wurster**'s Reag. auf Ozon und Wasserstoffsuperoxyd.

Mit Dimethyl- oder Tetramethyl-p-Phenylendiamin getränktes Papier (Tetrapapier) wird durch Ozon oder Wasserstoffsuperoxyd blau gefärbt.

Berl. Ber. **19**. 3195.
Pharm. Centrh. 1888. 367.
Chem. Ztg. 1887. Rep. 22.

**Wurster**'s React. auf salpetrige Säure

ist eine Modification von Griess' Reag. I.

**Wurster**'s React. auf Tyrosin.

Löst man etwas Tyrosin in heissem Wasser und gibt eine Spur Chinon zu, so entsteht eine rubinrote Färbung, die auf Zusatz von Sodalösung in Blauviolett übergeht.

Centralbl. f. Physiolog. 1887. 194 u. 1888. 590.
Chem. Ztg. 1887. Rep. 187.

**Wurtz**' React.

ist eine für die Synthese von Kohlenwasserstoffen wichtige React.

Siehe Lehrbücher der Chemie.

**Young**'s React. auf Gallussäure im Tannin.

Cyankalium gibt mit Gallussäurelösungen eine carmoisinrote Färbung; mit Tanninlösung tritt keine Farbenreaction ein.

Ztschr. f. anal. Chem. **23**. 227.
Berl. Ber. **16**. 2691.
Chem. News **48**. 31.
Napier Spence, Journ. of Society of Chemic. Industry **9**. 1114.
Guyard, Ztschr. f. anal. Chem. **24**. 274 u. **31**. 87.
Stahl, ebenda **32**. 476.
Griggi, Bollet. chim. farm. 1899. 6.

**Yvon**'s Reag. auf $\alpha$- und $\beta$-Naphtol.

Zu 10 ccm wässeriger, gesättigter Naphtollösung gibt man

1. 2 ccm Alkohol, 2 ccm Salpetersäure und 10 Tropfen Quecksilbernitrat;
2. 2 ccm Alkohol, 3 Tropfen concentr. Kaliumnitratlösung, 10 Tropfen Schwefelsäure.

Die mit diesen Reag. entstehenden Farbenreactionen siehe tabellarische Zusammenstellung in

Journ. de Pharm. et de Chim. **21**. 377.
Pharm. Ztschr. f. Russl. **29**. 222.
Ztschr. f. anal. Chem. **30**. 488.
Richardson, Chem. News **65**. 18. od. Ztschr. f. anal. Chem. **31**. 330.

**Yvon**'s React. auf echten Weinfarbstoff.

30 ccm Wein schüttelt man mit 1—2 g Tierkohle, filtrirt durch Asbest, wäscht die Kohle mit Wasser und übergiesst dann mit Alkohol. Bei Anwesenheit von Fuchsin läuft der letztere rot gefärbt ab, während die natürlichen Farbstoffe der Kohle durch Alkohol nicht entzogen werden.

Archiv d. Pharm. 1877. 272.

**Yvon**'s Reag. auf Wasser im Alkohol

ist Calciumcarbid, das bei Anwesenheit von Spuren Wasser Acetylen entwickelt.

Compt. rend. 1897.

**Zacharias**' Reag. auf Eiweiss

ist Ferrocyankalium und Eisenchlorid. Es dient zum Färben der Proteïnstoffe bei mikroskop. Untersuchungen.

Ztschr. f. Mikroskop. 1894. 407.

**Zacharias**' Reag. zum Fixiren mikroskop. Präparate.

Man mischt 16 ccm Alkohol mit 4 ccm Eisessig und 3 Tropfen 1 %ig. Osmiumsäurelösung. (Eventuell mit einem geringen Zusatz von Glycerin oder Chloroform.)

Arch. f. mikrosk. Anat. 1887.
Anat. Anzg. 1888. 24.

**Zacharias**' Reag. zum Färben mikroskop. Präparate.

Man kocht 1 g Carmin mit 200 ccm 3 %iger Essigsäure etwa 20 Minuten lang und filtrirt nach dem Erkalten.

Zoolog. Anzg. 1894. 62.

**Zaleski**'s React. auf Kohlenoxyd im Blute.

Eine gesättigte Lösung von Kupfersulfat verdünnt man mit der dreifachen Menge Wasser. 3 Tropfen dieser Lösung gibt man zu 4 ccm Blut, das mit gleichen Teilen Wasser gemischt wurde und schüttelt um. Gewöhnliches Blut gibt nach einigen Minuten einen chocoladebraunen, kohlenoxydhaltiges Blut einen ziegelroten, flockigen Niederschlag.

Ztschr. f. physiol. Chem. **9**. 225.
Ztschr. f. anal. Chem. **24**. 482.

**Zambelli**'s Reag. siehe **Frankland.**

**Zecchini**'s React. auf Cottonöl im Olivenöl.

4 ccm Oel und 10 ccm Salpetersäure (D. = 1,4) werden geschüttelt. Olivenöl färbt sich nicht dunkler, enthält es Cottonöl, so färbt es sich braun.

Pharm. Ztschr. f. Russl. **21**. 412.
Ztschr. f. anal. Chem. **22**. 289.

**Zeisel**'s React.

beruht auf der Umsetzung von Phenoläthern in Phenol und Halogenkohlenwasserstoffe durch Einwirkung von Salzsäure, Jodwasserstoffsäure, Aluminiumchlorid etc., (auch zur quantitativen Bestimmung des Methoxyls der Phenoläther).

Siehe Lehrbücher der Chemie, ferner Berl. Ber. **22**. Ref. 710 oder Monatsh. f. Chem. **6**. 986 u. **7**. 406.

**Zeisel**'s React. auf Colchicin.

Eine Mischung von 2 mg Colchicin, 5 ccm Wasser, 10 Tropfen concentr. Salzsäure und 5 Tropfen Eisenchloridlösung wird beim Kochen allmählich olivengrün bis schwarzgrün. Beim Schütteln mit Chloroform färbt sich letzteres rubinrot.

Pharm. Centrh. 1888. 444.
Monatsh. f. Chem. **9**. 4.

**Zeller**'s Reag. auf Melanin im Harn.

Versetzt man melaninhaltigen Harn mit Bromwasser, so entsteht eine braune bis schwarze Färbung (Niederschlag).

Arch. f. klin. Chirg. **29**. 245.
Bolze, Prager Vierteljahres-Schrift 1860. 140.

**Zellner**'s Reag. auf Alkalien

ist Fluoresceïnpapier, das durch Spuren von Alkalien eine intensiv grüne Färbung annimmt. Empfindlichkeitsgrenze für Alkalien 1 : 3 Million, für Ammoniak 1 : 5 Million.

Pharm. Centrh. 1901. 521 u. 1902. 297.
Merck's Index 1902. 272. u. 273.
Merck's Bericht 1901. 161.

**Zenger**'s React. auf Arsen

beruht auf der Bildung von Magnesiumammoniumarseniat. Das Untersuchungsobjekt wird mit Salzsäure oder Kochsalz und Schwefelsäure (Schneider-Fyfe) destillirt, im Destillate das Arsen als Trisulfid gefällt, mit Salpetersäure oxydirt und mit Magnesiamixtur gefällt.

Ztschr. f. anal. Chem. **1**. 394.
Ztschr. f. Chem. u. Pharm. 1862. 38.
Schneider, Jahrb. d. Chem. 1851. 630.
Fyfe, Journ. f. pract. Chem. **55**. 103.

**Zenker**'s Reag. zum Fixiren mikroskop. Präparate

ist eine Lösung von 5 g Quecksilberchlorid, 2,5 g Kaliumdichromat und 1 g Natriumsulfat in 100 ccm 5 %iger Essigsäure.

Münchener med. Wochenschr. 1894. 532.
Mercier, Ztschr. f. Mikroskop. 1894. 471.
Wasielewski, ebenda 1899. 332.

**Zernik**'s React. auf Heroin.

Gibt man zu einer Spur Heroin einige Tropfen Salpetersäure (D. = 1,4), so löst es sich mit gelber Farbe; bei gelindem Erwärmen tritt eine grünblaue Färbung auf, die von der Mitte der Flüssigkeit nach dem Rande fortschreitet und nach einiger Zeit wieder in Gelb übergeht.

Ber. d. pharm. Ges. 1903. 67.
Apoth.-Ztg. 1903. 159.
Pharm. Ztg. 1903. 184.
Chem. Ztg. 1903. Rep. 73.

**Zettnow**'s Reactionen auf Wolframsäure

beruhen auf der Einwirkung von Ferrocyankalium, Zinnchlorür oder Zink auf mit Schwefelsäure angesäuerte Wolframlösungen.

Ferrocyankalium = grünlichgelbe bis dunkelorangegelbe Färbung, Zinnchlorür = weisser Niederschlag, Zink = Blaufärbung.

Näheres siehe Ztschr. f. anal. Chem. **6**. 232.
Poggendorf's Annal. **80**. 16.

**Zeynek**'s React. auf Gallenfarbstoffe.

Enthält eine Flüssigkeit Gallenfarbstoffe, so entsteht auf Zusatz von Zinkchlorid und überschüssigem Ammoniak eine grüne Lösung, welche ein charakteristisches Absorptionsspectrum im Rot aufweist.

Wiener klin. Wochenschr. **21**. 568.

**Ziehen**'s Reag. zum Färben mikroskop. Präparate

ist eine Modification von Golgi's Reag., eine Lösung von 0,5 g Goldchlorid und 0,5 g Quecksilberchlorid in 100 ccm Wasser.

Ztschr. f. Mikroskop. 1891. 385.
Neurol. Centralbl. 1891. 65.

**Ziehl**'s Reag. siehe **Ziehl-Neelsen**'s Reag.

**Ziehl-Neelsen**'s Reag. für mikroskopische Zwecke

ist eine Lösung von 1 g Fuchsin und 5 g Phenol in 100 g 10%igem Alkohol. Gebraucht zur Färbung von Sporen.

Merck's Index 1902. 269.
Pharm. Centrh. 1891. 703.
Schenck, Ztschr. f. Mikroskop. 1890. 39.

**Zimmermann**'s Reagentien zum Färben mikroskop. Präparate

1. Eine concentr., wässerige Lösung von Jodgrün. Gebraucht zum Färben von Chromatophoren.
2. Eine Lösung von 0,2 g Fuchsin S in 100 ccm Wasser. Gebraucht zum Färben der Leucoplasten etc. von Pflanzen.
3. Fuchsinlösung und Pikrinsäurelösung, siehe Altmann's Reag.
4. Eine alkoholische Lösung von Fuchsin, der bis zur Gelbfärbung Ammoniak zugesetzt ist.
   Ztschr. f. Mikroskop. 1890. 1—8.
5. Eine Mischung gleicher Teile Chinolinblau (Cyanin) in Alkohol (50 %) und Glycerin. Gebraucht zum Färben verholzter und verkorkter Membranen.
   Ebenda 1892.
   Vergl. des Autors Beitr. z. Morphol. u. Physiol. d. Pflanzenzelle, Tübingen 1893.

**Zimmermann**'s Reagentien zum mikroskop. Nachweis von Kork und Cuticula.

1. Eine 1—2 %ige, wässerige Lösung von Osmiumsäure;
2. eine Lösung von Alkannin in 50 %igem Alkohol;
3. eine Mischung von gleichen Teilen Glycerin und concentr. Lösung von Cyanin in 50%igem Alkohol.
   Näheres siehe Ztschr. f. Mikroskop. 1892. 58—69.

**Zincke**'s React.

ist eine für die Synthese wichtige React.: Bildung von Diphenylmethan etc. unter Einwirkung von

Zinkstaub auf Mischungen von Benzylchlorid und aromatischen Kohlenwasserstoffen.
Siehe Lehrbücher der Chemie, ferner Berl. Ber. **5**. 809 oder Liebig's Annal. **159**. 374.

**Zinin**'s React.
ist eine für die Synthese wichtige React., bei welcher unter Einwirkung von Schwefelammon Nitroproducte in Amidoverbindungen verwandelt werden. (Vergl. Caro's Reag.)
Siehe Lehrbücher der Chemie.

**Zopf**'s React. auf Calycin.
Schüttelt man eine Lösung von Calycin in Chloroform mit Natronlauge, so färbt sich letztere rot.
Ztschr. f. Mikroskop. 1894. 495.

**Zouchlos**' Reag. auf Eiweiss.
1. Eine Mischung von 1 T. Essigsäure mit 6 T. 1 %iger Quecksilberchloridlösung. Empfindlichkeitsgrenze = 0,14 : 1000.
2. Eine Mischung von 20 ccm Essigsäure und 100 ccm 10 %iger Rhodankaliumlösung. Empfindlichkeitsgrenze = 0,07 : 1000.

Beide Reagentien geben mit eiweisshaltigem Harn eine Trübung oder einen Niederschlag.
Wiener allg. med. Ztg. 1890. 2.
Internat. Pharm. General-Anz. 1890. 151.
Ztschr. f. anal. Chem. **29**. 380.
Schick, Ztschr. f. anal. Chem. **30**. 108.
Ollendorff, ebenda **33**. 120.

**Zsigmondy**'s Reag. auf Colloide
ist eine rote, colloidale Goldlösung, deren Farbenveränderung in Blau—Schwarzviolett bei Gegenwart von Kochsalzlösung die Anwesenheit wirksamen Colloides anzeigt.
Näheres siehe Liebig's Annal. **301**. 29—54 u. Ztschr. f. anal. Chem. **40**. 697 u. 711.

**Zulkowsky**'s Reag. auf Jod.
(Stärkelösung.) 60 g Stärke rührt man in 1 Kilo Glycerin ein und erhitzt unter Umrühren bei allmählich steigender Temperatur auf 190° C. bis die Masse in Wasser klar löslich ist. Die wässerige Lösung wird durch Jod prachtvoll blau gefärbt.
Berl. Ber. **13**. 1395.
Ztschr. f. anal. Chem. **21**. 578.

**Zülzer**'s React. auf Eiweiss
siehe Rosenbach's Reag.

**Zülzer**'s Reag. auf Glucose im Harn
ist identisch mit Bequerel's und Trommer's Reag.

**Zwaardemaker**'s Reag. zum Färben mikroskop. Präparate ist eine Mischung von gleichen Teilen concentr., alkoholischer Safraninlösung und Anilinwasser.
Ztschr. f. Mikroskop. 1887. 212.

# Nachtrag.

**Aloy**'s React. auf Morphin.
Morphinsalze geben mit genau neutralisirtem Urannitrat eine rote Färbung, die von keinem anderen Alkaloid hervorgerufen werden soll.
Chem. Ztg. 1903. 436.
Pharm. Ztg. 1903. 371.

**Candussio**'s React. auf Chinin und Morphin mittelst Lysidinlösung
beruht auf der Gelbfärbung, die in einer gesättigten, wässerigen Lösung von Chinin- (u. Chinidin-) sulfat durch Chlorwasser u. 2 %ige Lysidinlösung hervorgebracht wird. Andere Alkaloide geben diese Reaction nicht. Eine durch Chlorwasser gelb gefärbte Morphinlösung wird durch Lysidin braun, durch Ammoniak rot gefärbt.
Näheres siehe Chem. Ztg. 1898. Nr. 72.
Jahresber. d. Pharm. 1898. 429.

**Caraves Gil**'s React. auf freien Schwefel
beruht auf einer Blaufärbung, die beim Kochen von 95%igem Alkohol mit Mehrfach-Schwefelalkalien eintritt.
Näheres siehe Zeitschr. f. anal. Chem. **33**. 54.
Pharm. Centrh. 1894. 115.

**Ehrlich-Weigert**'s Reag. zum Färben mikroskop. Präparate
ist eine gesättigte Lösung von Gentianaviolett in Anilinwasser.
Fortschr. d. Medic. 1887. 228.

**Elzholz**' Reag. für mikroskop. Zwecke
ist eine Mischung von 7 g Eosinlösung (2%) mit 55 g Wasser und 45 g Glycerin. Gebraucht zum Verdünnen des Blutes wie Gower's Reag.
Wiener klin. Wochenschr. 1894. 587.

**Fuchs**' Reag. auf Eiweiss
ist eine Mischung gleicher Teile Glycerin u. Phenol. Eiweisshaltiger Harn wird durch dieses Reag. getrübt oder gefällt. Empfindlichkeitsgrenze = 1 : 1000.
Pharm. Centrh. 1903. 400.

**Ganassini**'s React. auf Mineralsäuren im Essig.
1. Man mischt 1 ccm Essig mit 1 ccm Rhodankaliumlösung (20%), 1 Tropfen Schwefelammon und 1 Tropfen Ammonmolybdatlösung (5%). Bei Gegenwart von freien Mineralsäuren entsteht eine violette Färbung, andernfalls eine braungelbe Färbung.
2. Etwas Essig sättigt man mit Antipyrin, filtrirt und gibt zum Filtrat einige Tropfen Rhodankaliumlösung. Bei Anwesenheit freier Mineralsäuren entsteht eine Trübung oder ein weiss-rötlicher Niederschlag, während sich die Flüssigkeit gelblich färbt.

Boll. chimic. farmaceut. Aprile 1903.
Apoth. Ztg. 1903. 305.

**Kerner-Weller**'s React. auf Nebenalkaloide im Chininsulfat
siehe Kerner's React.
Vergl. auch Ztschr. f. anal Chem. **27**. 115.
Altan, Apoth. Ztg 1903. 439.

Zu **Pflüger-Bleibtreu**'s Reag. (pag. 111).
Vergl. auch Ztschr. f. anal. Chem. **28**. 379.
Schöndorff, ebenda **34**. 770 oder Pflüger's Archiv d. Physiol. **54**. 423, **62**. 1, **74**. 357.

**Saul**'s Reag. auf gekochte und ungekochte Milch
ist eine frisch bereitete, 1%ige Lösung von o-Methylaminophenolsulfat. — 10 ccm Milch versetzt man mit 1 ccm Reag. und 1 Tropfen Wasserstoffsuperoxyd (3%). Ist die Milch ungekocht, so verschwindet die rote Farbe innerhalb einer halben Minute. (Saure Milch muss vor Anstellung der Probe neutralisirt werden.) Das Reag. kann auch zum Nachweis von Formaldehyd in der Milch dienen.
Näheres siehe Chem. Centralbl. 1903. I. 1377.
Pharm. Journ. (4) **16**. 617.

# Inhaltsverzeichnis.

## I.

## Chemische Reagentien und Reactionen.

**Amine, aromatische**: Lauth.

**Amine, primäre**: Hofmann, Schlömann.

**Ammoniacum** (Gummi): Picard, Plugge.

**Ammoniak**: Bachmeyer, Bohlig, Cockcroft, Curtmann, Guyot, Hager, Jaworowski, Manget-Marion, Nessler, Riegler.

**Ammonsalze**: Bohlig, Eimbrodt, Hager, Nessler.

**Ammoniumdithiocarbonat**: Vogtherr.

**Ammoniumthioacetat**: Schiff.

**Amygdalin**: Deacon, Formánek.

**Amylalkohol** (im Alkohol): Bornträger, Vitali.

**Anilide**: Denigès, Tafel.

**Anilin**: Beissenhirtz, Duflos, Duples, Fritzsche, Hofmann, Jacquemin, Letheby, Ludwig, Mène, Rosenstiehl, Runge.

**Anilinprobe** (Cacaoöl): Hager.

**Anthrachinon**: Schützenberger.

**Antifebrin** siehe Acetanilid.

**Antimon**: Hager, Himmelmann.

**Antipyrin**: Cohn, Flückiger, Itallie, Knorr, Lindo, Strobel.

**Apiol**: Jorissen.

**Apocodeïn**: Flückiger.

**Apomorphin**: Beckurts, Johannson, Linke, Marmé, Mecke, Orlow-Horst, Wangerin.

**Apomorphin** im **Morphin**: Bedson, Helch.

**Aprikosenöl** im **Mandelöl**: Nicklès.

**Arabin**: Ihl.

**Arachisöl** siehe Erdnussöl.

**Aragonit** u. **Kalkspath**: Meigen.

**Arbutin**: Dahnon.

**Arsen**: Berzelius, Bettendorf, Bloxam, Bougault, Cadet, Claubry, Davy, Denigès, Ducommun, Duflos-Hirsch, Engel-Bernard, Flückiger, Fresenius-Babo, Gatehouse, Gutzeit, Hager, Himmelmann, Imendörffer, Johnson, de Jong, Loof, Marsh, Mayencon-Bergeret, Osann, Reichardt, Reinisch, Rieckher, Scheele, Schlickum, Seybel-Wikander, Thiele, Zenger.

**Arsenige Säure**: Hume.

**Asaprolreagens**: Riegler's Reag. auf Eiweiss.

**Asparagin**: Buckingham, Moulin.

**Aspidospermin**: Czerniewski, Fraude.

**Atropin**: Beckurts, Brunner, Buckingham, Flückiger, Gerrard, Gulielmo, Hager, Herbst, Johannson, Pfeiffer-Herbst, Reuss, Schweissinger, Sonnenschein, Vitali.

**Atropin** — **Strychnin**: Vitali.

**Baumwolle** und **Leinen**: Böttger, Elsner.

**Baumwolle** in **Wolle**: Jandrier.

**Baumwolle** — **Seide** — **Wolle** — **Leinen** — **vegetabilische Faserstoffe**: Böttger, Elsner, Grothe, Jacquemin, Jandrier, Lassaigne, Liebermann, Peltier, Schlossberger, Schweitzer, Wagner.

**Baumwollsamenöl** siehe Cottonöl.

**Belladonnaextrakt** (Unterschied von Bilsenkrautextrakt): Stöder.

**Benzidin**: Julius, Wolff.

**Benzin** — **Benzol**: Gawalowski, Brandberg, Dragendorff.

**Benzoësäure**: Hager, Jorissen, Schacht.

**Benzoylradical**: Denigès.

**Berberin**: Beckurts, Czumpelitz, Dyson-Perrins, Hirschhausen, Jorissen, Klunge.

**Bernsteinsäure**: Neuberg.

**Bienenwachs**: Buchner, Hager, Schmidt.

**Bierfarbstoffe**: Schuster.

**Bilirubin** siehe Gallenfarbstoffe.

**Bisabol-Myrrha**: Tucholka.

**Bisulfatprobe**: de Vrij's React. auf Chinin.

**Bittermandelöl**: Bourgoin.

**Bittermandelwasser**: Daclin.

**Biuretreaction**: Brücke, Gorup-Besanez, Rose.

**Blauholzextrakt** im Wein: Lapeyrère.

**Blausäure**: Almén, Bourquelot-Bougault, Braun, Buignet, Denigès, Fröhde, Hlasiwetz, Husemann, Ittner, Lassaigne, Lea, Liebig, Preyer, Schönbein, Schönbein-Pagenstecher, Vortmann.

**Blei** (im Harn): Abram, Brenstein, Wedell.

**Blei** im **Trinkwasser**: Blyth.

**Blei** im **Zinn**: Bobierre, Fordos.

**Blut**: Abeles, Almén, Brücke, Bufalini, Deen, Donogany, Falk, Filomusi, Gantter, Hayem, Heller, Heller-Teichmann, Helwig, Hühnerfeld, Ladendorf, Lavdowsky, Lechini, Mialhe, Rossel, Schaer, Schmelck, Schönbein, Selmi, Sonnenschein, Struve, Strzyzowski, Teichmann, Weber, Wolff.

**Blut** neben **Eiter**: Vitali.

**Blutflecken**: Bufalini, Gantter, Helwig, Mialhe, Schmelck, Schönbein.

**Bombay-Macis** in Muskatblütenpulver: Böhm, Busse, Frühling, Hefelmann, Schindler, Waage.

**Brom**: Baubigny, Hager, Jolles, Kastle.

**Bromoform**: Desgrez.

**Bromsäure** (Bromate): Foges.

**Brucin**: Arnold, Buckingham, Cotton, Dragendorff, Erdmann, Flückiger, Formánek, Fraude, Fröhde, Hager, Johannson, Luchini, Pelletier, Smith, Sonnenschein.

**Buchenteer**, Unterscheidung von Birken-, Tannen-, Wachholderteer: Hirschsohn.

**Butter** (Butterprobe): Bach, Ballard, Bischoff, Drouot, Filsinger, Hager, Hehner, Horsley, Husson, Jahr, Schönvogel.

**Cacaoöl**: Björklund, Filsinger, Hager.

**Cadmium**: Denigès.

**Caesium**: Huysse.

**Calycin**: Zopf.

**Cantharidin**: Eboli.

**Carbazol** und **Pyrrol**: Hooker.

**Carbodioxydprobe** (Kohlendioxydprobe): Kubli's React. auf Chinin.

**Cellulose**: Behrens, Cross-Bevan, Cutolo, Klebs, Mangin, Schultze.

**Cephaëlin** siehe Emetin.

**Ceresin** im Bienenwachs: Buchner.

**Ceriumoxyduloxyd**: Plugge.

**Cevadin**: Trapp, Weppen.

**Ceylon-Zimmtöl**: Billon.

**Chelerythrin**: Orlow-Horst.

**Chelidonin**: Battandier, Bronciner, Kügelgen, Orlow-Horst.

**Chenopodiumsamen** im Mehl: Vogel.

**Chinaalkaloide** (Differenzirung): Messner.

**Chinarinde**: Grahe.

**Chinidin**: Brandes, Buckingham, Fröhde, Hirschsohn, Johannson, Lenz, Messner, Vreven.

**Chinin**: André, Beckurts, Blaise, Brandes, Buckingham, Candussio, Czumpelitz, Eiloart, Flückiger, Fröhde, Herapath, Hesse, Hirschsohn, Hyde, Jaworowsky, Johannson, Kerner, Kletzinski, Lenz, Messner, Polacci, Sonnenschein, Vitali, Vogel, Vulpius, Weller, Woltering.

**Chinin-Cinchonin-Cinchonidin**: Beckurts, Buckingham, Lenz, Messner, Palm, Schäfer.

**Chinolin**: Donath.

**Chlor**: Genlis, Hager, Villier-Tayolle.

**Chlor** in **Salzsäure**: Kupferschläger, Roy.

**Chloral**: Crismer, Desgrez, Schwarz.

**Chloralhydrat**: Hirschfeld, Hirschsohn, Jaworowski, Meyer-Haffter, Ogston.

**Chloralreagens**: Hehn.

**Chlorate** siehe Chlorsäure.

**Chloride**: Hoogoliet.

**Chloroform**: Baudrimont, Crismer, Desgrez, Hager, Hofmann, Lustgarten, Maréchal, Regnault, Schmiedeberg, Schwarz, Soubeiran, Vitali.

**Chlorsäure**: Böttger, Denigès, Foges, Vitali.

**Cholecyaninreaction**: Stokvis.

**Cholerabacterien**: Bujwid, Cahen.

**Cholerareaction**: Bujwid.

**Cholerarotreaction**: Bujwid (React. auf Cholerabacterien). Siehe auch Indol.

**Cholesterin**: Burchard, Forster-Riechelmann, Hager, Hesse, Hirschsohn, Kreis, Liebermann, Mayer, Moleschott, Obermüller, Salkowski, Schiff, Tschugajew, Udranszky.

**Chromate** siehe Chromsäure.

**Chromatprobe**: de Vrij's React. auf Chinin.

**Chromsäure**: Barreswil, Cazeneuve, Donath, Schiff, Storer, Wildenstein.

**Chrysophansäure**: Liebermann.

**Cinchonamin**: Beckurts.

**Chinchonidin** im Chinin: Hesse.

**Cinchonin**: Beckurts, Bill, Buckingham, Johannson, Lenz, Messner, Seligsohn, Woltering.

**Cineol** in ätherischen Oelen: Hirschsohn.

**Citronenöl**: Heppe.

**Citronensäure**: Chapman-Smith, Denigès, Mean, Nessler, Pinerna, Sabanin-Laskowsky, Stahre.

**Cobalt**: Braun, Danziger, Donath, Fischer, Jaworowski, Knorre, Rusting, Schönn, Skey, Tattersall, Vogel.

**Cocaïn**: Beckurts, Biel, Calmels, Einhorn, Flückiger, Giesel, Göldner, Greittherr, Guareschi, Johannson, Kuborne, Lenz, Lossen, Mezger, Patein, Paul, Schärges. Schell, Silva, Sonnenschein, Vitali.

**Codeïn**: Anderson, Baby, Beckurts, Buckingham, Fröhde, Hager, Hesse, Johannson, Kobert, Lafon, Linke, Luchini, Marmé, Mecke, Orlow-Horst, Raby, Smith, Tattersall, Vitali, Woltering.

**Coffeïn**: Archetti, Buckingham. Rochleder, Schwarzenbach, Stenhouse.

**Cognac**: Wiederhold.

**Colchiceïn** im Colchicin: Kremel.

**Colchicin**: Barillot, Beckurts, Dannenberg, Flückiger, Fröhde, Hager, Hertel, Johannson, Kippenberger, Kremel, Kubel, Struve, Zeisel.

**Colloide**: Zsigmondy.

**Colocynthin**: Fröhde.

**Colophonium** im Tolubalsam und Guajakharz: Hirschsohn.

**Condurangin**: Firbas.

**Coniferin**: Molisch.

**Coniin**: Arnold, Fröhde, Guareschi, Johannson, Melzer, Vitali-Stroppa.

**Coniin-Nicotin**: Guareschi, Heut, Melzer, Selmi.

**Copaivabalsam**: Enell, Flückiger, Gehe, Hager, Hirschsohn, Quincke.

**Corydalin**: Orlow-Horst.

**Cotoin**: Formánek.

**Cottonöl** (in Olivenöl, Schweinefett etc.): Bechi, Bechi-Hehner, Bradford, Cavalli, Conroy, Deiss. Gantter, Halphen, Hauchecorne, Hirschsohn, Labiche, Millian, Soltsien, Souchère, Tortelli-Ruggeri, Wolfbauer, Zecchini.

**Cubebin**: Czumpelitz, Jorissen.

**Cupraloinreaction**: Klunge.

**Curarin**: Dragendorff, Flückiger.

**Curcuma** in Drogenpulvern: Bell, Howie, Maisch.

**Cyanidirtes Eisenchlorid**: Hager.

**Cyanursäure**: Hofmann.

**Cyanwasserstoff** siehe Blausäure.

**Cysteïn**: Andreasch, Suter.

**Cystin**: Baumann, Causse, Liebig, Müller, Partheil.

**Cytisin**: v. d. Moer, Rauwerda.

**Daturin**: Vitali.

**Delphinin**: Czumpelitz, Jorissen, Sonnenschein, Tattersall.

**Dextrin**: Lipp, Roussin.

**Diamine**: Baumann.

**Diastase**: Lintner.

**Diazoreaction** (des Harns): Brunner, Clemens, Ehrlich, Friedenwald-Ehrlich.

**Diazoreagens**: Riegler's Reag. auf Harnsäure.

**Didym**: Couquet, Pozzi-Escot.

**Digitalin**: Brunner, Buckingham, Czumpelitz, Dragendorff, Erdmann, Fröhde, Grandeau, Johannson, Jorissen, Keller, Keller-Kiliani, Kiliani, Lafon, Linke, Trapp.

**Digitaliskörper** siehe Digitalin.

**Digitonin**: Keller.

**Dionin-Heroin-Peronin**: Kobert, Mindes.

**Dioxy-** u. **Trioxybenzole**: Denigès.

**Diresorcin**: Herzig-Zeisel.

**Dischwefelsäure** in Schwefelsäure: Barral.

**Dulcin**: Jorissen, Morpurgo, Ruggeri, Wender.

**Dulcit**: Guignet.

**Dütenprobe**: Hager.

**Eau de Labarraque** (de Javelle): Labarraque.

**Eigelbreaction**: Ehrlich.

**Einwertige Alkohole** siehe Alkohole.

**Eisen**: Campbell, Knorre, Venable.

**Eisen** im **Kupfersulfat**: Griggi.

**Eisenoxydul**: Denigès.

**Eiter** (im Harn): Brücke, Donné.

**Eiweiss** (im Harn): Abeles, Adamkiewicz, Almén, Alpers, Amann, Axenfeld, Bang, Barral, Berzelius, Blum, Bödecker, Bouchardat, Boureau, Brücke, Carrez, Christensen, Cohen, Devoto, Esbach, Esbach-Gawalowski, Fassbender, Fröhde, Fron, Fuchs, Fürbringer, Gallippe, Gautier, Gawalowski, Geissler, Gouvers, Grigg, Grossstern-Fudakowsky, Guérin, Guezda, Hager, Hammarsten, Haslam, Heidenhain, Heller, Heynsius, Hilger, Hindelang, Hoffmann, Ilimow, Jaworowski, Johnson, Jolles, Kintschgen-Gintl, Kirk, Koch, Kowalewsky, Krasser, Lidow, Liebermann, Lintner, Lugol, Mac William, Mandel, Méhu, Mesnard, Meymott-Tidy, Michailow, Millard, Millon, Molisch, Monnier, Mulder, Mya, Obermayer, Oliver, Palm, Panum, Pavi, Petri, Piotrowski, Polacci, Posner, Raabe, Rafaële, Raspail, Rees, Reichl, Riegler, Ritthausen, Roberts, Roch, Rose, Rosenbach, Salkowski, Schultze, Siebold, Silbermann, Sonnenschein, Spiegler, Strzyzowski, Stütz, Stutzer, Tanret, Truax, Wurster, Zacharias, Zouchlos, Zülzer.

**Eiweiss, organisirtes**: Löw-Bokorny.

**Elaïdinprobe**: Allen, Boudard, Brullé, Poutet.

**Elaterin**: Dragendorff, Köhler, Lindo.

**Emetin** u. **Cephaëlin**: Allen u. Scott-Smith, Lowin, Podwyssotzki, Sonnenschein.

**Emodin**: Formánek.

**Empyreumatische Stoffe** im Ammoniak: Ost.

**Eosin**: Baeyer, Wagner.

**Erbium**: Couquet, Pozzi-Escot.

**Erdnussöl** im Olivenöl etc.: Bellier, Blarez, Rénard, Souchère, Tortelli-Ruggeri.

**Erdwachs** im Bienenwachs: Hager.

**Ergotinin**: Keller, Tanret.

**Eserin** siehe Physostigmin.

**Eucaïn** im Cocaïn: Vulpius.

**Euchlorin**: Bloxam.

**Eugenol**: Klunge.

**Eugenol** u. **Isoeugenol**: Chapman.

**Exalgin**: Hirschsohn.

**Fäkalien** im Wasser: Griess.

**Farbstoffe** in Fruchtsäften: Lepel.

**Faserstoffe, vegetabilische** — siehe Baumwolle.

**Fäulnissalkaloide** siehe Ptomaïne.

**Fettsäuren** in Oelen: Jacobsen, Merz.

**Fettuntersuchung**: Hanus, Valenta, Vreven.

**Feuchtigkeit**: Stahl.

**Fluor** in Bier oder Wein: Hefelmann-Mann, Nivière-Hubert.

**Formaldehyd**: Arnold, Arnold-Mentzel, Hehner, Kentmann, Lebbin, Lee, Legler, Leonard, Manget-Marion, Mentzel, Neuberg, Pilhashy, Romijn, Tollens, Trillat, Vitali, Weber-Tollens.

**Formaldehyd in Milch**: Hehner, Leonard, Riegler, Thomson.

**Formaldehyd-Schwefelsäure**: Denigès, Kobert, Marquis, Mörner.

**Franceïn**: Léon.

**Frangulin**: Phipson.

**Fuchsin** im Wein siehe Teerfarbstoffe.

**Furfurolreaction**: Baudouin, Molisch, Schiff.

**Fuselöl** im Alkohol: Bouvier, Hager, Jorissen, Savalle.

**Galactose**: Guignet.

**Galle** im Harn: Valentiner.

**Gallenfarbstoffe**: Barral, Bartley, Basham, Baudouin, Brücke, Capranika, Cauquil, Clemens, Cunisset, Deubner, Dumontpallier, Ehrlich, Fleischl, Gerhardt, Gluzinsky, Gmelin, Hammarsten, Hilger, Hoppe-Seyler, Huppert, Jaksch, Jolles, Kathrein, Krehbiel, Lewin, Maréchal, Masset, Munk, Nakayama, Paul, Penzoldt, Riegler, Rosenbach, Rosin, Salkowski, Schwanda, Smith, Stokvis, Trousseau, Ultzmann, Vitali, Zeynek.

**Gallensäuren**: Bischoff, Bogomoloff, Casali, Dragendorff, Drechsel, Francis, Külz, Mylius, Neubauer, Oliver, Pettenkofer, Strassburg, Udranszky, Vitali.

**Gallussäure**: Dudley, Flückiger, Griggi, Nasse.

**Gallussäure** u. **Gerbsäure**: Böttinger, Buchner, David, Dudley, Gardiner, Guyard, Harnack, Rawson, Ruoss, Saul, Young.

**Gambircatechu**: Dieterich.

**Geissospermin**: Hesse.

**Gelsemin**: Schwarz.

**Gerbsäure**: Baemes, Böttinger, Buchner, David, Gardiner, Griessmayer, Lutz, Nasse, Procter, Ruoss, Seyda, Vogel.

**Gerbstoffe** (im Wein): Carpené, Gautier, Lutz, Procter.

**Gespinstfasern** siehe Baumwolle — Seide — Wolle etc.

**Globuline**: Pohl.

**Glucose** (im Harn): Agostini, Almén, Arndt, Baeyer, Barfoed, Barreswil, Becquerel, Biltz, Bizzari, Böttger, Bonnans, Braun, Brücke, Buchner, Campani, Capezzuoli, Carpené, Crismer, Criswell, Degener, Drechsel, Dudley, Duyk, Einhorn, Fehling, Fischer, Frommherz, Gand, Gause, Gawalowski, Gentele, Gerrard, Goff, Gräger, Grocco, Guignet, Hager, Hager-Gawalowski, Haine, Haussmann, Hehner, Heinrich, Heller, Herzfeld, Hoppe-Seyler, Horsley, Huizinga, Ihl, Jaksch, Jaworowski, Johnson, Kletzinsky, Knapp, Kowarski, Krüger, Lagrange, Lidforss, Linde-Molisch, Lindo, Löwe, Löwenthal, Luff, Luther-Udranszky, Marson, Matthieu-Plessy, Maumené, Moore-Pelouze, Moritz, Mohlisch, Mulder, Neitzel, Neumann, Neumann-Wender, Nylander, Oliver, Ost, Otto, Pavy, Pellet, Penzoldt, Peska, Piffard, Pollitis, Preuss, Purdy, Quirini, Riegler, Roberts, Rosenbach, Rossel, Rubner, Ruini, Sachsse, Sachsse-Heinrich, Salkowski, Schiff, Schmidt, Schmiedeberg, Schreiber, Schwarz, Seegen, Senft, Sjollema, Soldaïni, Sonnerat, Soxhlet, Städeler-Krause, Tollens, Trommer, Udranszky, Violette, Vogel, Wayne, Wender, Worm-Müller, Zülzer.

**Glucose** im **Blute**: Bonnans, Bremer, Williamson.

**Glucose-Lävulose**: Stahel.

**Glucosen**: Sjollema.

**Glycerin**: Barbsche, Deiss, Hager, Kohn, Linde, Reichel, Ritsert, Senier-Lowe.

**Glycocoll** (Amidoessigsäure): Horsford.

**Glycogen**: Goldstein.

**Glycoside**: Brunner, Formánek, Jorissen, Kundrát, Luchini, Molisch, Schlagdenhauffen.

**Glycotannoide**: Kunz-Krause.

**Guajak-Blutreaction**: Almén, Brücke, Deen, Falk, Hühnerfeld, Ladendorf, Weber.

**Guajakharz**: Hager, Hirschsohn.

**Guajakol**: Guérin, Jaworowski.

**Guanidin**: Prelinger.

**Guanin**: Capranika.

**Gummi**: Reiche, Roussin.

**Gurjun** in ätherischen Oelen: Hirschsohn.

**Gurjun** in Copaivabalsam: Dodge-Olcott, Enell, Flückiger, Hirschsohn.

**Halogene** in organischen Verbindungen: Raikow.

**Hämatoporphyrin**: Garrod.

**Hämoglobin**: Kobert, Lidow, Stooke.

**Harnsäure**: Arthaud-Butte, Babo, Denigès, Dietrich, Fokker, Gigli, Huppert, Jaksch, Luedy, Malerba, Maschke, Offer, Pflüger-Bleibtreu, Riegler, Rosenberg, Schiff.

**Harnstoff**: Bloxam, Brücke, Fenton, Goldschmidt, Hüfner, Liebig, Musculus, Oechsner de Coninck, Pflüger-Bleibtreu, Riegler, Schiff, Squibb.

**Härtebestimmung** des Wassers: Boutron-Boudet, Clark, Gawalowski, Wilson.

**Harze**: Ellram, Unverdorben-Franchimont.

**Harz** im Wachs: Donath, Schmidt.

**Harz** und **Harzöl** in Oelen: Cornette, Demski-Morawski, Halphen, Holde, Itallie, Storch-Morawski.

**Helleboreïn**: Unverhau.

**Heroin**: Goldmann, Kobert, Mindes, Wesenberg, Zernik.

**Hippursäure**: Denigès, Lücke, Phipson.

**Histon** im Harn: Jolles.

**Holzgeist** siehe Methylalkohol.

**Holzstoff** (in Papier): Behrend, Dahlmann, Hegler, Höhnel, Ihl, Kaiser, Molisch, Niggl, Piutti, Schapringer, Wiesner, Wolesky, Wurster.

**Homogentisinsäure**: Huppert.

**Hydrastin**: Hirschhausen, Lyons, Vitali.

**Hydrastinin**: Jorissen.

**Hydroxylamin**: Angeli, Ball.

**Hydroxylgruppe**: Tschugajew.

**Hyoscyamin**: Beckurts, Gerrard.

**Hyposulfite**: de Koninck, Lea, Musset, Reynolds.

**Hypoxanthin**: Kossel, Weidel.

**Imperatorin**: Bronciner.

**Indican** (im Harn): Amann, Carter, Ehrlich, Hammarsten, Heller, Jaffé, Klett, Loubiou, Mac Munn, Obermayer, Strzyzowski, Weber.

**Indirubin** im Harn: Rosenbach.

**Indium**: Huysse.

**Indol**: Baeyer, Kitasato-Salkowski, Nencki, Pickering, Salkowski.

**Indolreaction**: Niggl.

**Indophenolreaction**: Jacquemin's React. auf Phenol.

**Indoxylschwefelsäure** im Harn siehe Indican.

**Inosit**: Gallois, Scherer, Seidel.

**Jod** (im Harn): Alfraise, Jolles, Kastle, Sandlund, Tessier, Zulkowsky.

**Jodoform**: Greshoff, Lustgarten, Stubenrauch, Vitali.

**Jodsäure** in Salpetersäure: Loof.

**Jodzahl-Bestimmung**: Hanus, Hübl, Hübel-Waller, Welmans, Wijs.

**Iridol**: Nickel.

**Isatinschwefelsäure**: Denigès.

**Isocholesterin**: Schulze.

**Isoeugenol** siehe Eugenol.

**Isonitrilreaction**: Hofmann (Chloroform — primäre Amine).

**Kairin**: Cohn, Schweissinger.

**Kakodylate — Methylarsinate**: Bougault.

**Kalium**: Biihlmann, Campani, Carnot, Curtmann, Erdmann, Huysse, de Koninck, Pauly, Plunkett, Stolba, Teeter, Wörner.

**Kampher** (künstlichen): Bailey, Dumont.

**Kermesbeerfarbstoff** im Wein: Hilger-Mai.

**Ketone**: Béla v. Bittó, Fischer, Gayon, Gayon-Molher, Gillet-Hains, Jaworowski.

**Kirschbranntwein**: Desaga.

**Kohlehydrate**: Baumann, Ihl, Molisch, Neitzel, Schiff, Udranszky.

**Kohlendioxydprobe**: Kubli's React. auf Chinin.

**Kohlenoxyd** (in Luft und Blut): Berthelot, Böttger, Eulenberg, Fodor, Habermann, Hoppe Seyler, Ipsen, Katayama, Kunkel, Landois, Mermet, Preyer, Rubner, Salkowski, Schulz, Welzel, Weyl-Anrep, Zaleski.

**Kohlensäure** im Trinkwasser: Pettenkofer.

**Kohlenstoffverbindungen**: Nickel.

**Kohlenwasserstoffe, aromatische**: Lippmann-Pollak.

**Kohlenwasserstoffe der Acetylenreihe**: Béhal.

**Kornrade** im Mehl: Lehmann, Petermann, Uffelmann.

**Kramatomethode** auf Arsen: Hager.

**Kreatinin**: Hofmeister, Jaffé, Kerner, Kolisch, Maschke, Pflüger-Bleibtreu, Salkowski, Weyl.

**Kreosot-Guajakol**: Vitali, Vreven.

**Kreosot-Phenol** siehe Phenol-Kreosot.

**Kresol**, ortho- oder para-: Goedike, Jaksch, Udranszky.

**Kryofin** im Harn: Schreiber.

**Kupfer**: Aliamet, Bach, Bourquelot-Bougault, Cailletet, Cazeneuve, Cresti, Denigès, Endemann-Prochazka, Hager, Hatschett, Jaworowski, Knorre, Pozzi-Escot, Sabatier, Schönbein, Springer.

**Kupfer** in Oelen: Cailletet.

**Kupferlösung** (**alkalische**) zum Glucosenachweis: Barreswil, Bonnans, Buchner, Criswell, Degener, Fehling, Frommherz, Gand, Gerrard, Gräger, Guignet, Haine, Haussmann, Hehner, Horsley, Lagrange, Lidforss, Löwe, Luff, Moritz, Ost, Otto, Pavy, Pellet, Peska, Pollitis, Purdy, Rossel, Schmiedeberg, Schreiber, Soldaïni, Sonnerat, Soxhlet, Staedeler-Krause, Trommer, Violette, Wayne, Worm-Müller.

**Kupferoxydsalze**: Thoms.

**Kynurensäure**: Jaffé.

**Lävulose**: Seliwanoff, Tollens.

**Leberthran**: Meyer.

**Lecithin**: Orlow.

**Leinen** siehe Baumwolle.

**Leucin**: Hofmeister, Scherer, Wurster.

**Lignin** siehe Holzstoff.

**Lithium**: Hager.

**Luteïn**: Weyl.

**Magnesium**: Denigès, Schaffgotsch.

**Maisstärke** im Weizenmehl: Baumann.

**Malonsäure**: Kleemann.

**Mandelöl**: Bieber.

**Mangan**: Denigès.

**Mannit**: Guignet.

**Mannitol**: (Wefers-) Bettink.

**Margarine** in Butter: Drouot.

**Martiusgelb** (in Teigwaren): Schäfler.

**Meconin**: Buckingham.

**Mehrwertige Alkohole** siehe Alkohole.

**Melanin** (im Harn): Eiselt, Jaksch, Zeller.

**Melanogen** (im Harn): Jaksch.

**Menschen-** oder **Tierblut**: Filomusi.

**Mercaptane**: Denigès.

**Metallsalze**: Cazeneuve.

**Methylalkohol** (in Aethylalkohol): Berthelot, Cazeneuve-Cotton, Habermann-Oestreicher, Joung, Miller, Mulliken-Scudder, Reynolds, Riche-Bardy, Rupp, Tuck, Ure, Wolf.

**Methylarsinate**: Bougault.

**Milch** (ob gekocht oder ungekocht): Arnold-Weber, Carcano, Dupouy, du Roi-Köhler, Rubner, Saul, Schacht, Schäffer, Schardinger, Storch, Utz.

**Milchsäure** im Magensaft: Boas, Palm, Strauss, Uffelmann, Vournasos, Windisch.

**Milchzucker** in Milch: Riegler.

**Mineralgemische,** zur Trennung von —: Klein, Muthmann, Rohrbach, Thoulet.

**Mineralöl** in fetten Oelen: Holde.

**Mineralöl** in Harzöl: Finkener.

**Mineralsäuren** und **Pflanzensäuren** (freie): Ashby, Bachmeyer, Egger, Föhring, Hager, Huber, Jorissen, Kieffer, Mohr, Nickel.

**Mineralsäuren** im **Essig**: Föhring, Ganassini, Griggi, Hager, Payen, Strohl, Wharton.

**Molybdän**: Ellram, Schönn, Spiegel-Maass.

**Molybdänschwefelsäure**: Denigès.

**Morphin**: Almén, Aloy, Barillot-Chastaing, Beckurts, Bruylant, Candussio, Donath, Erdmann, Fleury, Flückiger, Fröhde, Grimaux, Grove, Horsley, Husemann, Jorissen, Kalbrunner, Kauzmann, Kieffer, Kippenberger, Kobert, Lamal, Lefort, Lindo, Linke, Lister-Armitage, Lloyd, Loof, Luchini, Marmé, Mecke, Mohr, Nadler, Orlow-Horst, Otto, Pellagri, Schaer, Schneider, Siebold, Smith, Struve, Tattersall, Vitali, Vulpius, Wellcome, Weppen, Woltering.

**Morphin** im Chinin: Hesse, Jassoy.

**Morphin-Papaverin**: Hofmann-Schroff.

**Murexidreaction**: Jaksch, de la Source, Weidel.

**Mutterkorn** im Roggenmehl etc.: Böttger, Hoffmann.

**Myrrhe**: Bonastre.

**Napellin** siehe Nepalin.

**Naphtalin** (im Harn): Penzoldt, Reuter, Vohl.

**Naphtochinon**: Edlefsen.

**Naphtol** (α- und β-): Arzberger, Aymonier, Flückiger, Jorissen, Léger, Lustgarten, Reuter, Richardson, Vincent, Verhassel, Wolff, Yvon.

**Naphtolreagens**: Riegler.

**Narceïn**: Arnold, Beckurts, Czumpelitz, Dragendorff, Fröhde, Jorissen, Orlow-Horst, Pelletier, Plugge, Smith, Stein, Vogel, Wangerin, Winkler.

**Narcotin**: Beckurts, Cuerbe, Dragendorff-Husemann, Formánek, Fröhde, Gerhardt, Hager, Laurent, Mecke, Orlow-Horst, Smith.

**Nataloïn** (Natal-Aloïn): Histed, Léger, Meyer.

**Natrium**: Fenton, Hager, Streng.

**Natriumcarbonat** im **Bicarbonat**: Biltz, Kremel, Kubli, Leys.

**Nebenalkaloide** in **Chininsalzen**: Hesse, Kerner, Kubli, Liebig, Schäfer, Schlickum, Vrij.

**Nebenalkaloide** im **Cocaïn**: Mac Lagan, Schäffer, Squibb.

**Nepalin** (Napellin): Mandelin.

**Nickel**: Bach, Braun, Papasogli.

**Nicotin**: Arnold, Fröhde, Guareschi, Kletzinsky, Melzer, Palm, Roussin, Schindelmeiser, Selmi.

**Nitrate** siehe Salpetersäure.

**Nitrite** siehe Salpetrige Säure.

**Nitrobenzol** (im Bittermandelöl): Béchamp, Bourgoin, Brunner, Dragendorff, Hager, Jacquemin, Morpurgo.

**Nitrophenol**, Mono- und Di- in Pikrinsäure: Allen.

**Oele, ätherische**, siehe Aetherische Oele.

**Oele, fette**: Allen, Barbot, Behrens, Bishop-Kreis, Boudard, Bruce-Warren, Brullé, Cailletet, Calvert, Crace-Calvert, Glässner, Heydenreich, Jacobsen, Jean, Kreis, Lidow, Livache, Massie, Maumené, Poutet, Roth, Wemince, Weselsky.

**Oele, fette**, in Copaivabalsam und ätherischen Oelen: Hirschsohn, Schramm.

**Oele, fette**, in Vaselin u. Mineralöl: Crouzel, Lux, Royère.

**Oele, schwefelhaltige**, in Olivenöl: Schneider.

**Oele, trocknende**: Livache.

**Olivenöl**: Brullé, Heydenreich, Lailler, Merz.

**Ononin**: Bronciner.

**Organische Stoffe** im Wasser siehe Wasser.

**Orseille** im Wein: Cotton.

**Orthodiketone**: Bamberger.

**Oxalatprobe**: Schäfer's React. auf Chinin.

**Oxalsäure** (im Harn): Gunn, Reoch, Salkowski.

**Oxyacanthin**: Hirschhausen.

**Oxybuttersäure** im Harn: Minkowski.

**Oxycellulosen**: Jandrier.

**Oxydasen**: Schmitt.

**Oxydimorphin**: Marmé.

**Oxyhämoglobin** im Blut: Stooke.

**Ozon**: Arnold-Mentzel, Böttger, Chlopin, Erlwein, Houzeau, Schönbein, Wurster.

**Ozon — salpetrige Säure — Wasserstoffsuperoxyd**: Erlwein-Weyl, Schönbein.

**Palladium**: Pozzi-Escot.

**Papaverin**: Anderson, Beckurts, Erdmann, Fröhde, Johannson, Orlow-Horst, Tattersall.

**Papier-Untersuchung**: Behrend, Herzberg, Höhnel, Ihl, Kaiser, Molisch, Schapringer, Wiesner, Wolesky, Wurster.

**Paracotoin**: Formánek.

**Paraffin** im Bienenwachs: Buchner, Hager, Landolt.

**Paralbumin**: Vulpius.

**Pental**: Denigès.

**Pentosen**: Allen-Tollens, Bial, Reinitzer, Salkowski, Tollens, Wheeler-Tollens.

**Pepton** (im Harn): Bogomoloff-Wasilieff, Devoto, Gorup-Besanez, Hofmeister, Klein, Posner, Riegler, Salkowski.

**Perchlorate** siehe Perchlorsäure.

**Perchlorsäure**: Rabuteau.

**Peronin**: Kobert, Mindes.

**Persulfatreaction**: Caro.

**Perubalsam**: Gawalowski.

**Pfefferminzöl**: Arzberger, Dragendorff, Roucher, Schack.

**Pferdefleisch**: Bräutigam-Edelmann, Niebel.

**Pflanzen-** u. **Tieröle**: Schönvogel, Welmans.

**Pflanzen-** u. **Tierfasern**: Molisch.

**Pflanzenfette**: Geuther.

**Phenacetin**: Alcook-Wilkins, Autenrieth, Goldmann, Hirschsohn, Lüttke, Ritsert, Strobel.

**Phenanthrenchinon**: Laubenheimer.

**Phenetidin** im Phenacetin: Goldmann, Reuter.

**Phenol** (**Phenole**): Allen, Almén, Amann, Barbet, Berthelot, Bourquelot, Candussio, Cotton, Davy, Denigès, Desesquelles, Endemann, Eykmann, Flückiger, Fresenius, Guareschi, Gutzkow, Hager, Hoffmann, Hoppe-Seyler, Ihl, Jacobsen, Jacquemin, Lambert, Landolt, Levy, Lex, Liebermann, Lintner, Manseau, Messinger-Vortmann, Millon, Nencki-Sieber, Penzoldt-Fischer, Plugge, Polacci, Raupenstrauch, Rice, Salkowski, Tommasi, Udranszky, Vitali, Vortmann.

**Phenol-Kreosot**: Clark, Frisch, Gorup-Besanez, Morson, Read, Rust.

**Phenol** u. **Resorcin**, Unterscheidung von **Salicylsäure**: Itallie.

**Phenylendiamin,** para- oder meta-: Cuniasse.

**Phenylhydrazin**: Simon.

**Phloroglucin**: Herzig-Zeisel, Weselsky.

**Phosgen** im Chloroform: Ramsey, Scholvien.

**Phosphor**: Dusart, Hager, Mitscherlich, Scheerer.

**Phosphorige Säure**: Pagel.

**Phosphorsäure**: Fairbanks, Leconte, Lipowitz, Meillère, Riegler, Wagner, Winton.

**Physostigmin**: Beckurts, Eber, Formánek, Saul, Silva, Sonnenschein.

**Phytosterin**: Forster-Riechelmann, Kreis, Liebermann, Salkowski.

**Pikrinsäure**: Allen, Braun, Cahours, Christel, Fleck, Gerhardt, Girard, Lea, Roussin, Stenhouse, Swoboda.

**Pikrinsäure** im **Jodoform**: Biel.

**Pikrotoxin**: Becker, Bonnewyn, Duflos, Johannson, Köhler, Langley, Minovici, Oglialoro, Otto, Palm.

**Pilocarpin**: Beckurts, Helch, Johannson, Lenz.

**Piperazin** im Harn: Thoms.

**Piperin**: Beckurts.

**Propepton**: Axenfeld.

**Proteïnsubstanzen**: Lidow, Michailow, Ritthausen, Stutzer. Vergleiche auch Eiweiss.

**Ptomaïne**: Brouardel-Boutmy, Trotarelli, Wefers-Bettink und Dissel.

**Pyramidon** (im Harn): Jolles, Rodillon.

**Pyrazolinbasen**: Knorr.

**Pyrazolonreaction**: Rothenburg.

**Pyridin** im Ammoniak (Salmiakgeist): Ost.

**Pyridinbasen**: Anderson, Hofmann, Ost.

**Pyrocatechin** im Harn: Brieger, Ebstein-Müller.

**Pyrogallol**: Kliebahn, Matthieu-Plessy, Nasse, Stahl.

**Pyrrol** siehe Carbazol.

**Pyrouvinsäure**: Simon.

**Quecksilber**: Klein.

**Quecksilber** (im Harn): Almén, Bardasch, Brugnatelli, Buschi, Cazeneuve, Fürbringer, Gautier, Gmelin, Höhnel, Jolles, Ludwig, Merget, Müller, Smithson, Teubner.

**Quecksilbercyanid**: Buschi.

**Quecksilberdämpfe**: Gaglio.

**Reduzirende Gase**: Brown.

**Resorcin**: Bodde, Bornträger, Edlefsen, Guareschi, Gutzkow, Reuter.

**Resorcinschwefelsäure**: Wangerin.

**Rhinanthin**: Phipson.

**Rhodanverbindungen** und **Senföle**: Colasanti.

**Rhodanwasserstoff**: Colasanti, Ellram.

**Rhodeïnreaction**: Jacquemin's React. auf Anilin.

**Ricinusöl**: Finkener, Leonardi, Vetere.

**Ricinusöl** in ätherischen Oelen: Copaivabalsam, Perubalsam etc.: Draper, Flückiger, Maupy, Schwabe, Wayne.

**Rinds-Stearin** im Schweinefett: Belfield.

**Rohrzucker** (u. **Traubenzucker**): Matthieu-Plessy, Niclès, Papasogli, Reich, Reichardt, Runge, Schmidt, Seliwanoff, Sjollema.

**Rohrzucker** im Milchzucker: Conrady, Lorin.

**Rübenzucker**: Ihl.

**Rubidium**: Erdmann, Huysse.

**Rüböl**: Palas.

**Rufigallussäure**: Kliebahn.

**Rufiochinreaction**: Vogel.

**Rum**: Wiederhold.

**Runkelrübenspiritus**: Artus, Cabasse.

**Saccharin**: Börnstein, Herzfeld-Reischauer, Kayser, Leys, Lindo, Reischauer, Remsen, Riegler, Schmitt.

**Sadebaumöl**: Jaworowski.

**Safrol** u. **Isosafrol**: Chapman.

**Salicin**: Buckingham, Czumpelitz, Formánek, Jorissen.

**Salicylsäure**: Almén, Griggi, Itallie, Millon, Ridenour, Riegler, Schulz, Spicea.

**Salicylsäure** im Salol: Griggi.

**Salol**: Griggi.

**Salpetersäure**: Arnaud-Padé, Austen-Chamberlain, Bailey, Binder, Böttger, Boussingault, Braun, Bringhetti, Cimmino, Curtmann, Denigès, Desbassin, Grandval-Lajoux, Grimmaux, Hager, Hofmann, Horsley, Ince, Kämmerer, Kopp, Lindo, Longi, Loof, Lunge-Lwoff, Martin, Reichardt, Richemont, Rosa, Rosenfeld, Schmidt, Spiegel, Sprengel, Tassinari-Piazza, Vogel.

**Salpetersäure** neben **Salpetriger Säure**: Picini.

**Salpetrige Säure**: Braun, Böttger, Bujwid, Curtmann, Denigès, Erdmann, Erlwein, Frankland, Fresenius, Griess, Griess-Ilosvay, Hager, Ilosvay, Jolles, Jorissen, Kämmerer, Lunge, Lunge-Lwoff, Meldola, Pichard, Plugge, Riegler, Rosenfeld, Schäffer, Schönbein, Schuyten, Trommsdorff, Tschirikow, Wilson, Wurster.

**Salzsäure, freie** (im **Magensaft**): Boas, Cohn-Mering, Contejan, Danilewski, Ewald, Guenzburg, Hoesslin, Jaksch, Kost, Köster, Leo, Mola-Vitali, Mörner-Sjöquist, Rabuteau, Schuchardt, Szabó, Töpfer, Velden, Winkler, Witz.
Vergleiche auch: Säuren, freie, im Magensaft.

**Salzsäure, freie** im **Eisenchlorid**: Reale.

**Sanguinarin**: Kügelgen, Orlow-Horst.

**Santonin**: Banfi, Chiozza, Crouzel, Czumpelitz, Hager, Jaworowski, Jorissen, Lindo, Pain, Schermer, Smith, Thäter, Welmans.

**Sarkin**: Weidel.

**Sassafrasöl** im Copaivabalsam: Hager.

**Sauerstoff** (in Wasser, Luft, Gasen): Cazeneuve, Eschbaum, Löw, Winkler.

**Säuren** im Aether: Vulpius.

**Säure, freie,** im Aluminiumsulfat: Will.

**Säuren, freie,** im **Magensaft**: Baumann, Boas, Cohn-Mering, Contejan, Ewald, Günzburg, Hösslin, Jager, Jaksch, Köster, Laborde, Leo, Palm, Rabuteau, Reoch, Riegler, Schuchardt, Smith, Strauss, Uffelmann, Velden, Vournasos, Winkler, Witz.

**Säuren** (freie) im **Harn**: Joulie.

**Säuren** (freie) in fetten **Oelen**: Rümpler.

**Säuren** (freie) in **Papier**: Herzberg.

**Säuren, organische**: Pinerna.

**Schwefel** siehe Schwefelalkalien.

**Schwefelalkalien**: Bailey, Béchamp, Brunner, Caraves Gil, Hager, Schott.

**Schwefelige Säure** (im Wein): Reinsch, Wartha.

**Schwefelkohlenstoff** im Benzol: Liebermann-Seyewetz.

**Schwefelsäure** (neben **organischen Säuren** in Wein, Essig etc.): Bachmeyer, Mohr, Nessler.

**Schwefelverbindungen** im Aether: Koninck.

**Schwefelwasserstoff**: Caro, Curtmann, Ganassini, Itallie, Kràl, Lauth, Scheele, Schott.

**Secundäre Alkohole** siehe Alkohole.

**Seide**: Höhnel, Persoz, Truchot.
Vergl. auch Baumwolle.

**Seide—Wolle**: Lassaigne, Peltier, Wagner.

**Seife** in Schmierölen: Jean.

**Seifenlösung**: Boudet, Boutron-Boudet, Clark, Gawalowski, Wilson.

**Serumpapier** zum Nachweis von Typhus: Gruber-Widal.

**Sesamöl**: Ambühl, Basoletto, Baudouin, Bellier, Bishop, Breinl, Bremer, Camoin, Carlinfanti, Cavalli, Flückiger-Behrens, Gassend, Lalande, Lewin, Millian, Soltsien, Souchère, Tambon, Tocher, Tortelli-Ruggeri, Villavecchia-Fabri.

**Sesquiterpen**: Wallach.

**Silber** im **Blei**: Blunt, Johnstone.

**Skatol**: Ciamician-Magnanini, Fischer, Pickering, Udranszky.

**Solanin**: Bach, Bauer, Clarus.

**Sparteïn**: Grandval-Valser, Marqué.

**Spermaflüssigkeit**: Florence, Lecco.

**Stärke**: Russow.

**Stearinsäure** im Wachs: Fehling.

**Stickstoff** in organischen Stoffen: Donath, Hüfner, Jodlbauer, Knop, Lassaigne.

**Strophanthin**: Helbing, Unverhau.

**Strychnin**: Allen, Beckurts, Bloxam, Buckingham, Czumpelitz, Davy, Flückiger, Fraude, Hager, Johannson, Jorissen, Mandelin, Otto, Pelletier, Schaer, Selmi, Sonnenschein, Tafel, Wharton, Wenzel.

**Strychnos- und Strophanthustinktur**: Schweissinger.

**Sublimat** im Calomel: Bonnewyn, Piron-Delin.

**Sulfhydrate**: Claësson.

**Sulfocarbonate**: Mermet.

**Sulfomonopersäure**: Caro.

**Sulfonal**: Ritsert, Schwarz, Vitali, Vulpius.

**Syringin**: Kromayer.

**Tannin** siehe Gerbsäure.

**Tanninreactif**: Weingärtner.

**Tannin-Schwefelsäure**: Wangerin.

**Taxin**: Marmé.

**Teerfarbstoffe** im Wein: Arata, Belar, Bernède, Blarez, Cazeneuve, Cottini, Debrun, Flückiger, Girard, Husson, Matthieu-Morfaux, Romei, Weingärtner.

**Teerige Stoffe** im Ammoniak: Bernbeck, Donath, Kupferschläger, Ost.

**Terpentinöl** in ätherischen Oelen: Hager, Heppe.

**Tertiäre Alkohole** siehe Alkohole.

**Tetrapapier**: Wurster's Reag. auf Ozon.

**Tetrasulfatprobe**: Schäfer's React. auf Cinchonidin.

**Thalleiochinreaction**: Blaise, Brandes, Flückiger, Vitali, Vulpius.

**Thallin**: Edlefsen, Skraup.

**Thebaïn**: Beckurts, Cuerbe, Czumpelitz, Erdmann, Fröhde, Jorissen, Smith, Sonnenschein.

**Thiophen** im Benzol: Claissen, Denigès, Kreis, Liebermann, Meyer.

**Thiosulfat** im Natriumbicarbonat: Musset.
Vergl. auch Hyposulfite.

**Thiotolen**: Laubenheimer.

**Thymol**: Bornträger, Dragendorff, Gutzkow, Hammarsten-Rolbert, Itallie, Störmer.

**Thymol** im Menthol: Eykmann.

**Titan**: Jackson, Weller.

**Titanschwefelsäure**: Richardson.

**Tolidin**: Wolff.

**Tolubalsam**: Hirschsohn, Ulex.

**o- u. p- Toluidin**: Biehringer-Busch.

**Traubenzucker** siehe Glucose.

**Trichloressigsäure**: Clermont.

**Trinkwasser** siehe Wasser.

**Typhus**: Gruber-Widal.

**Tyrosin**: Denigès, Hoffmann, Kühne, Mörner, Piria, Scherer, Udranszky, Wurster.

**Uran**: Aloy, Crolas-Ducker.

**Urethan** (im Harn): Jacquemin.

**Urobilin** (im Harn): Gerhardt, Nencki-Sieber, Roman-Delluc, Wirsing.

**Urochloralsäure**: Musculus-Mering, Vitali.

**Ursol**: Utz.

**Valeraldehyd** in Valeriansäure: Finzelberg.

**Vanadinsäure**: Ellram, Werther.

**Vanillin**: Mörk.

**Veratrin**: Arnold, Beckmann, Beckurts, Buckingham, Fröhde, Johannson, Jorissen, Laves, Mecke, Smith, Sonnenschein, Thomson, Trapp, Weppen, Woltering.

**Vanillin**: Bonnema.

**Verholzte Zellmembranen**: Niggl, Warnecke.

**Vinylalkohol** im Aether: Bertsch.

**Wachs** siehe Bienenwachs.

**Wasser**: Boutron-Boudet, Causse, Clark, Dupasquier, Eschbaum, Field, Frerichs, Gawalowski, Griess, Hager, Pettenkofer, Schulze, Wilson.

**Wasser** im Aceton: Schweitzer.

**Wasser** im Aether: Crismer, Mann, Mosnier, Napier, Romei.

**Wasser** im Alkohol: Claus, Crismer, Chester B. Curtis, Mann, Yvon.

**Wasser** im Chloroform Béhal-François, Crismer, Huxley-Brooks.

**Wasser** im Jodoform: Messner.

**Wasserprobe**: Kubli's React. auf Chinin.

**Wasserstoffsuperoxyd**: Aloy, Bach, Böttger, Denigès, Erlwein, Ilosvay, Kassner, Mentzel, Richardson, Schönbein, Schönn, Traube, Weltzien, Wurster.

**Wasserstoffsuperoxyd** im **Aether**: Berthelot.

**Weinfarbstoffe**: Arata, Böttger, Cottini-Fantogini, Cotton, Dietzsch, Facen, Faure, Flückiger, Herz, Hilger-Mai, Lapeyrère, Nessler, Pagnoul, Pradine, Stein, Sulzer, Yvon.

**Weinsäure**: Braun, Brönsted, Denigès, Fenton, Mohler, Pinerna, Source, Wolff.

**Weinsäure** in Citronensäure: Cailletet, Crismer, Pusch, Salzer, Vulpius.

**Weinsäure** u. **Citronensäure**: Chapman-Smith.

**Weizen-** u. **Roggenmehl**: Wittmack.

**Wismut**: Kobell, Léger, Schneider, Stone, Thresh.

**Wismutlösungen (alkalische)** zum Glucosennachweis: Almén, Böttger, Dudley, Nylander.

**Wolframsäure**: Mallet, Zettnow.

**Wolle** siehe Baumwolle.

**Wollfett**: Vulpius.

**Wurst**: Eber.

**Xanthin**: Hoppe-Seyler, Kerner, Strecker, Strohmeyer, Weidel.

**Xanthoproteinreaction**: Mulder's React. auf Eiweiss.

**Yttrium**: Couquet, Pozzi-Escot.

**Zimmtsäure** (in Benzoësäure): Böttcher, Jorissen, Phipson.

**Zink**: Denigès, Rinnmann, Roman-Delluc.

**Zinn**: Denigès, Rogers.

**Zinnchlorür**: Fagès, Longstaff.

**Zucker** siehe Kohlehydrate, Galactose, Glucose, Lävulose, Milchzucker, Rohrzucker und Rübenzucker.

**Zucker** im Glycerin: Böttger, Hager.

**Zuckercouleur**: Dietzsch.

# II.

# Reagentien für Mikroskopie.

**Acidophiles Gemisch**: Ehrlich.

**Aether-Alkohol**: Nikiforoff.

**Alaun-Borax-Carmin**: Haug.

**Alaun-Carmin**: Arcangeli, Czokor, Grenacher, Grieb, Haug, Henneguy, Mayer, Partsch, Rabl, Rawitz, Tangl.

**Alaun-Hämatoxylin**: Böhmer, Bütschli, Cuccati, Delafield, Ehrlich, Frey, Friedländer, Gage, Grenacher, Hamilton, Hansen, Harris, Haug, Mayer, Mercier, Negro, Prudden, Sanfelice, Unna.

**Alkannin-Reagens**: Zimmermann.

**Ameisensäure-Alkohol**: Regnauld-Retterer.

**Ammoniak-Carmin**: Beale, Betz, Frey, Gerlach, Hartig, Haug, Hoyer, Kollmann, Malassez.

**Ammoniak-Franceïn**: Léon.

**Ammonmolybdat-Reagentien**: Altmann, Bethe, Krause.

**Anilinblau-Reagentien**: Bühler, Cohnheim, Frey, Garbini, Mallory, Ranvier.

**Anilinschwarz-Reagens**: Sankey.

**Aufhellungs-Reagentien**: Abbe, Barff, Behrens, Gage, Heurck, Lenz, Marsson, Moleschott, Oppermann, Pfitzner, Suchanek, Weigert.

**Auramin-Reagens**: Wahl.

**Azurblau-Eosin-Reagens**: Michaelis.

**Bacterien-Färbungsflüssigkeiten**: Amann, Babes, Bowhill, Czaplewski, Davalos, Ehrlich, Ermengem, Fischer, Fränkel, Friedländer, Gabbet, Gautrelet, Gibbes, Gram, Günther, Herz, Jacobson, Koch, Koch-Ehrlich, Kühne, Letulle, Löffler, Neisser, Pfitzner, Pick, Reed, Ribbert, Schäffer, Unna, Weigert.

**Beobachtungsmittel** siehe Aufhellungs-Reagentien.

**Bismarckbraun-Reagentien**: Brand, Kaiser, List, Weigert.
Vergl. auch Vesuvin-Reagentien.

**Bleu de Lyon**: Baumgarten.

**Blut**: Bufalini, Filomusi, Hayem, Heller-Teichmann, Lavdowsky, Selmi, Struve, Strzyzowski, Teichmann.

**Borax-Carmin**: Bayerl, Bourne, Gibbes, Grenacher, Haug, Mayer, Nikiforoff, Seiler, Thiersch.

**Borax-Franceïn** Léon.

**Borsäure-Alaun-Carmin**: Arcangeli.

**Borsäure-Carmin**: Arcangeli.

**α-Bromnaphtalin** Abbe.

**Carbolfuchsin**: Kühne, Ziehl-Neelsen.

**Carbolmethylenblau**: Kühne, Schütz.

**Carbolxylol**: Weigert.

**Carmalaun** siehe Alaun-Carmin.

**Carminleim**: Hoyer.

**Carmin-Lösungen**: Arcangeli, Beale, Brass, Cuccati, Czokor, Dreysel-Oppler, Frey, Frey-Schneider, Friedländer, Gedölst, Gerlach, Gibbes, Gierke, Grenacher, Grieb, Hamann, Hartig, Henneguy, Hoyer, Kollmann, Kultschitzky, Lang, Légal, Mayer, Merkel, Nikiforoff, Orth, Rabl, Schmaus, Schneider, Seiler, Squire, Tangl, Thiersch, Weigert, Zacharias

**Carmin-Salzsäure**: Grenacher, Mayer.

**Carminsäure-Reagentien**: Mayer, Rabl, Rawitz.

**Celloidinlösung**: Apáthy, Bollett, Jordan, Pokrowski, Stepanow.

**Cellulose**: Behrens, Klebs, Mangin, Schultze.

**Cellulosefärbungs-Reagentien**: Behrens, Mangin.

**Chinolinblau-Reagentien**: Certes, Ranvier, Zimmermann.

**Chinolinwasser**: Burchardt.

**Chloral-Carmin**: Mayer.

**Chloralchlorphenol**: Amann.

**Chlorallactochlorphenol**: Amann.

**Chlorallactophenol**: Amann.

**Chloralphenol**: Amann.

**Chlorphenol**: Amann.

**Cholerabacillen**: Koch, Kühne.

**Chromsäurealkohol**: Bianco, Klein, Pritchard, Stowell.

**Chromsäure-Reagentien**: Acquisto, Altmann, Bayerl, Bianco, Braus, Bunger, Carnoy, Demarbaix, Ehler, Flemming, Flesch, Fol, Hannover Haug, Klein, Kollmann, Marina, Marsh, Merkel, Perényi, Pritchard, Rabl, Stowell, Thiersch, Waldeyer.

**Chrom-Ameisensäure**: Rabl.

**Chrom-Essigsäure**: Bianco, Demarbaix, Ehler, Flesch.

**Chrom-Osmiumsäure**: Altmann, Bianco, Golgi, Haug, Ramón y Cajal.

**Chrom-Osmium-Essigsäure**: Bunger, Carnoy, Flemming, Flesch, Fol, Merk.

**Chrom-Salpetersäure**: Kollmann, Marsh, Perényi, Waldeyer.

**Chrom-Salzsäure**: Bayerl.

**Chromsäure-Sublimat**: Bianco, Podwyssozki.

**Cochenilletinktur**: Mayer.

**Colloxylin**: Krysinski.

**Congorot-Reagentien**: Alt, Rehm.

**Conservirungs-Flüssigkeiten**: Acquisto, Barff, Bianco, Blum, Dippel, Farrant, Flemming, Gage, Glage, Godbay, Harting, Hayem, Holfert, Hoyer, Kaiser, Kaiserling, Kotlarewski, Langerhans, Lavdowsky, Löwy, Martinotti, Melnikow, Meyer, Noll, Pacini, Petit, Pick, Rath, Ripart, Rosenthal, Squire, Wickersheimer, Wortmann.

**Corallin-Reagens**: Strassburger.

**Corrosionsmittel**: Noll.

**Croceïn**: Griesbach.

**Cuticula-Nachweis**: Zimmermann.

**Dahliaviolett-Reagentien**: Ehrlich, Huguenin, Pommer, Reed, Ribbert, Schiefferdecker, Unna.

**Differenzirungsflüssigkeit**: Gothard, Weigert

**Dinitrosoresorcin**:*) Beer, Platner.

**Doppelfärbungs-Reagentien**: Aronsohn, Cole, Ehrlich-Biondi, Friedländer, List, Rabl.

**Drittelalkohol**: Ranvier.

**Echtgelb**: Griesbach.

**Einbettungs-Reagentien** (Einschlussmittel): Abbe, Apáthy, Bollett, Farrant, Hantsch, Jäger, Jordan, Kadyi, Klebs, Kleinenberg, Krysinski, Meates, Merkel-Schiefferdecker, Pokrowski, Pölzam, Schultze, Stepanow, Strasser, Vosseler, Weil.

**Eisen**: Quincke.

**Entkalkungs-Reagentien**: Bayerl, Busch, Ebner, Fol, Gage, Haug, Marsh, Müller, Squire, Thiersch, Thoma, Waldeyer.

**Eosin-Reagentien**: Calberla, Chenzinsky-Plehn, Cole, Dreschfeld, Ehrlich, Elzholz, Everard, Fischer, Hickson, Klein, List, Mann, Michaelis, Pianese, Rawitz, Renaut, Romanowsky, Schiefferdecker, Vanlair, Wermsel, Willebrand.

**Essigsäurealkohol**: Carnoy, Gehuchten.

---

*) In der mikroskop. Literatur hat sich die falsche Bezeichnung Dinitro-Resorcin für das Dinitroso-Resorcin eingebürgert. Da das Dinitroresorcin für färbetechnische Zwecke nicht brauchbar, im Handel aber leicht erhältlich ist, so sind Verwechselungen nicht ausgeschlossen. Vergl. Merck's Index 1902. 87.

**Färbungs-Reagentien**: Alt, Amann, Apáthi, Arcangeli, Arnstein, Aronsohn, Babes, Baumgarten, Bayerl, Beale, Beer, Benda, Bergonzini, Bethe, Betz, Biondi-Heidenhain, Bizzozero, Blanc, Böhmer, Bourne, Bowhill, Branca, Brand, Brass, Bühler, Buoma, Burchardt, Busch, Bütschli, Calberla, Certes, Chenzinsky-Plehn, Cole, Cuccati, Czaplewski, Czokor, Davalos, Dekhuyzen, Delafield, Dogiel, Dreschfeld, Dreysel-Oppler, Ebner, Ehrlich, Ehrlich-Biondi, Ehrlich-Weigert, Erlicki, Ermengem, Everard-Demoor-Massart, Fischel, Fischer, Flechsig, Flemming, Foà, Fränkel, Freud, Frey, Frey-Schneider, Friedländer, Gabbet, Gage, Garbini, Gautrelet, Gedölst, Gerlach, Gibbes, Gieson, Golgi, Gram, Graser, Grenacher, Grieb, Griesbach, Günther, Hamann, Hamilton, Hansen, Hanstein, Harris, Hartig, Haug, Heidenhain, Held, Henneguy, Hermann, Herxheimer, Herz, Hickson, Himmel, Homberger, Hoyer, Huguenin, Jacobson, Jansen, Klein, Kleinenberg, Klemensiewicz, Koch, Koch-Ehrlich, Kodis, Kolossow, Köppen, Kossinski, Kühne, Kultschitzky, Kupffer, Lang, Lanz, Légal, Letulle, List, Löffler, Lugol, Lustgarten, Lutz, Mallory, Mann, Martinotti, Mayer, Mercier, Merk, Merkel, Mibelli, Michaelis, Minervini, Monticelli, Negro, Neisser, Nicolle, Nikiforoff, Nissl, Norris-Shakespeare, Ohlmacher, Orth, Pal, Paladino, Paneth, Pappenheim, Partsch, Pfitzner, Pianese, Platner, Pommer, Prudden, Rabl, Ramón y Cajal, Ranvier, Rawitz, Reed, Regaud, Rehm, Renaut, Romanowsky, Romanowsky-Reuter, Rosin, Sahli, Sanfelice, Sankey, Schäfer, Schiefferdecker, Schmaus, Schneider, Schweiger-Seidel, Seiler, Soudakewitsch, Spaink, Spuler, Squire, Stirling, Strassburger, Ströbe, Stutzer, Tangl, Tartuferi, Thiersch, Trenkmann, Unna, Upson, Viallanes, Wahl, Waldeyer, Wedl, Weigert, Wermsel, Willebrand, Wolters, Zacharias, Ziehen, Ziehl-Neelsen, Zimmermann, Zwaardemaker.

**Ferrotannatbeize**: Löffler.

**Fettponceau**: Michaelis.

**Fixirungs- (Härtungs-) Reagentien**: Altmann, Benda, Beneden, Bethe, Bignami, Blum, Boveri, Bunger, Carnoy, Demarbaix, Dogiel, Ehler, Ermengem, Fish, Flemming, Flesch, Foà, Fol, Fränkel, Frenzel, Frey-Schneider, Friedländer, Gage, Gehuchten, Gilson, Golgi, Graf, Guignard, Hannover, Heidenhain, Held, Hermann, Kaiser, Kaiserling, Klein, Kleinenberg-Mayer, Kollmann, Kolossow, Krause, Lavdowsky, Marcano, Marina, Mason, Mayer, Mayer-Retzius, Mann, Merk, Merkel, Mingazini, Nelis, Nikiforoff, Orth, Perényi, Pfeiffer-Wellheim, Podwyssoski, Platner, Pritchard, Rabl, Ramón y Cajal, Rath, Retterer, Sauer, Schultze, Spuler, Stowell, Tellyesniczky, Vanlair, Vignal, Vulpian, Wolters, Zacharias, Zenker.
Vergl. auch Härtungs-Reagentien.

**Fluoresceïn-Reagens**: Czaplewski.

**Formaldehyd-Reagentien**: Benario, Blum, Boveri, Braus, Fish, Gage, Graf, Holfert, Lavdowsky, Marcano, Marina, Nelis, Orth, Parker, Pfeiffer-Wellheim, Retterer.

**Formolalkohol**: Benario, Fish, Gulland, Nikiforoff, Parker.

**Franceïn**: Léon.

**Fuchsin-Reagentien**: Amann, Baumgarten, Davalos, Ehrlich, Fischer, Fränkel, Frey, Friedländer, Gibbes, Hanstein, Hermann, Jacobson, Koch, Kühne, Löffler, Merkel, Ohlmacher, Schäffer, Unna-Tänzer, Weigert, Ziehl-Neelsen, Zimmermann.

**Fuchsin S-Reagentien**: Altmann, Aronsohn, Bergonzini, Biondi-Heidenhain, Ehrlich, Ehrlich-Biondi, Gieson, Kupffer, Strassburger, Zimmermann.

**Gentianaviolett-Reagentien**: Bizzozero, Ehrlich, Ehrlich-Weigert, Flemming, Fränkel, Friedländer, Gram, Günther, Koch, Köppen, Löffler, Stirling, Weigert, Wermsel.

**Glycerin-Gelatine**: Brand, Fol, Geoffroy, Jacobs, Klebs, Robin, Squire.

**Glychämalaun**: Mayer, Rawitz.

**Goldlösungen**: Arnold, Cohnheim, Freud, Gerlach, Golgi, Joseph, Kolossow, Miura, Obregia, Ranvier, Upson, Viallanes, Ziehen.

**Gonokokkenfärbungs-Reagentien**: Herz, Homberger, Klein, Lanz, Schütz, Wahl.

**Hämacalcium**: Mayer.

**Hämalaun**: Apáthy, Hansen, Harris, Mayer.

**Hämammon**: Mayer.

**Hämateïn-Reagentien**: Apáthy, Mayer, Rawitz.

**Hämatoxylin-Reagentien**: Apáthy, Benda, Böhmer, Bütschli, Cuccati, Delafield, Ehrlich, Everard-Demoor-Massart, Foà, Frey, Friedländer, Gage, Grenacher, Hamilton, Hansen, Haug, Heidenhain, Henneguy, Herxheimer, Kleinenberg, Kodis, Kultschitzky, Mallory, Mayer, Mercier, Negro, Pal, Rabl, Renaut, Sanfelice, Squire, Unna, Viallanes, Weigert, Wolters.

**Härtungs-Reagentien**: Blum, Bunger, Carnoy, Eimer, Erlicki, Fol, Gaule, Gieson, Goette, Heidenhain, Hertwig, Holfert, Johnson, Lang, Marchi-Algeri, Müller, Ohlmacher, Parker-Floyd, Perényi, Ranvier, Remak, Strassburger, Upson, Wortmann.
Vergl. auch Fixirungs-Reagentien.

**Holzessigfarben** (Holzessig-Carmin,-Hämatoxylin etc.): Burchardt.

**Imprägnirungs-Reagentien**: Cohnheim, Dekhuyzen, Gerlach, Golgi, Hoyer, Kolossow, Leber, Miura, Müller, Obregia, Oppel, Ramón y Cajal, Ranvier.

**Indigocarmin-Reagentien**: Bayerl, Kossinski, Merkel, Ramón y. Cajal.

**Indigosulfosäure-Reagentien**: Chrzonszewski, Seiler.

**Indulin-Reagens**: Calberla.

**Injicirungs-Reagentien**: Beale, Beale-Frey, Chrzonszewski, Cohnheim, Kollmann, Robin, Taguchi, Thiersch.

**Jodgrün-Reagentien**: Griesbach, Letulle, Zimmermann.

**Jodhämatoxylin**: Sanfelice.

**Jodlösung**: Bianco, Lugol, Mason, Ranvier-Frey.

**Jodserum**: Schultze.

**Kork-Nachweis**: Zimmermann.

**Kresylechtviolett-Reagens**: Homberger.

**Kupfer-Quecksilber-Formaldehyd-Reagens**: Nelis.

**Lactochloral**: Amann.

**Lactochlorphenol**: Amann.

**Lithion-Carmin**: Haug, Orth.

**Macerations-Reagentien**: Bela-Haller, Haller, Landois, Löwy, Möbius, Moleschott, Ranvier, Rausch, Rawitz, Rindfleisch, Schiefferdecker, Schultze, Solbrig, Stirling.

**Magdalarot-Reagentien**: Flemming, 'Hermann, Kultschitzky.

**Magenta-Reagentien**: Gibbes, Nissl.

**Magnesia-Carmin**: Mayer.

**Methylal**: Parker.

**Methylblau**: Mann.

**Methylenblau-Reagentien**: Arnstein, Baumgarten, Chenzinsky-Plehn, Czaplewski. Dogiel, Ehrlich, Fränkel, Gabbet, Gibbes, Jacobson, Klein, Koch, Kühne, Kultschitzky, Kupffer, Löffler, Martinotti, Michaelis, Neisser, Nissl, Pappenheim, Pianese, Romanowsky, Sahli, Unna, Weigert, Wermsel, Willebrand.

**Methylgrün-Reagentien**: Aronsohn, Bergonzini, Biondi-Heidenhain, Calberla, Cole, Ehrlich, Ehrlich-Biondi, Erlicki, List, Lutz, Pappenheim, Strassburger, Wahl.

**Methylmixtur**: Schiefferdecker.

**Methylviolett-Reagentien**: Bizzozero, Graser, Hanstein, Koch, Schiefferdecker, Weigert.

**Monobromnaphtalin**: Abbe.

**Muchämateïn**: Mayer.

**Muci-Carmin**: Mayer.

**Neutralrot-Reagentien**: Ehrlich, Herz, Himmel.

**Nigrosin-Reagentien**: Johnson, Martinotti, Pfitzner, Platner, Schiefferdecker, Spaink.

**Orange G-Reagentien**: Aronsohn, Biondi-Heidenhain, Ehrlich, Ehrlich-Biondi, Flemming, Strassburger.

**Orange III-(= Goldorange) Reagens**: Bergonzini.

**Orceïn-Reagentien**: Bowhill, Merk, Stutzer, Unna-Tänzer.

**Orseille-Reagentien**: Wedl, Weigert.

**Osmiobichromlösung**: Golgi.

**Osmiumsäure-Reagentien**: Altmann, Bianco, Bunger, Carnoy, Ermengem, Flemming, Flesch, Fol, Fränkel, Golgi, Haug, Hermann, Hertwig, Kolossow, Mann, Merk, Oppel, Ramón y Cajal, Rath, Regaud, Rindfleisch, Schultze, Spuler, Vanlair, Vignal, Zacharias, Zimmermann.

**Osmium-Essigsäure**: Hertwig, Spuler, Zacharias.

**Osmium-Essig-Gerbsäure**: Ermengem.

**Osmium-Salpetersäure**: Kolossow.

**Oxalsaurer Carmin**: Thiersch.

**Palladiumchlorür-Reagentien**: Fränkel, Paladino, Schultze, Waldeyer.

**Panoptisches Triacidgemisch**: Pappenheim.

**Paracarmin**: Mayer.

**Phloroglucin Reagens**: Haug.

**Photoxylin**: Krysinski.

**Pikrinessigsäure**: Boveri.

**Pikrinsalpetersäure**: Mayer.

**Pikrinsäure-Reagentien**: Altmann, Arnstein, Boveri, Dogiel, Dreysel-Oppler, Gage, Graf, Haug, Kultschitzky, Mann, Mayer, Rabl, Ramón y Cajal, Rath, Regaud.

**Pikrinschwefelsäure**: Kleinenberg, Mayer.

**Pikro-Carmin**: Bizzozero, Dreysel-Oppler, Fränkel, Friedländer, Gedölst, Lang, Légal, Mayer, Ranvier, Squire, Weigert.

**Pikro-Franceïn**: Léon.

**Pikro-Nigrosin**: Martinotti.

**Platinchlorid-Reagentien**: Hermann, Merkel, Rabl, Rath, Retterer.

**Purpurin-Glycerin**: Grenacher.

**Pyronin-Methylgrün-Reagens**: Pappenheim.

**Reinblau-Reagentien**: Schmaus, Ströbe.

**Rubin S-Reagentien**: Bühler, Kultschitzky, Letulle, Weigert.

**Safranin-Reagentien**: Babes, Blanc, Bühler, Buoma, Flemming, Foà, Garbini, Günther, Hermann, Kossinski, Mibelli, Pfitzner, Rabl, Spaink, Ströbe, Zwaardemaker.

**Salicylsäure-Reagens**: Rausch.

**Salpetersäure-Alkohol**: Sauer.

**Salzsäure-Carmin**: Mayer.

**Sappanholzextractlösung** (fälschlich Japanholz): Bachmeyer, Branca, Flechsig.

**Säurefuchsin** siehe Fuchsin S.

**Säuregemisch**: Pal.

**Sechstel-Alkohol**: Solbrig.

**Serum**: Malassez.

**Silberlösungen**: Dekhuyzen, Fischel, Golgi, Hoyer, Joseph, Kolossow, Martinotti, Müller, Oppel, Ramón y Cajal, Recklinghausen, Regaud.

**Sublimat-Reagentien**: Acquisto, Bianco, Bignami, Boveri, Foà, Frenzel, Gage, Gaule, Gilson, Godbay, Golgi, Harting, Hayem, Heidenhain, Held, Kaiser, Kultschitzky, Lang, Lavdowsky, Mann, Mingazini, Nelis, Ohlmacher, Pacini, Rabl, Rath, Zenker, Ziehen.

**Terpentin-Alkohol**: Vosseler.

**Thallin-Reagens**: Burchardt.

**Thionin-Reagentien**: Lanz, Nicolle, Marchoux, Wahl.

**Triacid-Lösung**: Aronsohn, Biondi-Heidenhain, Ehrlich, Ehrlich-Biondi, Krause, Pappenheim, Rosin, Trambusti.

**Tuberkelbacillen**: Gram, Koch, Letulle, Löffler, Neelsen, Sehlen.

**Typhusbacillen**: Kühne.

**Uran-Carmin**: Gierke, Schmaus.

**Vanadiumchlorid-Reagens**: Wolters.

**Vesuvin-Reagentien**: Bühler, Koch-Ehrlich, Neisser. Vergl. auch Bismarckbraun-Reagentien.

**Victoriablau-Reagentien**: Lustgarten, Weigert.

**Viertel-Alkohol**: Rawitz.

**Zucker**: Senft.